西门子S7-300/400 PLC完全精通教程

U0231642

向晓汉　主　编
林　伟　副主编
羊衍贵　主　审

化学工业出版社
·北　京·

本书从基础和实用出发，详细介绍了西门子 S7-300/400 PLC 应用技术。本书分两个部分：第一部分为基础入门篇，主要介绍西门子 S7-300/400 PLC 的硬件和接线、STEP7 软件的使用、PLC 的编程语言、编程方法与调试；第二部分为应用精通篇，包括 PLC 的通信、PLC 在过程控制中的应用和工程应用。

本书内容丰富，重点突出，强调知识的实用性，几乎每章中都配有大量实用的例题，便于读者模仿学习。大部分实例都有详细的软件、硬件配置清单，并配有接线图和程序。本书的学习资源中有重点内容的程序和操作视频资料，读者可用手机扫描前言中的二维码进行学习。

本书可供学习西门子 S7-300/400 PLC 的工程技术人员使用，也可以作为大中专院校的机电类、信息类专业的教材。

图书在版编目（CIP）数据

西门子 S7-300/400PLC 完全精通教程/向晓汉主编.
北京：化学工业出版社，2015.11 (2023.4 重印)
ISBN 978-7-122-24994-4

Ⅰ. ①西… Ⅱ. ①向… Ⅲ. ①PLC 技术-高等学校-教材 Ⅳ. ①TM571.6

中国版本图书馆 CIP 数据核字（2015）第 196104 号

责任编辑：李军亮　　文字编辑：陈　喆
责任校对：吴　静　　装帧设计：尹琳琳

出版发行：化学工业出版社（北京市东城区青年湖南街 13 号　邮政编码 100011）
印　　装：北京捷迅佳彩印刷有限公司
787mm×1092mm　1/16　印张 22¼　字数 553 千字　2023 年 4 月北京第 1 版第 9 次印刷

购书咨询：010-64518888　售后服务：010-64518899
网　　址：http: // www. cip. com. cn
凡购买本书，如有缺损质量问题，本社销售中心负责调换。

定　价：58.00 元

版权所有　违者必究

前 言

PREFACE

随着计算机技术的发展，以可编程控制器、变频器调速、计算机通信和组态软件等技术为主体的新型电气控制系统已经逐渐取代传统的继电器电气控制系统，并广泛应用于各行业。西门子 PLC 由于具有卓越的性能，因此在工控市场占有非常大的份额，应用十分广泛。虽然西门子 S7-300/400 系列 PLC 被大多数技术人员接受，但长期以来，西门子 S7-300/400 系列 PLC 一直公认是比较难入门的。故本书将尽可能简单和详细，用较多的小例子引领读者入门，读者读完入门部分后，就能完成简单的工程。应用部分精选工程的实际案例，供读者模仿学习，提高读者解决实际问题的能力。我们是在总结长期的教学经验和工程实践的基础上，联合企业相关人员，共同编写本书，使读者通过“看书”就能学会西门子 S7-300/400 系列 PLC。

我们在编写过程中，将一些生动的操作实例融入到书中，以提高读者的学习兴趣。本书具有以下特点。

① 用实例引导读者学习。该书的大部分章节用精选的例子讲解。例如，用例子说明现场总线通信实现的全过程。

② 重点的例子都包含软硬件的配置方案图、接线图和程序，而且为确保程序的正确性，程序已经在 PLC 上运行通过。

③ 对于比较复杂的例子配有学习资源，包含视频和程序源文件。如工业以太网通信的硬件组态较复杂，就配有编者组态过程的操作视频及程序，读者用手机扫二维码即可进行学习。

④ 该书较实用，实例容易被读者用来进行工程移植。

本书由向晓汉主编，林伟任副主编，羊衍贵博士主审。

全书共分 9 章，第 1 章由唐克彬编写；第 2 章由无锡雷华科技有限公司的欧阳思惠和陆彬编写；第 3 章由无锡雪浪环保科技有限公司的刘摇摇编写；第 4、5 章由无锡职业技术学院的向晓汉编写；第 6 章由无锡雷华科技有限公司的陆彬编写；第 7、9 章由桂林电子科技大学的向定汉编写；第 8 章由无锡雪浪环保科技有限公司的王飞飞编写。参与编写的还有李润海、苏高峰和曹英强等。

由于编者水平有限，书中不足之处在所难免，敬请读者批评指正，编者将万分感激！

编者

手机扫描二维码观看操作视频和下载案例程序源文件

目　录

CONTENTS

第1篇　基础入门篇

第2篇　应用精通篇

第 1 篇

基础入门篇

第1章 可编程序控制器（PLC）基础

本章介绍可编程序控制器的历史、功能、特点、应用范围、发展趋势、在我国的使用情况、结构和工作原理等知识，使读者初步了解可编程序控制器，为学习本书后续内容做必要准备。

1.1 概述

可编程序控制器（Programmable Logic Controller）简称 PLC，国际电工委员会（IEC）于1985 年对可编程序控制器作了如下定义：可编程序控制器是一种数字运算操作的电子系统，专为在工业环境下应用而设计。它采用可编程序的存储器，用来在其内部存储执行逻辑运算、顺序控制、定时、计数和算术运算等操作的指令，并通过数字、模拟的输入和输出，控制各种类型的机械或生产过程。可编程序控制器及其有关设备，都应按易于与工业控制系统连成一个整体，易于扩充功能的原则设计。PLC 是一种工业计算机，其种类繁多，不同厂家的产品有各自的特点，但作为工业标准设备，可编程序控制器又有一定的共性。

1.1.1 PLC 的发展历史

20 世纪 60 年代以前，汽车生产线的自动控制系统基本上都是由继电器控制装置构成的。当时每次改型都直接导致继电器控制装置的重新设计和安装，福特汽车公司的老板曾经说："无论顾客需要什么样的汽车，福特的汽车永远是黑色的"从侧面反映汽车改型和升级换代比较困难。为了改变这一现状，1969 年，美国的通用汽车公司（GM）公开招标，要求用新的装置取代继电器控制装置，并提出 10 项招标指标，要求编程方便、现场可修改程序、维修方便、采用模块化设计、体积小、可与计算机通信等。同一年，美国数字设备公司（DEC）研制出了世界上第一台可编程序控制器 PDP-14，在美国通用汽车公司的生产线上试用成功，并取得了满意的效果，可编程序控制器从此诞生。由于当时的 PLC 只能取代继电器接触器控制，功能仅限于逻辑运算、计时、计数等，因此称为"可编程序逻辑控制器"。伴随着微电子技术、控制技术与信息技术的不断发展，可编程序控制器的功能不断增强。美国电气制造商协会（NEMA）于 1980 年正式将其命名为"可编程序控制器"，简称 PC，由于这个名称和个人计算机的简称相同，容易混淆，因此在我国，很多人仍然习惯称可编程序控制器为 PLC。

由于 PLC 具有易学易用、操作方便、可靠性高、体积小、通用灵活和使用寿命长等一系列优点，因此，PLC 很快就在工业中得到了广泛的应用。同时，这一新技术也受到其他国家的重视。1971 年日本引进这项技术，很快研制出日本第一台 PLC，欧洲于 1973 年研制出第一台 PLC，我国从 1974 年开始研制，1977 年国产 PLC 正式投入工业应用。

进入 20 世纪 80 年代以来，随着电子技术的迅猛发展，以 16 位和 32 位微处理器构成的微机化 PLC 得到快速发展（例如 GE 的 RX7i，使用的是赛扬 CPU，其主频达 1GHz，其信息处理能力几乎和个人电脑相当），使得 PLC 在设计、性能价格比以及应用方面有了突破，不仅控制功能增强，功耗和体积减小，成本下降，可靠性提高，编程和故障检测更为灵活方便，而且随着远程 I/O 和通信网络、数据处理和图像显示的发展，已经使得 PLC 普遍用于控制复杂生产过程。PLC 已经成为工厂自动化的三大支柱之一。

1.1.2 PLC 的主要特点

PLC 之所以高速发展，除了工业自动化的客观需要外，还有许多适合工业控制的独特的优点，它较好地解决了工业控制领域中普遍关心的可靠、安全、灵活、方便、经济等问题，其主要特点如下。

（1）抗干扰能力强，可靠性高

在传统的继电器控制系统中，使用了大量的中间继电器、时间继电器，由于器件的固有缺点，如器件老化、接触不良、触点抖动等现象，大大降低了系统的可靠性。而在 PLC 控制系统中大量的开关动作由无触点的半导体电路完成，因此故障大大减少。

此外，PLC 的硬件和软件方面采取了措施，提高其可靠性。在硬件方面，所有的 I/O 接口都采用了光电隔离，使得外部电路与 PLC 内部电路实现了物理隔离。各模块都采用了屏蔽措施，以防止辐射干扰。电路中采用了滤波技术，以防止或抑制高频干扰。在软件方面，PLC 具有良好的自诊断功能，一旦系统的软硬件发生异常情况，CPU 会立即采取有效措施，以防止故障扩大。通常 PLC 具有看门狗功能。

对于大型的 PLC 系统，还可以采用双 CPU 构成冗余系统或者三 CPU 构成表决系统，使系统的可靠性进一步提高。

（2）程序简单易学，系统的设计调试周期短

PLC 是面向用户的设备，PLC 的生产厂家充分考虑到现场技术人员的技能和习惯，可采用梯形图或面向工业控制的简单指令形式。梯形图与继电器原理图很相似，直观、易懂、易掌握，不需要学习专门的计算机知识和语言。设计人员可以在设计室设计、修改和模拟调试程序，非常方便。

（3）安装简单，维修方便

PLC 不需要专门的机房，可以在各种工业环境下直接运行，使用时只需将现场的各种设备与 PLC 相应的 I/O 端相连接，即可投入运行。各种模块上均有运行和故障指示装置，便于用户了解运行情况和查找故障。

（4）采用模块化结构，体积小，重量轻

为了适应工业控制需求，除了整体式 PLC 外，绝大多数 PLC 采用模块化结构。PLC 的各部件，包括 CPU、电源、I/O 等都采用模块化设计。此外，PLC 相对于通用工控机，其体积和重量要小得多。

（5）丰富的 I/O 接口模块，扩展能力强

PLC 针对不同的工业现场信号（如交流或直流、开关量或模拟量、电压或电流、脉冲或电位、强电或弱电等）有相应的 I/O 模块与工业现场的器件或设备（如按钮、行程开关、接近开关、传感器及变送器、电磁线圈、控制阀等）直接连接。另外，为了提高操作性能，它还有多种人-机对话的接口模块，为了组成工业局部网络，它还有多种通信联网的接口模块等。

1.1.3 PLC 的应用范围

目前，PLC 在国内外已广泛应用于专用机床、机床、控制系统、自动化楼宇、钢铁、石

油、化工、电力、建材、汽车、纺织机械、交通运输、环保以及文化娱乐等各行各业。随着PLC性能价格比的不断提高，其应用范围还将不断扩大，其应用场合可以说是无处不在，具体应用大致可归纳为如下几类。

（1）顺序控制

这是PLC最基本、最广泛应用的领域，它取代传统的继电器顺序控制。PLC用于单机控制、多机群控制、自动化生产线的控制，例如数控机床、注塑机、印刷机械、电梯控制和纺织机械等。

（2）计数和定时控制

PLC为用户提供了足够的定时器和计数器，并设置相关的定时和计数指令，PLC的计数器和定时器精度高、使用方便，可以取代继电器系统中的时间继电器和计数器。

（3）位置控制

大多数的PLC制造商，目前都提供拖动步进电动机或伺服电动机的单轴或多轴位置控制模块，这一功能可广泛用于各种机械，如金属切削机床、装配机械等。

（4）模拟量处理

PLC通过模拟量的输入/输出模块，实现模拟量与数字量的转换，并对模拟量进行控制，有的还具有PID控制功能。例如用于锅炉的水位、压力和温度控制。

（5）数据处理

现代的PLC具有数学运算、数据传递、转换、排序和查表等功能，也能完成数据的采集、分析和处理。

（6）通信联网

PLC的通信包括PLC相互之间、PLC与上位计算机、PLC和其他智能设备之间的通信。PLC系统与通用计算机可以直接或通过通信处理单元、通信转接器相连构成网络，以实现信息的交换，并可构成“集中管理、分散控制”的分布式控制系统，满足工厂自动化系统的需要。

1.1.4 PLC的分类与性能指标

（1）PLC的分类

① 从组成结构形式分类　可以将PLC分为两类：一类是整体式PLC（也称单元式），其特点是电源、中央处理单元、I/O 接口都集成在一个机壳内；另一类是标准模板式结构化的PLC（也称组合式），其特点是电源模板、中央处理单元模板、I/O模板等在结构上是相互独立的，可根据具体的应用要求，选择合适的模块，安装在固定的机架或导轨上，构成一个完整的PLC应用系统。

② 按I/O点容量分类

a. 小型PLC。小型PLC的I/O点数一般在128点以下。

b. 中型PLC。中型PLC采用模块化结构，其I/O点数一般在256～1024点之间。

c. 大型PLC。一般I/O点数在1024点以上的称为大型PLC。

（2）PLC的性能指标

各厂家的PLC虽然各有特色，但其主要性能指标是相同的。

① 输入/输出（I/O）点数　输入/输出（I/O）点数是最重要的一项技术指标，是指PLC的面板上连接外部输入、输出端子数，常称为“点数”，用输入与输出点数的和表示。点数越多表示PLC可接入的输入器件和输出器件越多，控制规模越大。点数是PLC选型时最重要

的指标之一。

② 扫描速率　扫描速率是指 PLC 执行程序的速率。以 ms/K 为单位，即执行 1K 步指令所需的时间。1 步占 1 个地址单元。

③ 存储容量　存储容量通常用 K 字（KW）或 K 字节（KB）、K 位来表示。这里 1K＝1024。有的 PLC 用“步”来衡量，一步占用一个地址单元。存储容量表示 PLC 能存放多少用户程序。例如，三菱型号为 FX2N-48MR 的 PLC 存储容量为 8000 步。有的 PLC 的存储容量可以根据需要配置，有的 PLC 的存储器可以扩展。

④ 指令系统　指令系统表示该 PLC 软件功能的强弱。指令越多，编程功能就越强。

⑤ 内部寄存器（继电器）　PLC 内部有许多寄存器用来存放变量、中间结果、数据等，还有许多辅助寄存器可供用户使用。因此寄存器的配置也是衡量 PLC 功能的一项指标。

⑥ 扩展能力　扩展能力是反映 PLC 性能的重要指标之一。PLC 除了主控模块外，还可配置实现各种特殊功能的高功能模块。例如 A/D 模块、D/A 模块、高速计数模块、远程通信模块等。

1.1.5　PLC 与继电器系统的比较

在 PLC 出现以前，继电器硬接线电路是逻辑、顺序控制的唯一执行者，它结构简单、价格低廉，一直被广泛应用。PLC 出现后，几乎所有的方面都超过继电器控制系统，两者的性能比较见表 1-1。

表 1-1　可编程序控制器与继电器控制系统的比较

序号	比较项目	继电器控制	可编程序控制器控制
1	控制逻辑	硬接线多、体积大、连线多	软逻辑、体积小、接线少、控制灵活
2	控制速度	通过触点开关实现控制，动作受继电器硬件限制，通常超过 10ms	由半导体电路实现控制，指令执行时间短，一般为微秒级
3	定时控制	由时间继电器控制，精度差	由集成电路的定时器完成，精度高
4	设计与施工	设计、施工、调试必须按照顺序进行，周期长	系统设计完成后，施工与程序设计同时进行，周期短
5	可靠性与维护	继电器的触点寿命短，可靠性和维护性差	无触点，寿命长，可靠性高，有自诊断功能
6	价格	价格低	价格高

1.1.6　PLC 与微机的比较

采用微电子技术制造的可编程序控制器与微机一样，也由 CPU、ROM（或者 FLASH）、RAM、I/O 接口等组成，但又不同于一般的微机，可编程序控制器采用了特殊的抗干扰技术，是一种特殊的工业控制计算机，更加适合工业控制。两者的性能比较见表 1-2。

表 1-2　PLC 与微机的比较

序号	比较项目	可编程序控制器控制	微机控制
1	应用范围	工业控制	科学计算、数据处理、计算机通信
2	使用环境	工业现场	具有一定温度和湿度的机房
3	输入/输出	控制强电设备，需要隔离	与主机弱电联系，不隔离
4	程序设计	一般使用梯形图语言，易学易用	编程语言丰富，如 C、BASIC 等
5	系统功能	自诊断、监控	使用操作系统
6	工作方式	循环扫描方式和中断方式	中断方式

1.1.7 PLC 的发展趋势

① 向高性能、高速度、大容量发展。

② 网络化。强化通信能力和网络化，向下将多个可编程控制器或者多个I/O框架相连；向上与工业计算机、以太网等相连，构成整个工厂的自动化控制系统。即便是微型的S7-200系列PLC也能组成多种网络，通信功能十分强大。

③ 小型化、低成本、简单易用。目前，有的小型PLC的价格只有几百元人民币。

④ 不断提高编程软件的功能。编程软件可以对PLC控制系统的硬件组态，在屏幕上可以直接生成和编辑梯形图、指令表、功能块图和顺序功能图程序，并可以实现不同编程语言的相互转换。程序可以下载、存盘和打印，通过网络或电话线，还可以实现远程编程。

⑤ 适合PLC应用的新模块。随着科技的发展，对工业控制领域将提出更高的、更特殊的要求，因此，必须开发特殊功能模块来满足这些要求。

⑥ PLC的软件化与PC化。目前已有多家厂商推出了在PC上运行的可实现PLC功能的软件包，也称为“软PLC”，“软PLC”的性能价格比比传统的“硬PLC”更高，是PLC的一个发展方向。

PC化的PLC类似于PLC，但它采用了PC的CPU，功能十分强大，如GE的Rx7i和Rx3i使用的就是工控机用的赛扬CPU，主频已经达到1GHz。

1.1.8 PLC 在我国

（1）国外PLC 品牌

目前PLC在我国得到了广泛的应用，很多知名厂家的PLC在我国都有应用。

① 美国是PLC生产大国，有100多家PLC生产厂家。其中A-B公司的PLC产品规格比较齐全，主推大中型PLC，主要产品系列是PLC-5。通用电气也是知名PLC生产厂商，大中型PLC产品系列有RX3i和RX7i等。德州仪器也生产大、中、小全系列PLC产品。

② 欧洲的PLC产品也久负盛名。德国的西门子公司、AEG公司和法国的TE（施耐德）公司都是欧洲著名的PLC制造商。其中西门子公司的PLC产品与美国的A-B的PLC产品齐名。

③ 日本的小型PLC具有一定的特色，性价比较高，比较有名的品牌有三菱、欧姆龙、松下、富士、日立和东芝等，在小型机市场，日系PLC的市场份额曾经高达70%。

（2）国产PLC品牌

我国自主品牌的PLC生产厂家有30余家。在目前已经上市的众多PLC产品中，还没有形成规模化的生产和名牌产品，甚至还有一部分是以仿制、来件组装或“贴牌”方式生产。单从技术角度来看，国产小型PLC与国际知名品牌小型PLC差距正在缩小，使用越来越多。例如和利时、深圳汇川和无锡信捷等公司生产的微型PLC已经比较成熟，其可靠性在许多低端应用中得到了验证，逐渐被用户认可，但其知名度与世界先进水平还有一定的差距。

总的来说，我国使用的小型可编程序控制器主要以日本和国产的品牌为主，而大中型可编程序控制器主要以欧美的品牌为主。目前95%以上的PLC市场被国外品牌所占领。

1.2 可编程序控制器的结构和工作原理

1.2.1 可编程序控制器的硬件组成

可编程序控制器种类繁多，但其基本结构和工作原理相同。可编程序控制器的功能结构区由 CPU（中央处理器）、存储器和输入模块/输出模块三部分组成，如图 1-1 所示。

（1）CPU（中央处理器）

CPU 的功能是完成 PLC 内所有的控制和监视操作。中央处理器一般由控制器、运算器和寄存器组成。CPU 通过数据总线、地址总线和控制总线与存储器、输入/输出接口电路连接。

（2）存储器

在 PLC 中使用两种类型的存储器：一种是只读类型的存储器，如 EPROM 和 EEPROM，另一种是可读/写的随机存储器 RAM。PLC 的存储器分为 5 个区域，如图 1-2 所示。

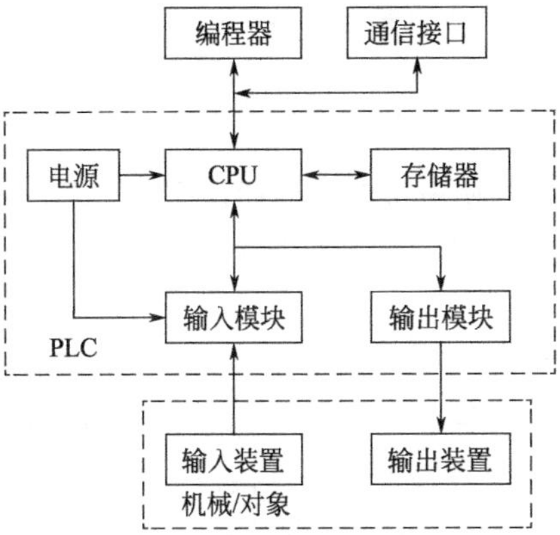

图 1-1 可编程序控制器结构框图

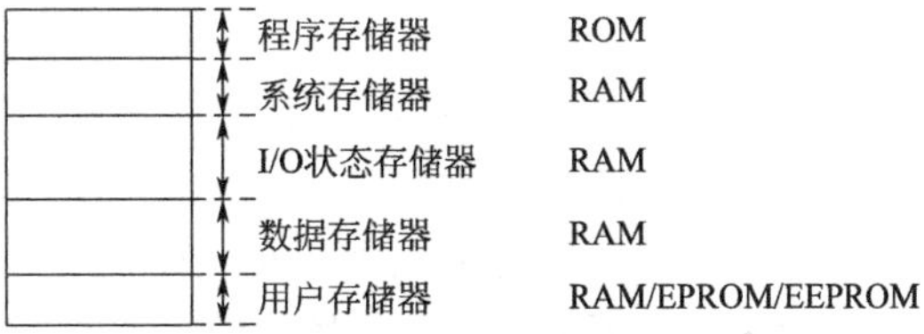

图 1-2 存储器的区域划分

程序存储器的类型是只读存储器（ROM），PLC 的操作系统存放在这里，程序由制造商固化，通常不能修改。存储器中的程序负责解释和编译用户编写的程序，监控 I/O 口的状态，对 PLC 进行自诊断，扫描 PLC 中的程序等。系统存储器属于随机存储器（RAM），主要用于存储中间计算结果和数据、系统管理，有的 PLC 厂家用系统存储器存储一些系统信息，如错误代码等，系统存储器不对用户开放。I/O 状态存储器属于随机存储器，用于存储 I/O 装置的状态信息，每个输入模块和输出模块都在 I/O 映像表中分配一个地址，而且这个地址是唯一的。数据存储器属于随机存储器，主要用于数据处理功能，为计数器、定时器、算术计算和过程参数提供数据存储。有的厂家将数据存储器细分为固定数据存储器和可变数据存储器。用户编程存储器，其类型可以是随机存储器、可擦除存储器（EPROM）和电擦除存储器（EEPROM），高档的 PLC 还可以用 FLASH。用户编程存储器主要用于存放用户编写的程序。存储器的关系如图 1-3 所示。

只读存储器可以用来存放系统程序，PLC 断电后再上电，系统内容不变且重新执行。只读存储器也可用来固化用户程序和一些重要参数，以免因偶然操作失误而造成程序和数据的破坏或丢失。随机存储器中一般存放用户程序和系统参数。当 PLC 处于编程工作时，CPU

从 RAM 中取指令并执行。用户程序执行过程中产生的中间结果也在 RAM 中暂时存放。RAM 通常由 CMOS 型集成电路组成，功耗小，但断电时内容消失，所以一般使用大电容或后备锂电池保证掉电后 PLC 的内容在一定时间内不丢失。

（3）输入/输出接口

可编程序控制器的输入和输出信号可以是开关量或模拟量。输入/输出接口是 PLC 内部弱电（low power）信号和工业现场强电（high power）信号联系的桥梁。输入/输出接口主要有两个作用，一是利用内部的电隔离电路将工业现场和 PLC 内部进行隔离，起保护作用；二是调理信号，可以把不同的信号（如强电、弱电信号）调理成 CPU 可以处理的信号（5V、3.3V 或 2.7V 等），如图 1-4 所示。

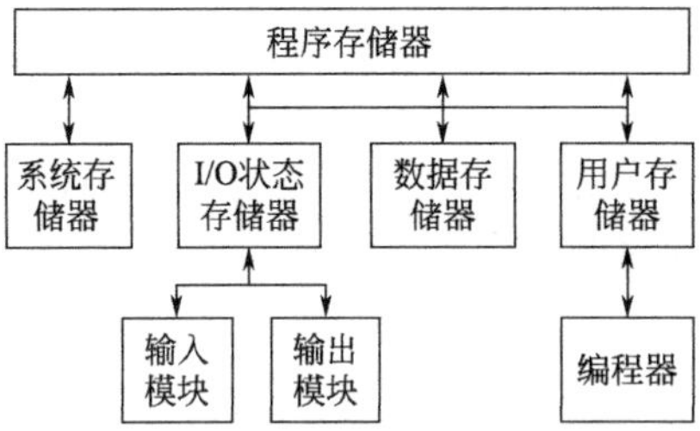

图 1-3 存储器的关系

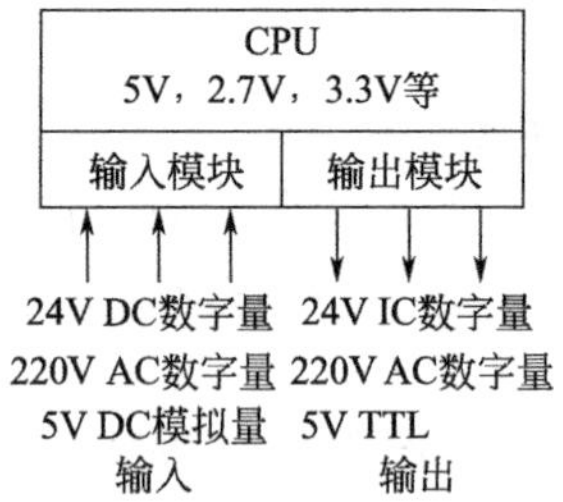

图 1-4 输入/输出接口

输入/输出接口模块是 PLC 系统中最大的部分，输入/输出接口模块通常需要电源，输入电路的电源可以由外部提供，对于模块化的 PLC 还需要背板（安装机架）。

① 输入接口电路

a. 输入接口电路的组成和作用。输入接口电路由接线端子、输入调理和电平转换电路、模块状态显示、电隔离电路和多路选择开关模块组成，如图 1-5 所示。现场的信号必须连接在输入端子才可能将信号输入到 CPU 中，它提供了外部信号输入的物理接口；调理和电平转换电路十分重要，可以将工业现场的信号（如强电 220V AC 信号）转化成电信号（CPU 可以识别的弱电信号）；电隔离电路主要利用电隔离器件将工业现场的机械或者电输入信号和 PLC 的 CPU 的信号隔开，它能确保过高的电干扰信号和浪涌不串入 PLC 的微处理器，起保护作用，有三种隔离方式，用得最多的是光电隔离，其次是变压器隔离和干簧继电器隔离；当外部有信号输入时，输入模块上有指示灯显示，这个电路比较简单，当线路中有故障时，它帮助用户查找故障，因氖灯或 LED 灯的寿命比较长，所以这个灯通常是氖灯或 LED 灯；多路选择开关接收调理完成的输入信号，并存储在多路开关模块中，当输入循环扫描时，多路开关模块中信号输送到 I/O 状态寄存器中。

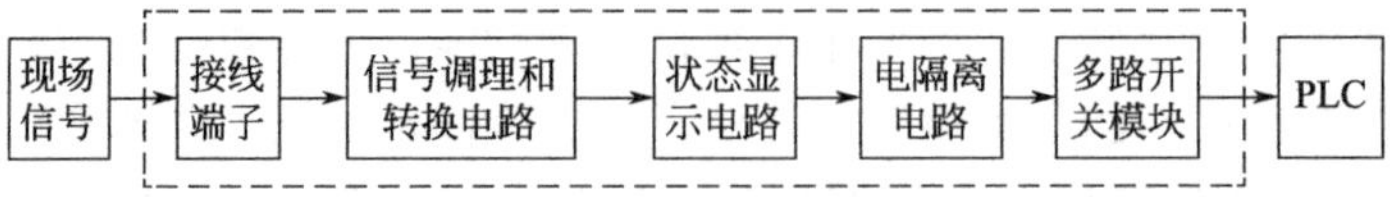

图 1-5 输入接口的结构

b. 输入信号的设备的种类。输入信号可以是离散信号或模拟信号。当输入端是离散信号时，输入端的设备类型可以是限位开关、按钮、压力继电器、继电器触点、接近开关、选择开关、光电开关等，如图 1-6 所示。当输入为模拟量输入时，输入设备的类型可以是压力传感器、温度传感器、流量传感器、电压传感器、电流传感器、力传感器等。

② 输出接口电路

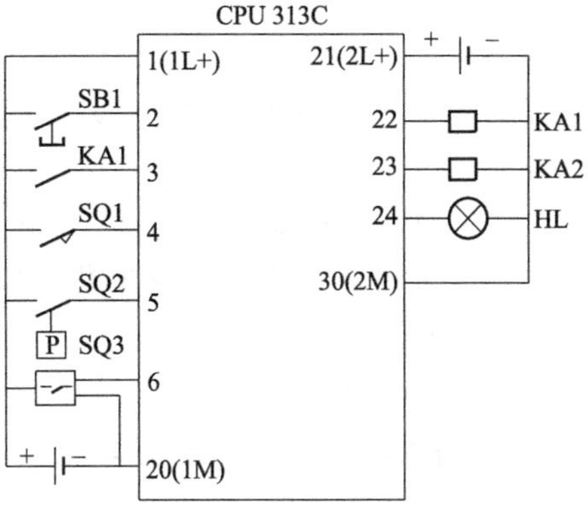

图 1-6 输入/输出接口

a. 输出接口电路的组成和作用。输出接口电路由多路选择开关模块、信号锁存器、电隔离电路、模块状态显示电路、输出电平转换电路和接线端子组成，如图 1-7 所示。在输出扫描期间，多路选择开关模块接受来自映像表中的输出信号，并对这个信号的状态和目标地址进行译码，最后将信息送给锁存器；信号锁存器是将多路选择开关模块的信号保存起来，直到下一次更新；输出接口的电隔离电路作用和输入模块的一样，但是由于输出模块输出的信号比输入信号要强得多，因此要求隔离电磁干扰和浪涌的能力更高；输出电平转换电路将隔离电路送来的信号放大成足够驱动现场设备的信号，放大器件可以是双向晶闸管、三极管和干簧继电器等；输出的接线端子用于将输出模块与现场设备相连接。

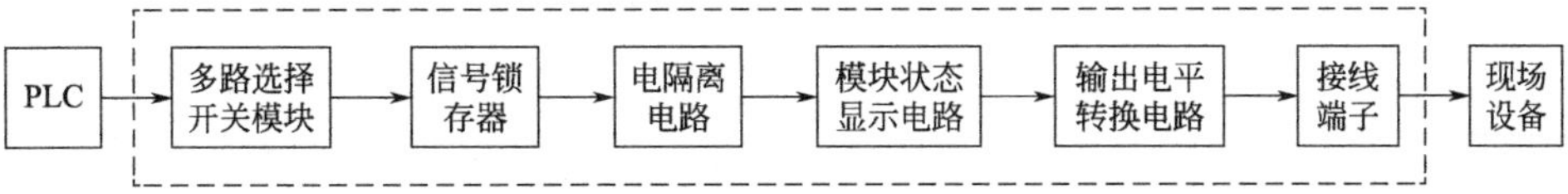

图 1-7 输出接口的结构

可编程序控制器有三种输出接口形式：继电器输出、晶体管输出和晶闸管输出形式。继电器输出形式的 PLC 的负载电源可以是直流电源或交流电源，但其输出响应频率较慢，其内部电路如图 1-8 所示。晶体管输出的 PLC 负载电源是直流电源，其输出响应频率较快，其内部电路如图 1-9 所示。晶闸管输出形式的 PLC 的负载电源是交流电源，西门子 S7-200 系列 PLC 的 CPU 模块暂时还没有晶闸管输出形式的产品出售，但三菱 FX 系列有这种产品。选型时要特别注意 PLC 的输出形式。

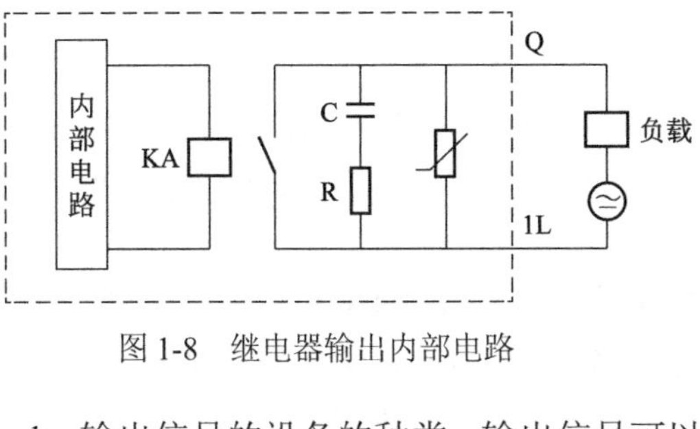

图 1-8 继电器输出内部电路

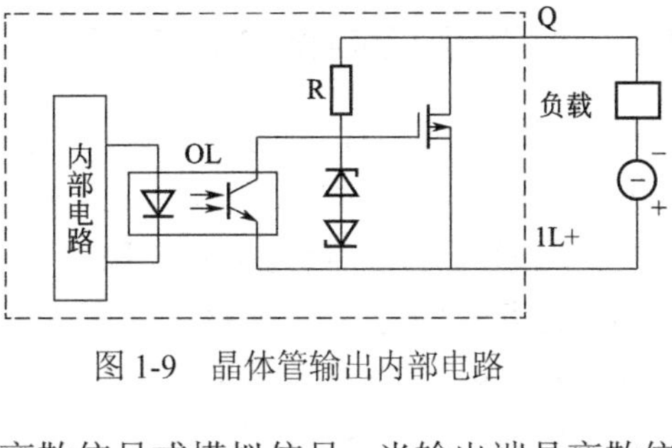

图 1-9 晶体管输出内部电路

b. 输出信号的设备的种类。输出信号可以是离散信号或模拟信号。当输出端是离散信号时，输出端的设备类型可以是电磁阀的线圈、电动机启动器、控制柜的指示器、接触器线圈、LED 灯、指示灯、继电器线圈、报警器和蜂鸣器等。当输出为模拟量输出时，输出设备的类型可以是流量阀、AC 驱动器（如交流伺服驱动器）、DC 驱动器、模拟量仪表、温度控制器和流量控制器等。

【关键点】 PLC 的继电器型输出虽然响应速度慢，但其驱动能力强，一般为 2A，这是继电器型输出 PLC 的一个重要的优点。有的特殊性号的 PLC，如西门子 LOGO!的某些型号驱动能力可达 5A 和 10A，能直接驱动接触器。此外，从图 1-8 可以看出继电器型输出形式的 PLC，对于一般的误接线，一般不会引起 PLC 内部器件的烧毁（高于交流 220V 电压是不允许的）。因此，继电器输出形式是选型时的首选，在工程实践中，用得比较多。

晶体管输出的 PLC 的输出电流一般小于 1A，西门子 S7-200 的输出电流是 0.75A（西门子有的型号的 PLC 的输出电流甚至只有 0.5A），可见晶体管输出的驱动能力较小。此外，图 1-9 可以看出晶体管型输出形式的 PLC，对于一般的误接线，可能会引起 PLC 内部器件的烧毁，所以要特别注意。

【例 1-1】 某学生按如图 1-10 所示接线，之后学生发现压下 SB1、SB2 和 SB3 按钮，发现输入端的指示灯没有显示，PLC 中没有程序，但灯 HL 常亮，接线没有错误，+24V 电源也正常。学生的分析是输入和输出接口烧毁，请问学生的分析是否正确。

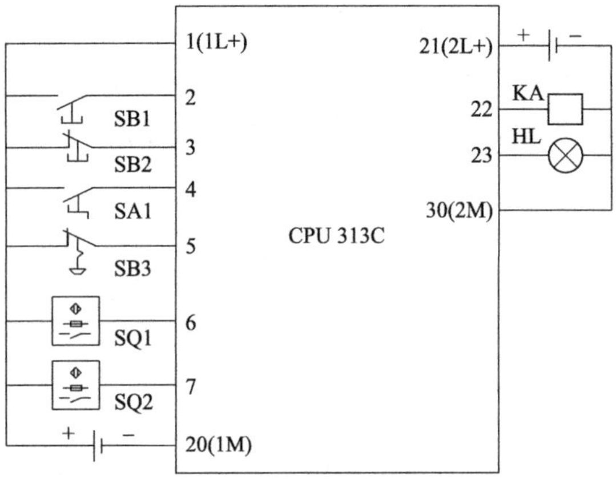

图 1-10 接线图

【解】

分析如下：

① 一般在实验室环境下，输入端口不会烧毁，因为输入接口电路有光电隔离电路保护，除非有较大电压（如交流 220V）的误接入，而且烧毁输入接口一般也不会所有的接口同时烧毁。经过检查，发现接线端子 1M 是“虚接”，压紧此接线端子后，输入端恢复正常。

② 误接线容易造成晶体管输出回路的器件烧毁，晶体管的击穿会造成回路导通，从而造成 HL 灯常亮。

【关键点】 本书中所有的 PNP 输入和 NPN 输入，都是以传感器为对象，有的资料以 PLC 为对象，则变成 NPN 输入和 PNP 输入，请读者注意。

1.2.2 可编程序控制器的工作原理

PLC 是一种存储程序的控制器。用户根据某一对象的具体控制要求，编制好控制程序后，用编程器将程序输入到 PLC（或用计算机下载到 PLC）的用户程序存储器中寄存。PLC 的控制功能就是通过运行用户程序来实现的。

PLC 运行程序的方式与微型计算机相比有较大的不同，微型计算机运行程序时，一旦执行到 END 指令，程序运行结束。而 PLC 从 0 号存储地址所存放的第一条用户程序开始，在无中断或跳转的情况下，按存储地址号递增的方向顺序逐条执行用户程序，直到 END 指令结束。然后从头开始执行，并周而复始地重复，直到停机或从运行(RUN)切换到停止(STOP)工作状态。把 PLC 这种执行程序的方式称为扫描工作方式。每扫描完一次程序就构成一个扫描周期。另外，PLC 对输入、输出信号的处理与微型计算机不同。微型计算机对输入、输出信号实时处理，而 PLC 对输入、输出信号是集中批处理。下面具体介绍 PLC 的扫描工作过程。其运行和信号处理示意如图 1-11 所示。

PLC 扫描工作方式主要分为三个阶段：输入扫描、程序执行、输出刷新。

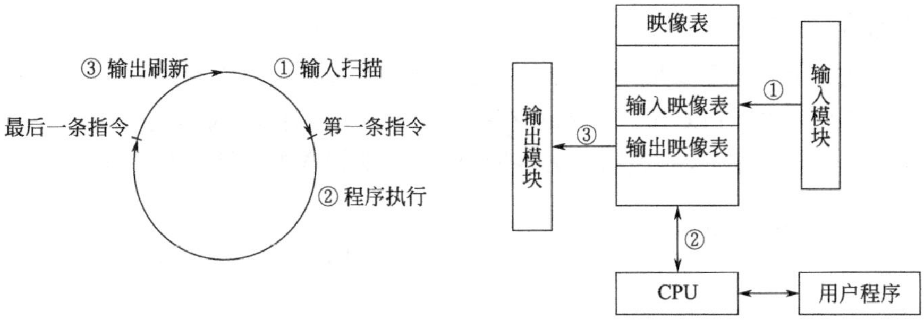

图 1-11　PLC 内部运行和信号处理示意图

（1）输入扫描

PLC 在开始执行程序之前，首先扫描输入端子，按顺序将所有输入信号，读入到寄存器-输入状态的输入映像寄存器中，这个过程称为输入扫描。PLC 在运行程序时，所需的输入信号不是现时取输入端子上的信息，而是取输入映像寄存器中的信息。在本工作周期内这个采样结果的内容不会改变，只有到下一个扫描周期输入扫描阶段才被刷新。PLC 的扫描速率很快，取决于 CPU 的时钟频率。

（2）程序执行

PLC 完成了输入扫描工作后，按顺序从 0 号地址开始的程序进行逐条扫描执行，并分别从输入映像寄存器、输出映像寄存器以及辅助继电器中获得所需的数据进行运算处理。再将程序执行的结果写入输出映像寄存器中保存。但这个结果在全部程序未被执行完毕之前不会送到输出端子上，也就是物理输出是不会改变的。扫描时间取决于程序的长度、复杂程度和 CPU 的功能。

（3）输出刷新

在执行到 END 指令，即执行完用户所有程序后，PLC 上将输出映像寄存器中的内容送到输出锁存器中进行输出，驱动用户设备。扫描时间取决于输出模块的数量。

从以上的介绍可以知道，PLC 程序扫描特性决定了 PLC 的输入和输出状态并不能在扫描的同时改变，例如一个按钮开关的输入信号的输入刚好在输入扫描之后，那么这个信号只有在下一个扫描周期才能被读入。

上述三个步骤是 PLC 的软件处理过程，可以认为就是程序扫描时间。扫描时间通常由三个因素决定，一是 CPU 的时钟频率，越高档的 CPU，时钟频率越高，扫描时间越短；二是 I/O 模块的数量，模块数量越少，扫描时间越短；三是程序的长度，程序长度越短，扫描时间越短。一般的 PLC 执行容量为 1K 的程序约需要的扫描时间是 1～10ms。

1.2.3　可编程序控制器的立即输入、输出功能

比较高档的 PLC 都有立即输入、输出功能。

（1）立即输出功能

所谓立即输出功能就是输出模块在处理用户程序时，能立即被刷新。PLC 临时挂起（中断）正常运行的程序，将输出映像表中的信息输送到输出模块，立即进行输出刷新，再回到程序中继续运行，立即输出的示意图如图 1-12 所示。注意，立即输出功能并不能立即刷新所有的输出模块。

（2）立即输入功能

立即输入适用于要求对反应速度很严格的场合，例如几毫秒的时间对于控制来说十分关键的情况。立即输入时，PLC 立即挂起正在执行的程序，扫描输入模块，然后更新特定的输入状态到输入映像表，最后继续执行剩余的程序，立即输入的示意图如图 1-13 所示。

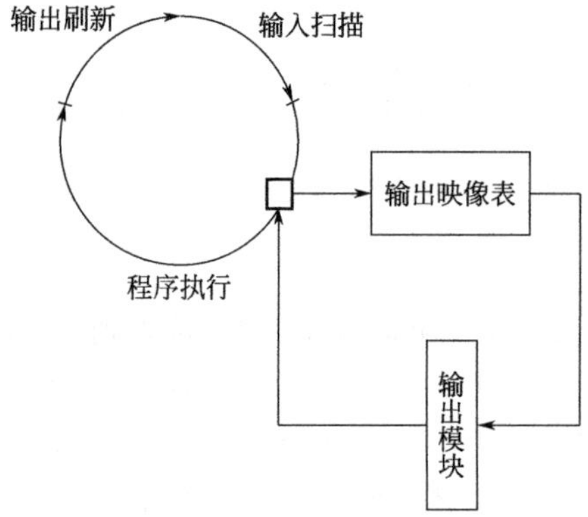

图 1-12　立即输出过程

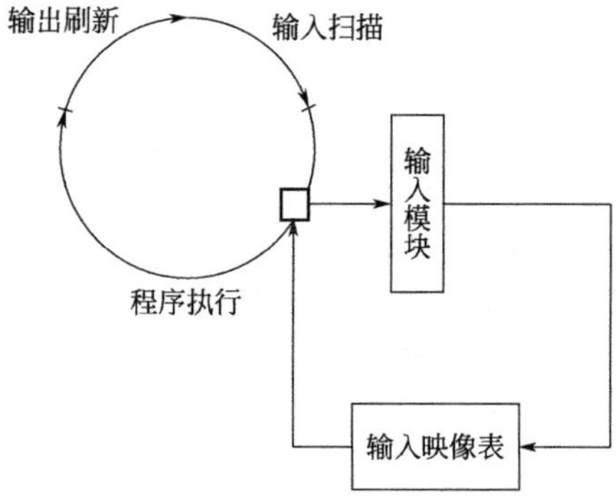

图 1-13　立即输入过程

第2章 西门子 S7-300/400 PLC 的硬件介绍

本章介绍常用西门子 S7-300/400 的 CPU 模块、数字量输入/输出模块、模拟量输入/输出模块、功能模块、机架和电源模块的功能、接线和安装，这些内容是后续程序设计和控制系统设计所必需的。

2.1 西门子 S7-300 常用模块及其接线

2.1.1 西门子 PLC 简介

德国的西门子（SIEMENS）公司是欧洲最大的电子和电气设备制造商之一，生产的 SIMATIC 可编程控制器在欧洲处于领先地位。其第一代可编程控制器是 1975 年投放市场的 SIMATIC S3 系列的控制系统。之后在 1979 年，西门子公司将微处理器技术被应用到可编程控制器中，研制出了 SIMATIC S5 系列，取代了 S3 系列，目前 S5 系列产品仍然有小部分在工业现场使用，在 20 世纪末，西门子又在 S5 系列的基础上推出了 S7 系列产品。最新的 SIMATIC 产品为 SIMATIC S7 和 C7 等几大系列。C7 是基于 S7-300 系列 PLC 性能，同时集成了 HMI。

SIMATIC S7 系列产品分为 S7-200 系列、S7-200 SMART 系列、S7-1200 系列、S7-300 系列、S7-400 系列和 S7-1500 系列六个产品系列。S7-200 是在西门子收购的小型 PLC 的基础上发展而来的，因此其指令系统、程序结构和编程软件和 S7-300/400 有较大的区别，在西门子 PLC 产品系列中是一个特殊的产品。S7-200 SMART 是 S7-200 的升级版本，是西门子家族的新成员，于 2012 年 7 月发布，其绝大多数的指令和使用方法与 S7-200 类似，其编程软件也和 S7-200 的类似，而且在 S7-200 运行的程序，大部分可以在 S7-200 SMART 中运行。S7-1200 系列是在 2009 年才推出的新型小型 PLC，定位于 S7-200 和 S7-300 产品之间。S7-300/400 由西门子的 S5 系列发展而来，是西门子公司的最具竞争力的 PLC 产品。2013 年西门子公司又推出了新品 S7-1500 系列产品。西门子的 PLC 产品系列的定位见表 2-1。

表 2-1 西门子的 PLC 产品系列的定位

序号	控制器	定 位	主要任务和性能特征
1	S7-200	低端的离散自动化系统和独立自动化系统中使用的紧凑型逻辑控制器模块	串行模块结构、模块化扩展 紧凑设计，CPU 集成 I/O 实时处理能力，高速计数器和报警输入和中断 易学易用的软件 多种通信选项

续表

序号	控制器	定 位	主要任务和性能特征
2	S7-200 SMART	低端的离散自动化系统和独立自动化系统中使用的紧凑型逻辑控制器模块，是S7-200的升级版本	串行模块结构、模块化扩展 紧凑设计，CPU集成I/O 集成了PROFINET接口 实时处理能力，高速计数器和报警输入和中断 易学易用的软件 多种通信选项
3	S7-1200	低端的离散自动化系统和独立自动化系统中使用的小型控制器模块	可升级及灵活的设计 集成了PROFINET接口 集成了强大的计数、测量、闭环控制及运动控制功能 直观高效的STEP7 Basic工程系统可以直接组态控制器和HMI
4	S7-300	中端的离散自动化系统中使用的控制器模块	通用型应用和丰富的CPU模块种类 高性能 模块化设计，紧凑设计 由于使用MMC存储程序和数据，系统免维护
5	S7-400	高端的离散和过程自动化系统中使用的控制器模块	特别高的通信和处理能力 定点加法或乘法的指令执行速度最快为0.03μs 大型I/O框架和最高20MB的主内存 快速响应，实时性强，垂直集成 支持热插拔和在线I/O配置，避免重启 具备等时模式，可以通过PROFIBUS控制高速机器
6	S7-1500	中高端系统	S7-1500控制器除了包含多种创新技术之外，还设定了新标准，最大程度提高生产效率。无论是小型设备还是对速度和准确性要求较高的复杂设备装置，都一一适用。SIMATIC S7-1500无缝集成到TIA博途软件中，极大提高了工程组态的效率

2.1.2 西门子S7-300常用模块及其接线

（1）西门子S7-300的基本结构

西门子S7-300系列PLC是模块化结构设计的PLC，各个单独模块之间可进行广泛组合和扩展。它的主要组成部分有电源模块（PS）、中央处理器模块（CPU）、导轨（RACK）、接口模块（IM）、信号模块（SM）和功能模块（FM）等。西门子S7-300可以通过MPI接口直接与编程器（PG）、操作面板（OP）和其他S7系列PLC相连。其实物如图2-1所示，其系统构成如图2-2所示。

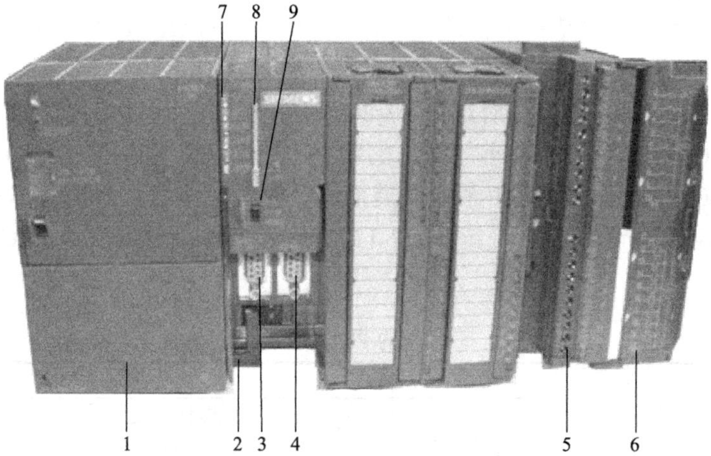

图2-1 西门子S7-300 PLC实物图

1—电源模块；2—24V DC连接器；3—MPI接口；4—DP接口；5—前连接器；
6—前盖；7—状态和故障指示灯；8—存储卡；9—模式开关

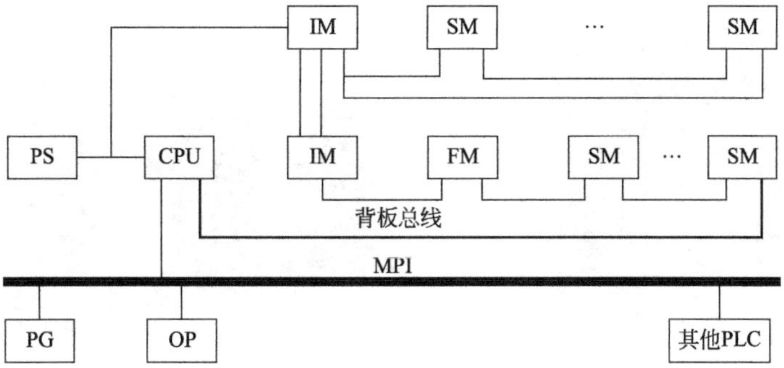

图 2-2 西门子 S7-300 PLC 系统构成

① 电源模块（PS） 电源模块用于向 CPU 及其扩展模块提供+24V DC 电源。电源模块与 CPU 之间用电缆（连接器）连接，而不是用背板供电，因此有的设计者为了省钱用普通开关电源取代西门子的电源模块，但这样做是不被西门子公司推荐的。目前电源模块有 2A、5A 和 10A 三种规格，可根据实际选用。

② 中央处理器模块（CPU） S7-300 的 CPU 模块主要包括 CPU312、CPU312C、CPU313C、CPU313C-PtP、CPU314-2DP 等型号，有的型号还有不同的版本号（如 CPU314-2DP 目前有 2.0 版和 2.6 版），每种 CPU 有其不同的性能。CPU 型号中的“C”表示紧凑型 CPU；CPU 型号中的“DP”表示带有 9 针的 DP 接口；CPU 型号中的“PtP”表示带有 15 针的 PtP 接口；有的 CPU 上还带有输入/输出端子。

③ 导轨（RACK） 导轨是安装 S7-300 各类模块的机架，它是特制的异形板，其标准长度有 160mm、482mm、530mm、830mm 和 2000mm，可以根据实际选用，此导轨可以切割成需要的长度。

④ 信号模块（SM） 信号模块是数字量 I/O 模块和模拟量 I/O 模块的总称。信号模块主要有 SM321（数字量输入）、SM322（数字量输出）、SM331（模拟量输入）和 SM332（模拟量输出）等模块。每个模块都带有一个总线连接器，用于 CPU 和其他模块之间的数据通信。

⑤ 功能模块（FM） 功能模块主要用于对实时性和存储量要求高的控制任务。如计数模块 FM350、定位模块 FM353 等。

⑥ 通信处理模块（CP） 通信处理模块用于 PLC 之间、PLC 与计算机和其他智能设备之间的通信，可以将 PLC 接入工业以太网、PROFIBUS 和 AS-I 网络，或用于串行通信。它可以减轻 CPU 处理通信的负担，并减少用户对通信功能的编程工作。

⑦ 接口模块（IM） 接口模块用于多机架配置时连接主机架（CR）和扩展机架（ER）。S7-300 通过分布式的主机架和连接的扩展机架（最多可连接三个扩展机架），可以操作最多 32 个模块。

（2）西门子 S7-300 的 CPU 模块

西门子 S7-300 的 CPU 模块共有 20 多个不同的型号，按照性能等级划分，可涵盖各种应用领域。主要分以下几类。

① CPU 模块的分类

a. 紧凑型 CPU：包括 CPU 312C，313C，313C-PtP，313C-2DP，314C-PtP 和 314C-2DP。各 CPU 均有计数、频率测量和脉冲宽度调制功能。有的有定位功能，有的带有 I/O。紧凑型 CPU 外形如图 2-3 所示。

b. 标准型 CPU：包括 CPU 312，313，314，315，315-2DP 和 316-2DP。标准型 CPU 外形如图 2-4 所示。

图 2-3 紧凑型 CPU 外形

图 2-4 标准型 CPU 外形

c. 户外型 CPU：包括 CPU 312 IFM，314 IFM，314 户外型和 315-2DP。在恶劣的环境下使用。

d. 高端 CPU：包括 CPU 317-2DP 和 CPU 318-2DP。具有大容量的程序存储器和 PROFIBUS-DP 接口，可以用于大规模的 I/O 配置（如 CPU 318-2DP 最多可以配置 65536 个数字 I/O），建立分布式 I/O 结构。

e. 故障安全型 CPU：CPU 315F，不需要对故障 I/O 进行额外接线，可以组态成一个故障安全型自动化系统。

f. 特殊型 CPU：CPU 317T-2DP（工艺性），有的书上称 CPU 317T-2DP 技术型 CPU，其实际具有运动控制功能。CPU 317-2 PN/DP（有 PN 接口）是高端的 CPU，其性能优越，价格也比较高。工艺性型 CPU 外形如图 2-5 所示。

② CPU 的状态与故障显示 LED　CPU 317-2DP 的面板如图 2-6 所示，其他的 CPU 的面板和 CPU 317-2DP 类似。

图 2-5 工艺性型 CPU 外形

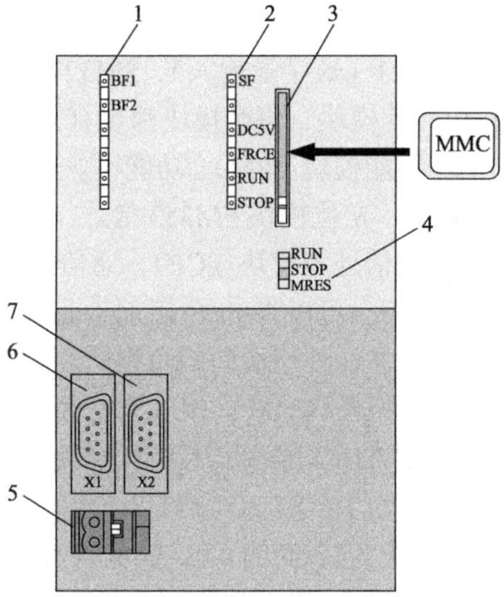

图 2-6 CPU 317-2DP 的面板

1—总线故障指示器；2—状态和错误显示；3—微存储卡（MMC）的插槽；4—模式选择器开关；5—电源连接；6—接口 X1（MPI/DP）；7—接口 X2 （DP）

- SF（系统出错/故障显示，红色）：CPU 硬件故障或软件错误时亮。
- BATF（电池故障，红色）：电池电压低或没有电池时亮。

● DC 5V（+5V 电源指示，绿色）：5V 电源正常时亮。

● FRCE（强制，黄色）：至少有一个 I/O 被强制时亮。

● RUN（运行方式，绿色）：CPU 处于 RUN 状态时亮；重新启动时以 2 Hz 的频率闪亮；HOLD（单步、断点）状态时以 0.5Hz 的频率闪亮。

● STOP（停止方式，黄色）：CPU 处于 STOP，HOLD 状态或重新启动时常亮。

图 2-7　模式开关的外形

● BF（总线错误，红色）：发生总线故障时，红色灯亮。

③ 模式选择开关　模式开关的外形如图 2-7 所示。

● RUN 模式：CPU 执行用户程序。

● STOP 模式：CPU 不执行用户程序。

● MRES：CPU 存储器复位，带有用于 CPU 存储器复位的按钮功能的模式选择器开关位置。通过模式选择器开关进行 CPU 存储器复位需要特定操作顺序。

● 复位存储器操作：通电后从 STOP 位置扳到 MRES 位置，“STOP” LED 熄灭 1s，亮 1s，再熄灭 1s 后保持亮。放开开关，使它回到 STOP 位置，然后又回到 MRES，“STOP” LED 以 2Hz 的频率至少闪动 3s，表示正在执行复位，最后“STOP” LED 一直亮。

④ 紧凑型 CPU 的接线　紧凑型 CPU 的接线基本类似，因此以下以 CPU 314C-2DP 为例讲解紧凑型 CPU 的接线。

a. 电源模块和 CPU 的接线。电源模块和 CPU 接线比较简单，西门子 S7-300 系列的接线都相同。先打开 PS 307 电源模块、CPU 前面板和 PS 307 上的电缆夹。再将电源电缆连接到 L1、N 和 PS 307 的保护接地（PE）端。最后将 PS 307 上的较低端子 M 和 L+ 连接到 CPU 上的 M 和 L+ 端子。电源模块和 CPU 接线如图 2-8 所示。

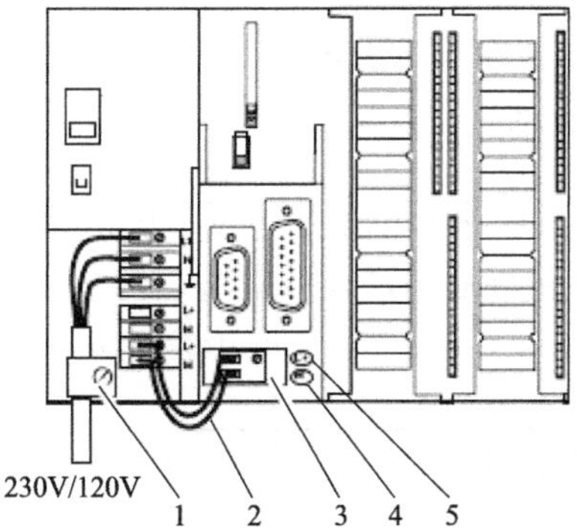

图 2-8　电源模块和 CPU 接线

1—电缆夹；2—连接电缆；3—可拆卸的电源连接器；4—标记“M”；5—标记“L+”

b. 数字 I/O 的接线。紧凑型 CPU 一般带有数字 I/O，输入为 PNP 型输入（高电平有效），这一点不同于西门子 S7-200 系列 PLC，后者为 PNP 型和 NPN 型输入可选，因此输入端若要连接接近开关，通常应选择 PNP 型。输入端的 1 号端子与 24V DC 相连，而 20 号端子与 0V 相连，10 号和 11 号端子不使用，其余输入端的端子都可以作为输入点使用。

输出也是 PNP 输出（高电平有效），这一点与西门子 S7-200 系列 PLC 相同。输出端的 21 号和 31 号端子与 24V DC 相连，而 30 号和 40 号端子与 0V 相连，其余输出端的端子都可以作为输出点使用。数字 I/O 的接线如图 2-9 所示。西门子 S7-300 系列的接线图一般印刷在机壳上，当然也可从西门子公司的网站上下载。

【例 2-1】 某设备的控制器为 CPU 314C-2DP，控制三相交流电动机的启停控制，并有一只接近开关限位，请设计接线图。

【解】

根据题意，只需要 3 个输入点和一个输出点，因此使用 CPU 314C-2DP 上集成的 I/O 即可，输入端和输出端都是 PNP 型，因此接近开关只能用 PNP 型的接近开关（不用转换电路时），接线图如图 2-10 所示。交流电动机的启停一般要用交流接触器，交流回路由读者自行设计，在此不作赘述。

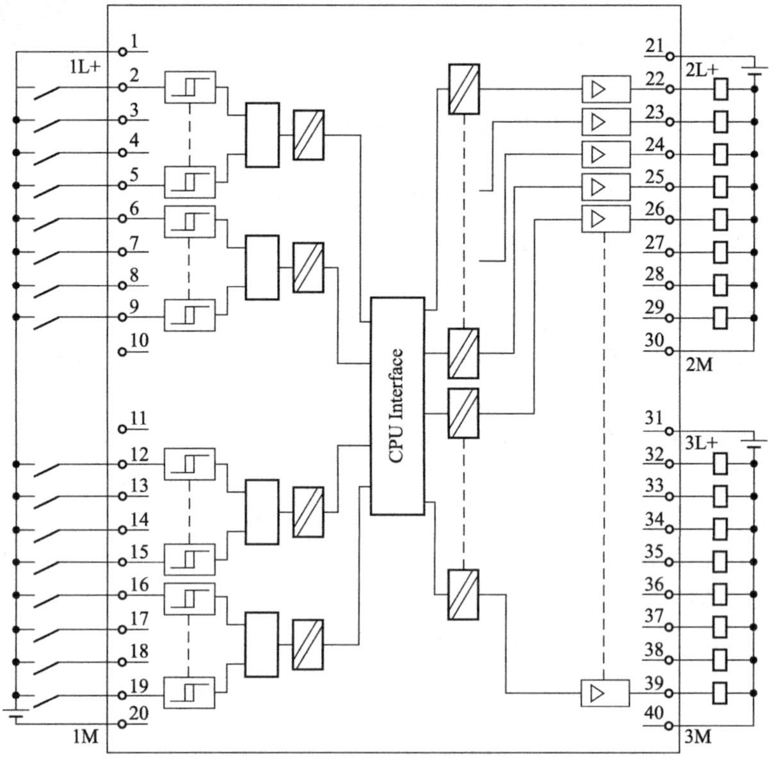

图 2-9 CPU 314C-2DP 的数字 I/O 的接线

【例 2-2】 某初学者按如图 2-11 所示接线，并输入如图 2-12 所示的程序，压下按钮 SB1 后，发现 CPU 上指定的 Q0.0 指示灯不亮，监控程序，Q0.0 是导通的，分析原因。

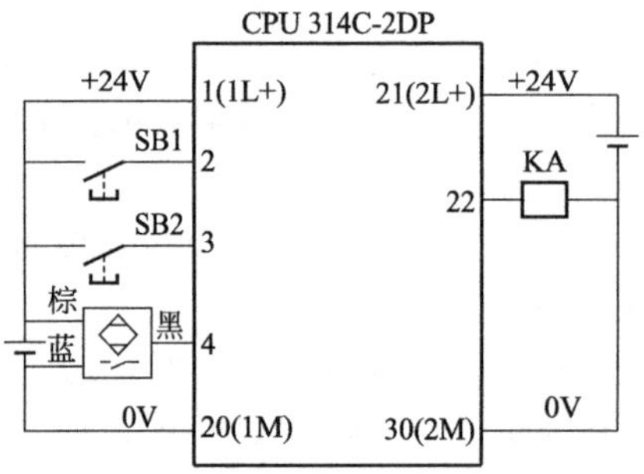

图 2-10 接线图

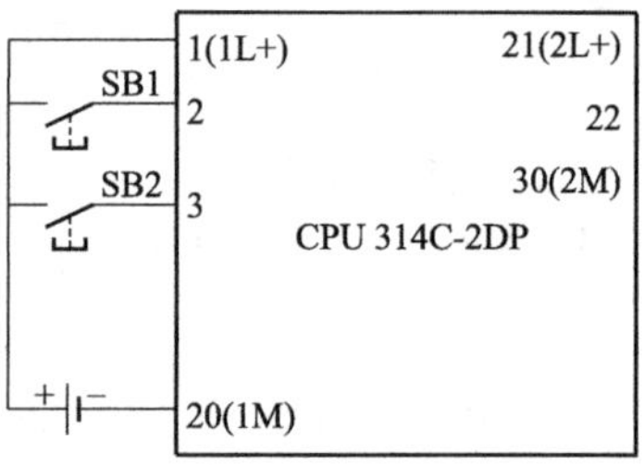

图 2-11 接线图

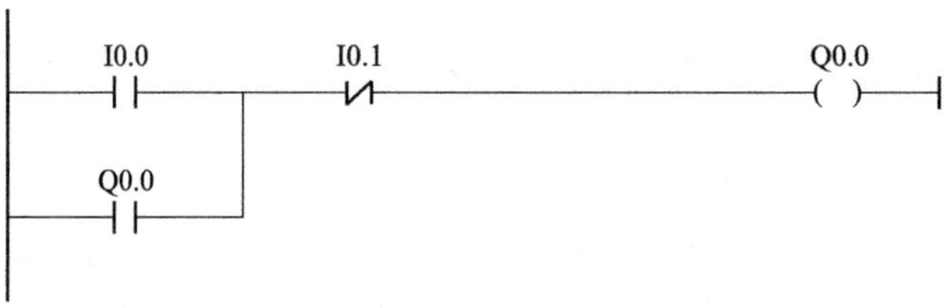

图 2-12 程序

【解】

CPU 上指定的 Q0.0 指示灯要接上电源（把 21 和 30 上接上电源）才会亮，这点与其他 PLC 不同（S7-200 不接负载电源，指示灯能亮）。

c. 模拟量 I/O 的接线。紧凑型 CPU 除了带有数字 I/O，一般还自带模拟 I/O，这无疑是非常方便的，对于要求不是很高的控制系统使用紧凑型 CPU 是非常经济的。

如图 2-13 所示，CPU 314C-2DP 有 5 个模拟输入通道，其中输入通道 0（CH0）、输入通道 1（CH1）、输入通道 2（CH2）和输入通道 3（CH3），每个输入通道都可以输入电压或者电流信号，但二者只能选择其一，不能同时输入，例如在通道 0 中要采集电压信号，那么只要将电压信号连接在 2 号端子和 4 号端子之间即可，3 号端子悬空。

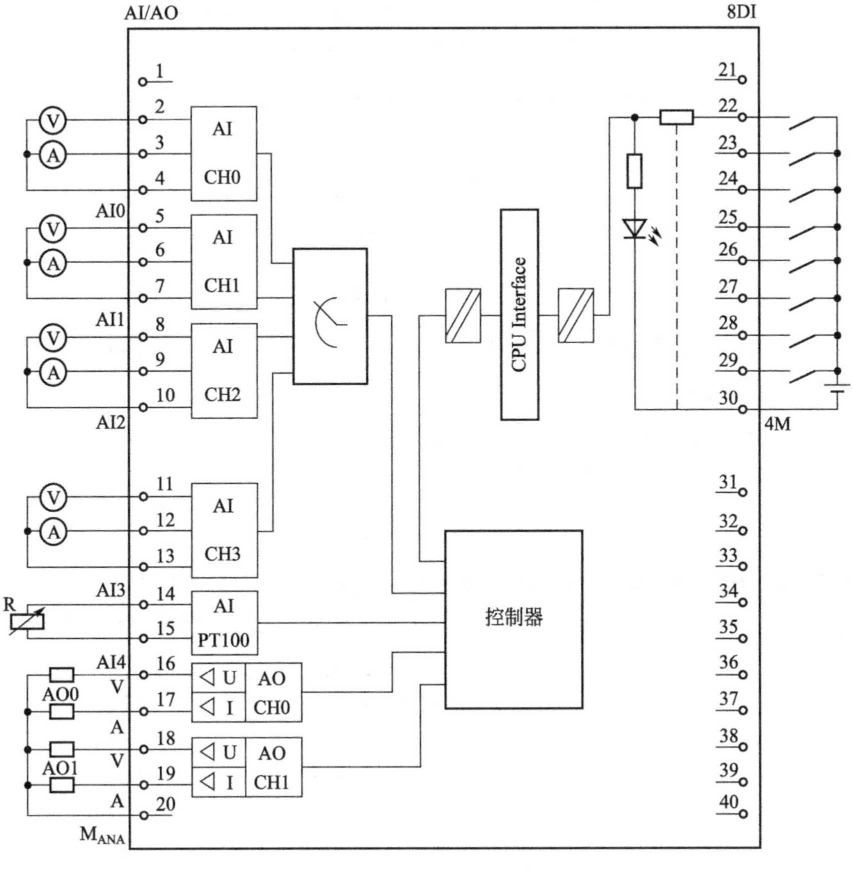

图 2-13　CPU 314C-2DP 的模拟 I/O 和数字量输入的接线

14 号和 15 号端子上只能接入热电阻 Pt100。

AO0 和 AO1 是两个模拟输出通道，每个模拟输出通道也是都可输出模拟电压信号和电流信号，但二者只能选择其一，不能同时输出，例如在 AO0 中要输出电压信号，那么只要将电压信号连接在 16 号端子和 20 号端子之间即可，17 号端子悬空。读者可能已经发现这里只谈到接线端子，却未提到输入/输出地址，有关地址将在后续章节讲解。

⑤ 西门子 S7-300 CPU 模块与变送器（或传感器）的接线方法　变送器（或传感器）的接线有三种：两线式、三线式、四线式。

两线式的两根线既是电源线又是信号线；三线式的两根线是电源线，一根线是信号线；四线式的两根线是电源线，两根线是信号线。

a. 西门子 S7-300 CPU 模块与四线式电压传感器接法。四线式电压传感器接法相对容易，两根线为电源线，两根线为信号线，接线如图 2-14 所示。

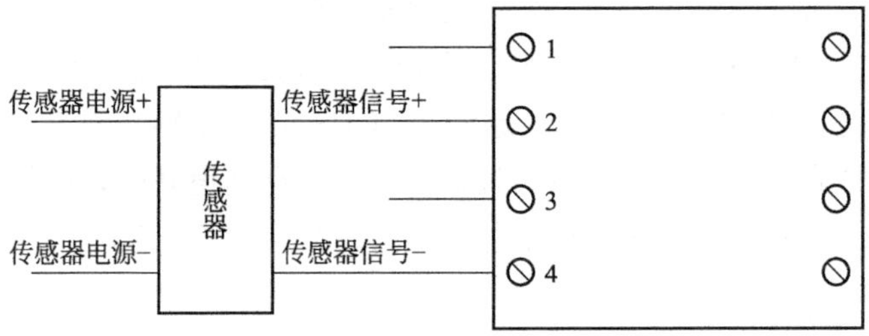

图 2-14 四线式电压传感器接线

b. 西门子 S7-300 CPU 模块与四线式电流传感器接法。四线式电流传感器接法相对容易，两根线为电源线，两根线为信号线，接线如图 2-15 所示。

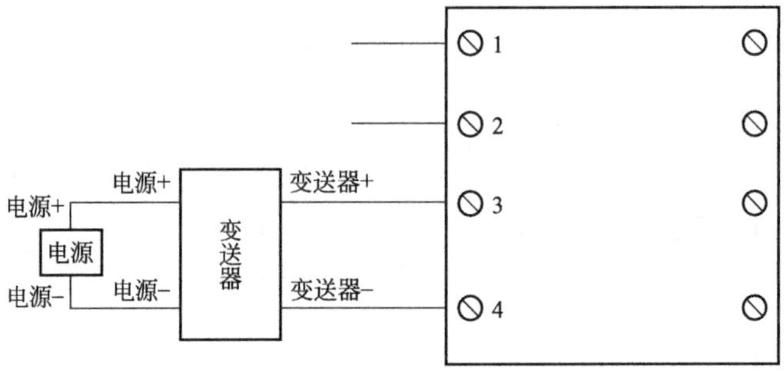

图 2-15 四线式电流传感器接线

c. 西门子 S7-300 CPU 模块与三线式电流传感器接法。三线式电流传感器，两根线为电源线，一根线为信号线，其中信号负（变送器负）和电源负为同一根线，接线如图 2-16 所示。

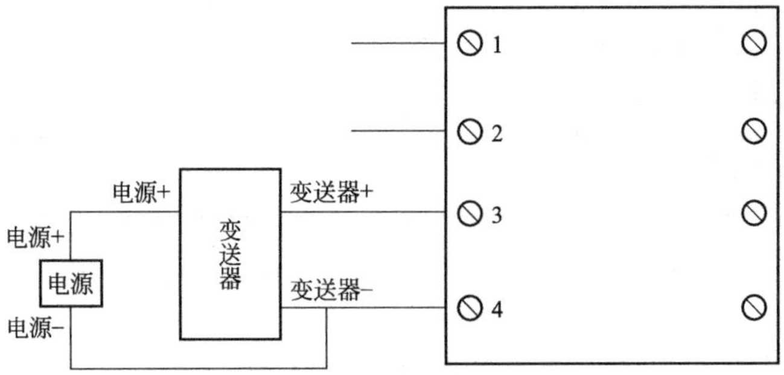

图 2-16 三线式电流传感器接线

d. 西门子 S7-300 CPU 模块与两线式电流传感器接法。两线式电流传感器接法容易接错，两根线为电源线，同时也为信号线，接线如图 2-17 所示。

⑥ 西门子 S7-300 CPU 的技术参数　西门子 S7-300 CPU 的技术参数是设计选型的重要依据，因此读者在入门学习时，就要养成查看技术参数的习惯，以下仅列出最常用的几个型号的 CPU 的技术参数，见表 2-2。

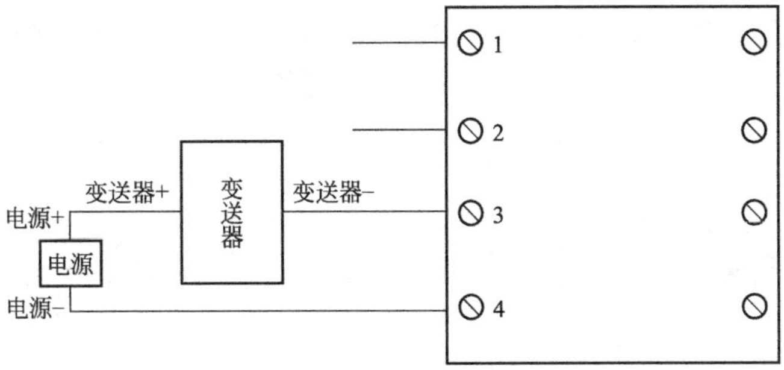

图 2-17 两线式电流传感器接线

表 2-2 西门子 S7-300 CPU 的技术参数

CPU	312	314	315-2DP	315-2PN/DP	317-2DP	319-3PN/DP
集成工作存储器 RAM	64KB	96KB	128KB	256KB	512KB	1400KB
装载存储器（MMC）	最大 4MB	最大 8MB	最大 8MB	最大 8MB	最大 8MB	最大 8MB
位操作执行时间 浮点运算指令执行时间	0.2μs 3μs	0.2μs 3μs	0.1μs 2μs	0.1μs 2μs	0.05μs 1μs	0.01μs 0.04μs
位存储器（M）	256B	256B	2048B	2048B	4096B	8192B
S7 定时器/计数器	128/128	256/256	256/256	256/256	512/512	2048/2048
最大数字量 I/O 点数 最大模拟量 I/O 点数	256/256 64/64	1024/1024 256/256	16384/16384 1024/1024	16384/16384 1024/1024	6553565535 4096/4096	6553565535 4096/4096
最大机架数/模块数 内置/经 CP 的 DP 接口数	1/8 0/4	4/32 0/4	4/32 1/4	4/32 1/4	4/32 2/4	4/32 1/4
FB 的最大块数/最大容量 FC 的最大块数/最大容量 DB 的最大块数/最大容量 OB 的最大容量	1024/32KB 1024/32KB 1024/32KB 32KB	2048/64KB 2048/64KB 1024/64KB 64KB	2048/64KB 1024/64KB 1024/64KB 64KB	2048/64KB 2048/64KB 1024/64KB 64KB	2048/64KB 2048/64KB 2048/64KB 64KB	2048/64KB 2048/64KB 4096/64KB 64KB

（3）数字量模块

西门子 S7-300 有多种型号的数字量输入/输出（I/O）模块供选择。以下将介绍数字量输入模块 SM321、数字量输出模块 SM322 和数字量输入/输出模块 SM323。

① 数字量输入模块 SM321

a. 数字量输入模块 SM321 的工作原理。

数字量模块用于采集现场过程的数字信号，有的模块采集直流电信号，有的模块则可采集交流信号，并把它转化成 PLC 内部的信号电平。对于现场输入元件，仅要求提供开关触点即可。输入信号进入模块后，一般经过光电隔离、滤波，然后送到输入缓冲寄存器等到 CPU 采样，采样信号经过背板总线进入输入映像区。

用于采集直流信号的模块称为直流输入模块，如图 2-18 所示，一般的输入电压为 24V DC。用于采集交流信号的模块称为交流输入模块，如图 2-19 所示，一般的输入电压为 120V AC 或者 230V AC。

b. 数字量输入模块 SM321 的接线。

数字量输入模块 SM321 有多种型号，以下介绍三种有代表性的输入模块的接线。

直流数字量输入模块多为 PNP 输入，只有个别型号为 NPN 输入，如图 2-20 所示的 SM321

模块是 16 点直流 PNP 输入模块，读者在判断是否为 PNP 型时，只要判断输入有效信号是否是高电平，很明显图 2-20 中，当开关闭合时输入的是高电平，因此是 PNP 输入。输入开关的一端与模块的端子相连，而另一端则与同一个电源的 24V 相连。

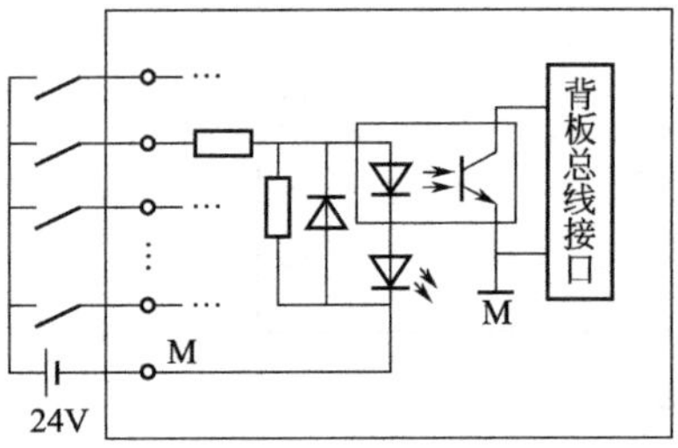

图 2-18　直流数字量模块

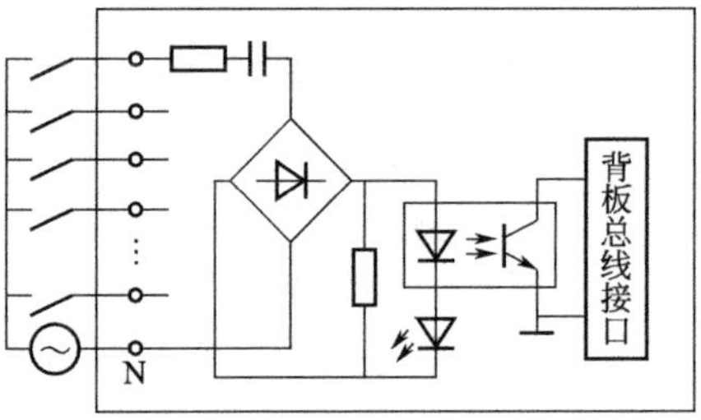

图 2-19　交流数字量模块

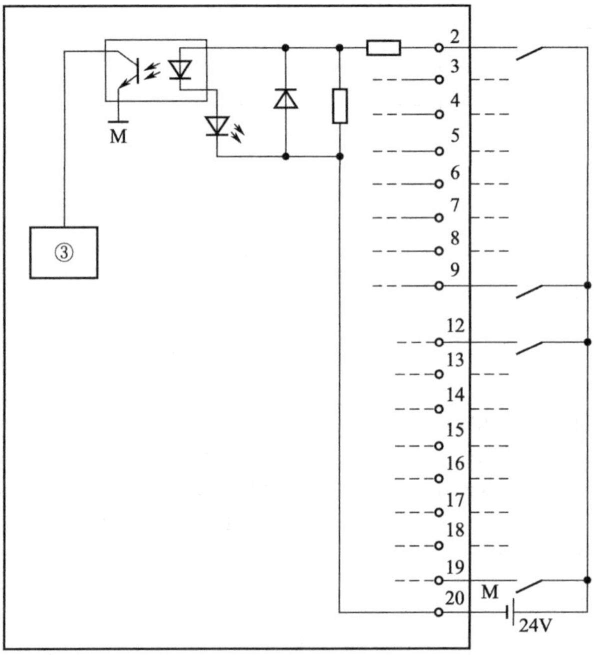

图 2-20　直流数字量输入模块接线图（PNP）

PNP 型数字量输入模块 SM321 的接线与紧凑型 CPU 的数字量的输入类似。

如图 2-21 所示的 SM321 模块是 16 点直流 NPN 输入模块，其有效输入信号是低电平。输入开关的一端与模块的端子相连，而另一端则与同一个电源的 0V 相连。在接线时要特别注意。

【关键点】 本书的 PNP 输入或者 NPN 输入的对象是针对传感器来描述的，如果对象是针对 PLC 描述则刚好与本书不同，本书的 PNP 和 NPN 输入改为“NPN 和 PNP 输入”，这点要特别注意。

交流数字量输入模块的接线如图 2-22 所示。交流电源零线（或者火线）与 1N、2N、3N 和 4N 相连，交流电源火线（或者零线）与输入开关一端相连，而开关的另一端与模块的输入接线端子相连。输入开关可以是按钮、交流接近开关等。

交流模块一般用于强干扰场合。

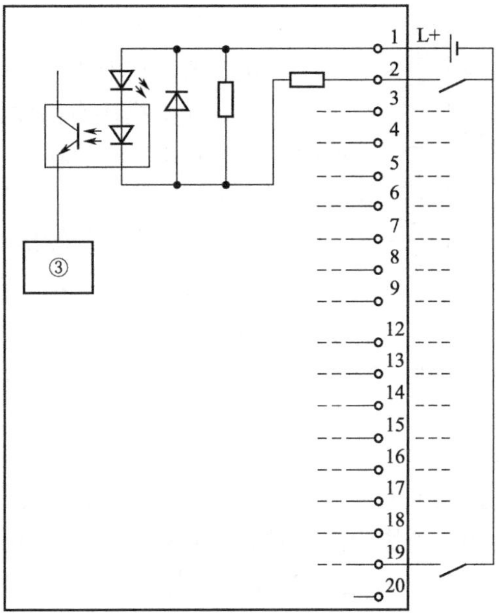

图 2-21　直流数字量输入模块接线图（NPN）

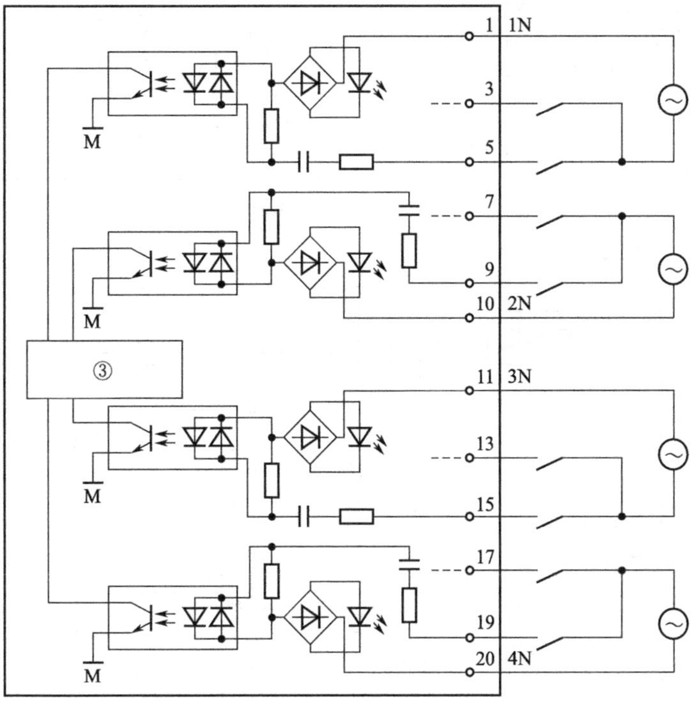

图 2-22　交流数字量输入模块接线图

【关键点】 西门子的直流输入模块一般是 PNP 型输入，因此系统使用接近开关时，最好选用 PNP 接近开关。交流输入模块则不存在此问题，只要选用交流接近开关即可。

② 数字量输出模块 SM322

a. 数字量输出模块 SM322 的工作原理。

数字量输出模块将 PLC 内部的电平信号转换成外部过程需要的电平信号，同时具有隔离

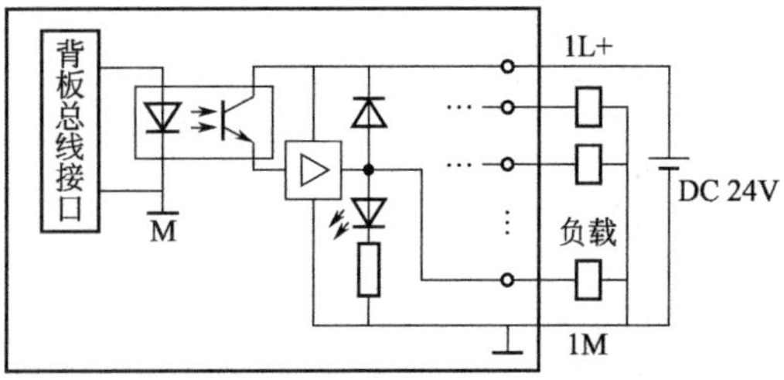

图 2-23 数字量输出模块（晶体管输出）

和信号放大的作用，可直接用于驱动电磁阀、接触器、继电器和小功率器件等。

输出模块有晶体管输出（直流输出）、晶闸管输出（交流输出）和继电器输出（交直流输出）三种类型。晶体管输出模块只能驱动直流负载，晶闸管输出模块只能驱动交流负载，而继电器输出模块可以驱动交流和直流负载。从响应速度来看，晶体管输出速度最快，继电器输出响应速度最慢，但从使用的灵活性来看，继电器输出最为灵活。三种模块的内部结构如图 2-23～图 2-25 所示。

b. 数字量输出模块 SM322 的接线。

直流数字量输出模块接线如图 2-26 所示，直流数字量输出模块是 PNP 输出（有效输出信号为高电平），负载的一端与模块的接线端子（如 3）相连，负载的另一端与电源的 OV 相连。1L+和 2L+与电源的+24V DC 相连，1M 和 2M 与电源的 0V 相连。

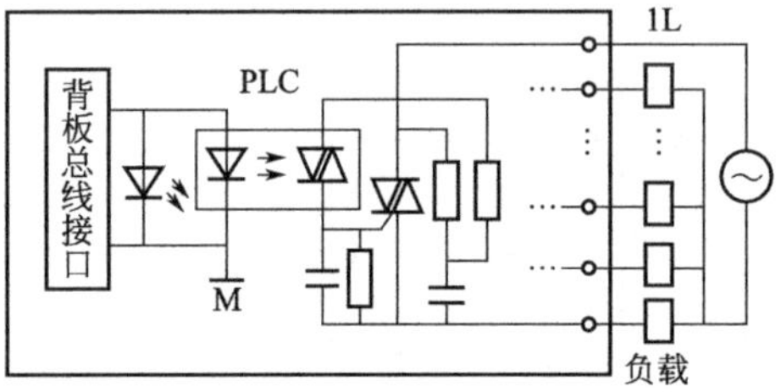

图 2-24 数字量输出模块（晶闸管输出）

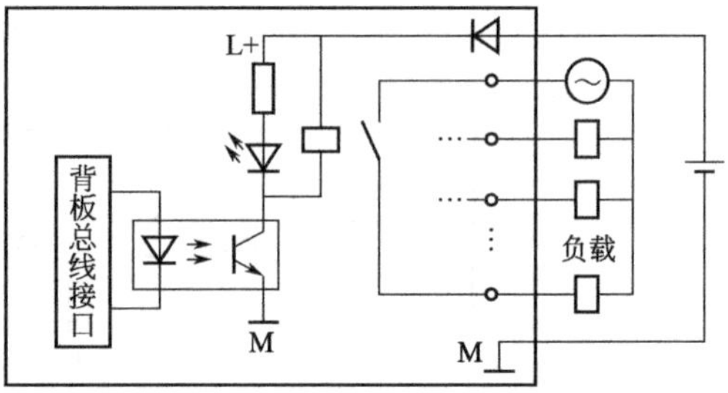

图 2-25 数字量输出模块（继电器输出）

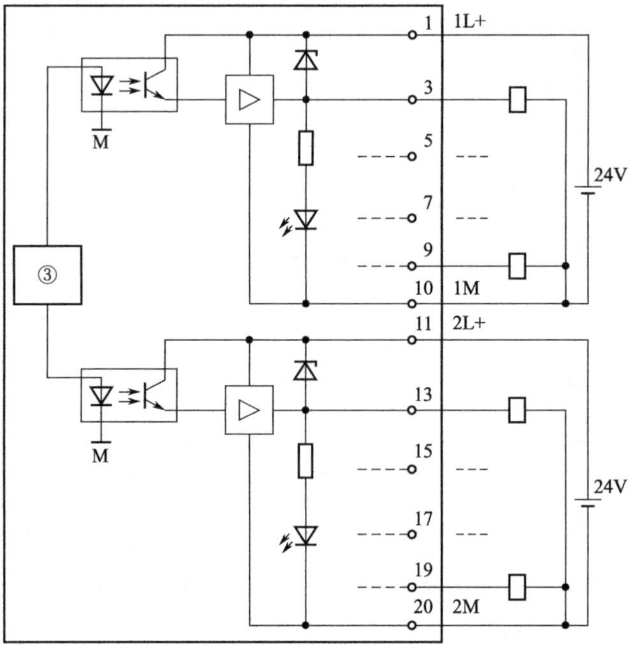

图 2-26 直流数字量输出模块接线图

交流数字量输出模块接线如图 2-27 所示，交流数字量输出模块使用相对较少，其响应速度介于直流数字量输出模块和继电器数字量输出模块之间。

继电器数字量输出模块接线如图 2-28 所示。

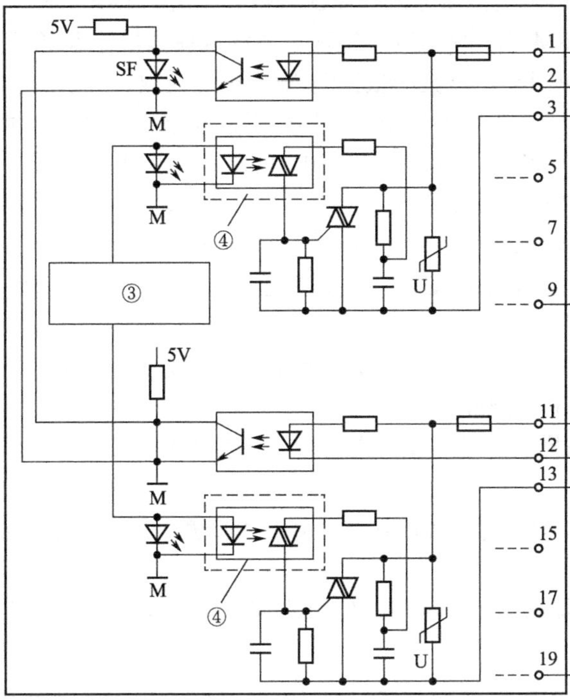

图 2-27 交流数字量输出模块接线图

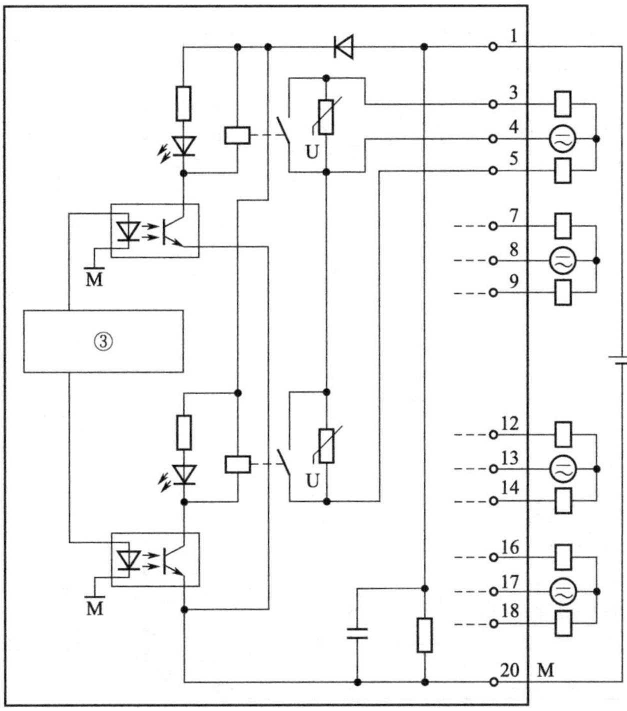

图 2-28 继电器数字量输出模块接线图

SM323 是 S7-300 的数字量输入/输出模块上兼有数字输入和数字量输出，其接线与数字输入模块和数字量输出模块类似，在此不再赘述。

（4）模拟量模块

西门子 S7-300 系列 PLC 用于模拟量输入（A/D 转换）/输出（D/A 转换）的特殊功能模块有 SM331 模拟量输入模块、SM332 模拟量输出模块、SM334 模拟量输入/输出模块和 SM335 快速模拟量输入/输出混合模块四类。每类中根据输入/输出通道数、分辨率、连接传感器的不同，又分为不同的规格。由于规格较多，限于篇幅以下只介绍有代表性的模块。

① 模拟量输入模块 SM331 连接　西门子 S7-300 系列 PLC 单独用于模拟量输入的模块 SM331 目前有多种规格，这些规格依靠订货号 6ES7 331-×××××-0AB0 的中间的 5 位（×××××）进行区分。模拟量输入模块通过总线连接器与 CPU 或者扩展单元相连。

如图 2-29 所示，6ES7 331-7HF01-0AB0 模块是 8 通道 14 位 A/D 转换模块，简称 AI8×14。使用时要注意如下事项。

a. 为了提高模拟量输入的可靠性，减少干扰，所有的连线均应使用屏蔽双绞线，屏蔽层要“双端接地”，接线长度要小于 200m。

b. 为了缩短扫描时间，在模块的硬件配置设定时，应将模块全部没有使用的通道设定为“禁止”状态。

c. 当选择 1～5V 模拟电压输入时，如通道组只用 1 个通道，应将未使用的与同组已经使用的输入进行并联。

d. 当选择−1～1V 模拟电压输入时，应将未使用的 Mn+与 Mn−短接，并连接到参考电位 M_{ANA}（接线端子 11）上。

e. 对于两线式模拟电流输入，应将没有使用的输入端开路（不能使用模块的诊断功能），或者在输入端接 1.5～3.3kΩ 的电阻（能使用模块的诊断功能）。

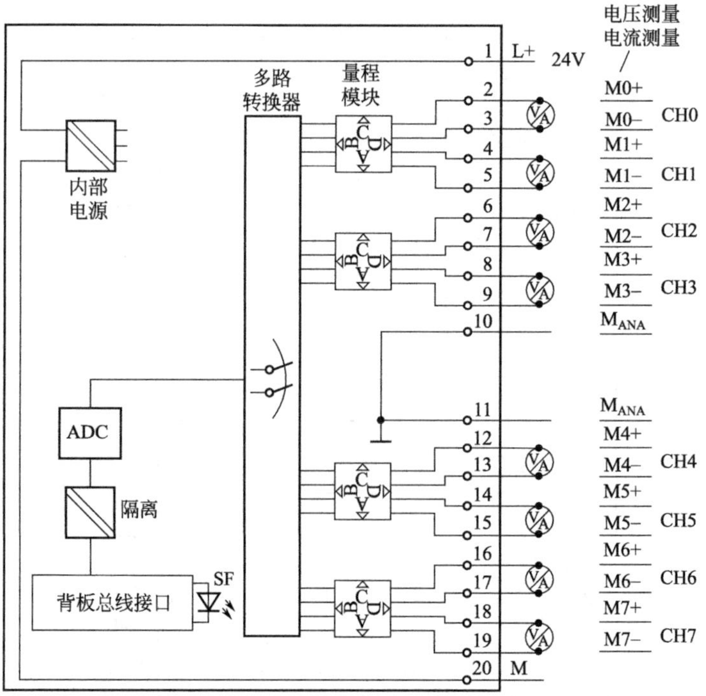

图 2-29　模拟量输入模块（6ES7 331-7HF01-0AB0）接线图

f. 对于四线式模拟电流输入，如通道组只用 1 个通道，应将未使用的与已经使用的输入进行串联。

g. 此模块可以连接模拟电压和电流信号输入，但不能连接热电阻或者热电偶。

h. 该模块只有一个 ADC，所以一次只能转换一个通道的数据，其他通道需要多路开关的切换依次进行，转换后的数据存储到各自的地址中。

如图 2-30 所示，6ES7 331-7PF01-0AB0 模块是 8 通道热电阻输入模块，简称 AI8×RTD。使用时要注意如下事项。

a. 此模块只能用于热电阻输入，4 个通道使用了 4 个 ADC，一次可以完成 4 通道 A/D 转换。

b. 遵守 6ES7 331-7HF01-0AB0 模块的 a～f 项。

c. 未使用的通道应连接标准电阻作为“模拟”输入信号。

d. IC0+和 IC0−（还有 IC1+和 IC2−～IC7+和 IC7−）是模块提供的电流源，不可以短接，否则会短路。

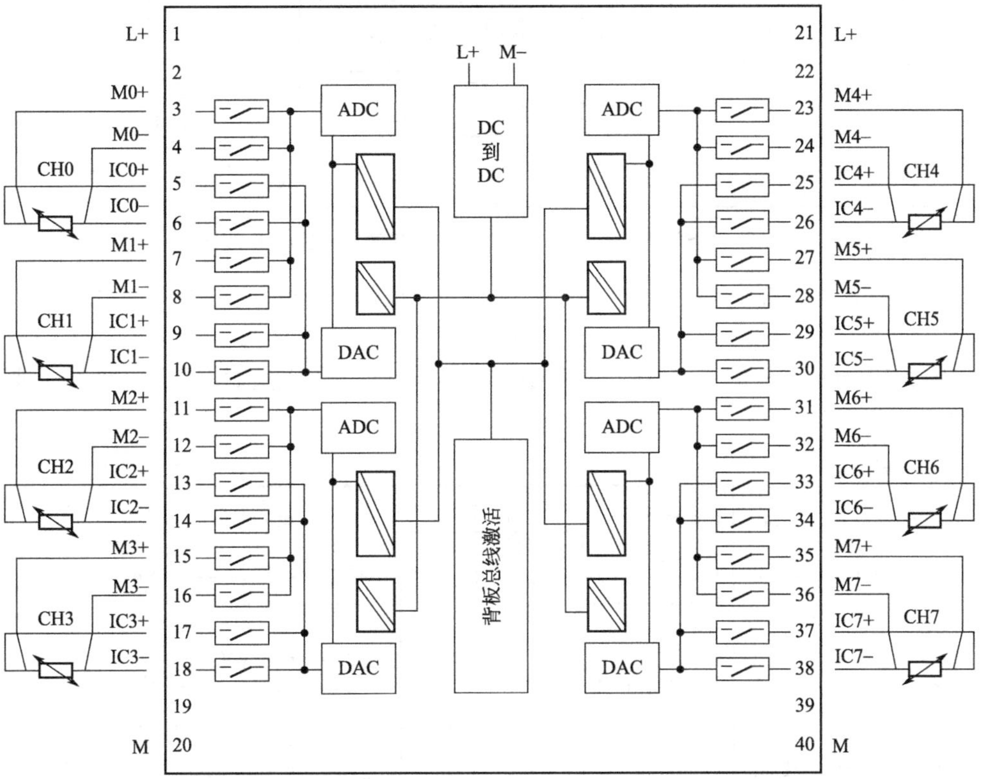

图 2-30 模拟量输入模块（6ES7 331-7PF01-0AB0）接线图

如图 2-31 所示，6ES7 331-7PF11-0AB0 模块是 8 通道热电偶输入模块，简称 AI8×TC。使用时要注意如下事项。

a. 此模块只能用于热电偶输入，4 个通道使用了 4 个 ADC，一次可以完成 4 通道 A/D 转换。

b. 遵守 6ES7 331-7HF01-0AB0 模块的 a～f 项。

c. 未使用的通道应将输入端“+”和输入端“−”短接。

使用模拟量模块时，有时需要设置量程卡，这点很重要，此内容在后续章节介绍。

② 模拟量输出模块 SM332 连接 西门子 S7-300 系列 PLC 单独用于模拟量输出的模块

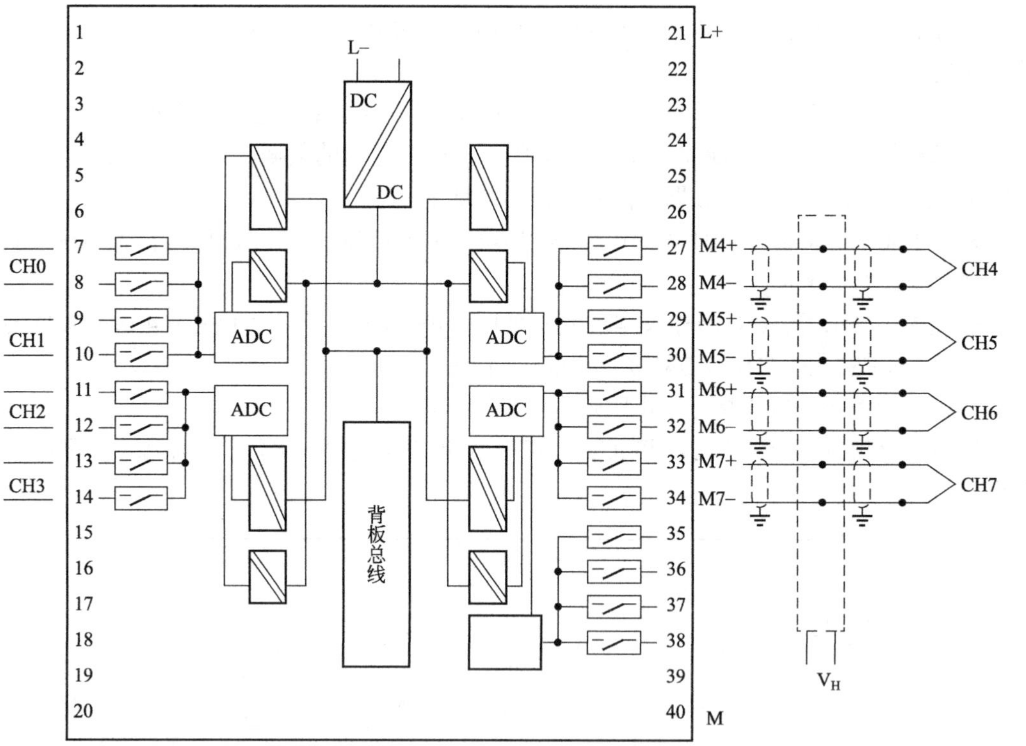

图 2-31　模拟量输入模块（6ES7 331-7PF11-0AB0）接线图

SM332 目前有 4 种规格，分辨率为 12 位和 16 位，模拟输出通道有 2、4、8 共 3 种。模拟量输入模块通过总线连接器与 CPU 或者扩展单元相连，数据通过内部总线传送。

如图 2-32 所示，6ES7 332-5HD01-0AB0 模块是 8 通道模拟量输出模块。使用时要注意如下事项。

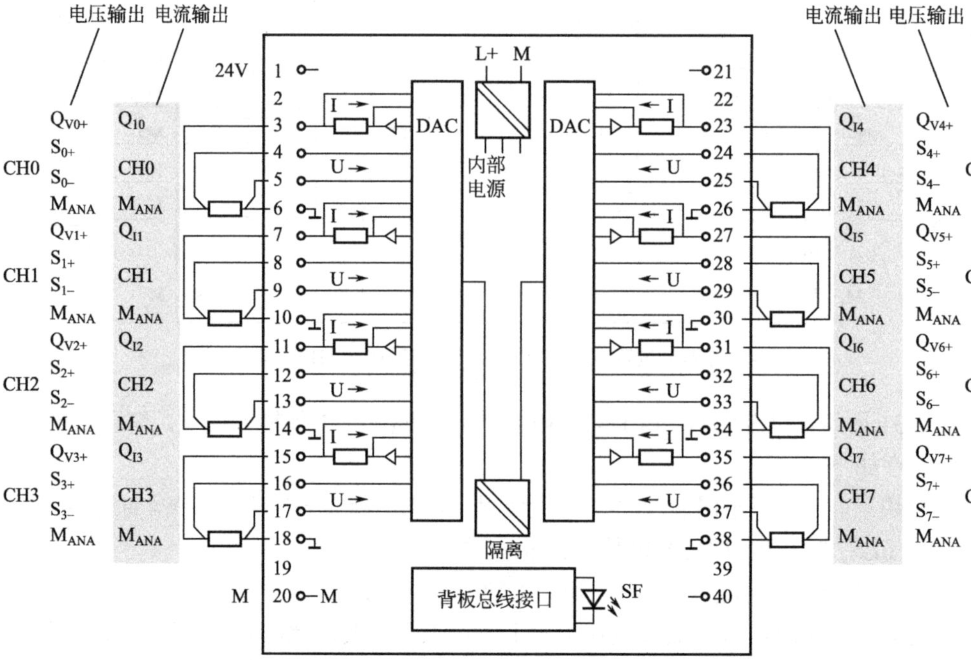

图 2-32　模拟量输出模块（6ES7 332-5HD01-0AB0）接线图

a. 当模拟量输出为电压信号时，可采用四线式和两线式两种连接方式。当采用四线式连接时，应将负载连接到 QVn 与 M_{ANA} 端，S+和 S−用于连接负载检测端，采用这种形式可以提高模拟量输出精度。当采用两线式连接时，S+和 S−开路。

b. 当采用电流输出时，应将负载连接到 QVn 与 M_{ANA} 端，S+和 S−开路。

c. 为了提高模拟量输入的可靠性，减少干扰，所有的连线均应使用屏蔽双绞线，对于四线式连接时，QVn/S+与 M_{ANA}/S−分别使用一对双绞线。

d. 模拟量输出的最大连接距离为 200m。

【例 2-3】 某系统由 CPU313C、SM332 和 MM440 变频器，电动机有启停控制，并对变频器进行模拟量速度给定，请进行正确接线。

【解】

接线图如图 2-33 所示。

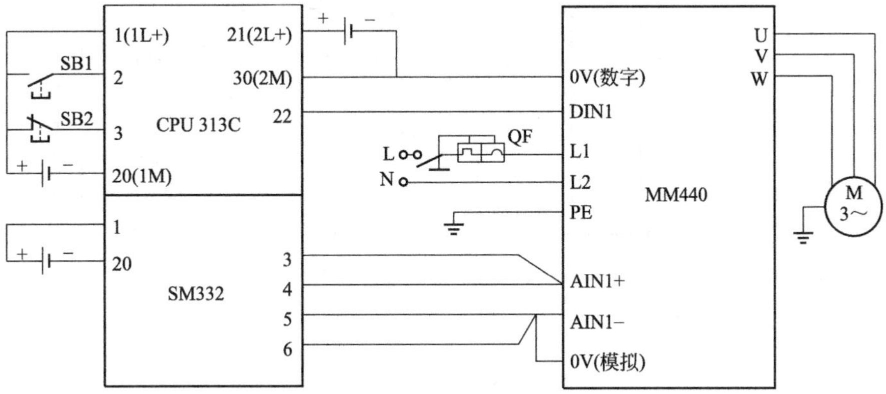

图 2-33 接线图

【例 2-4】 现场一台 CPU 315-2DP 采用 PID 输出调节变频器的频率，发现 PID 输出到 100%（也就是 AO 模块输出最大 20mA 电流信号），但是变频器的频率没有到最大的 50Hz，查电流确实没到 20mA，只有 16mA。分析是什么原因。

【解】

查找问题，发现 AO 模块后面有隔离器，去掉隔离器，AO 模块直接输出到变频器，输出信号正常，问题解决。

③ 模拟量输入/输出模块 SM334 连接 西门子 S7-300 系列 PLC 同时用于模拟量输入和模拟量输出的模块是 SM334 和 SM335。SM334 是普通的 A/D、D/A 模块，目前有 2 种规格，SM335 是高速 A/D、D/A 转换模块，目前只有一个规格。模拟量输入/输出模块通过总线连接器与 CPU 或者扩展单元相连，数据通过内部总线传送。

如图 2-34 所示，6ES7 334-0CE01-0AA0 模块是 4 通道模拟量输入和 2 通道模拟量输出模块。它实际上就是模拟量输入和模拟量输出模块的合并，因此其使用时要注意事项与模拟量输入和模拟量输出模块的相同，在此不再赘述。

SM334 模块的地址分配见表 2-3。

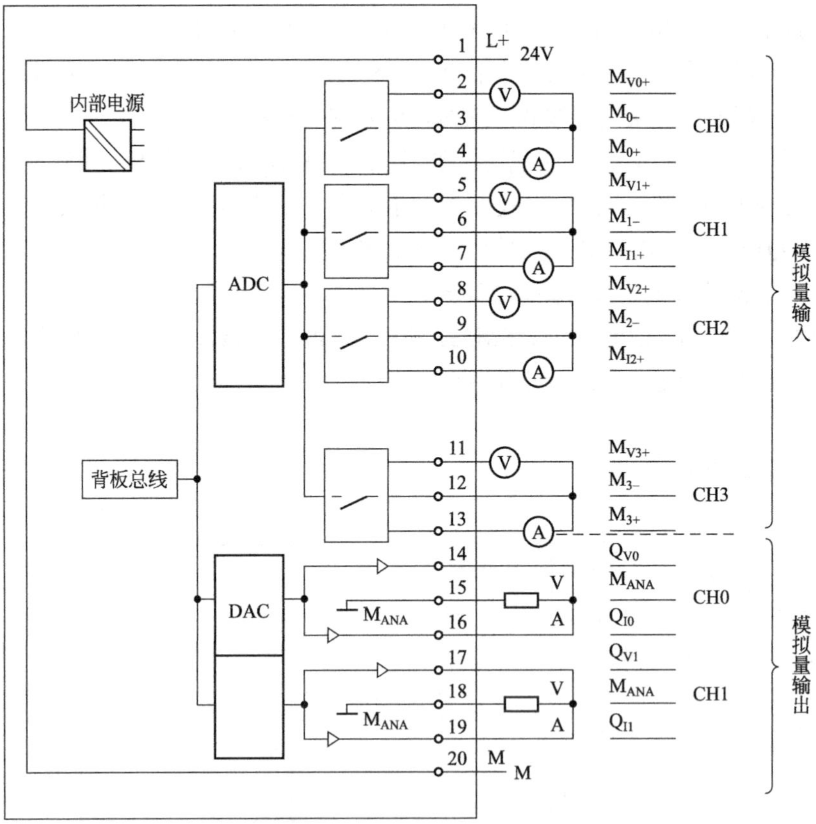

图 2-34 模拟量输入/输出模块（6ES7 334-0CE01-0AA0）接线图

表 2-3 SM334 模块的地址

通道	地址
输入通道 0	模块的起始地址
输入通道 1	模块的起始地址+2B 的地址偏移量
输入通道 2	模块的起始地址+4B 的地址偏移量
输入通道 3	模块的起始地址+6B 的地址偏移量
输出通道 0	模块的起始地址
输出通道 1	模块的起始地址+2B 的地址偏移量

【例 2-5】 某设备的控制器为 CPU 315-2DP，有三个按钮输入，数字量输入模块为 6ES7 321-1BH02-0AA0，有 4 个电磁阀（2 只为 24V DC，2 只为 220V AC），数字量输出模块为 6ES7 322-1HF01-0AA0，3 路电流模拟量输入，模拟量输入模块为 6ES7 331-7HF01-0AB0，3 路电压模拟量输出，模拟量输出模块为 6ES7 332-5HD01-0AB0，请设计接线图。

【解】

CPU 和扩展模块以及扩展模块之间通过总线连接器连接；数字量输入模块是 PNP 输入；数字量输出模块是继电器输出，由于电磁阀的额定电压有 24V DC 和 220V AC 两种，故一般选用继电器输出模块，而且不同额定电压的电磁阀不连接到一组；模拟量输出信号为电压信号，采用四线式连接（当然也可以采用两线式连接），接线图如图 2-35 所示。

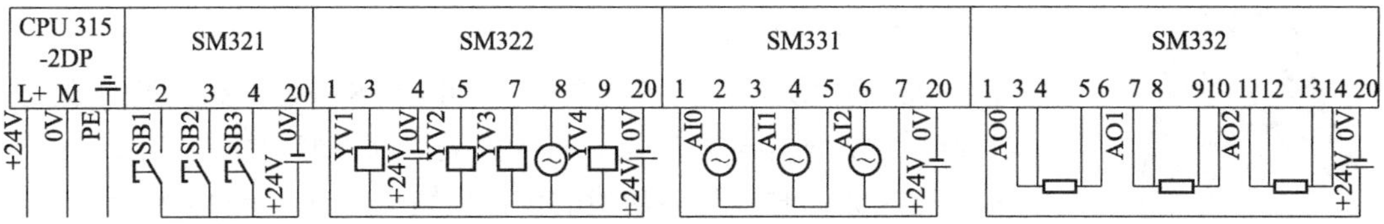

图 2-35　接线图

（5）西门子 S7-300 系列 PLC 的通信处理模块

通信处理模块为 PLC 接入 PROFIBUS 现场总线、工业以太网和串行通信等提供了极大的便利。通过集成在 STEP7 中的参数化处理工具可进行简便的参数设置。

CP340 通过点对点连接进行串行通信的经济型解决方案。 它具有 3 种不同物理接口，分别是 RS-232C（V.24）、20 mA（TTY）和 RS-422/RS-485（X.27）。CP340 执行的协议有 ASCII 、3964（R）（不适于 RS-485）和打印机驱动程序。

CP341 用于执行强大的点到点高速串行通信。具有不同物理特性的 3 个型号，分别是 RS-232C（V.24）、20 mA（TTY）和 RS-422/RS-485（X.27）。CP341 执行的协议有 ASCII、3964（R）、RK 512 和客户协议（可装载）。

CP343-2 是用于 SIMATIC S7-300 PLC 和 ET 200M 分布式 I/O 的 AS-Interface 主站。CP343-2 最多可连接 62 个 AS-Interface 从站，并且可集成模拟值传送（遵循扩展 AS-Interface 规范 V2.1）。 支持所有 AS-Interface 主站，符合扩展 AS-Interface 接口技术规范 V2.1。

CP342-5 是用于 PROFIBUS 总线系统的 SIMATIC S7-300 和 SIMATIC C7 的通信模块。CP342-5 减轻了 CPU 的通信任务。它使用的通信协议有：PROFIBUS-DP、PG/OP 通信、S7 通信等。使用 CP342-5 通信处理模块传输速度可达 9.6kbps～12Mbps。

CP343-1 在工业以太网上独立处理数据通信，主要用于操作员之间的连接。该模块有自身的处理器，符合 OSI 模型，支持的协议有 ISO、TCP/IP、S7 通信和 PG/OP 通信等。以太网模块目前有 CP343-1 Lean、CP343-1、CP343-1 IT 和 CP343-1 PN 四大类，各有特色。

（6）西门子 S7-300 系列 PLC 的功能模块

① 计数器模块　模块的计数器均为 0～32 位或±31 位加减计数器，可以判断脉冲的方向，模块给编码器供电。达到比较值时发出中断。可以 2 倍频和 4 倍频计数。有集成的 DI/DO。

FM 350-1 是单通道计数器模块，可以检测最高达 500kHz 的脉冲，有连续计数、单向计数、循环计数 3 种工作模式。FM 350-2 和 CM 35 都是 8 通道智能型计数器模块。

其功能是除了在高速计数外，还可以在同步模式测量模式下工作。模块在频率测量的基础上增加了转速测量和周期测量的功能。此外在诊断中断的内容方面，增加了外部电压故障、5V DC 故障、RAM 出错、A/B/N 输入错误等检测功能。

② 位置控制与位置检测模块　FM351 双通道定位模块用于控制变级调速电动机或变频器。FM353 是步进电机定位模块。FM354 是伺服电机定位模块。FM357 可以用于最多 4 个插补轴的协同定位。FM352 高速电子凸轮控制器，它有 32 个凸轮轨迹，13 个集成的 DO，采用增量式编码器或绝对式编码器。

SM338 超声波传感器检测位置，无磨损、保护等级高、精度稳定不变。

③ 闭环控制模块　FM355 闭环控制模块有 4 个闭环控制通道，有自优化温度控制算法和 PID 算法。

功能模块的使用比较复杂，接线也相对复杂，请读者参考相关手册，在此不再赘述。

图 2-36　ET200M 外形

（7）ET-200 的模块

ET-200 的模块是西门子的基于 PROFIBUS 或者 PROFINET 的分布式控制模块，应用非常广泛。有 5 大类，以下分别简介。

① ET200S：是一种多功能的按位模块化的分布式 I/O 系统，体积较小，要安装在控制柜内。

② ET200M：是一种多通道模块化的分布式 I/O 系统，可以使用 S7-300 的模块，要安装在控制柜内，使用最广泛，其外形如图 2-36 所示。

③ ET200isp：是一种本安型模块化的分布式 I/O 系统，要安装在控制柜内。

④ ET200pro：其防护等级为 IP65/67，是模块化的分布式 I/O 系统，可直接安装在工控现场，如机架上，不用安装在控制柜中。

⑤ ET200eco：可直接安装在工控现场（如机架上），不用安装在控制柜中，是经济型的模块化的分布式 I/O 系统。

（8）西门子 S7-300 系列 PLC 的其他模块

① 称重模块　SIWAREX U 称重模块是紧凑型电子秤，测定料仓和贮斗的料位，对吊车载荷进行监控，对传送带载荷进行测量或对工业提升机、轧机超载进行安全防护等。

SIWAREX M 称重模块是有校验能力的电子称重和配料单元，可以组成多料称系统，安装在易爆区域。

② 电源模块　PS 307 电源模块将 120/230V 交流电压转换为 24V 直流电压，为西门子 S7-300、传感器和执行器供电。输出电流有 2A、5A 或 10A 共 3 种。电源模块安装在 DIN 导轨上的插槽 1。西门子 S7-300 的浮动参考电位如图 2-37 所示。

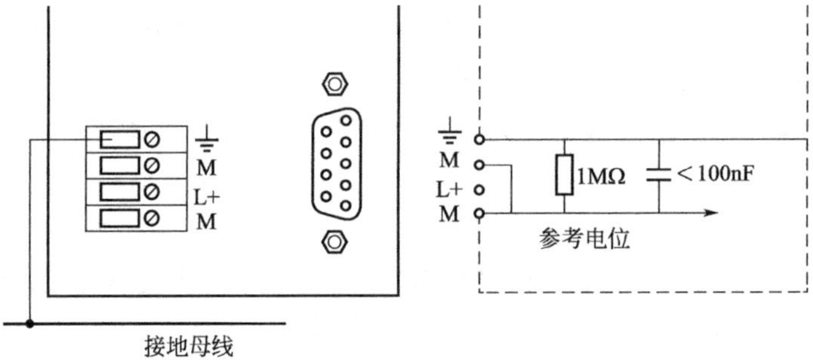

图 2-37　西门子 S7-300 的浮动参考电位

某些大型工厂（例如化工厂和发电厂）为了监视对地的短路电流，可能采用浮动参考电位，可以将 M 点与接地点之间的短接片去掉。

③ 接口模块　接口模块（IM）用于多机架配置时连接主机架（CR）和扩展机架（ER）。西门子 S7-300 通过分布式的主机架和连接的扩展机架（最多可连接三个扩展机架），主机架最多安装 11 个模块、1 个电源模块、1 个 CPU 模块、1 个接口模块和 8 个扩展模块。而扩展机架最多安装 10 个模块、1 个电源模块、1 个接口模块和 8 个扩展模块，不能安装 CPU 模块。由于 CPU 最多连接 4 个机架，因此最多可以操作最多 32 个扩展模块。

对于西门子 S7-300，IM365 接口模块是经济型的，只有一个扩展机架时，中央机架和扩展机架使用 1 对 IM365，且优先选用 IM365；当扩展机架超过 2 个（含 2 个）时，中央机架用 IM360，扩展机架用 IM361。西门子 S7-300 的扩展能力示意图如图 2-38 所示。

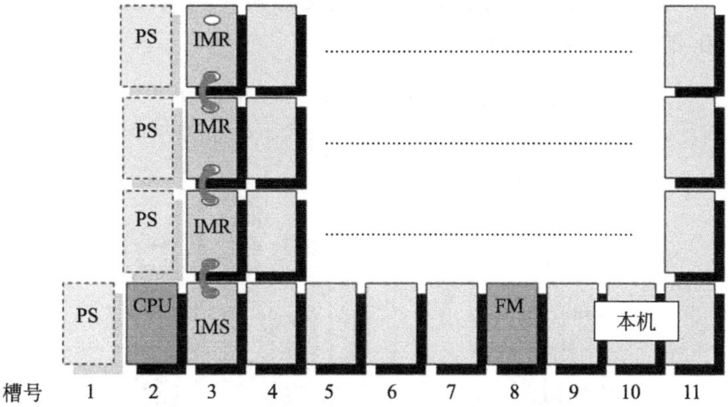

图 2-38 西门子 S7-300 的扩展能力示意图

西门子 S7-300 模块组成的完整的系统如图 2-39 所示。

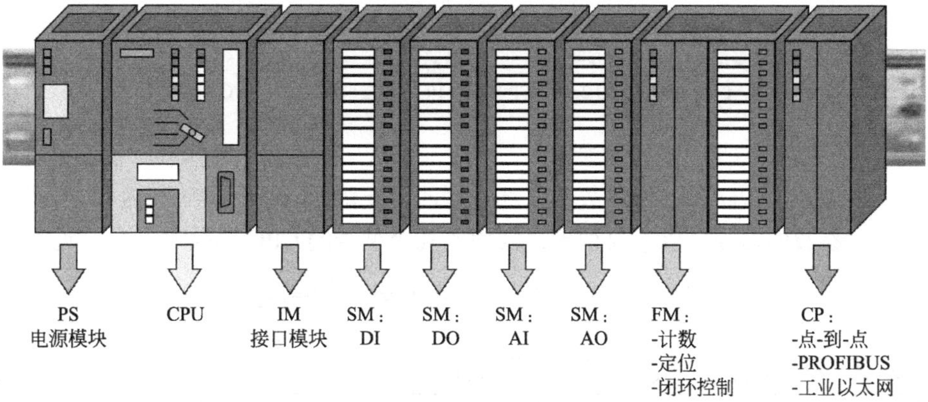

图 2-39 西门子 S7-300 模块组成的完整的系统

2.2 西门子 S7-400 常用模块及其接线

2.2.1 西门子 S7-400 系列 PLC 的概述

西门子 S7-400 是用于中、高档性能范围的可编程控制器，其尺寸比西门子 S7-300 大。采用模块化及无风扇的设计，坚固耐用，容易扩展和广泛的通信能力，容易实现的分布式结构以及用户友好的操作，使西门子 S7-400 成为中、高档性能控制领域中首选的理想解决方案。与西门子 S7-300 相比，西门子 S7-400 的体积更加大，性能更加卓越，其特点如下：

① 运行速度高，S7-416 执行一条二进制指令只要 0.08μs。

② 存储器容量大，例如 CPU 417-4 的 RAM 可以扩展到 16MB，装载存储器（EEPROM 或 RAM）可以扩展到 64MB。

③ I/O 扩展功能强，可以扩展 21 个机架，CPU 417-4 最多可以扩展 262144 个数字量 I/O 点和 16384 个模拟量 I/O。

④ 有极强的通信能力，集成的 MPI 能建立最多 32 个站的简单网络。大多数 CPU 集成有 PROFIBUS-DP 主站接口，用来建立高速的分布式系统, 通信速率最高 12M bit/s。

⑤ 集成的 HMI 服务，只需要为 HMI 服务定义源和目的地址，自动传送信息。

西门子 S7-400 的外形如图 2-40 所示。

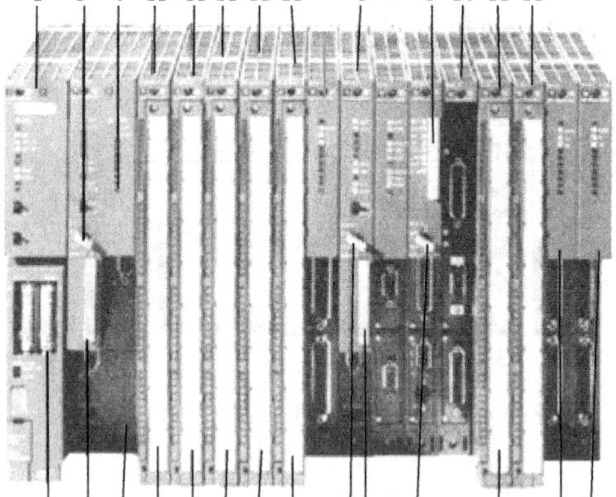

图 2-40 西门子 S7-400 的外形

1—电源模板；2—后备电池；3—钥匙开关；4—状态和故障 LED；5—存储器卡；6—有标签区的前连接器；7—CPU 1；8—CPU 2；9—CP 接口；10—IM 接口模板；11—I/O 模板

⑥ 西门子 S7-300 CPU 的技术参数

西门子 S7-400 CPU 的技术参数是设计选型的重要依据，因此读者在入门学习时，就要养成查看技术参数的习惯，以下仅列出最常用的几个型号的 CPU 的技术参数，见表 2-4。

表 2-4 西门子 S7-400 CPU 的技术参数表

型 号	412-1	413-1	414-2DP
用于程序/用于数据的集成 RAM 工作存储器	144KB/144KB	256KB/256KB	1.4MB/1.4MB
装载存储器：集成/Flash 存储卡/RAM 存储卡	8KB/48KB/16MB	8KB/72KB/16MB	8KB/128KB/16MB
位操作执行时间 浮点运算指令执行时间	200ns 1200ns	200ns 1200ns	100ns 600ns
位存储器（M）	4KB	4KB	8KB
S7 定时器/计数器	256/256	256/256	256/256
最大数字量 I/O 点数 最大模拟量 I/O 点数	32768/32768 2048/2048	32768/32768 2048/2048	65535/65535 4096/4096
最大局部数据	8KB	8KB	16KB
FB 的最大块数 FC 的最大块数 DB 的最大块数 OB 的最大容量	256 256 512 64KB	256 256 512 64KB	512 512 1024 64KB

2.2.2 西门子 S7-400 PLC 的机架

（1）西门子 S7-400 PLC 的机架简介

西门子 S7-400 的机架是安装所有模块的基本框架，这些模块通过背板总线进行交换数据和供电。西门子 S7-400 的机架种类和应用见表 2-5。

表 2-5 西门子 S7-400 的机架种类和应用

机架	插槽总数	可用总线	可用领域	说明
UR1	18	I/O 总线 通信总线	CR 或者 ER	适用于所有的模块类型
UR2	9			
ER1	18	受限 I/O 总线	ER	适用于 SM、IM 和 PS 模块 I/O 总线受以下控制： ① 不会响应模块中断 ② 不能使用 24V 供电模块 ③ 模块不能使用模块的后备电源供电，也不能通过外加给 CPU 或接收 IM 的电压加电
ER2	9			
CR2	18	分段 I/O 总线 连续通信总线	分段 CR	适用于除 IM 外所有的模块，I/O 总线分 2 段，占 10 槽和 8 槽
CR3	4	I/O 总线 通信总线	标准系统 CR	适用于除 IM 外所有的模块，CPU41X-H 仅限单机操作
UR2-H	2×9	分段 I/O 总线 连续通信总线	为紧凑安装容错型系统细分为 CR 或者 ER	适用于除 IM 外所有的模块，I/O 总线分 2 段，各占 9 槽

① 机架的数据交换。I/O 总线（P 总线）是机架的并行背部总线，用于 I/O 信号交流，对于信号模块的过程数据也是通过 I/O 总线进行。通信总线（C 总线）是机架背部串行总线，用于快速交换 I/O 信号相关的大量数据。除 ER1 和 ER2 外，其他的机架只有一条通信总线。

② 机架的供电。通过背部总线和基本连接器，由安装在机架最左侧的电源模块为机架上的模块提供所需的工作电压（5V 用于逻辑控制，24V 用于接口模块）。对于本地连接，还可以通过 IM460-1/IM461-1 接口模块为 ER 供电。IM460-1 有两个接口，每个接口最多可以通过 5A 的电流，也就是说可以为本地连接中的每个 ER 提供 5A 的电流。

（2）UR1 机架（通用机架）

UR1 和 UR2 机架用于装配中央控制器和扩展单元。UR1 和 UR2 机架都有 I/O 总线和通信总线。UR1 最多可容纳 18 个模块，UR2 最多可容纳 9 个模块。UR1 机架如图 2-41 所示。

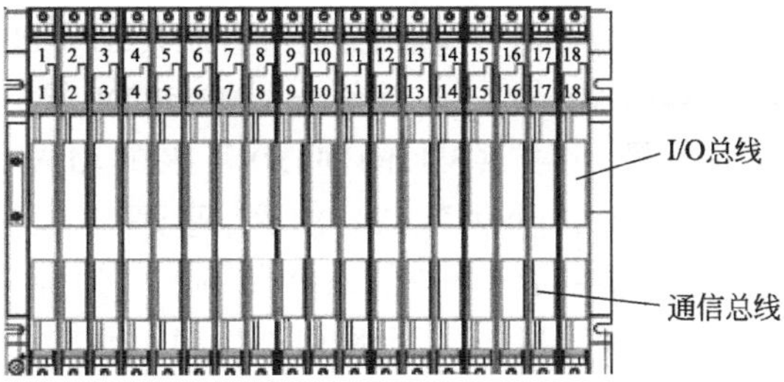

图 2-41 UR1 机架及其总线

（3）CR2 和 CR3 机架

CR2 机架用于分段式中央机架设计，可安装中央控制器和扩展单元。CR2 有 I/O 总线和通信总线。I/O 总线分为两个局部总线区段，分别为 10 个和 8 个插槽，如图 2-42 所示，I/O 总线分为两个局部总线区段①和②，其中区段①为 10 槽，区段②为 8 槽，③为通信总线。CR2 共 18 槽，可安装一个电源模块和两个 CPU 模块和其他模块。

CR3 是 4 槽的中央机架，有 I/O 总线和通信总线各一条。

（4）UR2-H 机架

UR2-H 机架用于在一个机架上装配两个中央控制器或扩展单元。UR2-H 机架实质上代表同一装配导轨上的两个电隔离的 UR2 机架。UR2-H 主要应用于紧凑结构的冗余 S7-400H

系统（同一机架上有两个设备或系统）。

UR2-H 机架及其总线如图 2-43 所示，机架分为①和②两段，每段 9 槽，每段都有各自的电源和 CPU。

① 段的 1 号槽～9 槽按顺序分别安装电源模块、CPU 模块、DI 模块等。

② 段的 1 号槽～9 槽按顺序分别安装电源模块、CPU 模块、DI 模块等。

注意西门子机架的槽位从 1 开始，而有的 PLC 的机架槽位从 0 开始（如 GE 的 RX3i）。

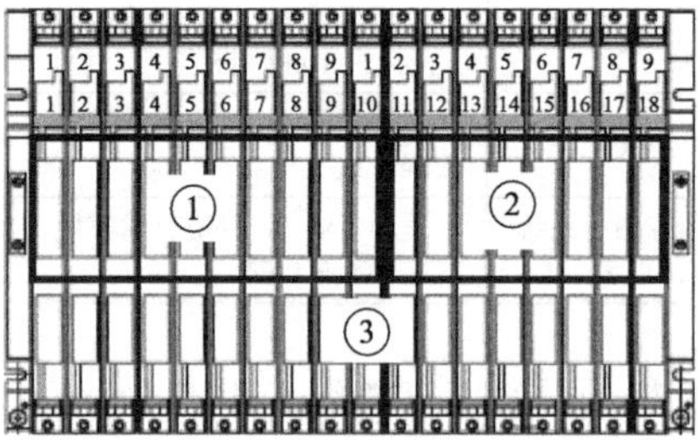

图 2-42 UR3 机架及其总线

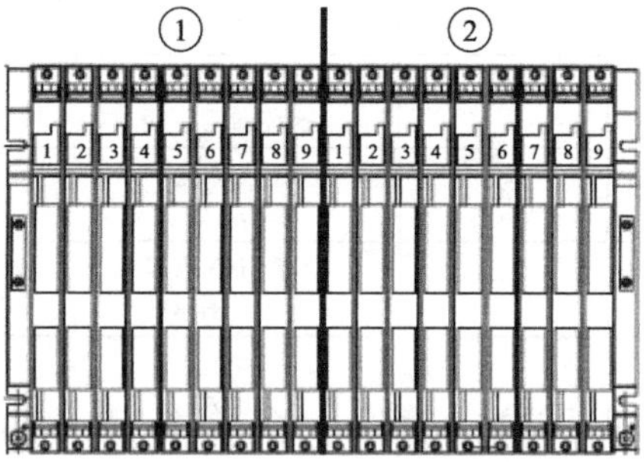

图 2-43 UR2-H 机架及其总线

2.2.3 西门子 S7-400 常用模块及其连接

西门子 S7-400 系统的配置比较灵活，不同的配置可以选用不同的模块。西门子 S7-400 常用的模块有电源模块、CPU 模块、接口模块 IM、数字量输入模块 DI、数字量输出模块 DO、模拟量输入模块 AI、模拟量输出模块 AO、功能模块 FM 和通信处理模块 CP 等。

（1）CPU 模块

CPU 模块是控制系统的核心，负责系统的中央控制，存储并执行程序，实现通信功能。西门子 S7-400 CPU 共有 7 款 CPU，另外还有 S7-400H/F/FH 的 CPU。

① CPU 412-1 和 CPU 412-2 用于中等性能范围的小型控制系统。CPU 412-1 有 96KB 的 RAM，最大可扩展 32K 的 DI/DO 和 2K 的 AI/AO，有一个组合式的 MPI/DP 接口，允许 PROFIBUS-DP 操作。CPU 412-2 有 144KB 的 RAM，最大可扩展 32K 的 DI/DO 和 2K 的 AI/AO，有一个组合式的 MPI/DP 接口，允许 PROFIBUS-DP 操作。此外，这两款 CPU 的运行速度和扩展能力也有所不同。

② CPU 414-2 和 CPU 414-3 适合于中等性能系统的控制。它们满足对程序规模和指令处理速度以及复杂通信的更高要求。CPU 414-2 有 256KB 的 RAM，最大可扩展 64K 的 DI/DO 和 4K 的 AI/AO，有一个组合式的 MPI/DP 接口和一个 PROFIBUS-DP 接口，允许 PROFIBUS- DP 操作。CPU 414-3 有 768KB 的 RAM，最大可扩展 64K 的 DI/DO 和 4K 的 AI/AO，有一个组合式的 MPI/DP 接口、一个 PROFIBUS-DP 接口和一个 IF 模块插槽，允许 PROFIBUS-DP 操作。这两款 CPU 功能较强，具有集成 PROFIBUS-DP 接口，能作为主站直接连接到 PROFIBUS-DP 总线。

③ CPU 416-2 和 CPU 416-3 应用于高性能范围中的各种高要求的场合。CPU 416-2 有 1.6MB 的 RAM，最大可扩展 128K 的 DI/DO 和 8K 的 AI/AO，有一个组合式的 MPI/DP 接口和一个 PROFIBUS-DP 接口。CPU 416-3 有 3.2MB 的 RAM，最大可扩展 128K 的 DI/DO 和 8K 的 AI/AO，有一个组合式的 MPI/DP 接口、一个 PROFIBUS-DP 接口和一个 IF 模块插槽。这两款 CPU 功能强大，具有集成 PROFIBUS-DP 接口，能作为主站直接连接到 PROFIBUS-DP 总线。

④ CPU 417-4 适用于更高性能范围的最高要求的场合，在 S7-400 CPU 中功能最强大。具有集成 PROFIBUS-DP 接口，能作为主站直接连接到 PROFIBUS-DP 总线。有两个槽适用

于 IF 模块（串行）。

⑤ CPU 417-4H 是 S7-400H 和 S7-400F/FH 中功能最强的 CPU，是硬件冗余 CPU。可配置为容错式 S7-400H 系统。 连接上 F 运行授权后，可以作为 S7-400F/FH 容错自动化系统应用。集成的 PROFIBUS-DP 接口能作为主站直接连接到 PROFIBUS-DP 现场总线。

S7-400H 采用“热备用”模式的主动冗余原理，在发生故障时，无扰动地自动切换。两个控制器使用相同的用户程序，接收相同的数据，两个控制器同步地更新内容，任意一个子系统有故障时，另一个承担全部控制任务。

⑥ S7-400F。安全型自动化系统，出现故障时转为安全状态，并执行中断。S7-400FH 是安全及容错自动化系统，如果系统出现故障，生产过程能继续执行。

（2）数字量输入模块 SM421 及其连接

数字量输入模块将二进制过程信号连接到 S7-400，也就是将按钮、接近开关等数字量连接到 S7-400。从输入电信号的种类分数字量输入模块主要有三种，即直流输入、交流输入和交直流输入。目前数字量输入模块 SM421 有 7 个规格。以下将介绍有代表性的几种。

数字量输入模块（6ES7 421-1BL01-0AA0）内部结构和连接如图 2-44 所示，很明显 SM421 模块的内部是有光电隔离，模块是 24V 直流 PNP 输入（高电平有效），其连接与 SM321 的 PNP 输入模块的连接类似。

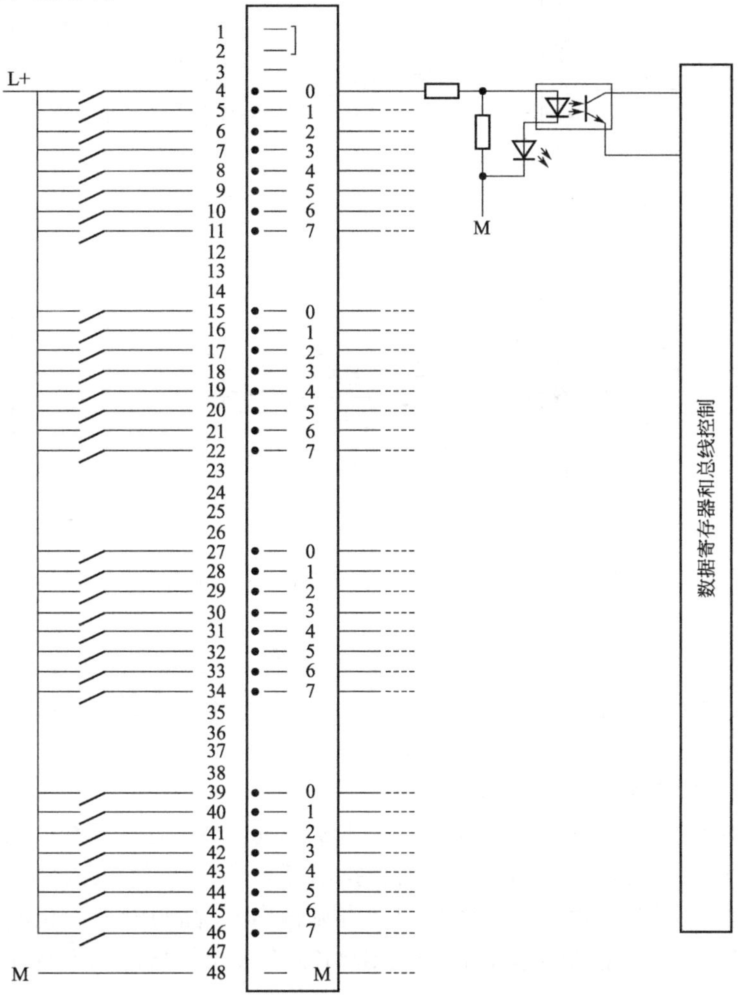

图 2-44 数字量输入模块（6ES7 421-1BL01-0AA0）内部结构和连接

数字量输入模块（6ES7 421-5EH00-0AA0）内部结构和连接如图 2-45 所示，SM421 模块是交流输入，额定电压为 120 V AC，可连接普通开关（按钮）和 2 线接近开关。

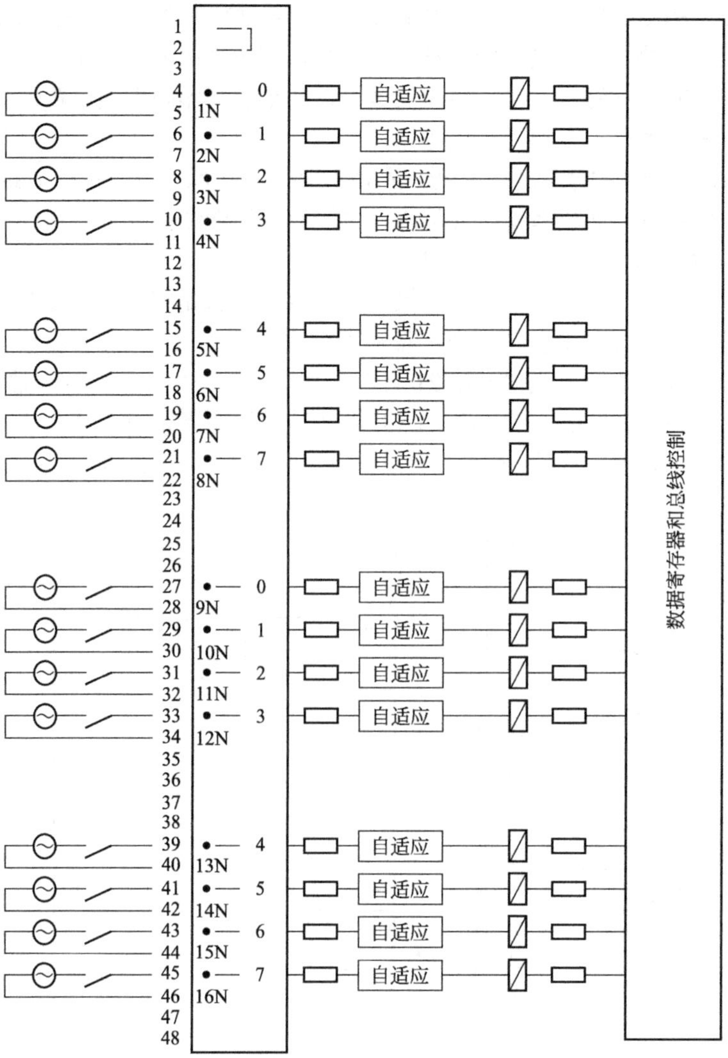

图 2-45　数字量输入模块（6ES7 421-5EH00-0AA0）内部结构和连接

数字量输入模块（6ES7 421-1FH00-0AA0）内部结构和连接如图 2-46 所示， SM421 模块是交直流 16 点输入，额定电压为 120/230 V UC（V UC 代表交流和直流信号输入均可），可连接普通开关（如按钮）和 2 线接近开关。

（3）数字量输出模块 SM422 及其连接

数字量输出模块将二进制过程信号连接到 S7-400，通过这些模板，能将执行器连接到 S7-400，一般常见的是电磁阀、接触器、指示灯和变频器等。从输出负载的种类分，数字量输出模块主要有三种，即晶体管型（直流输出）、晶闸管型（交流输出）和继电器型（交直流输出）。目前数字量输出模块 SM422 有 8 个规格。以下将介绍有代表性的几种。

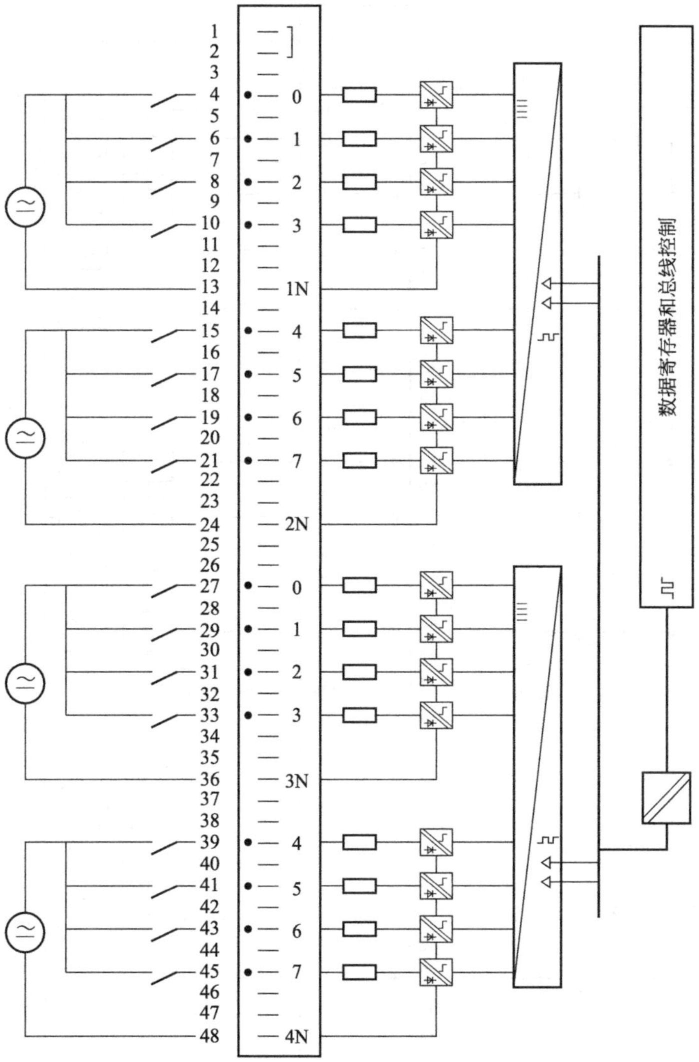

图 2-46 数字量输入模块（6ES7 421-1FH00-0AA0）内部结构和连接

数字量输出模块（6ES7 422-1BH11-0AA0）内部结构和连接如图 2-47 所示，这个 SM422 模块晶体管型，共 16 点，分两组，每组 8 点，额定电压为 24V DC。调试模块时，不需要给各组的 8 个输出提供负载电压（例如，1L+和 3L+），即使仅用 L+为单个组供电，模块也能完全正常工作。但正常工作时，还是要将 1L+、2L+和 3L+并联在+24V DC 上，1M、2M 和 3M 并联在 0V DC 上。

数字量输出模块（6ES7 422-1FF00-0AA0）内部结构和连接如图 2-48 所示，这个 SM422 模块晶闸管型，共 8 点，分 8 组，每组 1 点，额定电压为 120/230V AC。

数字量输出模块(6ES7 422-1HH00-0AA0)内部结构和连接如图2-49 所示，这个 SM422 模块继电器型，共 16 点，分 8 组，每组 2 点，输出电流为 5 A，额定负载电压为 230V AC/125V DC。由于是继电器输出，故电源的接入无极性之分，不必像晶体管输出那样有极性之分。

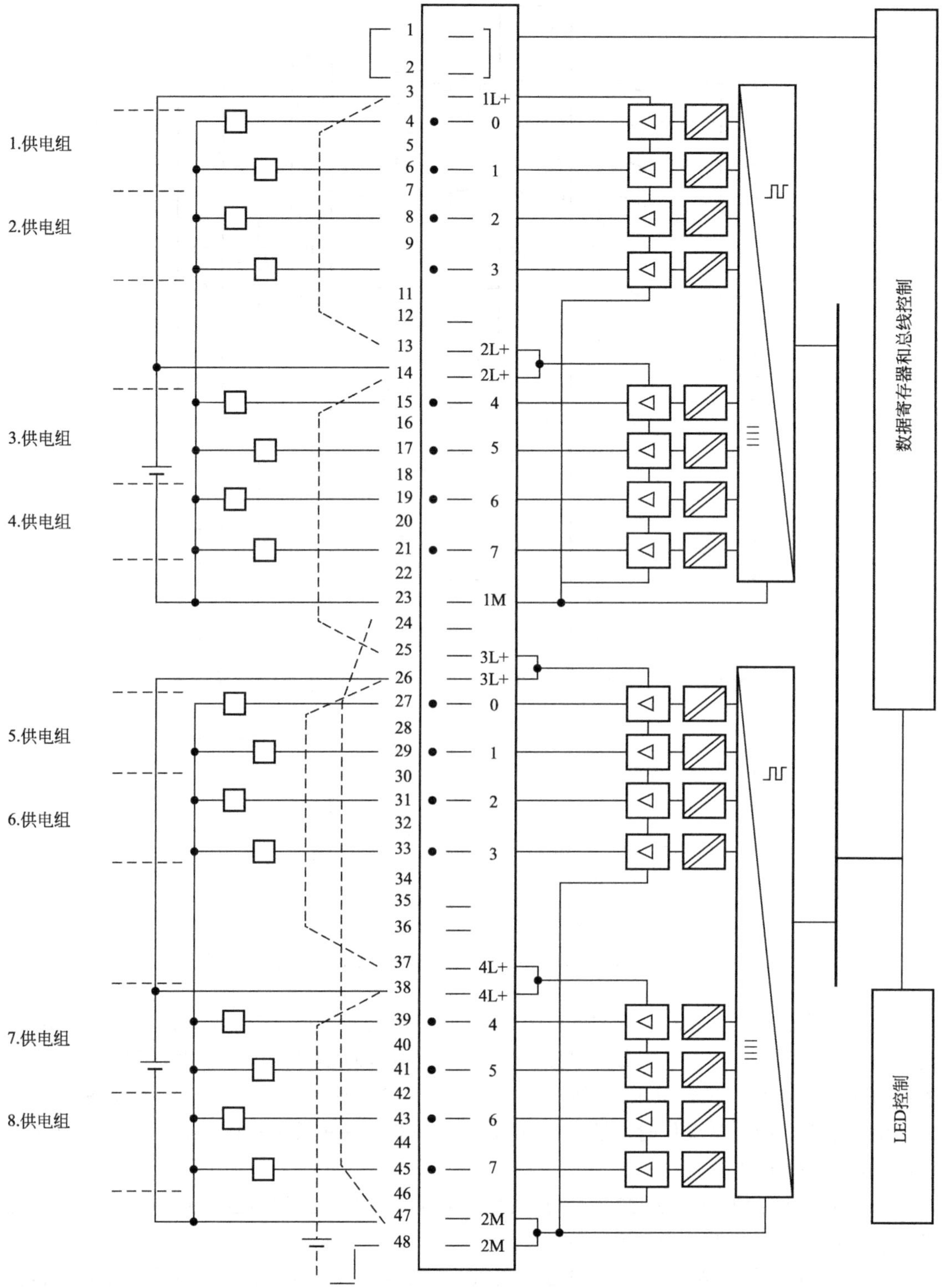

图 2-47 数字量输出模块（6ES7 422-1BH11-0AA0）内部结构和连接

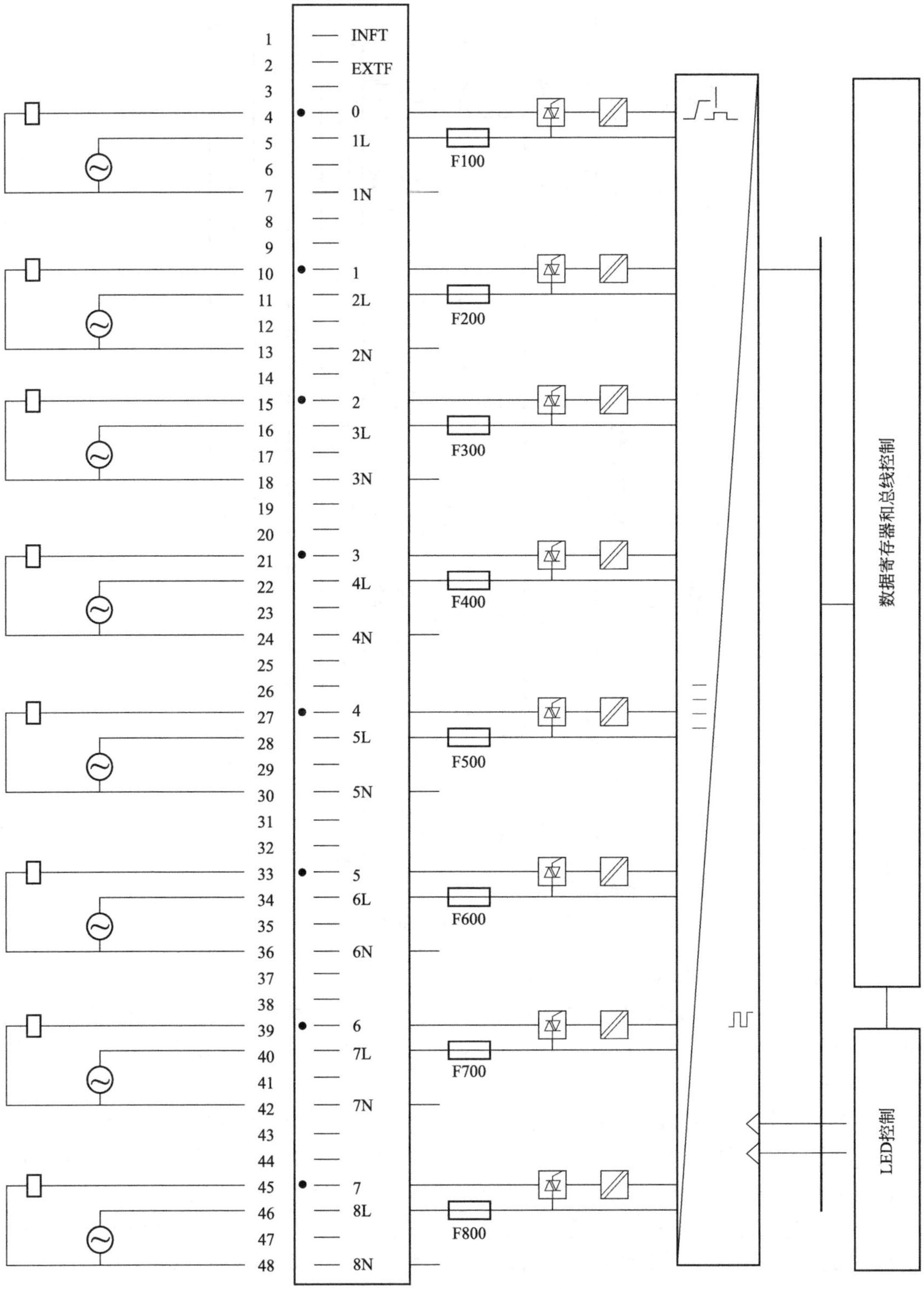

图 2-48　数字量输出模块（6ES7 422-1FF00-0AA0）内部结构和连接

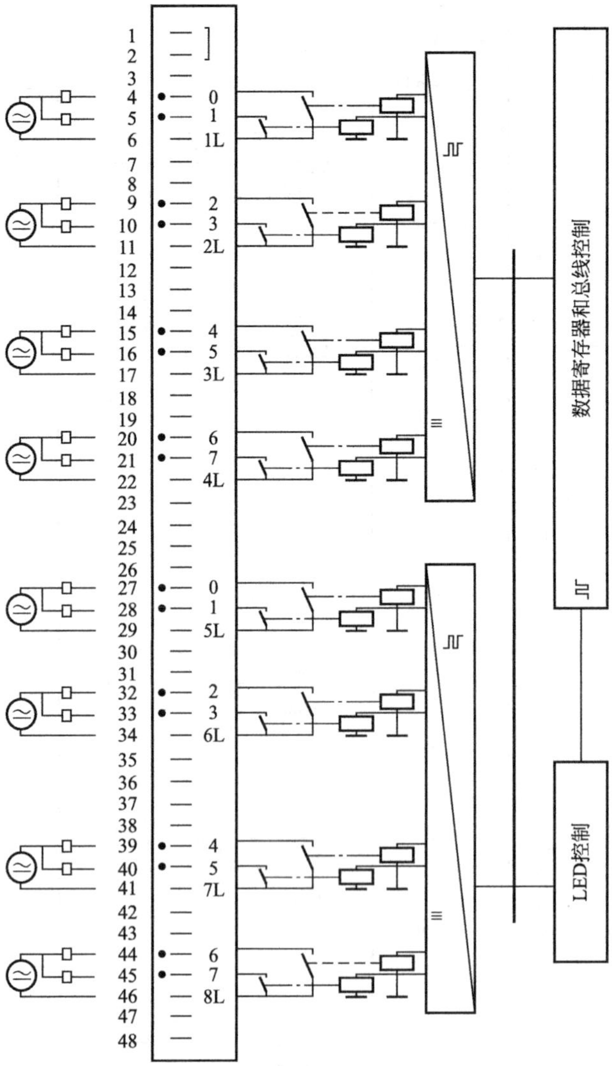

图 2-49 数字量输出模块（6ES7 422-1HH00-0AA0）内部结构和连接

（4）模拟量输入模块 SM431 及其连接

模拟量输入模块 SM431 用于 S7-400 模拟量输入，用于连接电压、电流、热电偶、电阻器和热电阻，分辨率从 13～16 位。目前模拟量输入模块 SM431 有 7 个规格。以下将介绍有代表性的一种。

模拟量输入模块 SM431（6ES7 431-1KF00-0AB0）简称 AI 8×13 位，它有 8 个输入点用于电压/电流测量，4 个输入点用于电阻测量，可并行调整的各种测量范围，精度 13 位，模拟部分与 CPU 隔离，通道之间以及连接传感器的参考电位与 M_{ANA} 之间允许的最大共模电压为 30V AC。SM431 的连接如图 2-50 所示。若第一、二通道都用于测量电压信号，那么端子 6 和 9 以及端子 11 和 14 分别与 2 路电压信号连接；若第一、二通道都用于测量电流信号，那么端子 6 和 7 短接，端子 11 和 12 短接，端子 8 与 9 以及端子 13 与 14 分别与 2 路电流信号连接；若第一、二通道都用于测量电阻，那么只能测量一路信号，先将热电阻的一端的两个引线分别连接端子 6 和 11 上，再将热电阻的另一端的引线连到端子 9 和 14 上。

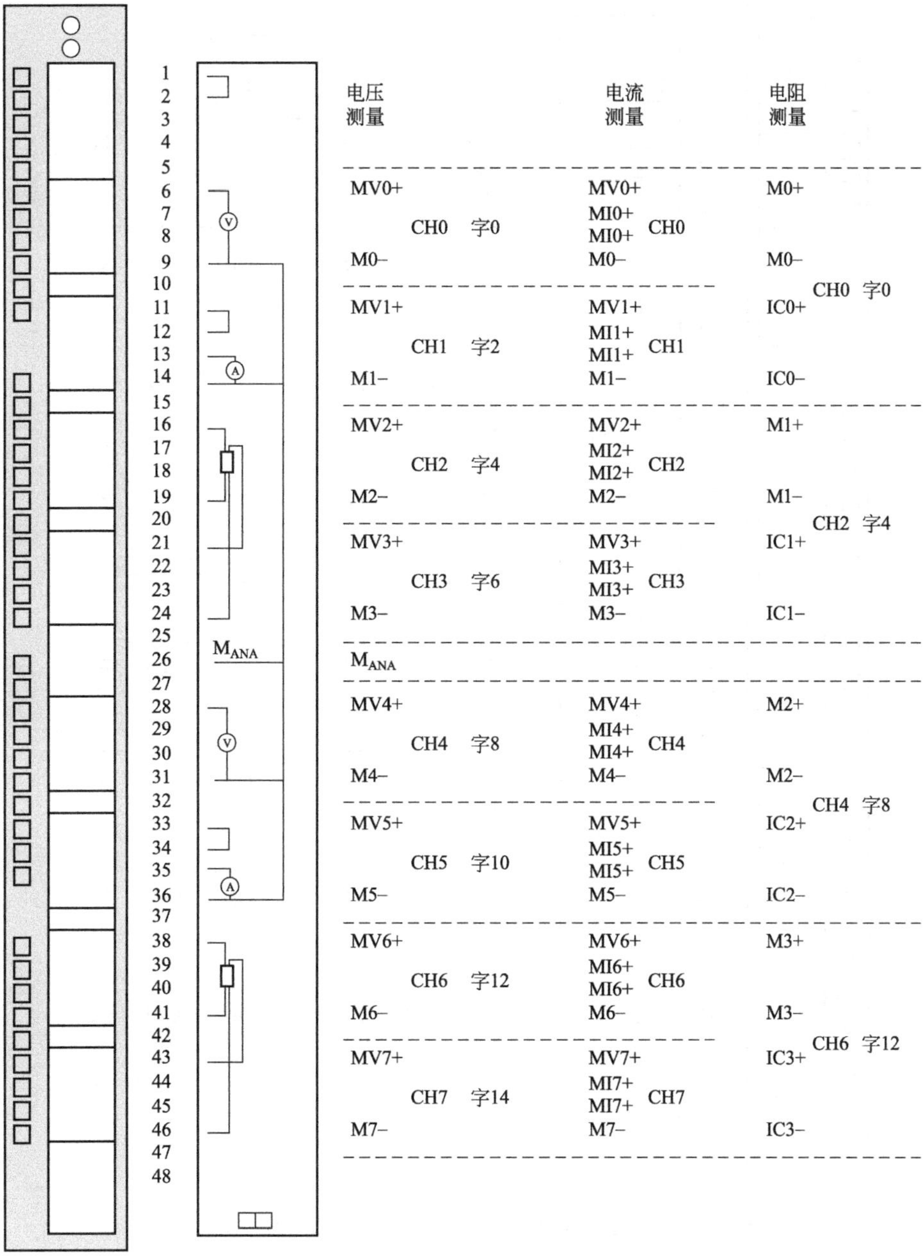

图 2-50　模拟量输入模块（6ES7 431-1KF00-0AB0）的连接

（5）模拟量输出模块 SM432 及其连接

模拟量输出模块 SM432 用于 S7-400 模拟量输出，连接模拟量执行器。目前模拟量输出模块 SM432 有 1 个规格。

模拟量输出模块 SM432（6ES7 432-1HF00-0AB0），简称 AO8×13 位，它有 8 点输出点，其输出通道可编程为电压输出或者电流输出（有关设置方法在后面的章节中会讲解），输出精度 13 位，模拟量部分与 CPU 和负载电压隔离，通道之间或通道与 M_{ANA} 之间允许的最大共模电压为 3V DC。SM432 的连接如图 2-51 所示。

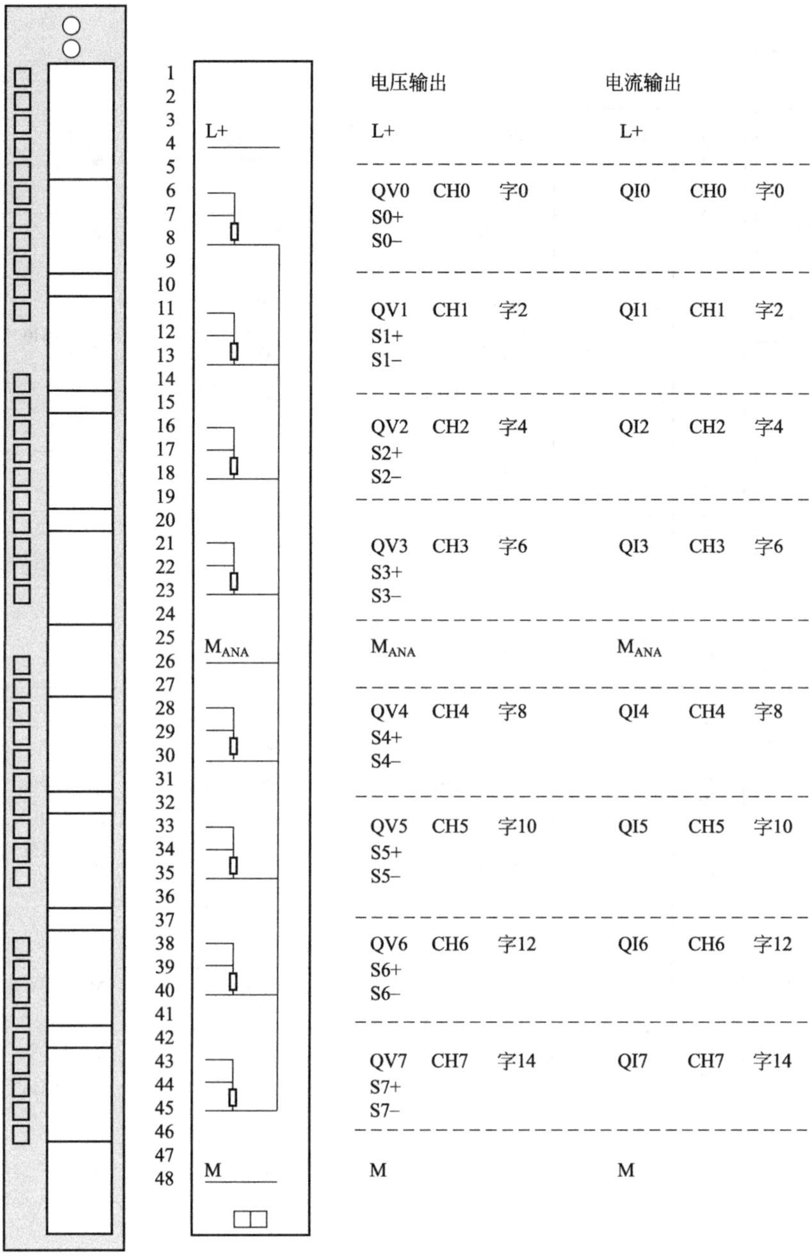

图 2-51 模拟量输出模块（6ES7 432-1HF00-0AB0）的连接

（6）电源模块

西门子 S7-400 的电源有 PS405 和 PS407 共两大类。电源模块用于对西门子 S7-400 的供电，具体为：

① 用于将 AC 或 DC 网络电压转换为所需的 5 V DC 和 24 V DC 工作电压 输出电流为 4 A，10 A 和 20 A。

② 通过 IM 向扩展机架供电。

电源的位置安装在机架的最左边，也就说从第一槽开始安装，根据配置不同可占用 1～3 槽。

PS405 和 PS407 是有区别的，主要是接入输入电压的种类不同，PS405 电源模块输入电压为 19.2～72 V DC 的直流电压，并在次级侧提供 5V DC 和 24V DC 电压。而 PS407 电源模块输入电压为 85～264V AC 线路电压或 88～300V DC 电压，并在二级侧提供 5V DC 和 24V DC 电压。

（7）通信处理模块

西门子 S7-400 常用的通信处理模块有如下几种：

① CP 440 通信处理器。用于利用 RS-422/RS-485（X.27）进行的短报文帧的高性能传输场合。

② CP 441-1，CP 441-2。通过点对点链接进行高速大容量串行数据交换。

③ CP 443-5。用于 PROFIBUS 通信。

④ CP 443-1 和 CP 443-1 IT。用于将 SIMATIC S7-400 连接到以太网上。

⑤ CP 444。应用 MMS 服务，根据 MAP3.0，连接工业以太网。用于减轻 CPU 的通信任务和实现深层的连接。

（8）功能模块

西门子 S7-400 常用的功能模块有计数模块 FM450-1、定位模块 FM451 和 FM453、电子凸轮控制器 FM452 和闭环模块 FM455 等。

（9）接口模块

西门子 S7-400 的接口模块分为两种：发送和接收模块。常用的发送模块有 IM460-0、IM460-1、IM460-2、IM460-3 和 IM460-4。常用的接收模块有 IM461-0、IM461-1、IM461-3 和 IM461-4。

第3章

STEP 7 软件使用入门

本章介绍西门子 S7-300/400 可编程控制器的编译软件 STEP 7 的使用方法，并介绍使用 STEP7 编译一个简单程序的完整过程的例子，这是学习本书后续内容的必要准备。

3.1 STEP 7 简介

3.1.1 初识 STEP 7

STEP 7 是一种用于对 SIMATIC 可编程逻辑控制器进行组态和编程的标准软件包。它是 SIMATIC 工业软件的一部分。STEP 7 标准软件包有下列各种版本。

① STEP 7 Micro/DOS 和 STEP 7 Micro/Win 用于 SIMATIC S7-200 上的简化版单机应用程序。

② STEP 7 用于 SIMATIC S7-300/S7-400、SIMATIC M7-300/M7-400 以及 SIMATIC C7，标准 STEP 7 软件包提供一系列应用程序，具体如下。

a. SIMATIC 管理器。SIMATIC 管理器（SIMATIC Manager）可以集成管理一个自动化项目的所有数据，可以分布式地读/写各个项目的用户数据。其他的工具都可以在 SIMATIC 管理器中启动。

b. 符号编辑器。符号编辑器可以管理所有的共享符号。

c. 诊断硬件。诊断硬件的功能可以提供可编程控制器的状态概况。其中可以显示符号，指示每个模块是否正常。

d. 程序编程器。用于 S7-300/400 的编程语言梯形图（Ladder Logic）、语句表（Statement List）和功能块图（Function Block Diagram）都集成在一个标准的软件包中。此外还有四种语言作为可选软件包使用，分别是 S7 SCL（结构化控制）编程语言、S7 Graph（顺序控制）编程语言、S7 HiGraph（状态图）编程语言和 S7 CFC（连续功能图）编程语言。

e. 硬件组态。硬件组态工具可以为自动化项目的硬件进行组态和参数配置。可以对机架上的硬件进行配置，设置其参数及属性。

f. 网络组态。网络组态（NetPro）工具用于组态通信网络连线，包括网络连接参数设置和网络中各个通信设备的参数设定，选择系统集成的通信或功能块，可以轻松实现数据的传送。

本书使用的软件是 STEP 7 V5.5CN SP3。STEP 7 V5.5CN SP3 的大部分界面已经汉化，非常适合对外语不熟悉的人使用。STEP 7 具有使用简单、面向对象、直观的用户界面、组态取代编程、统一的数据库、超强的功能、编程语言符合 IEC 1131-3、基于 Windows 操作系统。

使用 STEP 7 的基本软硬件条件是一台西门子编程设备或者一台个人计算机、STEP 7 软件包和相应的许可证密钥，一台西门子 S7-300/400 PLC 或者 S7-PLC SIM。

3.1.2 安装 STEP 7 的软硬件条件

（1）安装 STEP7 V5.5 SP3 的软件系统条件

操作系统为 Microsoft Windows XP SP2（含）以上的专业版本或者企业版、Windows Server 2003 SP2、MS Windows 7 专业版和旗舰（含 32 和 64 位系统）、Win2008 R2（64 位系统）。

STEP7 V5.5 SP3 与家庭版操作系统不兼容，也就是不能安装在家庭版的操作系统中。

（2）安装 STEP7 V5.5 SP3 的硬件系统条件

① 奔腾处理器(600 MHz)；

② 至少 512MB RAM；

③ 彩色监视器、键盘和鼠标，Microsoft Windows 支持所有的组件；

④ 硬盘空间：安装时，软件自动获取所需硬盘空间的信息。本软件的容量为 1.3GB。以上是安装的最低硬件要求，作者建议：CPU 的档次不低于 CORE i3，内存不低于 2GB，否则软件的运行速度可能较慢。

3.1.3 安装 STEP 7 注意事项

① Window 7 与 STEP7 5.4（含）以前的版本不兼容，因此建议安装 STEP7 5.5 SP1 以上的版本，STEP7 5.4（含）以前的版本，西门子公司不提供升级服务。

② 如果读者的系统是 32 位 window 7，那么安装仿真软件必须是 PLCSIM V5.4SP4 及以上版本（目前暂时没有 PLCSIM V5.5 版本）。

③ 如果读者的系统是 64 位 Window 7，那么安装仿真软件必须是 PLCSIM V5.4SP5 及以上版本。

④ 西门子的大型软件对操作系统要求较高，有的盗版操作系统不能安装西门子的大型软件，有时即使能安装，有些功能可能不能使用，因此要使用正版操作系统。

⑤ 无论是 Window 7 还是 Window XP 系统的家庭（HOME）版都不能安装西门子的大型软件（S7-200 的除外）。

⑥ 最好关闭监控和杀毒软件。如果电脑中安装了金山杀毒软件或者百度监控软件，则有可能不能安装仿真软件 PLCSIM，读者应先卸载金山杀毒软件或者百度监控软件，再安装仿真软件 PLCSIM，最后可安装金山杀毒软件或者百度监控软件。

⑦ 安装软件时，软件的存放目录中不能有汉字，此时可弹出“SSF 文件错误”的信息，表明目录中有不能识别的字符。例如将软件存放在“C:/软件/STEP 7”目录中就不能安装。

⑧ 西门子大型软件的安装顺序推荐为：首先安装 STEP7，再安装 Wincc，最后安装 Wincc Flexible。不按照此顺序安装则可能出错。

3.1.4 安装 STEP 7 的过程

① 打开软件包，双击 “setup.exe”，弹出如图 3-1 所示的界面，有 2 种安装语言供选择，本例选择“中文简体”语言，单击“下一步”按钮。

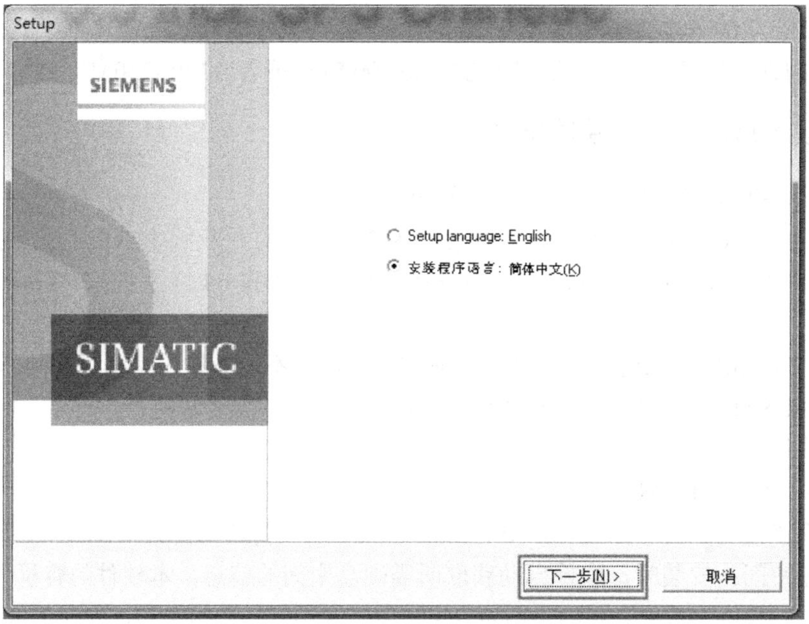

图 3-1 选择安装语言

② 勾选“我接受上述许可证协议及开放源代码许可证协议的条件（A）”，单击“下一步”按钮，如图 3-2 所示。

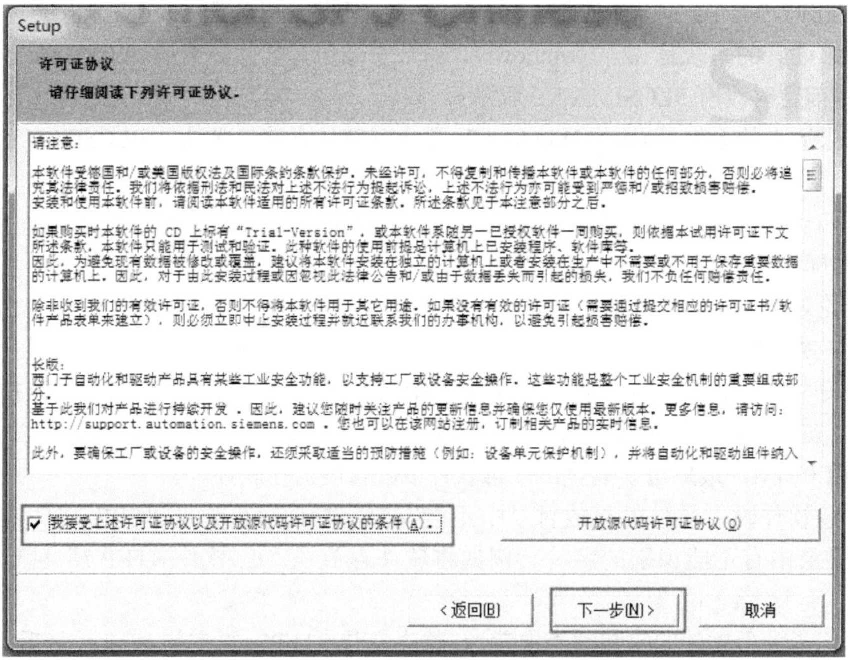

图 3-2 接受许可证协议

③ 选择要安装的选项。将三个选项全部勾选，单击“下一步”按钮，如图 3-3 所示。

④ 是否接受系统设置更改。勾选“我接受对系统设置的更改”，单击“下一步”按钮，如图 3-4 所示。

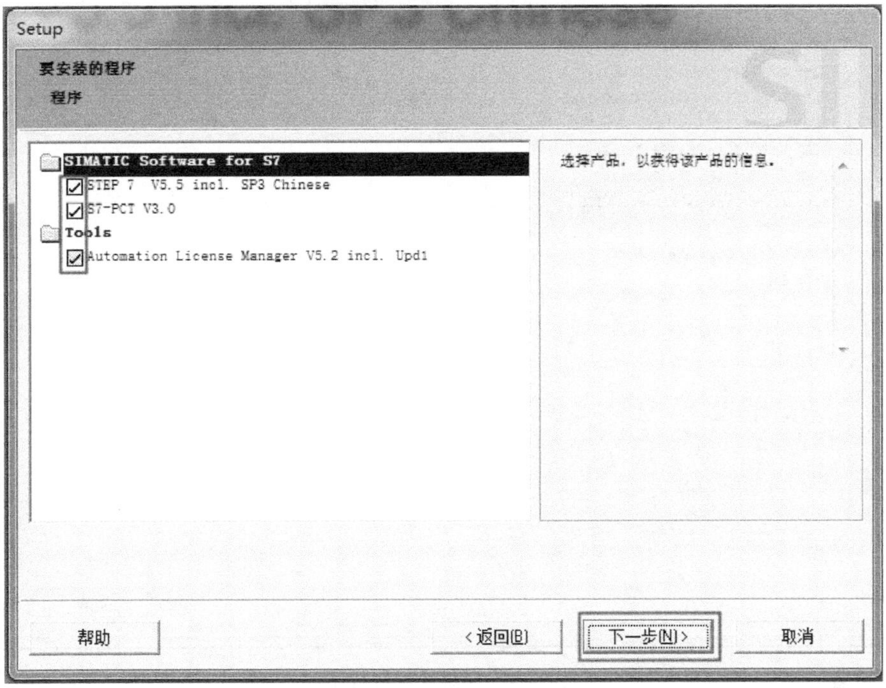

图 3-3 选择要安装的选项

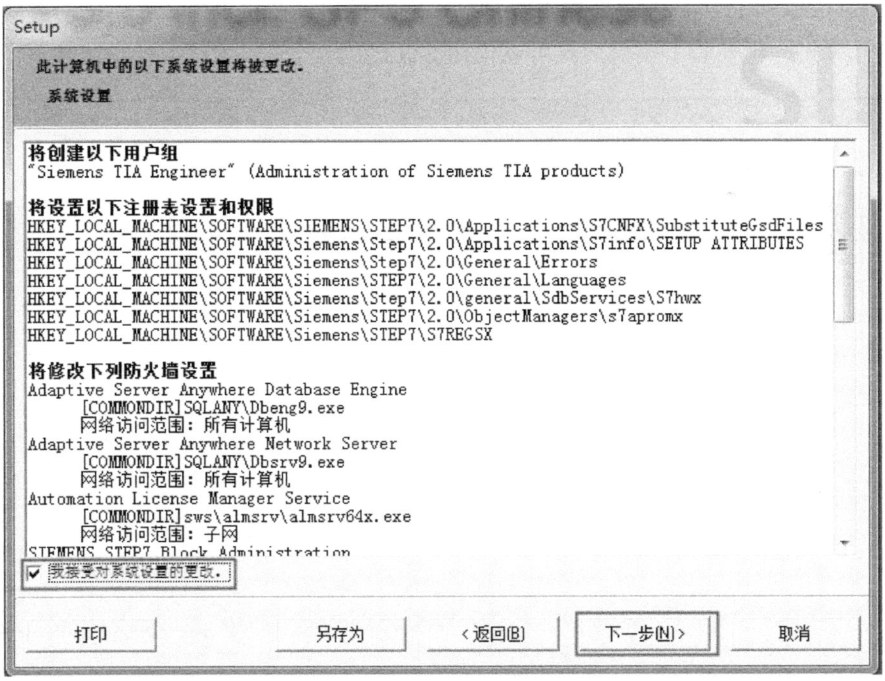

图 3-4 是否接受系统设置更改

⑤ 安装软件开始进行，如图 3-5 所示，在以后的安装过程中，仅需要单击“下一步”按钮即可。此软件的安装过程为：先安装 STEP7 所需要的环境和插件，再安装 STEP7 软件，最后安装小工具和帮助。

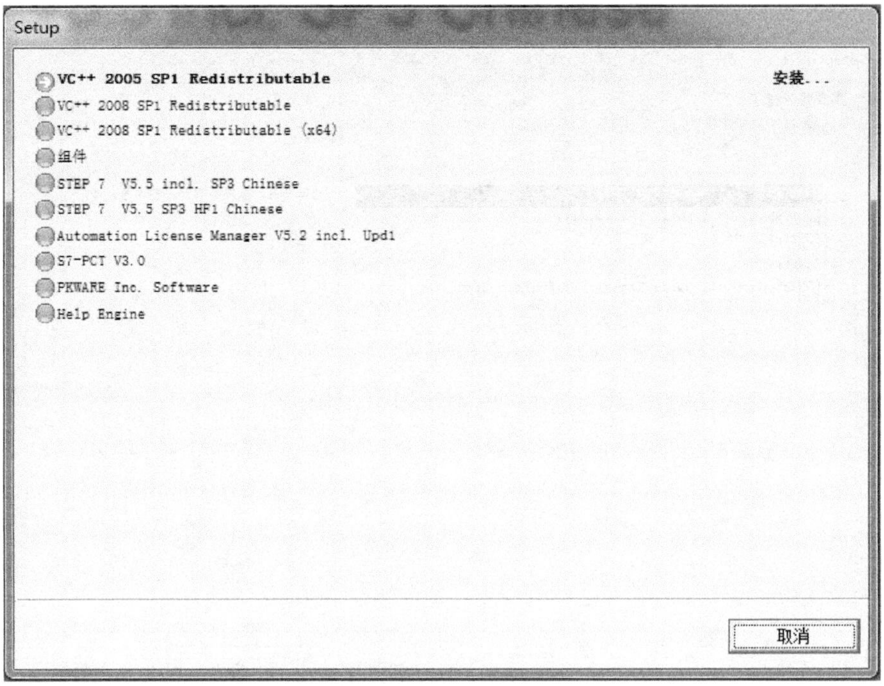

图 3-5 安装软件进行中

⑥ 完成安装。当所有的软件安装完成后，所有的选项前面有“勾号”，如图 3-6 所示，图 3-7 所示的安装完成的界面，一般选择“是，立即重启计算机”选项，单击“完成”按钮，之后重启计算机，再安装了授权后就可以使用 STEP7 了。

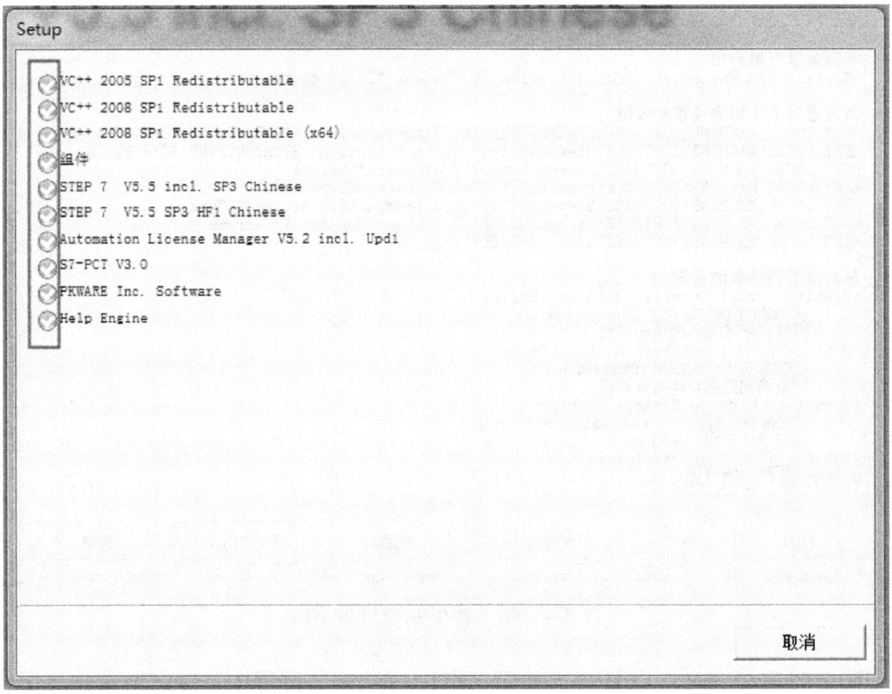

图 3-6 完成安装（1）

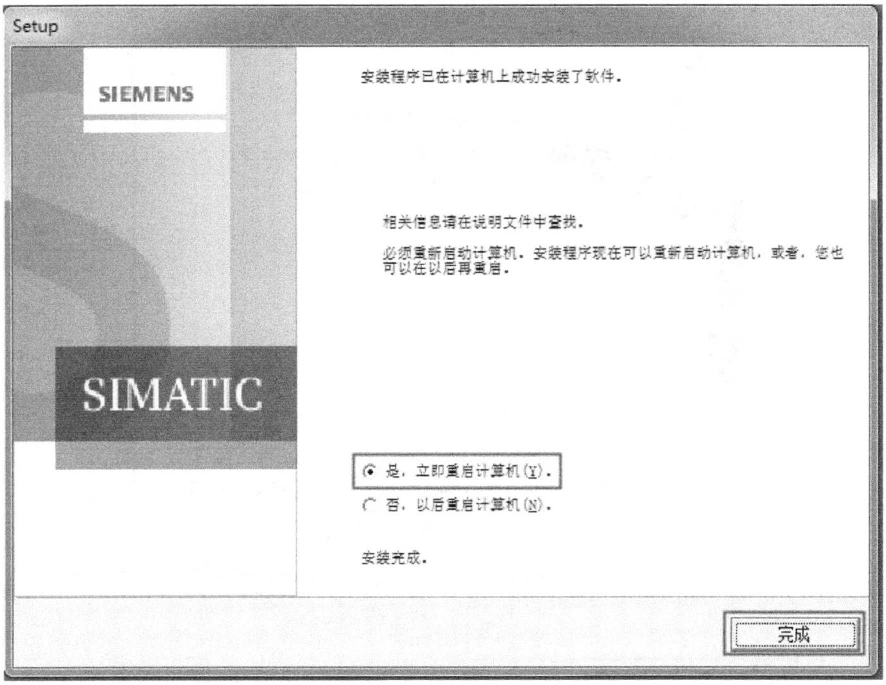

图3-7 完成安装（2）

3.1.5 卸载STEP 7的过程

使用标准Windows方法，卸载STEP 7，具体过程如下。

① 在“控制面板”中双击“添加/删除程序”图标，启动Windows软件安装对话框；

② 在已安装软件的显示列表中选择STEP 7条目，单击“添加/删除”按钮；

③ 出现“删除共享文件”对话框时，如果不确定，则请单击“否”按钮。

使用标准Windows方法，卸载STEP 7有时并不彻底，有时会残留一些文件，读者可以借助如360等工具彻底删除残留文件。

3.2 编程界面的SIMATIC管理器

在STEP 7中，用项目来管理一个自动化系统的硬件和软件。STEP 7用SIMATIC管理器对项目进行集中管理，它可以方便地浏览SIMATIC S7、C7和WinAC的数据。因此，掌握项目创建的方法就非常重要。

3.2.1 创建项目

（1）使用向导创建项目

首先双击桌面上的STEP 7图标，进入SIMATIC Manager窗口，进入主菜单“文件”，选择“新建项目”向导，弹出标题为“STEP 7 向导：新建项目”的小窗口，如图3-8所示。

单击“下一步”按钮，在新项目中选择CPU模块的型号为CPU 314C-2 DP，如图3-9所示。

单击“下一步”按钮，选择需要生成的逻辑块，至少需要生成作为主程序的组织块OB1和编程语言LAD（梯形图），如图3-10所示。

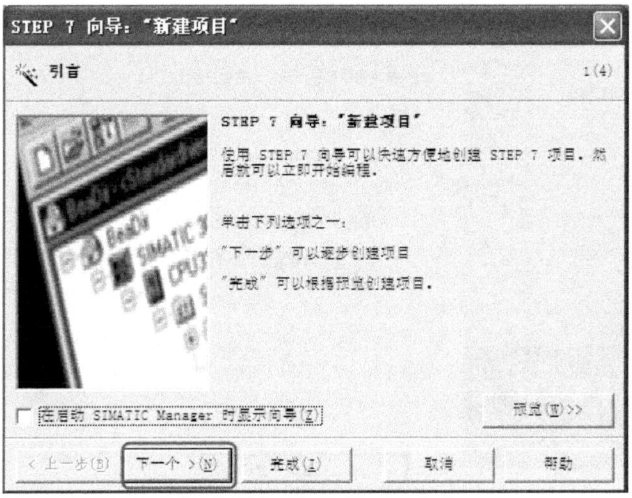

图 3-8 新建项目（1）

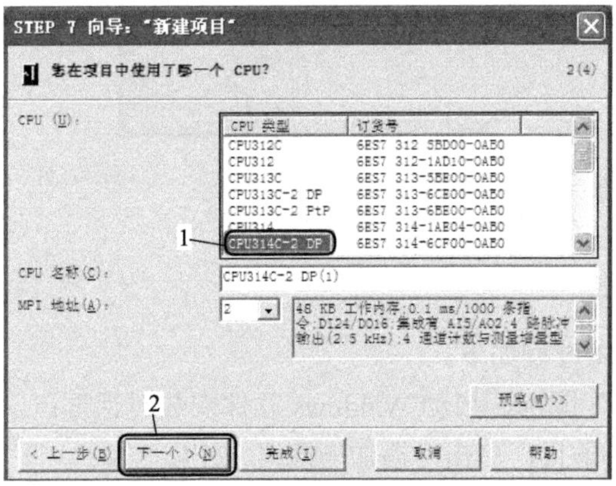

图 3-9 新建项目（2）

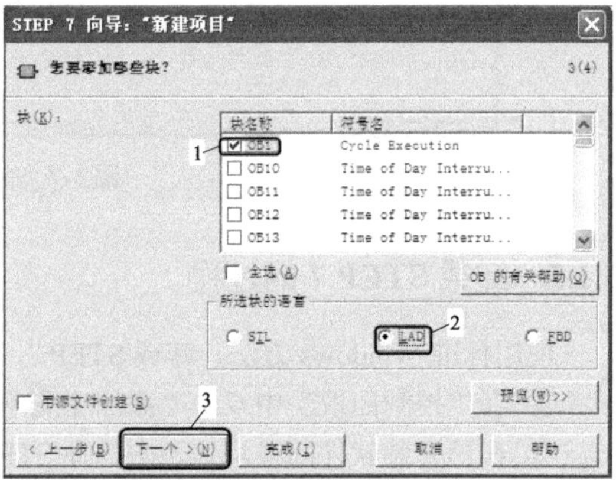

图 3-10 新建项目（3）

单击“下一步”按钮，输入项目的名称，单击“完成”按钮，生成的项目如图 3-11 所示。也可以单击工具栏上的按钮，新建项目。

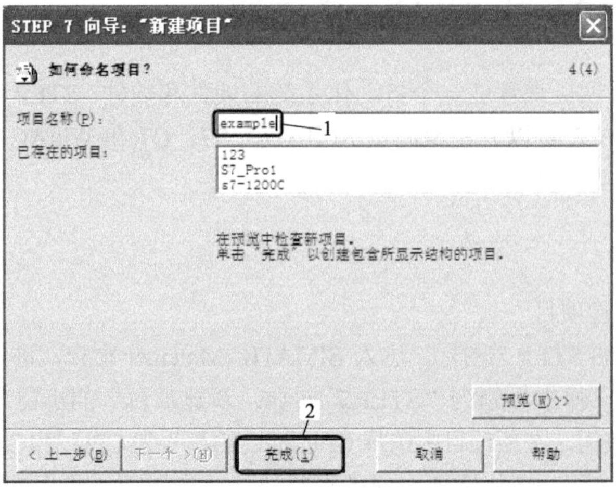

图 3-11 新建项目（4）

（2）直接创建项目

进入主菜单“文件”，选择“新建”按钮，将出现如图 3-12 所示的一个对话框，在该对话框中分别输入“文件名称”、“存储位置（路径）”等内容，最后单击“确定”按钮，完成一个空项目的创建，如图 3-13 所示，这个项目中没有硬件、块等内容，需要组态硬件。

图 3-12 新建项目（5）

图 3-13 新建的项目（6）

3.2.2 编辑项目

（1）打开已有的项目

要打开已有的项目，选择菜单栏的“文件”→“打开”，然后选择一个项目，单击“确定”按钮，打开已有的文件。例如要打开以上创建的“example”，界面如图 3-14 和图 3-15 所示。

也可以单击工具栏上的按钮，打开已有的项目。

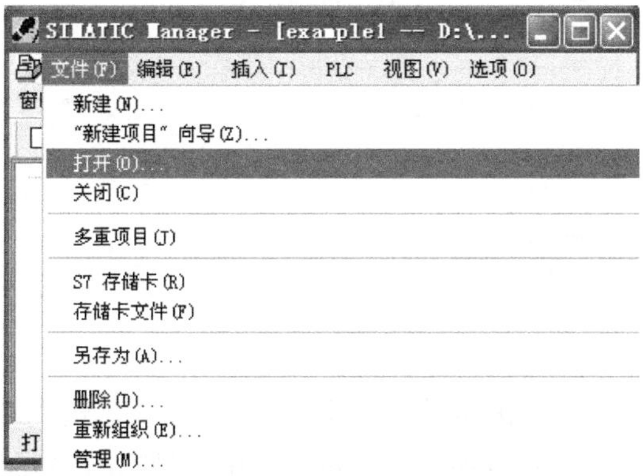

图 3-14 打开项目（1）

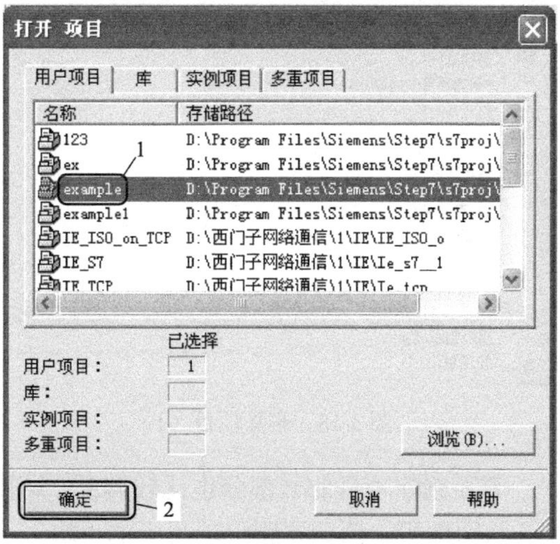

图 3-15 打开项目（2）

（2）复制项目

复制项目的步骤是：选中要复制的项目，再在 SIMATIC 管理器中选择菜单命令“文件”→“另存为”，然后给出一个新名称，单击“确定”按钮。例如要复制以上创建的“example”，界面如图 3-16 和图 3-17 所示。

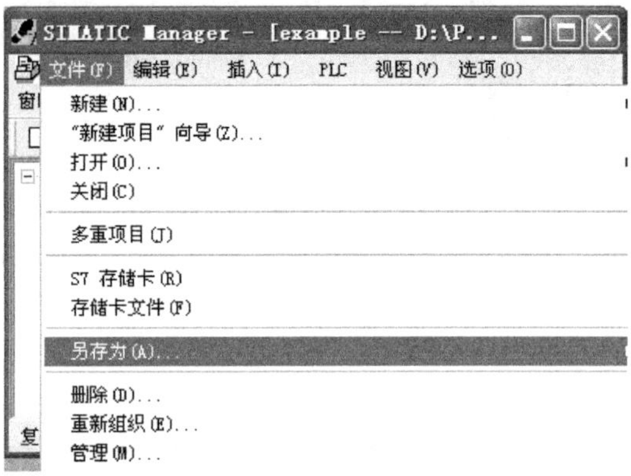

图 3-16 复制项目（1）

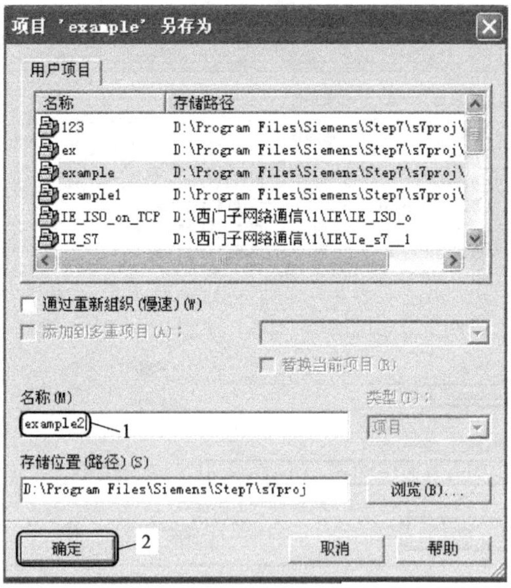

图 3-17 复制项目（2）

（3）删除项目

删除项目的步骤是：在 SIMATIC 管理器中选择菜单命令“文件”→“删除”，然后选择要删除的项目，单击“确定”按钮。删除后的文件不能在回收站中找到。例如要删除以上创建的“example2”，界面如图 3-18 和图 3-19 所示。

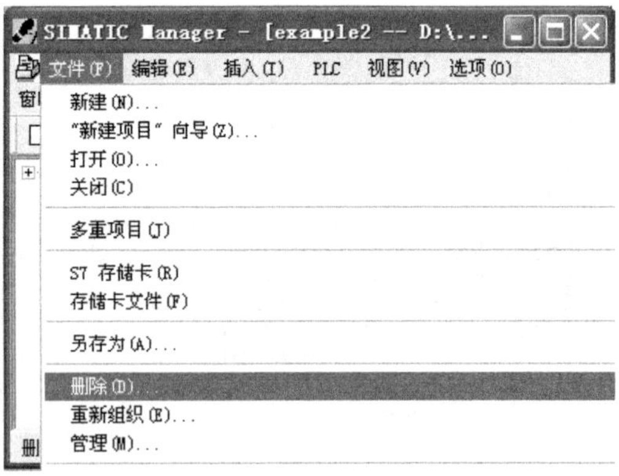

图 3-18 删除项目（1）

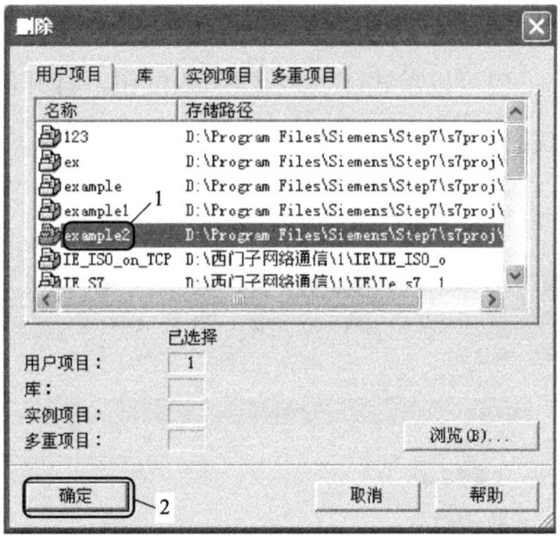

图 3-19 删除项目（2）

若要删除项目的一部分也比较容易，只要选中要删除的部分，单击鼠标右键，再单击“删除”按钮即可，例如要删除项目中的“块”，界面如图 3-20 所示。也可以选中要删除的部分，按键盘上的“删除”按钮。

图 3-20　删除部分项目

3.3　硬件组态与参数设置

3.3.1　硬件组态

（1）硬件组态的任务和步骤

在 PLC 控制系统设计前期，应根据控制系统的要求以及系统的输入/输出信号的性质和点数确定 PLC 的硬件配置，如 CPU 模块与扩展模块的型号和数量等，是否需要通信处理器模块以及种类和型号，是否需要扩展机架等。在完成上述工作后，还需要在 STEP 7 中完成硬件配置工作。

硬件组态的主要工作是根据实际系统的硬件配置，在 STEP 7 中模拟真实的 PLC 硬件配置，将电源模块、CPU 模块、信号模块、通信模块等设备安装到模拟生成的相应的机架上，生成一个与真实系统完全相同的系统，并对每个硬件组成模块进行参数设置和修改的过程。西门子 S7-300/400 的模块在出厂时已经设置默认的参数作为模块的运行参数，一般情况下，用户可以不对参数进行重新设置，这样加快了硬件组态过程。当用户确实需要修改模块的参数，需要设置网络通信等工作时，都需要硬件组态。

硬件组态的基本步骤是：生成站点→生成机架并在机架上放置模块→设置模块参数→保存参数并将它下载到 PLC 中。

（2）硬件组态举例

以下创建一个项目“example2”，并对此项目进行组态。

① 打开软件 STEP7。双击 SIMATIC Manager 图标，打开 STEP 7 软件。

② 新建项目。单击工具栏上的🗋按钮，弹出界面如图 3-21 所示，在“名称”中输入“example2”，单击“确定”按钮。

③ 插入站点。选中管理器中的项目名称“example2”，再单击菜单栏中的“插入”→“站点”→“SIMATIC 300 站点”，如图 3-22 所示。

④ 启动硬件组态界面。单击项目名称“example2”左侧的“＋”，选定“SIMATIC300（1）”→双击“硬件”，之后弹出硬件组态界面，如图 3-23 所示。

⑤ 插入机架。在硬件组态界面中，双击机架“Rail”，机架自动弹出，如图 3-24 所示。

图 3-21 新建项目

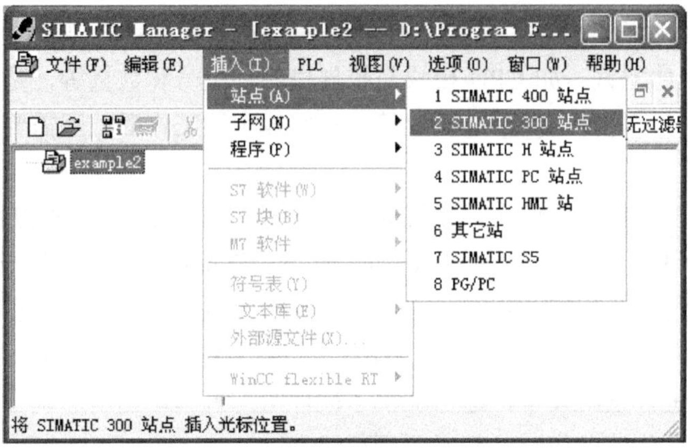

图 3-22 插入站点

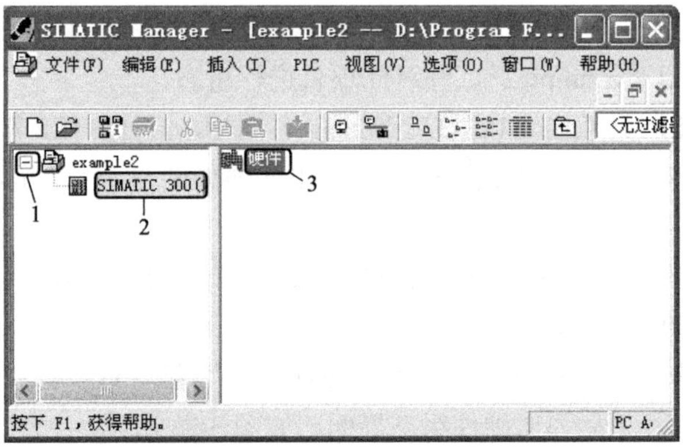

图 3-23 启动硬件组态界面

图 3-24　插入机架

⑥ 插入电源模块。在硬件组态界面中，先选中“1”处，再双击“PS 307 5A”，电源模块自动安装到 1 号槽位，如图 3-25 所示。也可以用鼠标的左键选中“PS 307 5A”，并按住不放，将电源模块拖至 1 号槽位。

图 3-25　插入电源模块

⑦ 插入 CPU 模块。在硬件组态界面中，用鼠标的左键选中“V2.6”，并按住不放，将 CPU 模块拖至 2 号槽位，如图 3-26 所示。也可以先选中“1”处，再双击“CPU 314-2 DP”下的“V2.6”，CPU 模块自动安装到 2 号槽位。

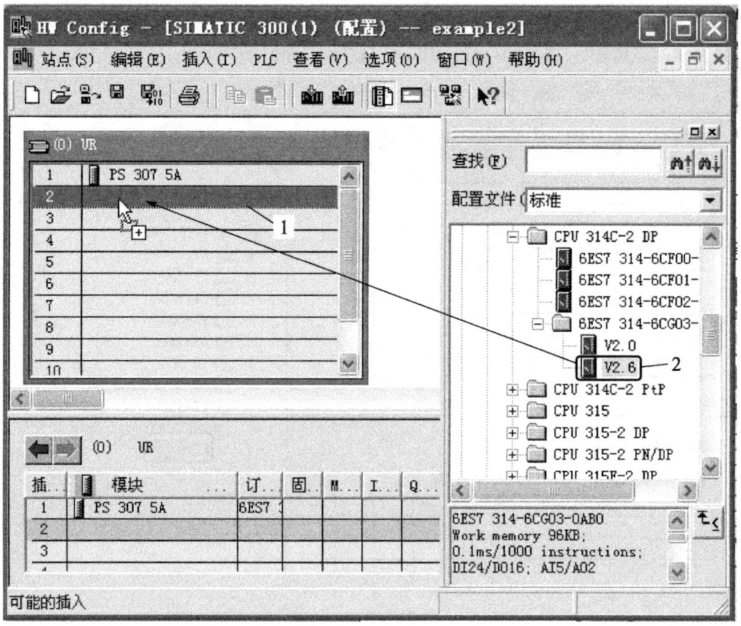

图 3-26　插入 CPU 模块（用拖放方法）

⑧ 保存和编译组态。至此一个简单的项目已经组态完成，只要单击工具栏上的“编译和保存”按钮即可，如图 3-27 所示。

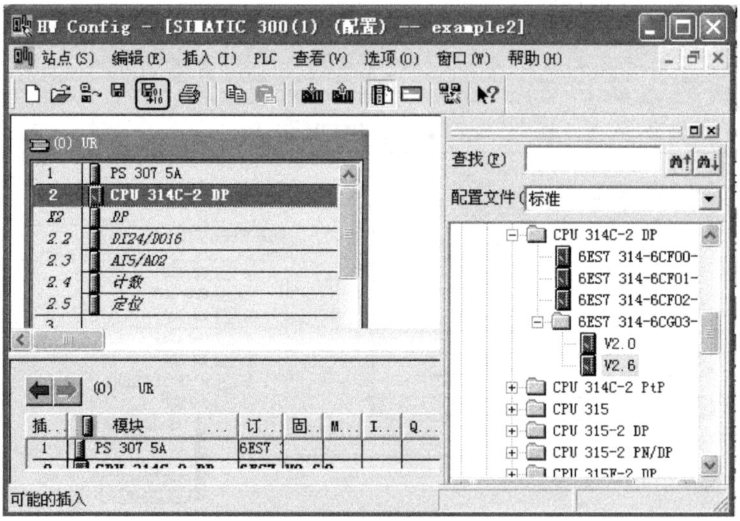

图 3-27　保存和编译组态

3.3.2　参数设定

利用 STEP 7 除了可以完成西门子 S7-300/400 系列 PLC 的硬件组态外，还可以用来设置模块的参数。

（1）CPU 参数的设定

打开 HW Config 硬件组态界面，双击 CPU 模块所在的行，便可弹出属性窗口，选择某一选项卡，便可对其相应的属性进行设置。

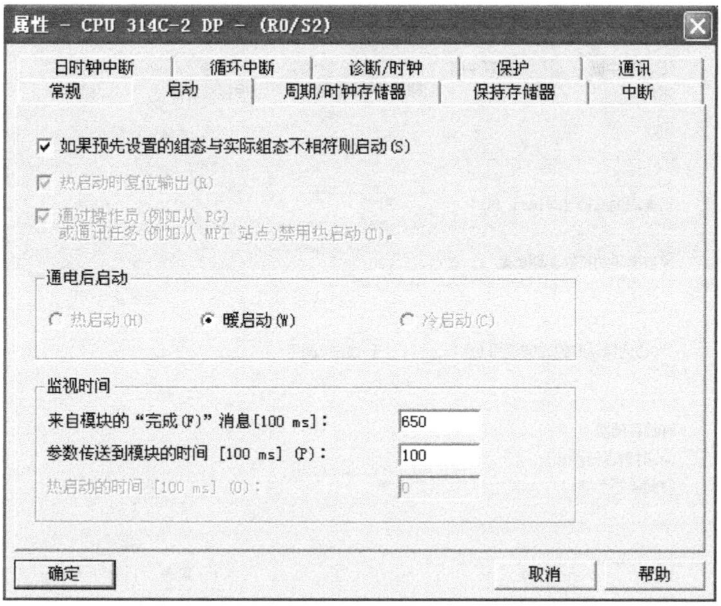

图 3-28 CPU 的属性窗口——启动参数设置

① CPU 的启动参数设置。

CPU 的启动性能参数可以在“属性”窗口中的“启动”选项卡中设置，如图 3-28 所示。

a.“启动”选项卡中“如果预先设置的组态与实际组态不相符合则启动”，若选中这个选项，复选框则方框中应该有“√”，则当模块没有插在组态时指定的槽位或者某个槽位实际插入的模块与组态的模块不相符合时，CPU 仍然会启动。若没有选中这个选项，则当出现上述情况时，CPU 将进入 STOP 状态。

b.“热启动时复位输出”和“通过操作员或通讯任务禁用热启动”选项仅用于西门子 S7-400，西门子 S7-300 中该选项是灰色的。

c.“通电后启动”用于设置电源接通后的启动选项，可以选择单选按钮“热启动”、“暖启动”和“冷启动”。CPU-318 和 CPU 417-4 具有冷启动方式，冷启动时，所有的过程映像区和标志存储器、定时器和计数器（无论是保持型还是非保持型）都将被清零，而且数据块的当前值被装载存储器的原始值覆盖。暖启动方式启动时，过程映像区和不保持的标志存储器、定时器及计数器被清零，保持的标志存储器、定时器和计数器以及数据块的当前值保持原状态。一般西门子 S7-300 PLC 都采用此种启动方式。热启动方式启动时，所有数据（无论是保持型和非保持型）都将保持原状态。然后程序从断点处开始执行。热启动一般只有西门子 S7-400 具有此功能。

d.“监视时间”选项用于设置相关项目的监控时间。

e.“来自模块的完成消息”用于设置电源接通后，CPU 等待所有被组态的模块发出“完成信息”的时间。“参数传递到模块的时间” 用于将参数传递到模块的最长时间。

② 扫描周期/时钟存储器的参数设置。

扫描周期/时钟存储器的参数设置通过“周期/时钟存储器”选项卡来设置，如图 3-29 所示。

“扫描周期监视时间”选项用于设置循环扫描时间，以“ms”为单位，默认值为 150 ms，当实际扫描时间大于设定值时，CPU 进入 STOP 模式。

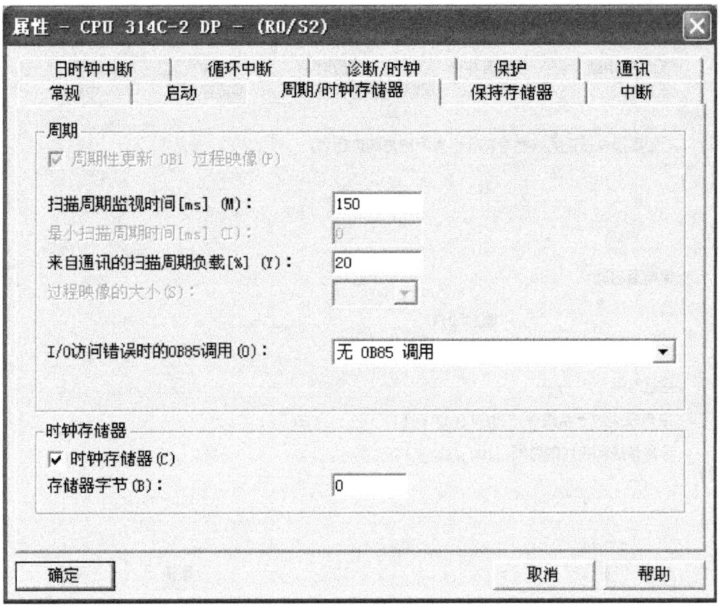

图 3-29 CPU 的属性窗口——周期/时钟存储器参数设置

时钟存储器用于设置时钟存储器的字节地址。西门子 S7-300/400 提供了一些不同频率的、占空比为 1:1 的方波脉冲信号给用户程序使用，这些方波信号存储在一个字节的时钟存储器中，该字节默认为 MB0（此地址允许修改），需要将前面的复选框选中才能激活，该字节的每一位对应一种频率时钟脉冲信号，见表 3-1。

表 3-1 时钟存储器位与时钟脉冲周期和频率对应表

位	位 7	位 6	位 5	位 4	位 3	位 2	位 1	位 0
周期/s	2	1.6	1	0.8	0.5	0.4	0.2	0.1
频率/Hz	0.5	0.625	1	1.25	2	2.5	5	10

例如，图 3-29 中的时钟存储器为 MB0，所以 M0.5 的频率为 1Hz，可以用在明暗闪烁频率为 1Hz 报警灯中。

③ 系统诊断与时钟的参数设置。

系统诊断与时钟的参数设置可以通过属性窗口的“诊断/时钟”选项卡设置，如图 3-30 所示。

通过系统诊断可以发现用于程序的错误、模块的故障以及传感器和执行器的故障等。故障诊断可以通过选择“报告 STOP 模式原因”等选项设置。

④ 保持存储器的参数设置。

保持存储器的参数设置可以通过属性窗口的“保持存储器”选项卡设置，如图 3-31 所示。

所谓保持存储器就是电源掉电或 CPU 从 RUN 进入 STOP 模式后内容保持不变的存储区。安装了后备电池的 S7 系列 PLC，用户程序中的数据块总是保存在保持存储区，没有后备电池的 PLC 可以在数据块中设置保持区域。

图 3-31 中默认的保持存储区为 MB0～MB15，C0～C7。

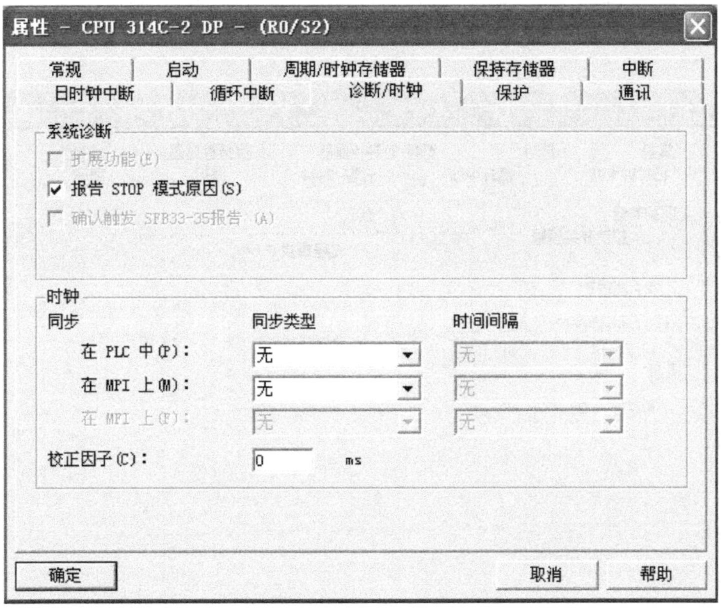

图 3-30　CPU 的属性窗口——诊断/时钟参数设置

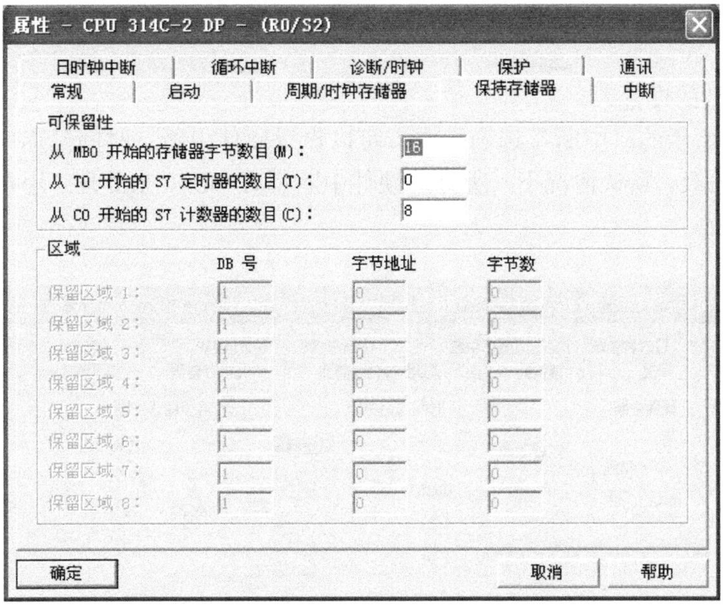

图 3-31　CPU 的属性窗口——保持存储器参数设置

⑤ 口令保护和运行方式的设置。

口令保护和运行方式的设置可以通过属性窗口的“保护”选项卡设置，如图 3-32 所示。

在西门子 S7-300/400 系列 PLC 中，使用口令保护功能可以保护 CPU 中的程序和数据，有效防止对控制过程进行的可能的人为干扰。设置完成后将其下载到 CPU 模块中。

“保护”选项卡中有三个保护级别，保护级别 1 不需要设置口令。对于保护级别 2 只能进行读操作，而不能进行写操作。对于保护级别 3，只有拥有授权，才能进行读/写操作。口令的设置很容易，在图 3-32 的“口令”的方框中输入字母或者数字，单击“确定”按钮即可。

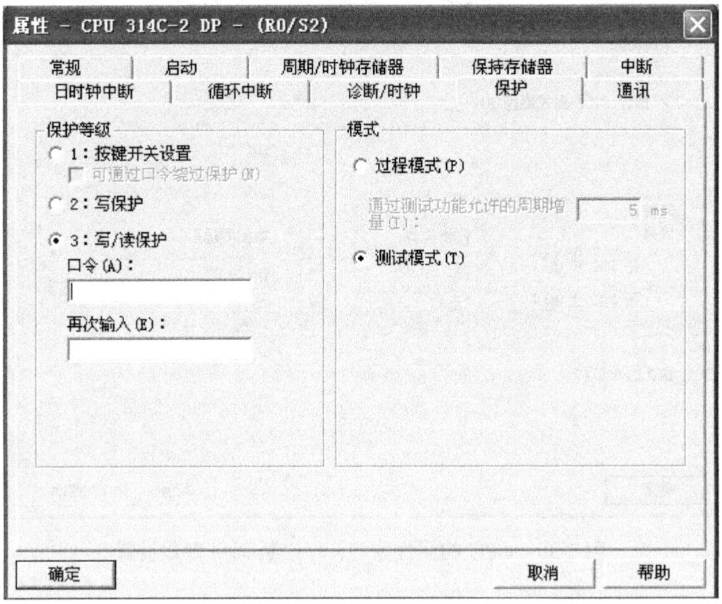

图 3-32 CPU 的属性窗口——口令保护和运行方式的设置

⑥ 中断参数的设置。

如图 3-33 所示的“中断”选项卡中，可以设置硬件中断、时间延迟中断和异步错误中断的中断优先级。默认情况下，所有的硬件中断都有 OB40 来处理，用户可以通过设置优先级屏蔽中断。

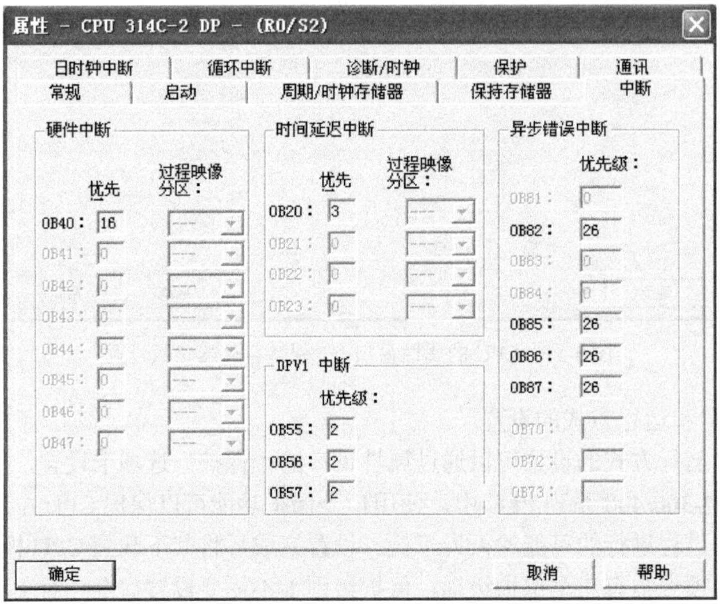

图 3-33 CPU 的属性窗口——中断参数的设置

⑦ 循环中断参数的设置。

如图 3-34 所示的“循环中断”选项卡中，可以设置循环执行组织块 OB30～OB38 的参数，这些参数包括中断优先级、以毫秒为单位的执行时间间隔和相位偏移量。例如，图 3-34 中每 100ms 执行组织块 OB35 中的程序。

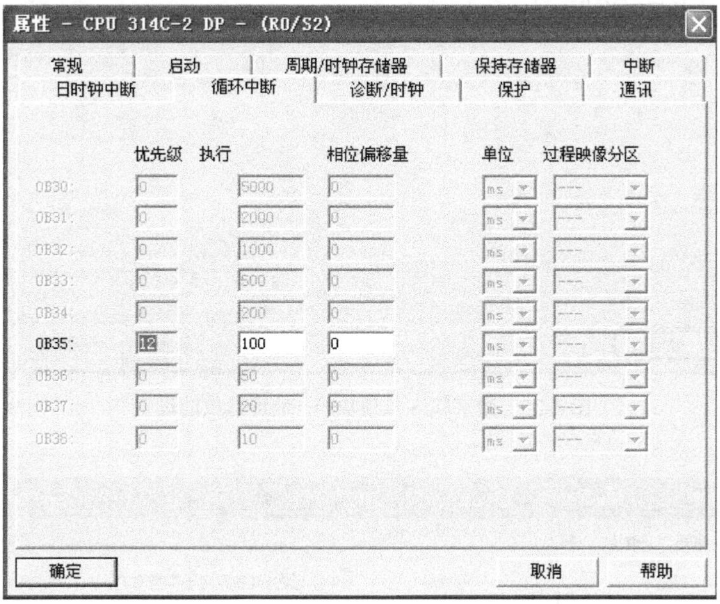

图 3-34 CPU 的属性窗口——循环中断参数的设置

（2）数字量输入/输出模块的参数设置

数字量输入/输出模块的参数分为动态参数和静态参数，在 CPU 处于 STOP 模式时，通过 STEP 7 的硬件组态，可以设置 2 种参数，参数设置完成后，应将参数下载到 CPU 中，这样当 CPU 从 STOP 转为 RUN 模式时，CPU 将参数自动传送到每个模块。

用户程序运行时，可以通过系统 SFC 调用修改动态参数。但当 CPU 从 RUN 模式进入 STOP 又返回 RUN 模式后，PLC 的 CPU 将重新传送 STEP 7 设置的参数到模块中，动态设置的参数丢失。

① 数字输入模块的参数设置。

打开 HW Config 硬件组态界面，双击数字量输入模块所在的行，便可弹出属性窗口，选择某一选项卡，便可对其相应的属性进行设置。

在“地址”选项卡中可以设置数字量输入模块的起始字节的地址。若要修改起始地址，先要把“系统默认”前的复选框上的“√”去掉，再在“开始”后的框中输入新的起始地址即可，最后单击“确定”按钮，如图 3-35 所示。

对于有中断功能的数字量输入模块，还有“输入”选项卡。可以通过复选框，选择是否允许产生“诊断中断”和“硬件中断”。如图 3-36 所示，先激活“硬件中断”，再激活输入点 0 和 1 位的“上升沿”，最后单击“确定”按钮，这样设置的含义是当这个数字量输入模块的第 0 或者 1 位有上升沿时，触发硬件中断，CPU 将调用 OB40 进行处理。

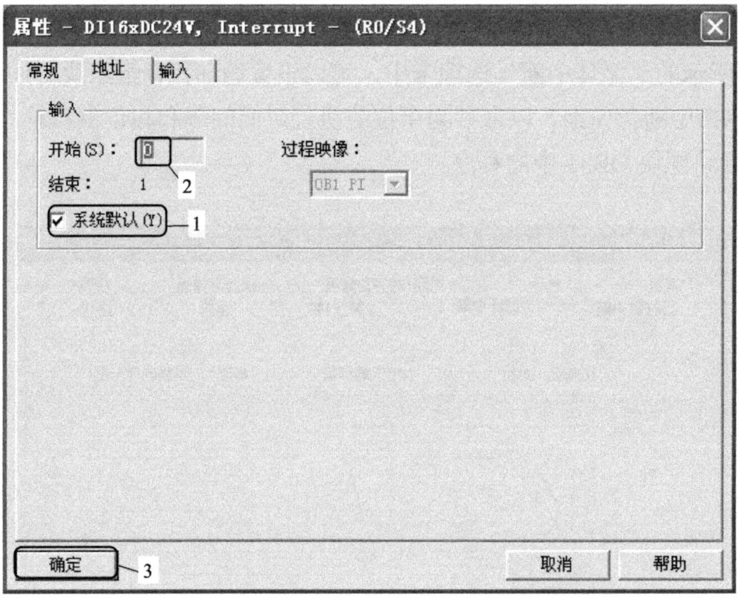

图 3-35 数字输入量模块——地址参数的设置

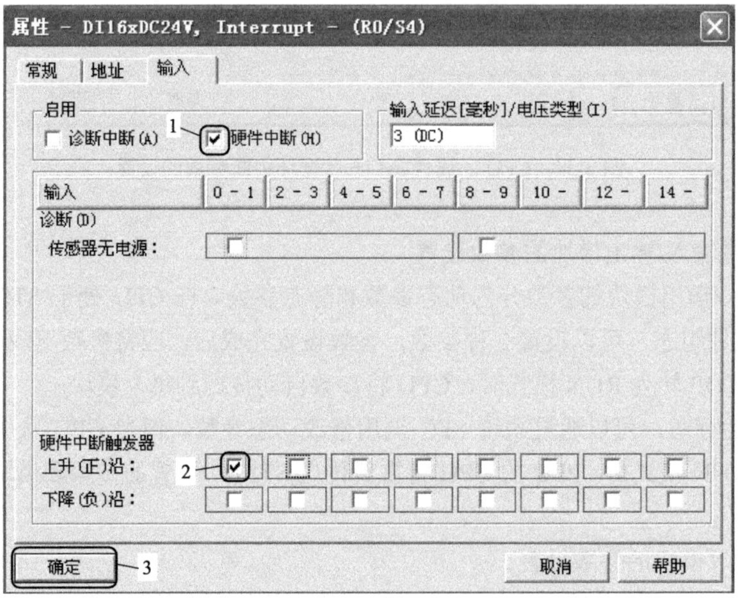

图 3-36 数字输入量模块——输入参数的设置

② 数字输出模块的参数设置。

在“地址”选项卡中可以设置数字量输出模块的输出起始地址，设置方法和数字量输入模块的类似。注意，重新设置的地址若已经占用，则修改是不能成功的。

有些输出模块有诊断中断、输出强制值功能，可以在“输出”中设置。在该选项卡中单击复选框可以设置是否允许产生诊断中断。“对 CPU STOP 模式的响应”下拉列表可以选择 CPU 进入 STOP 模式时，模块对各输出点的处理方式。选择“保持前一个有效值”，则 CPU 进入 STOP 模式后，模块将保持最后的输出值；而选择“替换值”，CPU 进入 STOP

模式后，可以使各点输出一个固定值，该值由“替换值 1”选项的复选框决定。如图 3-37 所示，替换值的所有的复选框都激活，所以当 CPU 进入 STOP 模式后，所有选中的输出点都为“1”。

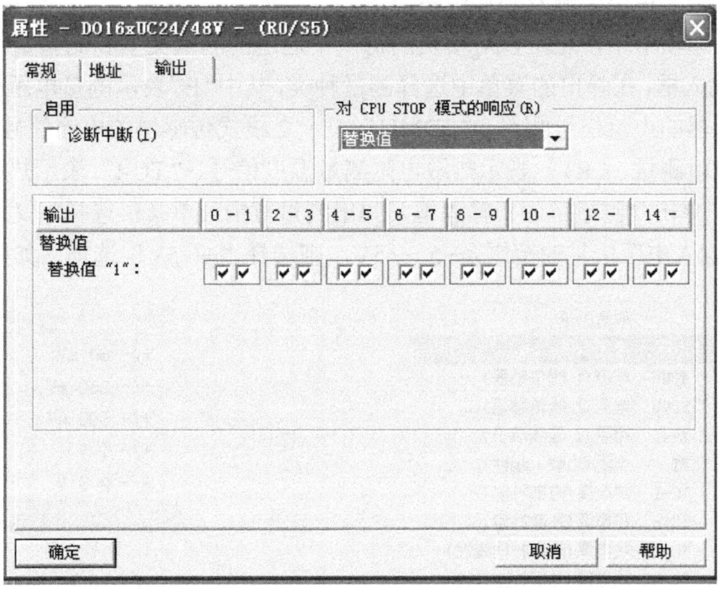

图 3-37　数字输出量模块——输出参数的设置

（3）模拟量输入/输出模块的参数设置

① 模拟量输入模块的参数设置。

模拟量输入模块的地址可以在“地址”选项卡中修改，方法与数字量模块的类似。模拟量模块“输入”选项卡如图 3-38 所示。

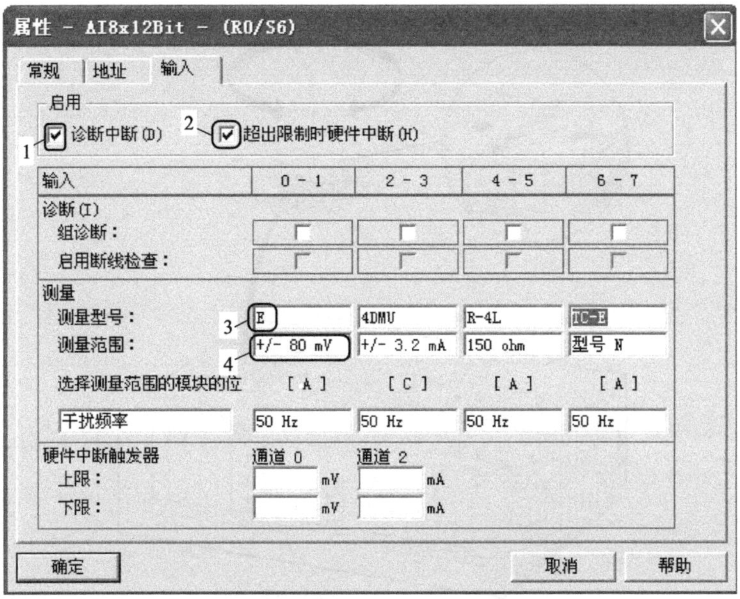

图 3-38　模拟输入量模块——输入参数的设置

如果已激活“诊断中断”复选框并发生诊断事件，则相应信息会输入到模块的诊断数据区。然后，模块会触发诊断中断，西门子 S7-300/400 CPU 会调用诊断中断块 OB82（将在后面的章节讲解）。如果已激活“超出限制时硬件中断”复选框，输入值超出“上限值”和“下限值”定义的范围，模块会触发硬件中断。

在“输入”选项卡中，还可以对模块的每一个通道的测量类型和测量量程。单击通道组的“量程型号”输入框，在弹出的菜单中选择测量种类，其中“E”表示测量电压信号、“4DMU”表示 4 线式传感器的电流信号测量、“2DMU”表示 2 线式传感器的电流信号测量、“R-4L”表示 4 导线式电阻测量、“RT”表示热敏电阻测量温度信号、“TC-I”表示热电偶测量温度，如图 3-39 所示。单击“测量范围”输入框，弹出测量范围菜单（供选择，仅以测量电压信号为例说明），若输入电压信号的范围是−5～+5V，则选择“+/−5V”选项，如图 3-40 所示。

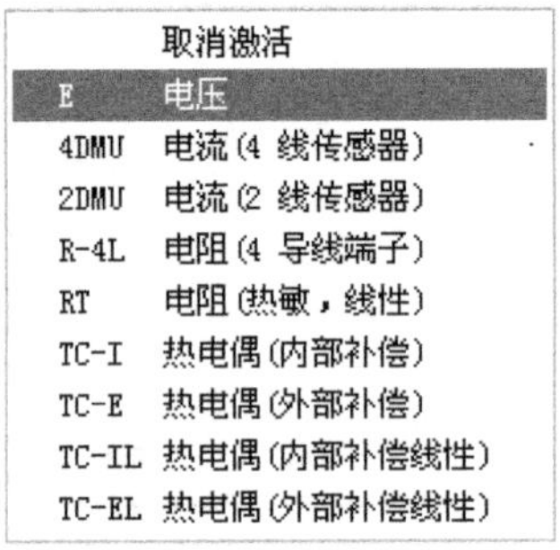

图 3-39 测量类型的设置

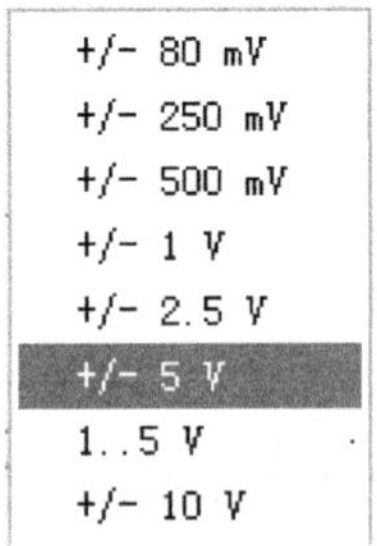

图 3-40 测量范围（电压）的设置

模拟量模块使用时，量程卡的设置非常重要，每个量程卡与 2 个通道关联。如图 3-41 所示的量程卡为“A”位置，这个位置是根据硬件组态结果设置的，如图 3-38 所示，第 0 和第 1 通道两个关联通道要求量程卡设置在“A”位置，因此读者要用螺丝刀撬开量程卡，将“A”位置对准量程卡上的“三角”标识。

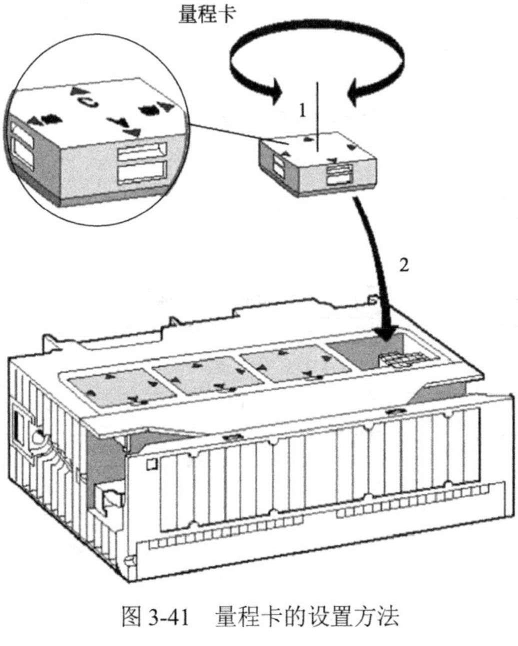

图 3-41 量程卡的设置方法

对于不使用的模拟量通道的处理方法，在前 1 章已有讲解，但关联在一起的 2 个通道都不使用，则取消激活，前述章节不容易说明清楚，在此补充说明。例如第 6 和第 7 通道两个关联通道不使用，则做如图 3-42 所示的处理，即取消激活，使用这种方法处理不使用的通道最简单，但注意这 2 个通道必须是关联在一起的，如第 6 和第 7 通道就是关联在一起的，可采用这种方法处理，而第 5 和第 6 通道就没有关联在一起，处理方法见前述章节。

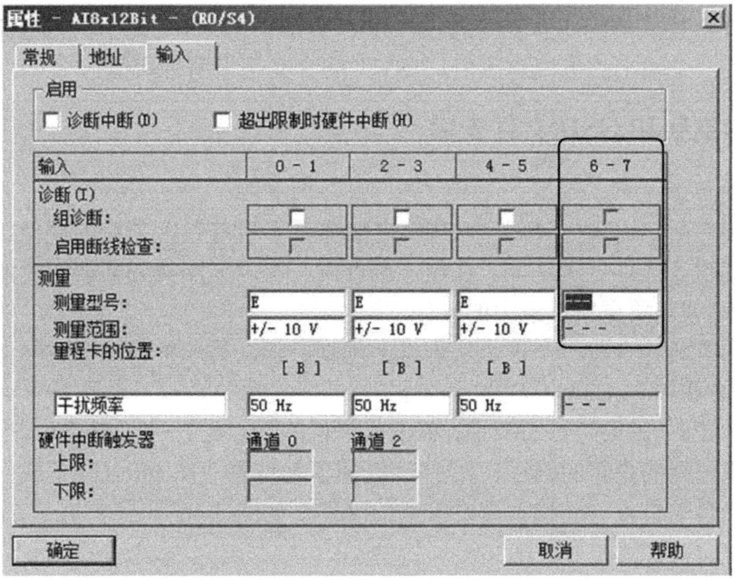

图 3-42　取消激活

② 模拟量输出模块的参数设置。

模拟量输出模块的地址可以在“地址”选项卡中修改，方法与数字量模块的类似。模拟量模块“输出”选项卡如图 3-43 所示。

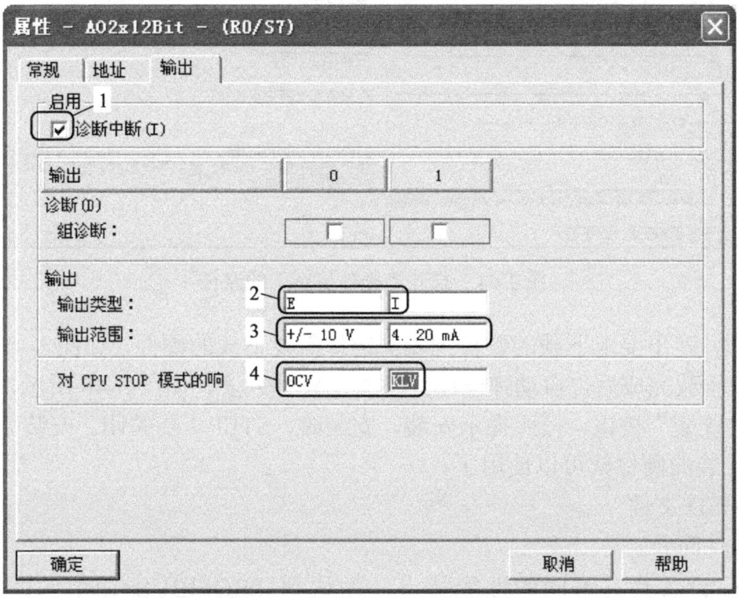

图 3-43　模拟输出量模块——输出参数的设置

可以设置各个通道是否允许中断，含义与模拟量输入模块的相同。

模拟量的“输出类型”有三种：“电流”“电压”和“取消”，只要单击通道“测量类型”的方框，在弹出的菜单中选取即可。“电流”的含义是输出的模拟信号是电流信号，“电压”的含义是输出的模拟信号是电压信号，“取消”的含义是不使用此通道。

“输出”范围的含义是输出模拟信号的范围，选择的方法是只要单击通道“输出范围”的方框，在弹出的菜单中选取即可。

对 CPU STOP 模式的响应有三个选项，其中“OCV”的含义是不输出电流电压，“KLV”的含义是保持前一个输出的电流电压值，“SV”的含义是采用替代值。

3.3.3 硬件的更新和 GSD 文件安装

（1）硬件的更新

西门子的硬件更新比较快，每一个 STEP 7 版本都不可能包含未来的硬件。从 STEP 7 V5.2 开始，STEP7 提供了硬件更新功能。在组态硬件时，有时无法找到需要配置的硬件（一般以订货号为准），这就需要更新目录中的硬件。

硬件的更新有两种方法，一种是从磁盘上复制更新，另一种是从互联网上更新（这种形式比较方便），方法如下。

首先打开 STEP 7 的硬件组态界面，单击菜单栏的“选项”→“安装 HW 更新”，如图 3-44 所示，弹出要求选择的更新的路径，如图 3-45 所示，选择“从 Internet 下载”更新，再单击“执行”按钮，自动进入自动搜索需要下载的硬件，如图 3-46 所示。

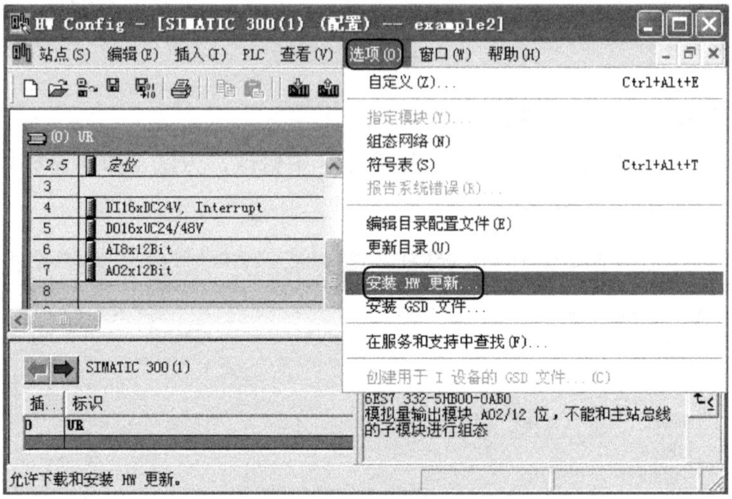

图 3-44 打开“硬件更新”的路径

搜索完毕后，弹出要求下载的硬件列表，选择需要下载的硬件，如图 3-47 所示，再单击“下载”按钮，下载完成后，自动弹出已经下载的硬件列表，如图 3-48 所示，选择需要安装的硬件并单击“安装”按钮，按照提示安装，安装时，STEP 7 要关闭。安装完成后重新打开 STEP 7，重新安装的硬件就可以使用了。

（2）安装 GSD 文件

① GSD 文件简介。

PROFIBUS 设备具有不同的性能特点，为达到 PROFIBUS 简单的即插即用配置。PROFIBUS 设备的特性均在电子设备数据库文件（GSD）中具体说明。标准化的 GSD 数据

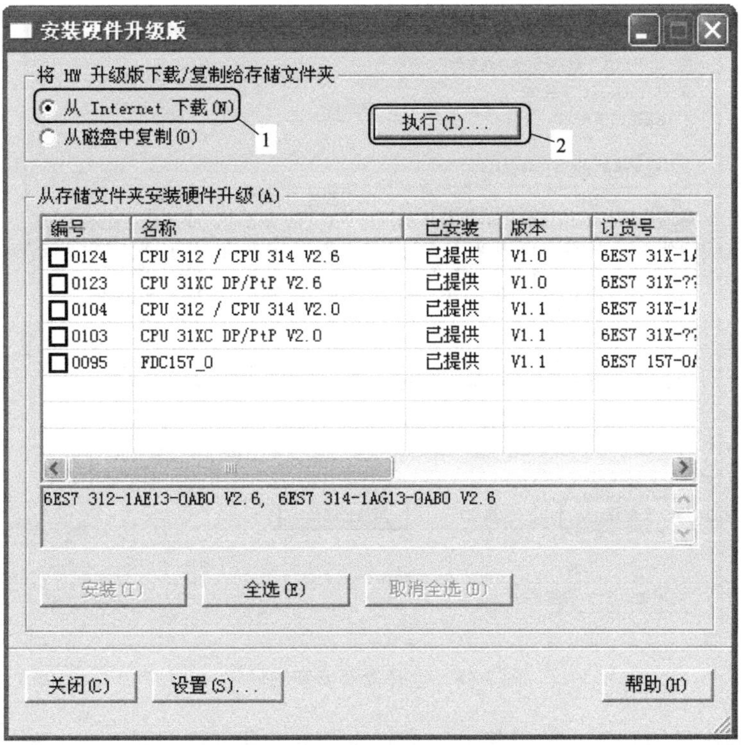

图 3-45　从 Internet 上更新

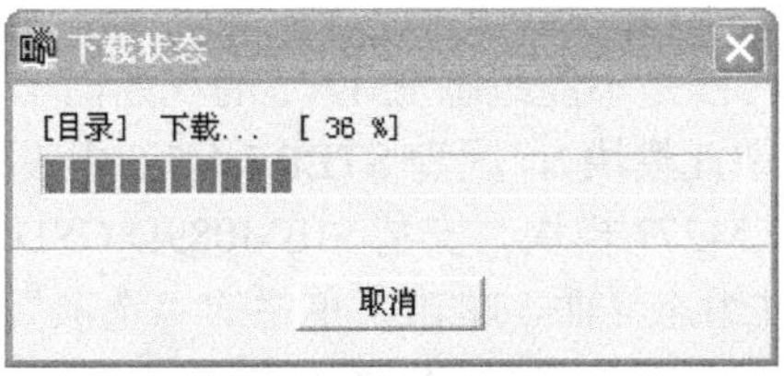

图 3-46　下载过程

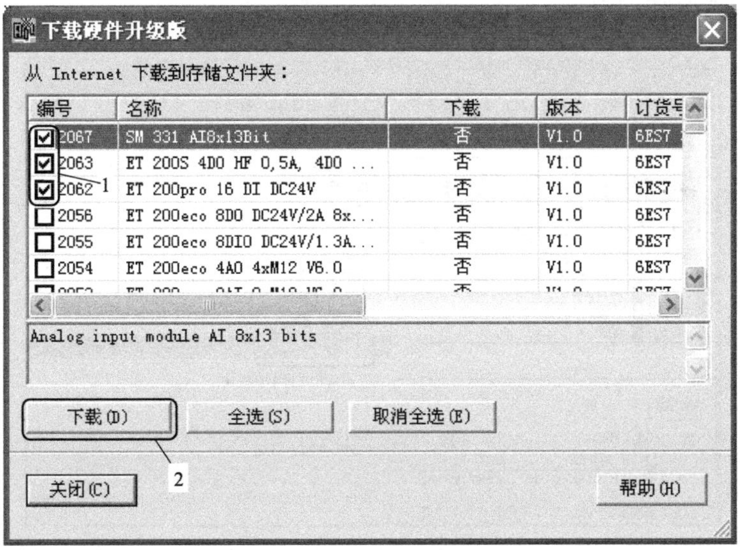

图 3-47　选择需要下载的硬件

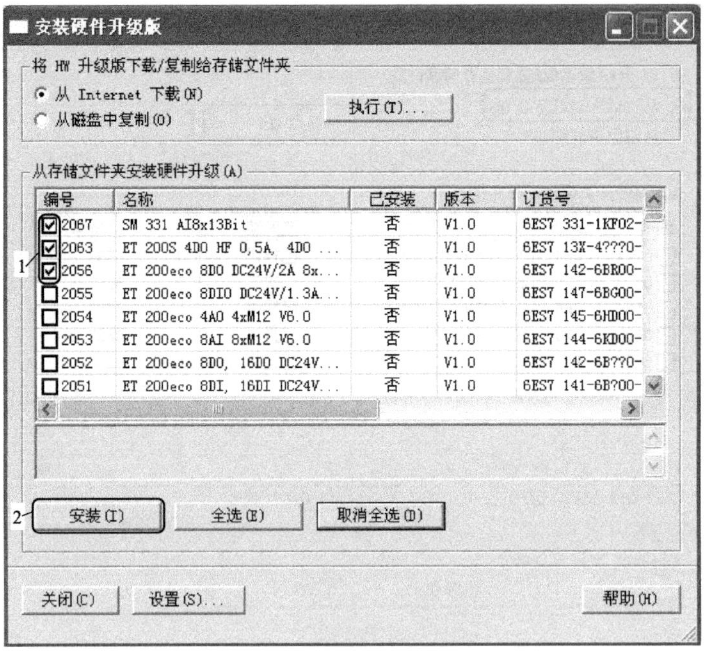

图 3-48 选择需要安装的硬件

将通信扩大到操作员控制级。使用基于 GSD 的组态工具可将不同厂商生产的设备集成在同一总线系统中，既简单又对用户友好。

② 安装 GSD 文件。

例如，安装了 STEP 7 V5.5 是不能组态 EM277 的（西门子 S7-300/400 与西门子 S7-200 进行 PROFIBUS 通信需要组态此模块），因为 STEP 7 V5.5 中没有 SIEM089D.GSD 文件，因此必须安装此文件才能组态 EM277 模块。安装 SIEM089D.GSD 文件的方法如下：

首先打开 STEP 7 的硬件组态界面，单击菜单栏的“选项”→“安装 GSD 文件”，如图 3-49 所示，弹出要求选择的安装 GSD 文件的路径，如图 3-50 所示，先选择 GSD 文件存放的目录，本例为“D:\softWare\GSD”，再选择要安装的 GSD 文件，本例为“SIEM089D.GSD”，最后单击“安装”按钮即可。

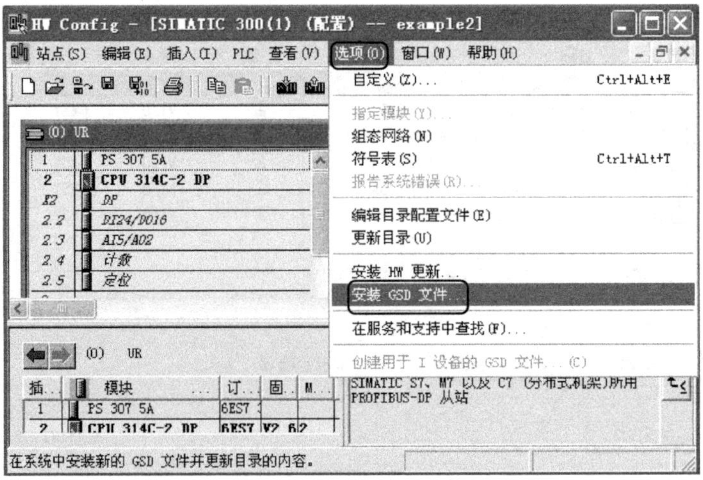

图 3-49 打开“安装 GSD 文件”的路径

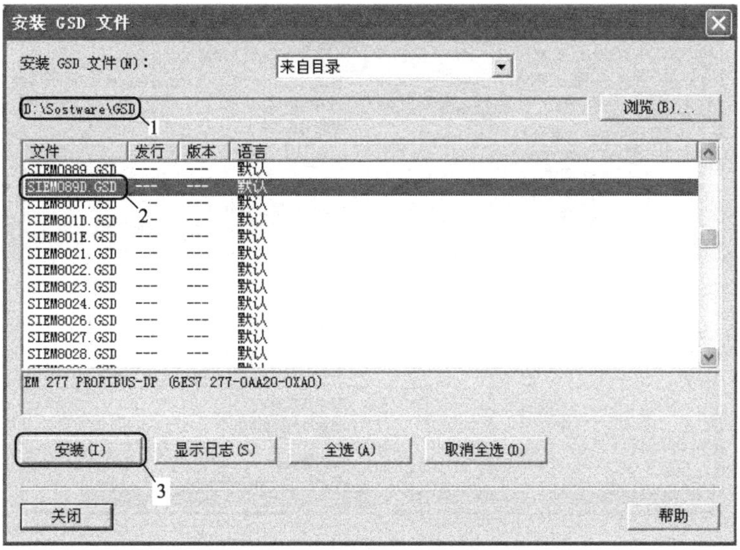

图 3-50 选择需要安装的硬件

3.4 下载和上传

3.4.1 下载

STEP 7 可以把用户的组态信息（SDB——系统数据）和程序下载到 CPU 中。下载的常用方法有在项目管理器画面、在具体的程序或组态画面和离线/在线画面中进行下载这几种方法。

在下载过程中，STEP 7 会提示用户处理相关信息，如：是否要删除模块中的系统数据，并离线系统数据替代，OB1 已经存在是否覆盖，是否停止 CPU 等，用户应该按照这些提示作出选择，完成下载任务。

当下载时把 CPU 面板的模式开关切换到“RUN”或“RUN-P”模式，下载信息包含硬件组态信息或网络组态信息等系统数据时，会提示需要切换到停止状态。

（1）在 SIMATIC 管理器中下载

在 SIMATIC 管理器中下载既可以下载整个站，也可以只下载一部分，例如只下载一个块。先介绍下载整个站的步骤。

首先打开 STEP 7 的 SIMATIC 管理器界面，单击菜单栏的“选项”→“设置 PG/PC 接口”，如图 3-51 所示，弹出“设置 PG/PC 接口”界面，如图 3-52 所示，选择“PC Adapter(MPI)”，单击“属性”按钮。

【关键点】下载软硬件的方法很多，可以用 MPI、PROFIBUS、S7、ISO 和 TCP 等通信协议下载，可以采用 MPI 适配器、以太网和 CP5611 卡（还有 CP5613、CP5511 等）传输介质下载，本例仅使用 MPI 协议，用 MPI 适配器下载程序，还有很多其他下载程序的方法。

在“MPI”选项卡中，设置编程器（或者 PC）的地址，本例为“0”，再设定传输率为“187.5kbps”，如图 3-53 所示。

【关键点】 编程器（或者 PC）的地址是唯一的，一般选用默认值“0”，传输率一般也选用默认值“187.5kbps”。

图 3-51 打开“设置 PG/PC 接口”界面

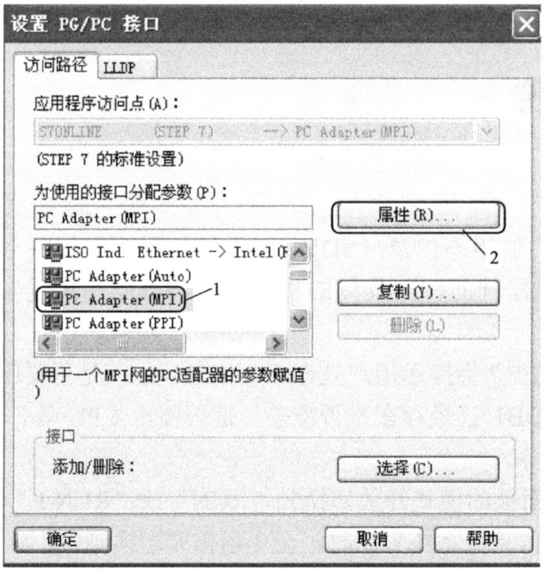

图 3-52 “设置 PG/PC 接口”界面

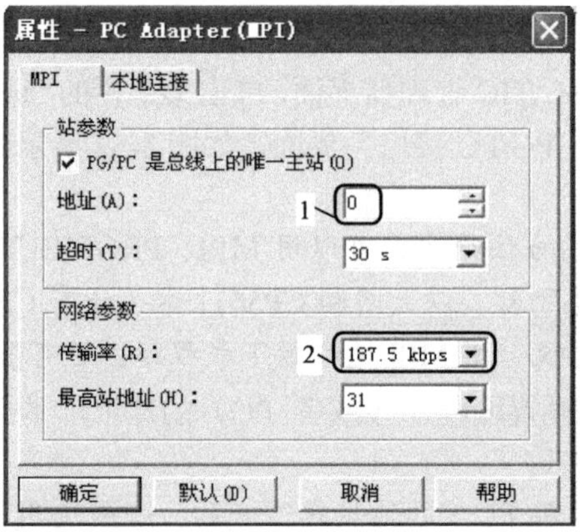

图 3-53 通信参数设置

在“本地连接”选项卡中，设置编程器（或者 PC）的通信接口，本例为“USB”，再单击“确定”按钮即可，如图 3-54 所示。

【关键点】 MPI 适配器一端与编程器相连，通常是 USB 接口或者 RS-232C 接口，另一端与 PLC 相连，是 RS-485 接口。若 MPI 适配器上有 USB 接口，使用的是 STEP7 V5.4（含）以前的版本，必须在 STEP 7 中安装驱动程序，此程序可以在西门子的官方网站（http://www.ad.siemens.com.cn/）上下载。STEP 7 V5.5（含）以后的版本无需安装驱动程序。

回到如图 3-52 所示的界面，单击“确定”按钮，弹出如图 3-55 所示界面，单击“确定”按钮。

【关键点】 若上一次使用的通信协议与这次相同，则不会有此界面弹出。

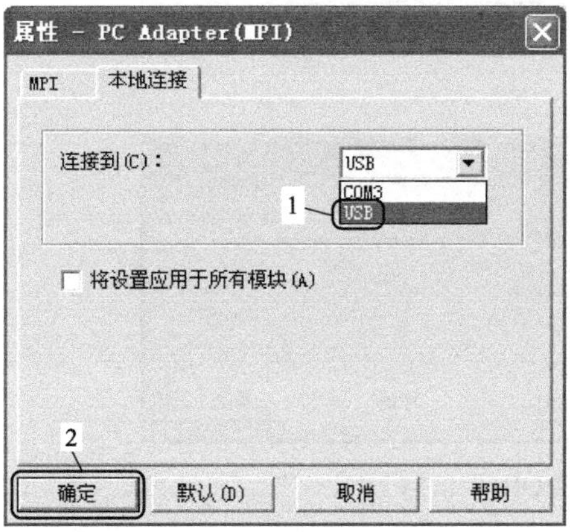

图 3-54 设置通信接口

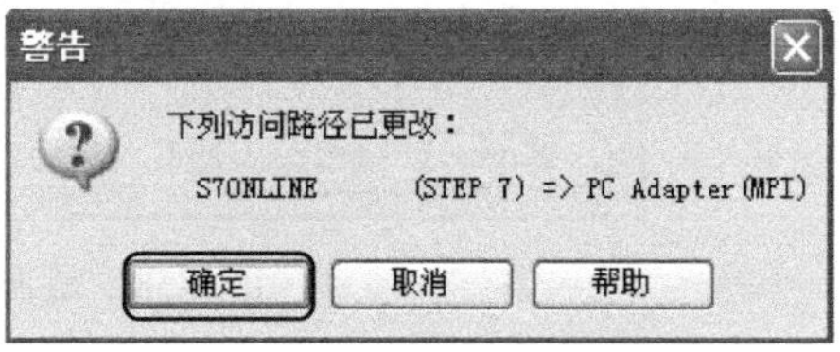

图 3-55 更改访问路径

先选取站点“S7-300”，再单击“下载”按钮，如图 3-56 所示，程序和硬件组态开始下载，组态模块的信息和实际目标模块的信息不同时，弹出如图 3-57 所示界面，若订货号等有报警（即出现一个黄色三角形，三角形中有一个“！”），则必须重新组态。

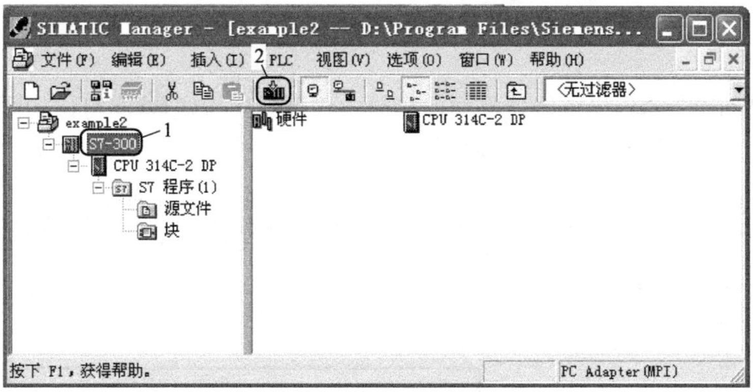

图 3-56 项目管理器画面

如果 PLC 中已经有程序或者硬件组态，则会弹出如图 3-58 所示界面，含义为是否将 CPU 中的“OB1”用编程器中的替代（或者说覆盖），单击“全部”按钮，表示全部覆盖。当所有的程序下载完成后，弹出如图 3-59 所示界面，提示是否重新启动 CPU，单击“是”按钮。则重启 CPU。

（2）在具体的程序或者组态中下载

如果硬件组态已经下载到 CPU，则接下来只要下载程序即可，没有必要每次下载时，将整个站都全部下载。

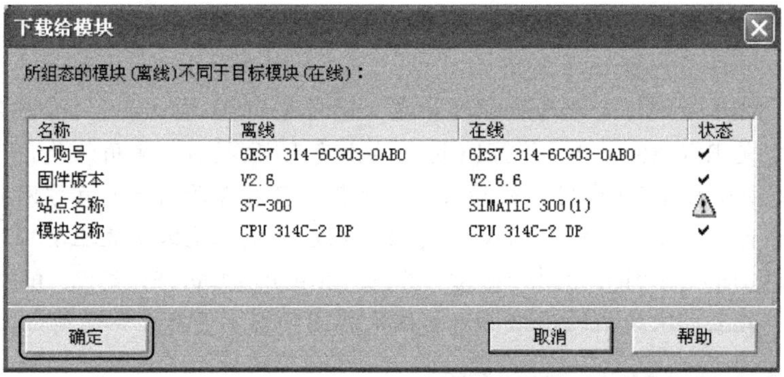

图 3-57 组态模块的信息和实际目标模块的信息对照

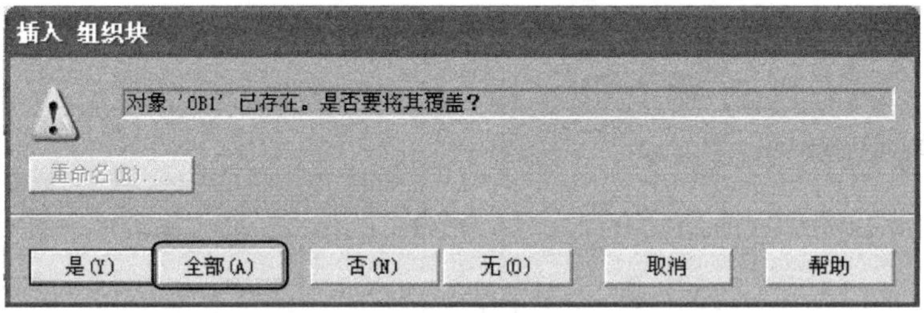

图 3-58 是否“覆盖 OB1”信息

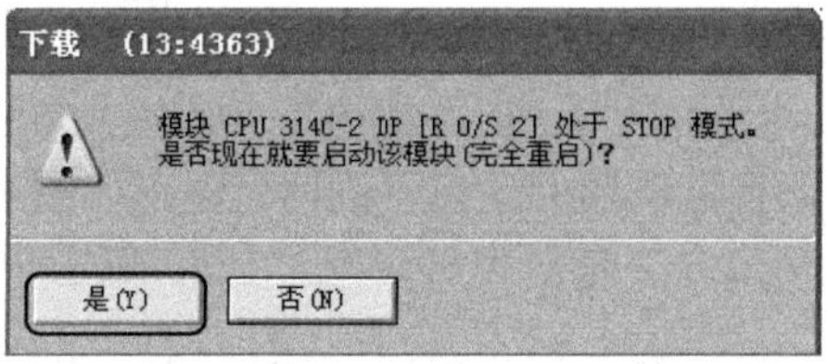

图 3-59 重启信息

首先打开 STEP 7 的程序编辑器界面，再单击“下载”按钮即可，如图 3-60 所示。

【关键点】 程序有语法错误是不能下载的。

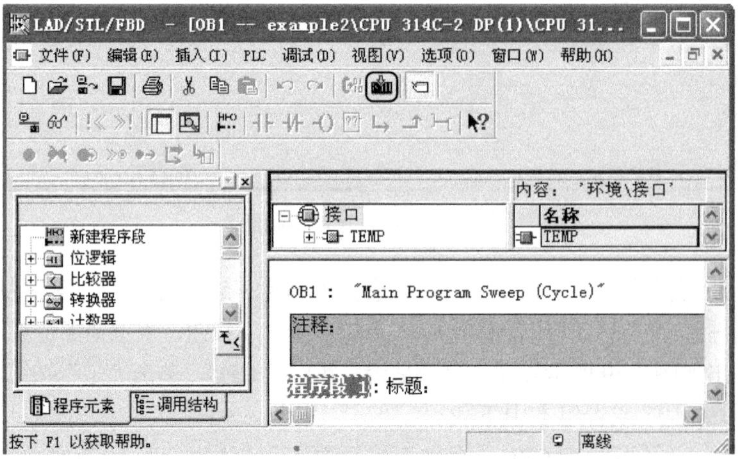

图 3-60 在“程序编辑器”中下载程序

如果硬件组态和程序已经下载到 CPU，只对硬件组态做了修改，没有必要每次下载时，都将整个站都全部下载，只下载硬件组态即可。

首先打开 STEP 7 的硬件组态界面，再单击“下载”按钮即可，如图 3-61 所示。

【关键点】硬件组态中错误是不能下载的。

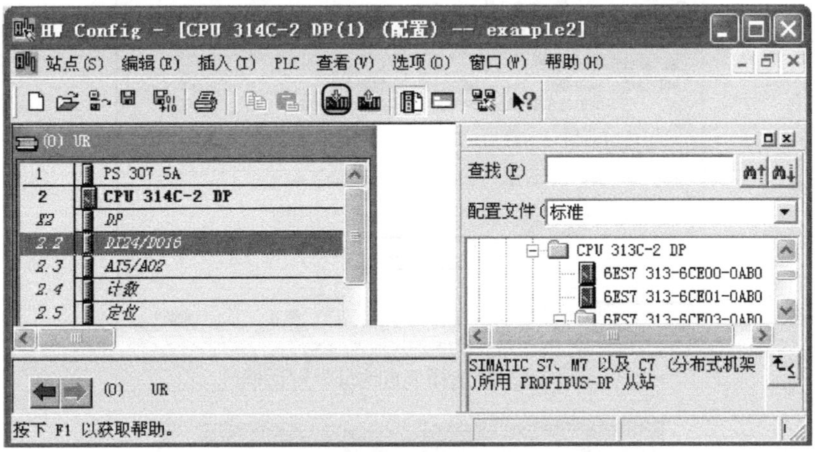

图 3-61 在“硬件组态界面”中硬件组态

3.4.2 上传

STEP 7 可以把 CPU 中的组态信息和程序上传到用户的项目中。上传常用的方法有在 SIMATIC 管理器界面、在硬件组态界面和在线/离线界面中进行上传。

（1）在 SIMATIC 管理器中上传

在 SIMATIC 管理中先新建一个空项目“Upload”，单击菜单栏“PLC”→“将站点上传到 PG”，如图 3-62 所示，弹出“选择节点地址”对话框，先选择目标站点为“本地”，再单击“更新”按钮，如图 3-63 所示，再单击“确定”按钮，上传开始，上传过程如图 3-64 所示。

【关键点】用这种方法上传的是站点，包括硬件组态信息和程序。

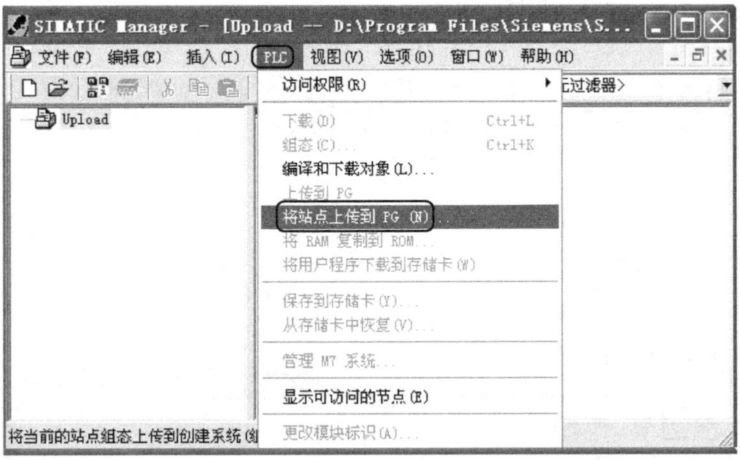

图 3-62 在 SIMATIC 管理中上传的路径

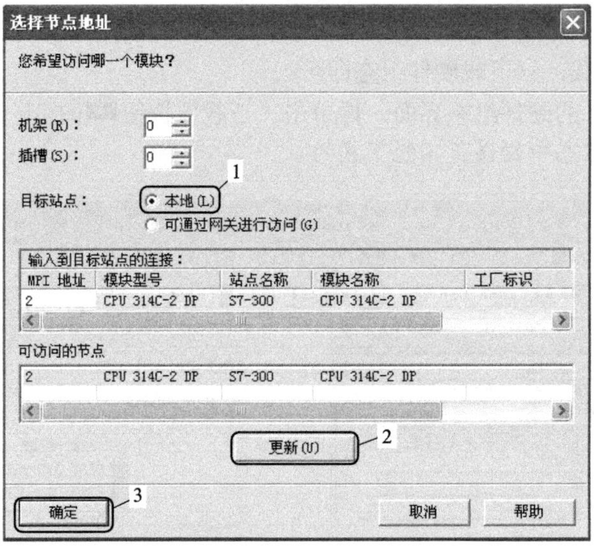

图 3-63 “选择节点地址”对话框

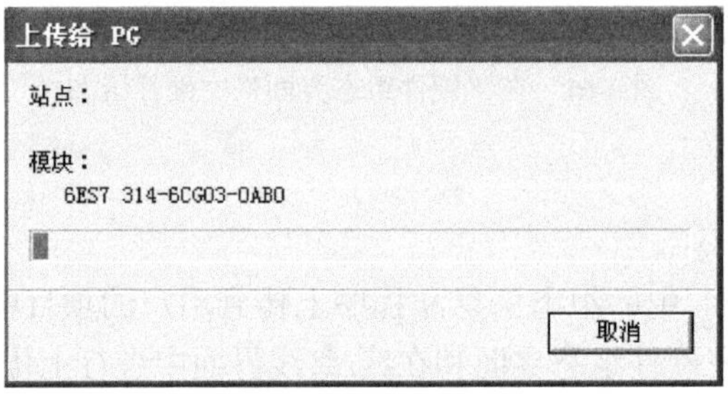

图 3-64 上传过程中

（2）在组态界面中上传

在组态界面中上传，先打开 STEP 7 的硬件组态界面，如图 3-65 所示，单击工具栏的“上传”按钮，弹出选择目标项目对话框，先选择目标项目，本例为“Upload”，再单击“确定”按钮，弹出“选择上传节点地址”对话框，如图 3-66 所示，弹出“选择节点地址”对话框，先选择目标站点为“本地”，再单击“更新”按钮，如图 3-67 所示，再单击“确定”按钮，上传开始，上传过程如图 3-64 所示。

【关键点】 用这种方法上传的信息只有硬件组态信息。

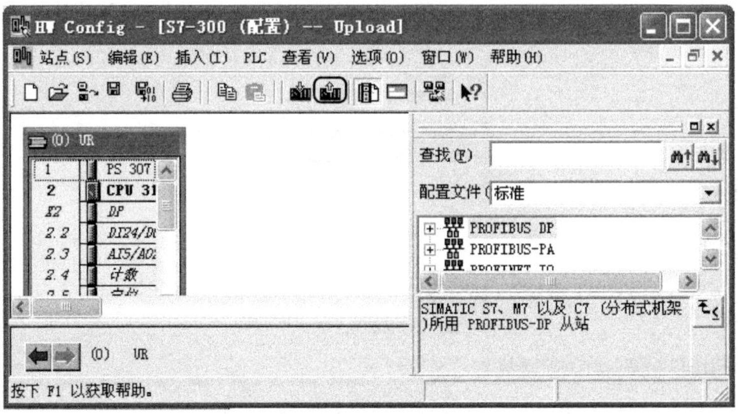

图 3-65 上传

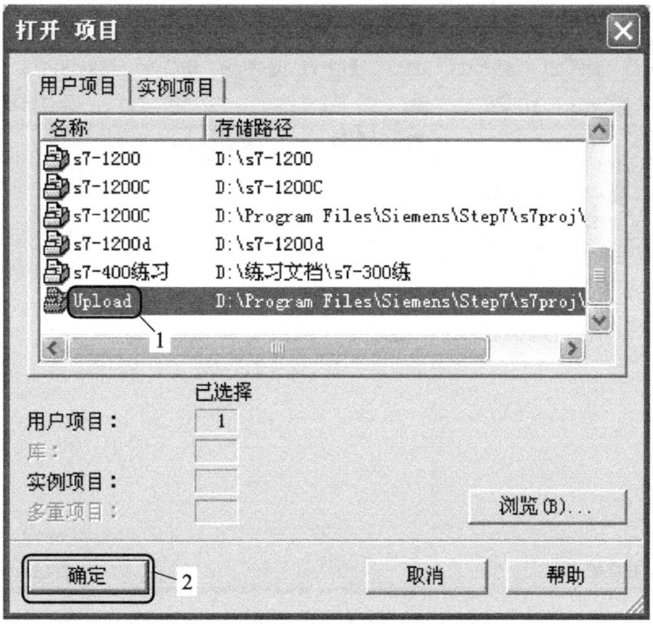

图 3-66 选择目标项目

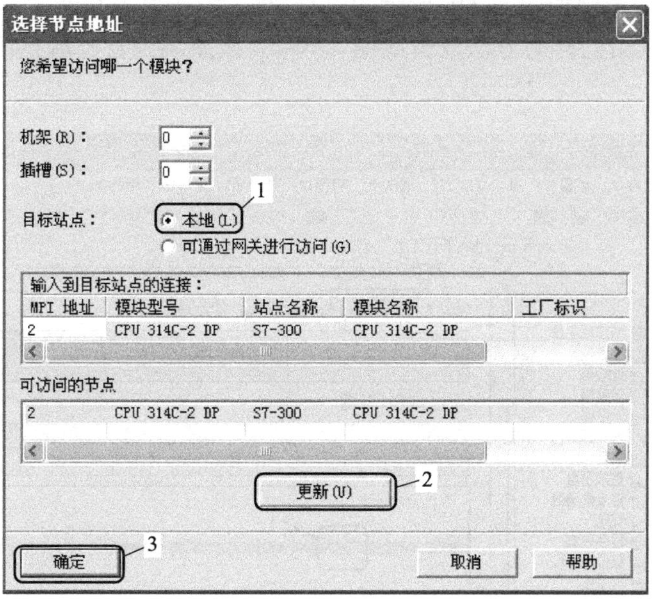

图 3-67 “选择节点地址”对话框

3.5 软件编程

不管什么 PLC 项目，编写程序总是必须的，编写程序在硬件组态完成后，主程序编写在 OB1 组织块中，其他程序如时间循环中断程序可编写在 OB35 中。下面介绍一个最简单的程序的输入和编译过程。

① 打开程序编译器。首先在 SIMATIC 管理器界面，选中并双击“OB1”组织块，打开程序编辑器界面，如图 3-68 所示。

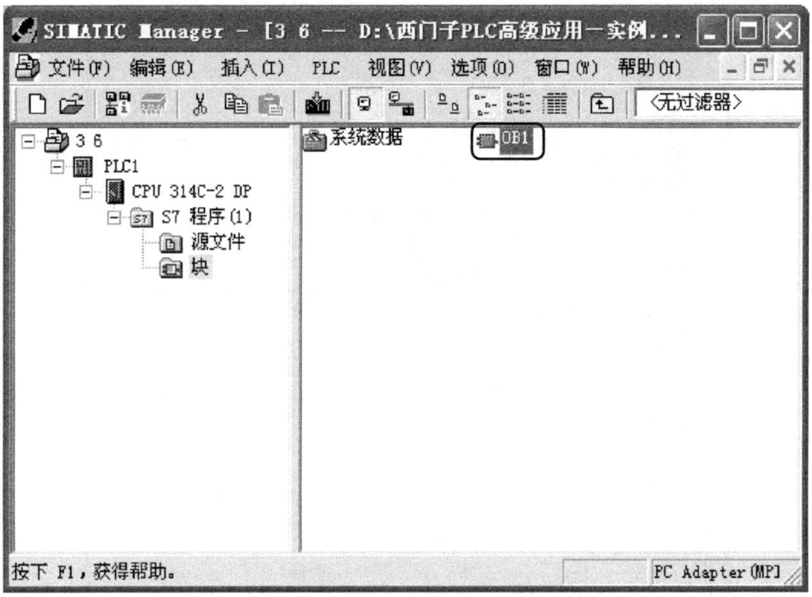

图 3-68　SIMATIC 管理器界面

② 输入程序。选中如图 3-69 所示的“1”处，双击常开触点“┤├”，常开触点自动跳到“1”处，再用同样的方法双击线圈“-()”，线圈跳到常开触点的后面，如图 3-70 所示。

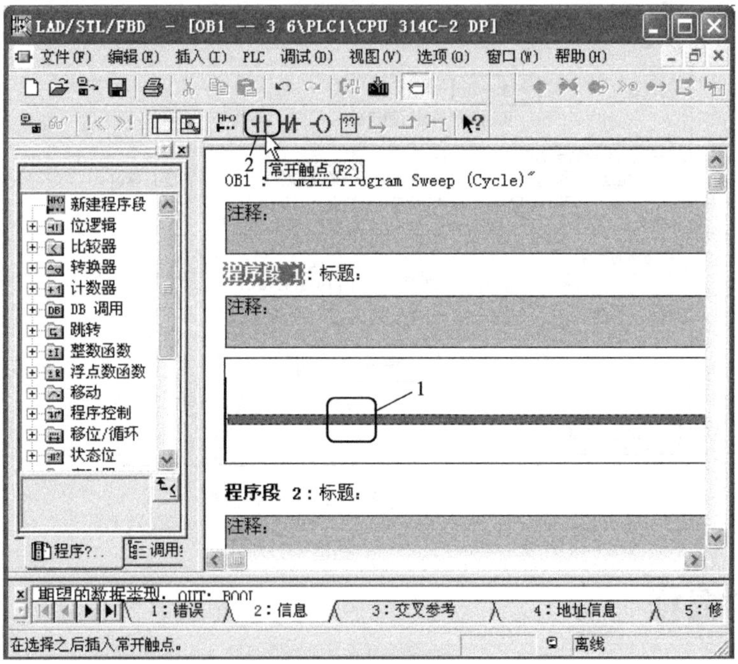

图 3-69　输入程序（1）

单击常开触点“┤├”上的红色“??.?”，弹出方框，在方框中输入“I0.0”，按回车键即可，同理，输入“Q0.0”，按回车键，如图 3-71 所示。

③ 保存程序。单击工具栏上的“保存”按钮即可。

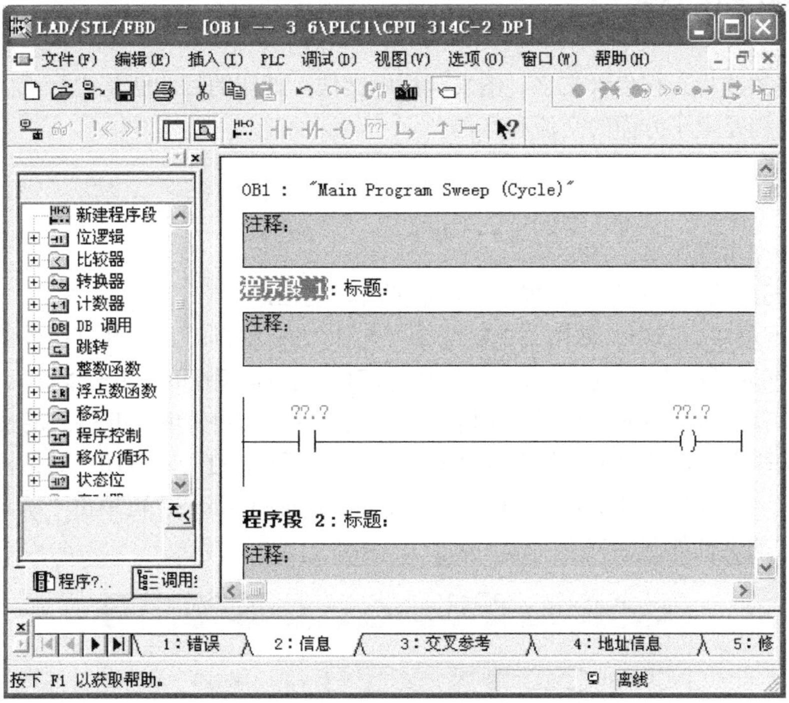

图 3-70 输入程序（2）

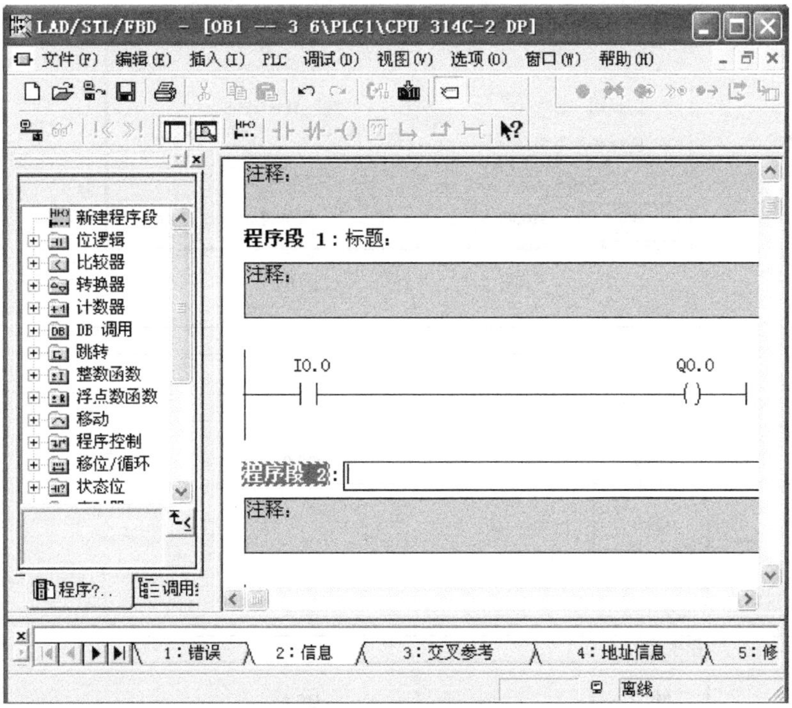

图 3-71 输入程序（3）

3.6 打印和归档

一个完整的项目工程包含文字、图表和程序文件。打印的目的就是进行纸面上的交流和存档，项目归档是电子方面的交流和存档。

3.6.1 打印

打印的操作步骤如下：

① 打开相应的项目对象，在屏幕上显示要打印的信息。

② 在应用程序窗口中，使用菜单栏命令“文件”→“打印”，打开打印界面。

③ 可以在对话框中更改打印选项（例如打印机、打印范围和打印份数等）。

也可以将程序等生成 mdi 或者 pdf 格式的文档。以下介绍生成 mdi 格式的文档的步骤。

在程序编辑器中，使用菜单栏命令“文件”→“打印”，打开“打印”对话框，如图 3-72 所示，打印机名称选择“Microsoft Office Document Image Writer”，再单击“确定”按钮，生成的 mdi 格式的文档如图 3-73 所示。

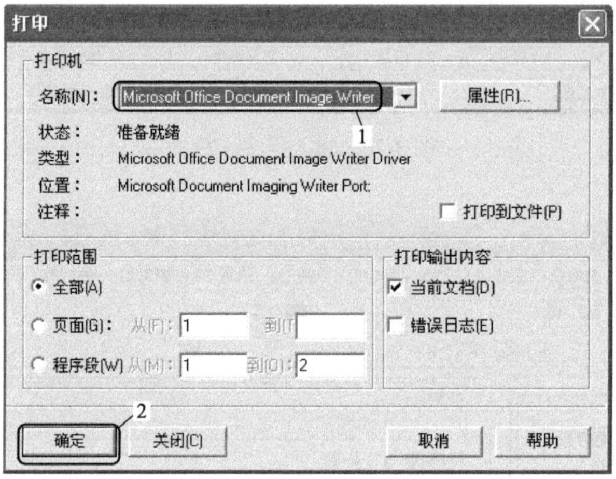

图 3-72 “打印”对话框

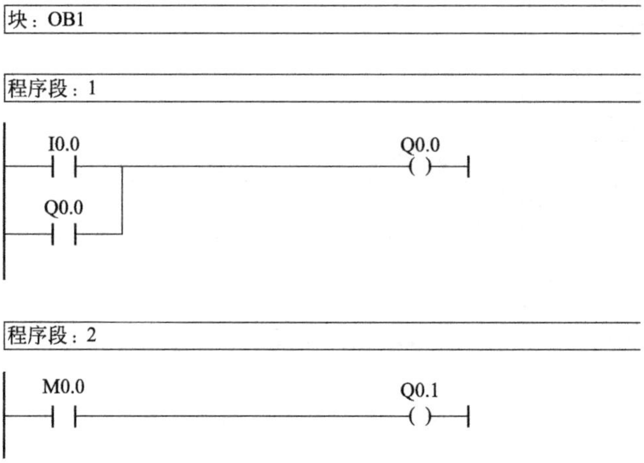

图 3-73 程序生成 mdi 格式的文档例子

3.6.2 归档

项目归档的目的是把整个项目的文档压缩到一个压缩文件中，以方便备份和转移。当需要使用时，使用解压的方式恢复为原来项目的文档。归档的步骤如下：

打开项目资源管理器，单击菜单栏的“文件”→“归档”，如图 3-74 所示，弹出查找将要归档的项目名称，如图 3-75 所示，单击“确定”按钮，弹出选择归档的路径，如图 3-76 所示，单击“保存”按钮，生成一个后缀为“.zip”的压缩文件。

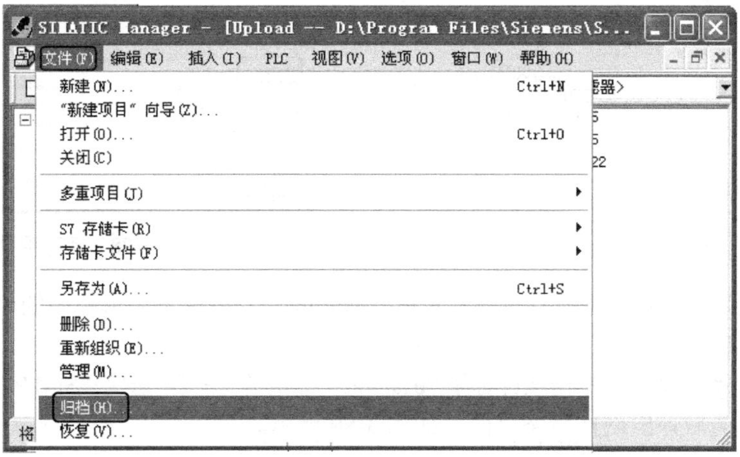

图 3-74 归档的路径

图 3-75 选择将要归档的项目名称

图 3-76 选择归档的路径

3.7 用 STEP 7 V5.5 建立一个完整的项目

以下创建一个项目，用一台 CPU 314C-2DP 控制一盏灯的开和关。

① 先设计原理图，如图 3-77 所示，并按照原理图接线。

② 打开软件 STEP 7，新建项目，并进行硬件组态。

a. 打开软件 STEP 7。双击 SIMATIC Manager 图标，打开 STEP 7 软件。

b. 新建项目。单击工具栏上的□按钮，弹出界面如图 3-78 所示，在“名称”中输入“example”，单击“确定”按钮。

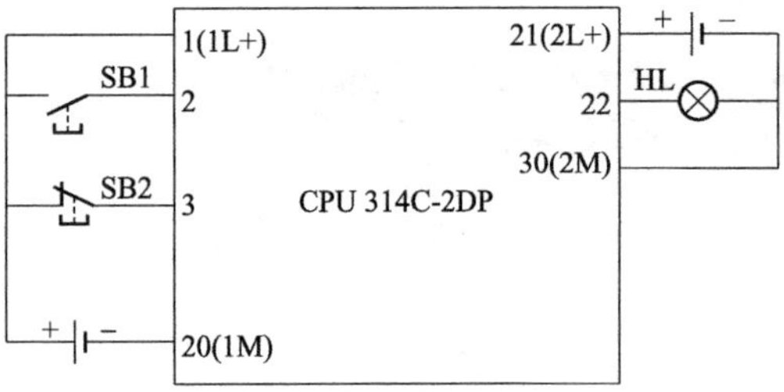

图 3-77 原理图

图 3-78 新建项目

c. 插入站点。选中管理器中的项目名称“example”，再单击菜单栏中的“插入”→“站点”→“SIMATIC 300 站点”，如图 3-79 所示。

d. 启动硬件组态界面。单击项目名称“example”左侧的“+”，选定“SIMATIC 300（1）”→双击“硬件”，之后弹出硬件组态界面，如图 3-80 所示。

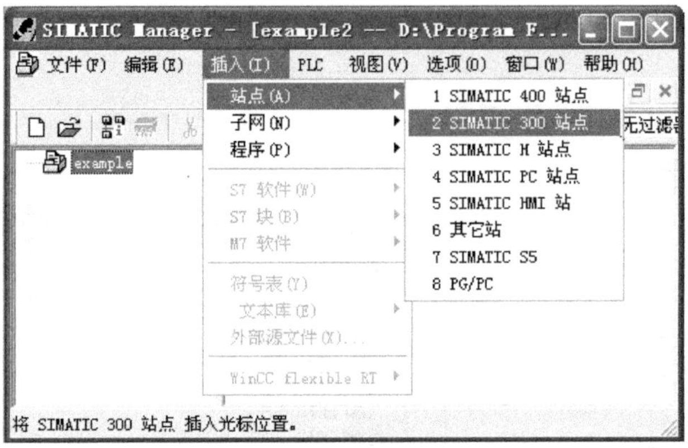

图 3-79 插入站点

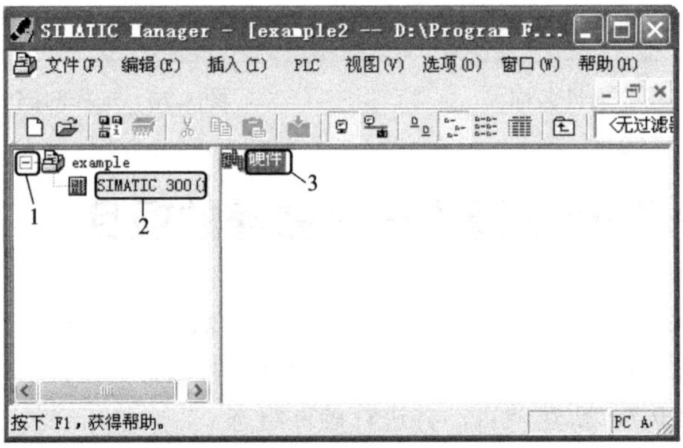

图 3-80 启动硬件组态界面

e. 插入机架。在硬件组态界面中，双击机架“Rail”，机架自动弹出，如图 3-81 所示。

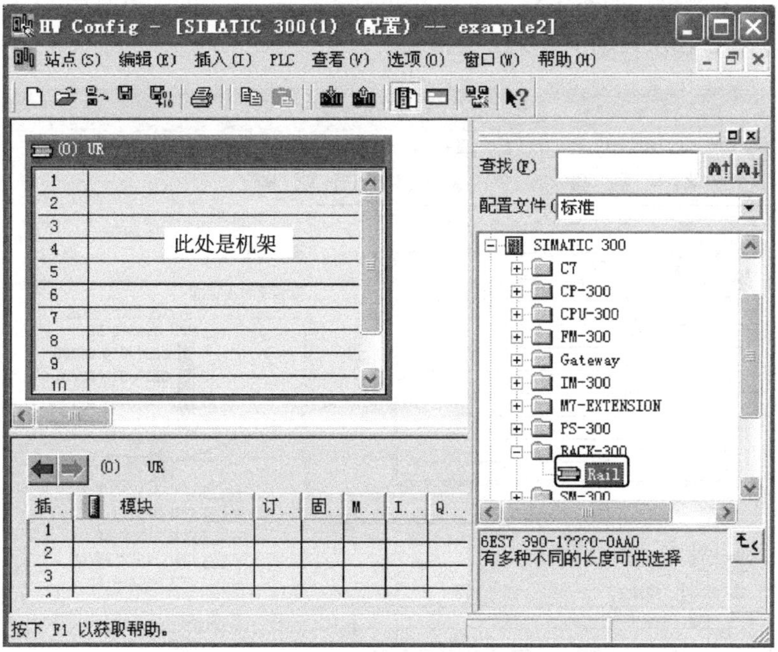

图 3-81　插入机架

f. 插入电源模块。在硬件组态界面中，先选中“1”处，再双击“PS 307 5A”，电源模块自动安装到 1 号槽位，如图 3-82 所示。也可以用鼠标的左键选中“PS 307 5A”，并按住不放，将电源模块拖至 1 号槽位。

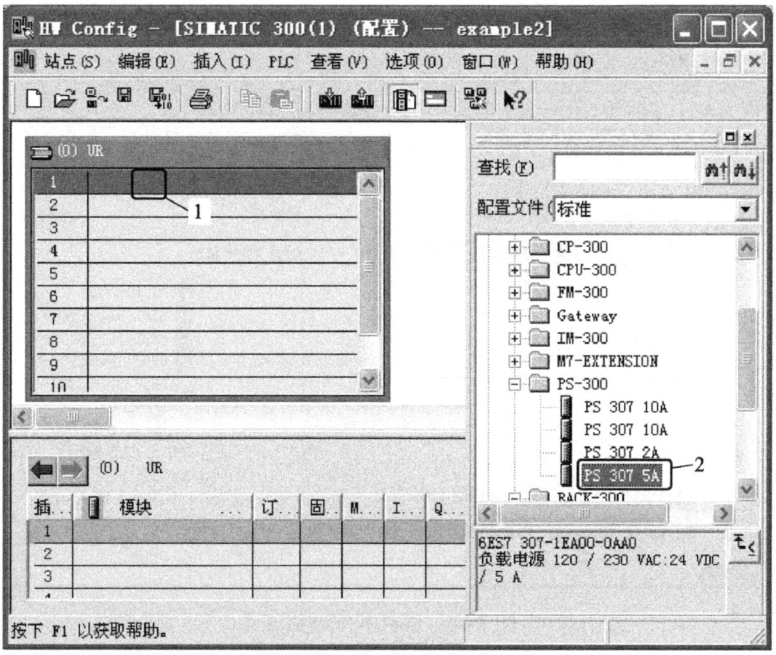

图 3-82　插入电源模块

g. 插入 CPU 模块。在硬件组态界面中，用鼠标的左键选中“V2.6”，并按住不放，将 CPU 模块拖至 2 号槽位，如图 3-83 所示。也可以先选中“1”处，再双击“CPU 314-2 DP”下的“V2.6”，CPU 模块自动安装到 2 号槽位。

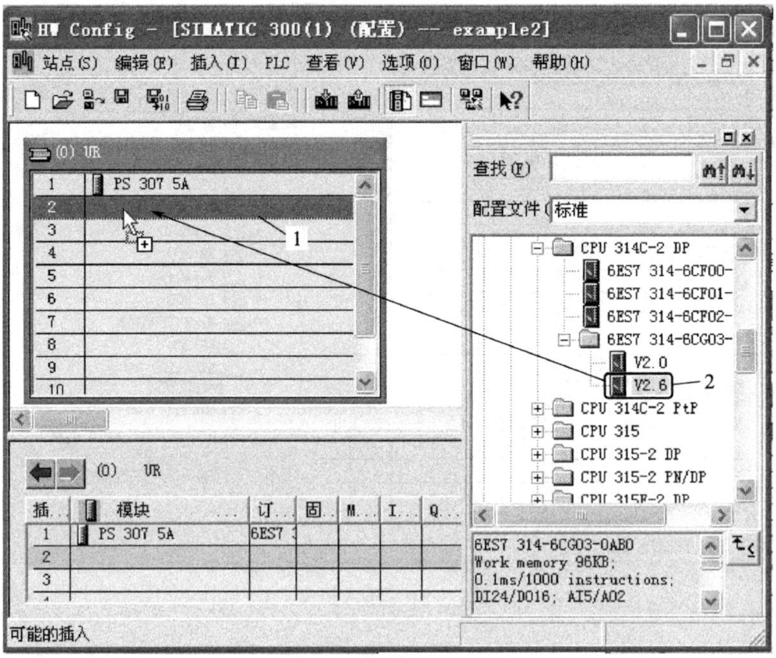

图 3-83　插入 CPU 模块（用拖放方法）

h. 保存和编译组态。至此一个简单的项目已经组态完成，只要单击工具栏上的“保存和编译”按钮即可，如图 3-84 所示。

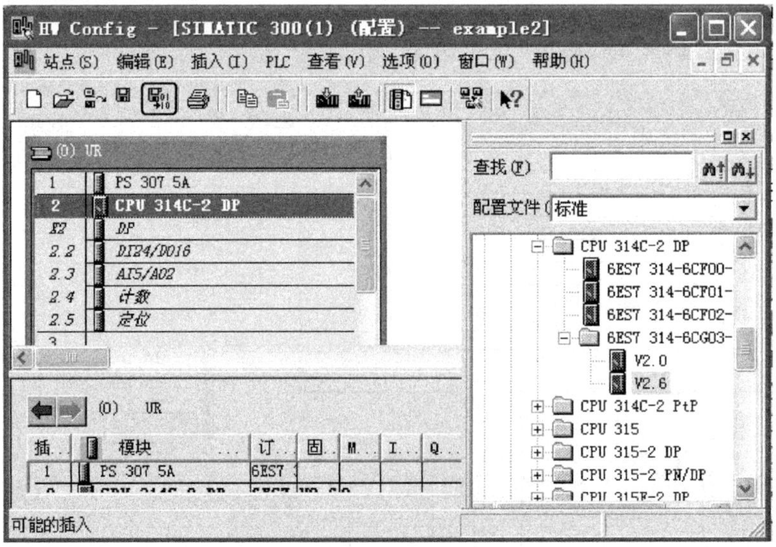

图 3-84　保存和编译组态

③ 编写程序。打开程序编辑器，在编辑器中编写程序，如图 3-85 所示，再单击工具栏上的“保存”按钮，保存程序。

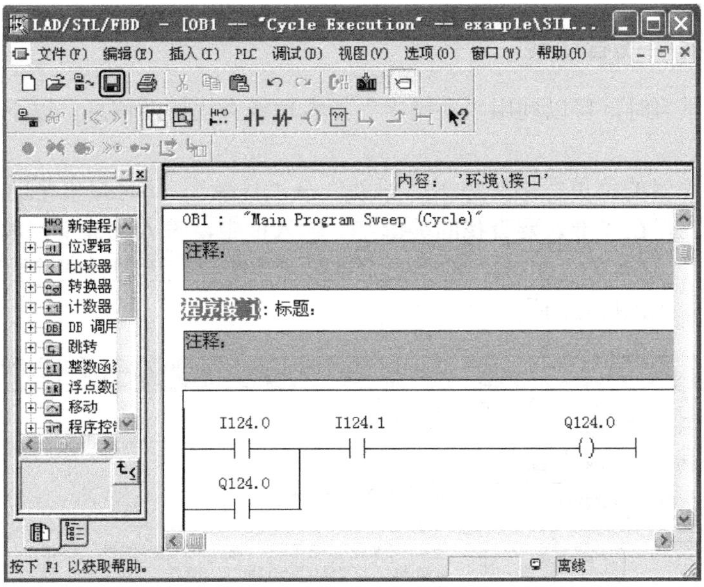

图 3-85　程序

【关键点】 CPU 314C-2DP 的集成数字 I/O 的默认起始地址是 IB124 和 QB124，当然这个地址是可以修改的，如改成 IB0 和 QB0。

④ 下载硬件组态和程序。先把 MPI 适配器将 CPU 314C-2DP 与编程器（PG）相连，再通电。

打开项目管理器，选中站点“SIMATIC 300 站点”，再单击工具栏上的“下载”按钮，如图 3-86 所示，整个站点（含程序和硬件组态）下载到 CPU 中。当合上按钮 SB1 时灯亮，当合上按钮 SB2 时，灯灭。

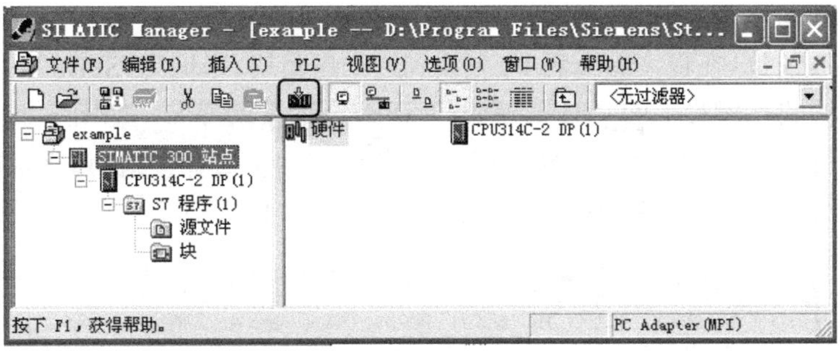

图 3-86　站点下载

【关键点】 CPU 314C-2DP 在通电状态时，不要插拔 MPI 适配器，这样操作可能会导致 CPU 的 MPI 接口烧毁，应该先断开 CPU 的电源，再插拔 MPI 适配器。

3.8　使用帮助

STEP 7 软件有强大的帮助功能，早期的版本只有英文版，因此帮助全部是英文，而现在，只要安装中文版的 STEP 7 软件，则帮助以中文为主，少数模块（例如后安装的 FM355）的帮助仍然是英文。学会使用帮助是非常重要的，因为 STEP 7 软件的帮助信息十分全面，是学习和使用西门子 S7-300/400 的必备工具。

3.8.1 查找关键字或者功能

在工作或者学习时，可以利用“关键字”搜索功能查找帮助信息。以下用一个例子说明查找的方法。

先在项目管理器的菜单栏中，单击“帮助”→“目录”，此时弹出帮助信息界面，选中“搜索”选项卡，再在“键入要查找的关键字”输入框中，输入关键字，本例为“OB82”，单击“列出主题”，则有关“OB82”的信息全部显示出来，读者通过阅读这些信息，可了解“OB82”的用法，如图 3-87 所示。

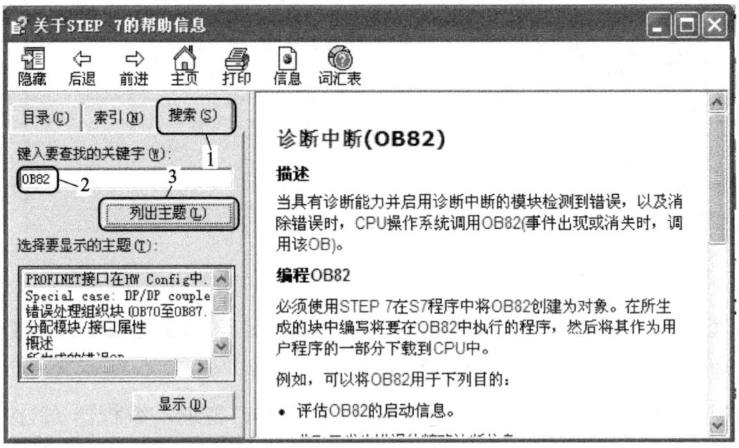

图 3-87 帮助——搜索

3.8.2 了解某个逻辑块 FB/SFB/FC/SFC 的功能及引脚的定义

STEP 7 中内置了很多逻辑块（FB/SFB/FC/SFC），在学习和应用时，难免对某个逻辑块有疑问。解决的方法是：在程序编辑器中，先找到这个逻辑块，本例为“SFB8”，先选中“SFB8”，如图 3-88 所示，再按键盘上的“F1”，弹出“SFB8”的帮助界面，如图 3-89 所示。也可在程序编辑器中，单击工具栏上的“空逻辑框”按钮，并键入具体逻辑块名（本例为“SFB8”），再按键盘上的“F1”，弹出“SFB8”的帮助界面，如图 3-89 所示。

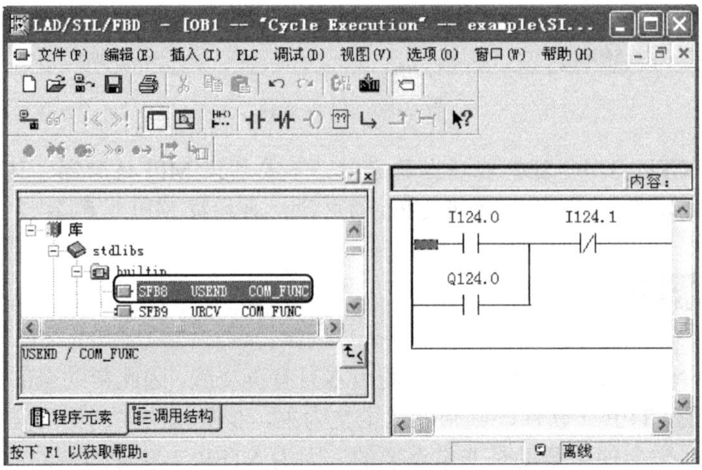

图 3-88 选中逻辑块

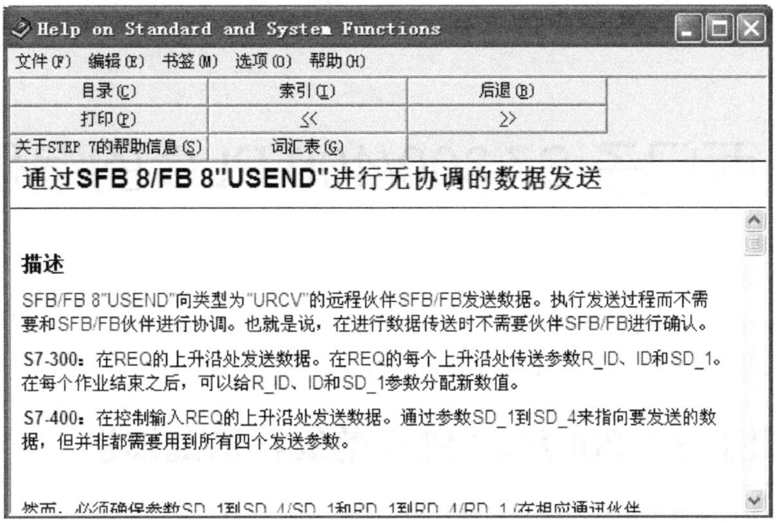
Help on Standard and System Functions
文件(F) 编辑(E) 书签(M) 选项(O) 帮助(H)
目录(C)
索引(I)
后退(B)
打印(P)
<<
>>
关于STEP 7的帮助信息(S)
词汇表(G)
通过SFB 8/FB 8"USEND"进行无协调的数据发送
描述
SFB/FB 8"USEND"向类型为"URCV"的远程伙伴SFB/FB发送数据。执行发送过程而不需要和SFB/FB伙伴进行协调。也就是说，在进行数据传送时不需要伙伴SFB/FB进行确认。
S7-300：在REQ的上升沿处发送数据。在REQ的每个上升沿处传送参数R_ID、ID和SD_1。在每个作业结束之后，可以给R_ID、ID和SD_1参数分配新数值。
S7-400：在控制输入REQ的上升沿处发送数据。通过参数SD_1到SD_4来指向要发送的数据，但并非都需要用到所有四个发送参数。

图3-89 帮助界面

第4章

西门子 S7-300/400 PLC 的编程语言

本章介绍西门子 S7-300/400 PLC 的编程基础知识、指令系统、功能、功能块、系统功能、系统功能块、数据块和组织块。本章内容多，而且难点多，是入门的关键。

4.1 西门子 S7-300/400 PLC 的编程基础知识

4.1.1 编程元件

西门子 S7-300/400 PLC 内部有许多编程元件。编程元件通常指的是硬件，是 PLC 内部具有一定功能的器件总称，这些器件由电子电路和寄存器及存储单元等组成。例如，输入继电器由输入电路和输入映像寄存器构成，输出继电器由输出电路和输出存储映像寄存器构成。定时器和计数器等由特定功能的寄存器构成。为了把这种继电器与传统的电气控制电路中的继电器区分开来，有时也称之为软继电器。这些软继电器的存储区及功能见表 4-1。

表 4-1 存储区及功能

地址存储区	范围	S7 符号	举例	功能描述
过程映像输入区	输入（位）	I	I0.0	扫描周期期间，CPU 从模块读取输入，并记录该区域中的值
	输入（字节）	IB	IB0	
	输入（字）	IW	IW0	
	输入（双字）	ID	ID0	
过程映像输出区	输出（位）	Q	Q 0.0	扫描周期期间，程序计算输出值并将它放入此区域，扫描结束时，CPU 发送计算输出值到输出模块
	输出（字节）	Q B	Q B0	
	输出（字）	Q W	Q W0	
	输出（双字）	Q D	Q D0	
位存储器	位存储器（位）	M	M 0.0	用于存储程序的中间计算结果
	位存储器（字节）	M B	M B0	
	位存储器（字）	M W	M W0	
	位存储器（双字）	M D	M D0	
定时器	定时器（T）	T	T0	为定时器提供存储空间
计数器	计数器（C）	C	C0	为计数器提供存储空间
共享数据块	数据（位）	DBX	DBX 0.0	数据块用“OPN DB”打开，可以被所有的逻辑块使用
	数据（字节）	DBB	DBB0	
	数据（字）	DBW	DBW0	
	数据（双字）	DBD	DBD0	
背景数据块	数据（位）	DIX	DIX 0.0	数据块用“OPN DI”打开，数据块包含的信息，可以分配给特定的 FB 或者 SFB
	数据（字节）	DIB	DIB0	
	数据（字）	DIW	DIW0	
	数据（双字）	DID	DID0	

续表

地址存储区	范围	S7 符号	举例	功能描述
本地数据区	本地数据（位）	L	L 0.0	当块被执行时，此区域包含块的临时数据
	本地数据（字节）	LB	L B0	
	本地数据（字）	LW	LW0	
	本地数据（双字）	L D	LD0	
外部设备输入区	外部设备输入字节	PIB	PIB0	外围设备输入区，允许直接访问中央和分布式的输入模块
	外部设备输入字	PIW	PIW0	
	外部设备输入双字	PID	PID0	
外部设备输出区	外部设备输出字节	PQ B	PQ B0	外围设备输出区，允许直接访问中央和分布式的输入模块
	外部设备输出字	PQ W	PQ W0	
	外部设备输出双字	PQ D	PQ D0	
程序		FC/FB/ SFB/SFC	FC1/FB1/ SFB1/SFC2	FC 分用户、标准和系统功能 FB 分用户、标准和系统功能块

若要存取存储区的某一位，则必须指定地址，包括存储器标识符、字节地址和位号。图 4-1 是一个位寻址的例子。其中，存储器区、字节地址（I 代表输入，2 代表字节 2）和位地址之间用点号（.）隔开。

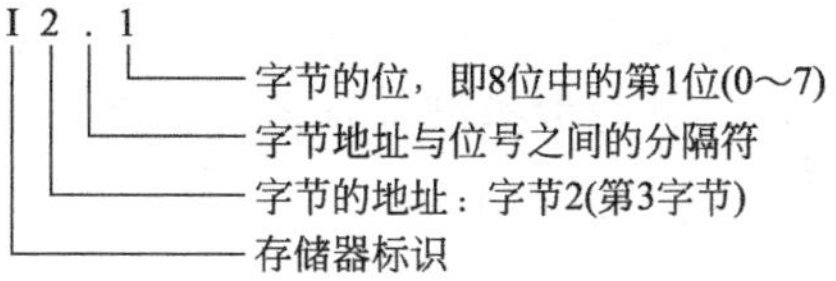

图 4-1　位寻址的例子

4.1.2　数制和数据类型

（1）数制

PLC 的是一种特殊的计算机，学习计算机必须掌握数值，学习 PLC 更是如此。

① 二进制　二进制数的 1 位（bit）只能取 0 和 1 两个不同的值，可以用来表示开关量的两种不同的状态，例如触点的断开和接通、线圈的通电和断电、灯的亮和灭等。在梯形图中，如果该位是 1 可以表示常开触点的闭合和线圈的得电，反之，该位是 0 可以表示常开触点的断开和线圈的断电。二进制用 2#表示，例如 2#1001 1101 1001 1101 就是 16 位二进制常数。十进制的运算规则是逢 10 进 1，二进制的运算规则是逢 2 进 1。

② 十六进制　十六进制的 16 个数字是 0～9 和 A～F（对应于十进制中的 10～15），每个十六进制数字可用 4 位二进制表示，例如 16#A 用二进制表示为 2#1010。B#16#、W#16#、DW#16#分别表示十六进制的字节、字和双字。十六进制的运算规则是逢 16 进 1。学会二进制和十六进制之间的转化对于学习西门子 PLC 来说是十分重要的。

③ BCD 码　BCD 码用 4 位二进制数（或者 1 位十六进制数）表示一位十进制数，例如一位十进制数 9 的 BCD 码是 1001。4 位二进制有 16 种组合，但 BCD 码只用到前十个，而后六个（1010～1111）没有在 BCD 码中使用。十进制的数字转换成 BCD 码是很容易的，例如十进制数 366 转换成十六进制 BCD 码则是 W#16#0366。

【关键点】 十进制数 366 转换成十六进制数是 W#16#16E，这是要特别注意的。

BCD 码的最高 4 位二进制数用来表示符号，16 位 BCD 码字的范围是−999～+999。32 位 BCD 码双字的范围是−9999999～+9999999。不同数制的数的表示方法见表 4-2。

表 4-2 不同数制的数的表示方法

十进制	十六进制	二进制	BCD 码	十进制	十六进制	二进制	BCD 码
0	0	0000	00000000	8	8	1000	00001000
1	1	0001	00000001	9	9	1001	00001001
2	2	0010	00000010	10	A	1010	00010000
3	3	0011	00000011	11	B	1011	00010001
4	4	0100	00000100	12	C	1100	00010010
5	5	0101	00000101	13	D	1101	00010011
6	6	0110	00000110	14	E	1110	00010100
7	7	0111	00000111	15	F	1111	00010101

（2）数据类型

数据是程序处理和控制的对象，在程序运行过程中，数据是通过变量来存储和传递的。变量有两个要素：名称和数据类型。对程序块或者数据块的变量声明时，都要包括这两个要素。

数据的类型决定了数据的属性，例如数据长度和取值范围等。STEP 7 中的数据类型分为 3 大类：基本数据类型、复杂数据类型和参数数据类型。

① 基本数据类型　基本数据类型是根据 IEC1131-3（国际电工委员会指定的 PLC 编程语言标准）来定义的，每个基本数据类型具有固定的长度且不超过 32 位。

基本数据类型有 12 种，每一种数据类型都具备关键字、数据长度、取值范围和常数表等格式属性。STEP 7 的基本数据类型见表 4-3。

表 4-3 STEP 7 的基本数据类型

关键字	长度（位）	取值范围/格式示例	说明
Bool	1	True 或 False（1 或 0）	布尔变量
Byte	8	B#16#0～ B#16#FF	单字节数
Word	16	十六进制：W#16#0～ W#16#FFFF	字（双字节）
Dword	32	十六进制：（W#16#0～ W#16#FFFF_FFFF）	双字（四字节）
Char	8	“a”“B” 等	ASCII 字符
Int	16	-32768～32767	16 位有符号整数
DInt	32	-L#2147483648～ L#2147483647	32 位有符号整数
Real	32	-3.402823E38～-1.175495E-38 +1.175495E-38～+3.402823E38	IEEE 浮点数
S5Time	16	S5T＃0H_0M_0S_0MS～ S5T＃2H_46M_30S_0MS	SIMATIC 时间格式
Time	32	-T＃24D_20H_31M_23S_648MS～ T＃24D_20H_31M_23S_648MS	IEC 时间格式
Date	16	D#1990-1-1～ D#2168-12-31	IEC 日期格式
Time_Of_Day	32	TOD#0:0:0～ TOD#23:59:59.999	24 小时时间格式

【关键点】 有的书上称 Word（字）为非负整数，而 Int 为整数，即有正负；称 Dword（双字）为非负双整数，而 DInt 为双整数，即有正负；这非常贴切，也正好解释了字和整数以及双字和双整数的区别。

② 复杂数据类型　复杂数据类型是一种由其他数据类型组合而成的或者长度超过 32 位的数据类型，STEP 7 中的复杂数据类型共有 7 类。

- Date_And_Time（日期时间类型）。其长度为 64 位（8 个字节），此数据类型以二进制编码的十进制的格式保存。取值范围是 DT#1990-1-1-0:0:0.0～ D#2089-12-31-59:59.999。
- STRING（字符串）。其长度最多有 254 个字符的组（数据类型 CHAR）。为字符串保留的标准区域是 256 个字节长。这是保存 254 个字符和 2 个字节的标题所需要的空间。可以通过定义即将存储在字符串中的字符数目来减少字符串所需要的存储空间（例如：string[9]'Siemens'）。
- ARRAY（数组类型）。定义一个数据类型（基本或复杂）的多维组群。例如："ARRAY [1..2,1..3] OF INT"定义 2×3 的整数数组。使用下标（"[2,2]"）访问数组中存储的数据。最多可以定义 6 维数组。下标可以是任何整数（-32768～32767）。
- STRUCT（结构类型）。该类型是由不同数据类型组成的复合型数据，通常用来定义一组相关数据。例如电动机的一组数据可以按照如下方式定义：

```
Motor: STRUCT
    Speed: INT
    Current: REAL
END_STRUCT
```

- UDT （用户自定义数据类型）。UDT 是由不同数据类型组成的复合型数据，与 STRUCT 不同的是，UDT 是一个模版，可以用来定义其他的变量。它在 STEP 7 中以块的形式存储，称为 UDT 块。在 SIMATIC 的项目管理器中，先选中"块"，再单击菜单栏的"插入"→"S7 块"→"数据类型"，如图 4-2 所示，弹出数据类型对话框便可定义新的数据类型。自定义数据类型在后续章节还要介绍。

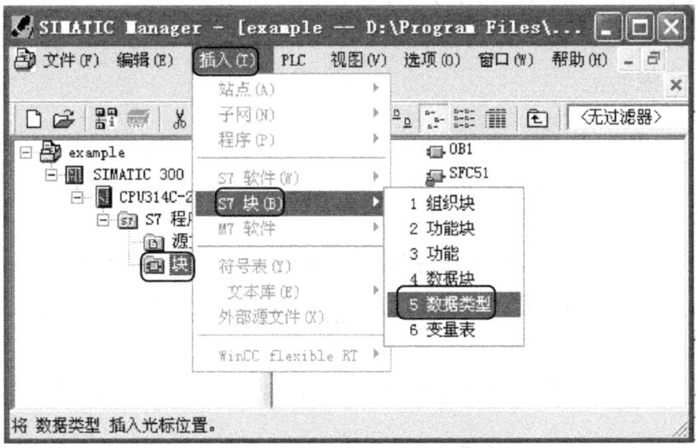

图 4-2　定义 UDT 块的路径

- FB 和 SFB（功能块类型）。确定分配的实例数据块的结构，并允许在一个实例 DB 中传送数个 FB 调用的实例数据，在后面章节会重点讲解。

③ 参数数据类型　参数数据类型是一种用于 FC 或者 FB 的参数的数据类型。参数数据类型主要包括以下几种。

- Timer，Counter：定时器和计数器类型。
- BLOCK_FB，BLOCK_FC，BLOCK_DB，BLOCK_SDB：块类型。
- Pointer：6 字节指针类型，传递 DB 块号和数据地址。
- Any：10 字节指针数据类型，传递 DB 块号、数据地址、数据数量以及数据类型。

使用这些参数类型，可以把定时器、计数器、程序块、数据块以及一些不确定类型和长度的数据通过参数传递给 FC 和 FB。参数类型为程序提供了很强的灵活性，可以实现更通用的控制功能。

（3）常数

在西门子 S7-300/400 的许多指令中都用到常数，常数有多种表示方法，如二进制、十进制和十六进制等。在表述二进制和十六进制时，要在数据前分别加“2#”或“16#”格式如下。

二进制常数：2#1100。十六进制常数：16#234B1。

其他的数据表述方法举例如下。

ASCII 码：“HELLOW”；实数：−3.1415926；十进制数：234。不同品牌的 PLC，常数的表示方法有较大的区别，这点要注意。

几个错误表示方法：八进制的“33”表示成“8＃33”，十进制的“33”表示成“10＃33”，“2”用二进制表示成“2＃2”，这些错误读者要避免。

【关键点】 常数可以用二进制、十进制和十六进制表示。为了阅读方便，当用二进制和十六进制表示时，可以在每 4 位之间加下划线，例如 W#16#FFFF_FFFF 和 W#16#FFFFFFFF 实际是相等的。

【例 4-1】 请指出以下数据的含义，L#58、S5t#58S、58、C#58、t#58、P#M0.0 BYTE 10。

【解】

① L#58：表示双整数 58；

② S5t#58S：表示定时器中的 58s；

③ 58：表示整数 58；

④ C#58：表示计数器中的 58；

⑤ t#58s：表示时间 58s；

⑥ P#M0.0 BYTE 10：表示从 MB0 开始的 10 个字节。

【关键点】 搞清楚例 4-1 中的数据表示方法至关重要，无论对于编写程序还是阅读他人的程序都是必须要掌握的。

4.1.3 寻址方式

（1）绝对寻址

要访问一个变量，必须要找到它在存储空间的位置，这个过程就是寻址（Addressing）。在 STEP 7 中，使用地址如 I/O 信号、位内存、计数器、定时器、数据块和功能块都可以通过绝对寻址和符号寻址来访问。

绝对地址是由一个关键字和一个地址数据组成的。STEP 7 中常用的绝对地址关键字见表 4-4。

表 4-4 绝对地址关键字

关 键 字	说 明	举 例
I/IB/IW/ID	过程映像区输入信号	I0.0、IB1、IW2 和 ID2
Q/QB/QW/QD	过程映像区输出信号	Q0.0、QB1、QW2 和 QD2
PIB/PIW/PID	外部设备输入	PIB1、PIW2 和 PID2
PQB/PQW/PQD	外部设备输出	PQB1、PQW2 和 PQD2
M/MB/MW/MD	位存储区	M0.0、MB1、MW2 和 MD2
L/LB/LW/LD	本地数据堆栈区	L0.0、LB1、LW2 和 LD2
T	定时器	T3
C	计数器	C5
FC/FB/SFC/SFB	程序块	FC1/FB2/SFC3/SFB1
DB	数据块	DB1

【关键点】 在 MD0 中，由 MB0、MB1、MB2 和 MB3 四个字节组成，MB0 是高字节，而 MB3 是低字节，字节、字和双字的起始地址如图 4-3 所示。

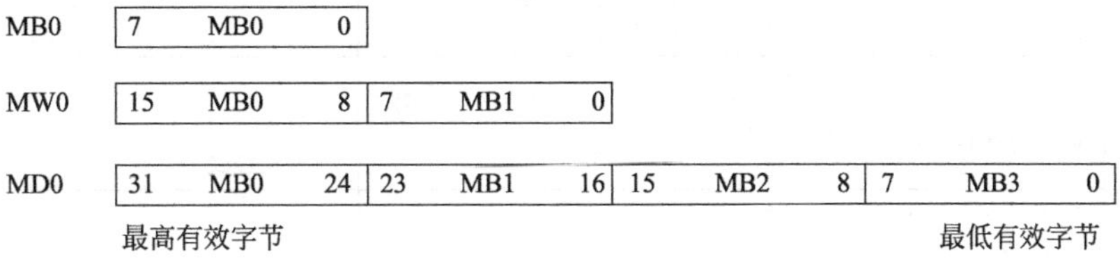

图 4-3 字节、字和双字的起始地址

【例 4-2】 如果 MD0=16#1F，那么，MB0、MB1、MB2、MB3、M0.0 和 M3.0 的数值是多少？

【解】

根据图 4-3：MB0＝0；MB1＝0；MB2＝0；MB3＝16#1F；M0.0=0；M3.0=1。这点不同于三菱 PLC，读者要注意区分。如搞不清楚，在做通信时，如 DCS 与 S7-300/400 交换数据时，容易出错。

【例 4-3】 如图 4-4 所示的梯形图，是某初学者编写的，请查看有无错误。

【解】

这个程序的逻辑是正确的，但这个程序在实际运行时并不能采集模拟量数据。网路 1 是启停控制，当 M0.0 常开触头闭合后开始采集数据，而且 A/D 转换的结果存放在 MW0 中，MW0 包含 2 个字节 MB0 和 MB1，而 MB0 包含 8 个位，即 M0.0～M0.7。只要采集的数据经过 A/D 转换，造成 M0.0 位为 0，整个数据采集过程自动停止。初学者很容易犯类似的错误。读者可将 M0.0 改为 M2.0 即可，只要避开 MW0 中包含的 16 个位（M0.0～M0.7 和 M1.0～M1.7）都可行。

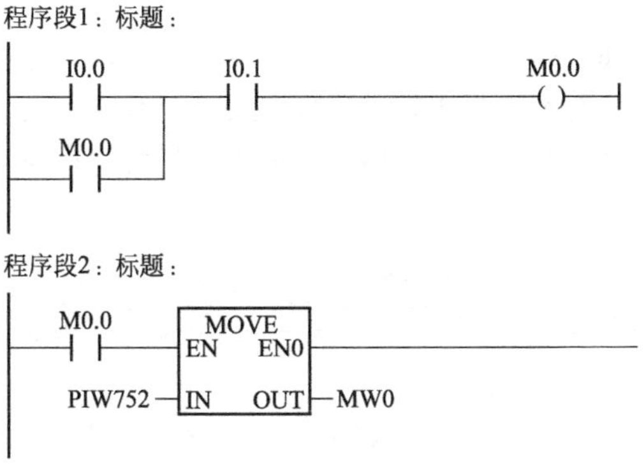

图 4-4 梯形图

（2）符号寻址

为变量指定符号名可以简化程序的编写和调试，增加程序的可读性。STEP 7 可以自动将符号地址转化成所需的绝对地址。访问 ARRAY、STRUCT、数据块、本地数据、逻辑块以及用户数据类型（UDT）时，优先选用符号寻址。使用符号寻址前，必须先将符号分配给绝对地址，才能以符号的形式应用它们。

STEP 7 中的符号分为全局符号和局域符号。全局符号是在整个 STEP 7 中可以使用的符号，而局域符号是在某个块中可以使用的符号。全局符号和局域符号的对比见表 4-5。

表 4-5　全局符号和局域符号的对比

	全局符号	局域符号
有效范围	在整个程序中有效，可以被所有的块使用，在所有的块中的含义是一样的，整个用户程序中是唯一的	只在定义的块中有效，相同的符号在不同的块中，可用于不同的目的
允许使用的字符	字母、数字及特殊字符，除 0x00，0xFF 及引号外的强调号；如用特殊符号，则必须在引号内	字母 数字 下划线（_）
使用独享	可以为下列对象定义全局变量： • I/O 信号（如 I、IB、Q、QB、QD 等） • 外部设备 I/O 信号（如 PIB、PQB、PQD 等） • 存储位（如 M、MB、MW、MD 等） • 定时器（T） • 计数器（C） • 程序块（FC/FB/SFC/SFB） • 数据块（DB） • 用户定义数据类型（UDT） • 变量表（VAT）	可以为下列对象定义局域变量： • 块参数 • 块的静态数据 • 块的临时数据
定义位置	符号表	程序块的变量声明区

【例 4-4】 将如图 4-5 所示的绝对寻址的启停控制梯形图，换成符号寻址梯形图。

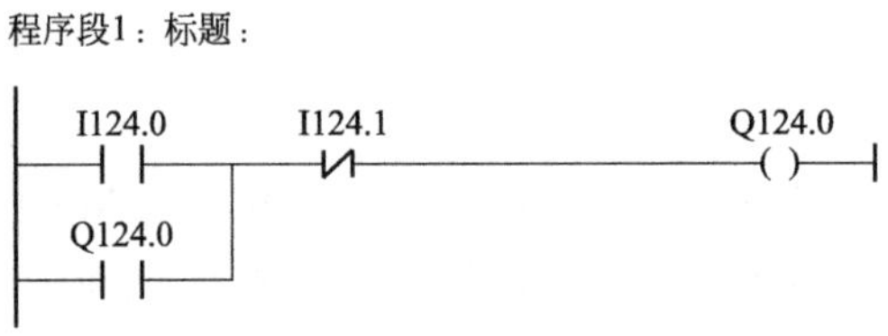

图 4-5　绝对寻址的梯形图

【解】

打开 STEP 7 的 SIMATIC 管理器，先选中“S7 程序（1）”，再双击“符号”，如图 4-6 所示，弹出符号编辑器界面，输入如图 4-7 所示的信息，最后单击工具栏的“保存”按钮，将输入的符号分配给相应的地址，例如“启动”分配给地址“I124.0”。再打开程序编辑器，符号寻址的梯形图如图 4-8 所示。

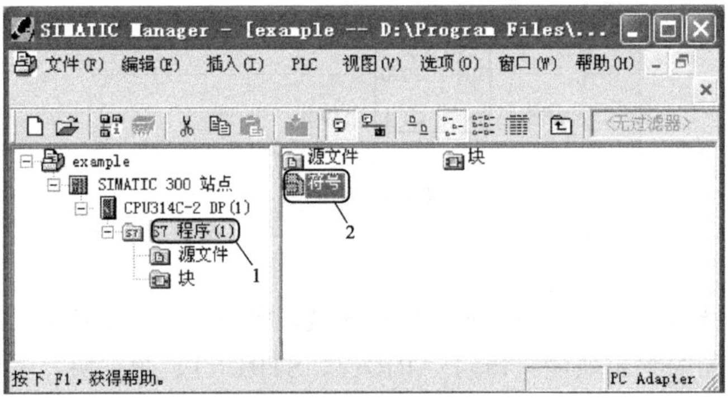

图 4-6　SIMATIC 管理器界面

如图 4-9 所示，功能块的 IN（输入引脚）上的“Sw_On”和“Sw_Off”数据类型为 Bool，是局域变量，其有效范围仅在 FB1 功能块中。

图 4-7 符号编辑器界面

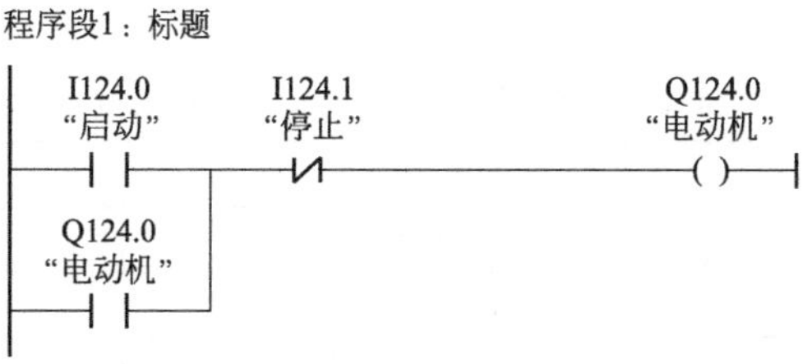

图 4-8 符号寻址的梯形图

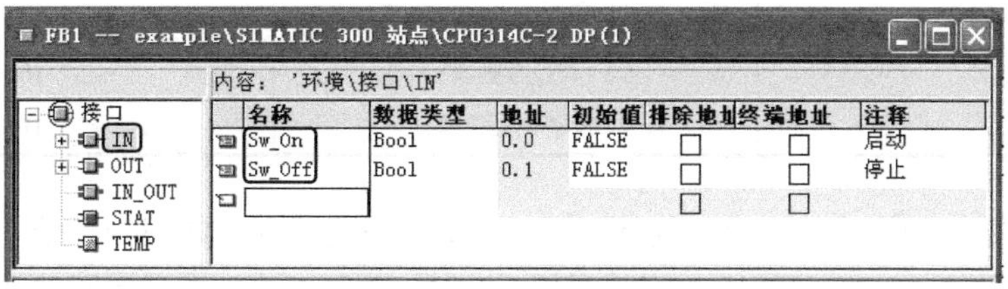

图 4-9 局域变量

（3）间接寻址

① 存储器间接寻址　在存储器间接寻址指令中，给出一个地址指针的存储器，该存储器的内容是操作数所在存储单元的地址。在循环程序中经常用到存储器间接寻址。

地址指针可以是字或双字，定时器（T）、计数器（C）、数据块（DB）、功能块（FB）和功能（FC）的编号范围小于 65535，使用字指针就可以。其他地址则要使用双字指针，如果要用双字格式的指针访问一个字、字节或双字存储器，必须保证指针的位编号为 0，例如 P#Q20.0。

存储器间接寻址的双字指针格式如图 4-10 所示，其中 0～2 位为被寻址地址中的位编号，3～18 位为寻址字节编号。只有 M、L、DB、PI 存储区域的双字节才能做地址指针。

31　　24	23　　16	15　　8	7　　0
0000 0000	0000 0bbb	bbbb bbbb	bbbb bxxx

图 4-10 存储器间接寻址的双字指针格式

存储器间接寻址应用如下：

L QB[DBD 10] //将输出字节装入累加器 1，输出字节的地址指针在数据双字 DBD10 中，如果 DBD10 的值为 2＃0000 0000 0000 0000 0000 0000 0010 0000，装入的是 QB4

A M[LD 4] //对存储器位作“与”运算，地址指针在数据双字 LD4 中，如果 LD4 的值为 2＃0000 0000 0000 0000 0000 0000 0010 0011，则是对 M4.3 进行操作

② 寄存器间接寻址　地址寄存器 AR1 和 AR2，它们中的内容加上偏移量形成地址指针，指向数值所在的存储单元。寄存器间接寻址中双字指针格式如图 4-11 所示。

31　　　24	23　　　16	15　　　8	7　　　0
x000 0rrr	0000 0bbb	bbbb bbbb	bbbb bxxx

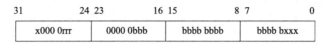

图 4-11　寄存器间接寻址的双字指针格式

其中第 0～2 位（xxx）为被寻址地址中位的编号（0～7），第 3～18 位为被寻址地址的字节的编号（0～65535），第 24～26 位（rrr）为被寻址地址的区域标识号，第 31 位 x = 0 为区域内的间接寻址，第 31 位 x = 1 为区域间的间接寻址。寄存器间接寻址的区域标识位见表 4-6。

表 4-6　寄存器间接寻址的区域标识位

区域标识符	存储区	位 26～24
P	外设输入/输出	000
I	输入过程映像	001
Q	输出过程映像	010
M	位存储区	011
DBX	共享数据块	100
DIX	背景数据块	101
L	块的局域数据	111

STEP 7 中有两种格式的寄存器间接寻址方式，分别是区域内的间接寻址和区域间的间接寻址。当 31 位为 0 时，为区域内的间接寻址；当 31 位为 1 时，为区域间的间接寻址。

第一种地址指针格式存储区的类型在指令中给出，例如 LDBB[AR1, P#6.0]。在某一存储区内寻址。第 24～26 位（rrr）应为 0。

第二种地址指针格式的第 24～26 位还包含存储区域标识符 rrr，区域间寄存器间接寻址。

如果要用寄存器指针访问一个字节、字或双字，必须保证指针中的位地址编号为 0。

指针常数＃P5.0 对应的二进制数为 2＃0000 0000 0000 0000 0000 0000 0010 1000。

下面是区内间接寻址的例子：

```
L P#5.0                //将间接寻址的指针装入累加器 1
LAR1                   //将累加器 1 中的内容送到地址寄存器 1
A M[AR1, P#2.3]        //AR1 中的 P#5.0 加偏移量 P#2.3，实际上是对 M7.3 进行操作
= Q[AR1, P#0.2]        //逻辑运算的结果送 Q5.2
L DBW[AR1, P#18.0]     //将 DBW23 装入累加器 1
```

下面是区域间间接寻址的例子：

```
L P#M6.0               //将存储器位 M6.0 的双字指针装入累加器 1
LAR1                   //将累加器 1 中的内容送到地址寄存器 1
T W[AR1, P#50.0]       //将累加器 1 的内容传送到存储器字 MW56
```

P#M6.0 对应的二进制数为 2#1000 0011 0000 0000 0000 0000 0011 0000。因为地址指针 P#M6.0 中已经包含有区域信息，使用间接寻址的指令 T W[AR1, P#50]中没有必要再用地址标识符 M。

4.1.4 编程语言

（1）PLC 编程语言的国际标准

IEC 61131 是 PLC 的国际标准，1992～1995 年发布了 IEC 61131 标准中的 1～4 部分，我国在 1995 年 11 月发布了 GB/T 15969—1/2/3/4（等同于 IEC 61131-1/2/3/4）。

IEC 61131-3 广泛地应用于 PLC、DCS 和工控机、"软件 PLC"、数控系统、RTU 等产品。其定义了 5 种编程语言，分别是指令表（Instruction List，IL）、结构文本（Structured Text，ST）、梯形图（Ladder Diagram，LD）、功能块图（Function Block Diagram，FBD）和顺序功能图（Sequential Function Chart，SFC）。

（2）STEP 7 中的编程语言

STEP 7 中有梯形图、语句表和功能块图 3 种基本编程语言，可以相互转换。通过安装软件包，还有其他的编程语言可供选用，以下简要介绍。

① 顺序功能图（SFC） STEP 7 中为 S7 Graph，它不是 STEP 7 的标准配置，需要安装软件包，S7 Graph 是针对顺序控制系统进行编程的图形编程语言，特别适合顺序控制程序编写。

② 梯形图（LAD） 梯形图直观易懂，适合于数字量逻辑控制。梯形图适合于熟悉继电器电路的人员使用。设计复杂的触点电路时最好用梯形图。其应用最为广泛。

③ 语句表（STL） 语句表的功能比梯形图或功能块图的功能强。语句表可供喜欢用汇编语言编程的用户使用。语句表输入快，可以在每条语句后面加上注释。设计高级应用程序时建议使用语句表。

④ 功能块图（FBD） "LOGO！"系列微型 PLC 使用功能块图编程。功能块图适合于熟悉数字电路的人员使用。

⑤ 结构文本（ST） STEP 7 的 S7 SCL（结构化控制语言）符合 IEC 61131-3 标准。SCL 适合于复杂的公式计算、复杂的计算任务和最优化算法或管理大量的数据等。S7 SCL 编程语言适合于熟悉高级编程语言（例如 PASCAL 或 C 语言）的人员使用。它不是 STEP 7 的标准配置，需要安装软件包。

⑥ S7 HiGraph 编程语言 图形编程语言 S7 HiGraph 属于可选软件包，它用状态图（Stategraphs）来描述异步、非顺序过程的编程语言。HiGraph 适合于异步非顺序过程的编程。

⑦ S7 CFC 编程语言 可选软件包 CFC（Continuous Function Chart，连续功能图）用图形方式连接程序库中以块的形式提供的各种功能。CFC 适合于连续过程控制的编程。它不是 STEP 7 的标准配置，需要安装软件包。

在 STEP 7 编程软件中，如果程序块没有错误，并且被正确地划分为网络，在梯形图、功能块图和语句表之间可以转换。如果部分网络不能转换，则用语句表表示。

4.2 CPU 中的寄存器

4.2.1 累加器（ACCUx）

累加器是用于处理字节、字或双字的寄存器。西门子 S7-300 PLC 有两个 32 位累加器（ACCU1 和 ACCU2），西门子 S7-400 PLC 有 4 个累加器（ACCU1～ACCU4）。数据放在累加器的低端（右对齐）。

4.2.2 状态字寄存器（16 位）

状态字的结构如图 4-12 所示，以下将详述各位的含义。

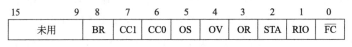

15　　　9	8	7	6	5	4	3	2	1	0
未用	BR	CC1	CC0	OS	OV	OR	STA	RIO	$\overline{FC}$

图 4-12　状态字的结构

首次检测位 $\overline{FC}$，逻辑运算结果（RLO）。

状态位 STA 不能用指令检测。

OR 位暂存逻辑“与”的操作结果（先“与”后“或”）。

算术运算或比较指令执行时出现错误，溢出位 OV 被置 1。

OV 位被置 1 时，溢出状态保持为 1，OS 位也被置 1；OV 位被清 0 时，OS 仍保持为 1，用于指明前面的指令执行过程中是否产生过错误。

条件码 1（CC1）和条件码 0（CC0）综合起来用于表示在累加器 1 中产生的算术运算或逻辑运算的结果与 0 的大小关系、比较指令的执行结果或移位指令的移出位状态。

二进制结果位（BR）在一段既有位操作又有字操作的程序中，用于表示字操作结果是否正确。在梯形图的方框指令中，BR 位与 ENO 有对应关系，用于表明方框指令是否被正确执行。如果执行出现了错误，BR 位为 0，ENO 也为 0；如果功能被正确执行，BR 位为 1，ENO 也为 1。

4.2.3 数据块寄存器

DB 和 DI 寄存器分别用来保存打开的共享数据块和背景数据块的编号。

4.3 位逻辑指令

位逻辑指令用于二进制数的逻辑运算。位逻辑运算的结果简称为 RLO。

位逻辑指令是最常用的指令之一，主要有与指令、与非指令、或指令、或非指令、置位指令、复位指令和输出指令等。

（1）触点与线圈

A（And）：与指令表示串联的常开触点，检测信号 1，与 And 关联。

O（Or）：或指令表示并联的常开触点，检测信号 1，与 Or 关联。

AN（And Not）：与非指令表示串联的常闭触点，检测信号 0，与 And Not 关联。

ON（Or Not）：或非指令表示并联的常闭触点，检测信号 0，与 Or Not 关联。

输出指令“=”将操作结果 RLO 赋值给地址位，与线圈相对应。

与、与非及输出指令示例如图 4-13 所示，图中左侧是梯形图，右侧是与梯形图对应的指令表。当常开触点 I0.0 和常闭触点 I0.2 都接通时，输出线圈 Q0.0 得电（Q0.0＝1），Q0.0＝1 实际上就是运算结果 RLO 的数值，I0.0 和 I0.2 是串联关系。

或、或非及输出指令示例如图 4-14 所示，当常开触点 I0.0、常开触点 Q0.0 和常闭触点 M0.0 有一个或多个接通时，输出线圈 Q0.0 得电（Q0.0＝1），I0.0、Q0.0 和 M0.0 是并联关系。

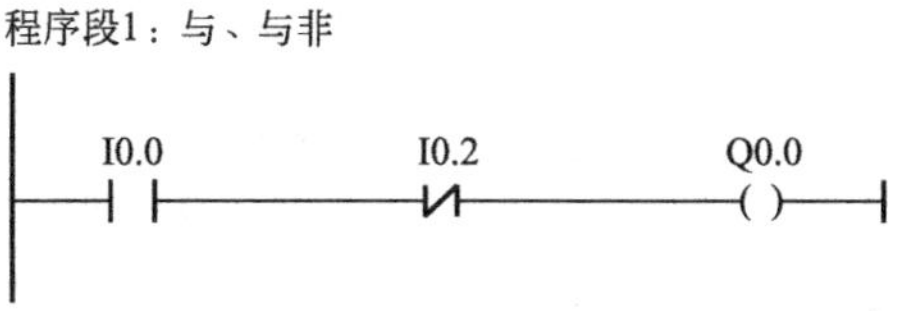

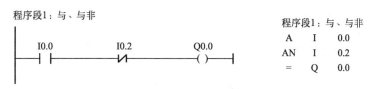

```
程序段1：与、与非
A    I    0.0
AN   I    0.2
=    Q    0.0
```

图 4-13　与、与非及输出指令示例

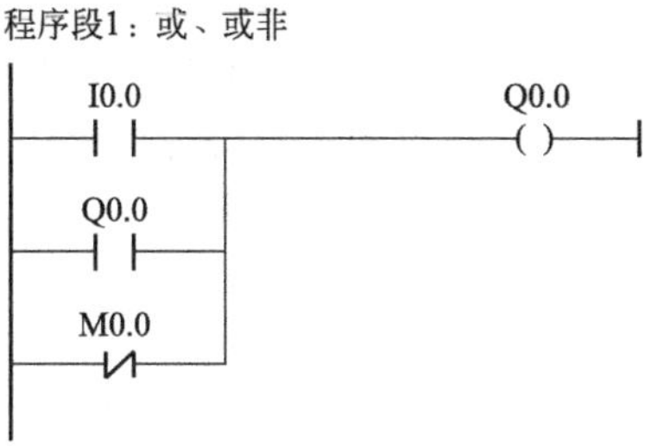


```
程序段1：或、或非
O    I    0.0
O    Q    0.0
ON   M    0.0
=    Q    0.0
```

图 4-14　或、或非及输出指令示例

【例 4-5】 CPU 上电运行后，对 MB0～MB3 清零复位，请设计梯形图。

【解】

西门子 S7-300/400 虽然没有上电闭合一个扫描周期的特殊寄存器，但有 2 个方法解决此问题，方法 1 如图 4-15 所示。另一种解法要用到 OB100，将在后续章节讲解。

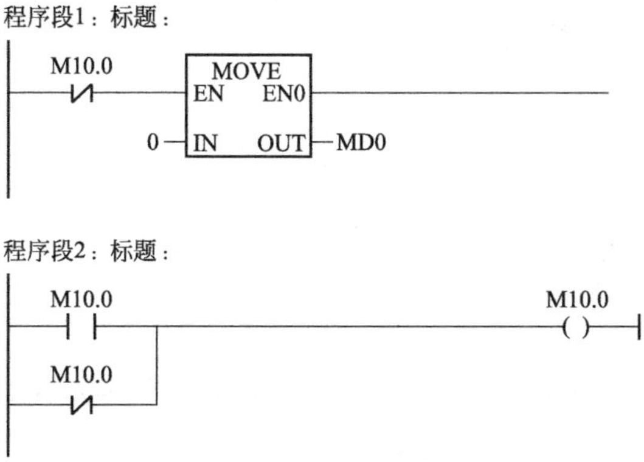

图 4-15　梯形图

（2）对 RLO 的直接操作指令

这类指令可直接对逻辑操作结果 RLO 进行操作，改变状态字中 RLO 的状态。对 RLO 的直接操作指令见表 4-7。

表 4-7　对 RLO 的直接操作指令

梯形图指令	STL 指令	功能说明	说　明
---|NOT|---	NOT	取反 RLO	在逻辑串中，对当前 RLO 取反
	SET	置位 RLO	将 RLO 置 1
	CLR	复位 RLO	将 RLO 清零
—（SAVE）	SAVE	保存 RLO	将 RLO 保存到状态字的 BR 位

取反触点示例如图 4-16 所示，当 I0.0 为 1 时 Q0.0 为 0，反之当 I0.0 为 0 时 Q0.0 为 1。

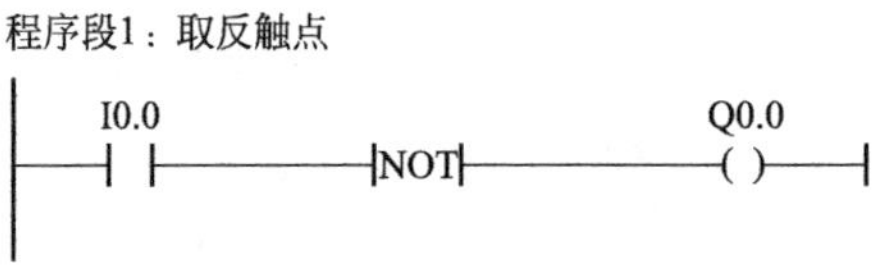


```
程序段1：取反触点
 A    I    0.0
NOT
 =    Q    0.0
```

图 4-16 取反触点示例

（3）电路块的串联和并联

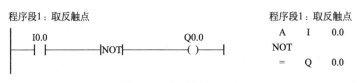

与西门子 S7-200 PLC 不同，西门子 S7-300/400 PLC 的电路块没有专用的指令。如图 4-17 所示的并联块，实际就是把两个虚线框当作两个块，再将两个块做或运算。如图 4-18 所示的串联块，实际就是把两个虚线框当作两个块，再将两个块做与运算。

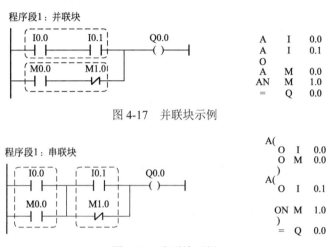

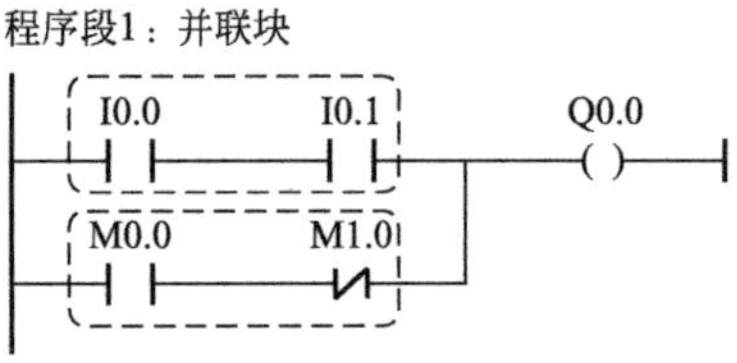


```
A    I    0.0
A    I    0.1
O
A    M    0.0
AN   M    1.0
=    Q    0.0
```

图 4-17 并联块示例

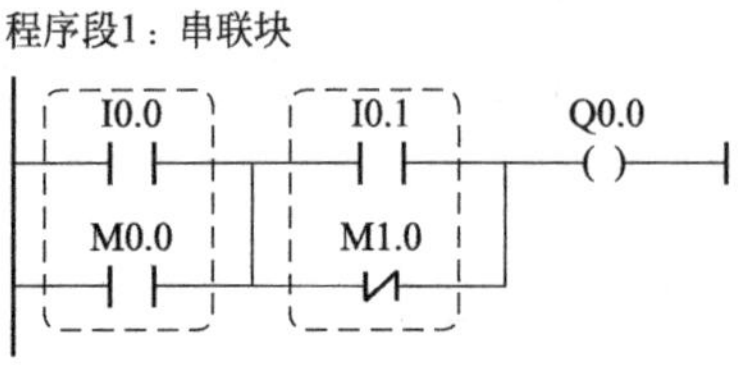


```
A(
  O   I   0.0
  O   M   0.0
  )
A(
  O   I   0.1

  ON  M   1.0
  )
  =   Q   0.0
```

图 4-18 串联块示例

【例 4-6】 编写程序，实现当压下 SB1 按钮奇数次时灯亮，当压下 SB1 按钮偶数次时灯灭，即单键启停控制，请设计梯形图。

【解】

这个电路是微分电路，但没用到上升沿指令。梯形图如图 4-19 所示。

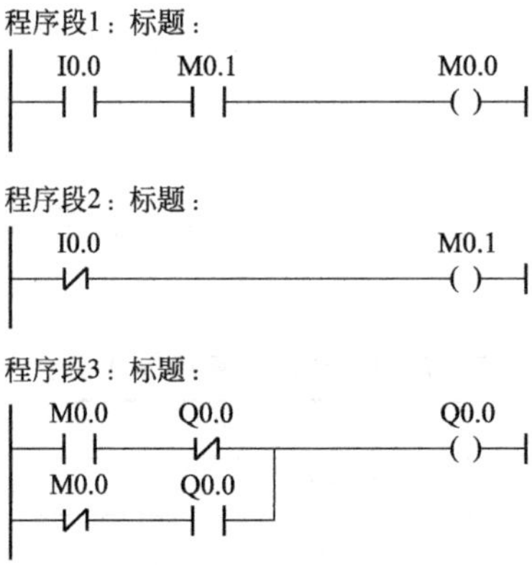

图 4-19 梯形图

（4）复位与置位指令

S：置位指令将指定的地址位置位（变为 1，并保持）。

R：复位指令将指定的地址位复位（变为 0，并保持）。

如图 4-20 所示为置位/复位指令应用例子，当 I0.0 为 1 时，Q0.0 为 1，之后，即使 I0.0 为 0，Q0.0 保持为 1，直到 I0.1 为 1 时，Q0.0 变为 0。这两条指令非常有用。

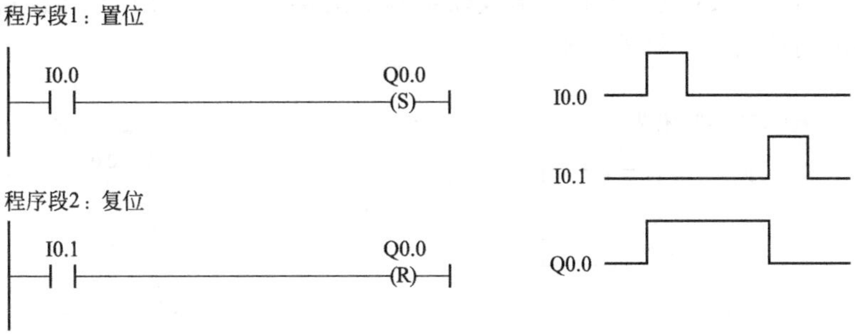

图 4-20　置位/复位指令示例

【关键点】 置位/复位指令不一定要成对使用。

【例 4-7】 用置位/复位指令编写“正转—停—反转”的梯形图，其中 I0.0 是正转按钮，I0.1 是反转按钮，I0.2 是停止按钮（接常闭触头）、Q0.0 是正转输出，Q0.1 是反转输出。

【解】

梯形图和指令表如图 4-21 所示，可见使用置位/复位指令后，不需要用自锁，程序变得更加简洁。

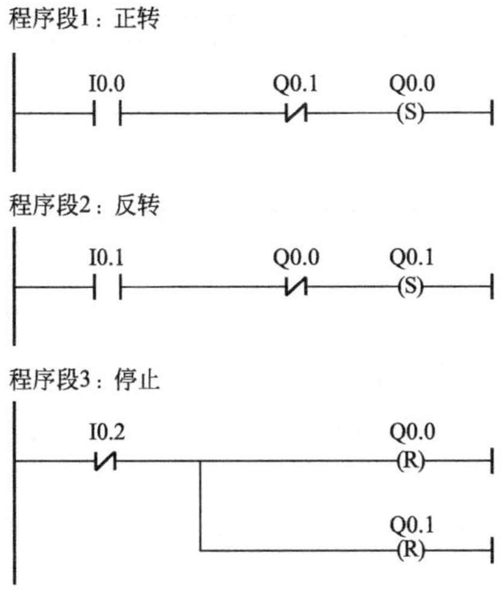


```
程序段1：正转
  A   I  0.0
  AN  Q  0.1
  S   Q  0.0
程序段2：反转
  A   I  0.1
  AN  Q  0.0
  S   Q  0.1
程序段3：停止
  AN  I  0.2
  R   Q  0.0
  R   Q  0.1
```

图 4-21　“正转—停—反转”梯形图

【例 4-8】 CPU 上电运行后，对 M0.0 置位，并一直保持为 1，请设计梯形图。

【解】

S7-300/400 内部没有上电运行后一直闭合的特殊寄存器，设计梯形图如图 4-22 所示，替代上电置位的特殊寄存器。

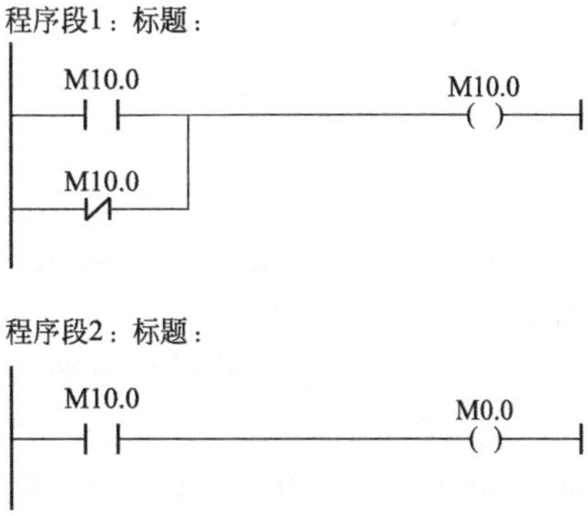

图 4-22　梯形图

（5）RS /SR 双稳态触发器

RS：置位优先型 RS 双稳态触发器。如果 R 输入端的信号状态为“1”，S 输入端的信号状态为“0”，则复位 RS（置位优先型 RS 双稳态触发器）。否则，如果 R 输入端的信号状态为“0”，S 输入端的信号状态为“1”，则置位触发器。如果两个输入端的 RLO 状态均为“1”，则指令的执行顺序是最重要的。RS 触发器先在指定地址执行复位指令，然后执行置位指令，以使该地址在执行余下的程序扫描过程中保持置位状态。RS /SR 双稳态触发器示例如图 4-23 所示，用一个表格表示这个例子的输入与输出的对应关系，见表 4-8。

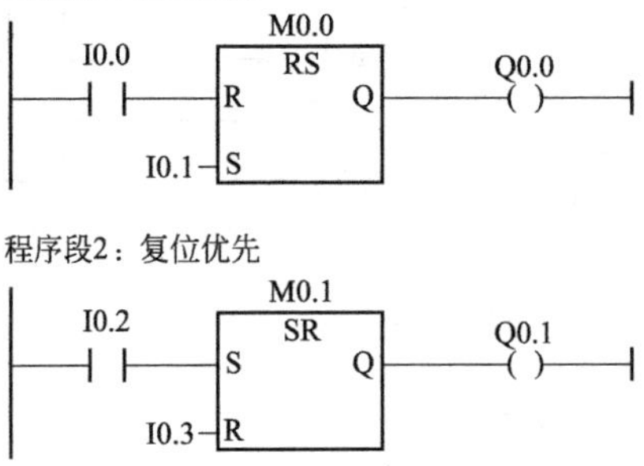

程序段1：置位优先

```
A   I   0.0
R   M   0.0
A   I   0.1
S   M   0.0
A   M   0.0
=   Q   0.0
```

程序段2：复位优先

```
A   I   0.2
S   M   0.1
A   I   0.3
R   M   0.1
A   M   0.1
=   Q   0.1
```

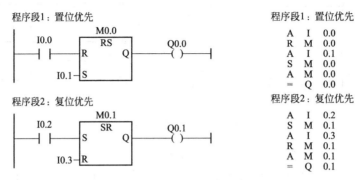

图 4-23　RS /SR 双稳态触发器示例

表 4-8　RS /SR 双稳态触发器输入与输出的对应关系

置位优先 RS				复位优先 SR			
输入状态		输出状态	说　明	输入状态		输出状态	说　明
I0.0	I0.1	Q0.0	当各个状态断开后，输出状态保持	I0.2	I0.3	Q0.1	当各个状态断开后，输出状态保持
1	0	0		1	0	1	
0	1	1		0	1	0	
1	1	1		1	1	0	

SR：复位优先型 SR 双稳态触发器。如果 S 输入端的信号状态为“1”，R 输入端的信号状态为“0”，则置位 SR （复位优先型 SR 双稳态触发器）。否则，如果 S 输入端的信号状态为“0”，R 输入端的信号状态为“1”，则复位触发器。如果两个输入端的 RLO 状态均为“1”，则指令的执行顺序是最重要的。SR 触发器先在指定地址执行置位指令，然后执行复位指令，以使该地址在执行余下的程序扫描过程中保持复位状态。

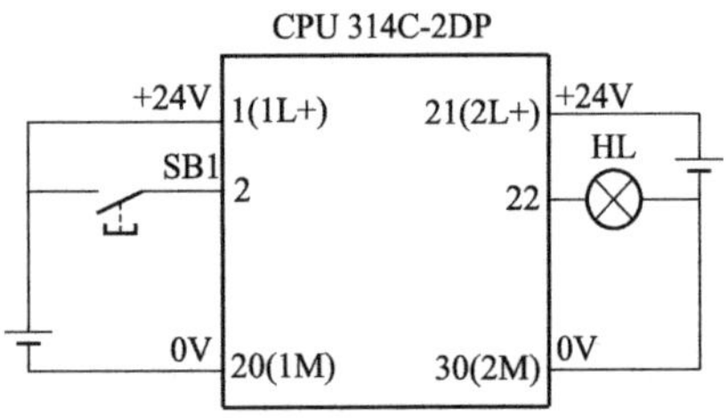

图 4-24　I/O 接线图

【例 4-9】 设计一个单键启停控制的程序，实现用一个单按钮控制一盏灯的亮和灭，即按奇数次按钮灯亮，按偶数次按钮灯灭。

【解】

先设计其接线图如图 4-24 所示。

梯形图如图 4-25 所示，可见使用 SR 双稳态触发器指令后，不需要用自锁，程序变得更加简洁。当第一次压下按钮时，Q0.0 线圈得电（灯亮），Q0.0 常开触点闭合，当第二次压下按钮时，S 和 R 端子同时高电平，由于复位优先，因此 Q0.0 线圈断电（灯灭）。

这个题目还有另一种解法，就是用 RS 指令，梯形图如图 4-26 所示，当第一次压下按钮时，Q0.0 线圈得电（灯亮），Q0.0 常闭触点断开，当第二次压下按钮时，R 端子高电平，所以 Q0.0 线圈断电（灯灭）。

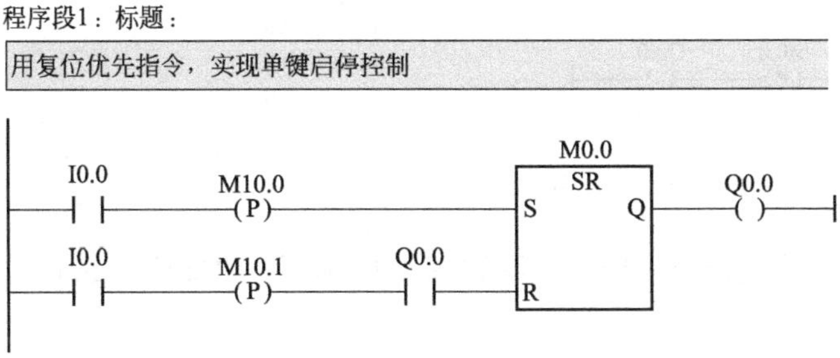

图 4-25 梯形图

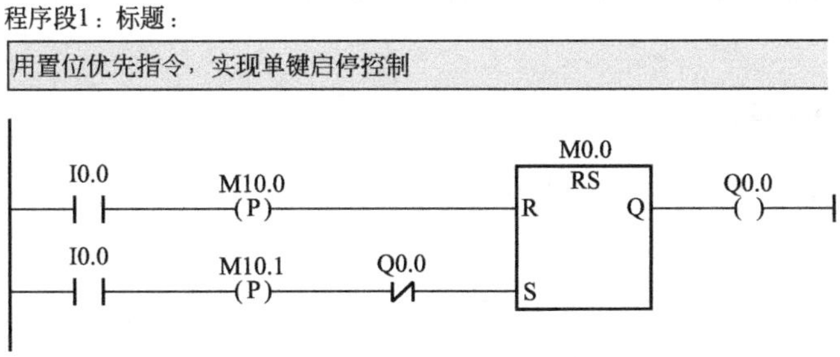

图 4-26 梯形图

（6）边沿检测指令

边沿检测指令有负跳沿检测指令（下降沿检测）和正跳沿检测（上升沿检测）指令。

负跳沿检测指令 FN 检测 RLO 从 1 调转到 0 时的下降沿，并保持 RLO＝1 一个扫描周期。每个扫描周期期间，都会将 RLO 位的信号状态与上一个周期获取的状态比较，以判断是否改变。

下降沿示例的梯形图和指令表如图 4-27 所示，由如图 4-28 所示的时序图可知：当按钮 I0.0 按下后弹起时，产生一个下降沿，输出 Q0.0 得电一个扫描周期，这个时间是很短的，肉眼是分辨不出来的，因此若 Q0.0 控制的是一盏灯，肉眼不能分辨出灯已经亮了一个扫描周期。在后面的章节中多处用到时序图，请读者务必学会这种表达方式。

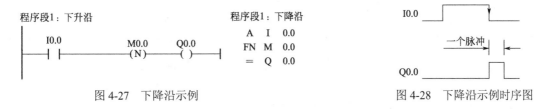

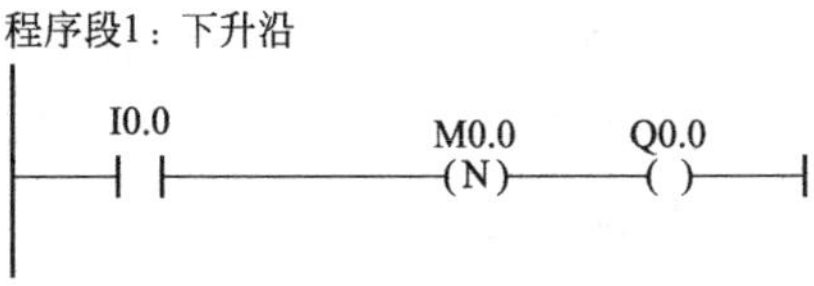

程序段1：下降沿

```
A   I  0.0
FN  M  0.0
=   Q  0.0
```

图 4-27 下降沿示例

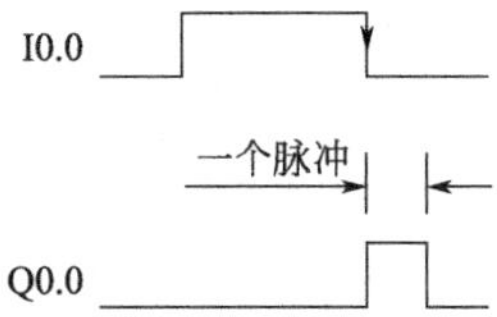

图 4-28 下降沿示例时序图

正跳沿检测指令 FP 检测 RLO 从 0 调转到 1 时的上升沿，并保持 RLO＝1 一个扫描周期。每个扫描周期期间，都会将 RLO 位的信号状态与上一个周期获取的状态比较，以判断是否改变。

上升沿示例的梯形图和指令表如图 4-29 所示，由如图 4-30 所示的时序图可知：当按钮 I0.0 按下时，产生一个上升沿，输出 Q0.0 得电一个扫描周期，无论按钮闭合多漫长的时间，输出 Q0.0 只得电一个扫描周期。

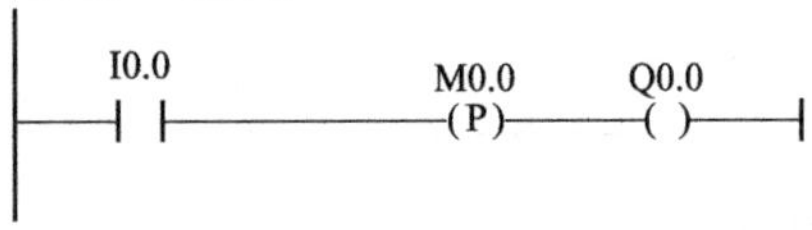

图 4-29 上升沿示例

```
程序段1：上升沿
A    I   0.0
FP   M   0.0
=    Q   0.0
```

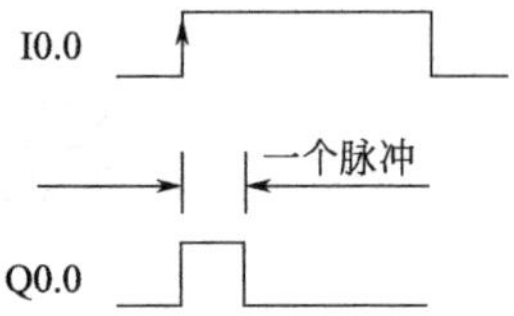

图 4-30 上升沿示例时序图

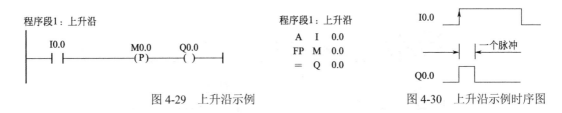

【例 4-10】 边沿检测指令应用梯形图如图 4-31 所示，如果按钮 I0.0 压下闭合 1s 后弹起，请分析程序运行结果。

【解】

时序图如图 4-32 所示，当 I0.0 压下时，产生上升沿，触点产生一个扫描周期的时钟脉冲，驱动输出线圈 Q0.1 通电一个扫描周期，Q0.0 也通电，使输出线圈 Q0.0 置位，并保持。

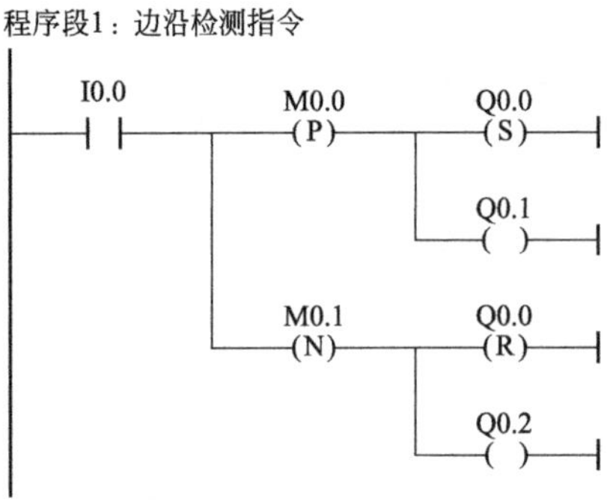

图 4-31 边沿检测指令示例

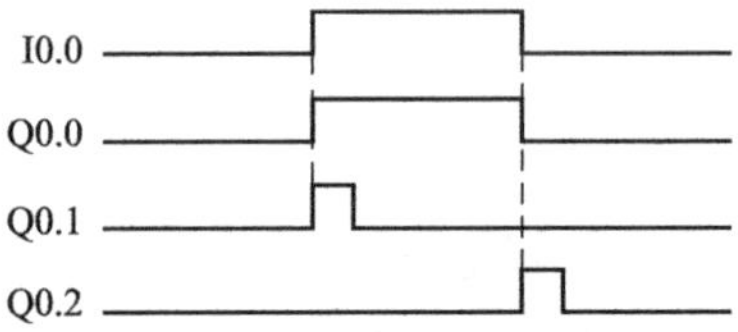

图 4-32 边沿检测指令示例时序图

当按钮 I0.0 弹起时，产生下降沿，触点产生一个扫描周期的时钟脉冲，驱动输出线圈 Q0.2 通电一个扫描周期，使输出线圈 Q0.0 复位，并保持，Q0.0 得电共 1s。

【例 4-11】 设计一个程序，实现用一个单按钮控制一盏灯的亮和灭，即按奇数次按钮灯亮，按偶数次按钮灯灭。

【解】

当 I0.0 第一次合上时，M0.0 接通一个扫描周期，使得 Q0.0 线圈得电一个扫描周期，当下一次扫描周期到达时，Q0.0 常开触点闭合自锁，灯亮。

当 I0.0 第二次合上时，M0.0 线圈得电一个扫描周期，使得 M0.0 常闭触点断开，使得灯灭。梯形图如图 4-33 所示。

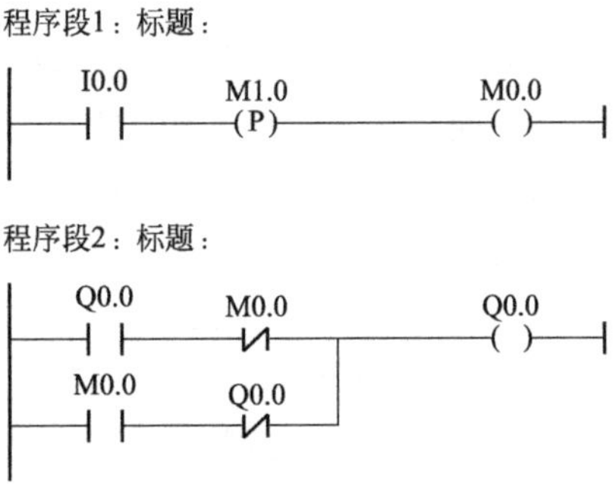

图 4-33 梯形图

4.4 定时器与计数器指令

4.4.1 定时器

STEP 7 的定时器指令相当于继电器接触器控制系统的时间继电器的功能。定时器的数量随 CPU 的类型不同，一般而言足够用户使用。

（1）定时器的种类

STEP 7 的定时器指令较为丰富，除了常用的接通延时定时器（SD）和断开延时定时器（SF）以外，还有脉冲定时器（SP）、扩展脉冲定时器（SE）和保持型接通延时定时器（SS）共 5 类。

（2）定时器的使用

定时器有其存储区域，每个定时器有一个 16 位的字和一个二进制的值。定时器的字存放当前定时值。二进制的值表示定时器的节点状态。

① 启动和停止定时器　在梯形图中，定时器的 S 端子可以使能定时器，而定时器的 R 端子可以复位定时器。

② 设定时器的定时时间　STEP 7 中的定时时间由时基和定时值组成，定时时间为时基和定时值的乘积，例如定时值为 1000，时基为 0.01s，那么定时时间就是 10s，很多 PLC 的定时都是采用这种方式。定时器开始工作后 ，定时值不断递减，递减至零，表示时间到，定时器会相应动作。

定时器字的格式如图 4-34 所示，其中第 12 和 13 位（即 m 和 n）是定时器的时基代码，时基代码的含义见表 4-9。定时的时间值以 3 位 BCD 码格式存放，位于 0～11（即 a～l），范围为 0～999。第 14 位和 15 位不用。

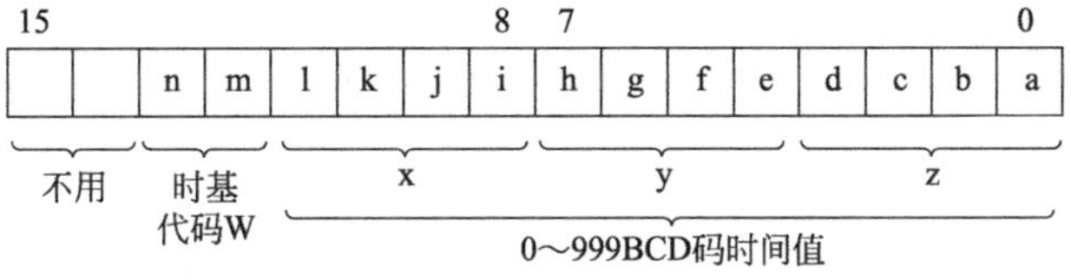

图 4-34　定时器字的格式

表 4-9　时基与定时范围对应表

时基二进制代码	时基	分辨率/s	定时范围
00	10ms	0.01	10ms～9s_990ms
01	100ms	0.1	100ms～1m_39s_900ms
10	1s	1	1s～16m_39s
11	10s	10	10s～2h_46m_30s

定时时间有两种表达方式，十六进制数表示和 S5 时间格式表示。前者的格式为：W#16#wxyz，其中 w 是时间基准代码，xyz 是 BCD 码的时间值。例如时间表述为：W#16#1222，则定时时间为 222×0.1s=22.2s。

S5 时间格式为：S5T#aH_bM_cS_dMS，其中 a 表示小时，b 表示分钟，c 表示秒钟，d 表示毫秒，含义比较明显。例如 S5T#1H_2M_3S 表示定时时间为 1 小时 2 分 3 秒。这里的时基是 PLC 自动选定的。

（3）脉冲时间定时器（SP）

SP：产生指定时间宽度脉冲的定时器。当逻辑位有上升沿时，脉冲定时器指令启动计时，同时节点立即输出高电平“1”，直到定时器时间到，定时器输出为“0”。脉冲时间定时器可以将长信号变成指定宽度的脉冲。如果定时时间未到，而逻辑位的状态变成“0”时，定时器停止计时，输出也变成低电平。脉冲的定时器线圈指令和参数见表 4-10。

表 4-10 脉冲定时器线圈指令和参数

LAD	参数	数据类型	存储区	说 明
T no. —（SP）	T no.	TIMER	T	表示要启动的定时器号
	时间值	S5TIME	I、Q、M、D、L	定时器时间值

用一个例子说明脉冲定时器的使用，梯形图如图 4-35 所示，对应的时序图如图 4-36 所示，可以看出当 I0.0 接通的时间长于 1s 时，Q0.0 输出 1 的时间是 1s，而当 I0.0 接通的时间为 0.5s（小于 1s）时，Q0.0 输出 1 的时间是 0.5s，无论 I0.0 是否接通，只要 I0.1 接通时，定时器复位，Q0.0 输出为 0。

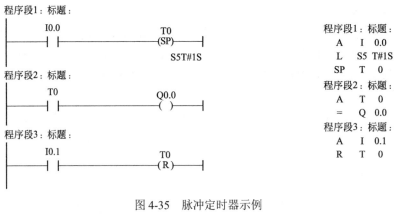

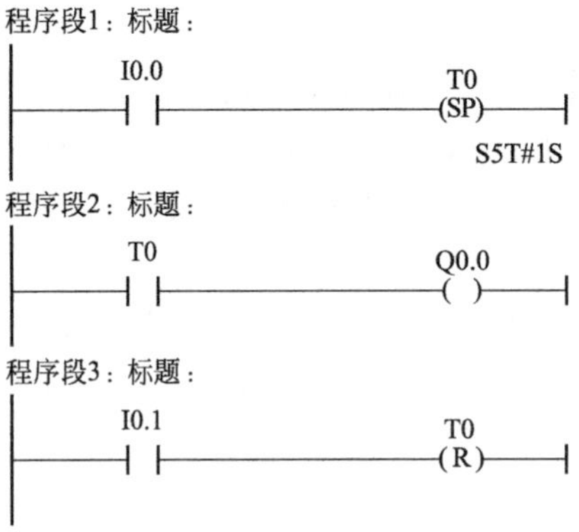


```
程序段1：标题：
A    I  0.0
L    S5 T#1S
SP   T  0
程序段2：标题：
A    T  0
=    Q  0.0
程序段3：标题：
A    I  0.1
R    T  0
```

图 4-35 脉冲定时器示例

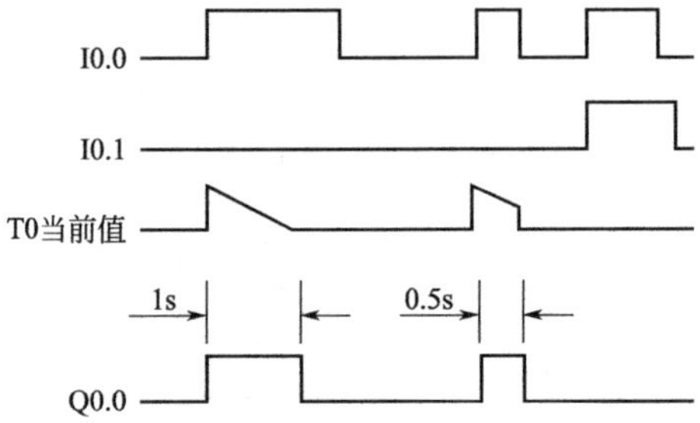

图 4-36 脉冲定时器示例的时序图

STEP 7 除了提供脉冲的定时器线圈指令外，还提供更加复杂的方框指令来实现相应的定时功能。脉冲定时器方框指令和参数见表 4-11。

表 4-11 脉冲定时器方框指令和参数

LAD	参数	数据类型	说 明	存储区
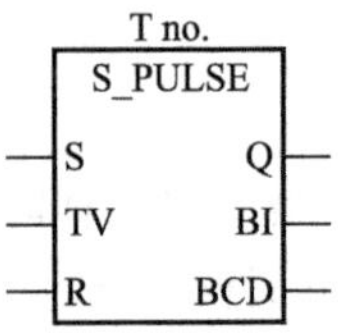	T no.	TIMER	要启动的计时器号，如 T0	T
	S	BOOL	启动输入端	I，Q，M，D，L
	TV	S5TIME	定时时间（S5TIME 格式）	
	R	BOOL	复位输入端	
	Q	BOOL	定时器的状态	
	BI	WORD	当前时间（整数格式）	
	BCD	WORD	当前时间（BCD 码格式）	

脉冲定时器方框指令的示例如图 4-37 所示。

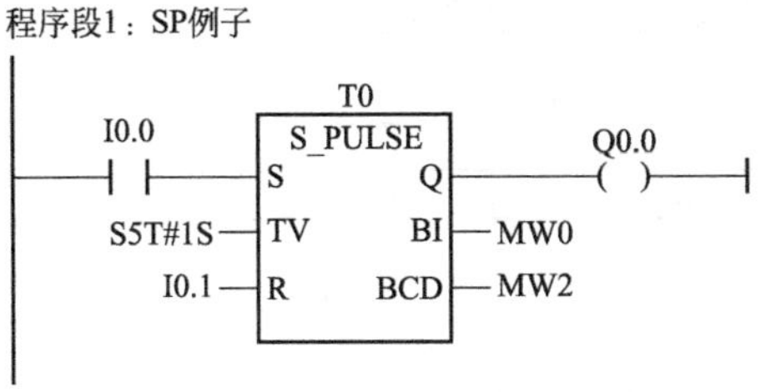

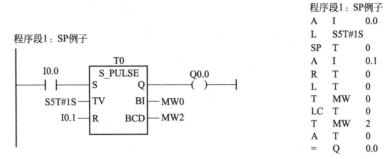

```
程序段1：SP例子
A   I    0.0
L   S5T#1S
SP  T    0
A   I    0.1
R   T    0
L   T    0
T   MW   0
LC  T    0
T   MW   2
A   T    0
=   Q    0.0
```

图 4-37　脉冲定时器方框指令示例

（4）扩展脉冲时间定时器（SE）

扩展脉冲时间定时器（SE）和脉冲时间定时器（SP）指令相似，但 SE 指令具有保持功能。扩展脉冲时间定时器的线圈指令和参数见表 4-12。

表 4-12　扩展脉冲时间定时器线圈指令和参数

LAD	参数	数据类型	存储区	说　明
T no. —（SE）	T no.	TIMER	T	表示要启动的定时器号
	时间值	S5TIME	I、Q、M、D、L	定时器时间值

用一个例子来说明 SE 线圈指令的使用，梯形图和指令表如图 4-38 所示，对应的时序图如图 4-39 所示。当 I0.0 有上升沿时，定时器 T0 启动，同时 Q0.0 输出高电平“1”，定时时间到后，输出自动变为“0”（尽管此时 I0.0 仍然闭合），当 I0.0 有上升沿时，且闭合时间没有到定时时间，Q0.0 仍然输出为“1”，直到定时时间到为止。无论什么情况下，只要复位输入端起作用，本例为 I0.1 闭合，则定时器复位，输出为“0”。

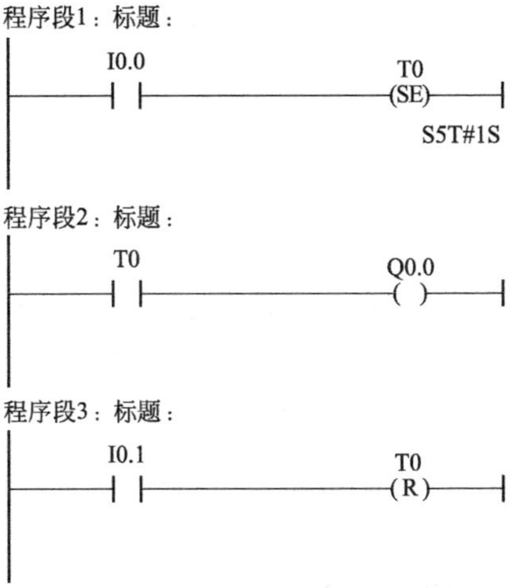


```
程序段1：标题：
  A   I  0.0
  L   S5T#1S
  SE  T  0
程序段2：标题：
  A   T  0
  =   Q  0.0
程序段3：标题：
  A   I  0.1
  R   T  0
```

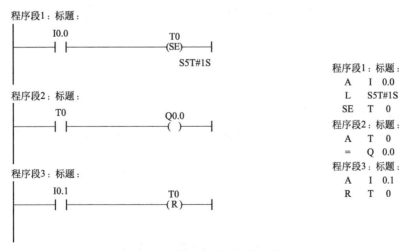

图 4-38　扩展脉冲定时器示例

STEP 7 除了提供扩展脉冲的定时器线圈指令外，还提供更加复杂的方框指令来实现相应的定时功能。扩展脉冲定时器方框指令和参数见表 4-13。

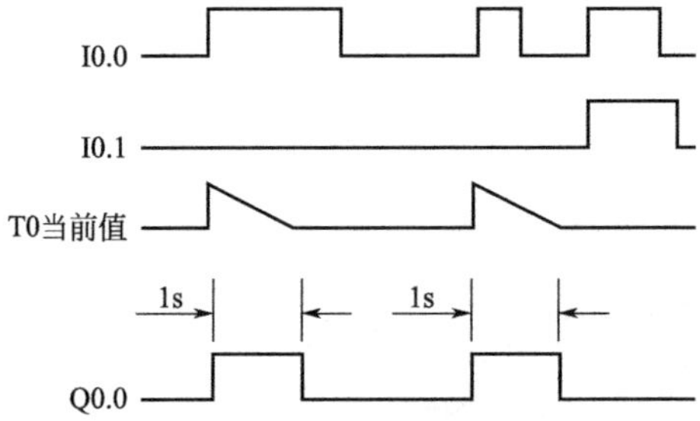

图 4-39 扩展脉冲定时器示例的时序图

表 4-13 扩展脉冲定时器方框指令和参数

LAD	参数	数据类型	说明	存储区
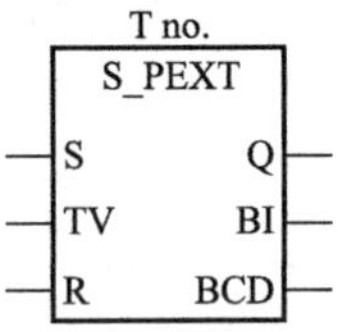	T no.	TIMER	要启动的定时器号，如 T0	T
	S	BOOL	启动输入端	I，Q，M，D，L
	TV	S5TIME	定时时间（S5TIME 格式）	
	R	BOOL	复位输入端	
	Q	BOOL	定时器的状态	
	BI	WORD	当前时间（整数格式）	
	BCD	WORD	当前时间（BCD 码格式）	

扩展脉冲定时器方框指令的示例如图 4-40 所示。

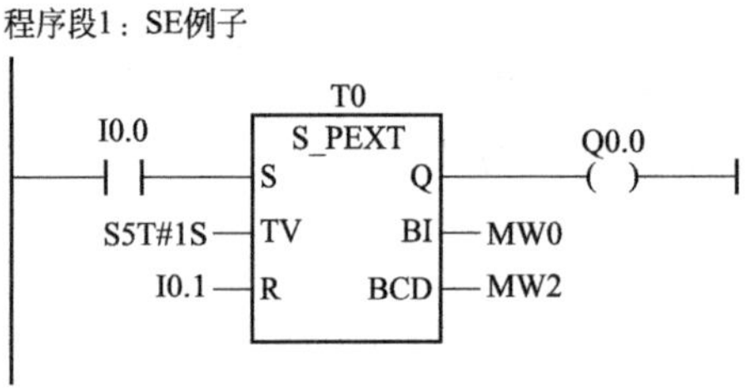


```
程序段1：SE例子
A   I    0.0
L   S5T#1S
SE  T    0
A   I    0.1
R   T    0
L   T    0
T   MW   0
LC  T    0
T   MW   2
A   T    0
=   Q    0.0
```

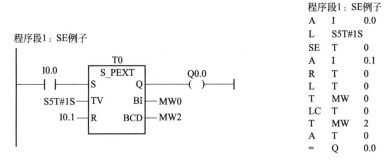

图 4-40 扩展脉冲定时器方框指令示例

（5）接通延时定时器（SD）

接通延时定时器（SD）相当于继电器接触器控制系统中的通电延时时间继电器。通电延时继电器的工作原理是：线圈通电，触点延时一段时间后动作。SD 指令是当逻辑位接通时，定时器开始定时，计时过程中，定时器的输出为“0”，定时时间到，输出为“1”，整个过程中，逻辑位要接通，只要逻辑位断开，则输出为“0”。接通延时定时器最为常用。接通延时定时器的线圈指令和参数见表 4-14。

表 4-14 接通延时定时器线圈指令和参数

LAD	参数	数据类型	存储区	说明
T no. —（SD）	T no.	TIMER	T	表示要启动的定时器号
	时间值	S5TIME	I、Q、M、D、L	定时器时间值

用一个例子来说明 SD 线圈指令的使用，梯形图和指令表如图 4-41 所示，对应的时序图如图 4-42 所示。当 I0.0 闭合时，定时器 T0 开始定时，定时 1s 后（I0.0 一直闭合），Q0.0 输出高电平“1”，若 I0.0 的闭合时间不足 1s，Q0.0 输出为“0”，若 I0.0 断开，Q0.0 输出为“0”。无论什么情况下，只要复位输入端起作用，本例为 I0.1 闭合，则定时器复位，Q0.0 输出为“0”。

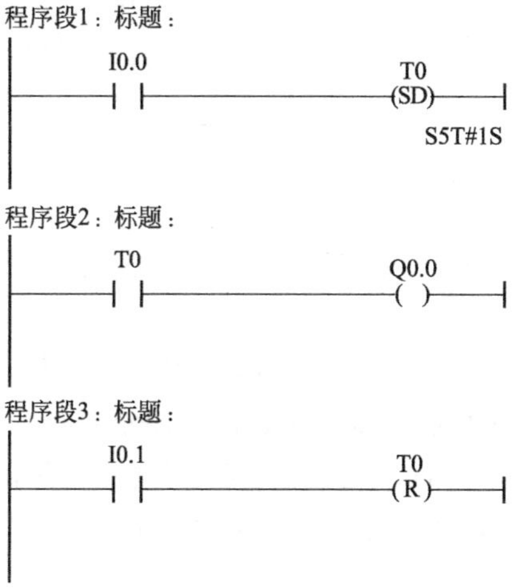

程序段1：标题：
A I 0.0
L S5T#1S
SD T 0
程序段2：标题：
A T 0
= Q 0.0
程序段3：标题：
I I 0.1
T T 0

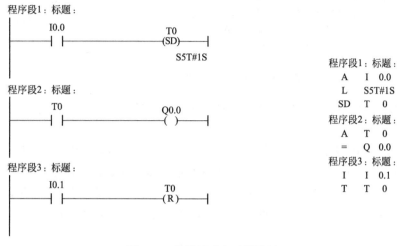

图 4-41 接通延时定时器示例

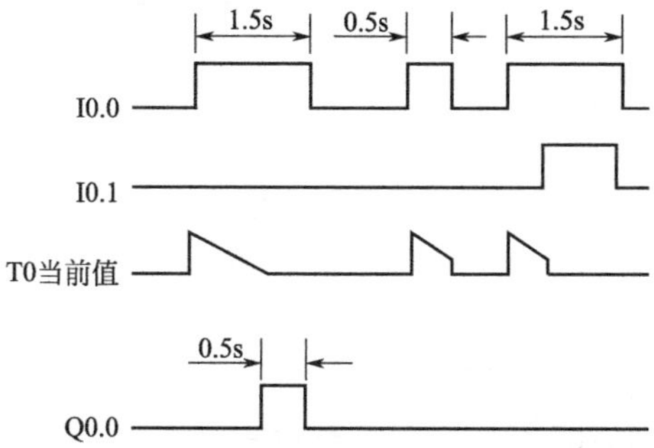

图 4-42 接通延时定时器示例的时序图

STEP 7 除了提供接通延时定时器线圈指令外，还提供更加复杂的方框指令来实现相应的定时功能。接通延时定时器方框指令和参数见表 4-15。

表 4-15 接通延时定时器方框指令和参数

LAD	参数	数据类型	说 明	存储区
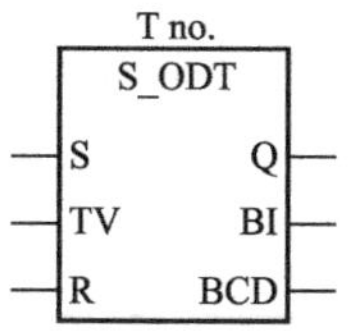	T no.	TIMER	要启动的定时器号，如 T0	T
	S	BOOL	启动输入端	I，Q，M，D，L
	TV	S5TIME	定时时间（S5TIME 格式）	
	R	BOOL	复位输入端	
	Q	BOOL	定时器的状态	
	BI	WORD	当前时间（整数格式）	
	BCD	WORD	当前时间（BCD 码格式）	

接通延时定时器方框指令的示例如图 4-43 所示。

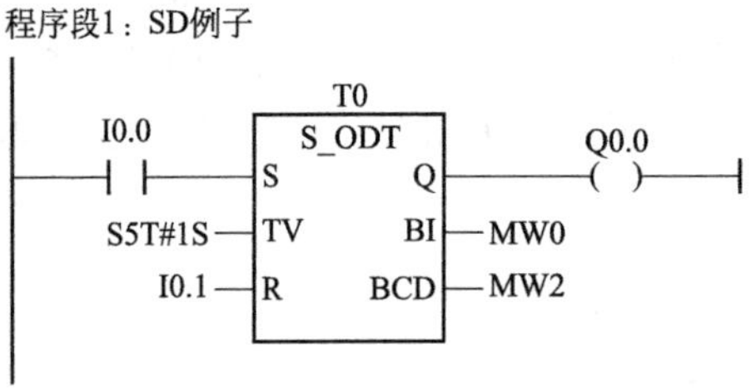

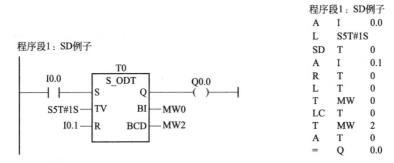

```
程序段1：SD例子
A    I      0.0
L    S5T#1S
SD   T      0
A    I      0.1
R    T      0
L    T      0
T    MW     0
LC   T      0
T    MW     2
A    T      0
=    Q      0.0
```

图 4-43　接通延时定时器方框指令示例

【例 4-12】 设计一段程序，实现一盏灯亮 3s，灭 3s，不断循环，且能实现启停控制。

【解】

接线图如图 4-44 所示，梯形图如图 4-45 所示。这个梯形图比较简单，但初学者往往不易看懂。控制过程是：当 SB1 合上，定时器 T0 定时 3s 后 Q0.0 控制的灯灭，与此同时定时器 T1 启动定时，3s 后，T1 的常闭触点断开切断 T0，进而 T0 的常开触点切断 T1；此时 T1 的常闭触点闭合 T0 又开始定时，Q0.0 灯亮，如此周而复始，Q0.0 控制灯闪烁。

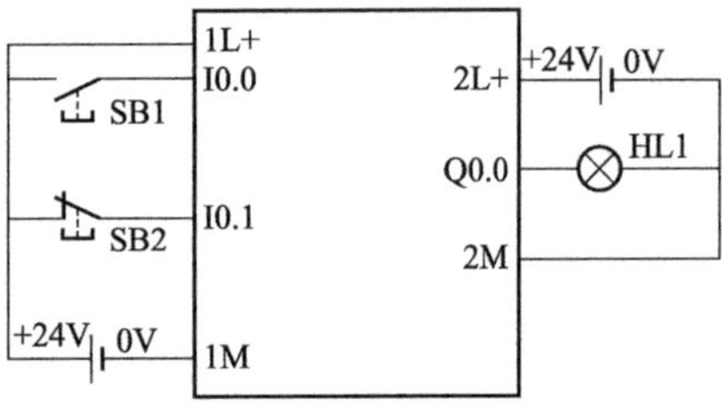

图 4-44　接线图

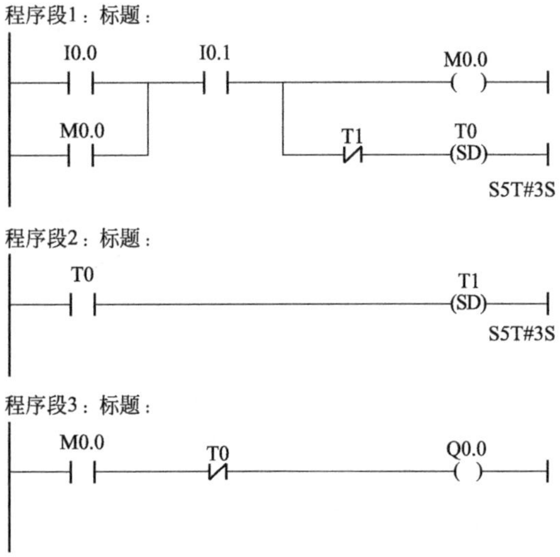

图 4-45　梯形图

（6）保持型接通延时定时器（SS）

保持型接通延时定时器（SS）与接通延时定时器（SD）类似，但 SS 定时器具有保持功能。一旦逻辑位有上升沿发生，定时器启动计时，延时时间到，输出高电平“1”，即使逻辑位为“0”也不影响定时器的工作。必须用复位指令才能使定时器复位。保持型接通延时定时器的线圈指令和参数见表 4-16。

表 4-16　保持型接通延时定时器线圈指令和参数

LAD	参数	数据类型	存储区	说　明
T no. —（SS）	T no.	TIMER	T	表示要启动的定时器号
	时间值	S5TIME	I、Q、M、D、L	定时器时间值

用一个例子来说明 SS 线圈指令的使用，梯形图和指令表如图 4-46 所示，对应的时序图如图 4-47 所示。当 I0.0 闭合产生一个上升沿时，定时器 T0 开始定时，定时 1s 后（无论 I0.0 是否闭合），Q0.0 输出为高电平“1”，直到复位有效为止，本例为 I0.1 闭合产生上升沿，定时器复位，Q0.0 输出为低电平“0”。

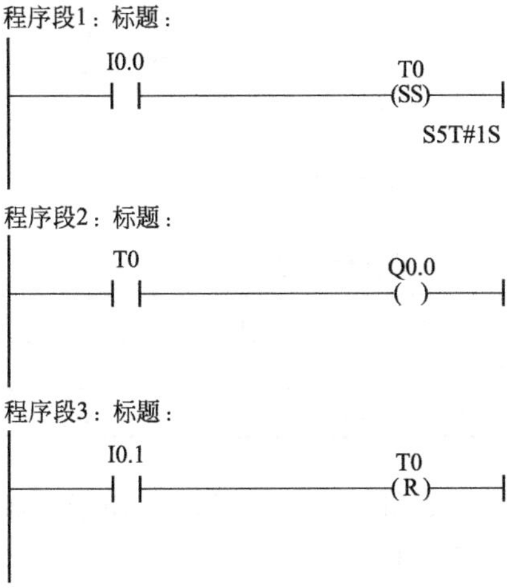


```
程序段1：标题：
  A    I   0.0
  L    S   5T#1S
  S    T   0
程序段2：标题：
  A    T   0
  =    Q   0.0
程序段3：标题：
  A    I   0.1
  R    T   0
```

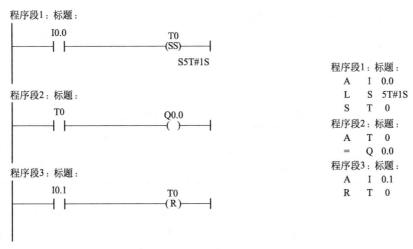

图 4-46　保持型接通延时定时器示例

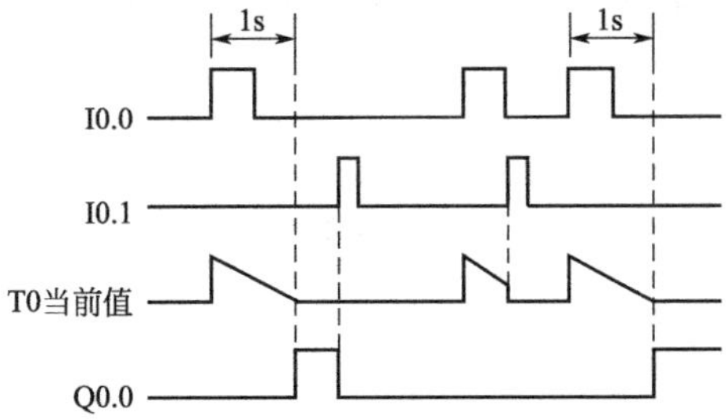

图 4-47　保持型接通延时定时器示例的时序图

STEP 7 除了提供保持型接通延时定时器线圈指令外，还提供更加复杂的方框指令来实现相应的定时功能。保持型接通延时定时器方框指令和参数见表 4-17。

表 4-17　保持型接通延时定时器方框指令和参数

LAD	参数	数据类型	说　明	存储区
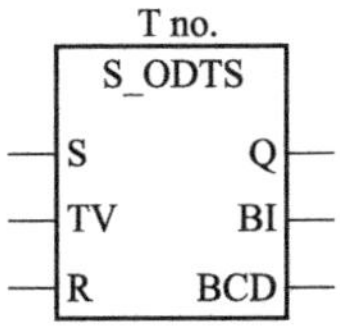	T no.	TIMER	要启动的定时器号，如 T0	T
	S	BOOL	启动输入端	I，Q，M，D，L
	TV	S5TIME	定时时间（S5TIME 格式）	
	R	BOOL	复位输入端	
	Q	BOOL	定时器的状态	
	BI	WORD	当前时间（整数格式）	
	BCD	WORD	当前时间（BCD 码格式）	

保持型接通延时定时器方框指令的示例如图 4-48 所示。

（7）断开延时定时器（SF）

断开延时定时器（SF）相当于继电器控制系统的断电延时时间继电器，是定时器指令中唯一一个由下降沿启动的定时器指令。断开延时定时器的线圈指令和参数见表 4-18。

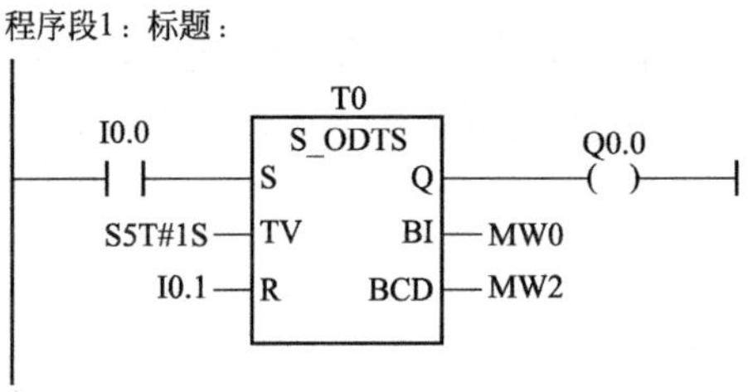

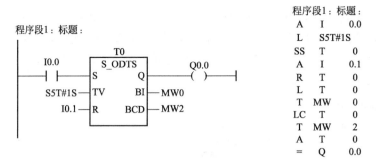

```
程序段1：标题：
A    I    0.0
L    S5T#1S
SS   T    0
A    I    0.1
R    T    0
L    T    0
T    MW   0
LC   T    0
T    MW   2
A    T    0
=    Q    0.0
```

图 4-48 保持型接通延时定时器方框指令的示例

表 4-18 断开延时定时器线圈指令和参数

LAD	参数	数据类型	存储区	说 明
T no. —（SF）	T no.	TIMER	T	表示要启动的定时器号
	时间值	S5TIME	I、Q、M、D、L	定时器时间值

用一个例子来说明 SF 线圈指令的使用，梯形图和指令表如图 4-49 所示，对应的时序图如图 4-50 所示。当 I0.0 闭合时，Q0.0 输出高电平“1”，当 I0.0 断开时产生一个下降沿，定时器 T0 开始定时，定时 1s 后（无论 I0.0 是否闭合），定时时间到，Q0.0 输出为低电平“0”。任何时候复位有效时，定时器 T0 定时停止，Q0.0 输出为低电平“0”。

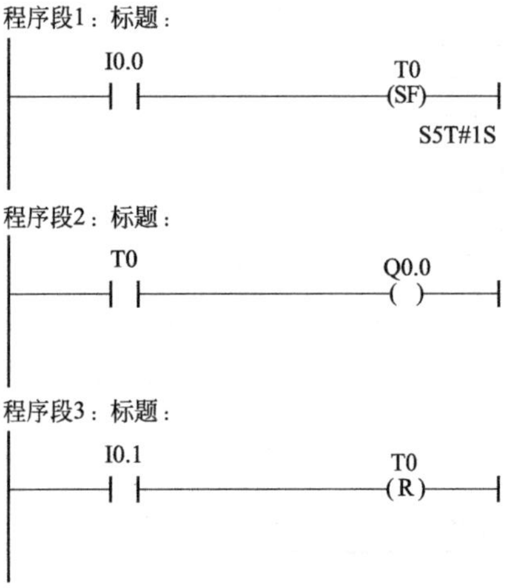


```
程序段1：标题：
A   I   0.0
L   S5T#1S
SF  T   0
程序段2：标题：
A   T   0
=   Q   0.0
程序段3：标题：
A   I   0.1
R   T   0
```

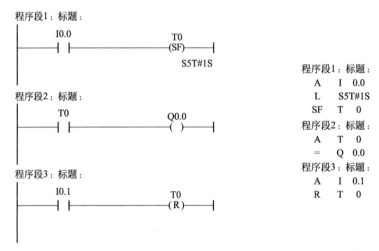

图 4-49 断开延时定时器示例

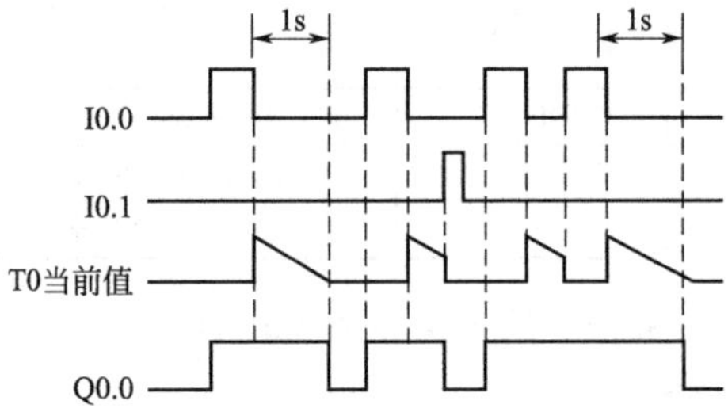

图 4-50 断开延时定时器示例的时序图

STEP 7 除了提供断开延时定时器线圈指令外，还提供更加复杂的方框指令来实现相应的定时功能。断开延时定时器方框指令和参数见表 4-19。

表 4-19 断开延时定时器方框指令和参数

LAD	参数	数据类型	说　明	存储区
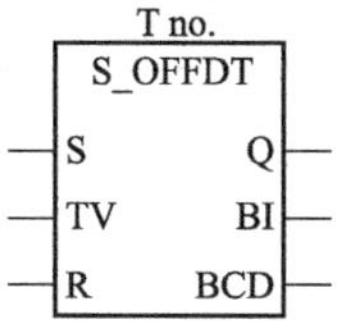	T no.	TIMER	要启动的定时器号，如 T0	T
	S	BOOL	启动输入端	I，Q，M，D，L
	TV	S5TIME	定时时间（S5TIME 格式）	
	R	BOOL	复位输入端	
	Q	BOOL	定时器的状态	
	BI	WORD	当前时间（整数格式）	
	BCD	WORD	当前时间（BCD 码格式）	

断开延时定时器方框指令的示例如图 4-51 所示。

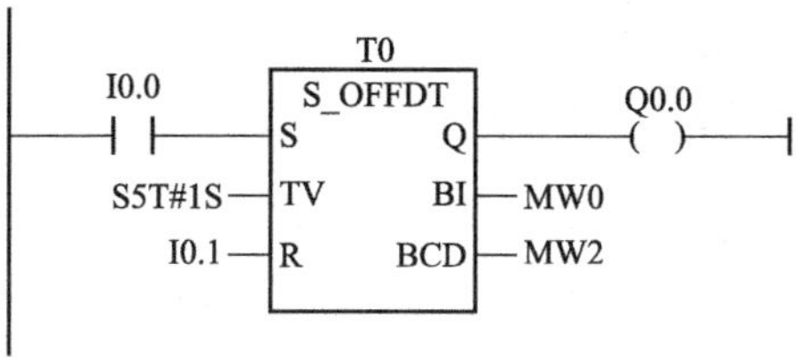


```
程序段1：SF例子
A   I    0.0
L   S5T#1S
SF  T    0
A   I    0.1
R   T    0
L   T    0
T   MW   0
LC  T    0
T   MW   2
A   T    0
=   Q    0.0
```

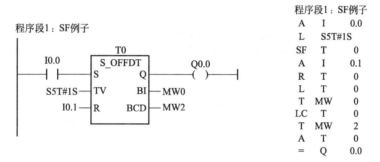

图 4-51 断开延时定时器方框指令的示例

【例 4-13】 某车库中有一盏灯，当人离开车库后，按下停止按钮，5s 后灯熄灭，请编写程序。

【解】

当接通 SB1 按钮时，灯 HL1 亮；按下 SB2 按钮 5s 后，灯 HL1 灭。接线图如图 4-52 所示，梯形图如图 4-53 所示。

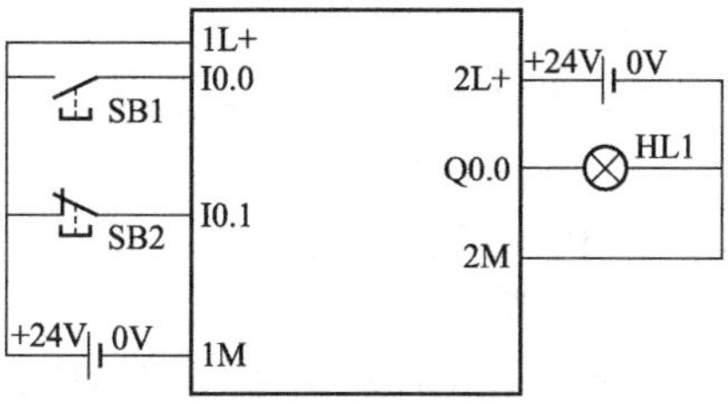

图 4-52 接线图

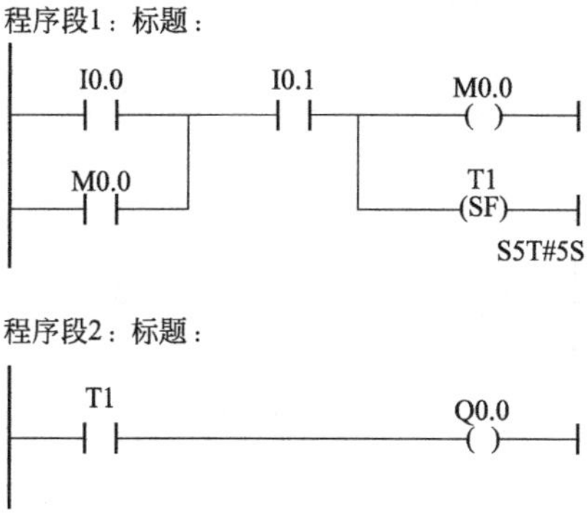

图 4-53 梯形图

【例 4-14】 鼓风机系统一般由引风机和鼓风机两级构成。当按下启动按钮之后，引风机先工作，工作 5s 后，鼓风机工作。按下停止按钮之后，鼓风机先停止工作，5s 之后，引风机才停止工作，请编写程序。

【解】

① PLC 的 I/O 分配见表 4-20。

表 4-20 PLC 的 I/O 分配

输 入			输 出		
名 称	符 号	输入点	名 称	符 号	输出点
开始按钮	SB1	I0.0	鼓风机	KA1	Q0.0
停止按钮	SB2	I0.1	引风机	KA2	Q0.1

② 控制系统的接线。鼓风机控制系统的接线比较简单，如图 4-54 所示。

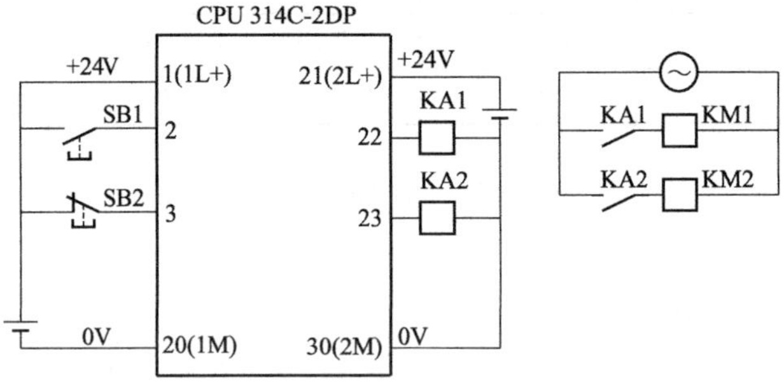

图 4-54 PLC 接线

③ 编写程序。引风机在按下停止按钮后还要运行 5s，容易想到要使用 SF 定时器；鼓风机在引风机工作 5s 后才开始工作，因而容易想到用 SD 定时器，不难设计梯形图，如图 4-55 所示。

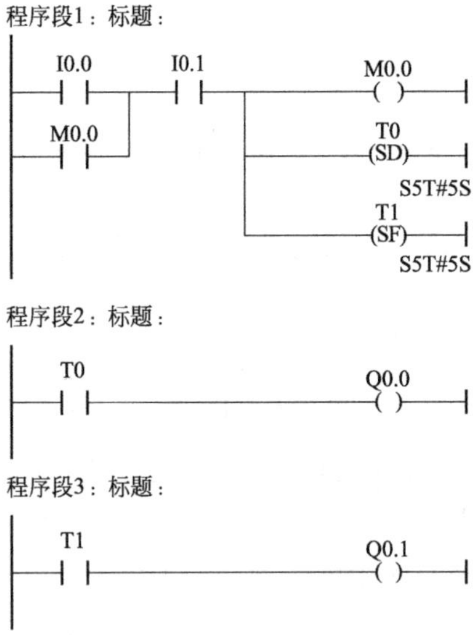

图 4-55 鼓风机控制梯形图

4.4.2 计数器

计数器的功能是完成计数功能，可以实现加法计数和减法计数，计数范围是 0～999，计数器有 3 种类型：加计数器（S_CU）、减计数器（S_CD）和加减计数器（S_CUD）。

（1）计数器的存储区

在 CPU 的存储区中，为计数器保留有存储区。该存储区为每个计数器地址保留一个 16 位的字。计数器的存储格式如图 4-56 所示，其中 BCD 码格式的计数值占用字的 0～11 位，共 12 位，而 12～15 位不使用；二进制格式的计数值占用字的 0～9 位，共 10 位，而 10～15 位不使用。

（2）加计数器（S_CU）

加计数器（S_CU）在计数初始值预置输入端 S 上有上升沿时，PV 装入预置值，输入端 CU 每检测到一次上升沿，当前计数值 CV 加 1（前提是 CV 小于 999）；当前计数值大于 0 时，Q 输出为高电平“1”；当 R 端子的状态为“1”时，计数器复位，当前计数值 CV 为“0”，输出也为“0”。加计数器指令和参数见表 4-21。

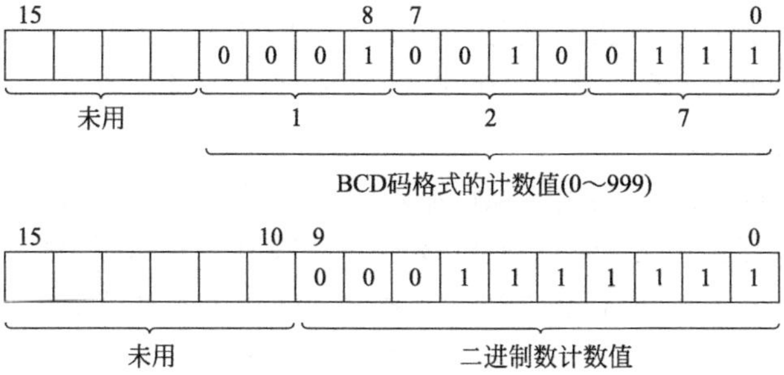

图 4-56　计数器存储的格式

表 4-21　加计数器指令和参数

LAD	参数	数据类型	说　　明	存储区
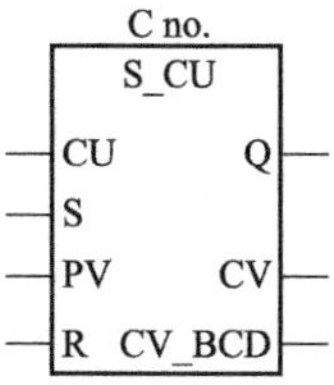	C no.	COUNTER	要启动的计数器号，如 C0	C
	CU	BOOL	加计数输入	I，Q，M，D，L
	S	BOOL	计数初始值预置输入端	
	PV	WORD	初始值的 BCD 码	
	R	BOOL	复位输入端	
	Q	BOOL	计数器的状态输出	
	CV	WORD	当前计数值（整数格式）	
	CV_BCD	WORD	当前计数值（BCD 码格式）	

用一个例子来说明加计数器指令的使用，梯形图和指令表如图 4-57 所示，与之对应的时序图如图 4-58 所示。当 I0.1 闭合时，MW20 将值赋给 PV（假设为 4）；当 I0.0 每产生一个上升沿时，计数器 C0 计数 1 次，CV 加 1；只要计数值大于 0，Q0.0 输出高电平“1”。任何时候复位有效时，计数器 C0 复位，CV 清零，Q0.0 输出为低电平“0”。

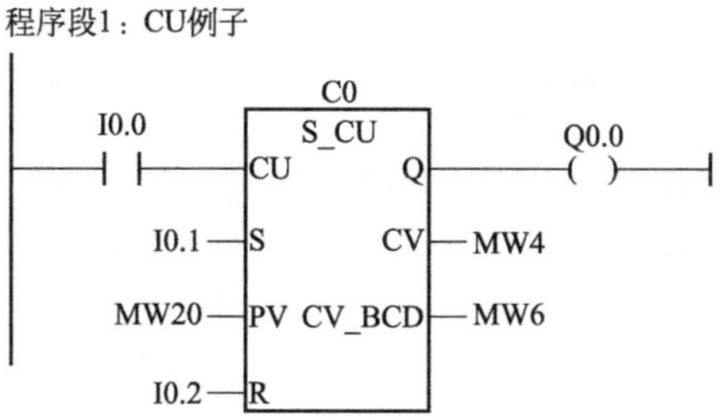

程序段1：CU例子

```
A    I    0.0
CU   C    0
BLD  101
A    I    0.1
L    MW   20
S    C    0
A    I    0.2
R    C    0
L    C    0
T    MW   4
LC   C    0
T    MW   6
A    C    0
=    Q    0.0
```

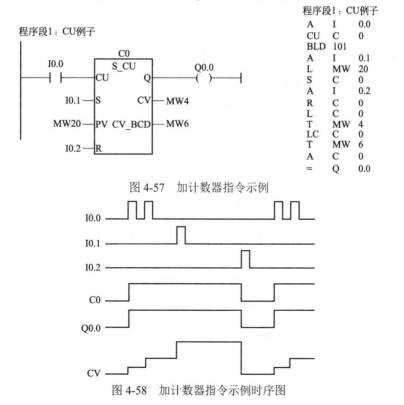

图 4-57　加计数器指令示例

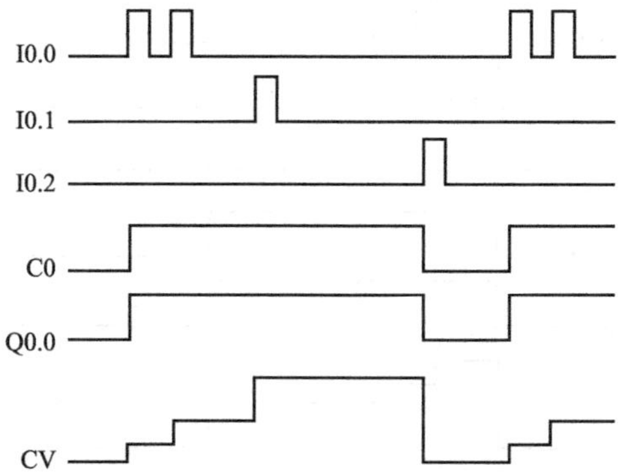

图 4-58　加计数器指令示例时序图

【关键点】 西门子 S7-200 PLC 的增计数器（如 C0），当计数值到预置值时，C0 的常开触点闭合，常闭触点断开，西门子 S7-300 PLC 的 S7 计数器无此功能。

（3）减计数器（S_CD）

减计数器（S_CD）在计数初始值预置输入端 S 上有上升沿时，PV 装入预置值，输入端 CD 每检测到一次上升沿，当前计数值 CV 减 1（前提是 CV 值大于 0），当 CV 等于 0 时，计数器的输出 Q 从状态“1”变成状态“0”；当 R 端子的状态为“1”时，计数器复位，当前计数值为“PV”，输出也为“0”。减计数器指令和参数见表 4-22。

表 4-22 减计数器指令和参数

LAD	参数	数据类型	说明	存储区
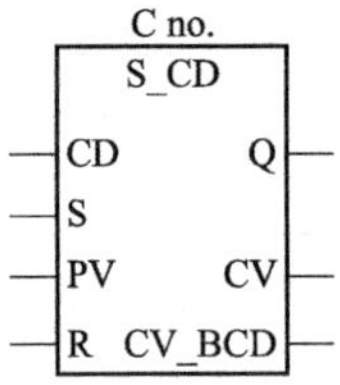	C no.	COUNTER	要启动的计数器号，如 C0	C
	CD	BOOL	减计数输入	I，Q，M，D，L
	S	BOOL	计数初始值预置输入端	
	PV	WORD	初始值的 BCD 码	
	R	BOOL	复位输入端	
	Q	BOOL	计数器的状态输出	
	CV	WORD	当前计数值（整数格式）	
	CV_BCD	WORD	当前计数值（BCD 码格式）	

用一个例子来说明减计数器指令的使用，梯形图和指令表如图 4-59 所示，与之对应的时序图如图 4-60 所示。当 I0.1 闭合时，MW20 将值赋给 PV（假设为 4），当 I0.0 每产生一个上升沿，计数器 C0 计数 1 次，CV 减 1，当 CV 值为 0 时，Q0.0 输出从“1”变成“0”。任何时候复位有效时，定时器 C0 复位，CV 值为 0，Q0.0 输出为低电平“0”。

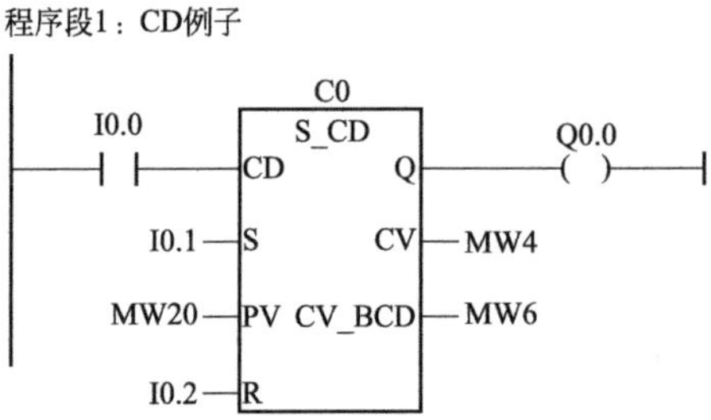


```
程序段1：CD例子
A    I    0.0
CD   C    0
BLD  101
A    I    0.1
L    MW   20
S    C    0
A    I    0.2
R    C    0
L    C    0
T    MW   4
LC   C    0
T    MW   6
A    C    0
=    Q    0.0
```

图 4-59 减计数器指令示例

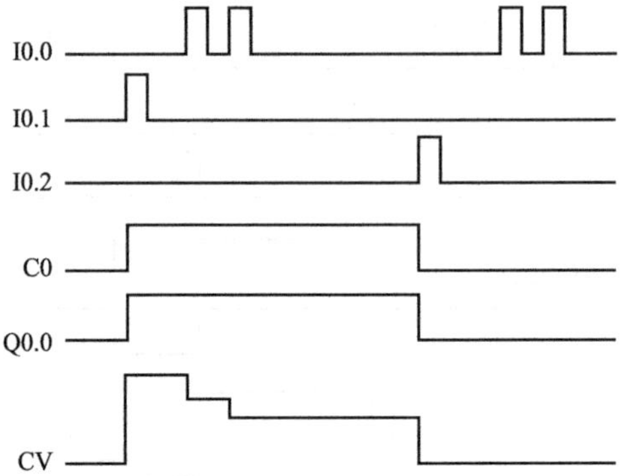

图 4-60 减计数器指令示例时序图

【例 4-15】设计一个程序，实现用一个单按钮控制一盏灯的亮和灭，即按奇数次按钮时，灯亮，按偶数次按钮时，灯灭。

【解】

当 I0.0 第一次合上时，M0.0 接通一个扫描周期，使得 Q0.0 线圈得电一个扫描周期，当下一次扫描周期到达时，Q0.0 常开触点闭合自锁，灯亮。

当 I0.0 第二次合上时，M0.0 接通一个扫描周期，C0 计数为 2，Q0.0 线圈断电，使得灯灭，同时计数器复位。梯形图如图 4-61 所示。

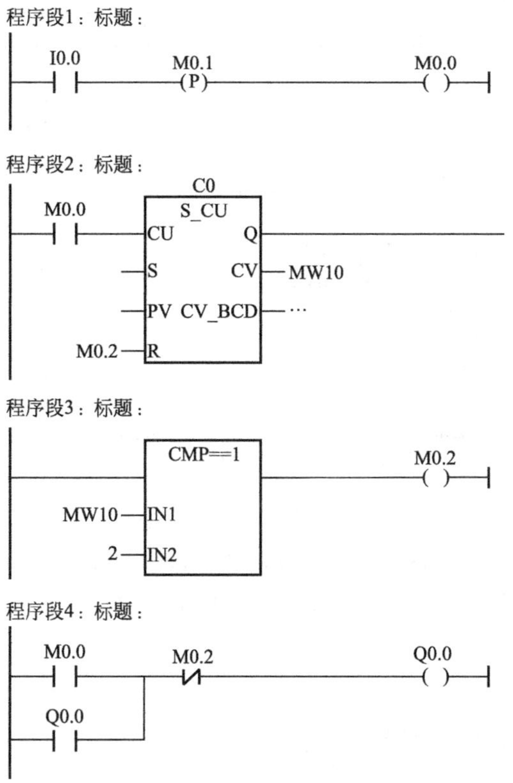

图 4-61 梯形图

（4）加-减计数器（S_CUD）

加-减计数器（S_CUD）在计数初始值预置输入端 S 上有上升沿时，PV 装入预置值，输入端 CD 每检测到一次上升沿，当前计数值 CV 减 1（前提是 CV 值大于 0）；输入端 CU 每检测到一次上升沿，当前计数值 CV 加 1（前提是 CV 值小于 999）；当 CD 和 CU 同时有上升沿时，CV 不变；计数值大于 0 时，计数器的输出 Q 从状态为“1”；计数值等于 0 时，计数器的输出 Q 从状态为“0”；当 R 端子的状态为“1”时，计数器复位，当前计数值为“0”，输出也为“0”。加-减计数器指令和参数见表 4-23。

用一个例子来说明加-减计数器指令的使用，梯形图和指令表如图 4-62 所示。当 I0.2 闭合时，MW20 将值赋给 PV（假设为 3），当 I0.1 每产生一个上升沿，计数器 C0 计数 1 次，CV 减 1，当 CV 值为 0 时，Q0.0 输出从“1”变成“0”；I0.0 是增计数端。任何时候复位有效时，定时器 C0 复位，CV 值为 0，Q0.0 输出为低电平“0”。

表 4-23 加-减计数器指令和参数

LAD	参数	数据类型	说　明	存储区
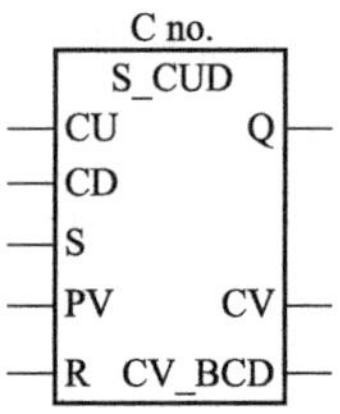	C no.	COUNTER	要启动的计数器号，如 C0	C
	CD	BOOL	减计数输入	I，Q，M，D，L
	CU	BOOL	加计数输入	
	S	BOOL	计数初始值预置输入端	
	PV	WORD	初始值的 BCD 码	
	R	BOOL	复位输入端	
	Q	BOOL	计数器器的状态输出	
	CV	WORD	当前计数值（整数格式）	
	CV_BCD	WORD	当前计数值（BCD 码格式）	

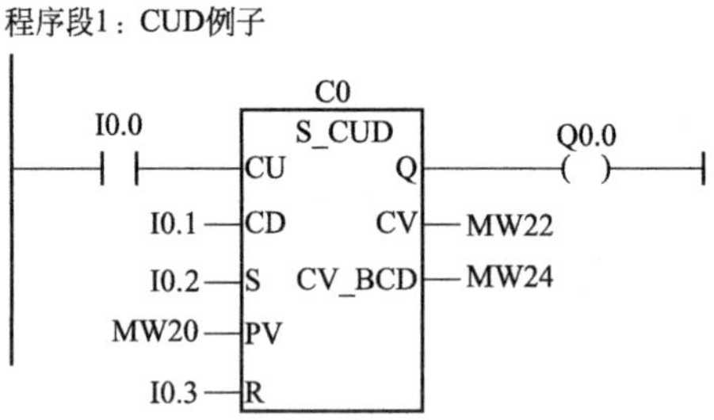

程序段1：CUD例子

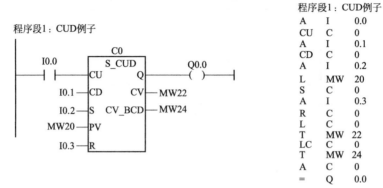

```
A    I    0.0
CU   C    0
A    I    0.1
CD   C    0
A    I    0.2
L    MW   20
S    C    0
A    I    0.3
R    C    0
L    C    0
T    MW   22
LC   C    0
T    MW   24
A    C    0
=    Q    0.0
```

图 4-62　加-减计数器指令示例

【例 4-16】 在实际工程应用中，常常在监控面板上使用拨码开关给 PLC 设定数据。I0.0、I0.1、I0.2 对应 SB1、SB2 和 SB3 按钮。当 I0.0 接通时 C0 加 1，当 I0.1 接通时 C0 减 1，当 I0.2 接通时 C0 复位。通过 SB1、SB2 设定 0～9 共 10 个数字。

【解】

梯形图如图 4-63 所示。

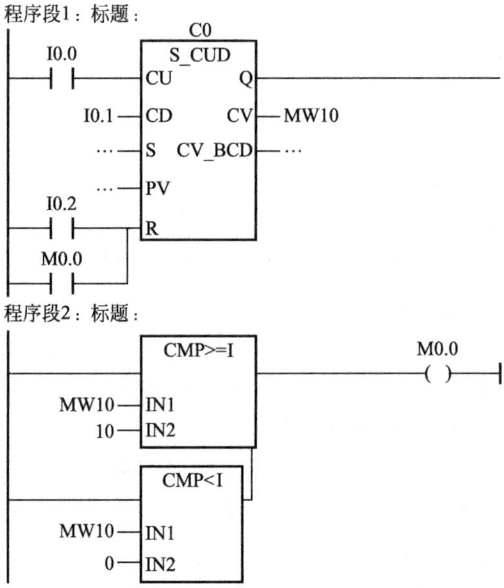

图 4-63　梯形图

4.5 数据处理与运算指令

4.5.1 装载与传送指令

装载指令 L 和传送指令 T 用于存储器之间或者存储区和过程输入、输出之间交换数据。装载和传送指令需要累加器的参与。

装载（Load，L）指令将源操作数装入累加器 1，而累加器 1 原有的数据移入累加器 2。装入指令可以对字节（8 位）、字（16 位）、双字（32 位）数据并行操作。

传送（Transfer，T）指令将累加器 1 中的内容写入目的存储区中，累加器 1 的内容不变。

（1）立即寻址的装载与传送指令

立即寻址的操作数直接在指令中，下面是使用立即寻址的例子。

```
L   -38                      //将16位十进制常数-38装入累加器1的低字ACCU1-L
L   L#5                      //将32位常数5装入累加器1
L   2#0001_1001_1110_0010    //将16位二进制常数装入累加器1的低字ACCU1-L
L   25.38                    //将32位浮点数常数（25.38）装入累加器1
L   'ABCD'                   //将4个字符装入累加器1
L   TOD#12:30:3.0            //将32位实时时间常数装入累加器1
L   D#2004-2-3               //将16位日期常数装入累加器1的低字ACCU1-L
L   C#50                     //将16位计数器常数装入累加器1的低字ACCU1-L
L   T#1M20S                  //将16位定时器常数装入累加器1的低字ACCU1-L
L   S5T#2S                   //将16位定时器常数装入累加器1的低字ACCU1-L
L   P#M5.6                   //将指向M5.6的指针装入累加器1
```

（2）直接寻址的装载与传送指令

直接寻址在指令中直接给出存储器或寄存器的区域、长度和位置，例如用 MW200 指定位存储区中的字，地址为 200；下面是直接寻址的程序实例。

```
A   I0.0       //输入位I0.0的"与"（AND）操作
L   MB10       //将8位存储器字节装入累加器1最低的字节ACCU1-LL
L   DIW15      //将16位背景数据字装入累加器1的低字ACCU1-L
L   LD22       //将32位局域数据双字装入累加器1
T   QB10       //将ACCU1-LL中的数据传送到过程映像输出字节QB10
T   MW14       //将ACCU1-L中的数据传送到存储器字MW14
T   DBD2       //将ACCU1中的数据传送到数据双字DBD2
```

（3）存储器间接寻址

在存储器间接寻址指令中，给出一个作地址指针的存储器，该存储器的内容是操作数所在存储单元的地址。在循环程序中经常使用存储器间接寻址。

地址指针可以是字或双字，如定时器（T）、计数器（C）、数据块（DB）、功能块（FB）和功能（FC）的编号范围小于 65535，使用字指针。其他地址则要使用双字指针，如果要用双字格式的指针访问一个字、字节或双字存储器，必须保证指针的位编号为 0，例如 P#Q20.0。

L　QB[DBD 10]　//将输出字节装入累加器 1，输出字节的地址指针在数据双字 DBD10 中，如果 DBD10 的值为 2#0000 0000 0000 0000 0000 0000 0010 0000，装入的是 QB4

A　M[LD 4]　　　//对存储器位作“与”运算，地址指针在数据双字 LD4 中，如果 LD4 的值为 2＃0000 0000 0000 0000 0000 0000 0010 0011，则是对 M4.3 进行操作

（4）寄存器间接寻址

地址寄存器 AR1 和 AR2 的内容加上偏移量形成地址指针，指向数值所在的存储单元。其中第 0～2 位（xxx）为被寻址地址中位的编号（0～7），第 3～18 位为被寻址地址的字节编号（0～65535）。第 24～26 位（rrr）为被寻址地址的区域标识号，第 31 位 x = 0 为区域内的间接寻址，第 31 位 x = 1 为区域间的间接寻址。

第一种地址指针格式存储区的类型在指令中给出，例如 LDBB[AR1, P#6.0]。在某一存储区内寻址。第 24～26 位（rrr）应为 0。

第二种地址指针格式的第 24～26 位还包含存储区域标识符 rrr，区域间寄存器间接寻址。如果要用寄存器指针访问一个字节、字或双字，必须保证指针中的位地址编号为 0。

指针常数＃P5.0 对应的二进制数为 2＃0000 0000 0000 0000 00000000 0010 1000。下面是区内间接寻址的例子：

```
L    P#5.0                //将间接寻址的指针装入累加器 1
LAR1                      //将累加器 1 中的内容送到地址寄存器 1
A    M[AR1, P#2.3]        //AR1 中的 P#5.0 加偏移量 P#2.3, 实际上是对 M7.3 进行操作
=    Q[AR1, P#0.2]        //逻辑运算的结果送 Q5.2
L    DBW[AR1, P#18.0]     //将 DBW23 装入累加器 1
```

下面是区域间间接寻址的例子：

```
L    P#M6.0               //将存储器位 M6.0 的双字指针装入累加器 1
LAR1                      //将累加器 1 中的内容送到地址寄存器 1
T    W[AR1, P#50.0]       //将累加器 1 中的内容传送到存储器字 MW56
```

P#M6.0 对应的二进制数为 2#1000 0011 0000 0000 0000 0000 0011 0000。因为地址指针 P#M6.0 中已经包含有区域信息，使用间接寻址的指令 T W[AR1, P#50]中没有必要再用地址标识符 M。

（5）装载时间值或计数值

```
L     T5      //将定时器 T5 中的二进制时间值装入累加器 1 的低字中
LC    T5      //将定时器 T5 中的 BCD 码格式的时间值装入累加器 1 低字中
L     C3      //将计数器 C3 中的二进制计数值装入累加器 1 的低字中
LC    C16     //将计数器 C16 中的 BCD 码格式的值装入累加器 1 的低字中
```

（6）地址寄存器的装载与传送指令

可以不经过累加器 1，与地址寄存器 AR1 和 AR2 交换数据。下面是应用实例：

```
LAR1    DBD20       //将数据双字 DBD20 中的指针装入 AR1
LAR2    LD180       //将局域数据双字 LD180 中的指针装入 AR2
LAR1    P#M10.2     //将带存储区标识符的 32 位指针常数装入 AR1
LAR2    P#24.0      //将不带存储区标识符 32 位指针常数装入 AR2
TAR1    DBD20       //AR1 中的内容传送到数据双字 DBD20
TAR2    MD24        //AR2 中的内容传送到存储器双字 MD24
```

（7）装载与传送指令（MOVE）

对于初学者掌握指令表装载（L）与传送（T）是有些难度的，若读者先从梯形图中的传送指令学起，则容易理解，特别是对梯形图比较熟悉的读者更是如此。

当允许输入端的状态为“1”时，启动此指令，将 IN 端的数值输送到 OUT 端的目的地地址中，IN 和 OUT 有相同的信号状态，装载与传送指令（MOVE）的指令及参数见表 4-24。

表 4-24 装载与传送指令（MOVE）指令及参数

LAD	参数	数据类型	说 明	存储区
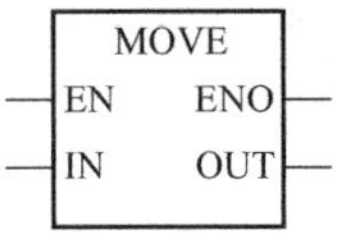	EN	BOOL	允许输入	I，Q，M，D，L
	ENO	BOOL	允许输出	
	OUT	所有长度为 8、16 或 32 位的基本数据类型	目的地地址	
	IN		源数据源	

用一个例子来说明装载与传送指令（MOVE）的使用，梯形图如图 4-64 所示，当 I0.0 闭合时，MW20 中的数值（假设为 8）传送到目的地地址 MW22 中，结果是 MW20 和 MW22 中的数值都是 8。Q0.0 的状态与 I0.0 相同，也就是说，I0.0 闭合时，Q0.0 为“1”；I0.0 断开时，Q0.0 为“0”。

将图 4-64 所示的梯形图转化成指令表如下：

```
        A      I      0.0
        JNB    _001                 //如果 I1.0＝0，则跳转到标号_001 处
        L      MW     20            //MW20 的值装入累加器 1 的低字
        T      MW     22            //累加器 1 低字的内容传送到 MW22
        SET                         //将 RLO 置为 1
        SAVE                        //将 RLO 保存到 BR 位
        CLR                         //将 RLO 置为 0
_001:   A      BR                   //状态字
        =      Q      0.0
```

【例 4-17】 用传送指令，设计一个梯形图将存储区 MB0～MB3 的数据清除。

【解】

MB0～MB3 实际上就是 MD0，因此用一条传送指令即可，梯形图如图 4-65 所示。

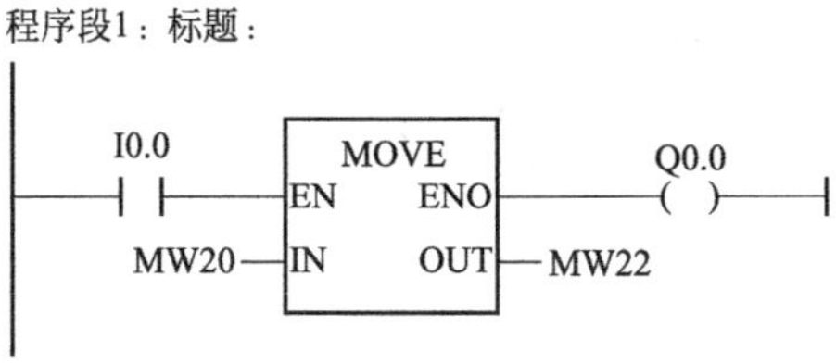

图 4-64 装载与传送梯形图指令示例

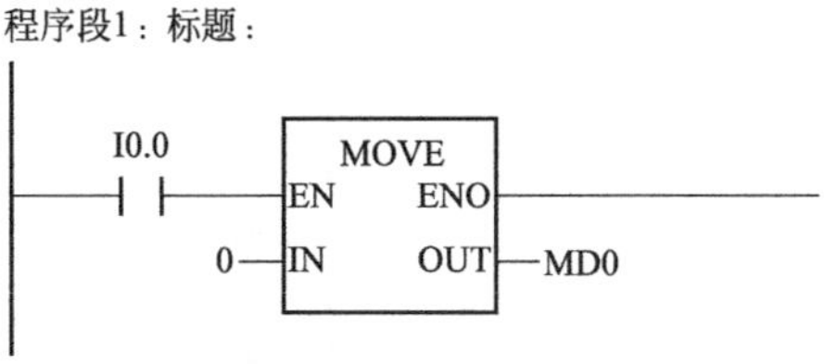

图 4-65 梯形图

【关键点】 传送指令的输入端的数据类型可以是常数、字节、整数、双整数和实数，使用非常灵活。

【例 4-18】 如图 4-66 所示的电动机 Y-△启动的电气原理图，请编写程序。

【解】

前 10s，Q0.0 和 Q0.1 线圈得电，星形启动，从第 10～11s 只有 Q0.0 得电，从 11s 开始，Q0.0 和 Q0.2 线圈得电，电动机为三角形运行。程序如图 4-67 所示。这种方法编写程序很简单，但浪费了宝贵的输出点资源。

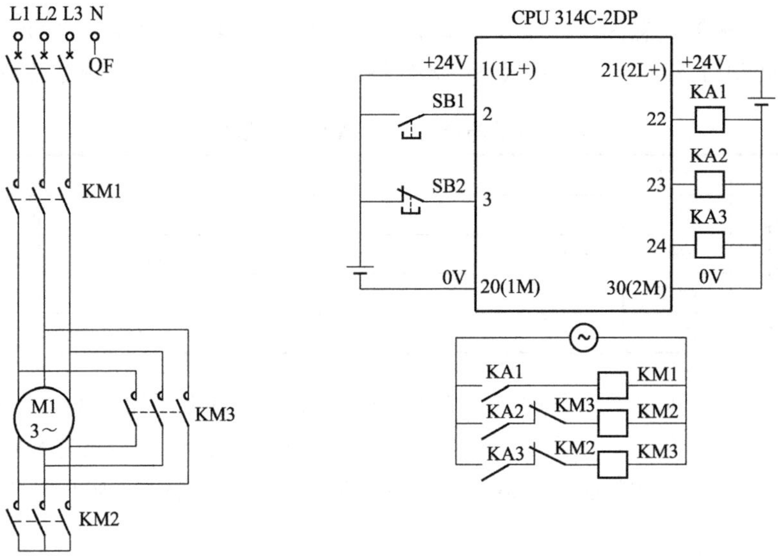

图 4-66 原理图

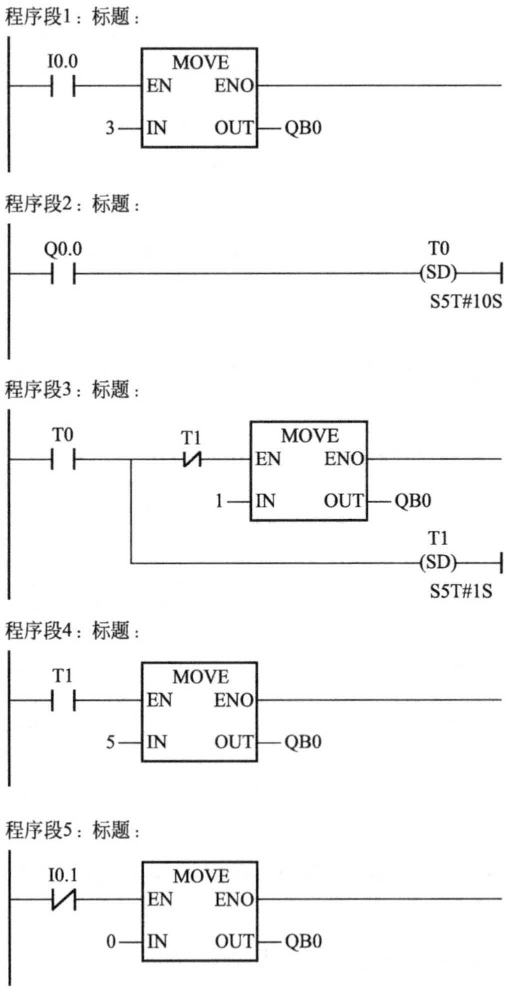

图 4-67 电动机 Y-△启动程序

4.5.2 比较指令

STEP 7 提供了丰富的比较指令，可以满足用户的各种需要。STEP 7 中的比较指令可以对下列数据类型的数值进行比较。

① 两个整数的比较（每个整数为 16 位）。

② 两个双整数的比较（每个双整数为 32 位）。

③ 两个实数的比较（每个实数为 32 位）。

【关键点】 一个整数和一个双整数是不能直接进行比较的，因为它们之间的数据类型不同。一般先将整数转换成双整数，再对两个双整数进行比较。

比较指令有等于（EQ）、不等于（NQ）、大于（GT）、小于（LQ）、大于或等于（GE）和小于或等于（LE）。比较指令对输入 IN1 和 IN2 进行比较，如果比较结果为真，则逻辑运算结果 RLO 为“1”，反之则为“0”。

（1）等于比较指令

等于指令有整数等于比较指令、双整数等于比较指令和实数等于比较指令 3 种。整数等于比较指令和参数见表 4-25。

表 4-25 整数等于比较指令和参数

LAD	参数	数据类型	说　明	存储区
CMP ==I IN1 IN2	IN1	INT	比较的第一个数值	I、Q、M、D、L
	IN2	INT	比较的第二个数值	

用一个例子来说明整数等于比较指令，梯形图和指令表如图 4-68 所示。当 I0.0 闭合时，激活比较指令，MW0 中的整数和 MW2 中的整数比较，若两者相等，则 Q0.0 输出为“1”，若两者不相等，则 Q0.0 输出为“0”。在 I0.0 不闭合时，Q0.0 的输出为“0”。IN1 和 IN2 可以为常数。

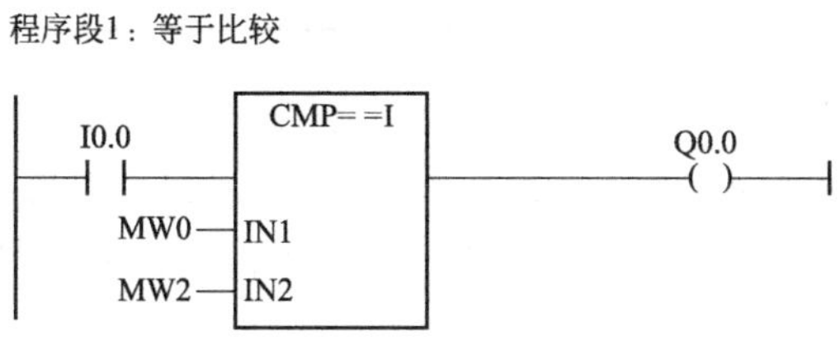

程序段1：等于比较
```
A    I    0.0
A(
L    MW   0
L    MW   2
==I
)
=    Q    0.0
```

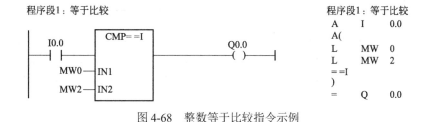

图 4-68 整数等于比较指令示例

双整数等于比较指令和实数等于比较指令的使用方法与整数等于比较指令类似，只不过 IN1 和 IN2 的参数类型分别为双整数和实数。

（2）不等于比较指令

不等于比较指令有整数不等于比较指令、双整数不等于比较指令和实数不等于比较指令 3 种。整数不等于比较指令和参数见表 4-26。

表 4-26 整数不等于比较指令和参数

LAD	参数	数据类型	说 明	存储区
CMP <>I IN1 IN2	IN1	INT	比较的第一个数值	I、Q、M、D、L
	IN2	INT	比较的第二个数值	

用一个例子来说明整数不等于比较指令，梯形图和指令表如图 4-69 所示。当 I0.0 闭合时，激活比较指令，MW0 中的整数和 MW2 中的整数比较，若两者不相等，则 Q0.0 输出为“1”，若两者相等，则 Q0.0 输出为“0”。在 I0.0 不闭合时，Q0.0 的输出为“0”。IN1 和 IN2 可以为常数。

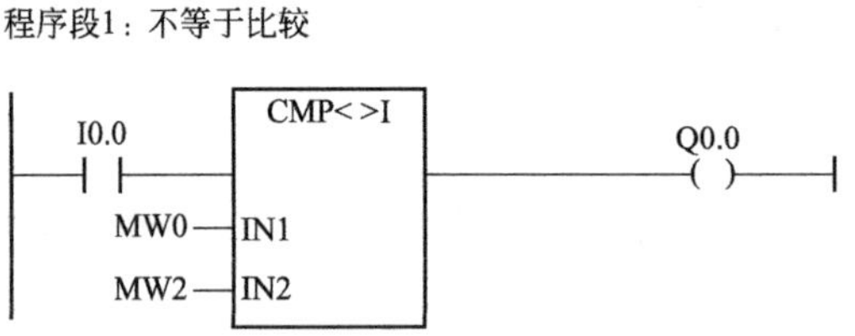


```
程序段1：不等于比较
A     I      0.0
A(
L     MW     0
L     MW     2
< >I
)
=     Q      0.0
```

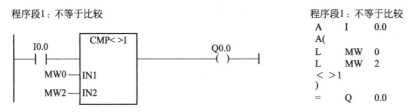

图 4-69 整数不等于比较指令示例

双整数不等于比较指令和实数不等于比较指令的使用方法与整数不等于比较指令类似，只不过 IN1 和 IN2 的参数类型分别为双整数和实数。使用比较指令的前提是数据类型必须相同。

（3）小于比较指令

小于比较指令有整数小于比较指令、双整数小于比较指令和实数小于比较指令 3 种。双整数小于比较指令和参数见表 4-27。

表 4-27 双整数小于比较指令和参数

LAD	参数	数据类型	说 明	存储区
CMP <D IN1 IN2	IN1	DINT	比较的第一个数值	I、Q、M、D、L
	IN2	DINT	比较的第二个数值	

用一个例子来说明双整数小于比较指令，梯形图和指令表如图 4-70 所示。当 I0.0 闭合时，激活双整数小于比较指令，MD0 中的双整数和 MD4 中的双整数比较，若前者小于后者，则 Q0.0 输出为“1”，否则 Q0.0 输出为“0”。在 I0.0 不闭合时，Q0.0 的输出为“0”。IN1 和 IN2 可以为常数。

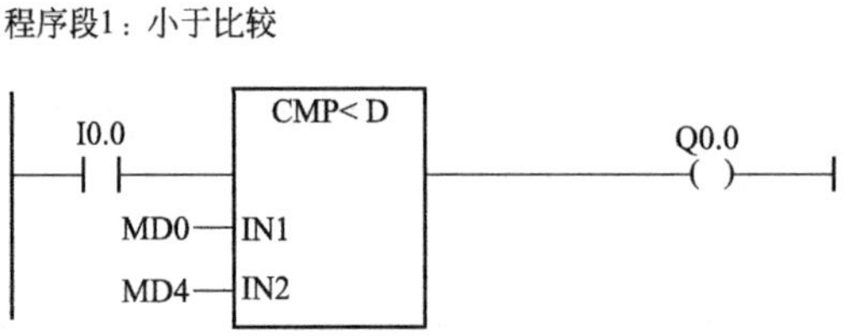


```
程序段1：不等于比较
A     I      0.0
A(
L     MD     0
L     MD     4
< D
)
=     Q      0.0
```

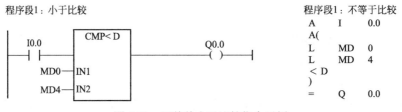

图 4-70 双整数小于比较指令示例

整数小于比较指令和实数小于比较指令的使用方法与双整数小于比较指令类似，只不过 IN1 和 IN2 的参数类型分别为整数和实数。使用比较指令的前提是数据类型必须相同。

（4）大于等于比较指令

大于等于比较指令有整数大于等于比较指令、双整数大于等于比较指令和实数大于等于比较指令 3 种。实数大于等于比较指令和参数见表 4-28。

表 4-28　实数大于等于比较指令和参数

LAD	参数	数据类型	说　明	存储区
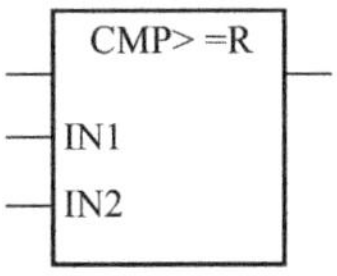	IN1	REAL	比较的第一个数值	I、Q、M、D、L
	IN2	REAL	比较的第二个数值	

用一个例子来说明实数大于等于比较指令，梯形图和指令表如图 4-71 所示。当 I0.0 闭合时，激活比较指令。MD0 中的实数和 MD4 中的实数比较，若前者大于或者等于后者，则 Q0.0 输出为“1”，否则 Q0.0 输出为“0”。在 I0.0 不闭合时，Q0.0 的输出为“0”。IN1 和 IN2 可以为常数。

程序段1：大于等于比较

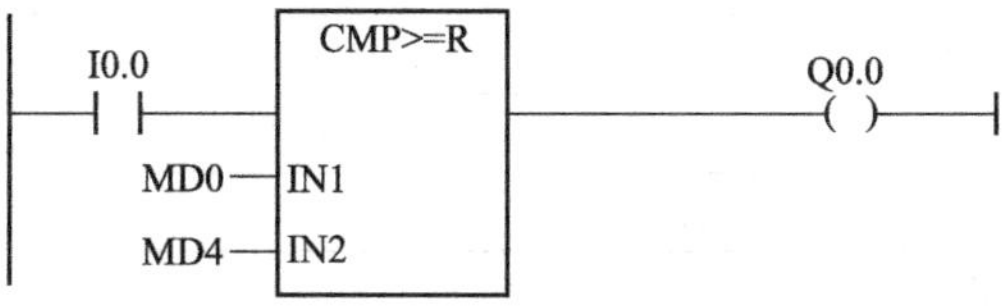

程序段1：大于等于比较

```
A    I    0.0
A(
L    MD   0
L    MD   4
>=R
)
=    Q    0.0
```

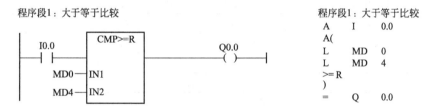

图 4-71　实数大于等于比较指令示例

整数大于等于比较指令和双整数大于等于比较指令的使用方法与实数大于等于比较指令类似，只不过 IN1 和 IN2 的参数类型分别为整数和双整数。使用比较指令的前提是数据类型必须相同。

小于等于比较指令和小于比较指令类似，大于比较指令和大于等于比较指令类似，在此不再讲述小于等于比较指令和大于比较指令。

【例 4-19】 某设备上的控制器是 CPU 314C-2DP，设备上有一个光电传感器，检测工件，每检测到 1 只工件，计数一次，当计数到 3 只时，CPU 发出一个信号装箱，请设计梯形图。

【解】

梯形图如图 4-72 所示。光电传感器每检测一个工件时，计数器 C0 计 1 次数，当前计数值存放在 MW12 中，当计数 3 次时（MW12 中的数值大于等于 3），发出装箱信号 Q0.0，与此同时定时器 T0 开始定时，2s 后对计数器 C0 复位，重新计数。

4.5.3　转换指令

转换指令是将一种数据格式转换成另外一种格式进行存储。例如，要让一个整型数据和双整型数据进行算术运算，一般要将整型数据转换成双整型数据。

STEP 7 的转换指令见表 4-29。

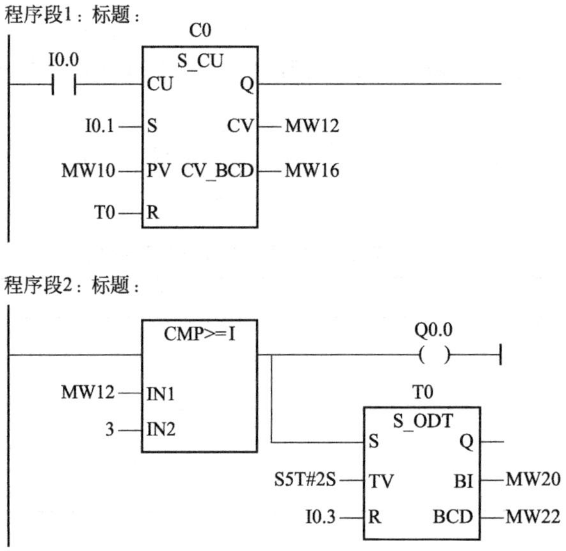

图 4-72　梯形图

表 4-29　转换指令

STL	LAD	说　明
BTI	BCD_I	将累加器 1 中的 3 位 BCD 码转换成整数
ITB	I_BCD	将累加器 1 中的整数转换成 3 位 BCD 码
BTD	BCD_DI	将累加器 1 中的 7 位 BCD 码转换成双整数
DTB	DI_BCD	将累加器 1 中的双整数转换成 7 位 BCD 码
DTR	DI_R	将累加器 1 中的双整数转换成浮点数
ITD	I_DI	将累加器 1 中的整数转换成双整数
RND	ROUND	将浮点数转换为四舍五入的双整数
RND+	CEIL	将浮点数转换为大于等于它的最小双整数
RND−	FLOOR	将浮点数转换为小于等于它的最大双整数
TRUNC	TRUNC	将浮点数转换为截位取整的双整数
CAW	—	交换累加器 1 低字中两个字节的位置
CAD	—	交换累加器 1 中 4 个字节的顺序

（1）BCD 转换成整数（BTI）

① BCD 码的格式　BCD 码是比较有用的，3 位格式如图 4-73 所示，二进制的 0～3 位是个位，4～7 位是十位，8～11 位是百位，11～15 位是符号位。7 位格式如图 4-74 所示，二进制的 0～3 位是个位，4～7 位是十位，8～11 位是百位，11～15 位是千位，16～19 位是万位，20～23 位是十万位，24～27 位是百万位，28～31 位是符号位。

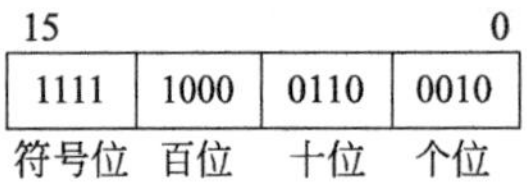

图 4-73　3 位 BCD 码的格式

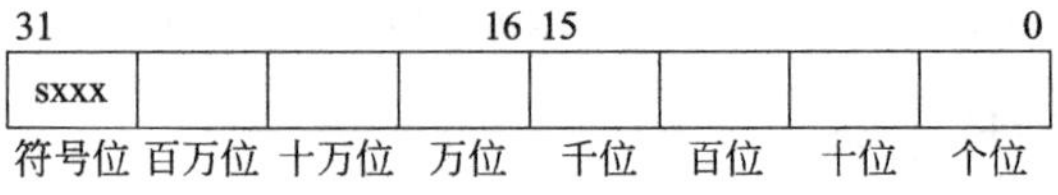

图 4-74　7 位 BCD 码的格式

② BCD 转换成整数指令（BTI）　BCD 转换成整数指令是将 IN 指定的内容以 BCD 码二～十进制格式读出，并将其转换为整数格式，输出到 OUT 端。如果 IN 端指定的内容超

出 BCD 码的范围（例如 4 位二进制数出现 1010～1111 的几种组合），则执行指令时将会发生错误，使 CPU 进入 STOP 方式。BCD 转换成整数指令和参数见表 4-30。

表 4-30 BCD 转换成整数指令和参数

LAD	参数	数据类型	说　明	存储区
BCD_I EN ENO IN OUT	EN	BOOL	使能（允许输入）	I、Q、M、D、L
	IN	WORD	输入的 BCD 数	
	ENO	BOOL	允许输出	
	OUT	INT	BCD 的整数	

用一个例子来说明 BCD 转换成整数指令，梯形图和指令表如图 4-75 所示。当 I0.0 闭合时，激活 BCD 转换成整数指令，IN 中的 BCD 数用十六进制表示为 16#22（就是十进制的 22），转换完成后 OUT 端的 MW0 中的整数的十六进制是 16#16。

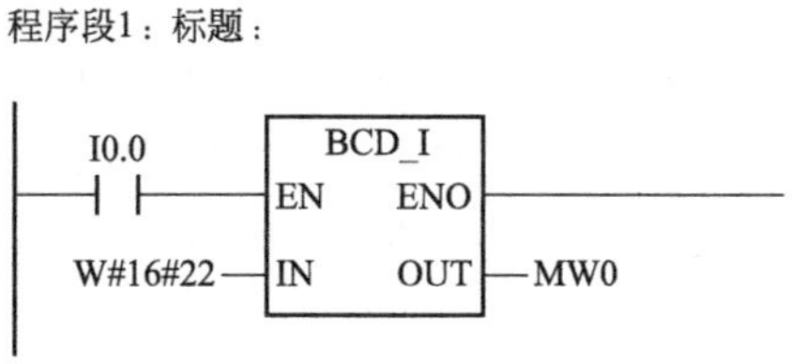


```
程序段1：标题：
      A     I      0.0
      JNB   _001
      L     W#16#22
      BTI
      T     MW     0
_001: NOP   0
```

图 4-75 BCD 转换成整数指令示例

（2）整数转换成 BCD（ITB）

整数转换成 BCD 指令是将 IN 端指定的内容以整数的格式读入，然后将其转换为 BCD 码格式输出到 OUT 端。 如果 IN 端的整数大于 999，PLC 不停机，仍然正常运行。由于字的 BCD 码最大只能表示 C#999（最高 4 位为符号位）。若 IN 端的内容大于 999，CPU 将 IN 端的内容直接送到 OUT 端输出，不经过 I_BCD 的转换。这时 OUT 输出的内容可能超出 BCD 码的范围。另外 OUT 端的内容若为 BCD 码，也有可能是超过 999 的整数转换出来的，例如整数 2457 通过 I_BCD 指令以后，OUT 的值为 C#999。因此在使用 I_BCD 指令时应该保证整数小于等于 999。此外，如果 IN 端的整数为负整数时。转换出的 BCD 码最高 4 位为“1”。整数转换成 BCD 指令和参数见表 4-31。

表 4-31 整数转换成 BCD 指令和参数

LAD	参数	数据类型	说明	存储区
I_BCD EN ENO IN OUT	EN	BOOL	使能（允许输入）	I、Q、M、D、L
	IN	INT	输入的整数	
	ENO	BOOL	允许输出	
	OUT	WORD	整数转化成的 BCD 数	

用一个例子来说明整数转换成 BCD 指令，梯形图和指令表如图 4-76 所示。当 I0.0 闭合时，激活整数转换成 BCD 指令，IN 中的整数存储在 MW0 中（假设用十六进制表示为 16#16），转换完成后 OUT 端的 MW2 中的 BCD 数是 16#22。

（3）整数转换成双整数（ITD）

整数转换成双整数指令是将 IN 端指定的内容以整数的格式读入，然后将其转换为双整数码格式输出到 OUT 端。整数转换成双整数指令和参数见表 4-32。

程序段1：标题：

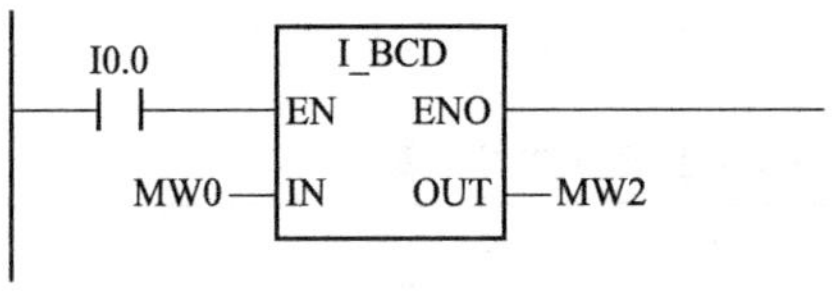

程序段1：标题：

```
 A     I     0.0
 JNB_002
 L     MW    0
 ITB
 T     MW    2
_002:  NOP   0
```

图 4-76 整数转换成 BCD 指令示例

表 4-32 整数转换成双整数指令和参数

LAD	参数	数据类型	说 明	存储区
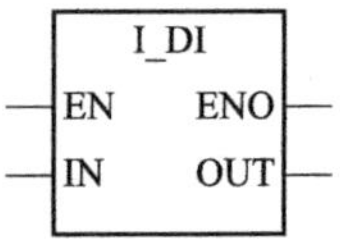	EN	BOOL	使能（允许输入）	I、Q、M、D、L
	IN	INT	输入的整数	
	ENO	BOOL	允许输出	
	OUT	DINT	整数转化成的 BCD 数	

用一个例子来说明整数转换成双整数指令，梯形图和指令表如图 4-77 所示。当 I0.0 闭合时，激活整数转换成双整数指令，IN 中的整数存储在 MW0 中（假设用十六进制表示为 16#0016），转换完成后 OUT 端的 MD0 中的双整数是 16#0000 0016。转换前后的示意图如图 4-78 所示。

程序段1：标题：

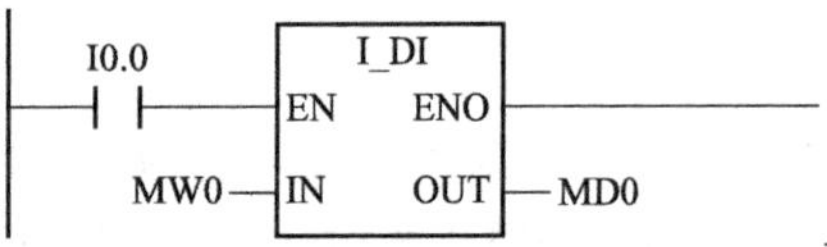

程序段1：标题：

```
 A     I     0.0
 JNB_001
 L     MW    0
 ITD
 T     MD    0
_001:  NOP   0
```

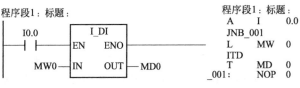

图 4-77 整数转换成双整数指令示例

图 4-78 整数转换成双整数前后的示意图

整数转换成双整数 MW0=MD0，其大小并未发生改变。但从图 4-78 可以看出数据的变化：转换之前，MB1=16#16，而转换之后，MB1=16#00， MB3=16#16。数据大小虽未改变，但数据的存放位置发生了改变，这点初学者容易忽略。

（4）双整数转换成实数（DTR）

双整数转换成实数指令是将 IN 端指定的内容以双整数的格式读入，然后将其转换为实数码格式输出到 OUT 端。实数格式在后续算术计算中是很常用的，如 3.14 就是实数形式。双整数转换成实数指令和参数见表 4-33。

表 4-33 双整数转换成实数指令和参数

LAD	参数	数据类型	说 明	存储区
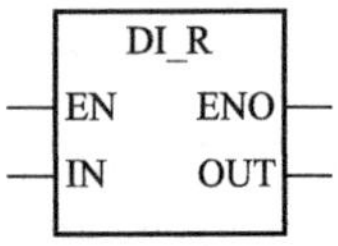	EN	BOOL	使能（允许输入）	I、Q、M、D、L
	IN	DINT	输入的双整数	
	ENO	BOOL	允许输出	
	OUT	REAL	双整数转化成的实数	

用一个例子来说明双整数转换成实数指令，梯形图和指令表如图 4-79 所示。当 I0.0 闭合时，激活双整数转换成实数指令，IN 中的双整数存储在 MD0 中（假设用十进制表示为 L#16），转换完成后 OUT 端的 MD4 中的实数是 16.0。一个实数要用 4 个字节存储。

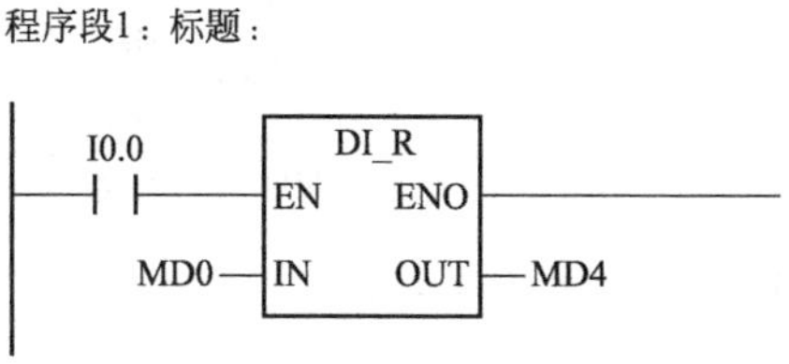


```
程序段1：标题：
     A     I    0.0
     JNB_001
     L     MD   0
     DTR
     T     MD   4
_001:      NOP  0
```

图 4-79　双整数转换成实数指令示例

【例 4-20】 请设计梯形图程序，将整数 16#22 转化成实数，并保存在 MD10 中。

【解】

STEP 7 中没有将整数直接转化成实数的指令，但可以通过数次转换将整数转换成实数，先将整数转换成双整数，再将双整数转换成实数。梯形图如图 4-80 所示。

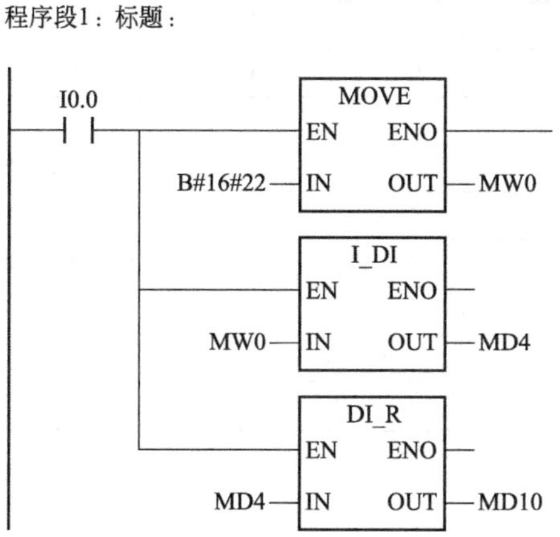

图 4-80　梯形图

（5）实数四舍五入为双整数（ROUND）

ROUND 指令是将实数进行四舍五入取整后转换成双整数的格式。实数四舍五入为双整数指令和参数见表 4-34。

表 4-34　实数四舍五入为双整数指令和参数

LAD	参数	数据类型	说　明	存储区
ROUND（EN ENO / IN OUT）	EN	BOOL	允许输入	I、Q、M、D、L
	ENO	BOOL	允许输出	
	IN	REAL	实数（浮点型）	
	OUT	DINT	四舍五入后为双整数	

用一个例子来说明实数四舍五入为双整数指令，梯形图和指令表如图 4-81 所示。当 I0.0 闭合时，激活实数四舍五入指令，IN 中的实数存储在 MD0 中，假设这个实数为 3.14，进行四舍五入运算后 OUT 端的 MD4 中的双整数是 L#3，假设这个实数为 3.88，进行四舍五入运算后 OUT 端的 MD4 中的双整数是 L#4。

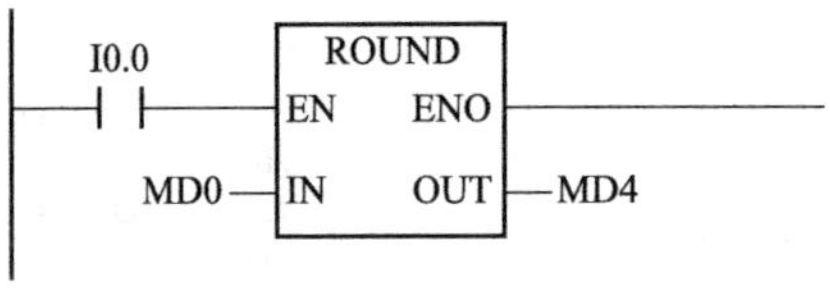

程序段1：标题：

```
 A    I    0.0
 JNB_001
 L    MD   0
 RND
 T    MD   4
_001: NOP  0
```

图 4-81 实数四舍五入为双整数指令示例

4.5.4 移位与循环指令

STEP 7 移位指令能将累加器的内容逐位向左或者向右移动。移动的位数由 N 决定。向左移 N 位相当于累加器的内容乘以 2^N，向右移相当于累加器的内容除以 2^N。移位指令在逻辑控制中使用也很方便。移位与循环指令见表 4-35。

表 4-35 移位与循环指令

名 称	语句表	梯形图	描 述
有符号整数右移	SSI	SHR_I	整数逐位右移，空出的位添上符号位
有符号双整数右移	SSD	SHR_DI	双整数逐位右移，空出的位添上符号位
16 位字左移	SLW	SHL_W	字逐位左移，空出的位添 0
16 位字右移	SRW	SHR_W	字逐位右移，空出的位添 0
16 位双字左移	SLD	SHL_DW	双字逐位左移，空出的位添 0
16 位双字右移	SRD	SHR_DW	双字逐位右移，空出的位添 0
双字循环左移	RLD	ROL_DW	双字循环左移
双字循环右移	RRD	ROR_DW	双字循环右移

（1）字左移（SHL_W）

当字左移（SHL_W）指令的 EN 位为高电平“1”时，将执行移位指令，将 IN 端指定的内容送入累加器 1 低字中，并左移 N 端指定的位数，然后写入 OUT 端指令的目的地址中。字左移（SHL_W）指令和参数见表 4-36。

表 4-36 字左移（SHL_W）指令和参数

LAD	参数	数据类型	说 明	存储区
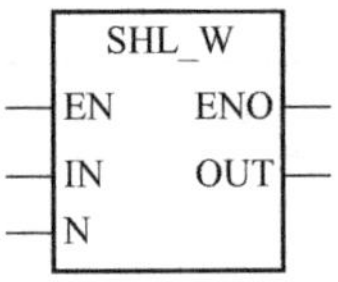	EN	BOOL	允许输入	I、Q、M、D、L
	ENO	BOOL	允许输出	
	IN	WORD	移位对象	
	N	WORD	移动的位数	
	OUT	WORD	移动操作的结果	

用一个例子来说明字左移指令，梯形图和指令表如图 4-82 所示。当 I0.0 闭合时，激活左移指令，IN 中的字存储在 MW0 中，假设这个数为 2#1001 1101 1111 1011，向左移 4 位后，OUT 端的 MW0 中的数是 2#1101 1111 1011 0000，字左移指令示意图如图 4-83 所示。

【关键点】 图 4-82 中的程序有一个上升沿，这样 I0.0 每闭合一次，左移 4 位，若没有上升沿，那么闭合一次，可能左移很多次。这点读者要特别注意。

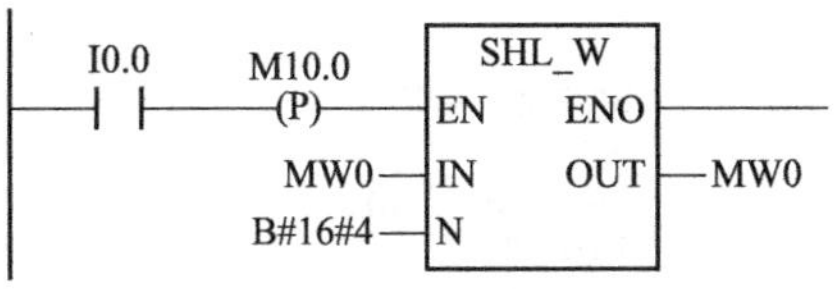


```
程序段1：标题：
      A     I     0.0
      FP    M     10.0
      JNB _001
      L     B#16#4
      L     MW    0
      SLW
      T     MW    0
_001:       NOP   0
```

图 4-82　字左移指令示例

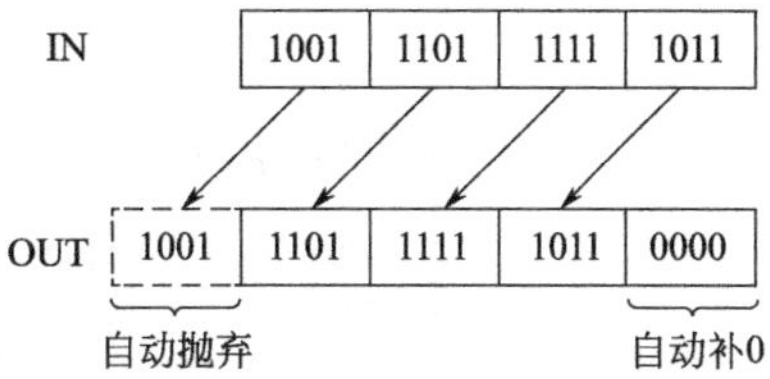

图 4-83　字左移指令示意图

【例 4-21】有 16 盏灯，上电时，1～4 盏亮，1s 后 5～8 盏亮，1～4 盏灭，如此不断循环，请编写程序。

【解】

M0.5 是设定的 1s 脉冲信号，梯形图如图 4-84 所示。可以看出，用移位指令编写程序，很简洁。

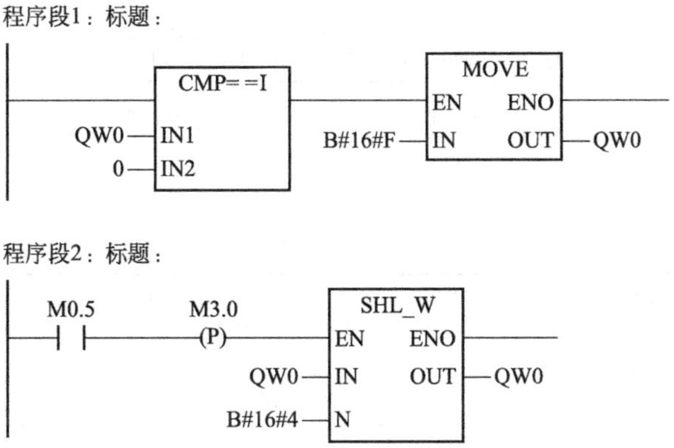

图 4-84　梯形图

（2）字右移（SHR_W）

当字右移（SHR_W）指令的 EN 位为高电平“1”时，将执行移位指令，将 IN 端指令的内容送入累加器 1 低字中，并右移 N 端指定的位数，然后写入 OUT 端指令的目的地址中。字右移（SHR_W）指令和参数见表 4-37。

表 4-37　字右移（SHR_W）指令和参数

LAD	参数	数据类型	说明	存储区
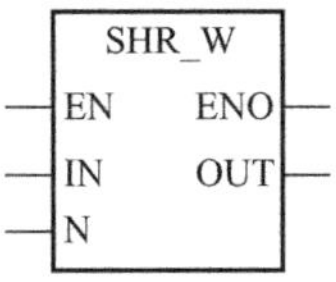	EN	BOOL	允许输入	I、Q、M、D、L
	ENO	BOOL	允许输出	
	IN	WORD	移位对象	
	N	WORD	移动的位数	
	OUT	WORD	移动操作的结果	

用一个例子来说明字右移指令，梯形图和指令表如图 4-85 所示。当 I0.0 闭合时，激活右移指令，IN 中的字存储在 MW0 中，假设这个数为 2#1001 1101 1111 1011，向右移 4 位后，OUT 端的 MW0 中的数是 2#0000 1001 1101 1111，字右移指令示意图如图 4-86 所示。

（3）双字左移（SHL_DW）

当双字左移（SHL_DW）指令的 EN 位为高电平“1”时，将执行移位指令，将 IN 端指定的内容左移 N 端指定的位数，然后写入 OUT 端指令的目的地址中。双字左移（SHL_DW）指令和参数见表 4-38。

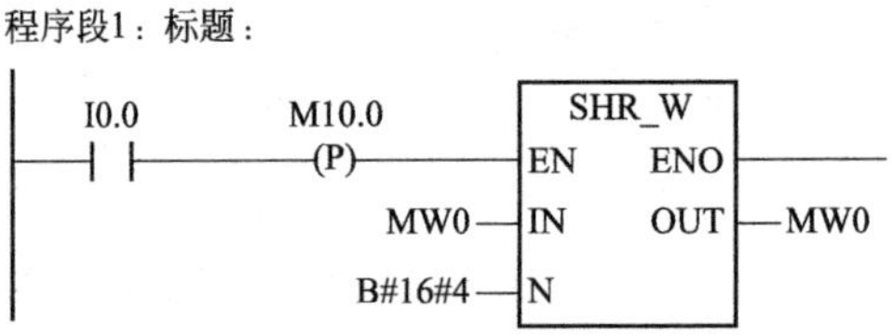


```
程序段1：标题：
   A     I     0.0
   FP    M     10.0
   JNB_001
   L     B#16#4
   L     MW   0
   SRW
   T     MW   0
_001:    NOP  0
```

图 4-85　字右移指令示例

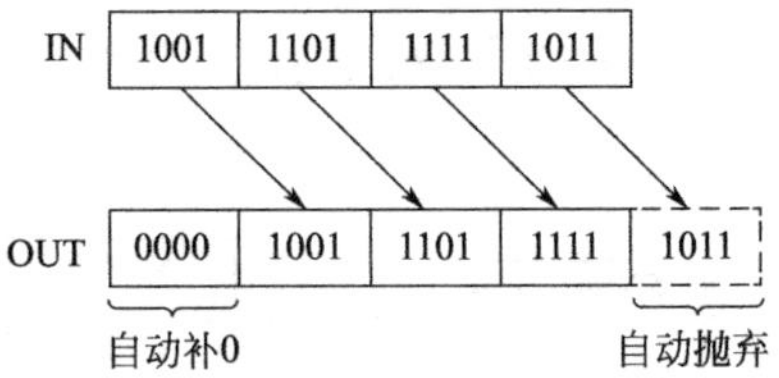

图 4-86　字右移指令示意图

表 4-38　双字左移（SHL_DW）指令和参数

LAD	参数	数据类型	说　明	存储区
SHL_DW EN　ENO IN　OUT N	EN	BOOL	允许输入	I、Q、M、D、L
	ENO	BOOL	允许输出	
	IN	DWORD	移位对象	
	N	WORD	移动的位数	
	OUT	DWORD	移动操作的结果	

用一个例子来说明双字左移指令，梯形图和指令表如图 4-87 所示。当 I0.0 闭合时，激活双字左移指令，IN 中的双字存储在 MD0 中，假设这个数为 16#87654321，向左移 4 位后（半个字节），OUT 端的 MD0 中的数是 16#76543210。

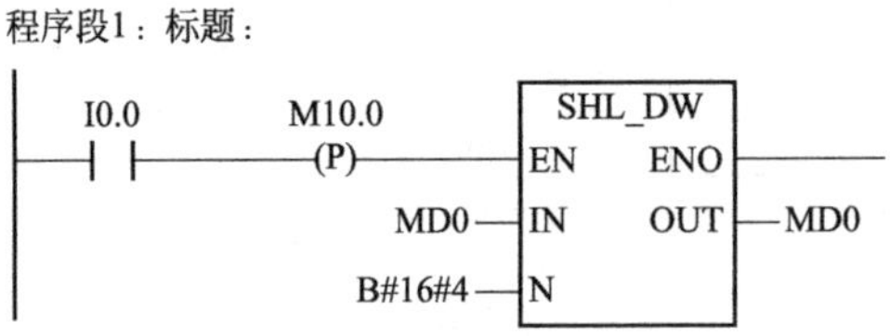


```
程序段1：标题：
   A     I     0.0
   FP    M     10.0
   JNB_001
   L     B#16#4
   L     MD   0
   SLD
   T     MD   0
_001:    NOP  0
```

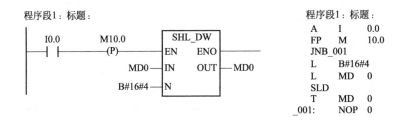

图 4-87　双字左移指令示例

（4）双字右移（SHR_DW）

当双字右移（SHR_DW）指令的 EN 位为高电平“1”时，将执行移位指令，将 IN 端指定的内容右移 N 端指定的位数，然后写入 OUT 端指令的目的地址中。双字右移（SHR_DW）指令和参数见表 4-39。

表 4-39　双字右移（SHR_DW）指令和参数

LAD	参数	数据类型	说明	存储区
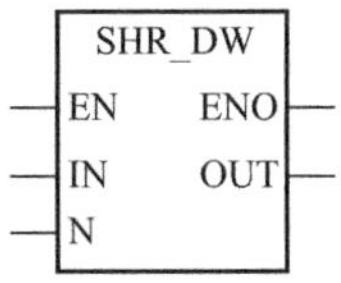	EN	BOOL	允许输入	I、Q、M、D、L
	ENO	BOOL	允许输出	
	IN	DWORD	移位对象	
	N	WORD	移动的位数	
	OUT	DWORD	移动操作的结果	

用一个例子来说明双字右移指令，梯形图和指令表如图 4-88 所示。当 I0.0 闭合时，激活双字右移指令，IN 中的双字存储在 MD0 中，假设这个数为 16#12345678，向左移 4 位后，OUT 端的 MD0 中的数是 16#01234567。

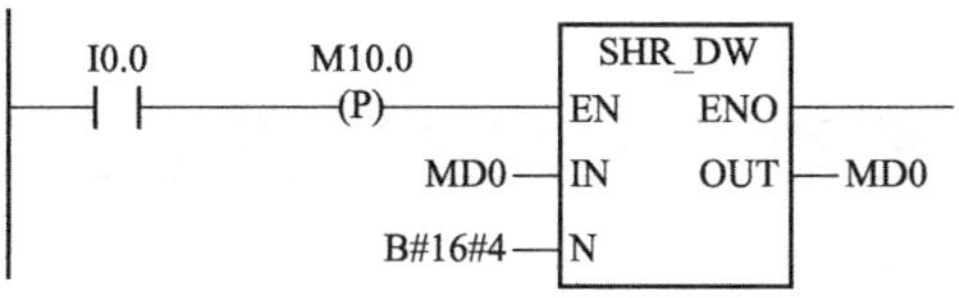


```
程序段1：标题：
      A     I     0.0
      FP    M     10.0
      JNB_001
      L     B#16#4
      L     MD    0
      SRD
      T     MD    0
_001:       NOP   0
```

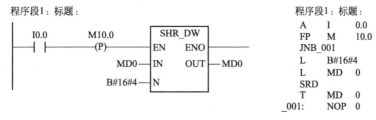

图 4-88　双字右移指令示例

（5）整数右移（SHR_I）

当整数右移（SHR_I）指令的 EN 位为高电平“1”时，将执行移位指令，将 IN 端指定的内容右移 N 端指定的位数，然后写入 OUT 端指令的目的地址中，与字的右移不同的是整数移位时，按照低位丢失、高位补符号位状态的原则，即正数高位补“0”，而负数补“1”。整数右移（SHR_I）指令和参数见表 4-40。

表 4-40　整数右移（SHR_I）指令和参数

LAD	参数	数据类型	说明	存储区
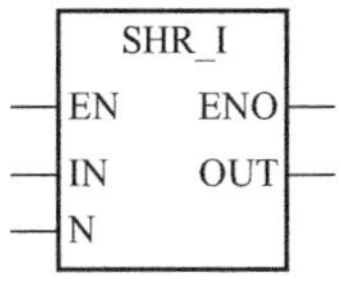	EN	BOOL	允许输入	I、Q、M、D、L
	ENO	BOOL	允许输出	
	IN	WORD	移位对象	
	N	WORD	移动的位数	
	OUT	WORD	移动操作的结果	

用一个例子来说明整数右移指令，梯形图和指令表如图 4-89 所示。当 I0.0 闭合时，激活整数右移指令，IN 中的整数存储在 MW0 中，假设这个数为 2#0001 1101 1111 1011，向右移 4 位后，OUT 端的 MW0 中的数是 2#0000 0001 1101 1111，而假设这个数为 2#1001 1101 1111 1011，向右移 4 位后，OUT 端的 MW0 中的数是 2#1111 1001 1101 1111，其示意图如图 4-90 所示。

（6）双字循环左移（ROL_DW）

当双字循环左移（ROL_DW）指令的 EN 位为高电平“1”时，将执行双字循环左位指令，将 IN 端指定的内容循环左移 N 端指定的位数，然后写入 OUT 端指令的目的地址中。双字循环左移（ROL_DW）指令和参数见表 4-41。

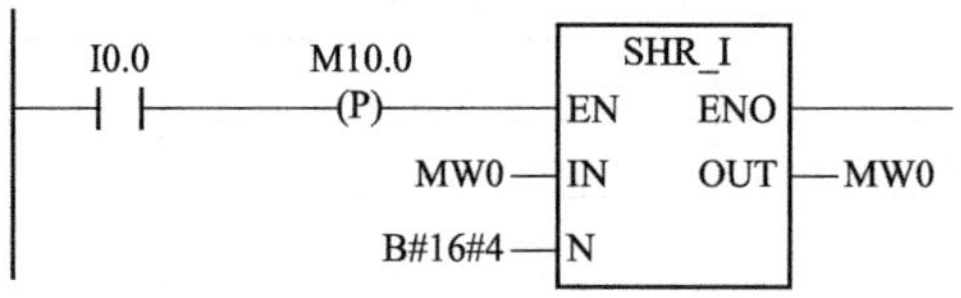

程序段1：标题：

```
     A    I      0.0
     FP   M      10.0
     JNB  _001
     L    B#16#4
     L    MW     0
     SSI
     T    MW     0
_001: NOP  0
```

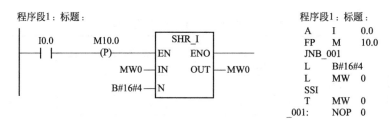

图 4-89　整数右移指令示例

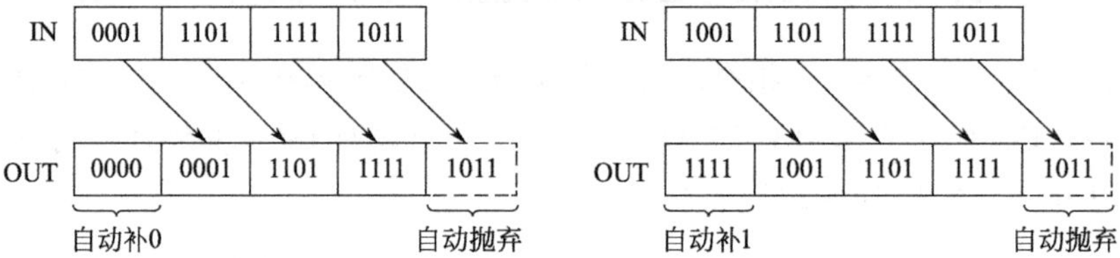

图 4-90　整数右移指令示意图

表 4-41　双字循环左移（ROL_DW）指令和参数

LAD	参数	数据类型	说明	存储区
ROL_DW（EN ENO / IN OUT / N）	EN	BOOL	允许输入	I、Q、M、D、L
	ENO	BOOL	允许输出	
	IN	DWORD	移位对象	
	N	WORD	移动的位数	
	OUT	DWORD	移动操作的结果	

用一个例子来说明双字循环左移（ROL_DW）指令的应用，梯形图和指令表如图 4-91 所示。当 I0.0 闭合时，激活双字循环左移指令，IN 中的双字存储在 MD0 中，假设这个数为 2#1001 1101 1111 1011 1001 1101 1111 1011，除最高 4 位外，其余各位向左移 4 位后，双字的最高 4 位，循环到双字的最低 4 位，结果是 OUT 端的 MD0 中的数是 2#1101 1111 1011 1001 1101 1111 1011 1001，其示意图如图 4-92 所示。

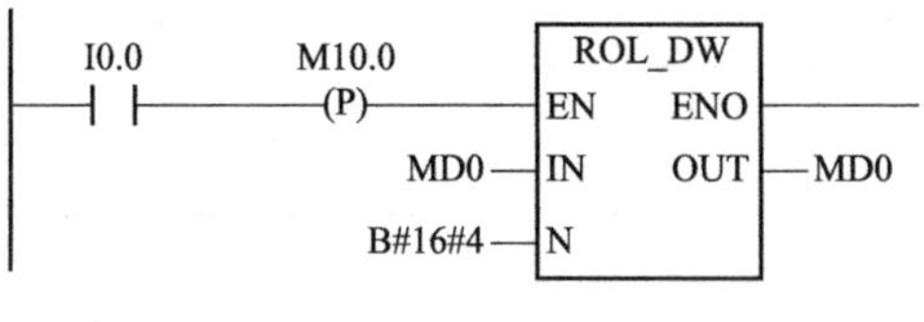

程序段1：标题：

```
     A    I      0.0
     FP   M      10.0
     JNB  _001
     L    B#16#4
     L    MD     0
     RLD
     T    MD     0
_001: NOP  0
```

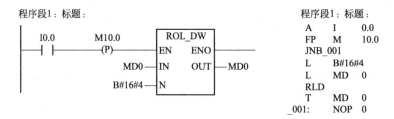

图 4-91　双字循环左移指令示例

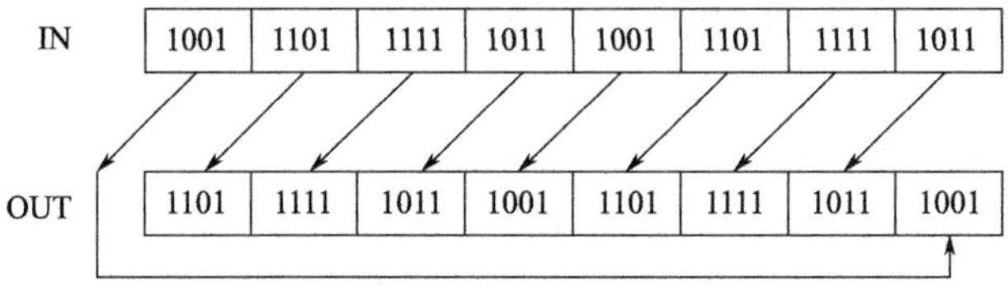

图 4-92　双字循环左移指令示意图

【例 4-22】 有 32 盏灯，上电时，1～4 盏亮，1s 后 5～8 盏亮，1～4 盏灭，如此不断循环，请编写程序。

【解】

M0.5 是设定的 1s 脉冲信号，梯形图如图 4-93 所示。可以看出，用循环指令编写程序很简洁。此题还有多种解法，请读者自己思考。

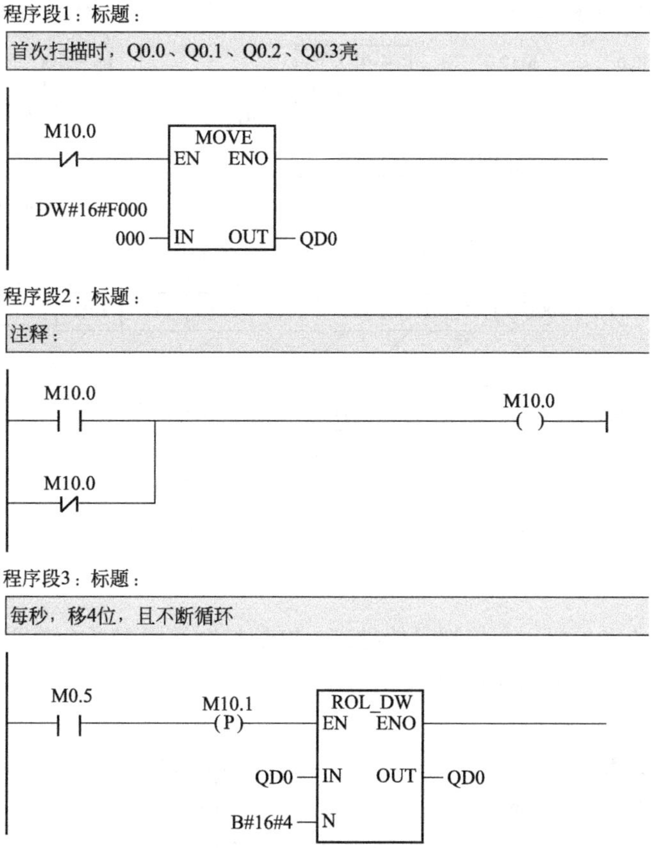

图 4-93 梯形图

（7）双字循环右移（ROR_DW）

当双字循环右移（ROR_DW）指令的 EN 位为高电平“1”时，将执行双字循环右移指令，将 IN 端指定的内容循环右移 N 端指定的位数，然后写入 OUT 端指令的目的地址中。双字循环右移（ROR_DW）指令和参数见表 4-42。

表 4-42 双字循环右移 (ROR_DW) 指令和参数

LAD	参数	数据类型	说　明	存储区
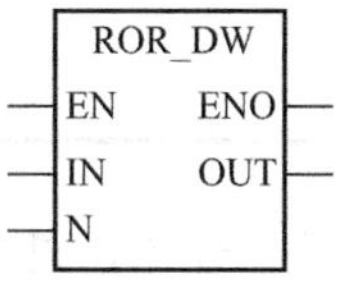	EN	BOOL	允许输入	I、Q、M、D、L
	ENO	BOOL	允许输出	
	IN	DWORD	移位对象	
	N	WORD	移动的位数	
	OUT	DWORD	移动操作的结果	

用一个例子来说明双字循环右移（ROR_DW）指令的应用，梯形图和指令表如图 4-94 所示。当 I0.0 闭合时，激活双字循环右移指令，IN 中的双字存储在 MD0 中，假设这个数为 2#1001 1101 1111 1011 1001 1101 1111 1011，除最低 4 位外，其余各位向右移 4 位后，双字的最低 4 位，循环到双字的最高 4 位，结果是 OUT 端的 MD0 中的数是 2#1011 1001 1101 1111 1011 1001 1101 1111，其示意图如图 4-95 所示。

程序段1：标题：

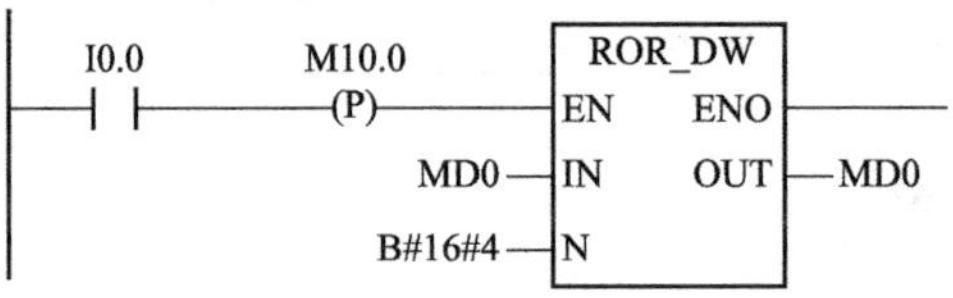

程序段1：标题：

```
A    I     0.0
FP   M     10.0
JNB _001
L    B#16#4
L    MD    0
RRD
T    MD    0
_001:  NOP  0
```

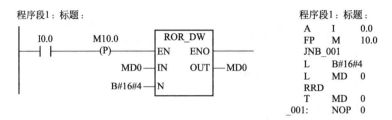

图 4-94　双字循环右移指令示例

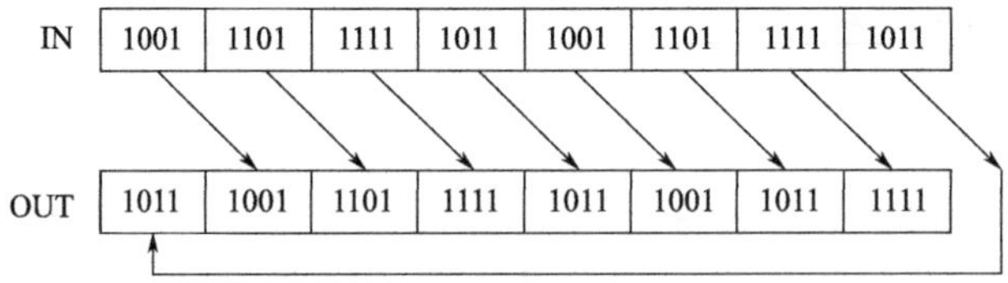

图 4-95　双字循环右移指令示意图

4.5.5 算术运算指令

算术运算指令非常重要，在模拟量的处理、PID 控制等很多场合都要用到算术运算。算术运算又分为整数算术运算和浮点数算术运算。

（1）整数算术运算

整数算术运算又分为加法运算、减法运算、乘法运算和除法运算，其中每种运算方式又有整数型和双整数型两种。

① 整数加（ADD_I）　当允许输入端 EN 为高电平“1”时，输入端 IN1 和 IN2 中的整数相加，结果送入 OUT 中。如果该结果超出了整数（16 位）允许的范围，OV 位和 OS 位将为“1”并且 ENO 为逻辑“0”，这样便不执行此数学框后 ENO 连接的其他函数。IN1 和 IN2 中的数可以是常数。整数加的表达式是：IN1＋IN2＝OUT。

整数加（ADD_I）指令和参数见表 4-43。

表 4-43　整数加（ADD_I）指令和参数

LAD	参数	数据类型	说　明	存储区
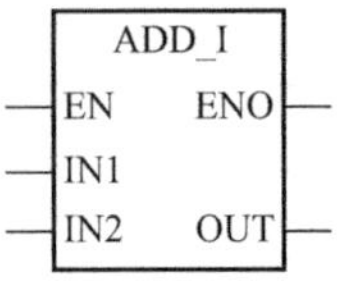	EN	BOOL	允许输入	I、Q、M、D、L
	ENO	BOOL	允许输出	
	IN1	INT	相加的第 1 个值	
	IN2	INT	相加的第 2 个值	
	OUT	INT	相加的结果	

用一个例子来说明整数加（ADD_I）指令，梯形图和指令表如图 4-96 所示。当 I0.0 闭合时，激活整数加指令，IN1 中的整数存储在 MW0 中，假设这个数为 11，IN2 中的整数存储

在 MW2 中，假设这个数为 21，整数相加的结果存储在 OUT 端的 MW4 中的数是 32。由于没有超出计算范围，所以 Q0.0 输出为“1”。假设 IN1 中的整数为 9999，IN2 中的整数为 30000，整数相加的结果存储在 OUT 端的 MW4 中的数是−25537。由于超出计算范围，故 Q0.0 输出为“0”。

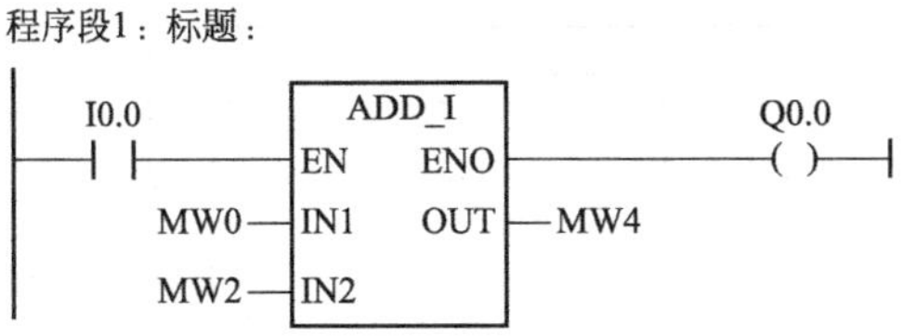

程序段1：标题：

```
      A     I     0.0
      JNB   _001
      L     MW    0
      L     MW    2
      +I
      T     MW    4
      AN          OV
      SAVE
      CLR
_001: A           BR
      =     Q     0.0
```

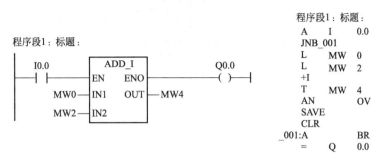

图 4-96 整数加（ADD_I）指令示例

【例 4-23】 有一个电炉，加热功率有 1000W、2000W 和 3000W 三个挡，电炉有 1000W 和 2000W 两种电加热丝。要求用一个按钮选择三个加热挡，当按一次按钮时，1000W 电阻丝加热，即第一挡；当按两次按钮时，2000W 电阻丝加热，即第二挡；当按三次按钮时，1000W 和 2000W 电阻丝同时加热，即第三挡；当按四次按钮时停止加热，请编写程序。

【解】

梯形图如图 4-97 所示。

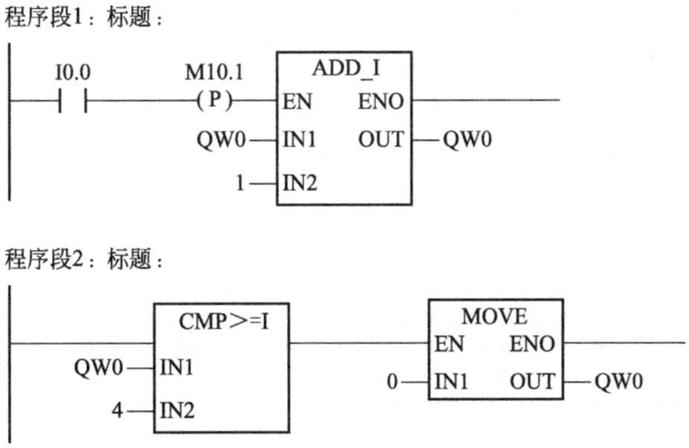

图 4-97 梯形图

双整数加（ADD_DI）指令与整数加（ADD_I）指令类似，只不过其数据类型为双整数，在此不赘述。

② 双整数减（SUB_DI） 当允许输入端 EN 为高电平“1”时，输入端 IN1 和 IN2 中的双整数相减，结果送入 OUT 中。如果该结果超出了双整数（32 位）允许的范围，OV 位和 OS 位将为“1”并且 ENO 为逻辑“0”，这样便不执行此数学框后 ENO 连接的其他函数。IN1 和 IN2 中的数可以是常数。双整数减的表达式是：IN1−IN2＝OUT。

双整数减（SUB_DI）指令和参数见表 4-44。

用一个例子来说明双整数减（SUB_DI）指令，梯形图和指令表如图 4-98 所示。当 I0.0 闭合时，激活双整数减指令，IN1 中的双整数存储在 MD0 中，假设这个数为 L#22，IN2 中的双整数存储在 MD4 中，假设这个数为 L#11，双整数相减的结果存储在 OUT 端的 MD4 中的数是 L#11。由于没有超出计算范围，故 Q0.0 输出为“1”。

表 4-44 双整数减（SUB_DI）指令和参数

LAD	参数	数据类型	说　明	存储区
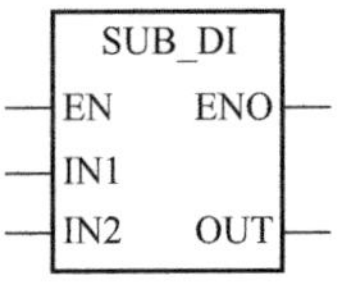	EN	BOOL	允许输入	I、Q、M、D、L
	ENO	BOOL	允许输出	
	IN1	DINT	被减数	
	IN2	DINT	减数	
	OUT	DINT	差	

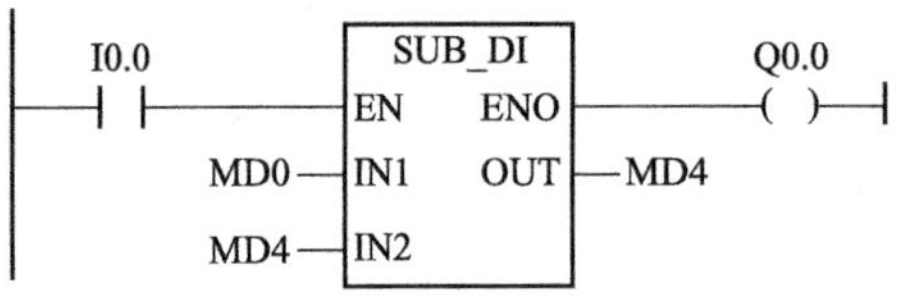

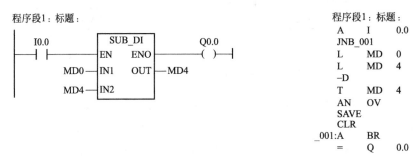

```
程序段1：标题：
      A     I     0.0
      JNB_001
      L     MD    0
      L     MD    4
      -D
      T     MD    4
      AN    OV
      SAVE
      CLR
_001:A      BR
      =     Q     0.0
```

图 4-98 双整数减（SUB_DI）指令示例

整数减（SUB_I）指令与双整数减（SUB_DI）指令类似，只不过其数据类型为整数，在此不赘述。

③ 整数乘（MUL_I） 当允许输入端 EN 为高电平“1”时，输入端 IN1 和 IN2 中的整数相乘，结果送入 OUT 中。如果该结果超出了整数允许的范围，OV 位和 OS 位将为“1”并且 ENO 为逻辑“0”，这样便不执行此数学框后 ENO 连接的其他函数。IN1 和 IN2 中的数可以是常数。整数乘的表达式是：IN1×IN2＝OUT。

整数乘（MUL_I）指令和参数见表 4-45。

表 4-45 整数乘（MUL_I）指令和参数

LAD	参数	数据类型	说　明	存储区
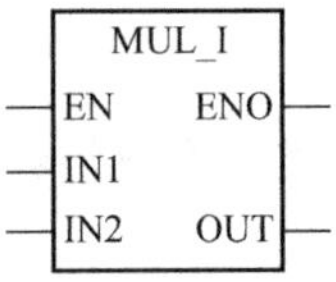	EN	BOOL	允许输入	I、Q、M、D、L
	ENO	BOOL	允许输出	
	IN1	INT	相乘的第 1 个值	
	IN2	INT	相乘的第 2 个值	
	OUT	INT	相乘的结果（积）	

用一个例子来说明整数乘（MUL_I）指令，梯形图和指令表如图 4-99 所示。当 I0.0 闭合时，激活整数乘指令，IN1 中的整数存储在 MW0 中，假设这个数为 11，IN2 中的整数存储在 MW2 中，假设这个数为 11，整数相乘的结果存储在 OUT 端的 MW4 中的数是 121。由于没有超出计算范围，故 Q0.0 输出为“1”。假设 IN1 中的整数为 1000，IN2 中的整数为 1000，由于乘积超出范围，故 Q0.0 输出为“0”。

双整数乘（MUL_DI）指令与整数乘（MUL_I）指令类似，只不过其数据类型为双整数，在此不赘述。

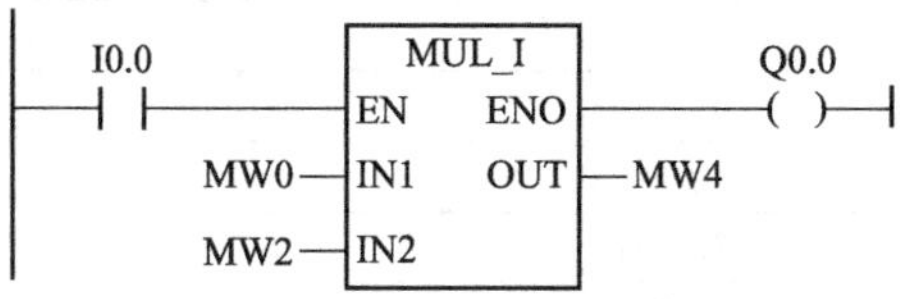


```
程序段1：标题：
 A      I      0.0
 JNB_001
 L      MW     0
 L      MW     2
 *I
 T      MW     4
 AN     OV
 SAVE
 CLR
_001:   A      BR
 =      Q      0.0
```

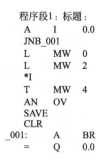

图 4-99　整数乘（MUL_I）指令示例

④ 双整数除（DIV_DI）　当允许输入端 EN 为高电平“1”时，输入端 IN1 中的双整数除以 IN2 中的双整数，结果送入 OUT 中。如果该结果超出了整数（32 位）允许的范围，OV 位和 OS 位将为“1”并且 ENO 为逻辑“0”，这样便不执行此数学框后 ENO 连接的其他函数。IN1 和 IN2 中的数可以是常数。双整数除（DIV_DI）指令和参数见表 4-46。

表 4-46　双整数除（DIV_DI）指令和参数

LAD	参数	数据类型	说　明	存储区
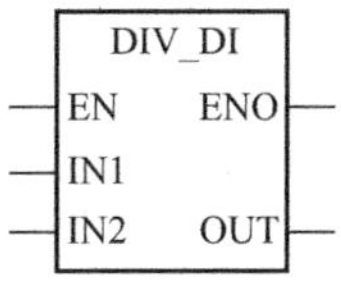 DIV_DI EN ENO IN1 IN2 OUT	EN	BOOL	允许输入	I、Q、M、D、L
	ENO	BOOL	允许输出	
	IN1	DINT	被除数	
	IN2	DINT	除数	
	OUT	DINT	除法的双整数结果（商）	

用一个例子来说明双整数除（DIV_DI）指令，梯形图和指令表如图 4-100 所示。当 I0.0 闭合时，激活双整数除指令，IN1 中的又整数存储在 MD0 中，假设这个数为 L#11，IN2 中的双整数存储在 MD4 中，假设这个数为 L#2，双整数相除的结果存储在 OUT 端的 MD8 中的数是 L#5，不产生余数。由于没有超出计算范围，故 Q0.0 输出为“1”。

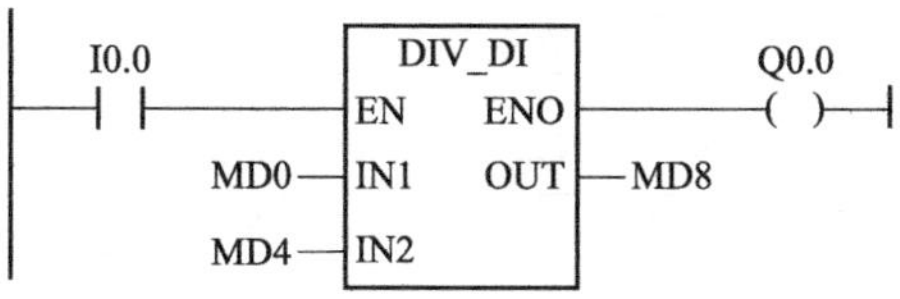


```
程序段1：标题：
 A      I      0.0
 JNB_001
 L      MD     0
 L      MD     4
 /D
 T      MD     8
 AN     OV
 SAVE
 CLR
_001:   A      BR
 =      Q      0.0
```

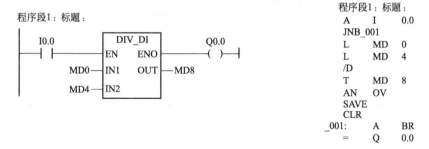

图 4-100　双整数除（DIV_DI）指令示例

【关键点】 双整数除法不产生余数。

整数除（DIV_I）指令与双整数除（DIV_DI）指令类似，只不过其数据类型为整数，在此不赘述。

⑤ 返回双整数余数（MOD_DI）　当允许输入端 EN 为高电平“1”时，输入端 IN1 中的双整数除以 IN2 中的双整数，余数送入 OUT 中。IN1 和 IN2 中的数可以是常数。返回双整数余数指令和参数见表 4-47。

表 4-47 返回双整数余数（MOD_DI）指令和参数

LAD	参数	数据类型	说　明	存储区
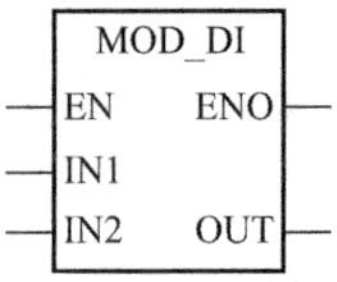	EN	BOOL	允许输入	I、Q、M、D、L
	ENO	BOOL	允许输出	
	IN1	DINT	被除数	
	IN2	DINT	除数	
	OUT	DINT	除法的整数结果（商）	

用一个例子来说明返回双整数余数指令，梯形图和指令表如图 4-101 所示。当 I0.0 闭合时，激活返回双整数余数指令，IN1 中的整数存储在 MD0 中，假设这个数为 L#11，IN2 中的整数存储在 MD4 中，假设这个数为 L#2，双整数相除的余数存储在 OUT 端的 MD8 中的数是 L#1。由于没有超出计算范围，故 Q0.0 输出为“1”。

程序段1：标题：

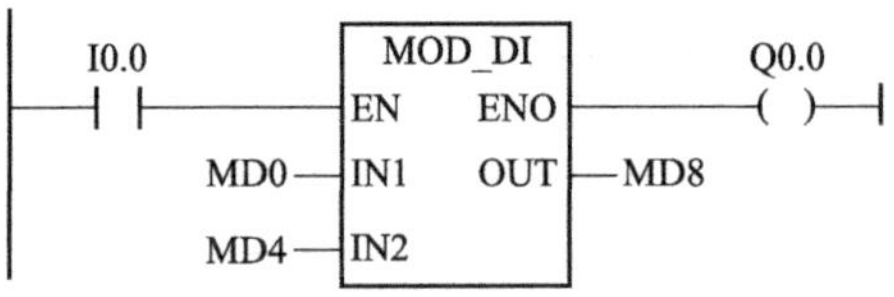

程序段1：标题：

```
      A     I     0.0
      JNB_001
      L     MD    0
      L     MD    4
      MOD
      T     MD    8
      AN    OV
      SAVE
      CLR
_001:       A     BR
      =     Q     0.0
```

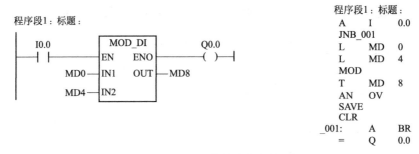

图 4-101 返回双整数余数指令示例

（2）浮点数运算

浮点数函数有浮点算术运算函数、三角函数函数和反三角函数、对数函数、幂函数和绝对值函数等。浮点算术函数又分为加法运算、减法运算、乘法运算和除法运算函数。浮点数运算函数见表 4-48。

表 4-48 浮点数运算函数（部分）

语句表	梯形图	描　述
+R	ADD_R	将累加器 1，2 中的浮点数相加，浮点数运算结果在累加器 1 中
−R	SUB_R	累加器 2 中的浮点数减去累加器 1 中的浮点数，运算结果在累加器 1 中
*R	MUL_R	将累加器 1，2 中的浮点数相乘，浮点数乘积在累加器 1 中
/R	DIV_R	累加器 2 中的浮点数除以累加器 1 中的浮点数，商在累加器 1
ABS	ABS	取累加器 1 中的浮点数的绝对值

① 实数加（ADD_R） 当允许输入端 EN 为高电平“1”时，输入端 IN1 和 IN2 中的实数相加，结果送入 OUT 中。如果该结果超出了允许的范围，OV 位和 OS 位将为“1”并且 ENO 为逻辑“0”，这样便不执行此数学框后 ENO 连接的其他函数。IN1 和 IN2 中的数可以是常数。实数加的表达式是：IN1＋IN2＝OUT。

实数加（ADD_R）指令和参数见表 4-49。

用一个例子来说明实数加（ADD_R）指令，梯形图和指令表如图 4-102 所示。当 I0.0 闭合时，激活实数加指令，IN1 中的实数存储在 MD0 中，假设这个数为 10.1，IN2 中的实数存储在 MD4 中，假设这个数为 21.1，实数相加的结果存储在 OUT 端的 MD8 中的数是 31.2。由于没有超出计算范围，故 Q0.0 输出为“1”。

表 4-49　实数加（ADD_R）指令和参数

LAD	参数	数据类型	说　明	存储区
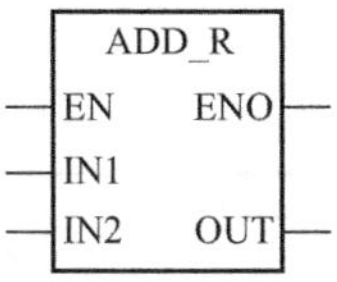	EN	BOOL	允许输入	I、Q、M、D、L
	ENO	BOOL	允许输出	
	IN1	REAL	相加的第 1 个值	
	IN2	REAL	相加的第 2 个值	
	OUT	REAL	相加的结果	

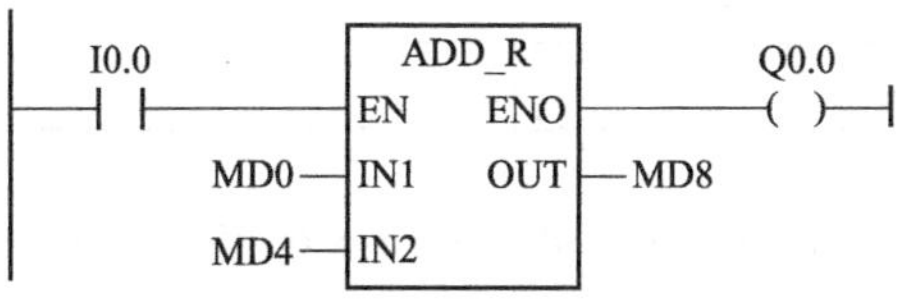


```
程序段1：标题：
      A     I     0.0
      JNB_001
      L     MD    0
      L     MD    4
      +R
      T     MD    8
      AN    OV
      SAVE
      CLR
_001: A     BR
      =     Q     0.0
```

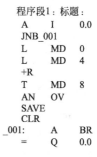

图 4-102　实数加（ADD_R）指令示例

实数减（SUB_R）指令、实数乘（MUL_R）指令和实数除（DIV_R）指令的使用方法与前面的指令用法类似，在此不赘述。

【例 4-24】 将 53in 转换成以毫米（mm）为单位的整数，请设计梯形图。

【解】

1in=25.4mm，涉及实数乘法，先要将整数转换成双整数，再将双整数转化成实数，用实数乘法指令将 in 为单位的长度变为以 mm 为单位的实数，最后四舍五入即可，梯形图如图 4-103 所示。

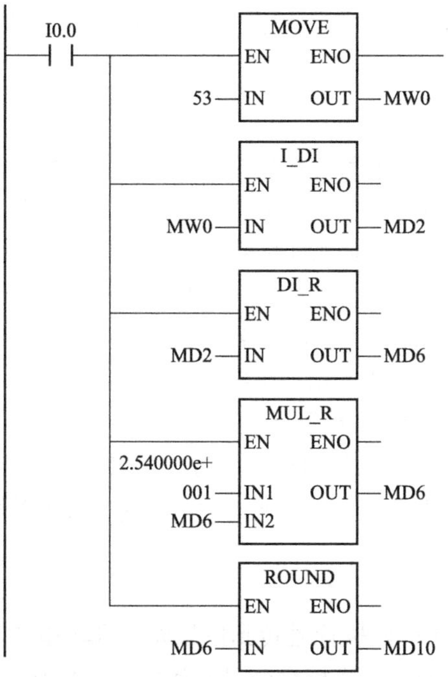

图 4-103　梯形图

② 浮点数的绝对值（ABS） 当允许输入端 EN 为高电平“1”时，对输入端 IN 求绝对值，结果送入 OUT 中。IN 中的数可以是常数。浮点数的绝对值（ABS）的表达式是：OUT=|IN|。

浮点数的绝对值（ABS）指令和参数见表 4-50。

表 4-50　浮点数的绝对值（ABS）指令和参数

LAD	参数	数据类型	说　明	存储区
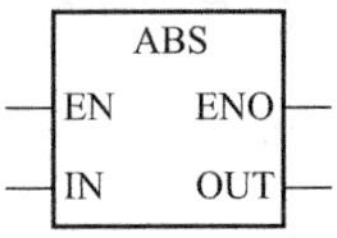	EN	BOOL	允许输入	I、Q、M、D、L
	ENO	BOOL	允许输出	
	IN	REAL	输入值	
	OUT	REAL	输出值（绝对值）	

用一个例子来说明浮点数的绝对值（ABS）指令，梯形图和指令表如图 4-104 所示。当 I0.0 闭合时，激活浮点数的绝对值指令，IN 中的实数存储在 MD0 中，假设这个数为 10.1，实数求绝对值的结果存储在 OUT 端的 MD4 中的数是 10.1，假设 IN 中的实数为−10.1，实数求绝对值的结果存储在 OUT 端的 MD4 中的数是 10.1。由于没有超出计算范围，故 Q0.0 输出为“1”。

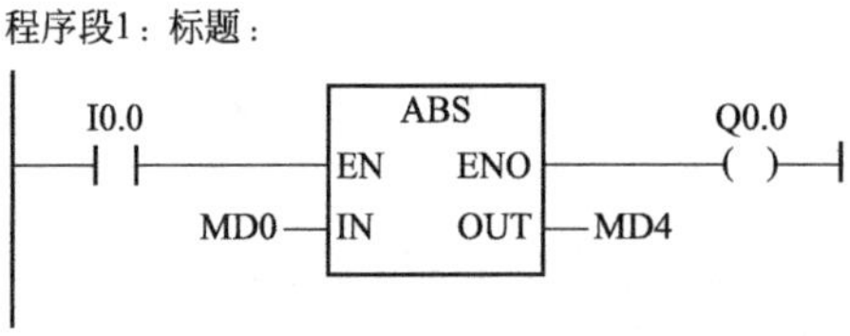


```
程序段1：标题：
  A     I     0.0
  JNB_001
  L     MD    0
  ABS
  T     MD    4
  SET
  SAVE
  CLR
_001:   A     BR
  =     Q     0.0
```

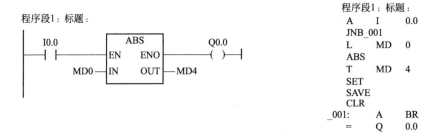

图 4-104　浮点数的绝对值（ABS）指令示例

4.5.6　控制指令

控制指令包括逻辑控制指令和程序控制指令。逻辑控制指令是指逻辑块中的跳转和循环指令。在没有执行跳转和循环指令之前，各语句按照先后顺序执行，也就是线型扫描。而逻辑控制指令终止了线型扫描，跳转到地址标号（Label）所指的地址，程序再次开始线型扫描。逻辑控制指令没有参数，只有一个地址标号，地址标号的作用如下。

① 逻辑转移指令的地址是一个地址标号。

地址标号最多由 4 个字母组成，第一个字符是字母，后面的字符可以是字母或者字符。

② 目的地址标号必须从一个网络开始。

跳转指令有几种形式，即无条件跳转、多分支跳转指令、与 RLO 和 BR 有关的跳转指令、与信号状态有关的跳转指令、与条件码 CC0 和 CC1 有关的跳转指令。逻辑控制指令见表 4-51。

（1）跳转指令

当逻辑位为“1”时，在块内执行跳转到标号处。跳转指令有两种使用情况：无条件跳转和条件跳转。当梯形图中的左母线与指令间没有其他梯形图元素时执行的是无条件跳转，示例如图 4-105 所示。

表 4-51 逻辑控制指令

指令	状态位触点指令	说　明
JU	—	无条件跳转
JL	—	多分支跳转
JC	—	RLO=1 时跳转
JCN	—	RLO=0 时跳转
JCB	—	RLO=1 且 BR=1 时跳转
JNB	—	RLO=0 且 BR=1 时跳转
JBI	BR	BR=1 时跳转
JNBI	—	BR=0 时跳转
JO	OV	OV=1 时跳转
JOS	OS	OS=1 时跳转
JZ	==0	运算结果为 0 时跳转
JN	<>0	运算结果非 0 时跳转
JP	>0	运算结果为正时跳转
JM	<0	运算结果为负时跳转
JPZ	>=0	运算结果大于等于 0 时跳转
JMZ	<=0	运算结果小于等于 0 时跳转
JUO	UO	指令出错时跳转
LOOP	—	循环指令

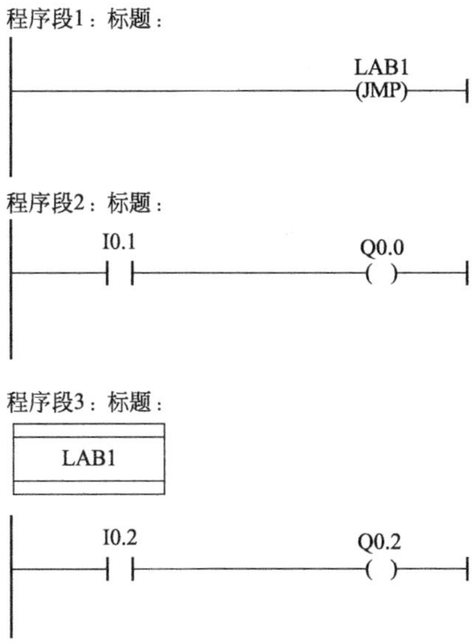


```
程序段1：标题：
      JU    LAB1
程序段2：标题：
      A     I     0.1
      =     Q     0.0
程序段3：标题：
LAB1：A     I     0.2
      =     Q     0.2
```

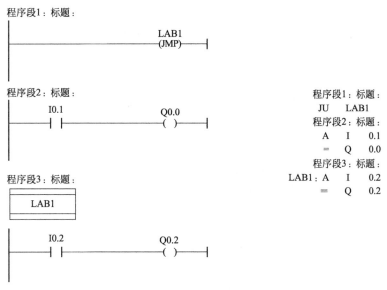

图 4-105　无条件跳转指令示例

当前逻辑运算的 RLO 为“1”时，执行的是条件跳转，示例如图 4-106 所示。当 I0.0 闭合时，执行条件跳转指令，跳转到标号 LAB1 处（本例为程序段 3），此时无论 I0.1 是否闭合，Q0.0 都为低电平；而当 I0.0 断开时，不执行跳转指令，程序按照顺序执行，I0.1 闭合，Q0.0 为高电平，I0.1 断开，Q0.0 为低电平。

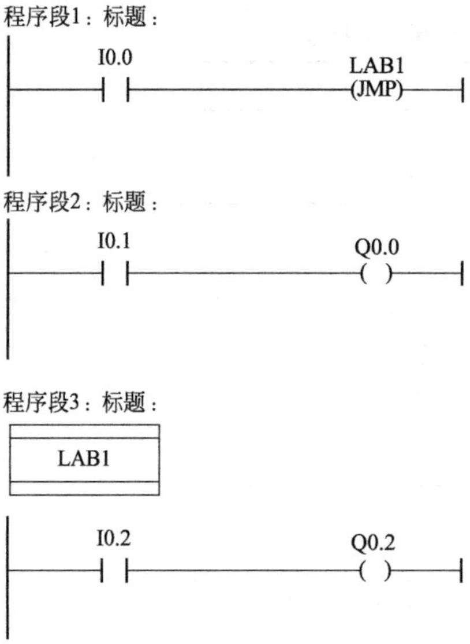


```
程序段1：标题：
      A    I    0.0
      JC   LAB1
程序段2：标题：
      A    I    0.1
      =    Q    0.0
程序段3：标题：
LAB1：A    I    0.2
      =    Q    0.2
```

图 4-106 条件跳转指令示例

（2）若“否”则跳转指令

若“否”则跳转指令与跳转指令的使用方法类似，当逻辑位为“0”时，在块内执行跳转到标号处。示例如图 4-107 所示，当 I0.0 断开时，执行跳转指令，跳转到标号 LAB1 处（本例为程序段 3），此时无论 I0.1 是否闭合，Q0.0 都为低电平；而当 I0.0 闭合时，不执行跳转指令，程序按照顺序执行，I0.1 闭合，Q0.0 为高电平，I0.1 断开，Q0.0 为低电平。

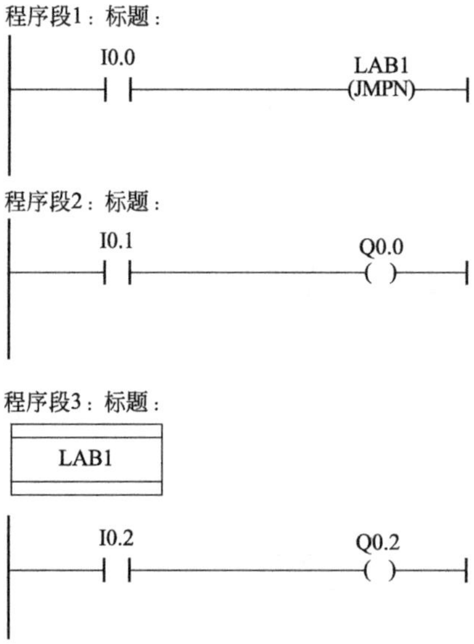

图 4-107 梯形图

4.6 实例

至此，读者已经对西门子 S7-300/400 PLC 的软硬件已经有一定的了解，本节内容将列举一些简单的例子，供读者模仿学习。

4.6.1 电动机的控制

【例 4-25】 请设计电动机点动控制的梯形图和接线图。

【解】

（1）方法 1

最容易想到的原理图和梯形图如图 4-108 和图 4-109 所示。但如果程序用到置位指令（S Q0.0），则这种解法则不可用。

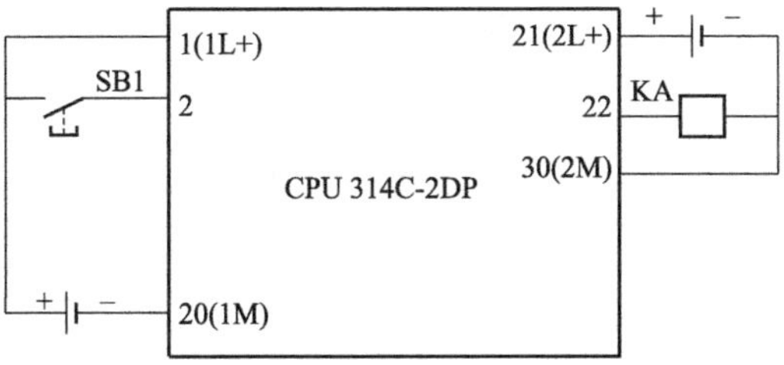

图 4-108 原理图

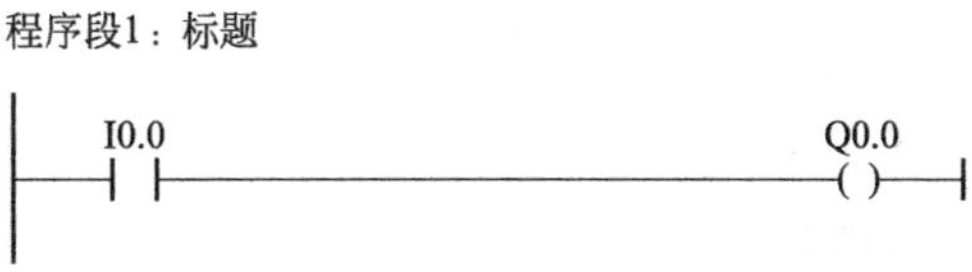

图 4-109 梯形图

（2）方法 2

如图 4-110 所示。

【例 4-26】 请设计两地控制电动机的启停的梯形图和接线图。

【解】

（1）方法 1

最容易想到的原理图和梯形图如图 4-111 和图 4-112 所示。这种解法是正确的解法，但不是最优方案，因为这种解法占用了较多的 I/O 点。

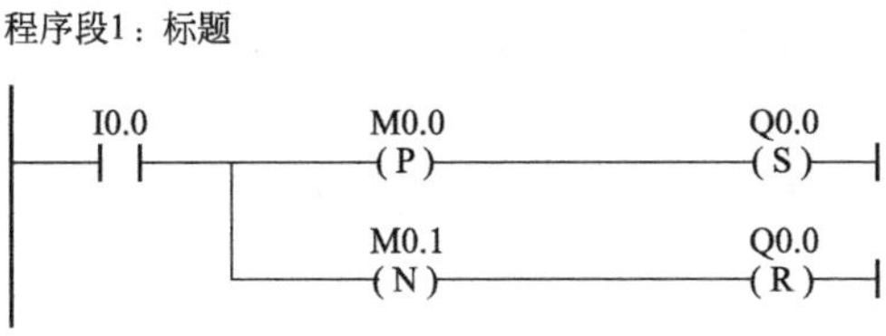

图 4-110 梯形图

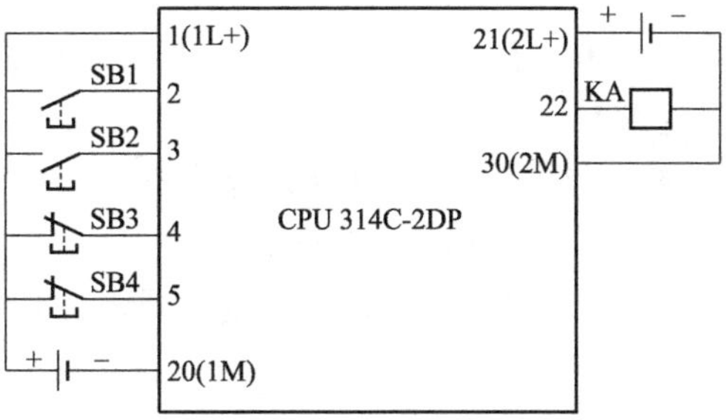

图 4-111 原理图

（2）方法 2

如图 4-113 所示。

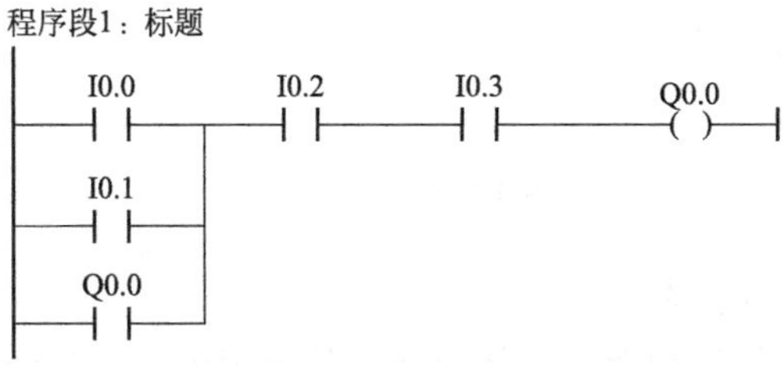

图 4-112 梯形图

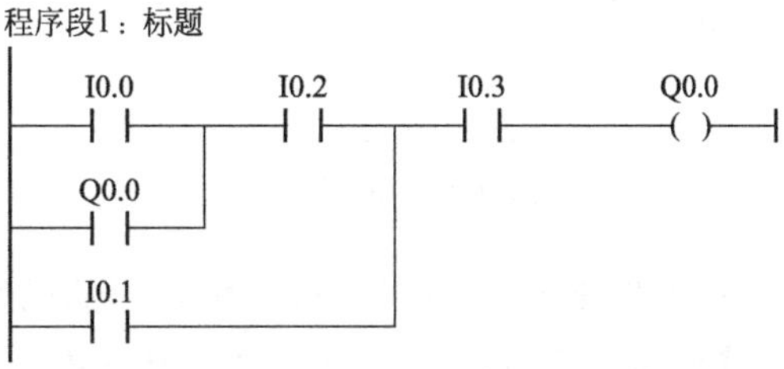

图 4-113 梯形图

（3）方法 3

优化后的方案的原理图如图 4-114 所示，梯形图如图 4-115 所示。可见节省了 2 个输入点，但功能完全相同。

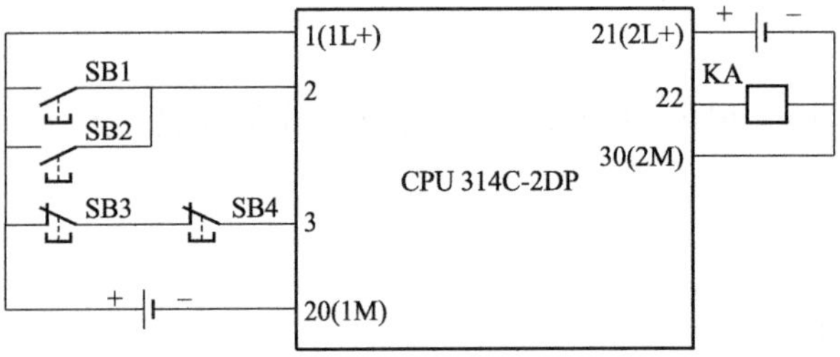

图 4-114　原理图

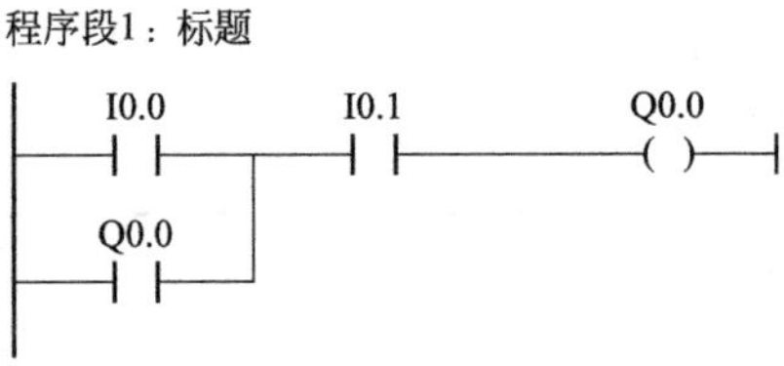

图 4-115　梯形图

【例 4-27】 请编写电动机的启动优先的控制程序。

【解】

I0.0 是启动按钮接常开触点，I0.1 是停止按钮接常闭触点。启动优先于停止的程序如图 4-116 所示。优化后的程序如图 4-117 所示。

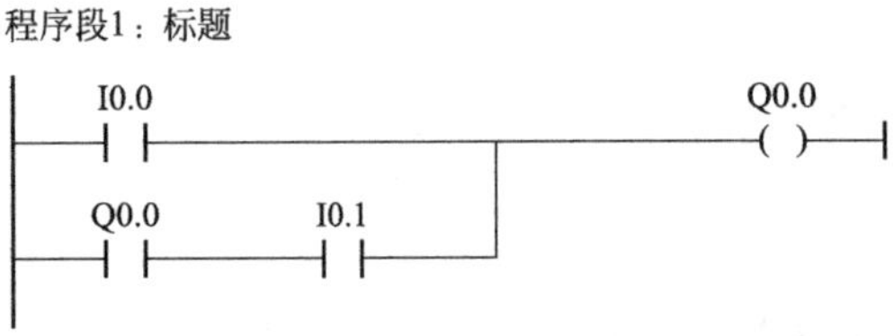

图 4-116　梯形图

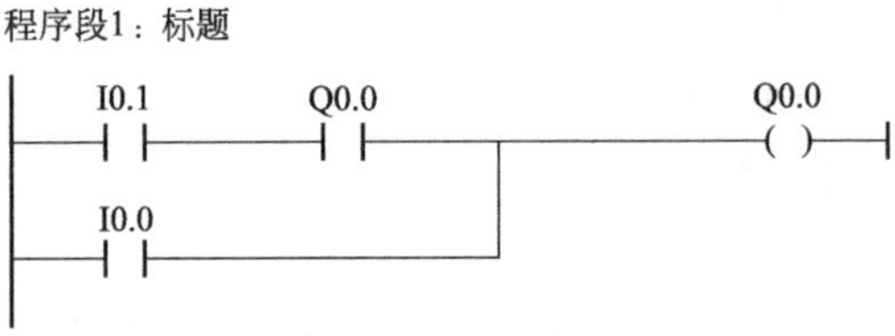

图 4-117　梯形图

【例 4-28】 请编写程序，实现电动机的启/停控制和点动控制，请画出梯形图和接线图。

【解】

输入点：启动——I0.0，停止——I0.2，点动——I0.1；手自转换——I0.3。

输出点：正转——Q0.0。

原理图如图 4-118，梯形图如图 4-119 所示，这种编程方法在工程实践中常用。

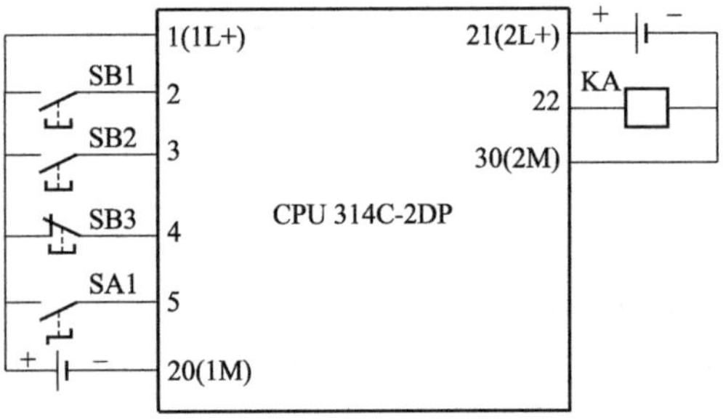

图 4-118　原理图

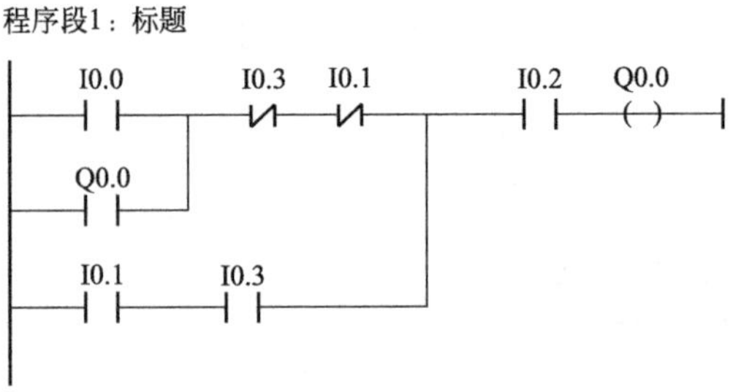

图 4-119　梯形图

以上程序还可以用如图 4-120 所示的梯形图程序替代。

【例 4-29】 设计电动机的“正转—停—反转”的梯形图，其中 I0.0 是正转按钮，I0.1 是反转按钮，I0.2 是停止按钮，Q0.0 是正转输出，Q0.1 是反转输出。

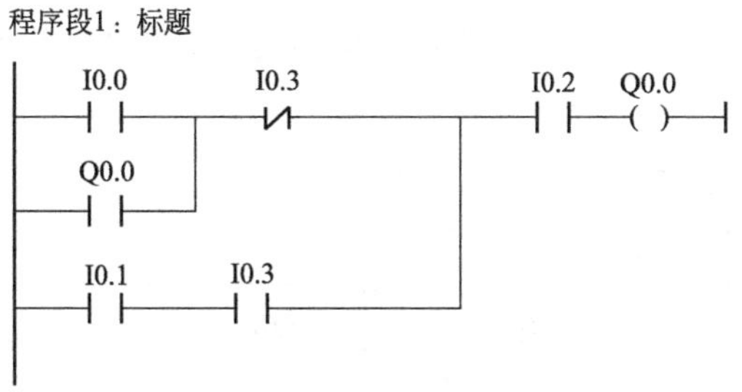

图 4-120 梯形图

【解】

先设计 PLC 的 I/O 接线图，如图 4-121 所示。

借鉴继电器接触器系统中的设计方法，不难设计“正转—停—反转”梯形图，如图 4-122 所示。常开触点 Q0.0 和常开触点 Q0.1 起自保（自锁）作用，而常闭触点 Q0.0 和常闭触点 Q0.1 起互锁作用。

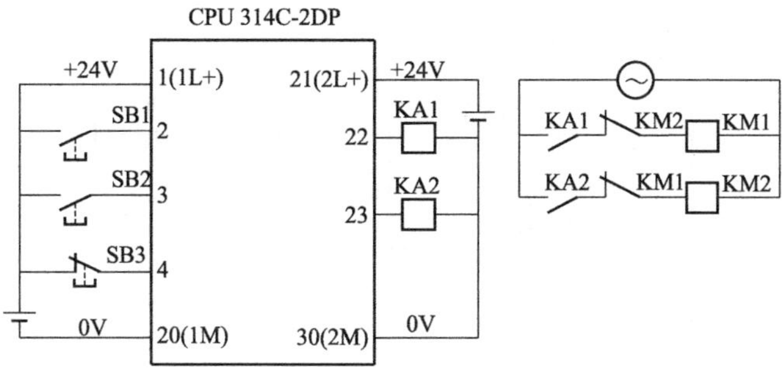

图 4-121 I/O 接线图

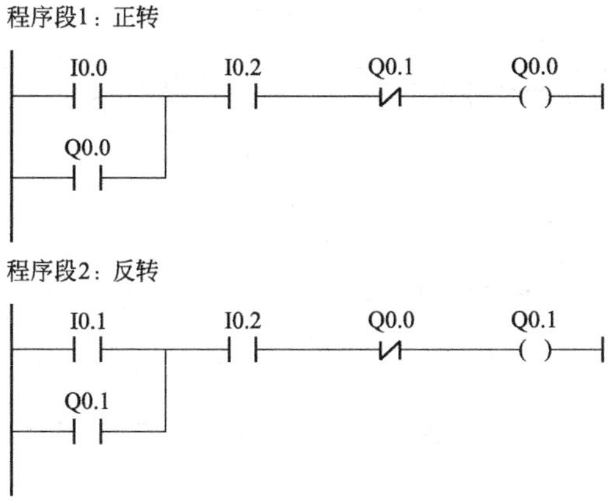

图 4-122 “正转—停—反转”梯形图

4.6.2 定时器和计数器应用

【例 4-30】 请编写一段程序，实现分脉冲功能。

【解】

解题思路：先用定时器产生秒脉冲，再用 30 个秒脉冲作为高电平，30 个脉冲作为低电平，梯形图如图 4-123 所示。秒脉冲用“周期/时钟存储器”的 M0.5 产生，其硬件组态如图 4-124 所示。

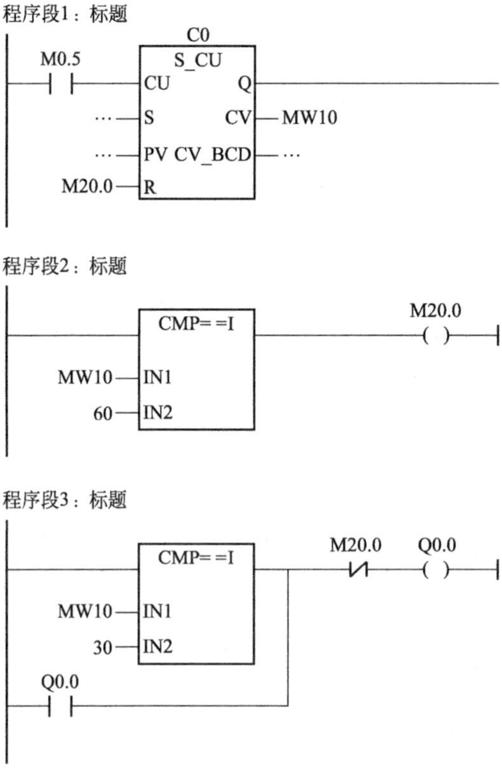

图 4-123　梯形图

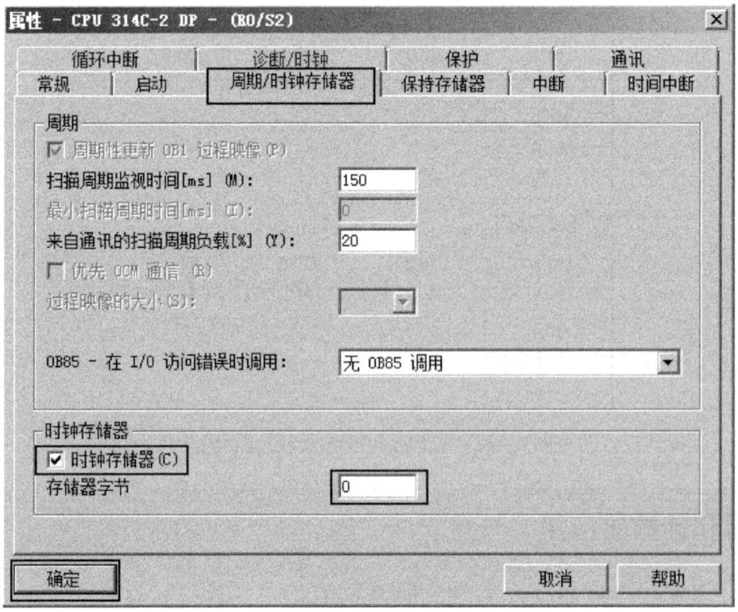

图 4-124　硬件组态

此题的另一种解法如图 4-125 所示，请读者思考，调换图 4-125 的梯形图的程序段 1 和程序段 2 的顺序后，是否可行？为什么？

【例 4-31】 某设备，三条传送带上的工件，最后汇集到最后一条传送带上，前三条传送带上有 I0.0、I0.1 和 I0.2 三个接近开关，先到的工件感应接近开关，激发对应的汽缸动作，推动工件，前三条传送带对应的汽缸输出为 Q0.0、Q0.1 和 Q0.2，每次只能保证一条生产的一个工件送到最后一条传送带上（竞争上岗），工件送到最后一条传送带，1s 后才能送下一个工件，复位为 I0.3。请编写相关程序实现此功能。

【解】

梯形图程序如图 4-126 所示。

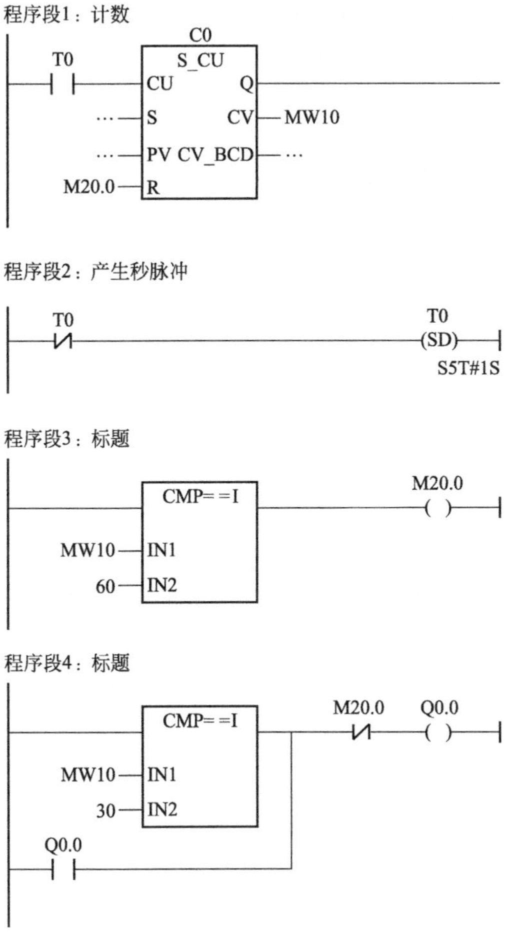

图 4-125 梯形图

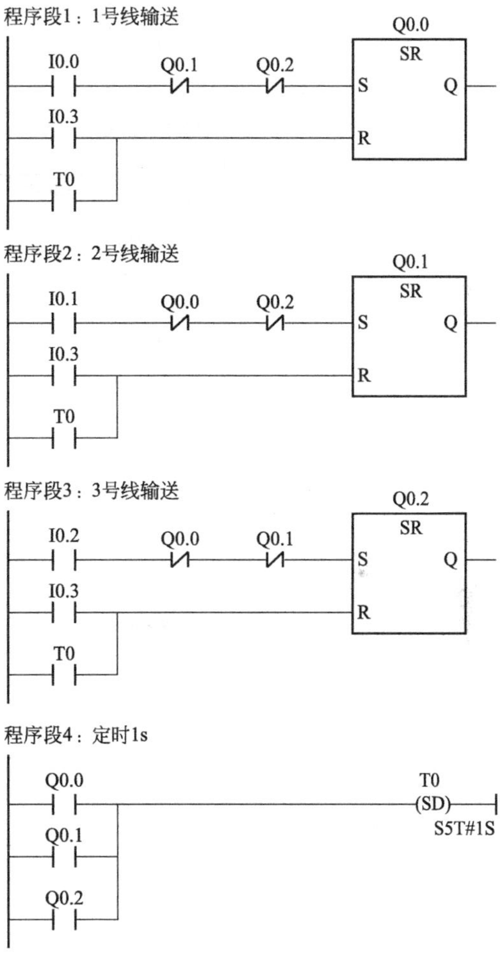

图 4-126 梯形图

【例 4-32】 请设计一段程序，延时时间为 100h。

【解】

梯形图程序如图 4-127 所示。

请读者思考，调换图 4-127 的梯形图的程序段 1 和程序段 2 的顺序后，是否可行？为什么？

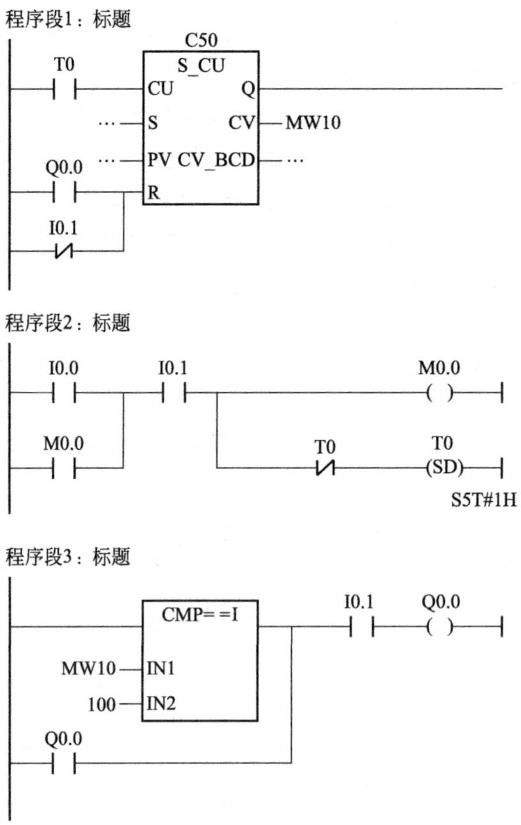
程序段1：标题
C50
S_CU
T0
CU
Q
S
CV
MW10
Q0.0
PV CV_BCD
R
I0.1
程序段2：标题
I0.0
I0.1
M0.0
M0.0
T0
T0
(SD)
S5T#1H
程序段3：标题
CMP= =I
I0.1
Q0.0
MW10
IN1
100
IN2
Q0.0

图 4-127 梯形图

第5章 西门子 S7-300/400 的程序结构

本章主要介绍功能、功能块、系统功能、系统功能块、数据块、中断和组织块等，本章内容对编写程序至关重要。

5.1 STEP 7 编程方法简介

STEP 7 编程方法有三种：线性化编程、模块化编程和结构化编程。以下对这三种方法分别介绍。

（1）线性化编程

线性化编程就是将整个程序放在循环控制组织块 OB1 中，在 CPU 循环扫描执行 OB1 中的全部指令。其特点是结构简单、概念简单，但由于所有指令都在一个块中，程序的某些部分可能不需要多次执行，而扫描时，重复扫描所有的指令，会造成资源浪费、执行效率低。对于大型的程序要避免线性化编程。

（2）模块化编程

模块化编程就是将程序根据功能分为不同的逻辑块，每个逻辑块完成不同的功能。在 OB1 中可以根据条件调用不同的功能或者功能块。其特点是易于分工合作，调试方便。因逻辑块是有条件调用，所以提高了 CPU 的效率。

（3）结构化编程

结构化编程就是将过程要求中类似或者相关的任务归类，在功能或者功能块中编程，形成通用的解决方案。通过不同的参数调用相同的功能或者通过不同的背景数据块调用相同的功能块。一般而言，西门子 S7-300/400 的程序都不会是小程序，所以通常采用结构化编程方法。

结构化编程具有如下一些优点。

- 各单个任务块的创建和测试可以相互独立地进行。
- 通过使用参数，可将块设计得十分灵活。比如，可以创建一钻孔循环，其坐标和钻孔深度可以通过参数传递进来。
- 块可以根据需要在不同的地方以不同的参数数据记录进行调用，也就是说，这些块能够被再利用。
- 在预先设计的库中，能够提供用于特殊任务的“可重用”块。

5.2 功能、数据块和功能块

5.2.1 块的概述

（1）块的简介

在操作系统中包含了用户程序和系统程序，操作系统已经固化在 CPU 中，它提供 CPU 运行和调试的机制。CPU 的操作系统是按照事件驱动扫描用户程序的。用户程序写在不同的块中，CPU 按照执行的条件成立与否执行相应的程序块或者访问对应的数据块。用户程序则是为了完成特定的控制任务，是由用户编写的程序。用户程序通常包括组织块（OB）、功能块（FB）、功能（FC）和数据块（DB）。系统块包括系统功能（SFC）、系统功能块（SFB）和系统数据块（SDB）。用户程序中的块的说明见表 5-1。

表 5-1 用户程序中的块的说明

块的类型	属　　性
组织块（OB）	用户程序接口 优先级（0～27） 在局部数据堆栈中指定开始信息
功能（FC）	参数可分配（必须在调用时分配参数） 基本上没有存储空间（只有临时变量）
功能块（FB）	参数可分配（可以在调用时分配参数） 具有（收回）存储空间（静态变量）
数据块（DB）	结构化的局部数据存储（背景数据块 DB） 结构化的全局数据存储（在整个程序中有效）
系统功能块（SFB）	SFB 具有存储空间，存储在 CPU 的操作系统中并可由用户调用
系统功能（SFC）	SFC 无存储空间，存储在 CPU 的操作系统中并可由用户调用
系统数据块（SDB）	用于配置数据和参数的数据块

（2）块的结构

块由变量声明表和程序组成。每个逻辑块都有变量声明表，变量声明表是用来说明块的局部数据。而局部数据包括参数和局部变量两大类。在不同的块中可以重复声明和使用同一局部变量，因为它们在每个块中仅有效一次。

局部变量包括两种：静态变量和临时变量。

参数是在调用块与被调用块之间传递的数据，包括输入、输出和输入/输出变量。表 5-2 为局部数据声明类型。

表 5-2 局部数据声明类型

变量名称	变量类型	说　　明
输入	IN	为调用模块提供数据，输入给逻辑模块
输出	OUT	从逻辑模块输出数据结果
输入/输出	IN_OUT	参数值既可以输入，也可以输出
静态变量	STAT	静态变量存储在背景数据块中，块调用结束后，变量被保留
临时变量	TEMP	临时变量存储 L 堆栈中，块执行结束后，变量消失

如图 5-1 所示为块调用的分层结构的一个例子，组织块 OB1（主程序）调用功能块 FB1，FB1 调用功能块 FB10，组织块 OB1（主程序）调用功能块 FB2，功能块 FB2 调用功能 FC5，功能 FC5 调用系统功能 SFC0。

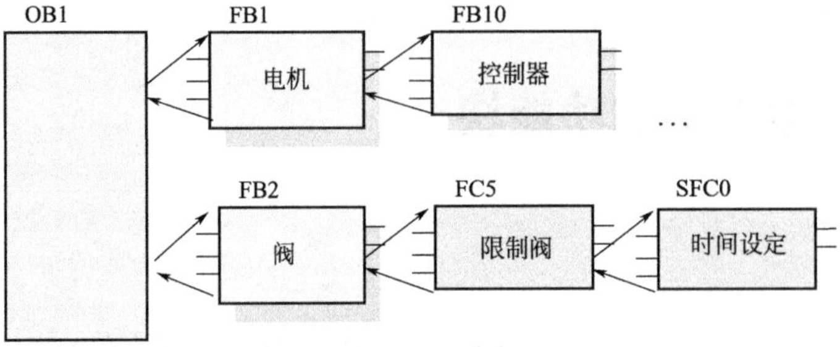

图 5-1 块调用的分层结构

5.2.2 功能（FC）及其应用

（1）功能（FC）简介

① 功能（FC）是用户编写的程序块，是一种“不带内存”的逻辑块，属于 FC 的临时变量保存在本地数据堆栈中，执行 FC 时，该数据将丢失。为永久保存该数据，功能也可使用共享数据块。由于 FC 本身没有内存，因此，必须始终给它指定实际参数。不能给 FC 的本地数据分配初始值。

② FC 里有一个局域变量表和块参数。局域变量表里有：IN（输入参数）、OUT（输出参数）、IN_OUT（输入/输出参数）、TEMP（临时数据）、RETURN（返回值 RET_VAL）。IN（输入参数）将数据传递到被调用的块中进行处理。OUT（输出参数）是将结果传递到调用的块中。IN_OUT（输入/输出参数）将数据传递到被调用的块中，在被调用的块中处理数据后，再将被调用的块中发送的结果存储在相同的变量中。TEMP（临时数据）是块的本地数据，并且在处理块时将其存储在本地数据堆栈。关闭并完成处理后，临时数据就变得不再可访问。RETURN 包含返回值 RET_VAL。

（2）功能（FC）的应用

功能（FC）类似于 VB 语言中的子程序，用户可以将具有相同控制过程的程序编写在 FC 中，然后在主程序 OB1 中调用。创建功能的过程步骤是：先建立一个项目，再在 SIMATIC 管理器界面中选中“块”，单击菜单栏的 “插入”→“S7 块”→“功能”，即可插入一个空的功能。以下用 2 个例题讲解功能（FC）的应用。

【例 5-1】 用功能实现电动机的启停控制。

【解】

① 先新建一个项目，本例为“启停控制”。选中“块”，接着单击菜单栏的 “插入”→“S7 块”→“功能”，即可插入一个空的功能，如图 5-2 所示。

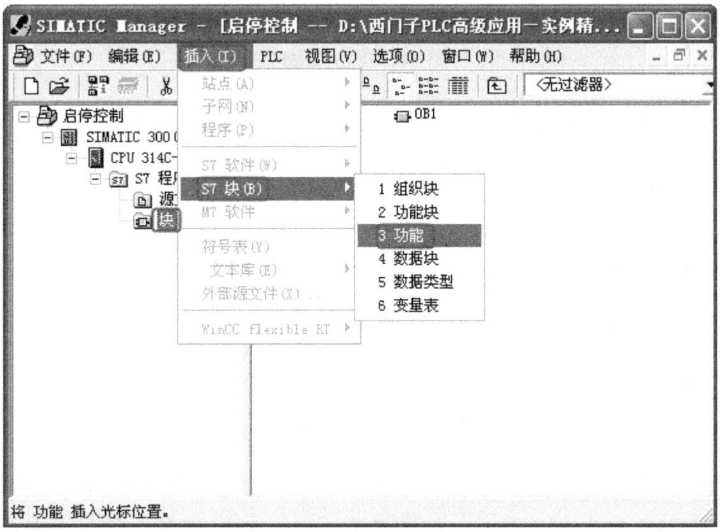

图 5-2 插入功能

② 如图 5-3 所示，在“属性—功能”界面中，输入功能的名称，再单击“确定”按钮。再双击“FC1”，打开功能，如图 5-4 所示。

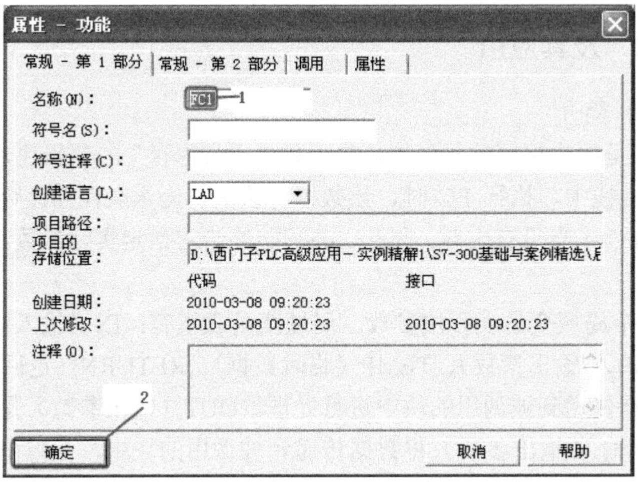

图 5-3 “属性—功能”界面

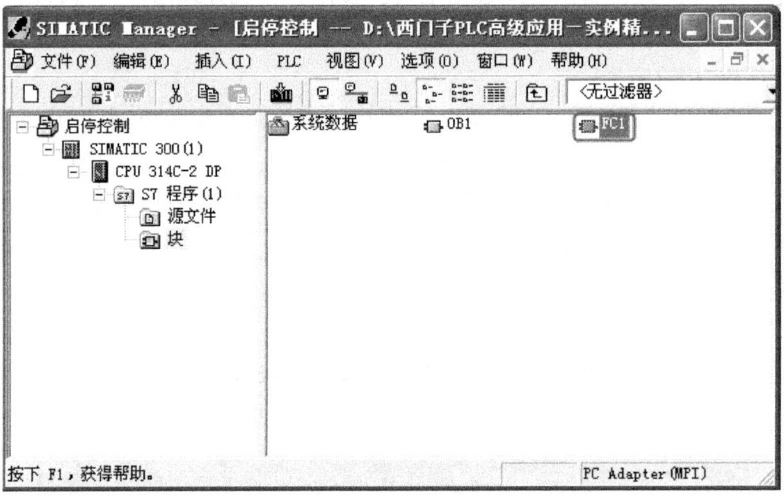

图 5-4 打开功能

③ 在“程序编辑器”中输入如图 5-5 所示的程序，此程序能实现启停控制，再保存程序。

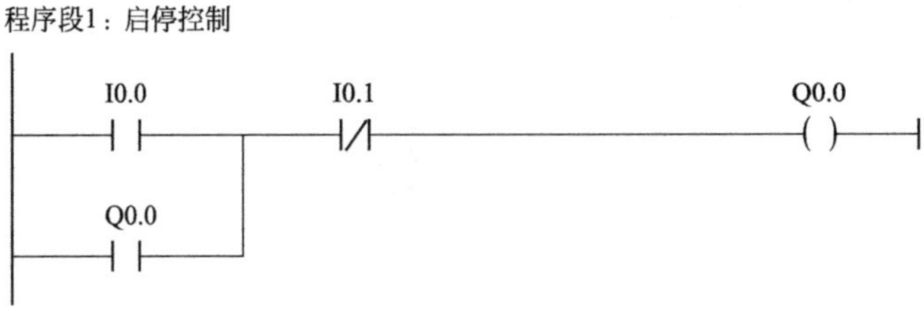

图 5-5 功能中的程序

④ 在 SIMATIC 管理器界面，双击“OB1”，打开主程序块“OB1”，如图 5-6 所示。

⑤ 将功能“FC1”拖入程序段 1，如图 5-7 所示。如果将整个项目下载到 PLC 中，即可实现“启停控制”。

在例 5-1 中，只能用 I0.0 实现启动，而用 I0.1 实现停止，这种功能调用方式是绝对调用，显然灵活性不够，例 5-2 将用参数调用。

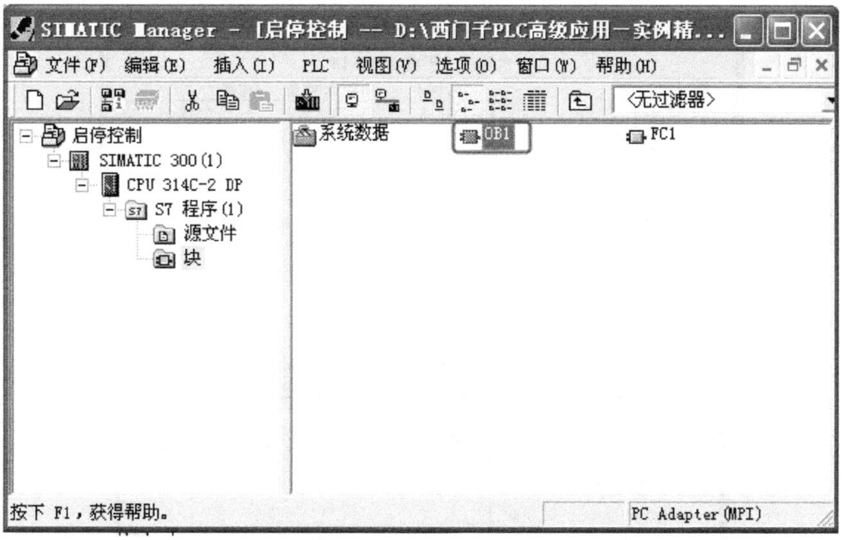

图 5-6 打开主程序块

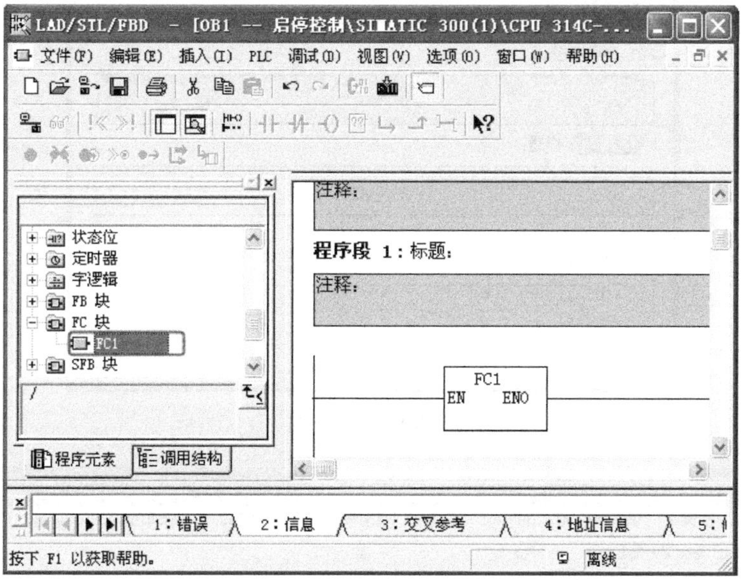

图 5-7 在主程序中调用功能

【例 5-2】 用功能实现电动机的启停控制。

【解】

本例的①、②步与例 5-1 的①、②步相同，在此不再重复讲解。

③ 在 SIMATIC 管理器中，双击功能块“FC1”，打开功能，弹出“程序编辑器”界面，先选中 IN（输入参数）新建参数“Start”和“Sto”，数据类型为“Bool”，如图 5-8 所示。再选中 OUT（输出参数），新建参数“Motor”，数据类型为“Bool”，如图 5-8 所示。最后在程序段 1 中输入程序，如图 5-9 所示，注意参数前都要加“#”。

④ 在 SIMATIC 管理器界面，双击“OB1”，打开主程序块“OB1”，将功能“FC1”拖入程序段 1，如图 5-10 所示。如果将整个工程下载到 PLC 中，就可以实现“启停控制”。这个程序的功能“FC1”的调用比较灵活，与例 5-1 不同，启动不只限于 I0.0，停止不只限于 I0.1，在编写程序时，可以灵活分配应用。

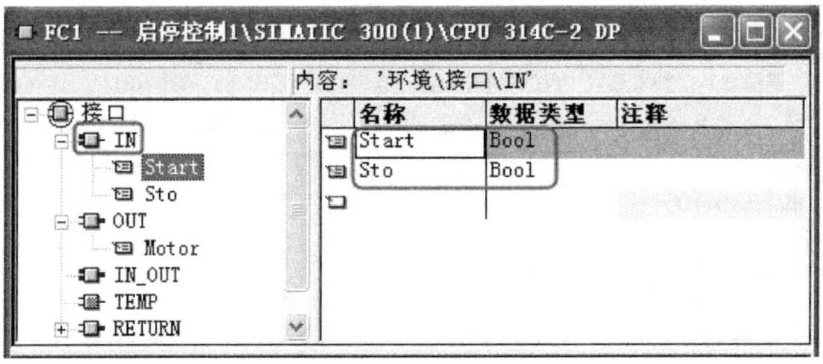

图 5-8 新建输入参数

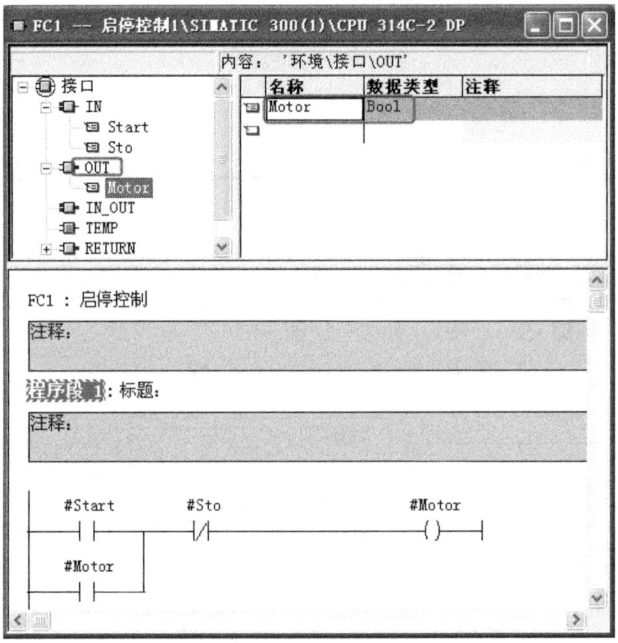

图 5-9 功能 FC1

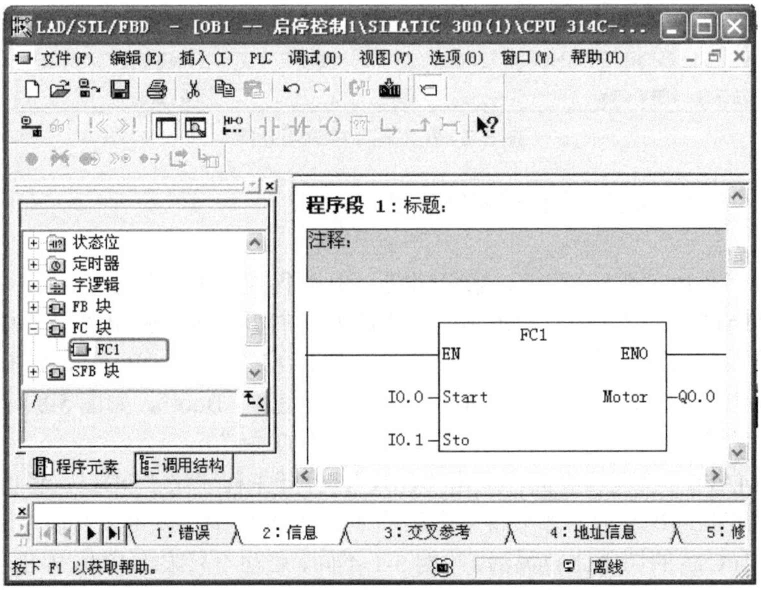

图 5-10 在 OB1 中调用功能 FC1

5.2.3 共享数据块（DB）及其应用

（1）共享数据块（DB）简介

共享数据块（DB）与逻辑块不同，数据块不包含 STEP 7 指令。它们用来存储用户数据，即数据块包含用户程序使用的变量数据。共享数据块则用来存储可由所有其他块访问的用户数据。共享数据块（DB）的应用非常广泛。

（2）共享数据块（DB）应用

以下用 2 个例题来说明数据块的应用。

【例 5-3】 用数据块实现电动机的启停控制。

【解】

① 新建一个工程，本例为“数据块应用”，选中“块”，单击菜单栏的“插入”→“S7 块”→“数据块”，即可插入一个空的数据块，如图 5-11 所示。

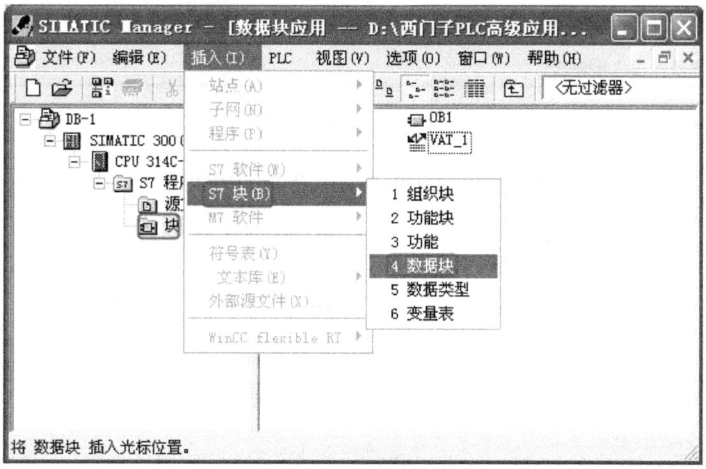

图 5-11 插入数据块

② 如图 5-12 所示，在“属性—数据块”界面中，输入数据块的名称，再单击“确定”按钮即可。

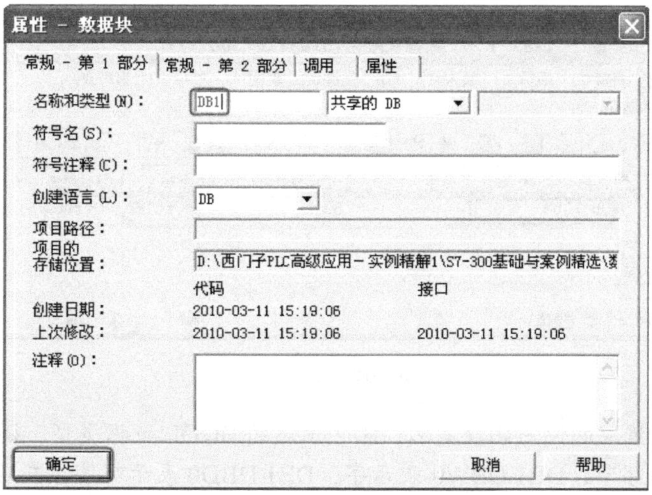

图 5-12 “属性—数据块”界面

③ 在 SIMATIC 管理器界面。选中“块”，单击菜单栏的 “插入”→“S7 块”→“变量表”，即可插入一个空的变量表，如图 5-13 所示。

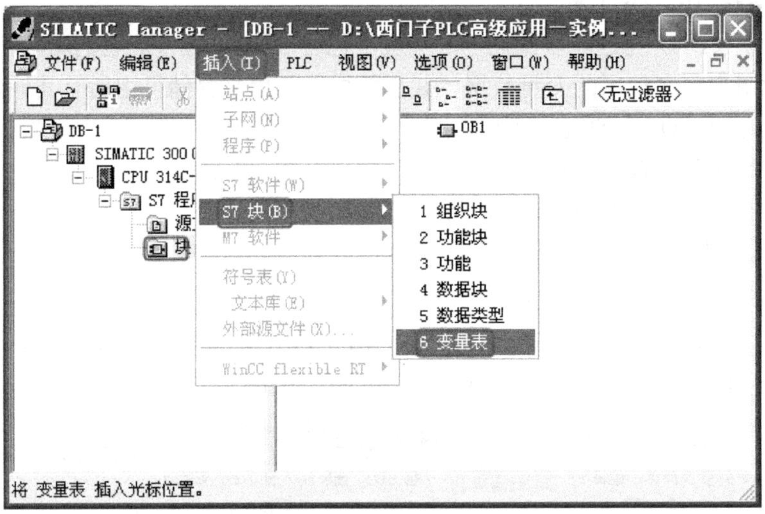

图 5-13 插入变量表

④ 在“程序编辑器”中输入如图 5-14 所示的程序，此程序能实现启停控制，保存程序。

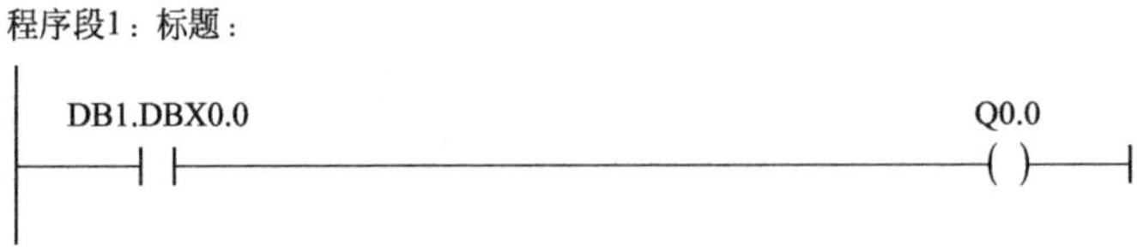

图 5-14 数据块中的程序

⑤ 在 SIMATIC 管理器界面，双击变量表“VAT_1”，打开变量表，并输入“1”处的地址、显示格式和修改数值，如图 5-15 所示。再将整个项目下载到 CPU 中，当单击“监视参数”和“修改变量”按钮时，Q0.0 闭合，可以控制电动机运行，当把“true”修改成“false”时，电动机停止运行。

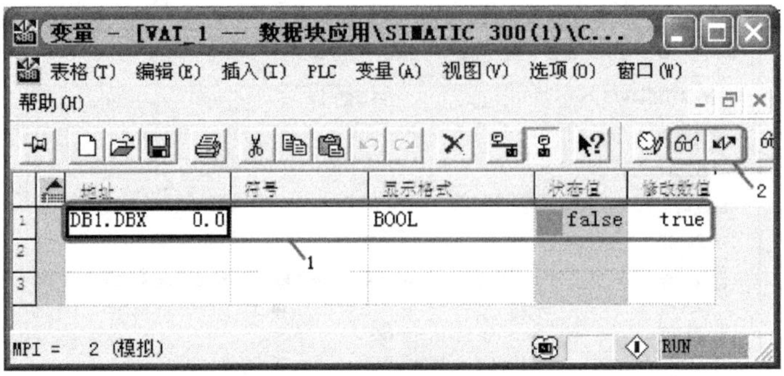

图 5-15 监控参数

【关键点】 数据块的使用比较灵活，除了上述的 BOOL 数据类型，还有其他数据类型，如 DB1.DBB0 表示字节，DB1.DBW0 表示字，DB1.DBD0 表示双字，在后面会用到。

数组在 S7-300/400 中较为常用，以下的例子是用数据块创建数组。

【例 5-4】 用数据块创建一个数组 ary[0..5]，数组中包含 6 个整数，并编写程序把模拟量 PIW752 保存到数组的第 3 个整数中。

【解】

① 先进行硬件组态，并创建背景数组块 DB1，如图 5-16 所示，双击“DB1”打开数据块“DB1”。

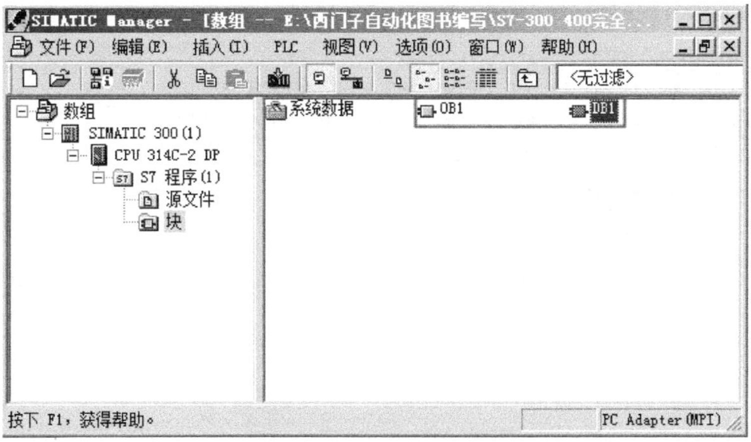

图 5-16 创建新项目

② 在 DB1 中创建数组。数组名称 ary，数组为 ARRAY[0..5]表示为数组中有 6 个元素，INT 表示数组的数据为整数，如图 5-17 所示，保存创建的数组。

地址	名称	类型	初始值	注释
0.0		STRUCT		
+0.0	ary	ARRAY[0..5]		数组
*2.0		INT		
=12.0		END_STRUCT		

图 5-17 创建数组

③ 在 OB1 中编写梯形图程序，如图 5-18 所示。

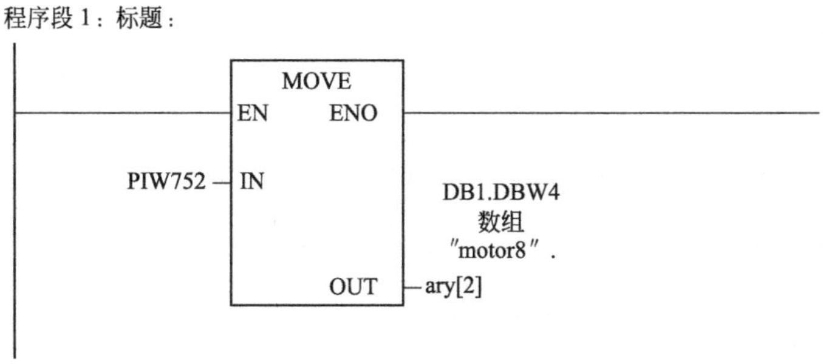

图 5-18 OB1 中梯形图

5.2.4 自定义数据类型（UDT）及其应用

自定义数据类型是个难点，对于初学者更加如此。虽然在前面章节已经提到了自定义数据类型，但由于前述章节的篇幅所限，没有讲解其应用。以下用一个例子介绍自定义数据类型的应用，以便帮助读者进一步理解自定义数据类型。

【例 5-5】 有一台电动机，要对其进行启停控制，而且还要采集其温度，请设计此控制系统，并编写控制程序（要求使用自定义数据类型）。

【解】

① 首先新建一个项目，命名为“UDT”，并插入数据块“DB1”和自定义数据“UDT1”，如图 5-19 所示。

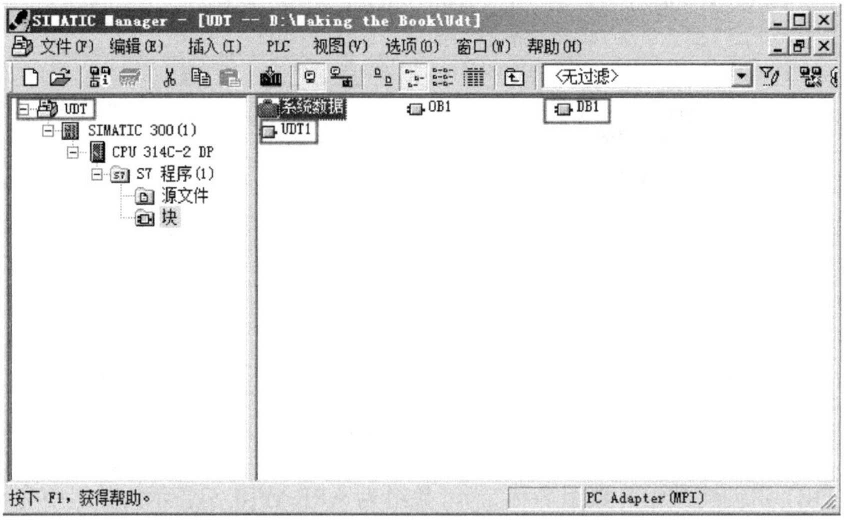

图 5-19 新建项目“UDT”，插入“DB1”和“UDT1”

② 打开 UDT 的属性，将其符号命名为“Motor”，单击“确定”按钮，如图 5-20 所示。再打开 UDT1，在其中创建如图 5-21 所示的数据结构，“Motor”就是一个自定的数据类型，共有 4 个参数，这个新自定的数据类型，可以在程序中使用了。

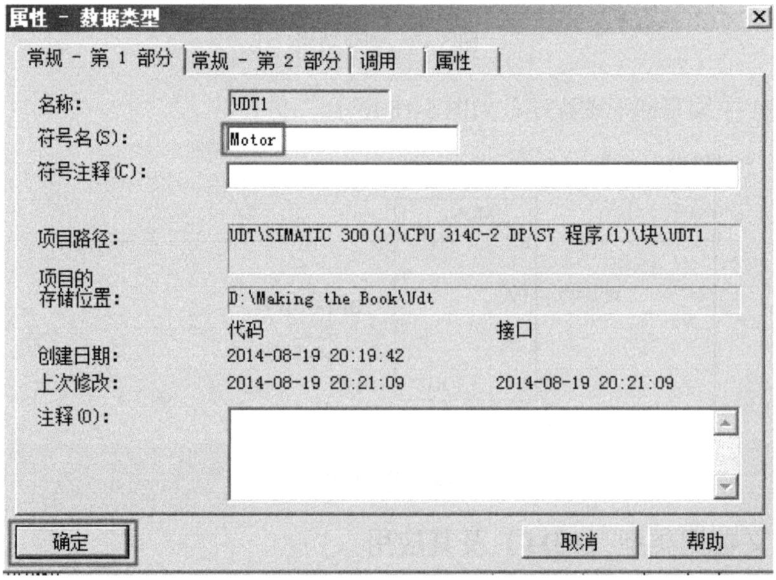

图 5-20 将 UDT 符号命名为“Motor”

地址	名称	类型	初始值	注释
0.0		STRUCT		
+0.0	Starting	BOOL	FALSE	启动
+0.1	Stoping	BOOL	FALSE	停止
+0.2	Mout	BOOL	FALSE	电动机
+2.0	Temperature	INT	20	温度
=4.0		END_STRUCT		

图 5-21　设置 UDT1 中的参数

③ 打开 DB1 的属性，将其符号命名为“Motora”，单击“确定”按钮，如图 5-22 所示。再打开 DB1，如图 5-23 所示，创建参数“Motor1”，其数据类型为 UDT 的数据类型“Motor”。

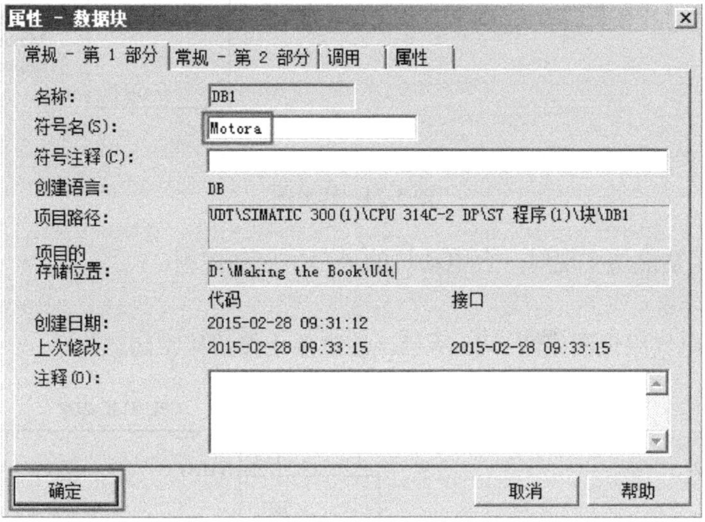

图 5-22　将 DB1 符号命名为“Motora”

地址	名称	类型	初始值	注释
0.0		STRUCT		
+0.0	Motor1	"Motor"		
=4.0		END_STRUCT		

图 5-23　设置 DB1 中的参数

④ 编写如图 5-24 所示的梯形图程序。梯形图中用到了自定义数据类型。

5.2.5　功能块（FB）及其应用

（1）功能块（FB）的简介

功能块（FB）属于编程者自己编程的块。功能块是一种“带内存”的块。分配数据块作为其内存（实例数据块）。传送到 FB 的参数和静态变量保存在实例 DB 中。临时变量则保存在本地数据堆栈中。执行完 FB 时，不会丢失实例 DB 中保存的数据。但执行完 FB 时，会丢失保存在本地数据堆栈中的数据。

（2）功能块（FB）的应用

以下用一个例题来说明功能块的应用。

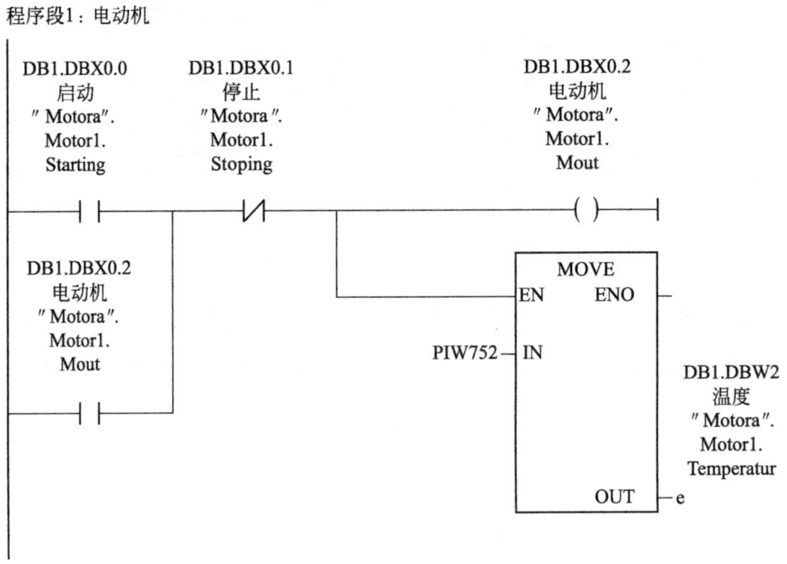

图 5-24 梯形图

【例 5-6】 用功能块实现对一台电动机的星三角启动控制。

【解】

星三角启动电气原理图如图 5-25 所示。注意停止按钮接常闭触头。

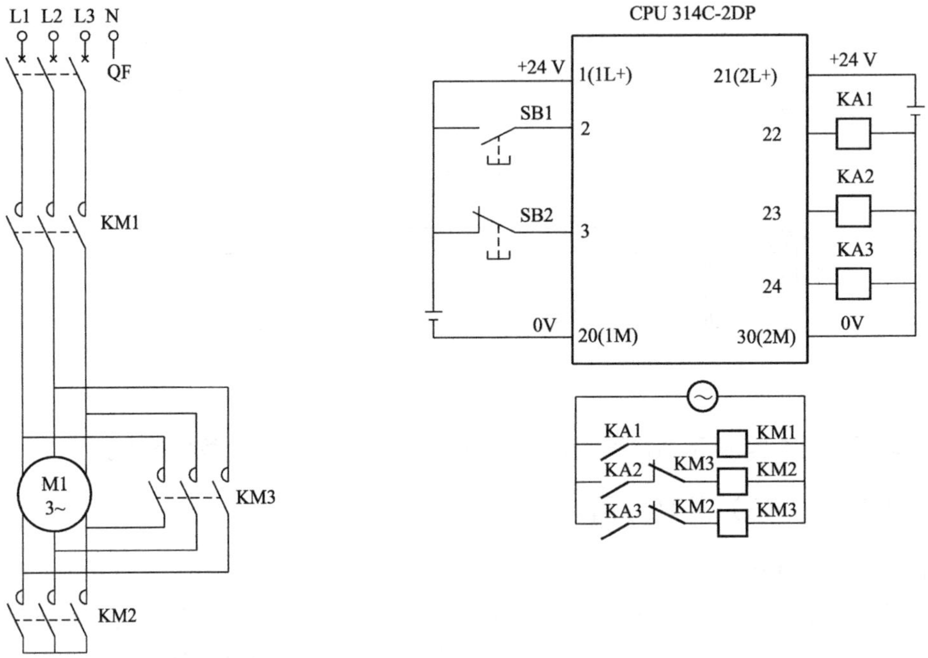

图 5-25 电气原理图

星三角启动的工程创建如下。

① 新建一个项目，本例为“启停控制”，选中“块”，单击菜单栏的 “插入”→“S7 块”→“功能块”，即可插入一个空的功能块，如图 5-26 所示。

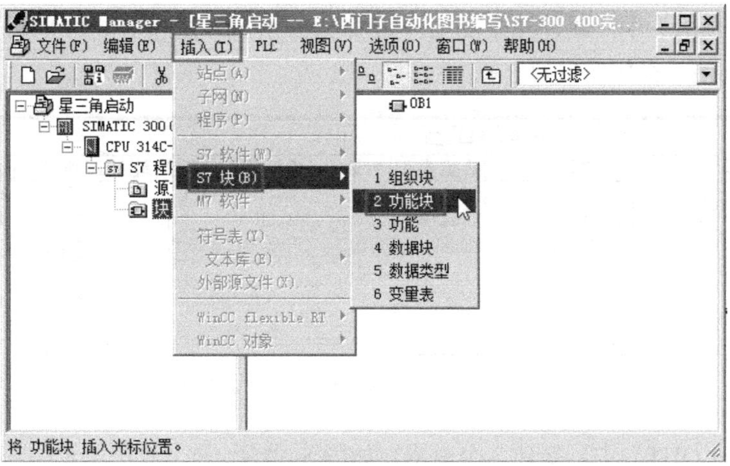

图 5-26 插入功能块

② 如图 5-27 所示，在“属性—功能块”界面中，输入功能块的名称，再单击“确定”按钮。再双击“FB1”，打开功能块，如图 5-28 所示。

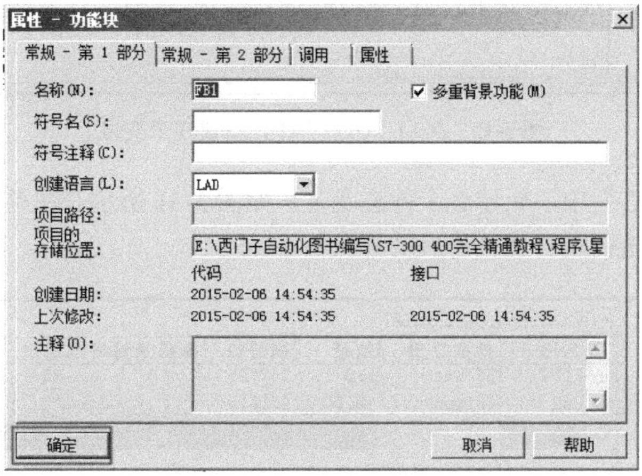

图 5-27 “属性—功能块”界面

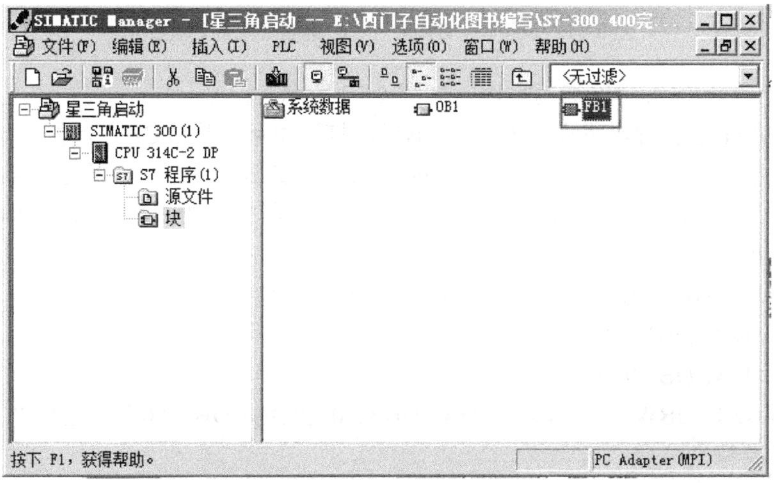

图 5-28 打开功能块

③ 在接口“IN”中，新建 4 个变量，如图 5-29 所示，注意变量的类型。注释内容可以空缺，注释的内容支持汉字字符。

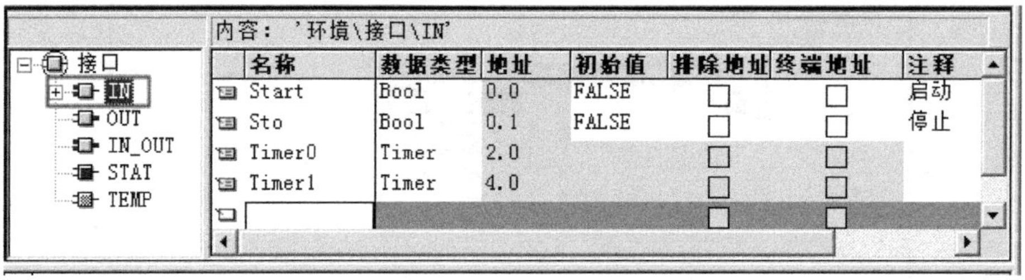
内容： '环境\接口\IN'
接口
IN
OUT
IN_OUT
STAT
TEMP
名称 数据类型 地址 初始值 排除地址 终端地址 注释
Start Bool 0.0 FALSE 启动
Sto Bool 0.1 FALSE 停止
Timer0 Timer 2.0
Timer1 Timer 4.0

图 5-29　在接口“IN”中，新建 4 个变量

④ 在接口“OUT”中，新建 3 个变量，如图 5-30 所示。

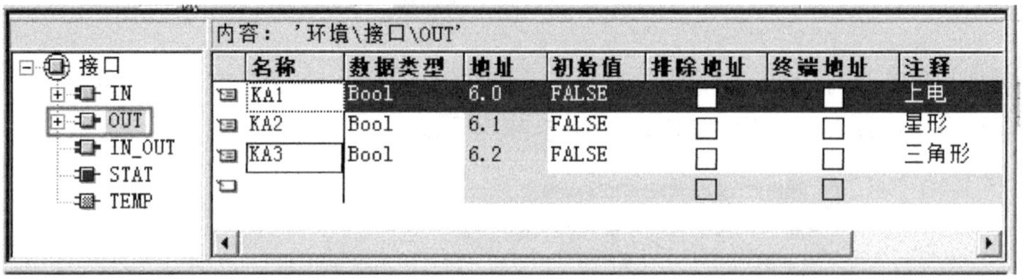
内容： '环境\接口\OUT'
接口
IN
OUT
IN_OUT
STAT
TEMP
名称 数据类型 地址 初始值 排除地址 终端地址 注释
KA1 Bool 6.0 FALSE 上电
KA2 Bool 6.1 FALSE 星形
KA3 Bool 6.2 FALSE 三角形

图 5-30　接口“OUT”中，新建 3 个变量

⑤ 在接口“STAT”中，新建 2 个静态变量，如图 5-31 所示，注意变量的类型，同时注意初始值不能为 0，否则没有星三角启动效果。

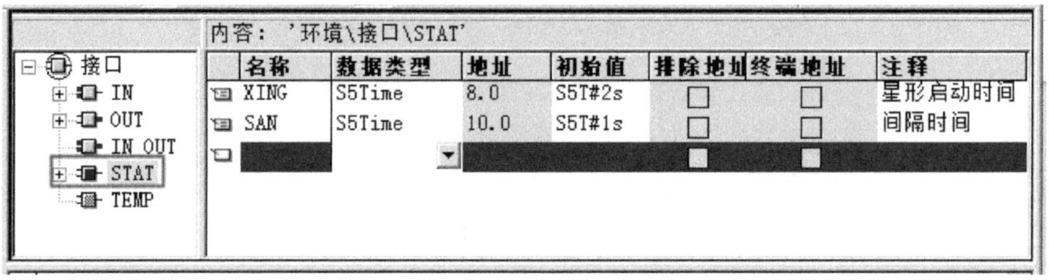
内容： '环境\接口\STAT'
接口
IN
OUT
IN_OUT
STAT
TEMP
名称 数据类型 地址 初始值 排除地址 终端地址 注释
XING S5Time 8.0 S5T#2s 星形启动时间
SAN S5Time 10.0 S5T#1s 间隔时间

图 5-31　在接口“STAT”中，新建 2 个静态变量

⑥ 在 FB1 的程序编辑区编写程序，如图 5-32 所示。

⑦ 在 SIMATIC 管理器界面，双击“OB1”，打开主程序块“OB1”，如图 5-33 所示。

⑧ 将功能“FB1”拖入程序段 1，在 FB1 上方输入数据块 DB1，如果这个数据块不存在，那么 STEP 7 提示读者建立它，如图 5-34 所示。将整个项目下载到 PLC 中，即可实现“电动机星三角启动控制”。

背景数据块 DB1 如图 5-35 所示。其地址（即第一列）含义如下：

0.0：表示 DB1.DBX0.0；

0.1：表示 DB1.DBX0.1；

2.0：表示 DB1.DBW2，并非表示 DB1.DBX2.0，“DB1.DBX2.0”是这个“字”的起始地址，这点读者要特别注意；

4.0：表示 DB1.DBW4，并非表示 DB1.DBX4.0。

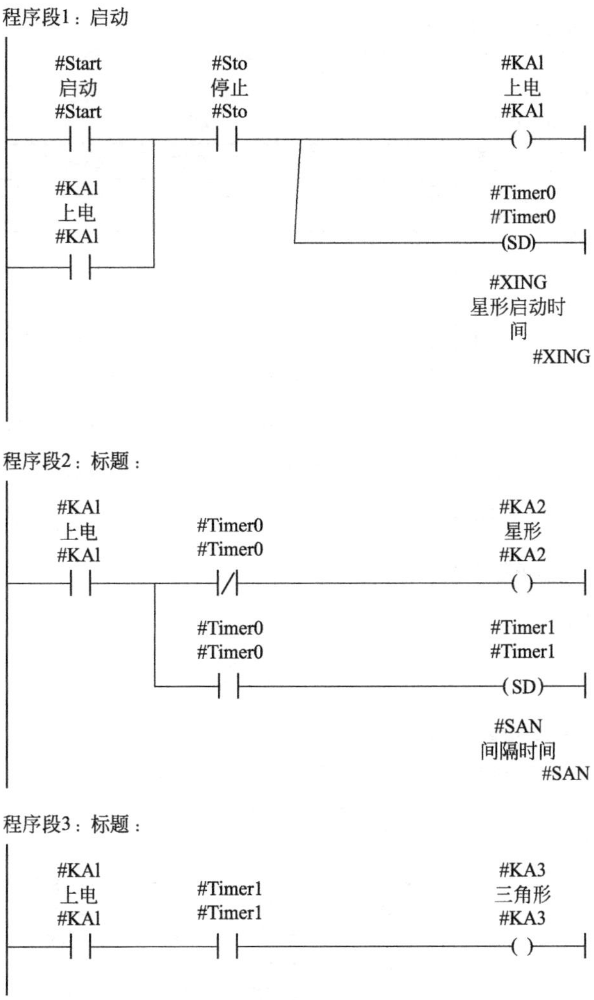

图 5-32　FB1 中的程序

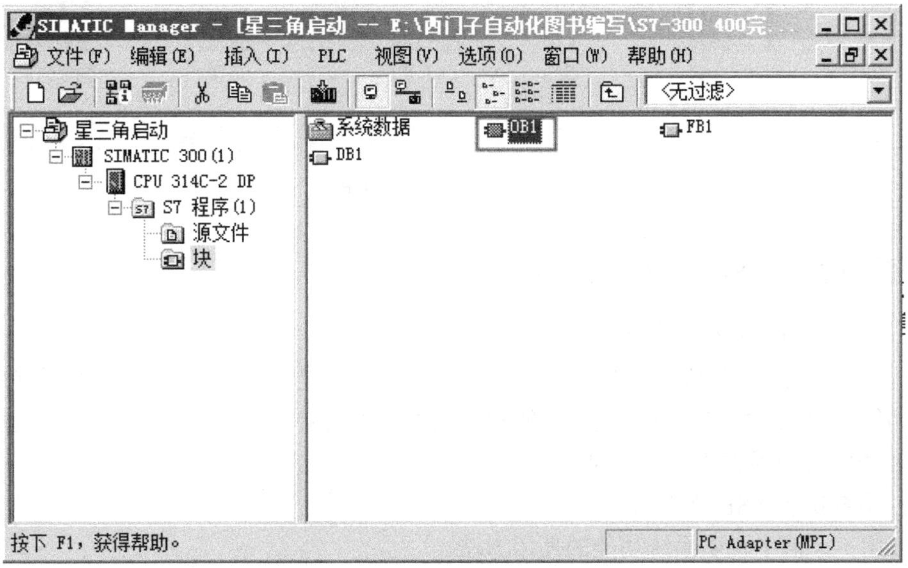

图 5-33　打开主程序块

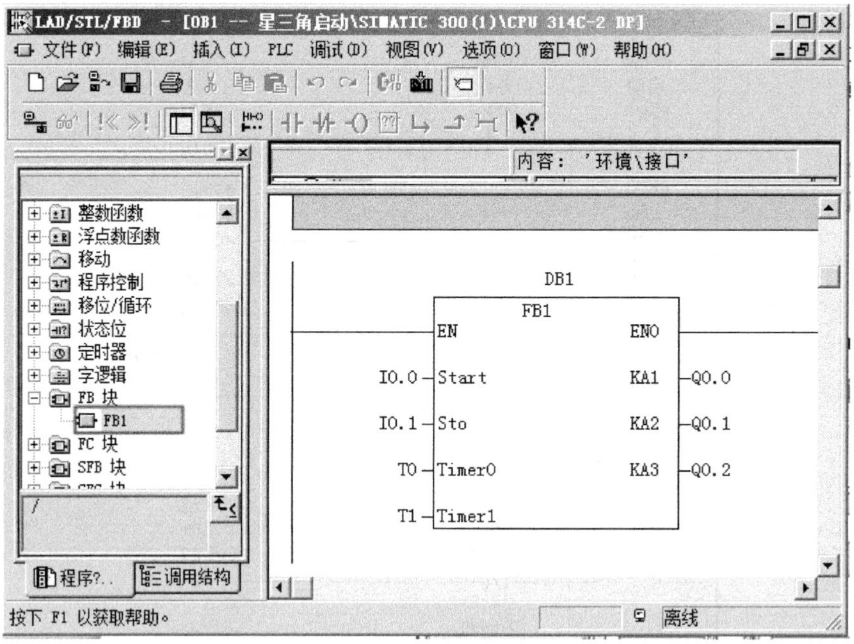

图 5-34 调用功能块

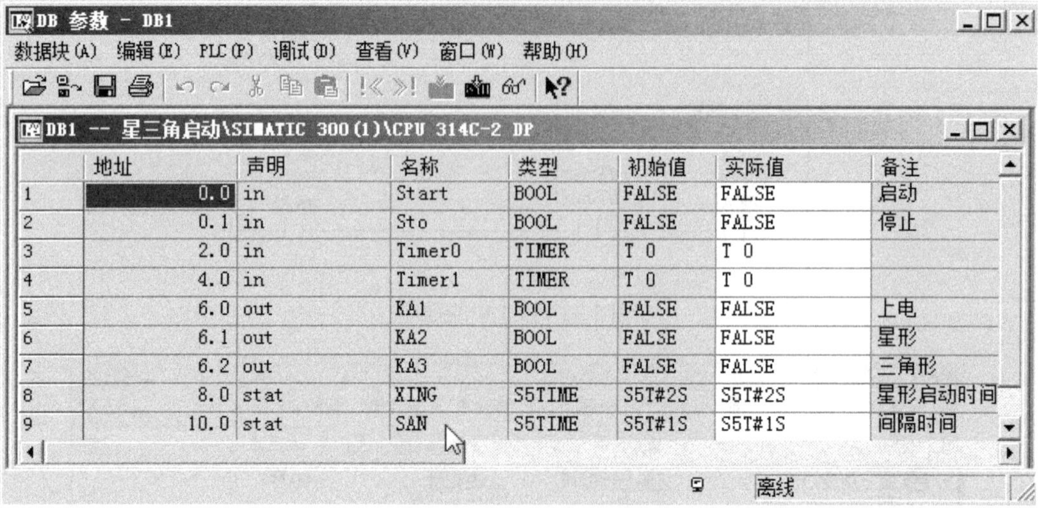

	地址	声明	名称	类型	初始值	实际值	备注
1	0.0	in	Start	BOOL	FALSE	FALSE	启动
2	0.1	in	Sto	BOOL	FALSE	FALSE	停止
3	2.0	in	Timer0	TIMER	T 0	T 0	
4	4.0	in	Timer1	TIMER	T 0	T 0	
5	6.0	out	KA1	BOOL	FALSE	FALSE	上电
6	6.1	out	KA2	BOOL	FALSE	FALSE	星形
7	6.2	out	KA3	BOOL	FALSE	FALSE	三角形
8	8.0	stat	XING	S5TIME	S5T#2S	S5T#2S	星形启动时间
9	10.0	stat	SAN	S5TIME	S5T#1S	S5T#1S	间隔时间

图 5-35 背景数据块 DB1

5.2.6 系统功能（SFC）及其应用

（1）系统功能（SFC）简介

系统功能（SFC）集成在 STEP 的“库”中，实际上是西门子公司编写的子程序，完成特定的功能。STEP 中有丰富的系统功能和功能块，供读者在编写程序时调用，这也是西门子 S7-300/400 功能强大的重要原因。

（2）系统功能（SFC）应用

以下用一个例子说明系统功能的使用方法。

【例 5-7】 用系统功能 SFC0 修改 CPU 314C-2DP 的系统时间。

【解】

① 新建一个项目，本例为“时间”，选中“块”，双击“OB1”打开程序编辑器，如图5-36所示。

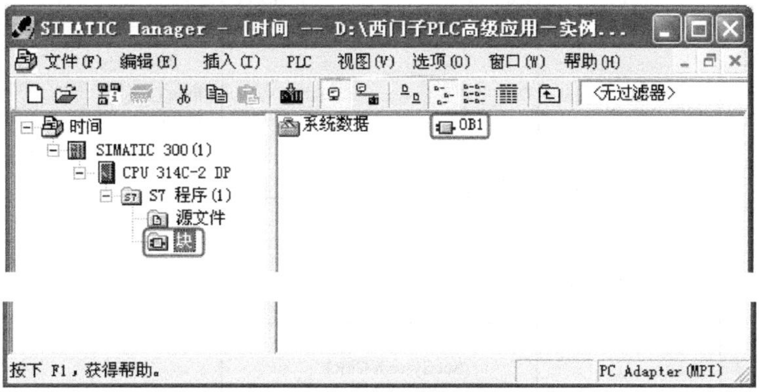

图5-36 打开主程序块

② 将系统功能拖入程序编辑区。展开“库”→“System Function Blocks”，先选中“SFC0”，再将“SFC0”拖入到程序编辑区，如图5-37所示。

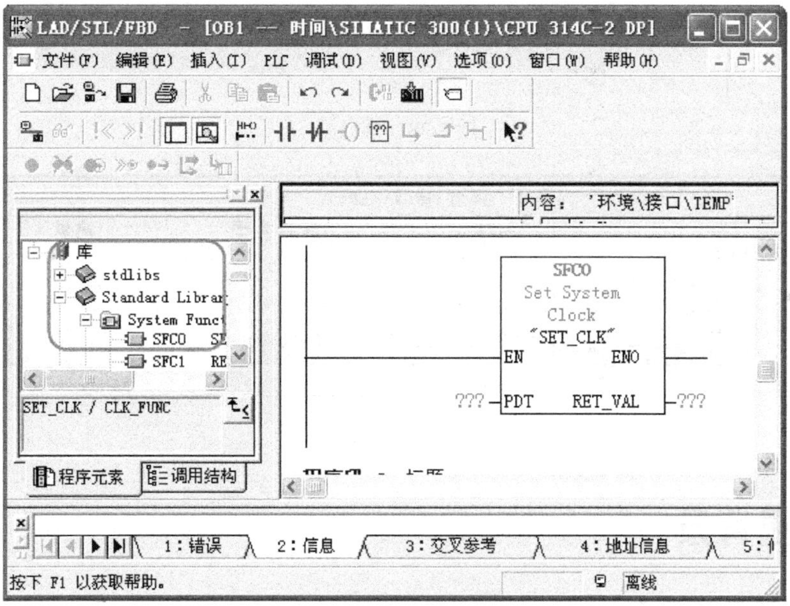

图5-37 将系统功能拖入程序编辑区

③ 编写如图5-38所示的梯形图程序，程序的作用是先将日期和时间合并，再用合并后的时间修改CPU的系统时间，修改后的系统时间是“2015-3-18-18:30:18.8”。

在OB1中，新建一个临时变量“SetTime”，如图5-39所示，注意其数据类型为“Date_And_Time”。如果数据类型不对，则梯形图中是红色的，表示有错误。

系统功能块（SFB）的使用方法和系统功能（SFC）的使用方法类似，只不过系统功能块要用到背景数据块。在后续章节有系统功能和系统功能块的具体应用，在此不再赘述。

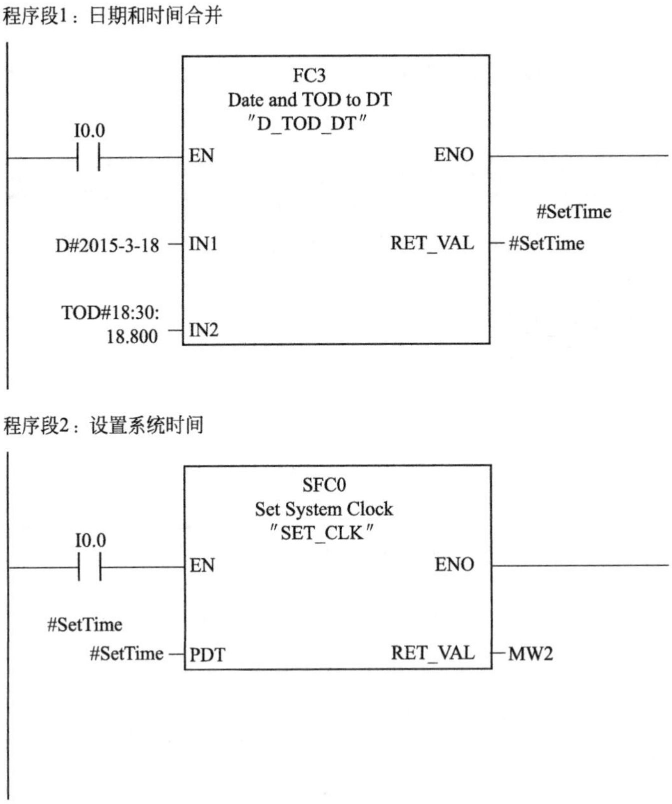

图 5-38 梯形图

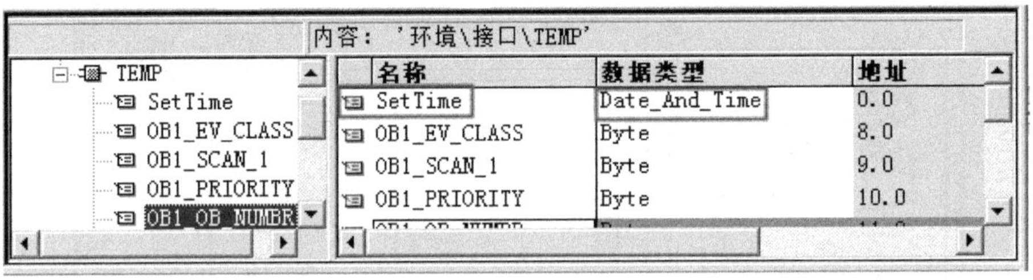

图 5-39 新建变量

5.3 多重背景

5.3.1 多重背景的简介

（1）多重背景的概念

有时需要多次调用同一个功能块，每次调用都要生成一个数据块，但这样的背景变量又很少，这样在项目中就出现了大量的背景数据"碎片"，影响程序的执行效率。使用多重背景，可以将几个功能块，共用一个背景数据块，这样可以减少数据块的个数，提高程序的执行效率。

如图 5-40 所示是一个多重背景的结构的实例。FB1 和 FB2 共用一个背景数据块 DB10，但增加了一个功能块 FB10 来调用作为"局部背景"的 FB1 和 FB2，而 FB1 和 FB2 的背景数据存放在 FB10 的背景数据块 DB10 中，如不使用多重背景，则需要 2 个背景数据块，使用多重背景后，则只需要一个背景数据块了。

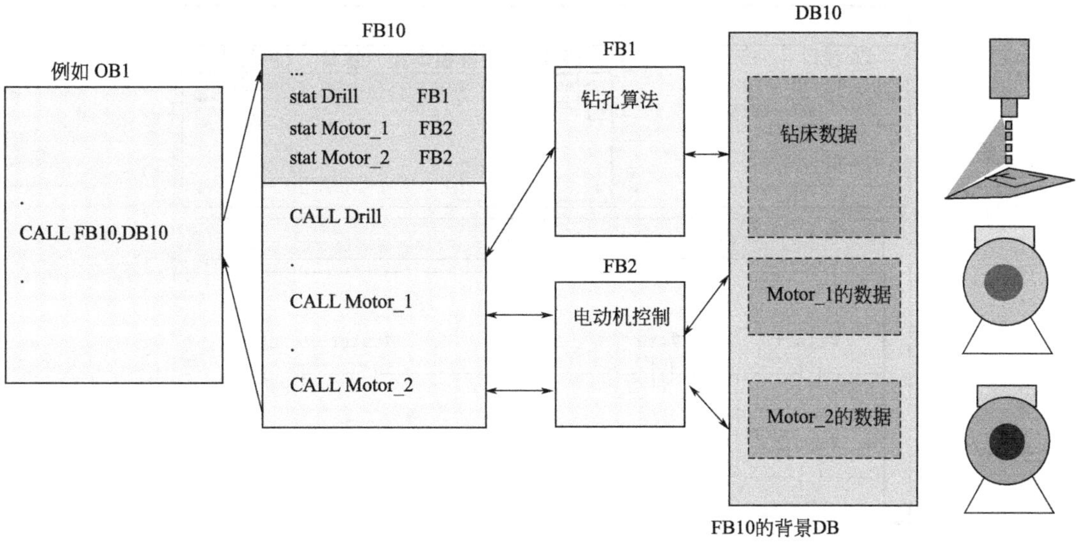

图 5-40　多重背景的结构

（2）多重背景的优点

① 多个实例只需要一个 DB；

② 在为各个实例创建“私有”数据区时，无需任何额外的管理工作；

③ 多重背景模型使得“面向对象的编程风格”成为可能（通过“集合”的方式实现可重用性）。

5.3.2　多重背景的应用

以下用一个例子介绍多重背景的应用。

【例 5-8】 使用多重背景实现功能：电动机的启停控制和水位高于 3000 时报警输出。

【解】

① 先新新建项目和 3 个空的功能块如图 5-41 所示，双击并打开 FB1，并在 FB1 中创建启停控制功能的程序，如图 5-42 所示。

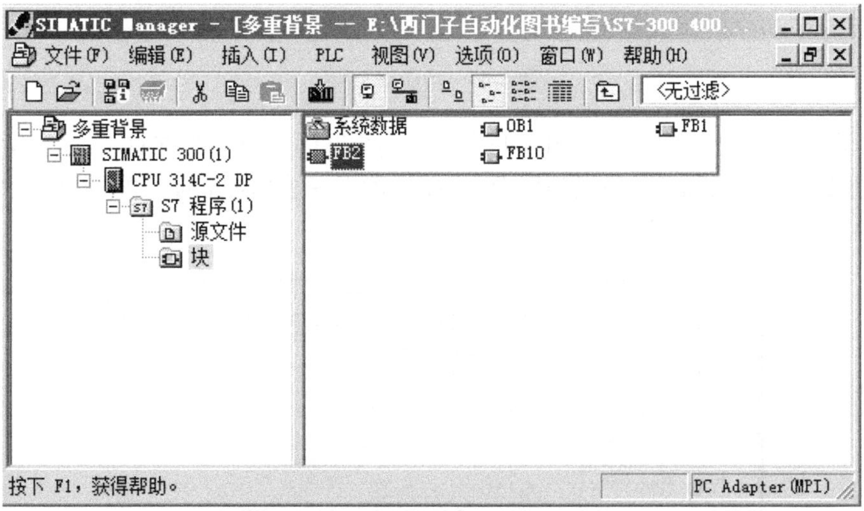

图 5-41　新建项目和 3 个空的功能块

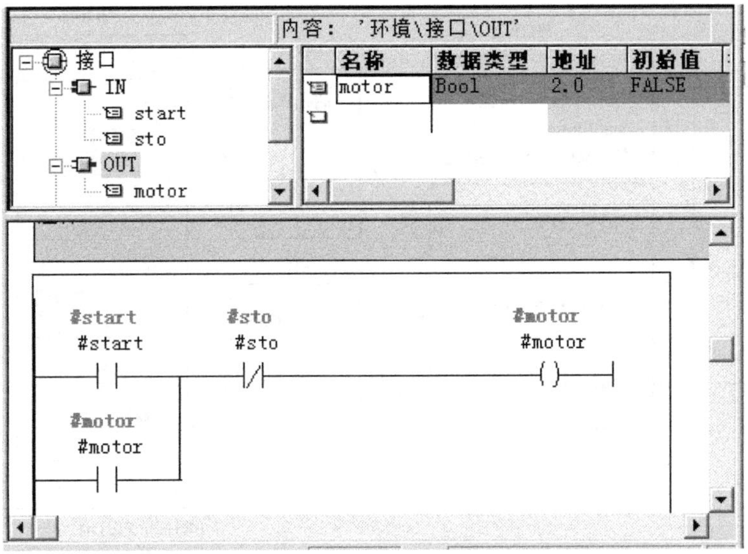

图 5-42 功能块 FB1

② 双击打开功能块 FB2，如图 5-43 所示，FB2 能实现当输入超过 3000 时报警的功能。

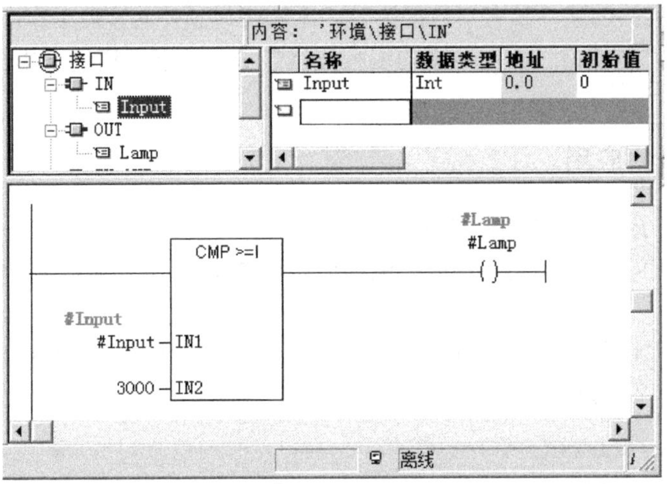

图 5-43 功能块 FB2

③ 双击打开功能块 FB10，如图 5-44 所示，再展开静态变量“STAT”，并创建两个静态变量，静态变量“Qingting”的数据类型为“FB1”，静态变量“Baojing”的数据类型为“FB2”。FB10 中的梯形图如图 5-45 所示。

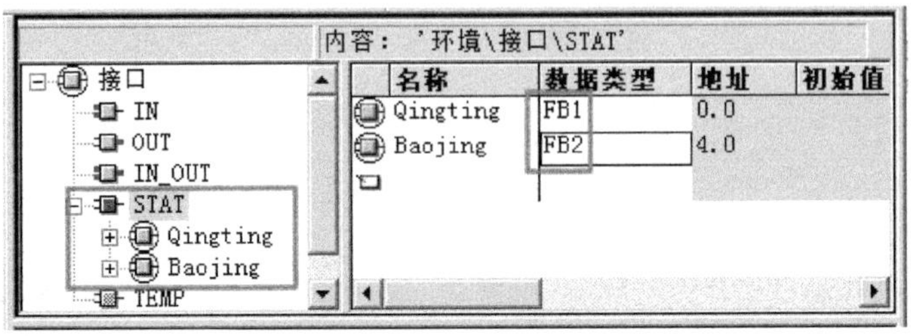

图 5-44 功能块 FB10

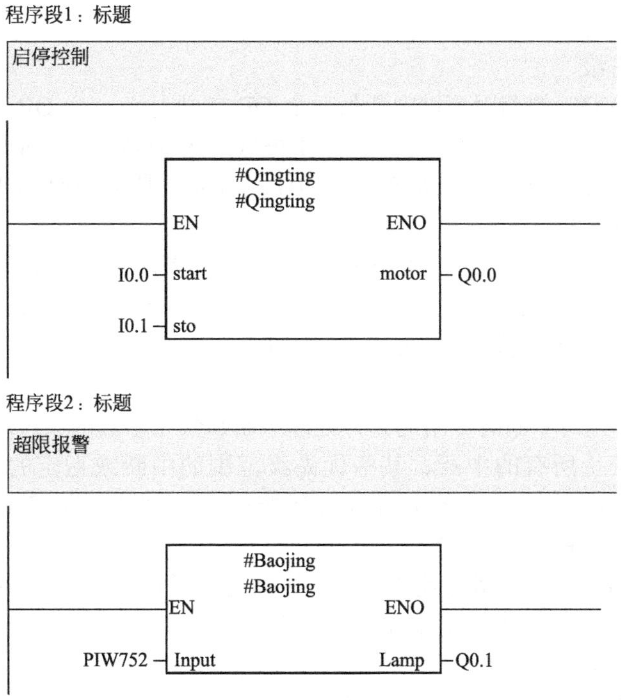

图 5-45　功能块 FB10 中的梯形图

④ 双击打开组织块 OB1，OB1 中的梯形图如图 5-46 所示。

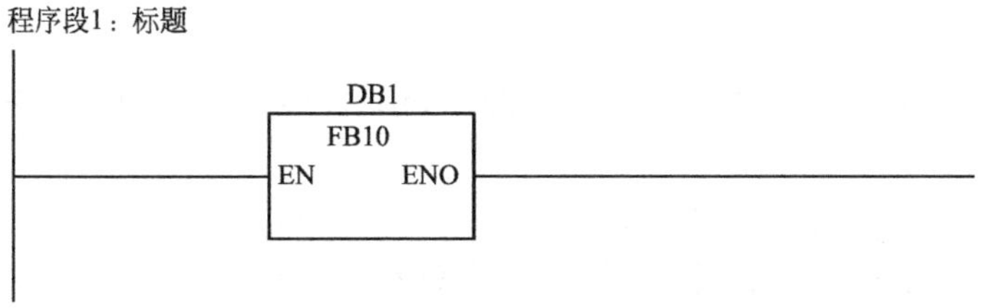

图 5-46　OB1 中的梯形图

5.4　组织块（OB）及其应用

组织块（OB）是操作系统与用户程序之间的接口。组织块由操作系统调用，控制循环中断驱动的程序执行、PLC 启动特性和错误处理，可以对组织块进行编程来确定 CPU 特性。

5.4.1　中断的概述

（1）中断过程

中断处理用来实现对特殊内部事件或外部事件的快速响应。CPU 检测到中断请求时，立即响应中断，调用中断源对应的中断程序（OB）。执行完中断程序后，返回被中断的程序。例如在执行主程序 OB1 块时，时间中断块 OB10 可以中断主程序块 OB1 正在执行的程序，转而执行中断程序块 OB10 中的程序，当中断程序块中的程序执行完成后，再转到主程序块 OB1 中，从断点处执行主程序。

中断源就是 I/O 模块的硬件中断，软件中断，例如日期时间中断、延时中断、循环中断和编程错误引起的中断。

（2）中断的优先级

执行一个组织块 OB 的调用可以中断另一个 OB 的执行。一个 OB 是否允许另一个 OB 中断取决于其优先级。OB 共有 29 个优先级，1 最低，29 最高。高优先级的 OB 可以中断低优先级的 OB。例如 OB10 的优先级是 2，而 OB1 的优先级是 1，所以 OB10 可以中断 OB1。背景 OB 的优先级最低。

优先级的顺序（后面的比前面的优先级高）：背景循环、主程序扫描循环、日期时间中断、时间延时中断、循环中断、硬件中断、多处理器中断、I/O 冗余错误、异步故障（OB80～OB87）、启动和 CPU 冗余，背景循环的优先级最低。

（3）对中断的控制

日期时间中断和延时中断有专用的允许处理中断和禁止中断的系统功能（SFC）。SFC 39“DIS_INT”用来禁止所有的中断、某些优先级范围的中断或指定的某个中断。SFC 40“EN_INT”用来激活（使能）新的中断和异步错误处理。如果用户希望忽略中断，可以下载一个只有块结束指令 BEU 的空 OB。

SFC 41“DIS_AIRT”延迟处理比当前优先级高的中断和异步错误。SFC 42“EN_ AIRT”允许立即处理被 SFC 41 暂时禁止的中断和异步错误。

（4）组织块的分类

组织块只能由操作系统启动，它由变量声明表和用户编写的控制程序组成。

① 启动组织块 OB100～OB102。

② 循环执行的组织块。

③ 定期执行的组织块。

④ 事件驱动的组织块。

延时中断、硬件中断、异步错误中断 OB80～OB87，同步错误中断 OB121 和 OB122。

组织块的类型和优先级见表 5-3。

不是所有的中断组织块都能被 CPU 使用，不同类型的 CPU 可以调用的组织块一般不同，例如 CPU 314C-2DP 的循环中断仅能调用组织块 OB35，而不能调用 OB30～OB34 和 OB36～OB38 组织块。

表 5-3　组织块的类型和优先级

中断类型	组织块	优先级（默认）	启动事件
主程序扫描	OB1	1	用于循环程序处理的组织块（OB1）
时间中断	OB10～OB17	2	时间中断组织块（OB10～OB17）
延时中断	OB20	3	延时中断组织块（OB20～OB23）
	OB21	4	
	OB22	5	
	OB23	6	
循环中断	OB30	7	循环中断组织块（OB30～OB38）
	OB31	8	
	OB32	9	
	OB33	10	
	OB34	11	
	OB35	12	
	OB36	13	
	OB37	14	
	OB38	15	

续表

中断类型	组织块	优先级（默认）	启动事件
硬件中断	OB40	16	硬件中断组织块（OB40～OB47）
	OB41	17	
	OB42	18	
	OB43	19	
	OB44	20	
	OB45	21	
	OB46	22	
	OB47	23	
DPV1 中断	OB 55	2	编程 DPV1 设备
	OB 56	2	
	OB 57	2	
多值计算中断	OB60 多值计算	25	多值计算-多个 CPU 的同步操作
同步循环中断	OB 61	25	组态 PROFIBUS DP 上的快速和等长过程响应时间
	OB 62	25	
	OB 63	25	
	OB 64	25	
冗余错误	OB70 I/O 冗余错误 (仅在 H 系统中)	25	错误处理组织块（OB70～OB87 / OB121～OB122）
	OB72 CPU 冗余错误 (仅在 H 系统中)	28	
异步错误	OB80 时间错误	25，在启动程序中出现异步错误 OB，那么为 28	错误处理组织块（OB70～OB87 / OB121～OB122）
	OB81 电源错误		
	OB82 诊断错误		
	OB83 插入/删除模块中断		
	OB84 CPU 硬件故障		
异步错误	OB 85 程序周期错误		
	OB86 机架故障		
	OB87 通信错误		
后台循环	OB90	29	后台组织块（OB90）
启动	OB100 重启动 ，(热重启动)	27	启动组织块（OB100/OB101/OB102）
	OB101 热重启动	27	
	OB102 冷重启动	27	
同步错误	OB121 编程错误	引起错误的 OB 的优先级	错误处理组织块（OB70～OB87 / OB121～OB122）
	OB122 访问错误		

5.4.2 主程序（OB1）

OB1 在前面经常用到，读者应该不会陌生。CPU 的操作系统定期执行 OB1。当操作系统完成启动后，将启动执行 OB1。在 OB1 中可以调用功能（FC）、系统功能（SFC）、功能块（FB）和系统功能块（SFB）。

执行 OB1 后，操作系统发送全局数据。重新启动 OB1 之前，操作系统将过程映像输出表写入输出模块中，更新过程映像输入表以及接收 CPU 的任何全局数据。

5.4.3 日期时钟中断组织块及其应用

CPU 可以使用的日期时间中断 OB 的个数与 CPU 的型号有关，例如 CPU 314C-2DP 只能用 OB10。

（1）指令简介

日期时钟中断组织块可以在某一特定的日期和时间执行一次，也可以从设定的日期时间开始，周期性地重复执行，例如每分钟、每小时、每天、每年执行一次。可以用 SFC28～SFC31 设置、取消、激活和查询日期时间中断。SFC28～SFC31 的参数见表 5-4。

表 5-4 SFC28～SFC31 的参数

参数	声明	数据类型	存储区间	参数说明
OB_NR	INPUT	INT	I、Q、M、D、L、常数	OB 的编号
SDT	INPUT	DT	D、L、常数	启动日期和时间：将忽略指定的启动时间的秒和毫秒值，并将其设置为 0
PERIOD	INPUT	WORD	I、Q、M、D、L、常数	从启动点 SDT 开始的周期： W#16#0000 = 一次 W#16#0201 = 每分钟 W#16#0401 = 每小时 W#16#1001 = 每日 W#16#1202 = 每周 W#16#1401 = 每月 W#16#1801 = 每年 W#16#2001 = 月末
RET_VAL	OUTPUT	INT	I、Q、M、D、L	如果出错，则 RET_VAL 的实际参数将包含错误代码
STATUS	OUTPUT	WORD	I、Q、M、D、L	时间中断的状态

（2）日期时钟中断组织块的应用

以下用一个例题说明日期时钟中断组织块的应用。

【例 5-9】 从 2015 年 5 月 18 日 18 时 18 分起，每小时中断一次，并将中断次数记录在一个存储器中。

【解】

一般有两种解法。

第一种解法比较简单，先打开 CPU 的属性界面，在“日期时钟中断”选项卡中，选择“激活”→“每小时”→“2015-05-18”→“18:18”，单击 “确定”按钮，如图 5-47 所示。这个步骤的含义是：激活组织块 OB10 的中断功能，从 2015 年 5 月 18 日 18 时 18 分起，每小时中断一次，再将组态完成的硬件下载到 CPU 中。

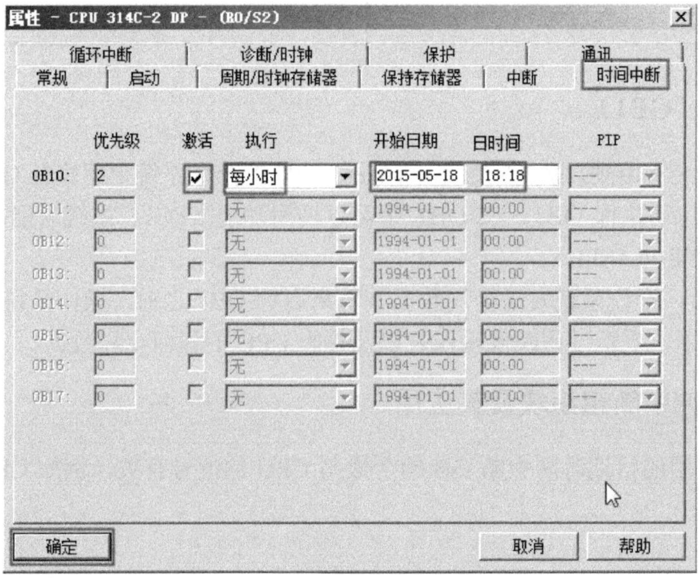

图 5-47 设置和激活日期时钟中断

【关键点】 初学者在使用此方法时，很容易忘记勾选“激活”或者不把组态的信息下载到 CPU 中去，请读者避免这样的失误。

打开 OB10，在程序编辑器中，输入程序如图 5-48 所示，运行的结果是从 2015 年 5 月 18 日 18 时 18 分起，每小时 MW2 中的数值增加 1，也就是记录了中断的次数。

第二种解法，主程序在 OB1 中，如图 5-49 所示，中断程序在 OB10 中，如图 5-48 所示。

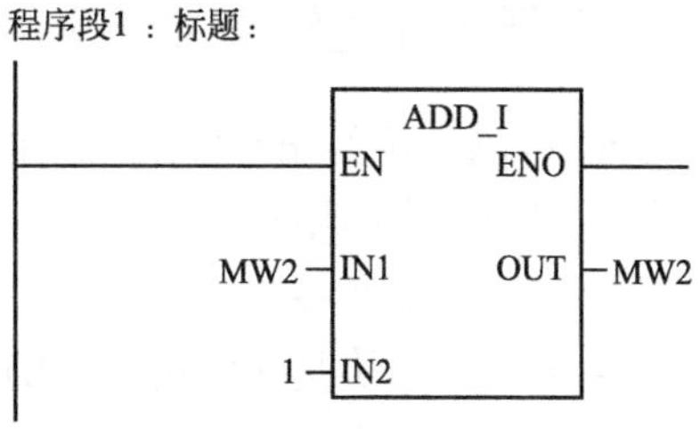

图 5-48 OB10 中的程序

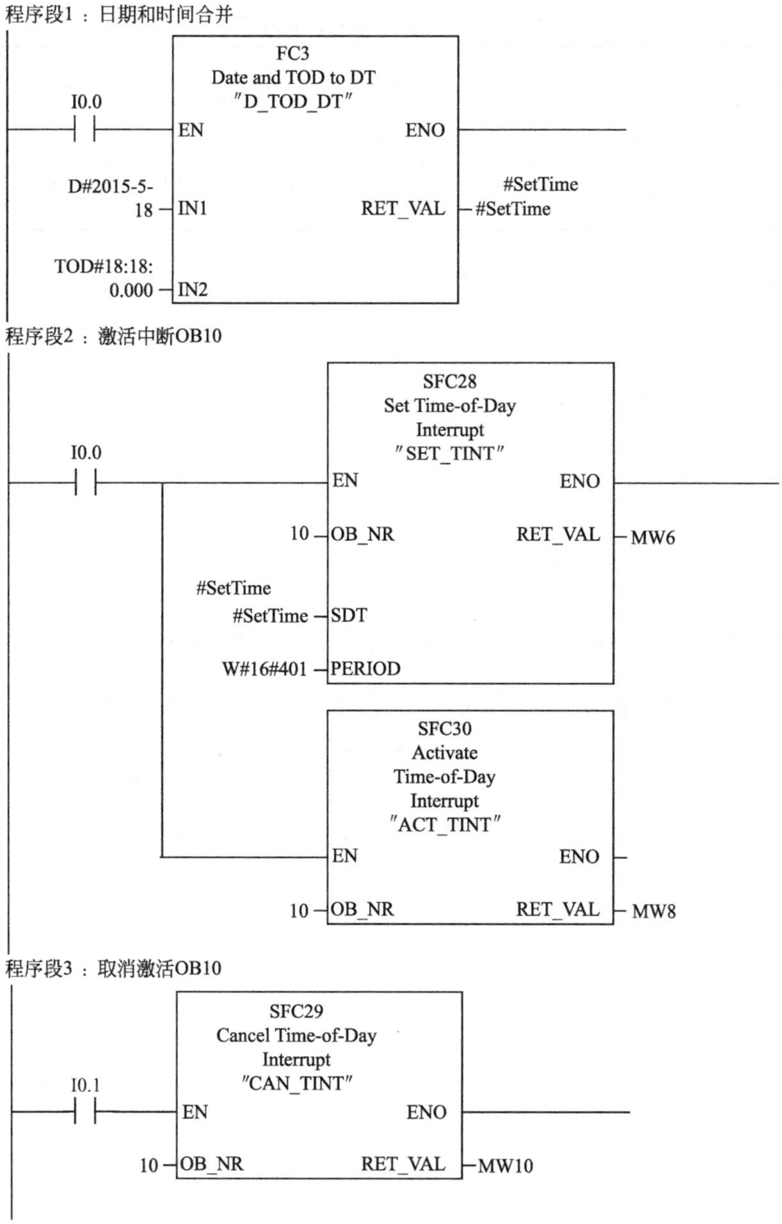

图 5-49 OB1 中的程序

5.4.4 循环中断组织块及其应用

CPU 可以使用的循环中断 OB 的个数与 CPU 的型号有关。所谓循环中断就是经过一段固定的时间间隔中断用户程序。

（1）循环中断指令

循环中断组织块是很常用的，STEP 7 中有 9 个循环中断组织块（OB30～OB38）。指令 SFC39～SFC42 来激活循环中断、禁止循环中断、禁用报警中断和启用报警中断。指令 SFC39～SFC42 的参数见表 5-5。

表 5-5 SFC39～SFC42 的参数

参数	声明	数据类型	存储区间	参数说明
OB_NR	INPUT	INT	I、Q、M、D、L、常数	OB 的编号
MODE	INPUT	BYTE	I、Q、M、D、L、常数	指定禁用哪些中断和异步错误
RET_VAL	OUTPUT	INT	I、Q、M、D、L	如果出错，则 RET_VAL 的实际参数将包含错误代码

参数 MODE 指定禁用哪些中断和异步错误，含义比较复杂，MODE＝0 表示激活所有的中断和异步错误，MODE＝1 表示禁用所有新发生的和属于指定中断等级的事件，MODE＝2 表示禁用所有新发生的指定中断。具体可参考相关手册。

（2）循环中断组织块的应用

【例 5-10】 每隔 100ms 时间，CPU 314C-2DP 采集一次通道 0 上的模拟量数据。

【解】

很显然要使用循环组织块，有两种解法。

第一种解法比较简单，先打开 CPU 的属性界面，在“循环中断”选项卡中，将组织块 OB35 的执行时间定为“100ms”，单击“确定”按钮，如图 5-50 所示。这个步骤的含义是：设置组织块 OB35 的循环中断时间是 100ms，再将组态完成的硬件下载到 CPU 中。

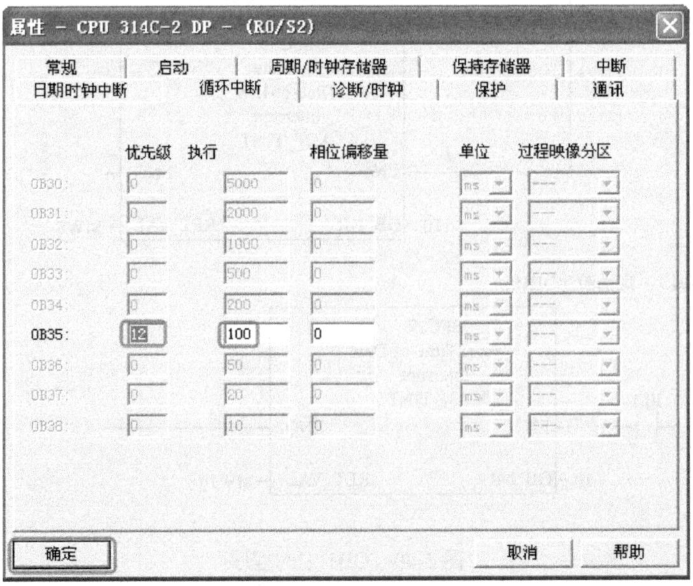

图 5-50 设置循环中断

打开 OB35，在程序编辑器中，输入程序如图 5-51 所示，运行的结果是每 100ms 将通道 0 的采集到模拟量转化成数字量送到 MW0 中。

第二种解法，设置“循环中断”，如图 5-50 所示。主程序在 OB1 中，如图 5-52 所示，中断程序在 OB35 中，如图 5-51 所示。

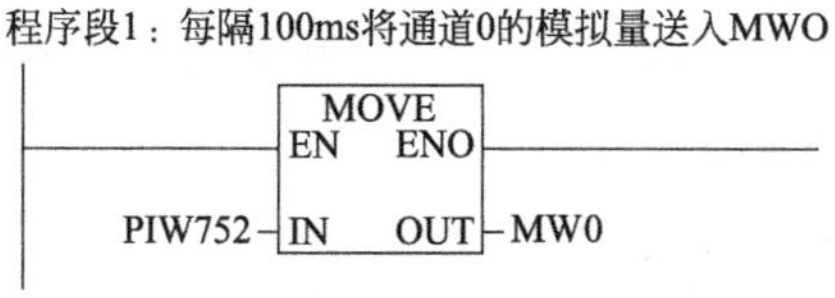

图 5-51　OB35 中的程序

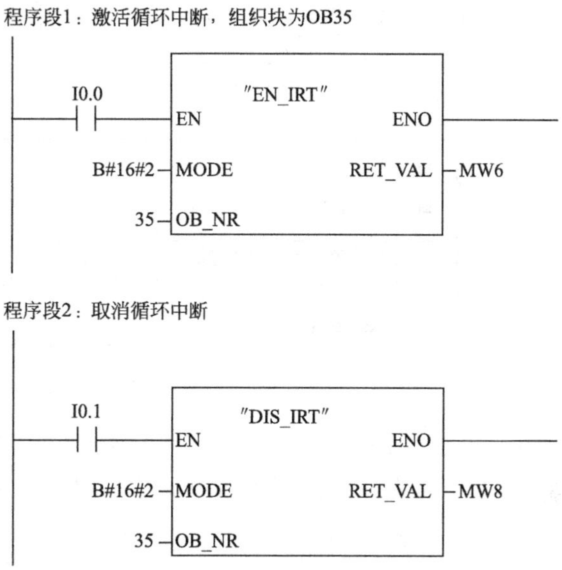

图 5-52　OB1 中的程序

5.4.5　硬件中断组织块及其应用

硬件中断组织块（OB40～OB47）用于快速响应信号模块（SM 输入/输出模块）、通信处理器（CP）和功能模块（FM）的信号变化。

硬件中断被模块触发后，操作系统将自动识别是哪一个槽的模块和模块中哪一个通道产生的硬件中断。硬件中断 OB 执行完后，将发送通道确认信号。

如果正在处理某一中断事件，又出现了同一模块同一通道产生的完全相同的中断事件，新的中断事件将丢失。

如果正在处理某一中断信号时同一模块中其他通道或其他模块产生了中断事件，当前已激活的硬件中断执行完后，再处理暂存的中断。

以下用一个例子说明硬件中断组织块的使用方法。

【例 5-11】 编写一段指令记录用户使用 I3.0 和 I3.1 按钮的次数，做成一个简单的“黑匣子”。

【解】

系统的硬件为 CPU 314C-2DP 和输入信号模块 SM321（Interrupt，带硬件中断功能）。先进行硬件组态，如图 5-53 所示，很明显信号输入模块的输入地址为“IB3”和“IB4”。双击“SM321 DI16xDC24V，Interrupt”，弹出信号模块的属性界面，如图 5-54 所示。在“输入选项卡”中，勾选“硬件中断”和“上升沿硬件中断发生器”（实际就是对 I3.0 和 I3.1 有效），最后单击“确定”按钮。

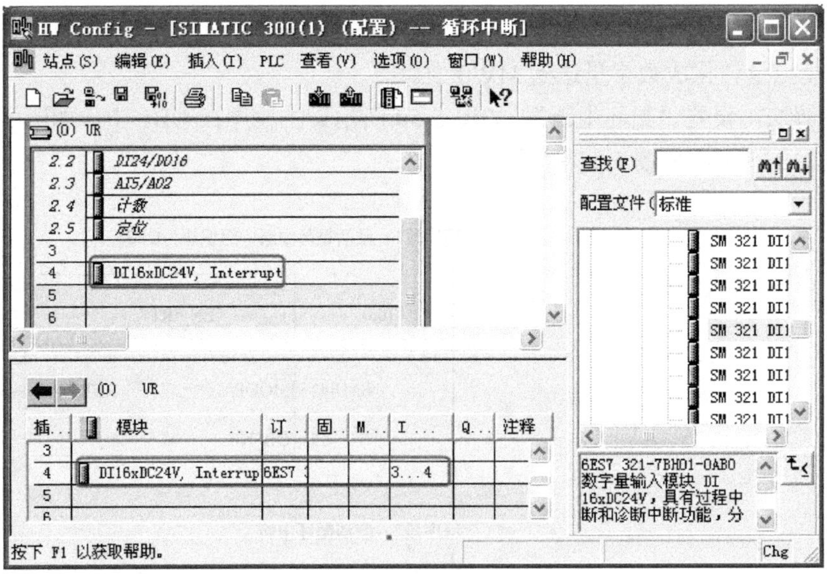

图 5-53　硬件组态界面

在组织块 OB40 中编写程序如图 5-55 所示，每次压下按钮，调用一次 OB40 中的程序一次，MW0 中的数值加 1，也就是记录了使用按钮的次数。

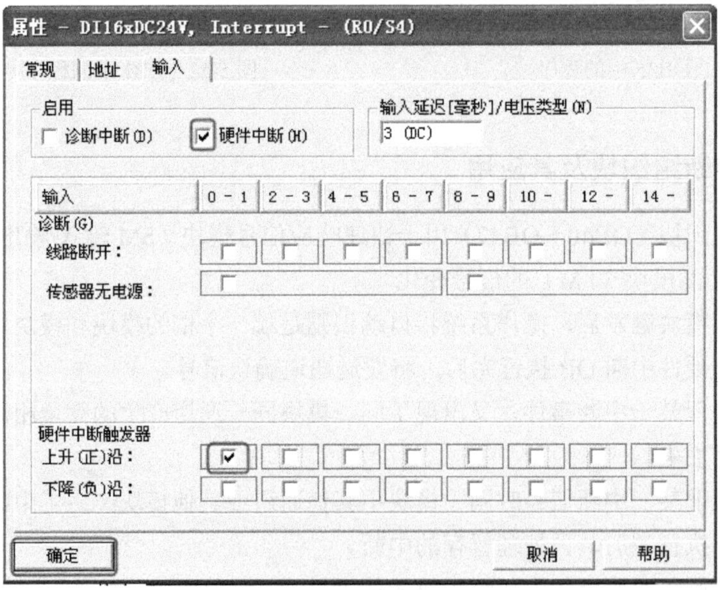

图 5-54　信号模块的属性界面

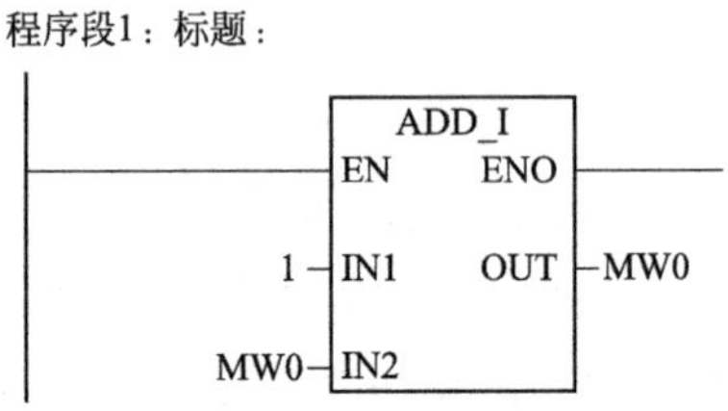

图 5-55　OB40 中的程序

【关键点】 选用的输入模块“DI16xDC24V，Interrupt”必须具有硬件中断功能。

这个例子也可以用 SFC39 和 SFC40 来取消和激活中断。

5.4.6 错误组织块及其应用

（1）错误处理概述

西门子 S7-300/400 PLC 具有很强的错误（或称故障）检测和处理能力。PLC 内部的功能性错误或编程错误，而不是外部设备的故障。CPU 检测到错误后，操作系统调用对应的组织块，用户可以在组织块中编程，对发生的错误采取相应的措施。对于大多数错误，如果没有给组织块编程，出现错误时 CPU 将进入 STOP 模式。

（2）错误的分类

被 S7 CPU 检测到并且用户可以通过组织块对其进行处理的错误分为两个基本类型。

① 异步错误：是与 PLC 的硬件或操作系统密切相关的错误，与程序执行无关，后果严重。异步错误 OB 具有最高等级的优先级，其他 OB 不能中断它们。同时有多个相同优先级的异步错误 OB 出现，将按出现的顺序处理。

② 同步错误（OB121 和 OB122）：是与程序执行有关的错误， 其 OB 的优先级与出现错误时被中断的块的优先级相同，即同步错误 OB 中的程序可以访问块被中断时累加器和状态寄存器中的内容。对错误进行处理后，可以将处理结果返回被中断的块。

（3）时间错误处理组织块（OB80）

OB 执行时出现时间故障，S7-300 CPU 的操作系统调用 OB80。这样的故障包括循环时间超出、执行 OB 时应答故障、向前移动时间以致于跃过了 OB 的启动的时间、CLR 后恢复 RUN 方式。

如果当循环中断 OB 仍在执行前一次调用时，该 OB 块的启动事件发生，操作系统调用 OB80。如果 OB80 未编程，CPU 变为 STOP 方式，可以使用 SFC39～SFC42 封锁或延时，或再使用时间故障 OB。

如果在同一个扫描周期中由于扫描时间超出 OB80 被调用两次，CPU 就变为 STOP 方式，可以通过在程序中适当的位置调用 SFC43“RE_TRIGR”来避免这种情况。

（4）电源故障处理组织块（OB81）

与电源（仅对西门子 S7-400 PLC）或后备电池有关的故障事件发生时，西门子 S7-300 PLC CPU 的操作系统调用 OB81。如果 OB81 未编程，CPU 并不转换为 STOP 方式。可以使用 SFC39～SFC42 来禁用、延时或再使用电源故障（OB81）。

（5）诊断中断处理组织块（OB82）

如果模块具有诊断能力又使能了诊断中断，当它检测到错误时，它输出一个诊断中断请求给 CPU，以及错误消失时，操作系统都会调用 OB82。当一个诊断中断被触发时，有问题的模块自动地在诊断中断 OB 的启动信息和诊断缓冲区中存入 4 个字节的诊断数据和模块的起始地址。可以用 SFC39～SFC42 来禁用、延时或再使用诊断中断（OB82），表 5-6 描述了诊断中断 OB82 的临时变量。

【例 5-12】 控制系统为 S7-300 和 SM331，当传感器采集的电流大于 16mA 时报警，小于此值时停止报警，用 OB82 实现此功能。

表 5-6　OB82 的变量申明表

变　量	类　型	描　述
OB82_EV_CLASS	BYTE	事件级别和标识：B#16#38，离去事件；B#16#39，到来事件
OB82_FLT_ID	BYTE	故障代码
OB82_PRIORITY	BYTE	优先级：可通过 SETP 7 选择（硬件组态）
OB82_OB_NUMBR	BYTE	OB 号
OB82_RESERVED_1	BYTE	备用
OB82_IO_FLAG	BYTE	输入模板：B#16#54；输出模板：B#16#55
OB82_MDL_ADDR	WORD	故障发生处模板的逻辑起始地址
OB82_MDL_DEFECT	BOOL	模板故障
OB82_INT_FAULT	BOOL	内部故障
OB82_EXT_FAULT	BOOL	外部故障
OB82_PNT_INFO	BOOL	通道故障
OB82_EXT_VOLTAGE	BOOL	外部电压故障
OB82_FLD_CONNCTR	BOOL	前连接器未插入
OB82_NO_CONFIG	BOOL	模板未组态
OB82_CONFIG_ERR	BOOL	模板参数不正确
OB82_MDL_TYPE	BYTE	位 0～3：模板级别；位 4：通道信息存在；位 5：用户信息存在；位 6：来自替代的诊断中断；位 7：备用
OB82_SUB_MDL_ERR	BOOL	子模板丢失或有故障
OB82_COMM_FAULT	BOOL	通信问题
OB82_MDL_STOP	BOOL	操作方式（0：RUN，1：STOP）
OB82_WTCH_DOG_FLT	BOOL	看门狗定时器响应
OB82_RESERVED_2	BOOL	备用
OB82_RACK_FLT	BOOL	扩展机架故障
OB82_PROC_FLT	BOOL	处理器故障
OB82_EPROM_FLT	BOOL	EPROM 故障
OB82_RAM_FLT	BOOL	RAM 故障
OB82_ADU_FLT	BOOL	ADC/DAC 故障
OB82_FUSE_FLT	BOOL	熔断器熔断
OB82_HW_INTR_FLT	BOOL	硬件中断丢失
OB82_RESERVED_3	BOOL	备用
OB82_DATE_TIME	DATE_AND_TIME	OB 被调用时的日期和时间

【解】

① 先进行硬件组态。要使用 OB82 诊断故障，SM331 模块必须有诊断功能。硬件组态过程如下。

系统硬件组态如图 5-56 所示，双击“AI8x12Bit”，弹出 如图 5-57 所示的界面，配置 SM331 模块的“输入（Inputs）”选项，选择 0～1 通道组为 4 线制电流（4DMU），其他通道组为“取消激活”，并注意模块的量程卡要与设置的相同。选中“启用（Enable）”框中的“诊断中断（Diagnostic Interrupt）”选项，选中“诊断（Diagnostics）”选项中的 0～1 通道组中的“组诊断（Group Diagnostics）”选项，并在“上限框”中输入 16mA，最后单击“确定”按钮。

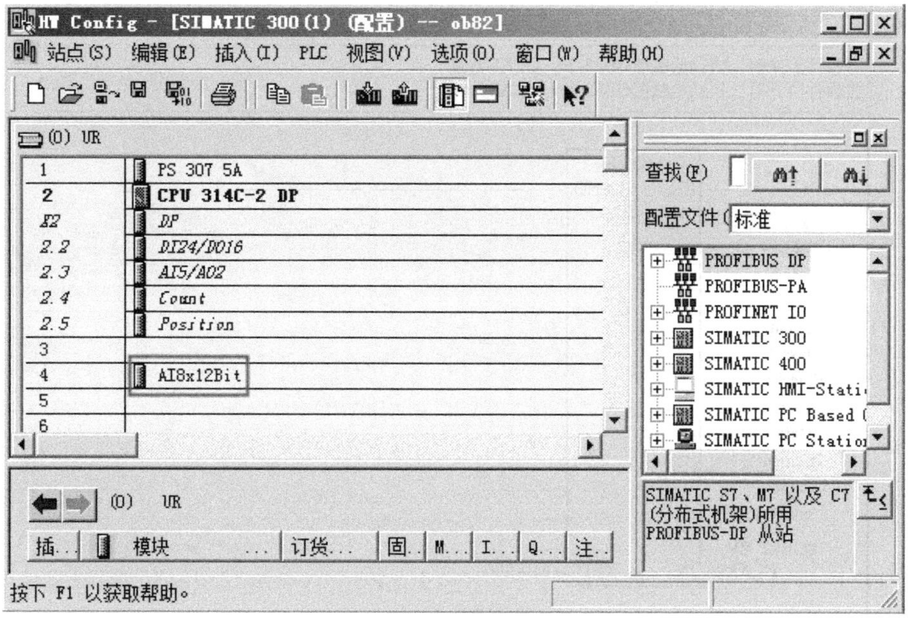

图 5-56 硬件组态（1）

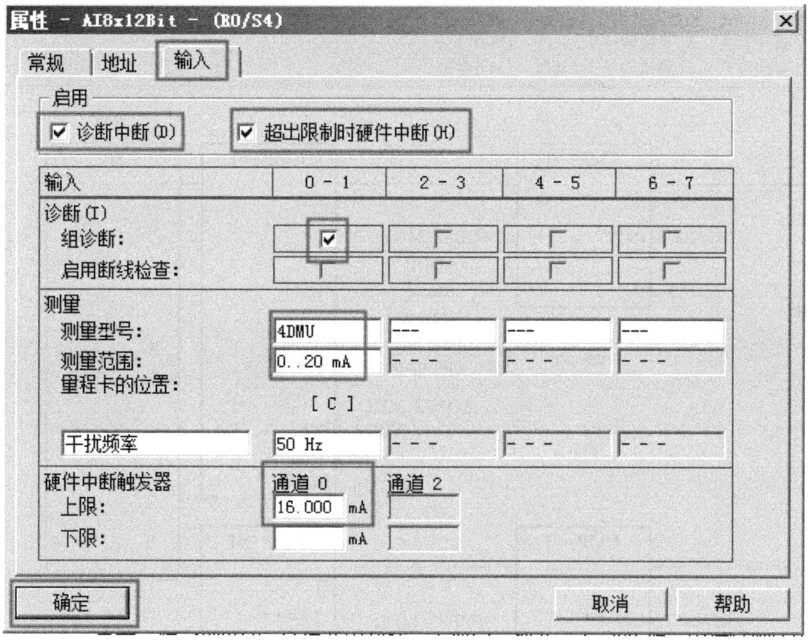

图 5-57 硬件组态（2）

② 编写梯形图程序。在编写梯形图程序之前，先要搞清楚 OB82 两个变量的含义。

OB82_EV_CLASS 是事件级别和标识（见表 5-6），当其为 B#16#38（56）时，离去事件；当其为 B#16#39（57）时，到来事件。对应本例，就是当传感器采集到的电流大于 16mA 时，表示事件到来，而当传感器采集到的电流小于 16mA 时，表示事件离开，理解这个很重要。

OB82_MDL_ADDR 就是故障发生处模板的逻辑起始地址，简单说就是模拟量模块的通道地址。

编写梯形图程序如图 5-58 所示。

程序段1：标题

当事件到来时，自动给赋值OB82_EV_CLAS为57
当事件离开时，自动给赋值OB82_EV_CLAS为56

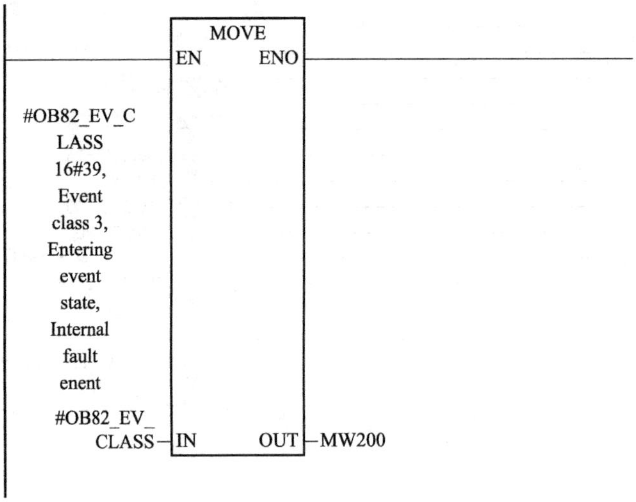

程序段2：标题

OB82_MDL_ADDR是模拟量模块的逻辑地址
当事件到来，且逻辑地址为256时，Q4.0置位
当事件离开，且逻辑地址为256时，Q4.0复位

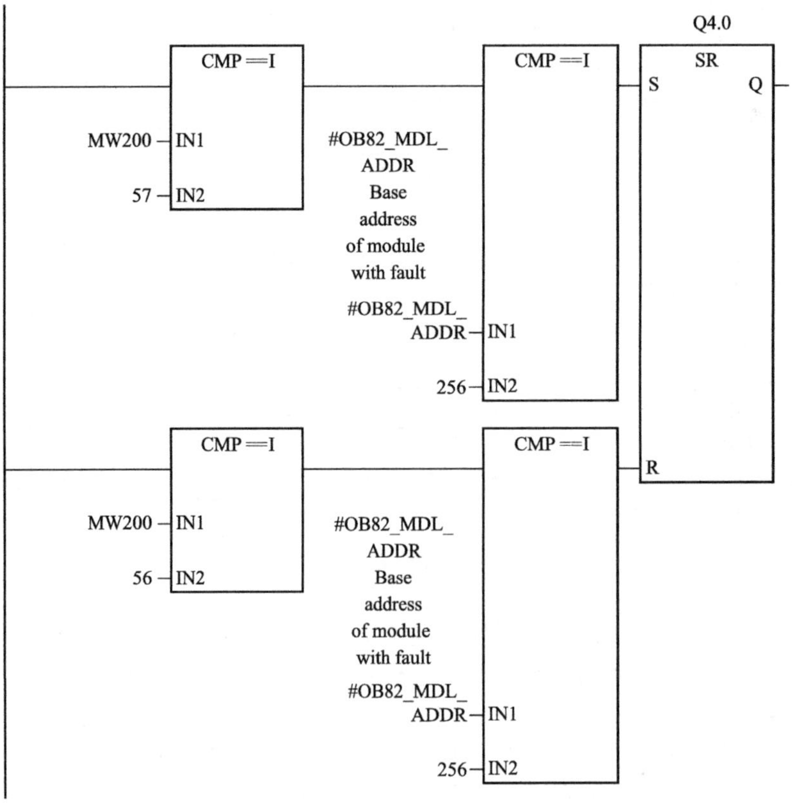

图 5-58 梯形图

③ 运行仿真。从理论上讲，在仿真器的 PIW256 中输入大于 22119（此数字量对应 16mA 的模拟量），则 Q4.0 置位，而在仿真器的 PIW256 中输入小于 22119（此数字量对应 16mA 的模拟量），则 Q4.0 复位，但实际这么做，并不会有以上效果。正确的做法是，先把完整的程序下载到仿真器中，将仿真器置于“RUN”状态，在工具栏中单击“Execute”（执行）→“Trigger Error OB”（触发器）→“Diagostic Interrupt”（诊断中断），如图 5-59 所示，打开“诊断中断”界面。

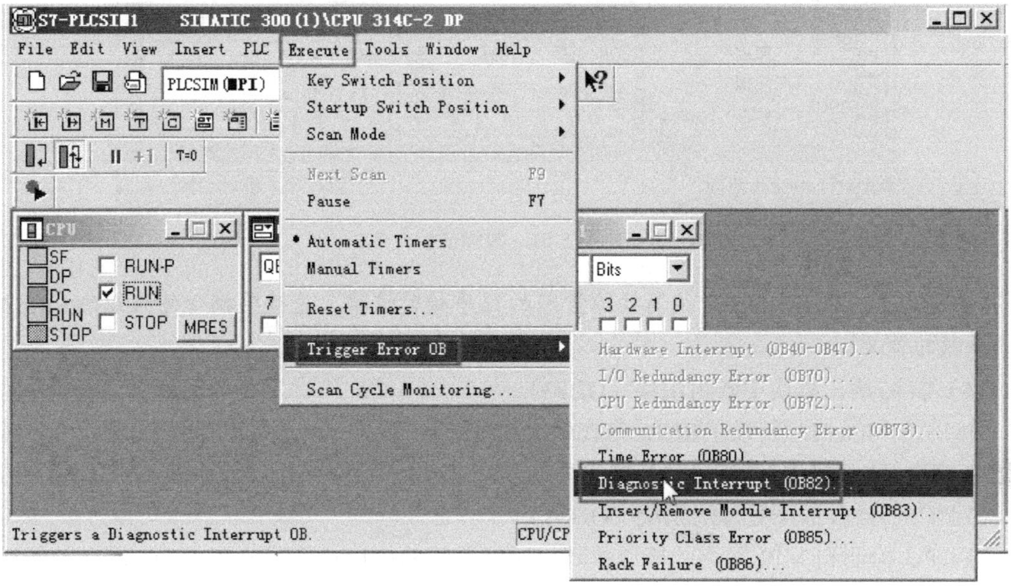

图 5-59　打开“诊断中断”界面

如图 5-60 所示，在“Module address”（模块地址）中输入故障模块的逻辑地址（即模拟量的通道号）“piw256”，任意选择一个可能的故障，本例选择“Channel fault”（通道故障），单击“Apply”（应用）按钮，仿真器中的 Q4.0 亮，如图 5-61 所示。同理，当去掉所有故障选项时，再单击“Apply”（应用）按钮，仿真器中的 Q4.0 灭。

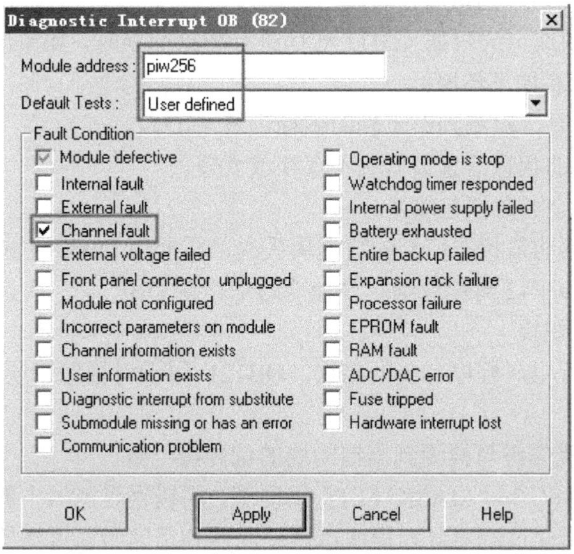

图 5-60　设置故障

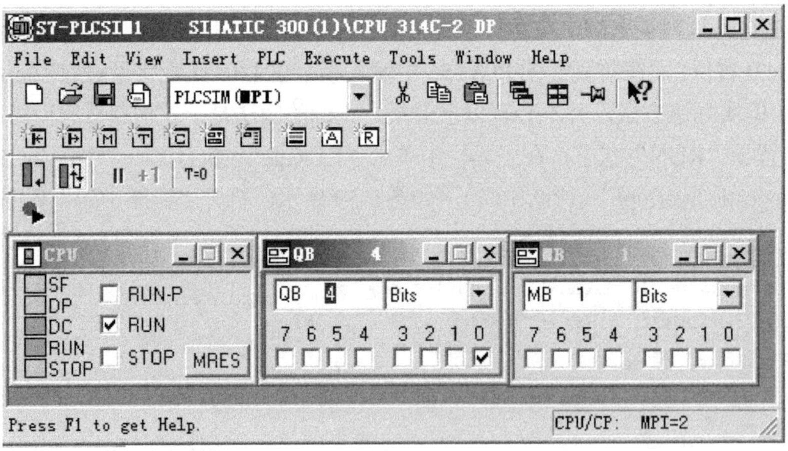

图 5-61 故障显示

【关键点】 要利用 OB82 编写故障诊断的程序相对较难，关键要搞清楚组织块 OB82 的各项参数的含义。

（6）插入/拔出模块中断组织块（OB83）

西门子 S7-400 PLC 可以在 RUN、STOP 或 STARTUP 模式下带电拔出和插入模块，但是不包括 CPU 模块、电源模块、接口模块和带适配器的 S5 模块，上述操作将会产生插入/拔出模块中断。

（7）CPU 硬件故障处理组织块（OB84）

当 CPU 检测到 MPI 网络的接口故障、通信总线的接口故障或分布式 I/O 网卡的接口故障时，操作系统调用 OB84。故障消除时也会调用该 OB 块。

（8）优先级错误处理组织块（OB85）

在以下情况下将会触发优先级错误中断：

① 产生了一个中断事件，但是对应的 OB 块没有下载到 CPU。

② 访问一个系统功能块的背景数据块时出错。

③ 刷新过程映像表时，I/O 访问出错，模块不存在或有故障。

（9）通信错误组织块（OB87）

在使用通信功能块或全局数据（GD）通信进行数据交换时，如果出现下列通信错误，操作系统将调用 OB87，有如下情况：

① 接受全局数据时，检测到不正确的帧标识符（ID）。

② 全局数据通信的状态信息数据块不存在或太短。

③ 接收到非法的全局数据包编号。

如果用于全局数据通信状态信息的数据块丢失，需要用 OB87 生成该数据块将它下载到 CPU。可以使用 SFC39～42 封锁或延时并使能通信错误 OB。

（10）同步错误组织块

同步错误是与执行用户程序有关的错误，OB121 用于对程序错误的处理，OB122 用于处理模块访问错误。

同步错误 OB 的优先级与检测到出错的块的优先级一致。

同步错误可以用 SFC 36“MASK_FLT”来屏蔽，用错误过滤器中的一位用来表示某种同步错误是否被屏蔽。错误过滤器分为程序错误过滤器和访问错误过滤器，分别占一个双字。屏蔽后的错误过滤器可以读出。

可以用 SFC 38“READ_ERR”读出已经发生的被屏蔽的错误。

① 编程错误组织块（OB121）。当有关程序处理的故障事件发生时，CPU 操作系统调用 OB121，OB121 与被中断的块在同一优先级中执行，表 5-7 描述了编程错误 OB121 的临时变量。

表 5-7 OB121 的变量声明

变　量	类　型	描　述
OB121_EV_CLASS	BYTE	事件级别和标识
OB121_SW_FLT	BYTE	故障代码
OB121_PRIORITY	BYTE	优先级=出现故障的 OB 优先级
OB121_OB_NUMBR	BYTE	OB 号
OB121_BLK_TYPE	BYTE	出现故障块的类型（在西门子 S7-300 PLC 时无有效值在这里记录）
OB121_RESERVED_1	BYTE	备用
OB121_FLT_REG	WORD	故障源（根据代码）。如：转换故障发生的寄存器；不正确的地址（读/写故障）；不正确的定时器/计数器/块号码；不正确的存储器区
OB121_BLK_NUM	WORD	引起故障的 MC7 命令的块号码（S7-300 PLC 无效）
OB121_PRG_ADDR	WORD	引起故障的 MC7 命令的块号码（S7-300 PLC 无效）
OB121_DATE_TIME	DATE_AND_TIME	OB 被调用时的日期和时间

OB121 程序在 CPU 执行错误时执行，此错误不包括用户程序的逻辑错误和功能错误等，例如当 CPU 调用一个未下载到 CPU 中的程序块，CPU 会调用 OB121，通过临时变量“OB121_BLK_TYPE”可以得出出现错误的程序块。使用 STEP 7 不能实时监控程序的运行，可以用“变量表（Variable Table）”监控实时数据的变化。

打开事先已经插入的 OB121 编写程序，如图 5-62 所示。

在 SIMATIC 管理器下插入 FC1，打开 FC1，并编写程序，如图 5-63 所示。

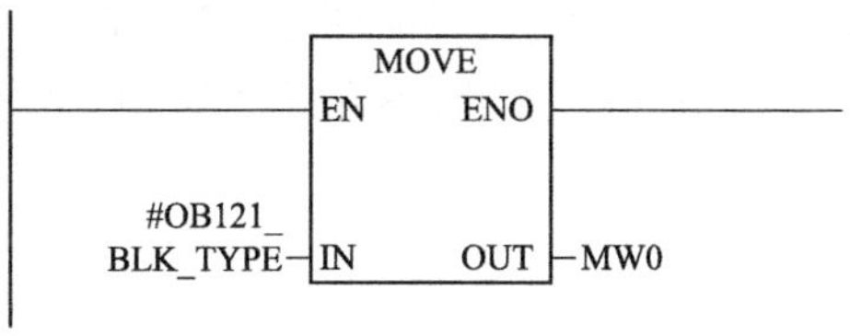

图 5-62 OB121 中编写的程序

图 5-63 FC1 中编写的程序

然后打开 OB1 编写程序，如图 5-64 所示。

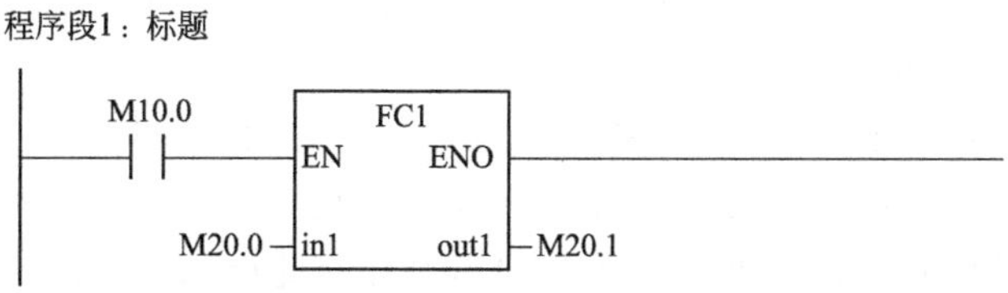

图 5-64 OB1 中编写的程序

先将硬件和 OB1 下载到 CPU 中，此时 CPU 能正常运行。在“块”下插入“变量表（Variable Table）”，并打开，填入 MW0 和 M10.0，并单击“监控”按钮，程序运行正常。将 M10.0 置为“true”后，CPU 就报错停机，查看 CPU 的诊断缓冲区信息，发现为编程错误，若将 OB121 也下载到 CPU 中，再将 M10.0 置为“true”，CPU 会报错但不停机，MW0 为“W#16#88”，“W#16#88”表示为 OB 程序错误，检查发现 FC1 未下载。下载 FC1 后，在将 M10.0 置为“true”，这时 CPU 不会再报错，程序也不会再调用 OB121。

② I/O 访问错误组织块（OB122）。当对于模块的数据访问出现故障时 CPU 的操作系统调用 OB122，OB122 与被中断的块在同一优先级中执行，表 5-8 描述了 I/O 访问错误 OB122 的临时变量。

表 5-8　OB122 的变量声明

变　量	类　型	描　述
OB122_EV_CLASS	BYTE	事件级别和标识
OB122_SW_FLT	BYTE	故障代码
OB122_PRIORITY	BYTE	优先级=出现故障的 OB 的优先级
OB122_OB_NUMBR	BYTE	OB 号
OB122_BLK_TYPE	BYTE	出现故障块的类型（在西门子 S7-300 PLC 时无有效值在这里记录）
OB122_MEM_AREA	BYTE	存储器区和访问类型： 位 7～4：访问类型、0：位访问、1：字节访问、2：字访问、3：双字访问；位 3～0：存储器区，0：I/O 区、1：输入过程映像、2：输出过程映像
OB122_MEM_ADDR	WORD	出现故障的存储器地址
OB122_BLK_NUM	WORD	引起故障的 MC7 命令的块号码（西门子 S7-300 PLC 无效）
OB122_PRG_ADDR	WORD	引起故障的 MC7 命令的块号码（西门子 S7-300 PLC 无效）
OB122_DATE_TIME	DATE_AND_TIME	OB 被调用时的日期和时间

5.4.7　背景组织块

CPU 可以保证设置的最小扫描循环时间，如果它比实际的扫描循环时间长，在循环程序结束后 CPU 处于空闲的时间内可以执行背景组织块（OB90）。背景 OB 的优先级为 29（最低）。OB90 中的程序是对时间要求不严格的程序。

5.4.8　启动组织块及其应用

（1）CPU 模块的启动方式

① 暖启动（Warm Restart）。西门子 S7-300 PLC CPU（不包括 CPU318）只有暖启动。过程映像数据以及非保持的 M/T/C 数据将复位。有保持功能的 M/T/C/DB 将保留原数值。模式开关由 STOP 扳到 RUN 位置。

② 热启动（Hot Restart 仅西门子 S7-400 PLC 有）。在 RUN 状态时如果电源突然丢失，然后又重新上电，从上次 RUN 模式结束时程序中断之处继续执行，不对计数器等复位。

③ 冷启动（Cold Restart，CPU 417 和 CPU 417H 有此启动方式）。冷启动时，过程数据区的 I、Q、M、T、C、DB 等被复位为零。模式开关扳到 MRES 位置。

（2）启动组织块（OB100～OB102）应用

在暖启动、热启动或冷启动时，操作系统分别调用 OB100、OB101 或 OB102。

【例 5-13】 编写一段初始化程序，将 CPU 314-2DP 的 MB0～MB3 单元清零。

【解】

一般初始化程序在 CPU 一启动后就运行，CPU 314-2DP 只有暖启动方式，所以只能使用 OB100 组织块。MB0～MB3 实际上就是 MD0，其程序如图 5-65 所示。

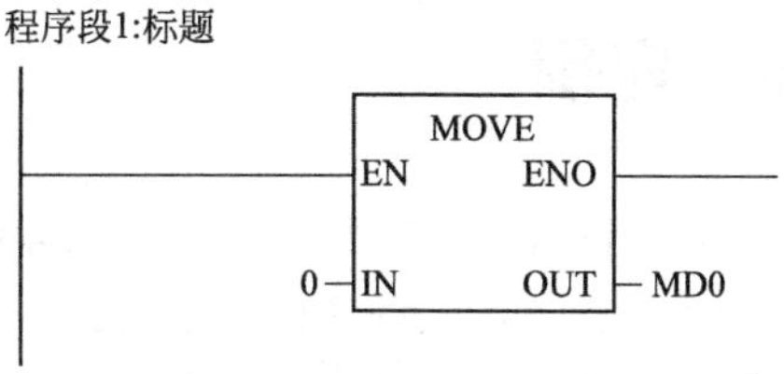

图 5-65　OB100 中编写的程序

【例 5-14】 当系统手动暖启动时，Q0.0 亮，当系统自动暖启动时，Q0.0 灭。

【解】

梯形图如图 5-66 所示。

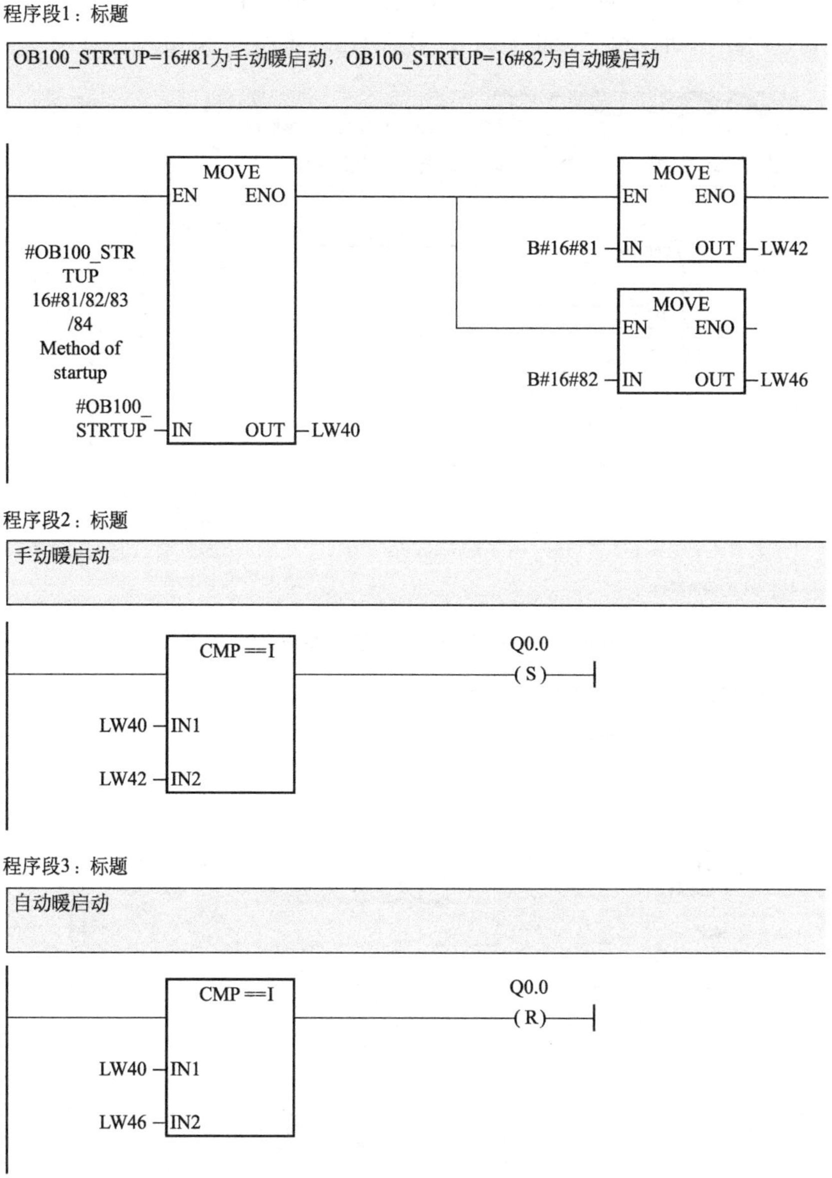

图 5-66　OB100 中编写的梯形图

5.5 实例

至此，读者已经对西门子 S7-300/400 PLC 的软硬件已经有一定的了解，本节内容将列举一个简单的例子，供读者模仿学习。

【例 5-15】 控制系统为 S7-300、ET200、SM323 和 SM332，SM332 输出的电压信号，电压信号断线时，能通过 STEP 7 的参数表查看到故障信号的通道，要求用 OB82 实现此功能。

【解】

① 硬件组态，过程如下。

首先按照图 5-67 进行组态，双击“AO2x12Bit”，弹出如图 5-68 所示的界面，在“输出”选项卡中，勾选“组诊断”和“诊断中断”，最后单击“确定”按钮。

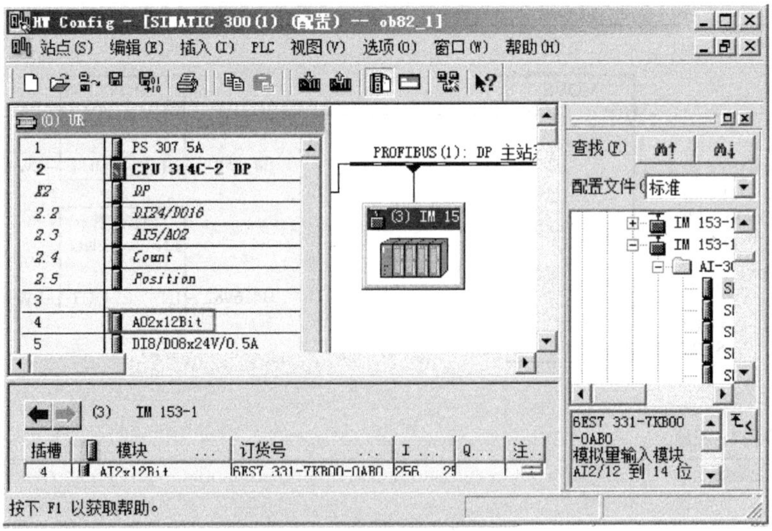

图 5-67 硬件组态（1）

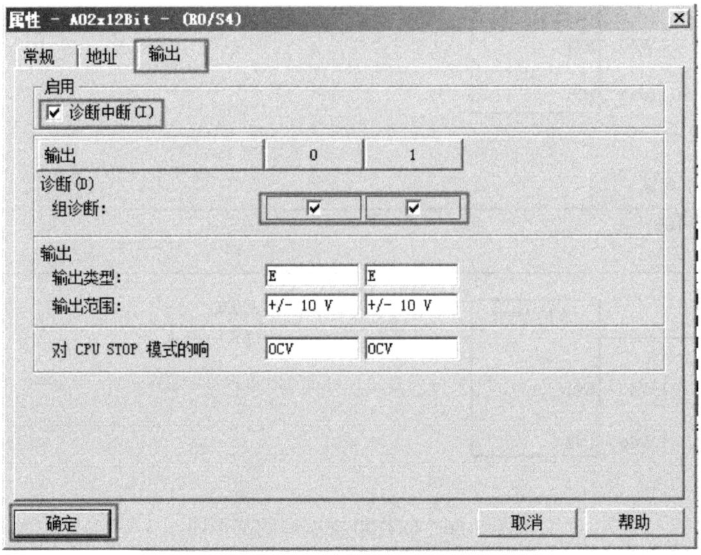

图 5-68 硬件组态（2）

② 创建数据块 DB1，并在 DB1 中创建一个数组 ary[0..20]，数组的容量为 21 个字节，如图 5-69 所示。

③ 创建变量表 VAT_1，并把需要监控的参数输入变量表，如图 5-70 所示，利用这个变量可以监控到故障信息。

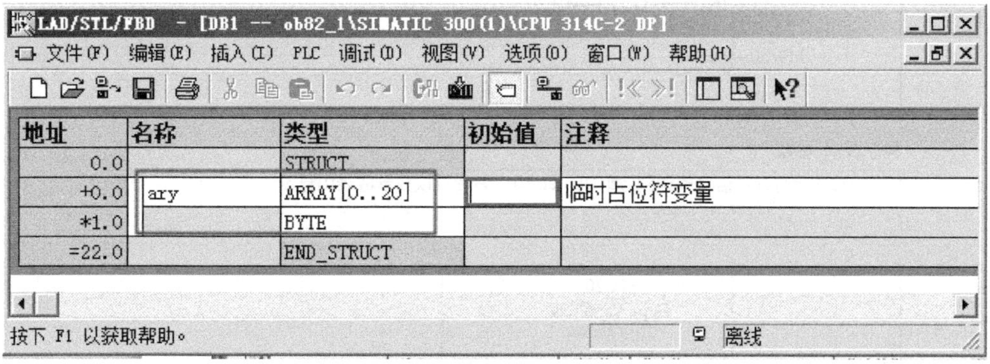

图 5-69 创建的数组

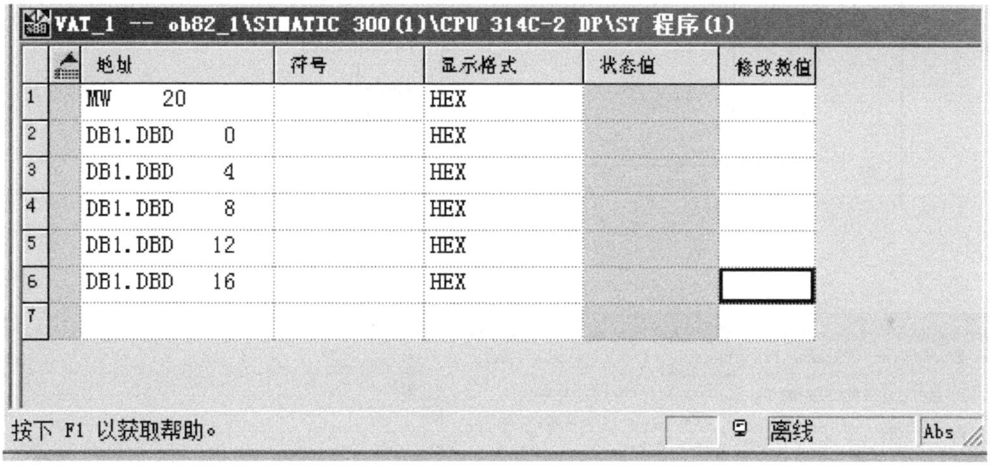

图 5-70 创建变量表

④ 编写梯形图程序。在 OB82 中编写梯形图程序，如图5-71 所示。由于西门子 S7-300/400 有很强的自诊断功能，故障信息自动赋值给 OB82 的参数。程序的作用实际就是将 OB82 的所有参数信息传送到数组 DB1.ary 中，这样故障信息就可以在参数表中显示了。

⑤ 仿真。先把完整的程序下载到仿真器中，将仿真器置于“RUN”状态，在工具栏中单击“Execute”（执行）→“Trigger Error OB”（触发器）→“Diagostic Interrupt”（诊断中断），如图 5-72 所示，打开“诊断中断”界面。

如图 5-73 所示，在“Module address”（模块地址）中输出故障模块的逻辑地址（即模拟量的通道号）“pqw256”，任意选择一个可能的故障，本例选择“Exernall fault”（外部故障），单击“OK”（确定）按钮，模拟外部断线。

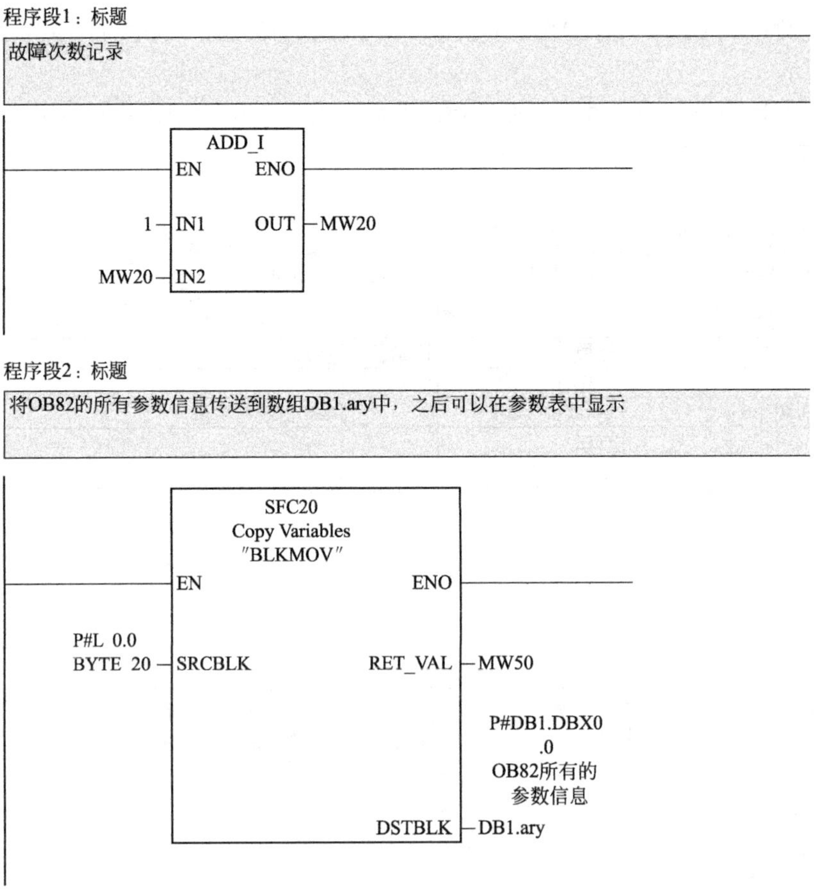

图 5-71　梯形图

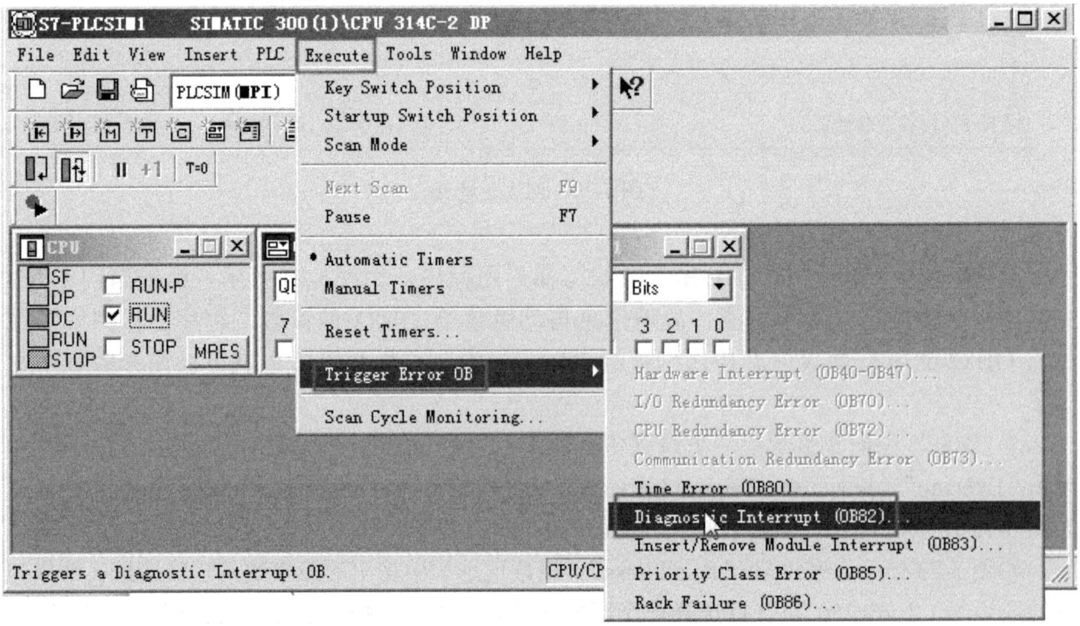

图 5-72　打开“诊断中断”界面

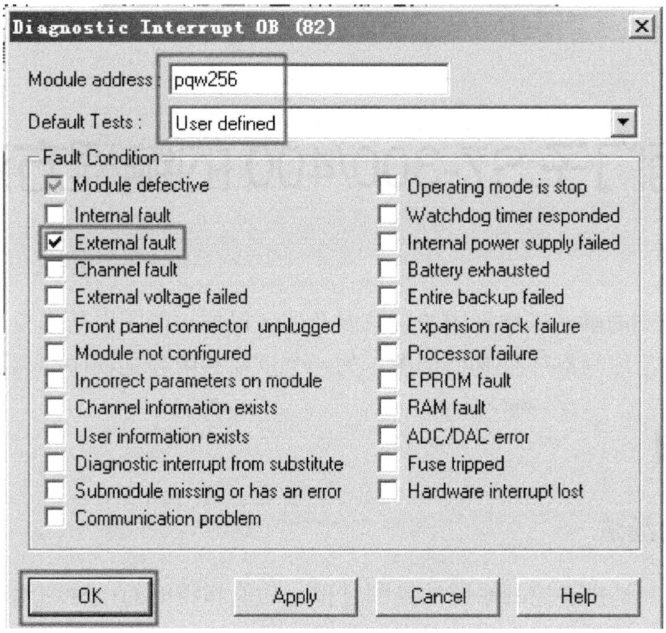

图 5-73 模拟故障

⑥ 监视故障。打开变量表，单击“监视变量”按钮，可以看到各参数，如图 5-74 所示。参数的含义如下：

- MW20 代表故障的累积次数；
- DB1.DBB0 为 16#39，表示事件到来；
- DB1.DBB5 为 16#55，表示为输出模块；
- DB1.DBW6 为 16#0100，就是输出模块的地址是 PQW256（256 的十六进制就是 16#0100）；
- DB1.DBW8 为 16#1105（2#0001 0001 0000 0101），外部故障、通道故障、模块发生故障。

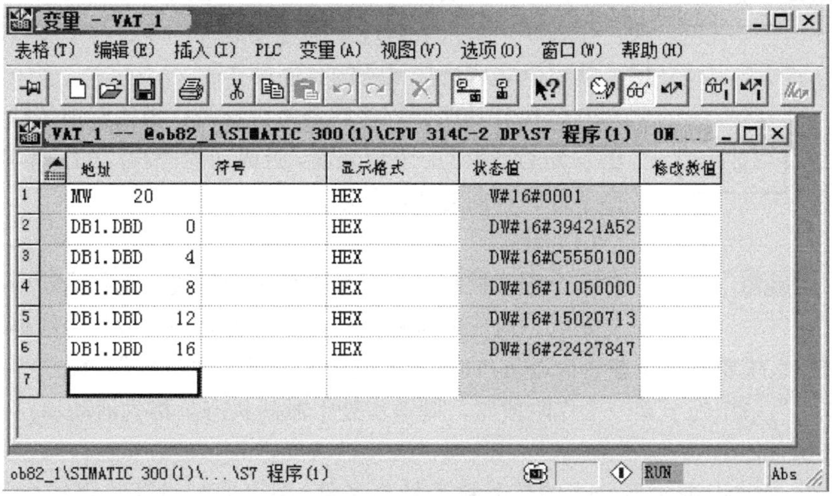

图 5-74 监视故障

第6章 西门子 S7-300/400 的编程方法与调试

本章介绍功能图的画法、梯形图的禁忌以及如何根据功能图用基本指令、功能指令和复位置位指令 3 种方法编写顺序控制梯形图。另一个重要的内容是程序的调试方法。

6.1 功能图

6.1.1 功能图的画法

功能图（SFC）是描述控制系统的控制过程、功能和特征的一种图解表示方法。它具有简单、直观等特点，不涉及控制功能的具体技术，是一种通用的语言，是 IEC（国际电工委员会）首选的编程语言，近年来在 PLC 的编程中已经得到了普及与推广。在 IEC 60848 中称顺序功能图，在我国国家标准 GB 6988—2008 中称功能表图。西门子称为图形编程语言 S7-Graph 和 S7-HiGraph。

顺序功能图是设计 PLC 顺序控制程序的一种工具，适合于系统规模较大、程序关系较复杂的场合，特别适合于对顺序操作的控制。在编写复杂的顺序控制程序时，采用 S7-Graph 和 S7-HiGraph 比梯形图更加直观。

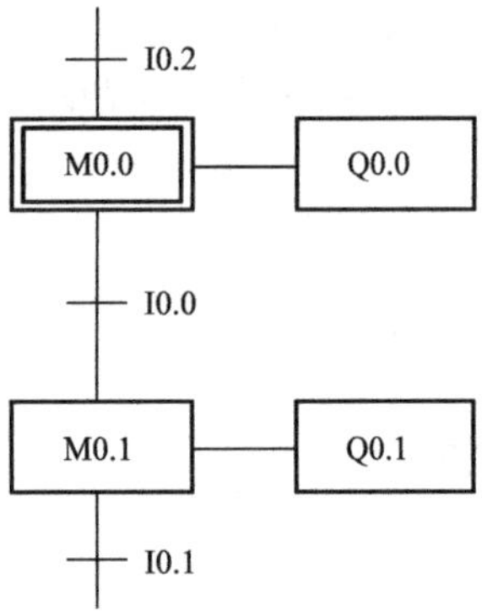

图 6-1 功能图

功能图的基本思想是：设计者按照生产要求，将被控设备的一个工作周期划分成若干个工作阶段（简称“步”），并明确表示每一步要执行的输出，“步”与“步”之间通过制定的条件进行转换，在程序中，只要通过正确连接进行“步”与“步”之间的转换，就可以完成被控设备的全部动作。

PLC 执行功能图程序的基本过程是：根据转换条件选择工作“步”，进行“步”的逻辑处理。组成功能图程序的基本要素是步、转换条件和有向连线，如图 6-1 所示。

（1）步

一个顺序控制过程可分为若干个阶段，也称为步或状态。系统初始状态对应的步称为初始步，初始步一般用双线框表示。在每一步中施控系统要发出某些“命令”，而被控系统要完成某些“动作”，“命令”和“动作”都称为动作。当系统处于某一工作阶段时，则该步处于激活状态，称为活动步。

（2）转换条件

使系统由当前步进入下一步的信号称为转换条件。顺序控制设计法用转换条件控制代表各步的编程元件，让它们的状态按一定的顺序变化，然后用代表各步的编程元件去控制输出。不同状态的“转换条件”可以不同，也可以相同。当“转换条件”各不相同时，在功能图程序中每次只能选择其中一种工作状态（称为“选择分支”），当“转换条件”都相同时，在功能图程序中每次可以选择多个工作状态（称为“选择并行分支”）。只有满足条件状态，才能进行逻辑处理与输出。因此，“转换条件”是功能图程序选择工作状态（步）的“开关”。

（3）有向连线

步与步之间的连接线称为“有向连线”，“有向连线”决定了状态的转换方向与转换途径。在有向连线上有短线，表示转换条件。当条件满足时，转换得以实现，即上一步的动作结束而下一步的动作开始，因而不会出现动作重叠。步与步之间必须要有转换条件。

图 6-1 中的双框为初始步，M0.0 和 M0.1 是步名，I0.0、I0.1 为转换条件，Q0.0、Q0.1 为动作。当 M0.0 有效时，输出指令驱动 Q0.0。步与步之间的连线称为有向连线，它的箭头省略未画。

（4）功能图的结构分类

根据步与步之间的进展情况，功能图分为以下几种结构。

① 单一顺序　单一顺序动作是一个接一个地完成，完成每步只连接一个转移，每个转移只连接一个步，如图 6-3 和图 6-4 所示的功能图和梯形图是一一对应的。以下用“启保停电路”来讲解功能图和梯形图的对应关系。

为了便于将顺序功能图转换为梯形图，采用代表各步的编程元件的地址（比如 M0.2）作为步的代号，并用编程元件的地址来标注转换条件和各步的动作和命令，当某步对应的编程元件置 1 时，代表该步处于活动状态。

a. 启保停电路对应的布尔代数式。

标准的启保停梯形图如图 6-2 所示，图中 I0.0 为 M0.2 的启动条件，当 I0.0 置 1 时，M0.2 得电；I0.1 为 M0.2 的停止条件，当 I0.1 置 1，M0.2 断电；M0.2 的辅助触头为 M0.2 的保持条件。该梯形图对应的布尔代数式为：

$$M0.2 = (I0.0 + M0.2)\overline{I0.1}$$

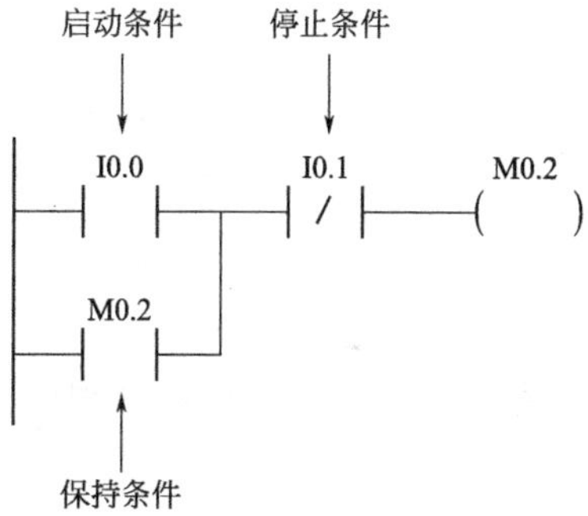

图 6-2　标准的“启保停”梯形图

b. 顺序控制梯形图储存位对应的布尔代数式。

如图 6-3（a）所示的功能图，M0.1 转换为活动步的条件是 M0.1 步的前一步是活动步，相应的转换条件（I0.0）得到满足，即 M0.1 的启动条件为 M0.0 • I0.0。当 M0.2 转换为活动步后，M0.1 转换为不活动步，因此，M0.2 可以看成 M0.1 的停止条件。由于大部分转换条件都是瞬时信号，即信号持续的时间比它激活的后续步的时间短，因此应当使用有记忆功能的电路控制代表步的储存位。在这种情况下，启动条件、停止条件和保持条件全部具备，就可以用“启保停”方法来设计顺序功能图的布尔代数式和梯形图。顺序控制功能图中储存位对应的布尔代数式如图 6-3（b）所示，参照图 6-2 所示的标准“启保停”梯形图，就可以轻松地将图 6-3 所示的顺序功能图转换为如图 6-4 所示的梯形图。

② 选择顺序　选择顺序是指某一步后有若干个单一顺序等待选择，称为分支，一般只允许选择进入一个顺序，转换条件只能标在水平线之下。选择顺序的结束称为合并，用一条水平线表示，水平线以下不允许有转换条件，如图 6-5 所示。

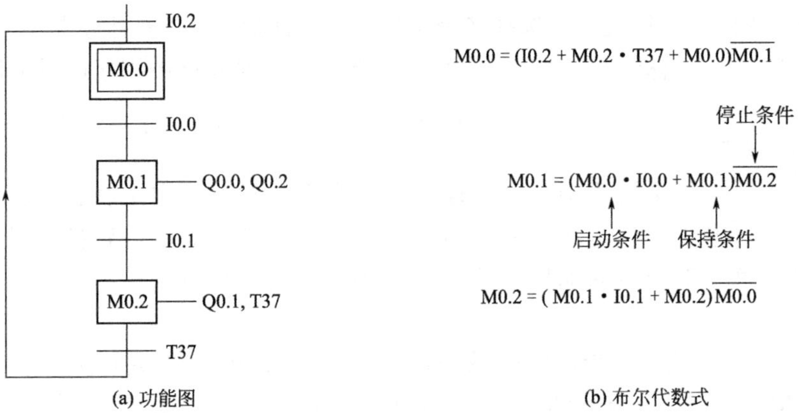

图 6-3　顺序功能图和对应的布尔代数式

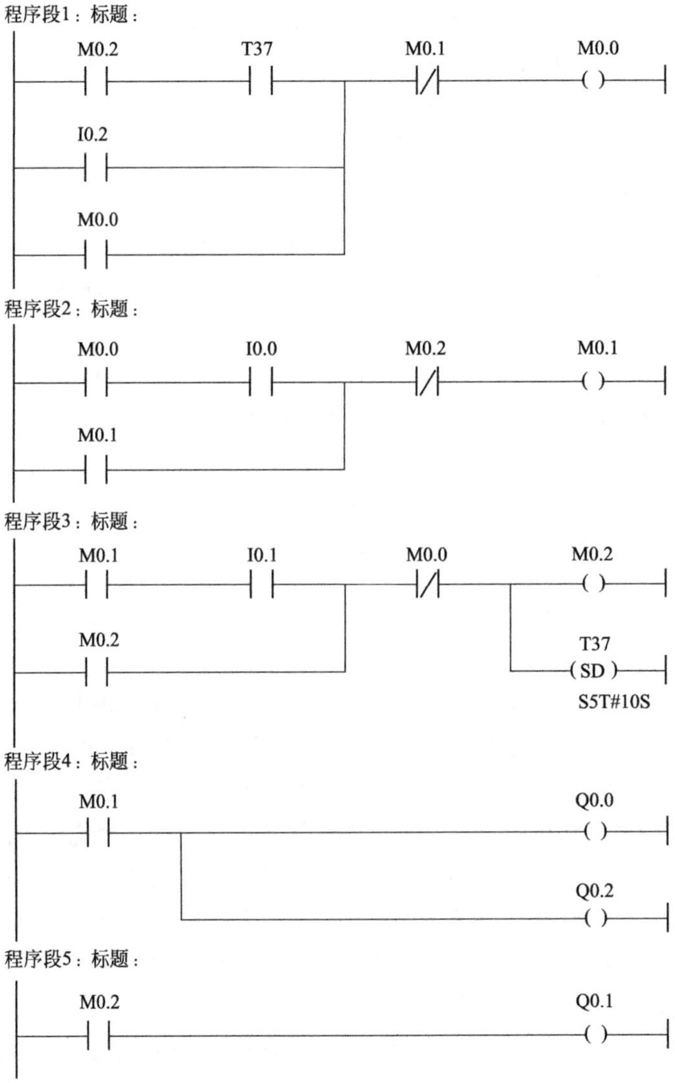

图 6-4　梯形图

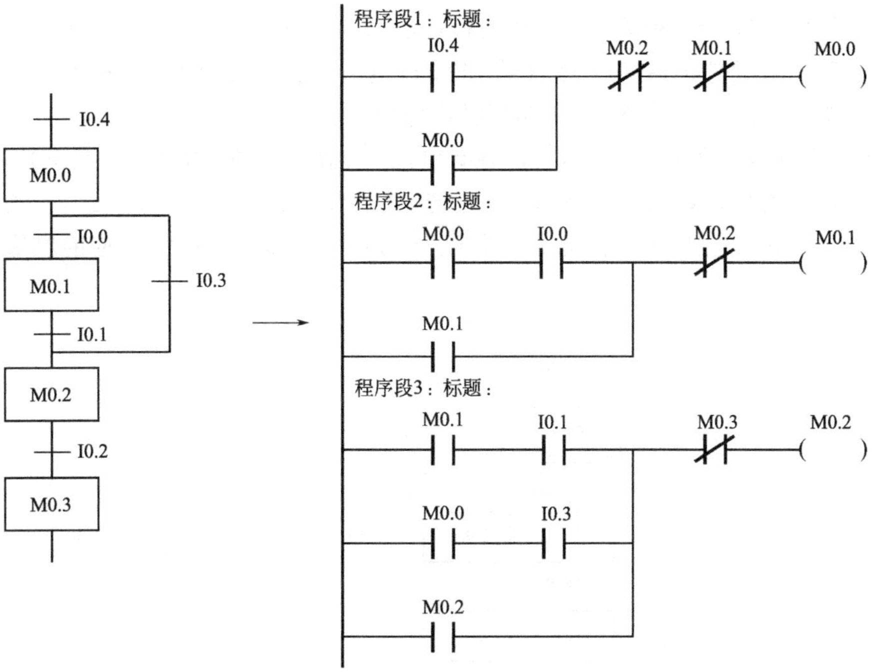

图 6-5　选择顺序

③ 并行顺序　并行顺序是指在某一转换条件下同时启动若干个顺序，也就是说转换条件实现导致几个分支同时激活。并行顺序的开始和结束都用双水平线表示，如图 6-6 所示。

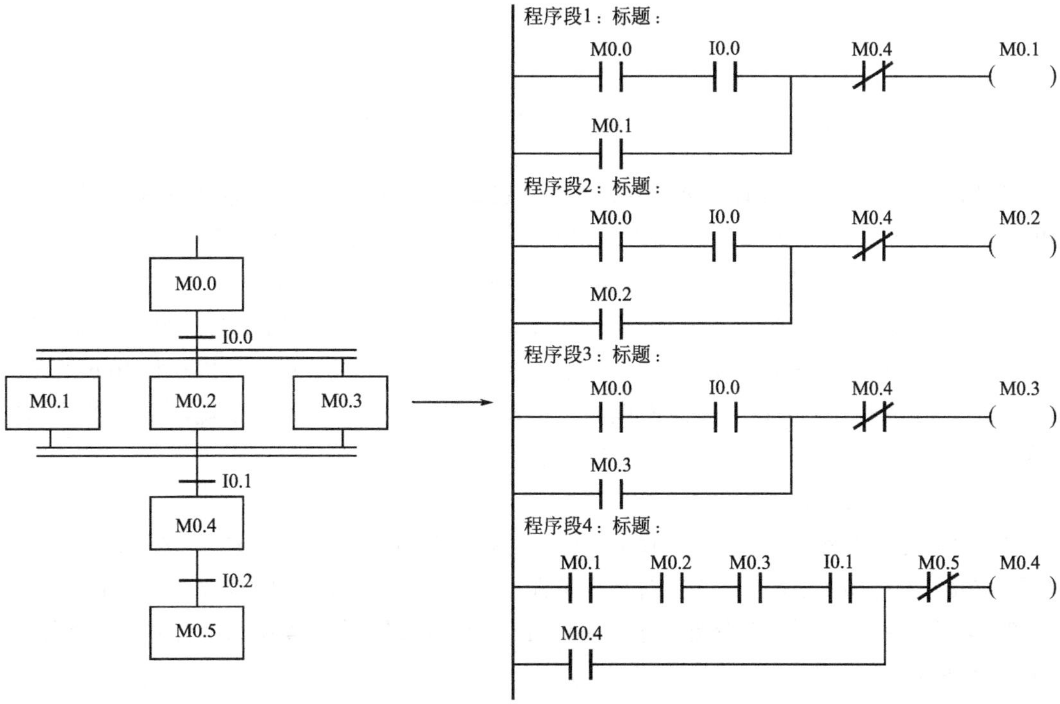

图 6-6　并行顺序

④ 选择序列和并行序列的综合 如图 6-7 所示，步 M0.0 之后有一个选择序列的分支，设 M0.0 为活动步，当它的后续步 M0.1 或 M0.2 变为活动步时，M0.0 变为不活动步，即 M0.0 为 0 状态，所以应将 M0.1 和 M0.2 的常闭触头与 M0.0 的线圈串联。

步 M0.2 之前有一个选择序列合并，当步 M0.1 为活动步（即 M0.1 为 1 状态），并且转换条件 I0.1 满足，或者步 M0.0 为活动步，并且转换条件 I0.2 满足，步 M0.2 变为活动步，所以该步的存储器 M0.2 的启保停电路的启动条件为 M0.1·I0.1+M0.0·I0.2，对应的启动电路由两条并联支路组成。

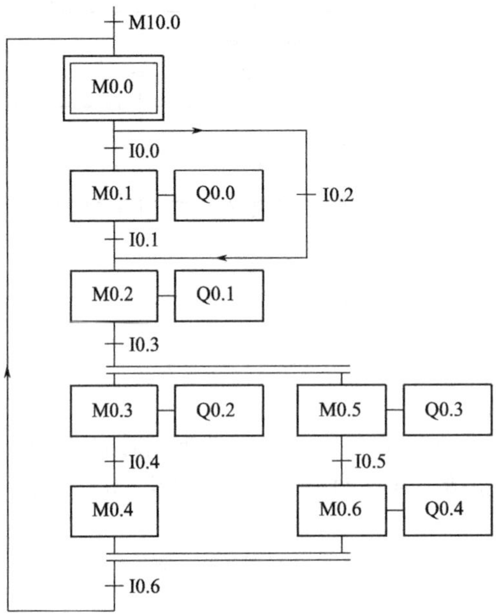

图 6-7 选择序列和并行序列功能图

步 M0.2 之后有一个并行序列分支，当步 M0.2 是活动步并且转换条件 I0.3 满足时，步 M0.3 和步 M0.5 同时变成活动步，这时用 M0.2 和 I0.3 常开触头组成的串联电路，分别作为 M0.3 和 M0.5 的启动电路来实现，与此同时，步 M0.2 变为不活动步。

步 M0.0 之前有一个并行序列的合并，该转换实现的条件是所有的前级步（即 M0.4 和 M0.6）都是活动步和转换条件 I0.6 满足。由此可知，应将 M0.4、M0.6 和 I0.6 的常开触头串联，作为控制 M0.0 的启保停电路的启动电路。图 6-7 所示的功能图对应的梯形图如图 6-8 所示。

（5）功能图设计的注意点

① 状态之间要有转换条件。如图 6-9 所示，状态之间缺少“转换条件”是不正确的，应改成如图 6-10 所示的功能图。必要时转换条件可以简化，如将图 6-11 简化成图 6-12。

② 转换条件之间不能有分支。例如，图 6-13 应该改成如图 6-14 所示的合并后的功能图，合并转换条件。

③ 顺序功能图中的初始步对应于系统等待启动的初始状态，初始步是必不可少的。

④ 顺序功能图中一般应有由步和有向连线组成的闭环。

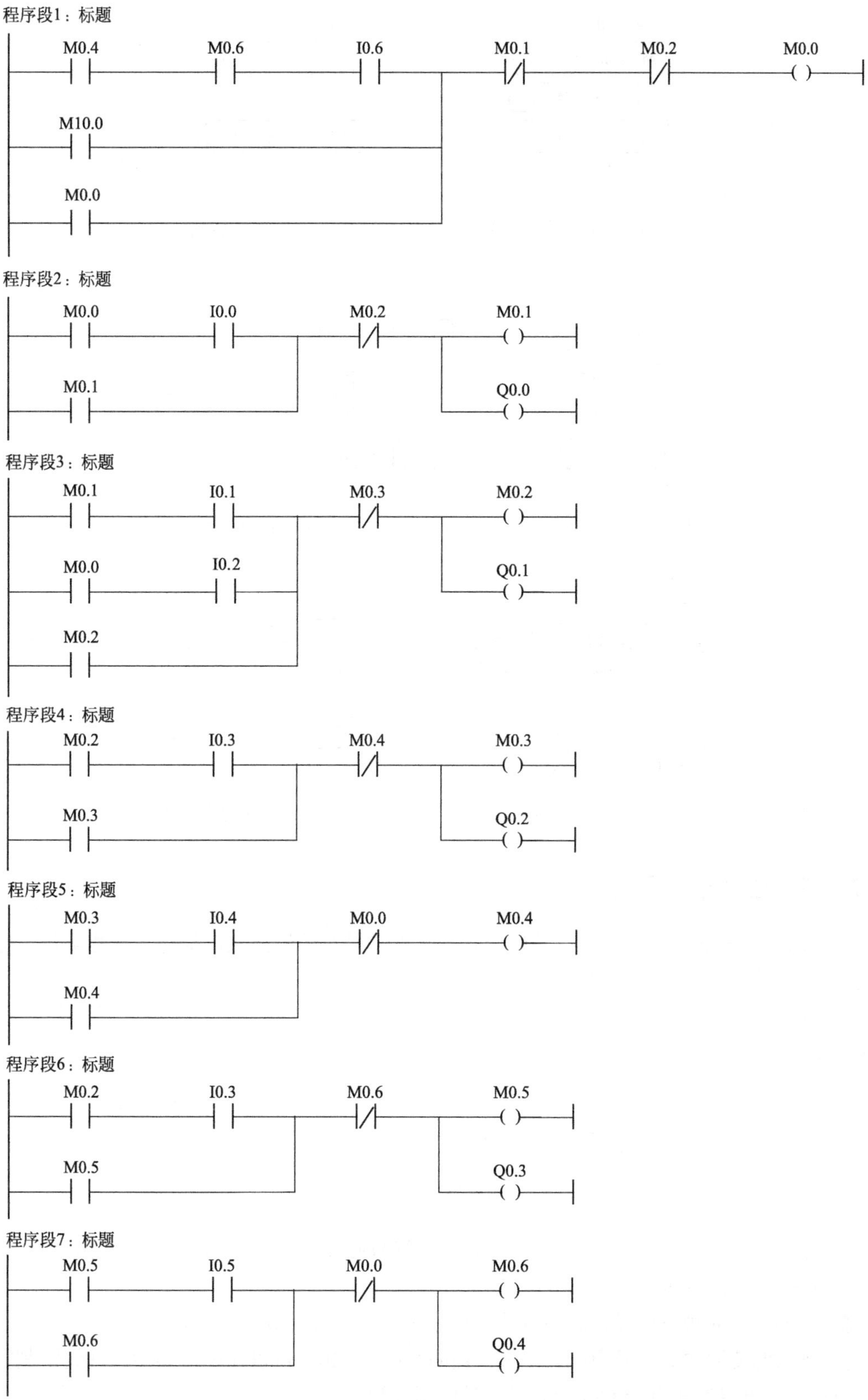
程序段1：标题
M0.4
M0.6
I0.6
M0.1
M0.2
M0.0
M10.0
M0.0
程序段2：标题
M0.0
I0.0
M0.2
M0.1
M0.1
Q0.0
程序段3：标题
M0.1
I0.1
M0.3
M0.2
M0.0
I0.2
Q0.1
M0.2
程序段4：标题
M0.2
I0.3
M0.4
M0.3
M0.3
Q0.2
程序段5：标题
M0.3
I0.4
M0.0
M0.4
M0.4
程序段6：标题
M0.2
I0.3
M0.6
M0.5
M0.5
Q0.3
程序段7：标题
M0.5
I0.5
M0.0
M0.6
M0.6
Q0.4

图 6-8 梯形图

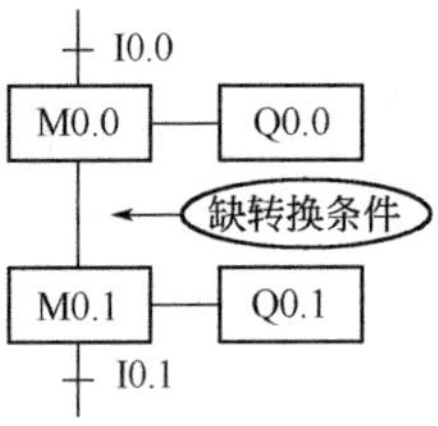

图 6-9 错误的功能图

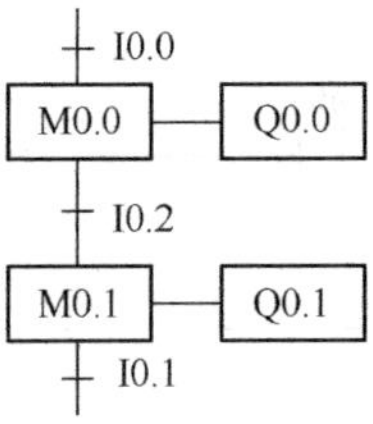

图 6-10 正确的功能图

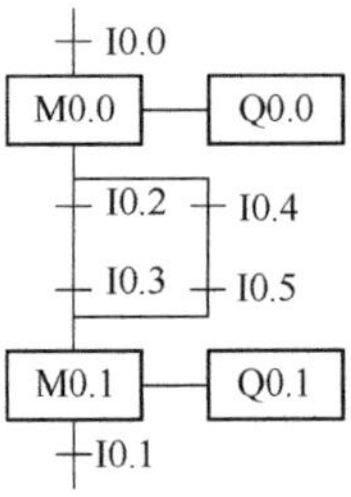

图 6-11 简化前的功能图

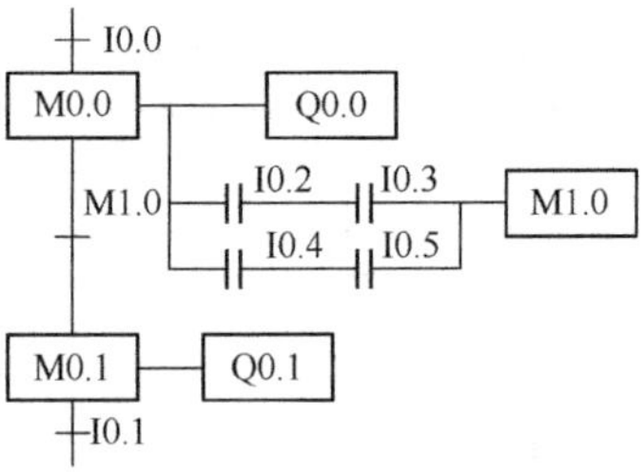

图 6-12 简化后的功能图

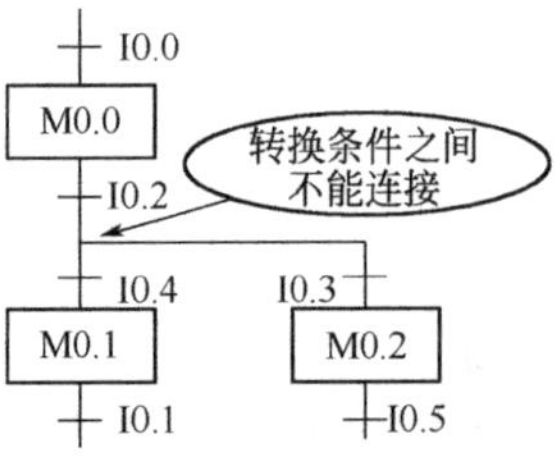

图 6-13 错误的功能图

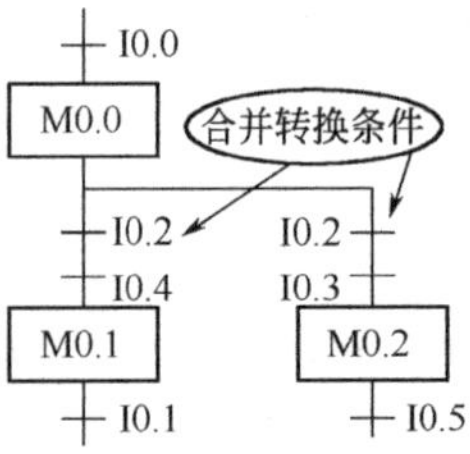

图 6-14 合并后的启动图

6.1.2 梯形图编程的原则

尽管梯形图与继电器电路图在结构形式、元件符号及逻辑控制功能等方面相类似，但它们又有许多不同之处，梯形图有自己的编程规则。

① 每一逻辑行总是起于左母线，最后终止于线圈或右母线（右母线可以不画出），如图 6-15 所示。

图 6-15 梯形图

② 无论选用哪种机型的 PLC，所用元件的编号必须在该机型的有效范围内。例如西门子 S7-300 PLC 中没有 M99000.0。

③ 梯形图中的触点可以任意串联或并联，但线圈只能并联而不能串联。

④ 触点的使用次数不受限制。例如，辅助继电器 M0.0 可以在梯形图中出现无限制的次数，而实物继电器的触点一般少于 8 对，只能用有限次。

⑤ 在梯形图中同一线圈只能出现一次。如果在程序中，同一线圈使用了两次或多次，

称为“双线圈输出”。对于“双线圈输出”，有些 PLC 将其视为语法错误，绝对不允许（如三菱 FX 系列 PLC）；有些 PLC 则将前面的输出视为无效，只有最后一次输出有效（如西门子 PLC）；而有些 PLC 在含有跳转指令或步进指令的梯形图中允许双线圈输出。

⑥ 西门子 PLC 的梯形图中不能出现 I 线圈。

⑦ 对于不可编程的梯形图必须经过等效变换，变成可编程梯形图，如图 6-16 所示。

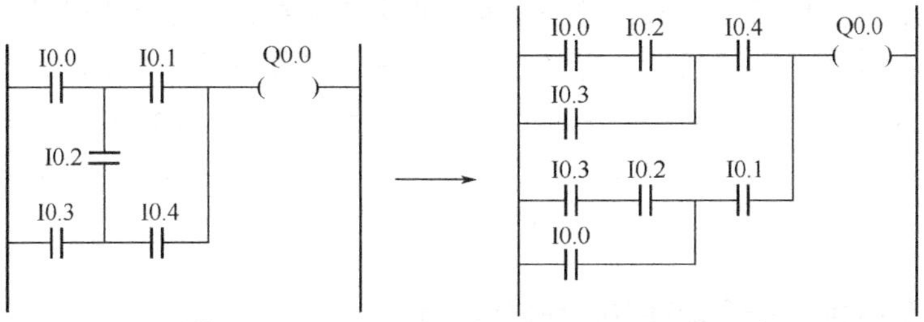

(a) 错误　　(b) 正确

图 6-16　梯形图

⑧ 在有几个串联电路相并联时，应将串联触点多的回路放在上方，归纳为“多上少下”的原则，如图 6-17 所示。在有几个并联电路相串联时，应将并联触点多的回路放在左方，归纳为“多左少右”原则，如图 6-18 所示。因为这样所编制的程序简洁明了，语句较少。但要注意图 6-17(a) 和图 6-18(a) 的梯形图逻辑上是正确的。

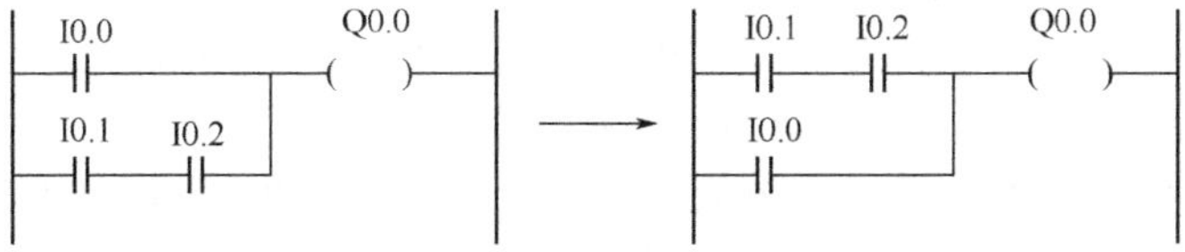

(a) 不合理　　(b) 合理

图 6-17　梯形图

⑨ PLC 的输入端所连的电气元件通常使用常开触点，即使与 PLC 对应的继电器-接触器系统原来使用的是常闭触点，改为 PLC 控制时也应转换为常开触点。如图 6-19 所示为继电器-接触器系统控制的电动机的启/停控制图，如图 6-20 所示为电动机的启/停控制的梯形图，如

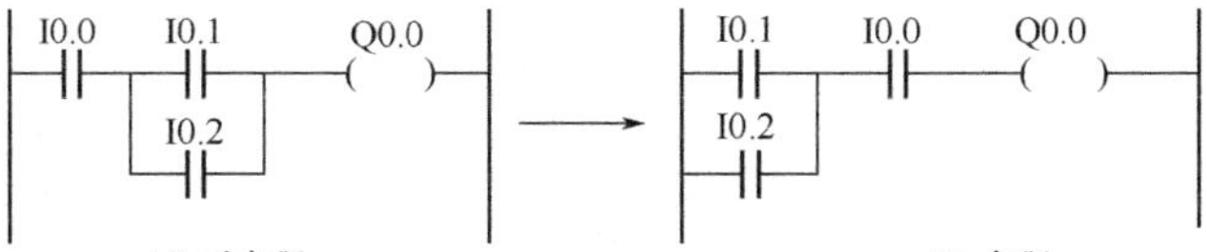

(a) 不合理　　(b) 合理

图 6-18　梯形图

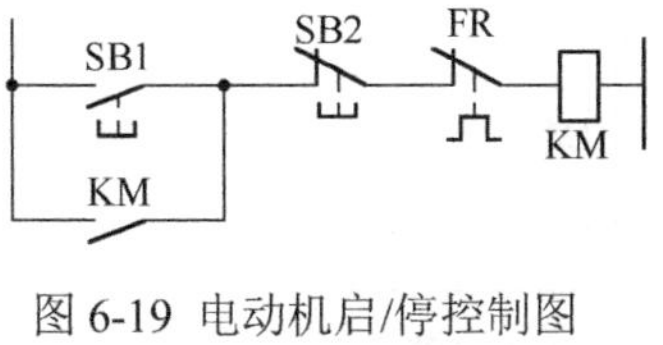

图 6-19 电动机启/停控制图

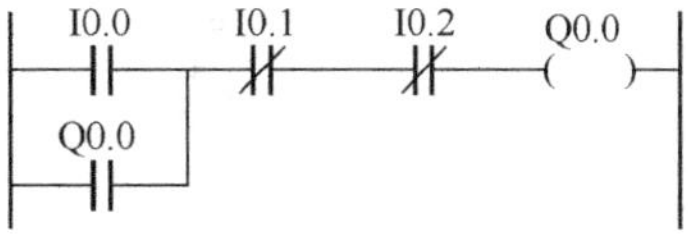

图 6-20　电动机启/停控制的梯形图

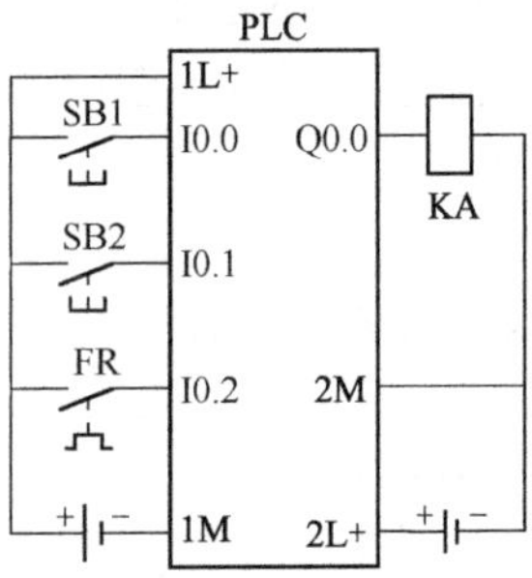

图 6-21 电动机的启/停控制的接线图

图 6-21 所示为电动机启/停控制的接线图。可以看出：继电器-接触器系统原来使用常闭触点 SB1 和 FR，改用 PLC 控制时，则在 PLC 的输入端变成了常开触点。

【关键点】 图 6-20 的梯形图中 I0.1 和 I0.2 用常闭触点，否则控制逻辑不正确。若要 PLC 的输入端的按钮为常闭触点接入也可以，但梯形图中 I0.1 和 I0.2 要用常开触点，对于急停按钮必须使用常闭触头，若一定要使用常开触头，从逻辑上讲是可行的，但在某些情况下，有可能急停按钮不起作用而造成事故，这是读者要特别注意的。另外，一般不推荐将热继电器的常开触点接在 PLC 的输入端，因为这样做占用了宝贵的输入点，最好将热继电器的常闭触点接在 PLC 的输出端，与 KA 的线圈串联。

6.2 逻辑控制的梯形图编程方法

相同的硬件系统，由不同的人设计，可能设计出不同的程序，有的人设计的程序简洁而且可靠，而有的人设计的程序虽然能完成任务，但较复杂，PLC 程序设计是有规律可循的，下面将介绍两种方法：经验设计法和功能图设计法。

6.2.1 经验设计法

经验设计法就是在一些典型的梯形图的基础上，根据具体的对象对控制系统的具体要求，对原有的梯形图进行修改和完善。这种方法适合有一定工作经验的人，这些人有现成的资料，特别在产品更新换代时，使用这种方法比较节省时间。下面举例说明这种方法的思路。

【例 6-1】 图 6-22 为小车运输系统的示意图和 I/O 接线图，SQ1、SQ2、SQ3 和 SQ4 是限位开关，小车先左行，在 SQ1 处装料，10s 后右行，到 SQ2 后停止卸料 10s 后左行，碰到 SQ1 后停下装料，就这样不停循环工作，限位开关 SQ3 和 SQ4 的作用是当 SQ2 或者 SQ1 失效时，SQ3 和 SQ4 起保护作用，SB1 和 SB2 是启动按钮，SB3 是停止按钮。

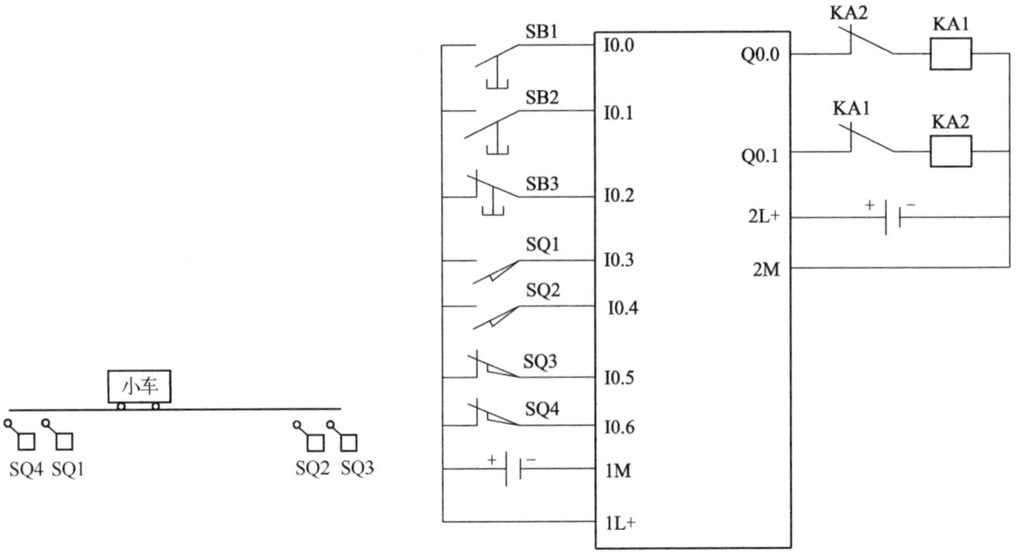

图 6-22 小车运输系统的示意图和 I/O 接线图

【解】

小车左行和右行是不能同时进行的，因此有联锁关系，与电动机的正、反转的梯形图类似，因此先画出电动机正、反转控制的梯形图，如图6-23所示，再在这个梯形图的基础上进行修改，增加4个限位开关的输入，增加两个定时器，就变成了图6-24的梯形图。

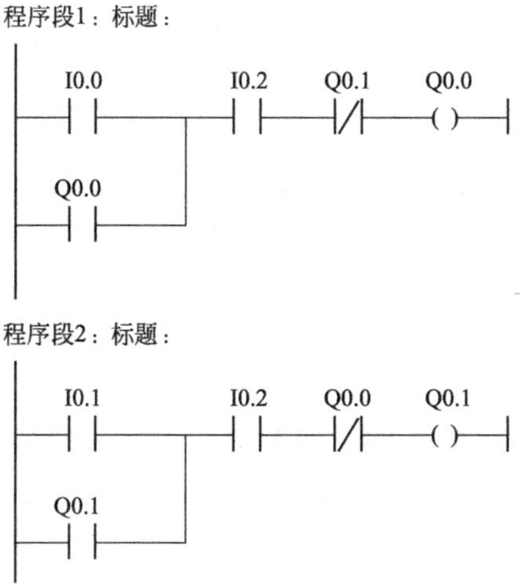

图6-23　电动机正、反转控制的梯形图

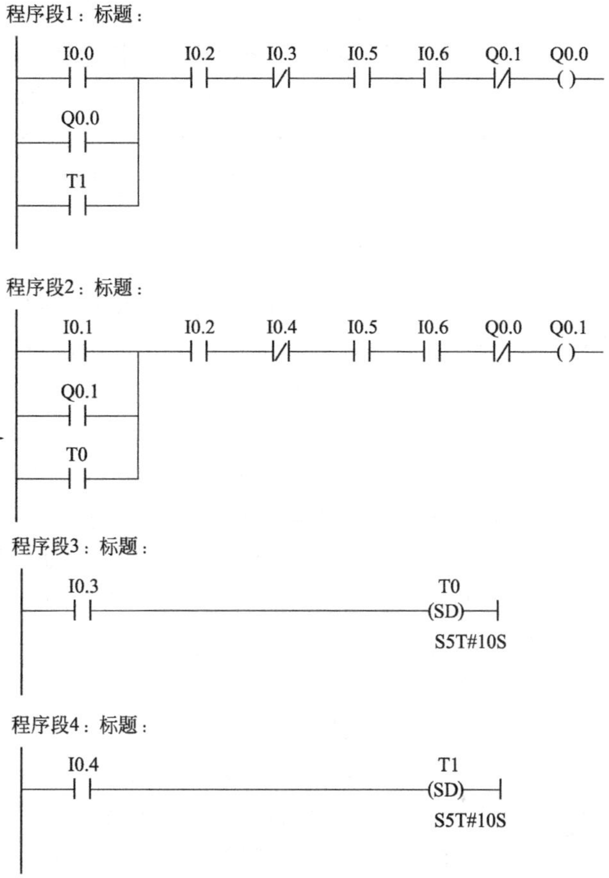

图6-24　小车运输系统的梯形图

6.2.2　功能图设计法

功能图设计法也称为“启保停”设计法。对于比较复杂的逻辑控制，用经验设计法就不合适，适合用功能图设计法。功能图设计法无疑是应用最为广泛的设计方法。功能图就是顺序功能图，功能图设计法就是先根据系统的控制要求画出功能图，再根据功能图画梯形图，梯形图可以是基本指令梯形图，也可以是顺控指令梯形图和功能指令梯形图。因此，设计功能图是整个设计过程的关键，也是难点。

（1）启保停设计方法的基本步骤

① 绘制出顺序功能图　要使用“启保停”设计方法设计梯形图时，先要根据控制要求绘制出顺序功能图，其中顺序功能图的绘制在前面章节中已经详细讲解，在此不再重复。

② 写出储存器位的布尔代数式　对应于顺序功能图中的每一个储存器位都可以写出如图6-25所示的布尔代数式。图中等号左边的M_i为第i个储存器位的状态，等号左边的M_i为

第 i 个储存器位的常开触头，X_i 为第 i 个工步所对应的转换信号，M_{i-1} 为第 $i-1$ 个储存器位的常开触头，M_{i+1} 为第 $i+1$ 个储存器位的常闭触头。

$$M_i = (X_i M_{i-1} + M_i)\overline{M_{i+1}}$$

图 6-25 存储器位的布尔代数式

③ 写出执行元件的逻辑函数式 执行元件为顺序功能图中的储存器位所对应的动作。一个步通常对应一个动作，输出和对应步的储存器位的线圈并联或者在输出线圈前串接一个对应步的储存器位的常开触头。当功能图中有多个步对应同一动作时，其输出可用这几个步对应的储存器位的“或”来表示，如图 6-26 所示。

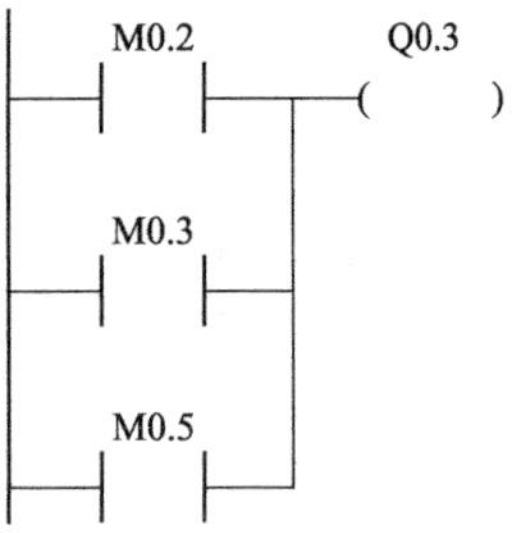

图 6-26 多个步对应同一动作时的梯形图

④ 设计梯形图 在完成前 3 步骤的基础上，可以顺利设计出梯形图。

（2）利用基本指令编写梯形图指令

用基本指令编写梯形图指令是最容易被想到的方法，不需要了解较多的指令。采用这种方法编写程序的过程是：先根据控制要求设计正确的功能图，再根据功能图写出正确的布尔表达式，最后根据布尔表达式画基本指令梯形图。以下用一个例子讲解利用基本指令编写梯形图指令的方法。

【例 6-2】 步进电动机是一种将电脉冲信号转换为电动机旋转角度的执行机构。当步进驱动器接收到一个脉冲时，就驱动步进电动机按照设定的方向旋转一个固定的角度（称为步距角）。因此步进电动机是按照固定的角度一步一步转动的。因此可以通过脉冲数量控制步进电动机的运行角度，并通过相应的装置，控制运动的过程。对于四相八拍步进电动机。其控制要求为：

① 按下启动按钮，定子磁极 A 通电，1s 后 A、B 同时通电；再过 1s，B 通电，同时 A 失电；再过 1s，B、C 同时通电……以此类推，其通电过程如图 6-27 所示。

② 有 2 种工作模式。工作模式 1 时，按下“停止”按钮，完成一个工作循环后，停止工作；工作模式 2 时，具有锁相功能，当压下“停止”按钮后，停止在通电的绕组上，下次压下“启动”按钮时，从上次停止的线圈开始通断电工作。

③ 无论何种工作模式，只要压下“急停”按钮，系统所有线圈立即断电。

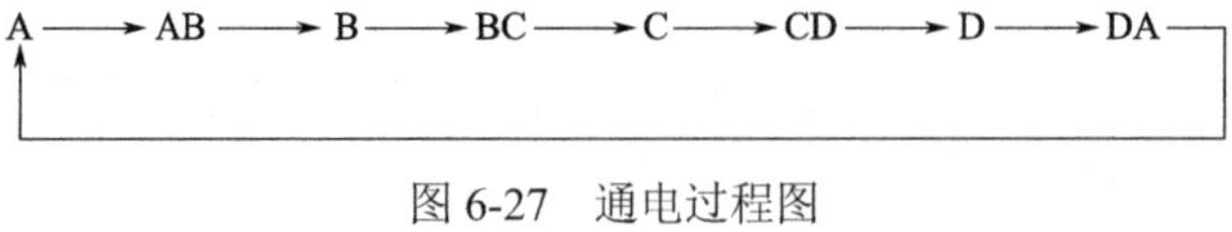

图 6-27 通电过程图

【解】

接线图如图 6-28 所示，根据题意很容易画出功能图，如图 6-29 所示。根据功能图编写梯形图程序如图 6-30 所示。图 6-31 为 OB1 中的程序。

（3）利用功能指令编写逻辑控制程序

西门子的功能指令有许多特殊功能，其中移位指令和循环指令非常适合用于顺序控制，用这些指令编写程序简洁而且可读性强。以下用一个例子讲解利用功能指令编写逻辑控制程序。

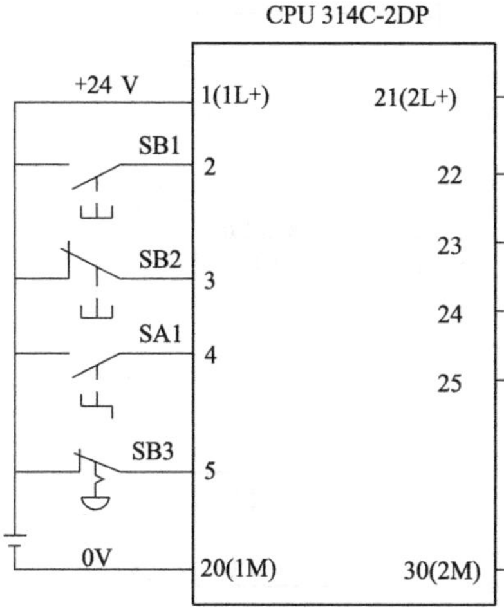

图 6-28　接线图

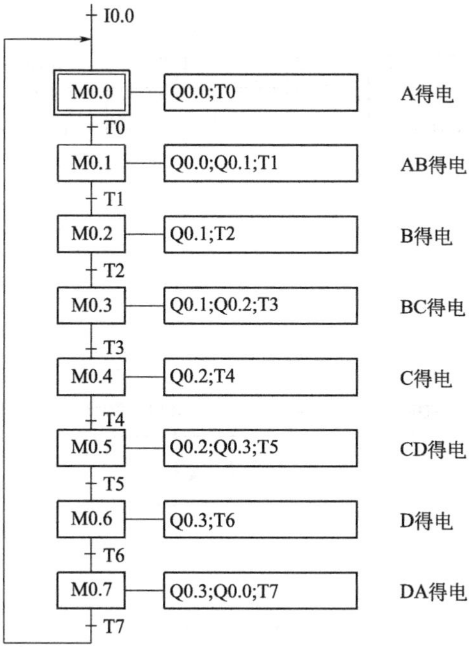

图 6-29　功能图

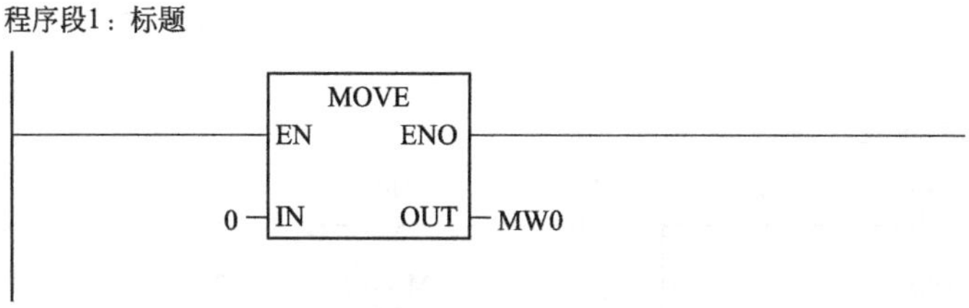

图 6-30　OB100 中的程序

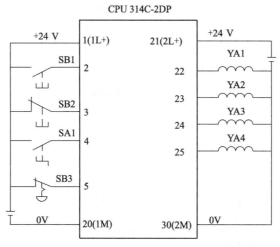

程序段1：模式1

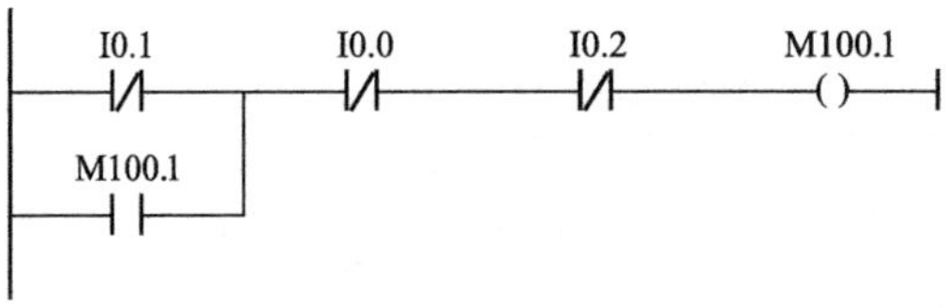

程序段2：模式2

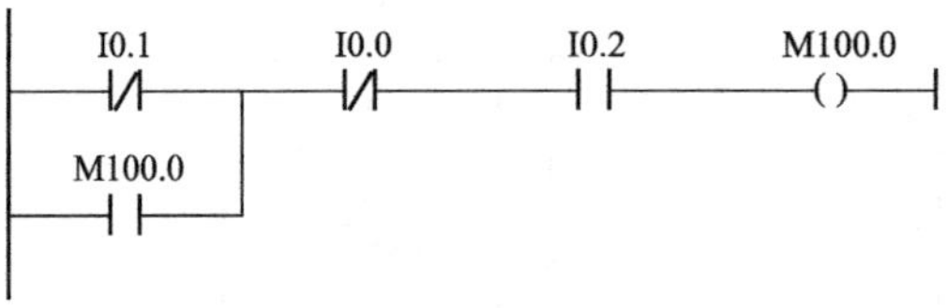

程序段3：急停和模式转换

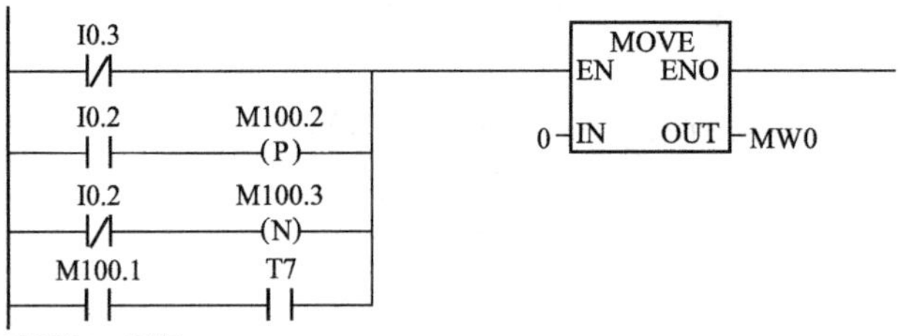

程序段4：标题

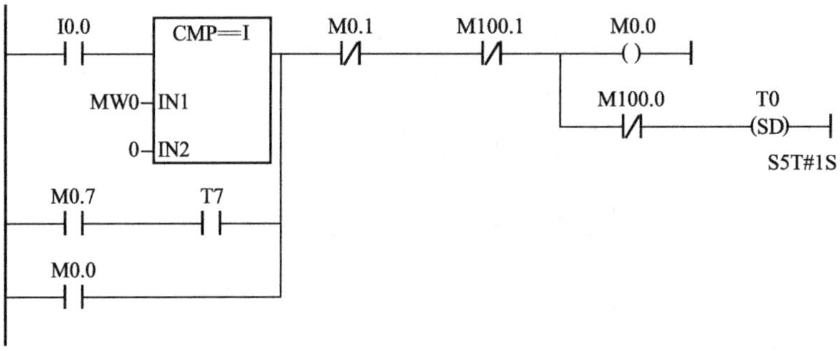

程序段5：标题

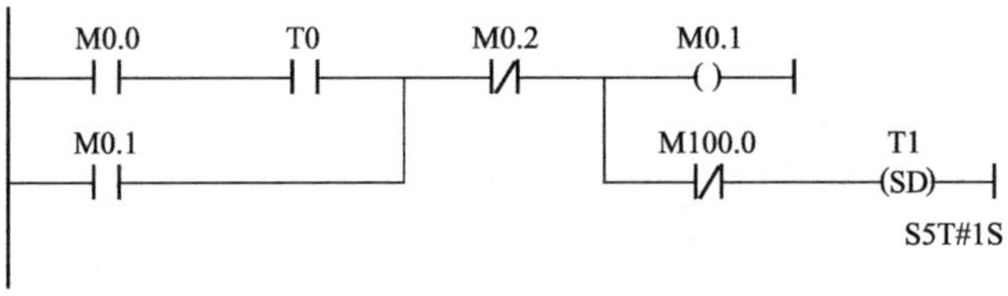

程序段6：标题

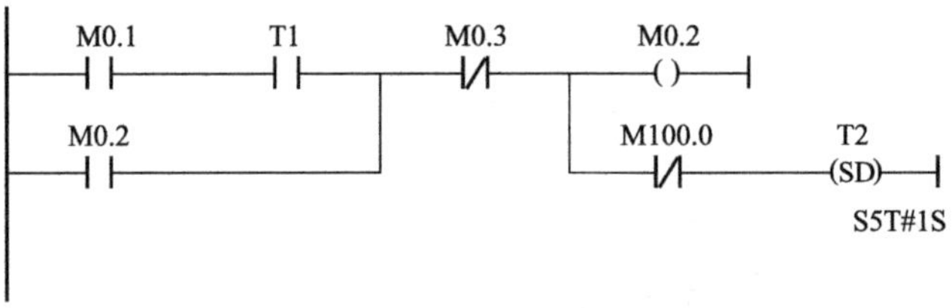

程序段7：标题

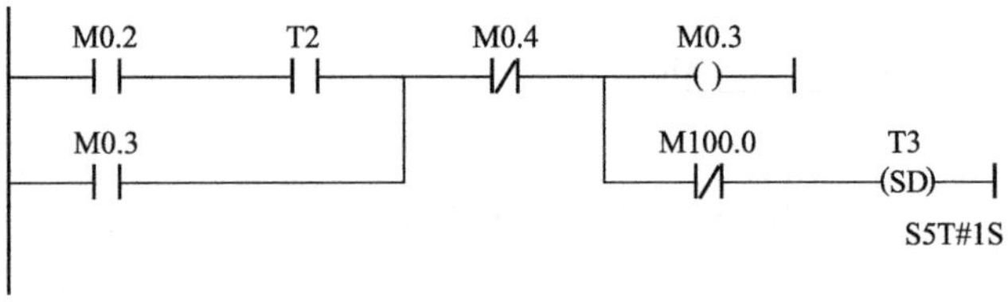

程序段8：标题

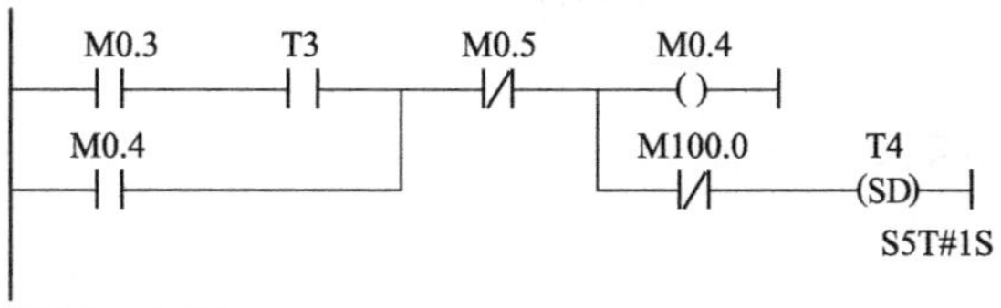

程序段9：标题

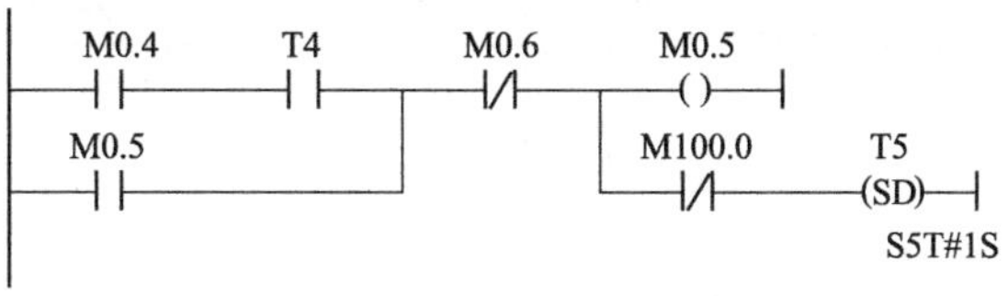

程序段10：标题

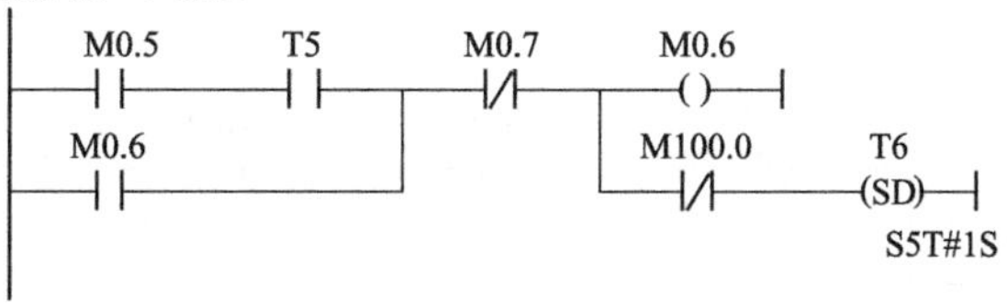

程序段11：标题

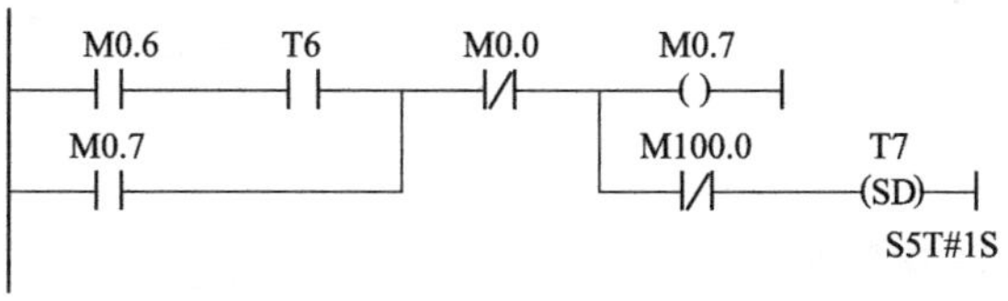

程序段12：标题

程序段13：标题

程序段14：标题

程序段15：标题

图 6-31 OB1 中的程序

【例 6-3】 用功能指令编写例 6-2 的程序。

【解】

梯形图如图 6-32 和图 6-33 所示。

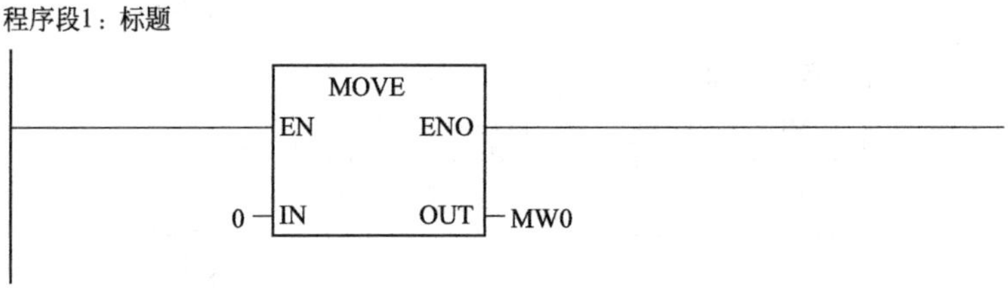

图 6-32 OB100 中的程序

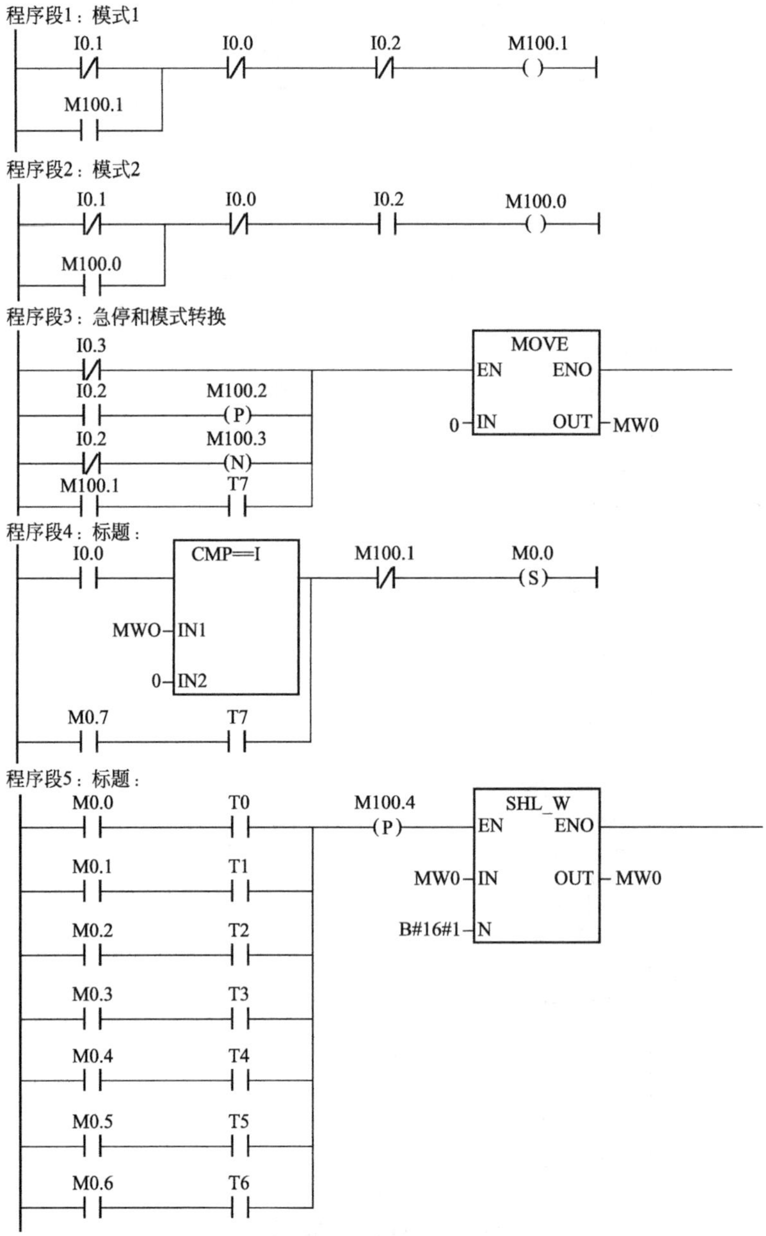

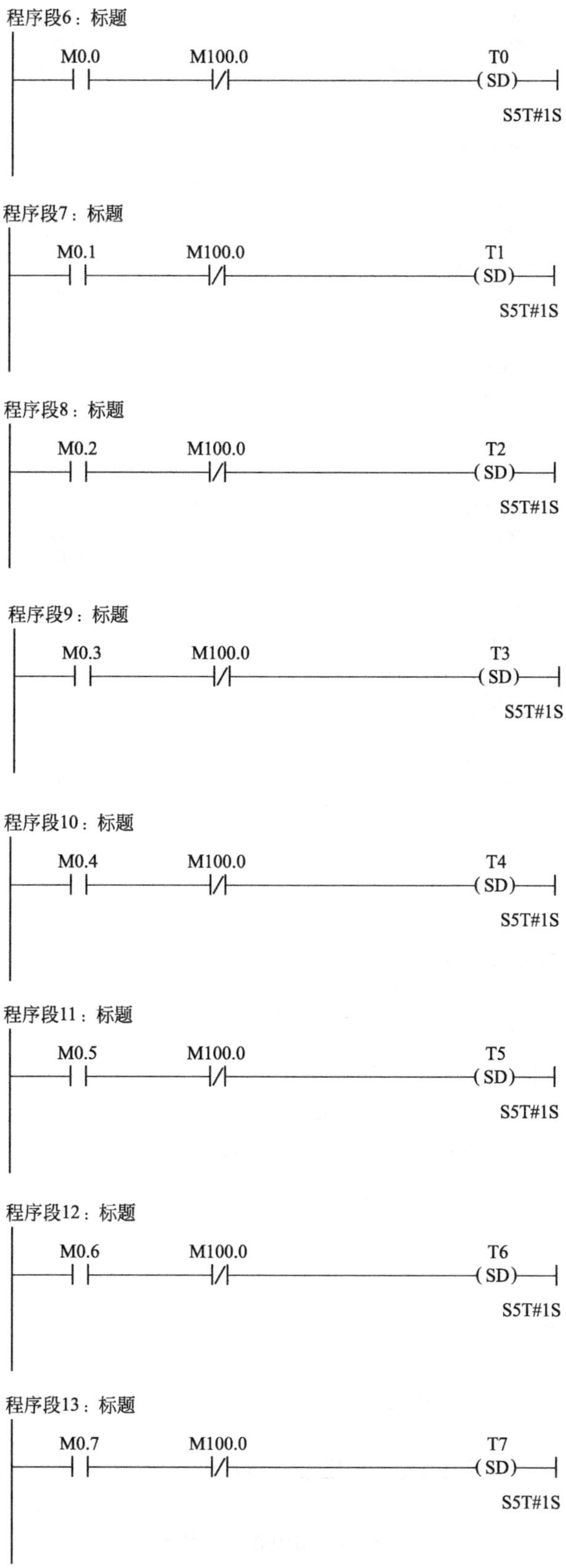
程序段6：标题
M0.0
M100.0
T0
SD
S5T#1S
程序段7：标题
M0.1
M100.0
T1
SD
S5T#1S
程序段8：标题
M0.2
M100.0
T2
SD
S5T#1S
程序段9：标题
M0.3
M100.0
T3
SD
S5T#1S
程序段10：标题
M0.4
M100.0
T4
SD
S5T#1S
程序段11：标题
M0.5
M100.0
T5
SD
S5T#1S
程序段12：标题
M0.6
M100.0
T6
SD
S5T#1S
程序段13：标题
M0.7
M100.0
T7
SD
S5T#1S

图 6-33

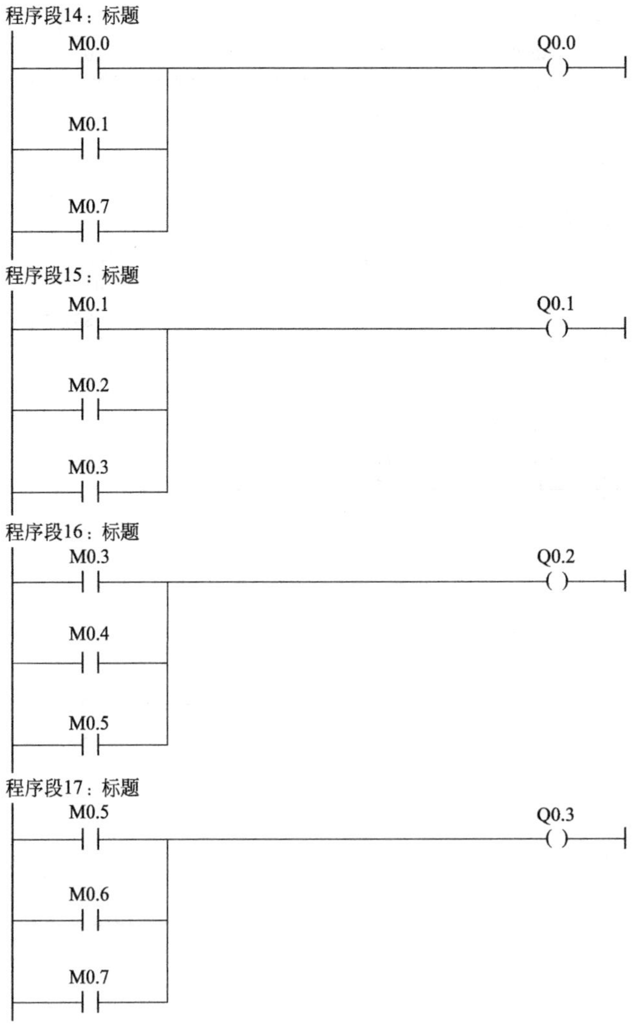

图 6-33　OB1 中的程序

（4）利用复位和置位指令编写逻辑控制程序

复位和置位指令是常用指令，用复位和置位指令编写程序简洁而且可读性强。以下用一个例子讲解利用复位和置位指令编写逻辑控制程序。

【例 6-4】 用复位和置位指令编写例 6-2 的程序。

【解】

梯形图如图 6-34 和图 6-35 所示。

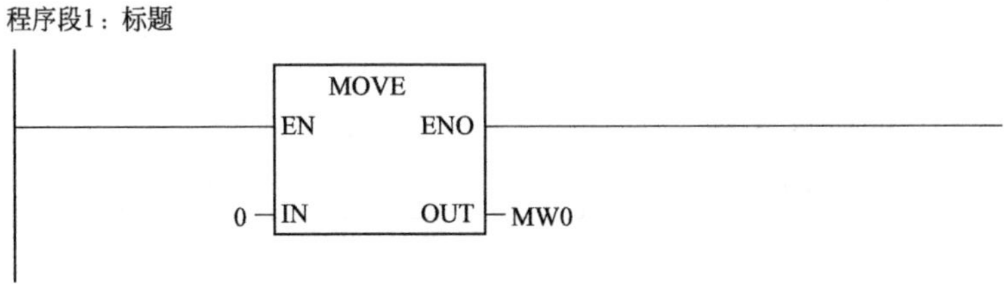

图 6-34　OB100 中的程序

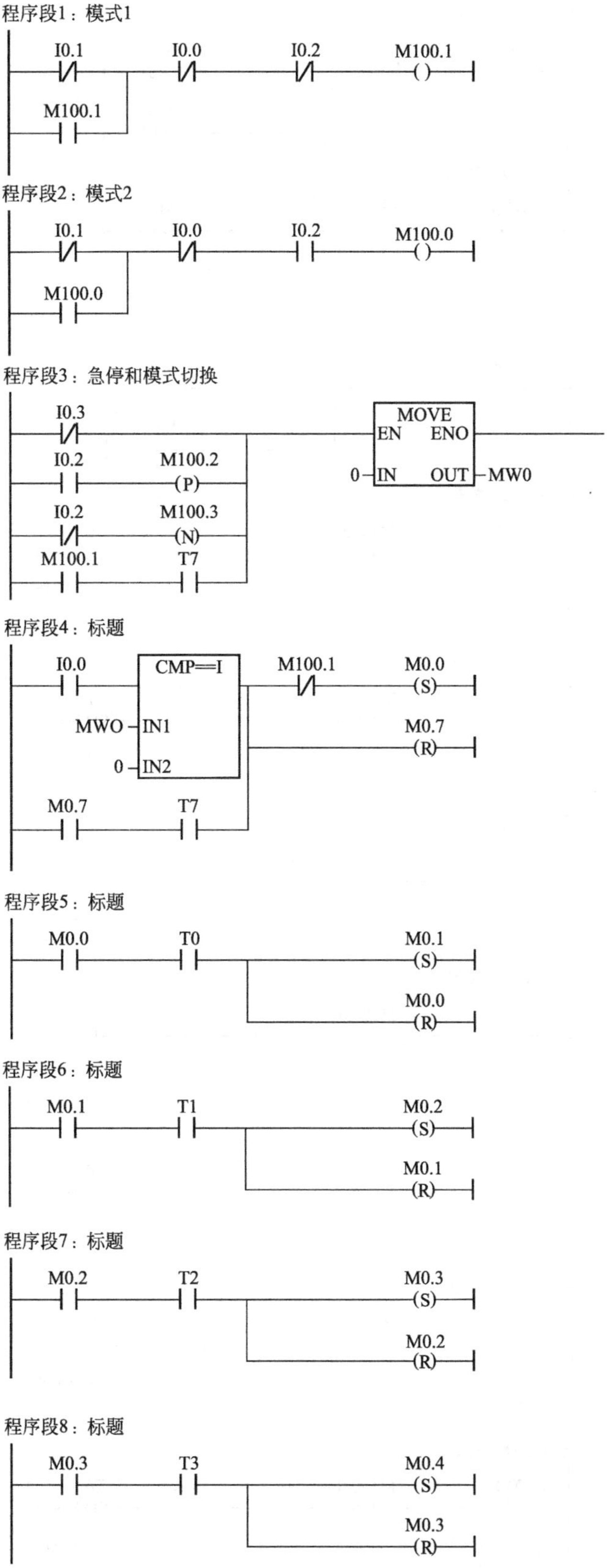
程序段1：模式1
I0.1
I0.0
I0.2
M100.1
M100.1
程序段2：模式2
I0.1
I0.0
I0.2
M100.0
M100.0
程序段3：急停和模式切换
I0.3
MOVE
EN ENO
0 IN OUT MW0
I0.2
M100.2
(P)
I0.2
M100.3
(N)
M100.1
T7
程序段4：标题
I0.0
CMP==I
M100.1
M0.0
(S)
MWO IN1
M0.7
(R)
0 IN2
M0.7
T7
程序段5：标题
M0.0
T0
M0.1
(S)
M0.0
(R)
程序段6：标题
M0.1
T1
M0.2
(S)
M0.1
(R)
程序段7：标题
M0.2
T2
M0.3
(S)
M0.2
(R)
程序段8：标题
M0.3
T3
M0.4
(S)
M0.3
(R)

图 6-35

程序段9：标题

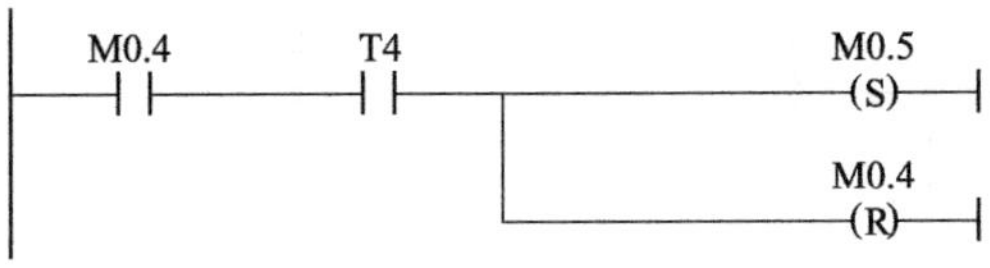

程序段10：标题

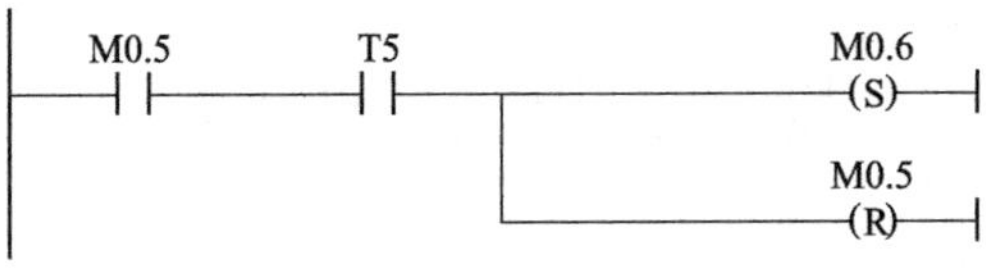

程序段11：标题

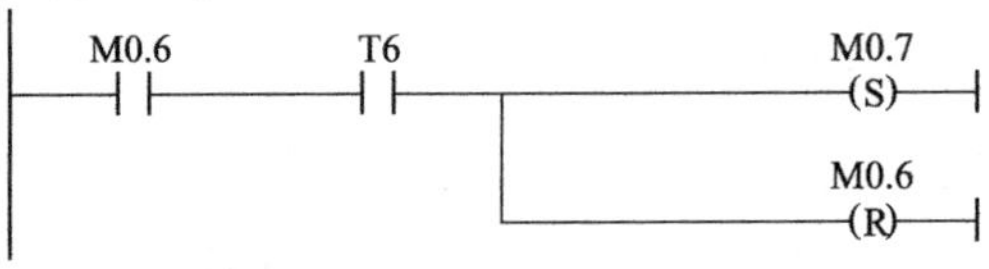

程序段12：标题

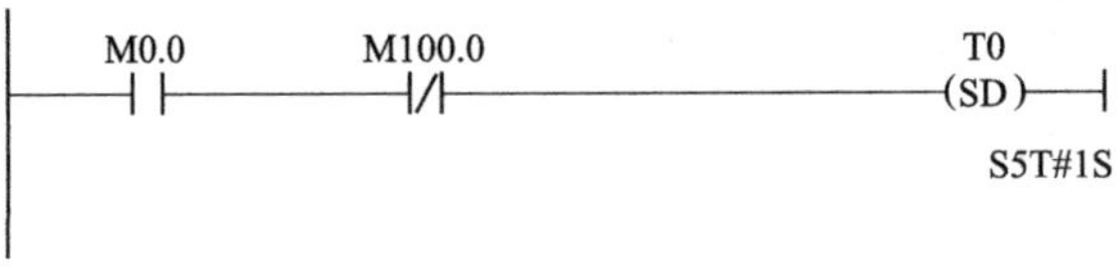

程序段13：标题

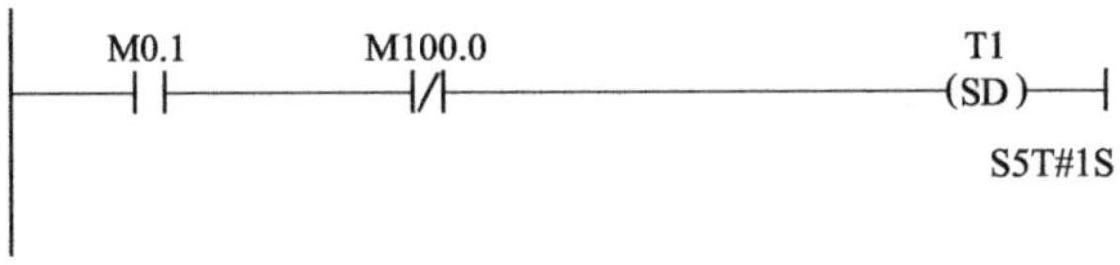

程序段14：标题

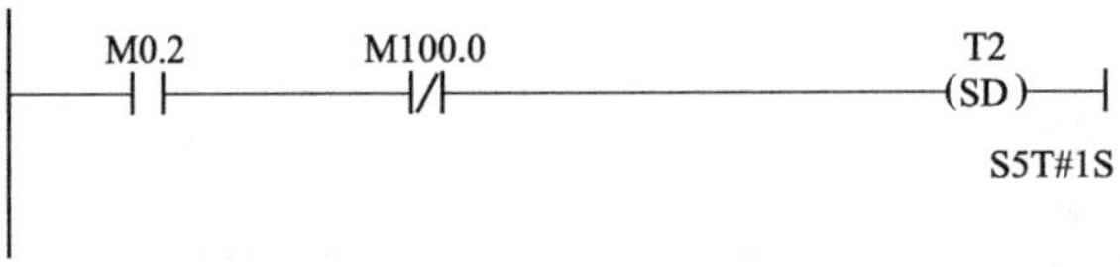

程序段15：标题

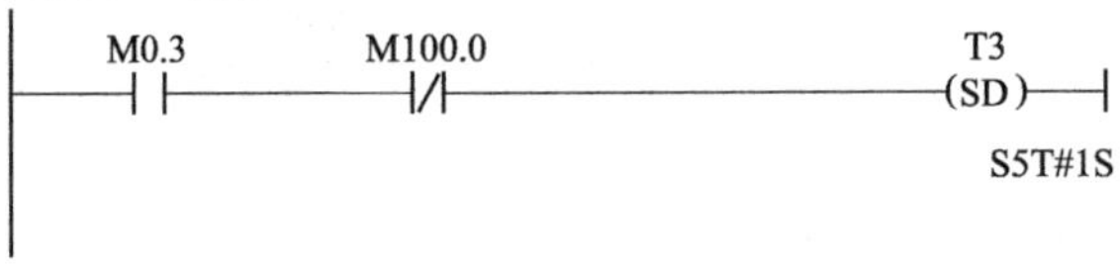

程序段16：标题

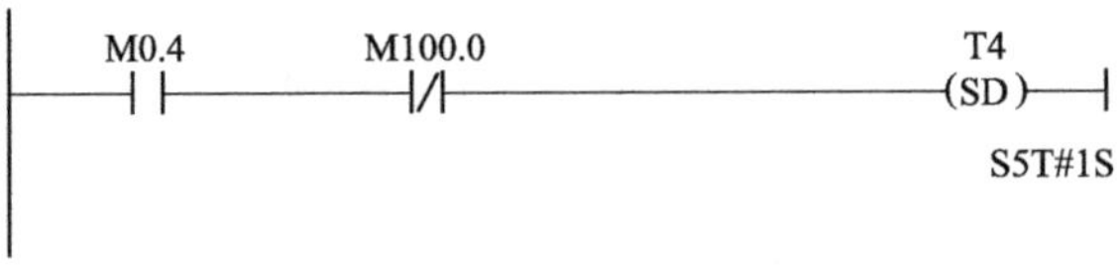

程序段17：标题

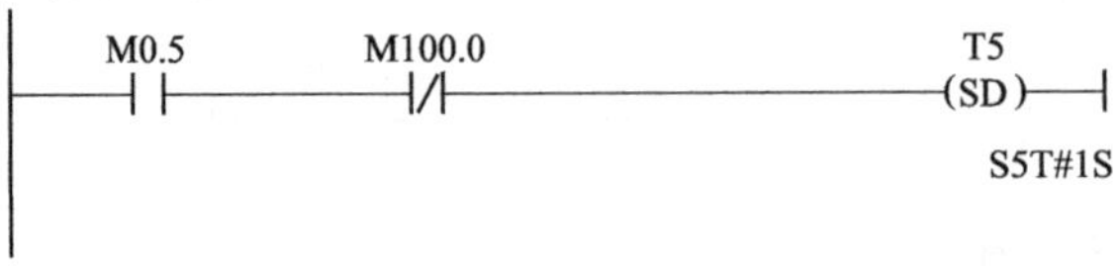

程序段18：标题

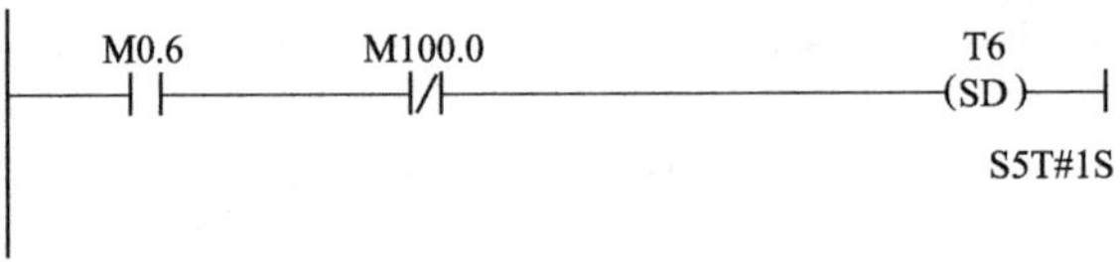

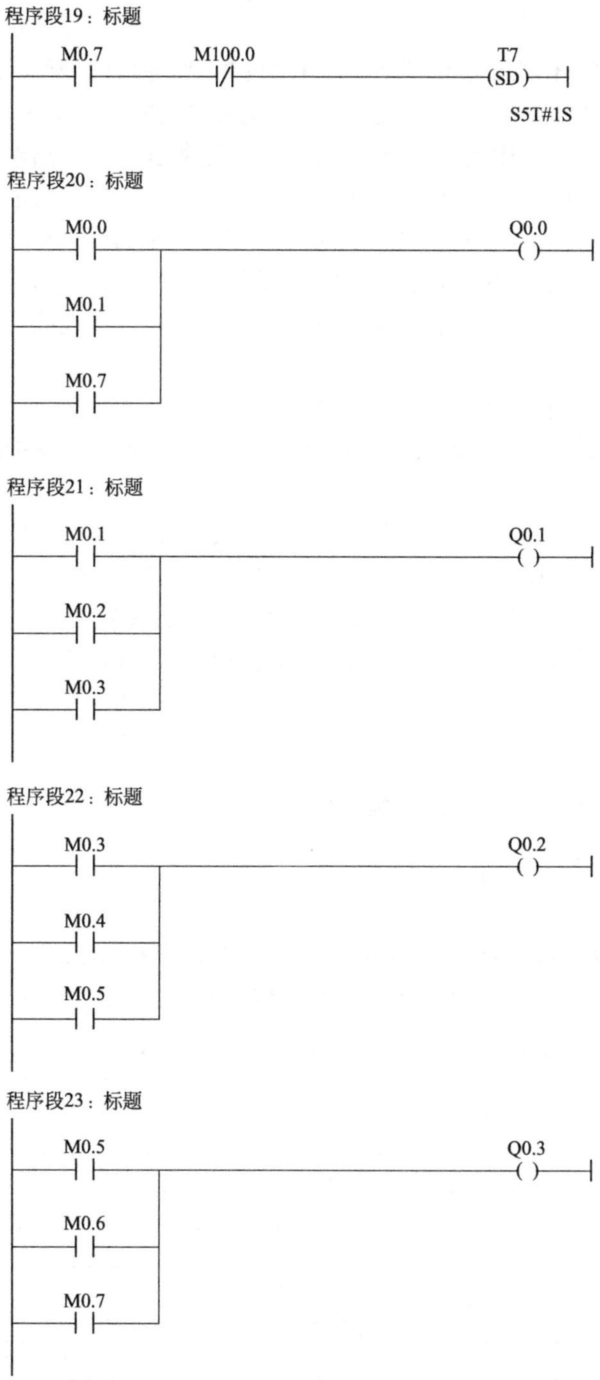

图 6-35　OB1 中的程序

至此，同一个顺序控制的问题使用了基本指令、复位和置位指令和功能指令 3 种解决方案编写程序。3 种解决方案的编程都有各自几乎固定的步骤，但有一步是相同的，那就是首先都要画功能图。3 种解决方案没有好坏之分，读者可以根据自己的喜好选用。

6.3 西门子 S7-300/400 PLC 的诊断与调试方法

STEP 7 提供了可视化的在线调试功能。在 STEP 7 中完成的硬件组态和用户程序必须下载到 PLC 中，经过软硬件的联合调试成功后，才能最终完成控制任务。

PLC 是运行在工业环境中的控制器，一般而言可靠性比较高，出现故障的概率较低，但出现故障也是难以避免的。一般引发故障的原因有很多，故障的后果也有很多种。

引发故障的原因虽然不能完全控制，但是可以通过日常的检查和定期的维护来消除多种隐患，把故障率降到最低。故障后果轻的可能造成设备的停机，影响生产的数量；重的可能造成财产损失和人员伤亡，如果是一些特殊的控制对象，一旦出现故障可能会引发更严重的后果。

对于维护人员来说最重要的是找到故障的原因，迅速排除故障，尽快恢复系统的运行。对于系统设计人员来说，在设计时要考虑到故障发生后系统的自我保护措施，力争使故障的停机时间最短，损失最小。

一般 PLC 的故障主要由外部故障或内部错误造成。外部故障由外部传感器或执行机构的故障等引发 PLC 产生故障，可能会使整个系统停机，甚至烧坏 PLC。

而内部错误是 PLC 内部的功能性错误或编程错误造成的，可以使系统停机。西门子 S7-300 PLC 具有很强的错误（或称故障）检测和处理能力，CPU 检测到某种错误后，操作系统调用对应的组织块，用户可以在组织块中编程，对发生的错误采取相应的措施。对于大多数错误，如果没有给组织块编程，出现错误时 CPU 将进入 STOP 模式。

6.3.1 使用状态和出错 LED 进行诊断

可以利用 CPU 面板上的指示灯进行初步的诊断，同时使用 STEP 7 软件的诊断功能进行诊断，快速查找故障原因。

状态和出错 LED 进行诊断是用于故障定位最直接、最简单的工具。要进一步确认故障位置，需要评估故障诊断缓冲区。西门子 S7-300 PLC 的指示灯与 CPU 状态关系见表 6-1。

表 6-1 西门子 S7-300 PLC 的指示灯与 CPU 状态关系

LED 状态（空白表示与此无关）					含 义
SF	DC5V	FRCE	RUN	STOP	
关	关	关	关	关	CPU 无电源
关	开		关	开	CPU 处于 STOP 模式，正常状态
开	开		关	开	CPU 因出错处于 STOP 模式
	开		关	闪烁（0.5Hz）	CPU 请求存储器复位
	开		关	闪烁（2Hz）	CPU 正在执行存储器复位
	开		闪烁（2Hz）	开	CPU 正在处于启动状态
	开		闪烁（0.5Hz）	开	CPU 被编程设备的断电命令暂停
开	开				硬件或者软件错误
		开			启用“强制”功能
		闪烁（2Hz）			激活了节点闪烁测试
闪烁	闪烁	闪烁	闪烁	闪烁	CPU

6.3.2 使用STEP 7的软件诊断功能进行硬件诊断

西门子S7-300 PLC具有非常强大的故障诊断功能，通过STEP 7编程软件可以获得大量的硬件故障与编程错误的信息，使用户能迅速地查找到故障。

这里的诊断是指西门子 S7-300 PLC 内部集成的错误识别和记录功能，错误信息在 CPU 的诊断缓冲区内。有错误或事件发生时，标有日期和时间的信息被保存到诊断缓冲区，时间保存到系统的状态表中，如果用户已对有关的错误处理组织块编程，CPU将调用该组织块。

（1）故障诊断的基本方法

在 SIMATIC 管理器中用菜单命令“查看”→“在线”打开在线窗口。打开所有的站，查看是否有CPU显示了指示错误或故障的诊断符号。

诊断符号用来形象直观地表示模块的运行模式和模块的故障状态，如图6-36所示。如果模块有诊断信息，在模块符号上将会增加一个诊断符号或者模块符号的对比度降低。

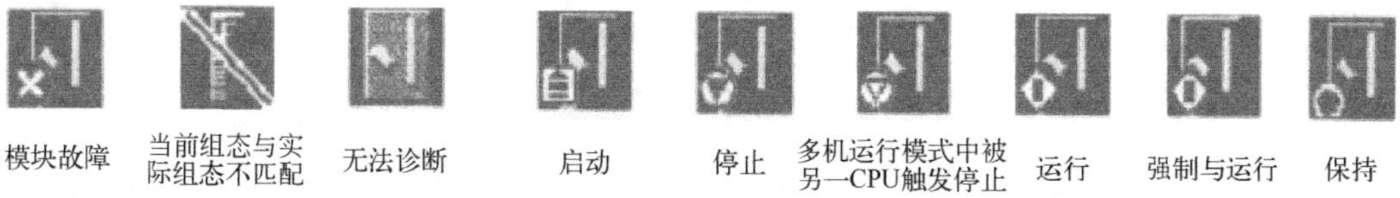

图6-36 诊断符号

诊断符号“当前组态与实际组态不匹配”表示被组态的模块不存在或者插入了与组态的模块型号不同的模块。

诊断符号“无法诊断”表示无线上连接，或该模块不支持模块诊断信息，例如电源模块或子模块。

“强制”符号表示在该模块上有变量被强制，即在模块的用户程序中有变量被赋予一个固定值，该数据值不能被程序改变。“强制”符号可以与其他符号组合在一起显示，如图6-36中“强制与运行”符号。

从在线的 SIMATIC 管理器的窗口、在线的硬件诊断功能打开的快速窗口和在线的硬件组态窗口（诊断窗口），都可以观察到诊断符号。

通过观察诊断符号，可以判断 CPU 模块的运行模式是否有强制变量，CPU 模块和功能模块（FM）是否有故障。

打开在线窗口，在 SIMATIC 管理器中执行菜单命令“PLC”→“诊断/设置”→“硬件诊断”，将打开硬件诊断快速浏览窗口。在该窗口中显示 PLC 的状态，看到诊断功能的模块硬件故障，双击“故障模块”可以获得详细的故障信息。

（2）利用CPU诊断缓冲区进行详细故障诊断

建立与PLC的在线连接后，在SIMATIC管理器中选择要检查的站，执行菜单命令“PLC”→“诊断/设置”→“模块信息”，如图6-37所示，将打开“模块信息”窗口，显示该站中CPU的信息。在快速窗口中使用“模块信息”。

在“模块信息”窗口中的“诊断缓冲区（Diagnostic Buffer）”选项内，给出了CPU中发生的事件一览表，选中“事件”窗口中某一行的某一事件，下面灰色的“关于事件的详细资料”窗口将显示所选事件的详细信息，如图6-38所示。使用“诊断缓冲区”可以对系统的错误进行分析，查找停机的原因，并对出现的诊断时间分类。

图 6-37 打开 CPU 诊断缓冲区

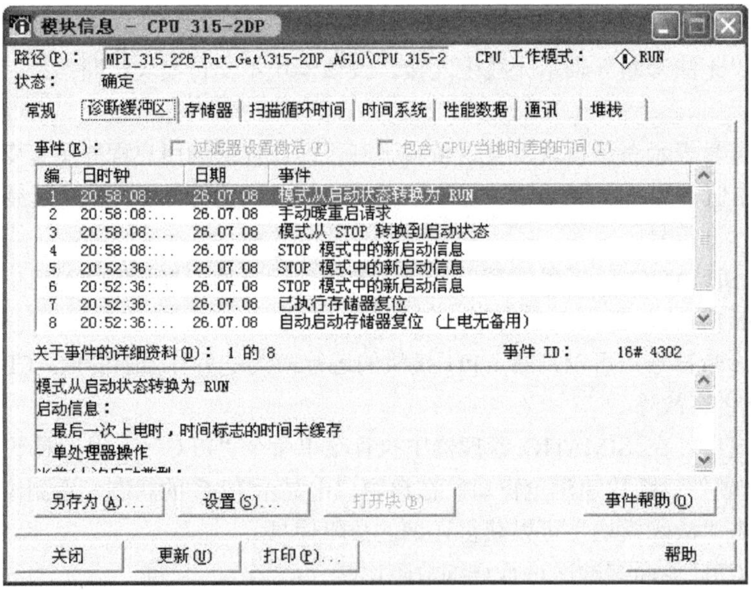

图 6-38 模块信息窗口

诊断事件包括模块故障、过程写错误、CPU 中的系统错误、CPU 运行模式的切换、用户程序的错误和用户用系统功能 SFC52 定义的诊断事件。

在“模块信息”窗口中，编号为“1”是位于最上面的事件，也是最近发生的事件。如果显示因编程错误造成 CPU 进入 STOP 模式，选择该事件，并单击“打开块（Open Block）”按钮，将在程序编辑器中打开与错误有关的块，显示出错的程序段。

诊断中断和DP从站诊断信息用于查找模块和DP从站中的故障原因。

"存储器（Memory）"选项给出了所选的CPU或M7功能模块的工作内存和装载内存当前的使用情况，可以检查CPU或功能模块的装载内存中是否有足够的空间用来存储新的块，如图6-39所示。

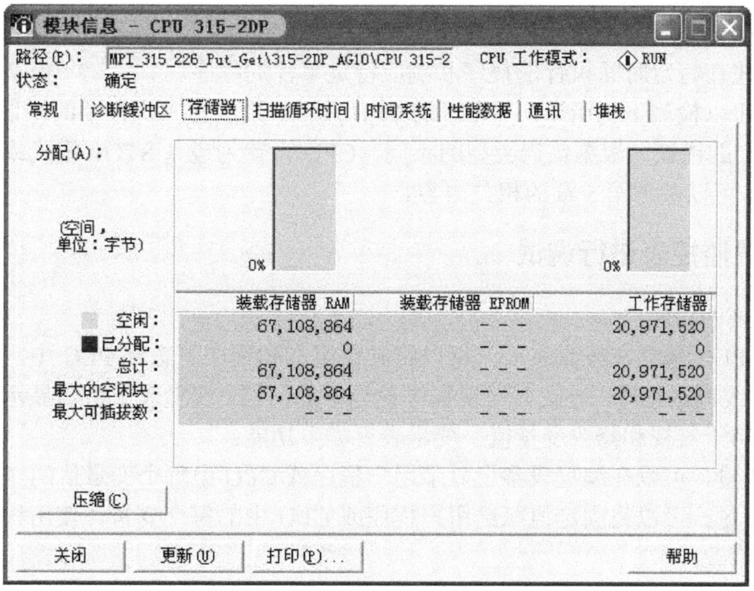

图6-39 "存储器（Memory）"选项

"扫描循环时间（Scan Cycle Time）"选项用于显示所选CPU或M7功能模块的最小循环时间、最大循环时间和当前循环时间，如图6-40所示。

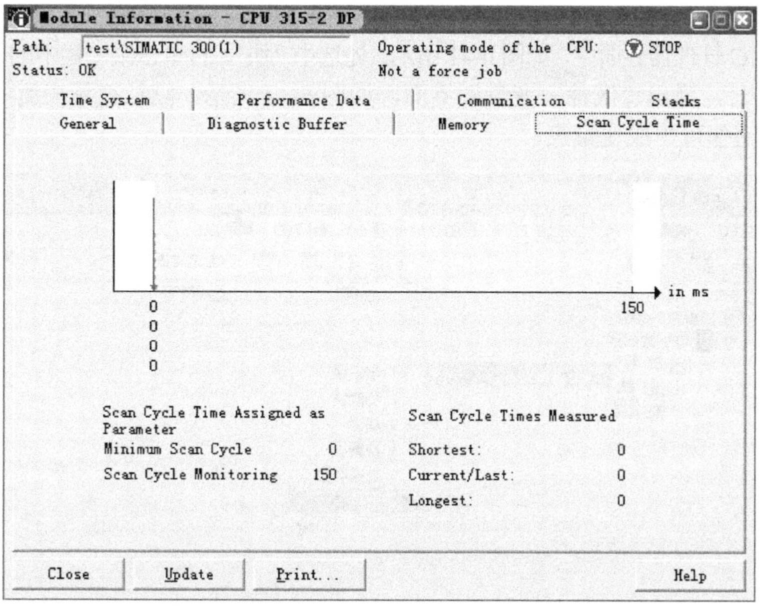

图6-40 "扫描循环时间（Scan Cycle Time）"选项

如果最长循环时间接近组态的最大扫描循环时间，就会由于循环时间的波动可能产生时间错误，此时应增大设置的用户程序最大循环时间（监控时间）。

如果循环时间小于设置的最小循环时间，CPU 自动延长循环至设置的最小循环时间。在这个延长时间内可以处理背景组织块（OB90）。组态硬件时可以设置最大和最小循环时间。

（3）错误处理组织块

组织块是操作系统与用户程序之间的接口。STEP 7 提供了各种不同的组织块（OB），用组织块可以创建在特定时间执行的程序和响应特定事件的程序。

系统程序可以检测下列错误：不正确的 CPU 功能、系统程序执行中的错误、用户程序中的错误和 I/O 中的错误。根据错误类型的不同，CPU 设置为进入 STOP 模式或调用一个错误处理 OB。具体可以参考第 5 章的相关内容。

6.3.3 用变量监控表进行调试

（1）变量表的功能

变量表和 PLC 建立在线联系后，可以将硬件组态和程序下载到 PLC 中。用户可以通过 STEP 7 进行在线调试程序，寻找并发现程序设计中的问题。变量表上可以显示用户感兴趣的变量，它可以用于监视和修改变量值。变量表有如下功能：

① 监视变量。可以在编程设备上显示用户程序或 CPU 中每个变量值的当前值。

② 修改变量。可以将固定值赋给用户程序或 CPU 中的每个变量，使用程序状态测试时进行一次数值修改。

③ 使用外部设备输出并激活修改值，允许在停机状态下将固定值赋给 CPU 的 I/O。

④ 强制变量。可以为用户程序或 CPU 中的每个变量赋予一个固定值，这个值是不能被用户程序覆盖的。

用户可以显示或者赋值的变量包括：输入、输出、位存储、定时器、计数器、数据块的内容和 I/O。

（2）建立变量表

在 SIMATIC 管理器界面中，如图 6-41 所示。先选中“块”，再单击菜单栏中的“插入”→“S7 块”→“变量表”，弹出“属性—变量”界面，如图 6-42 所示，默认变量表为“VAT_1”，单击“确定”按钮便可生成变量表。

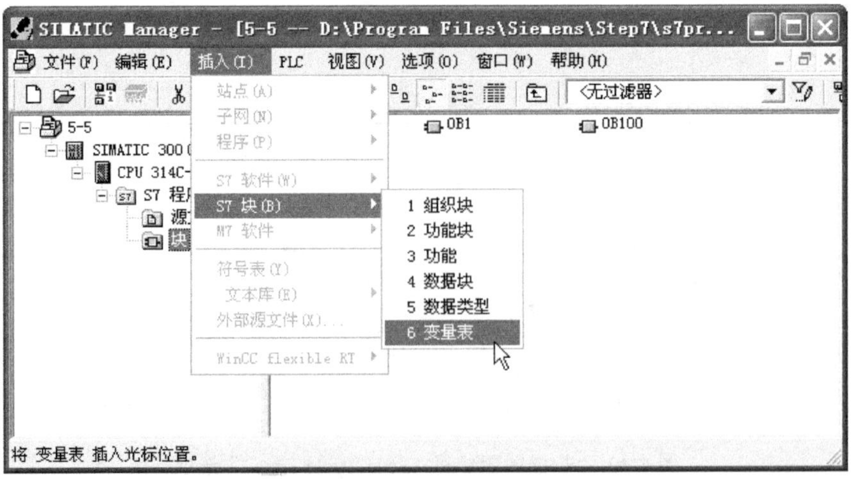

图 6-41 建立变量表

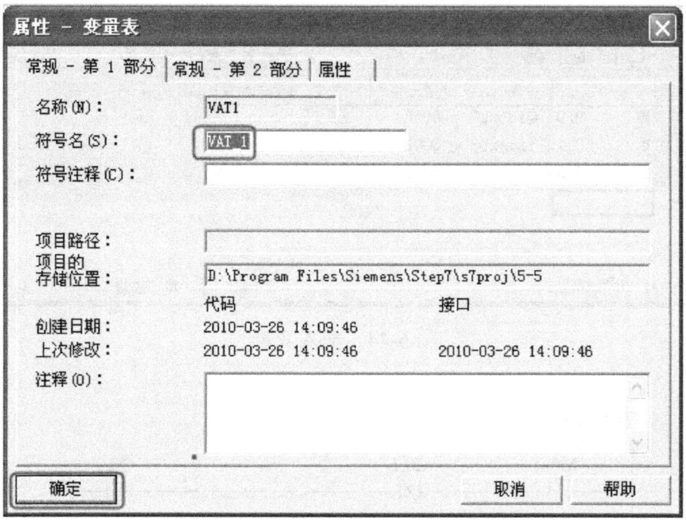

图 6-42 “属性—变量表”界面

回到管理器界面，双击“VAT_1”，弹出变量表界面，此时的变量表是空白的，并没有变量，如图 6-43 所示。

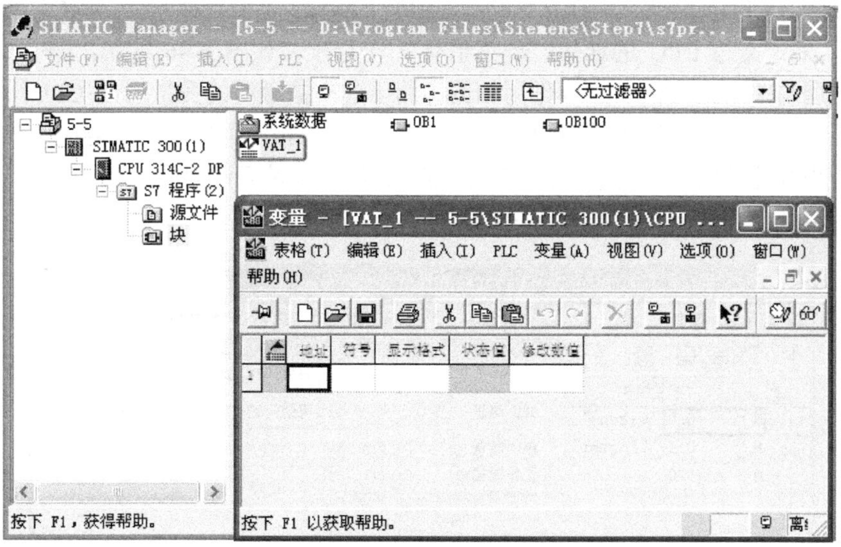

图 6-43 打开变量表

（3）利用变量表调试程序

① 输入变量 每个变量表中有 5 个栏，分别显示变量的 5 个属性：地址、符号、显示格式、状态值和修改值。一个变量表最多有 1024 行，每行最多可有 255 个字符。

用户可以通过在“符号”栏输入符号或在“地址”栏输入地址来插入变量，如果在符号表中已经定义地址相应的符号，则符号栏或者地址会自动输入，如图 6-44 所示。

② 监视和修改变量 假设要调试的程序如图 6-45 所示，将整个项目下载到 CPU 中，注意变量表不能下载到 CPU 中去。

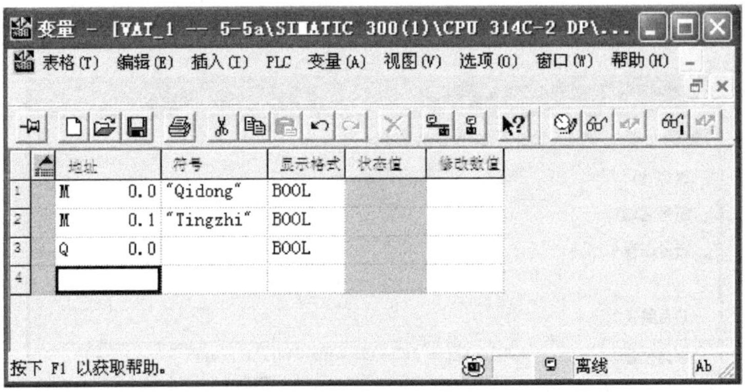

图 6-44　输入变量

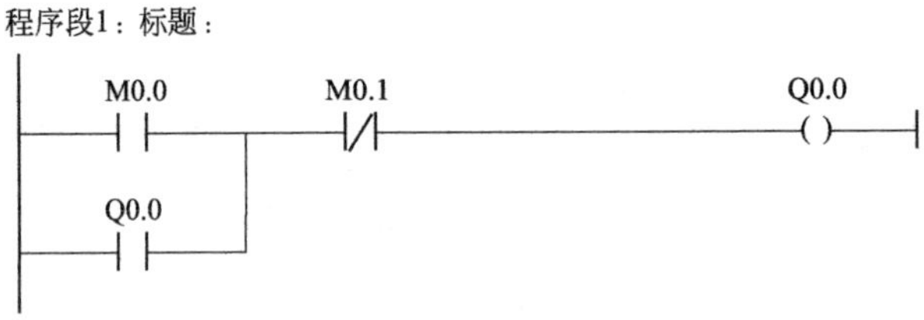

图 6-45　程序

a. 变量表与CPU的连接。先建立变量表与CPU的连接，共有几种方法。单击菜单“PLC”→“连接到”，来定义与 CPU 的连接。子菜单有 3 个选项，如图 6-46 所示，第一个是组态的CPU，其作用与单击工具栏中的作用相同，用于建立被激活的变量表与 CPU 的连接；第二个是直接连接 CPU，其作用与单击工具栏中的作用相同，用于直接连接 CPU（与编程设备用编程电缆连接的CPU）之间的在线的连接；第三个是可访问的CPU，在打开的对话框中，用户可以选择与哪个CPU建立连接。

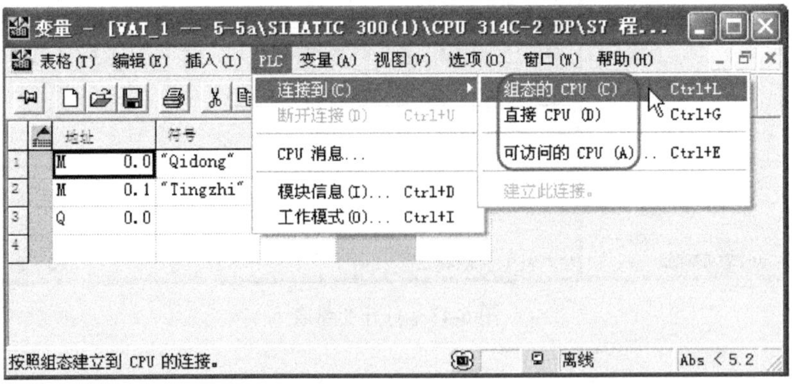

图 6-46　变量表与CPU的连接

使用菜单命令“PLC”→“断开连接”，可以断开变量表与CPU的连接。

b. 变量表的监视。单击工具栏中的“监视变量”按钮，或者使用菜单中的“变量”→“监视”，便可监视程序中变量的情况，如图6-47所示，3个变量的状态都有显示。

c. 变量表的修改。当变量表处于监视状态时，在参数“M0.0”的“修改数值”栏中输入“true”（1 也可以），再单击“修改变量”按钮，可以看到参数“M0.0”为“true”，由于程序运行使得参数“Q0.0”也为“true”。当然也可以使用菜单中的“变量”→“修改”，来修改参数的数值。

【关键点】 在仿真器中“修改变量”时，仿真器必须置于“RUN-P”模式下，而真实的S7-300/400(2002年后生产新型号)无“RUN-P” 模式。仿真器监视参数时，置于“RUN”或者“RUN-P”模式均可。

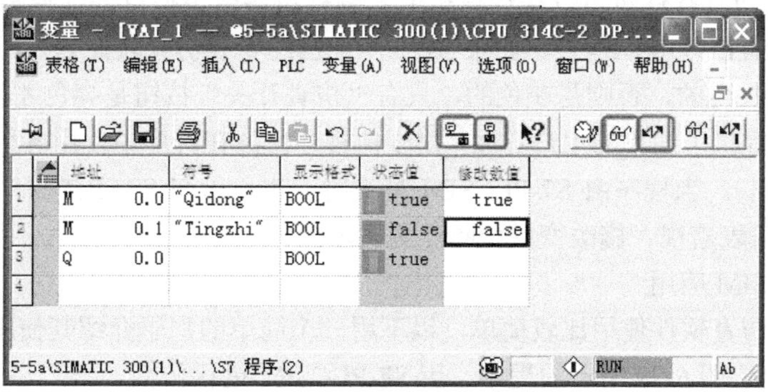

图 6-47 变量表的监视和修改

③ 强制变量 强制变量可以给用户一个固定值，它独立于程序运行，不会被执行的用户程序改变或者覆盖。强制的优点在于可以在不改变程序代码，也不改变硬件连线的情况下，强行改变输入和输出状态。

强制变量的方法是：先选中要强制变量中将要修改的数值，再使用菜单中的“变量”→“强制”即可。停止强制的方法是：使用菜单中的“变量”→“停止强制”。

【关键点】 利用“修改变量”功能可以同时输入几个数据。“修改变量”的作用类似于“强制”的作用。但两者是有区别的：

a. 强制功能的优先级别要高于“修改变量”，“修改变量”的数据可能改变参数状态，但当与逻辑运算的结果抵触时，写入的数值也可能不起作用；

b. 修改变量不能改变输入继电器（如I0.0）的状态，而强制可以改变；

c. 仿真器中可以模拟“修改变量”，但不能模拟“强制”功能，强制功能只能在真实的S7-300/400中实现；

d. 此外，PLC处于强制状态时，“FRCE”灯为黄色，正常运行状态时，不应使PLC处于强制状态，强制功能仅用于调试。

【例 6-5】 如图6-48所示的梯形图，Q0.0状态为1，问在“状态表”中，分别用“修改变量”、“强制”功能，是否能将Q0.0的数值变成0?

图 6-48 梯形图

【解】

用“修改变量”功能不能将Q0.0的数值变成0，因为图6-48的梯形图的逻辑运算的结果造成Q0.0为1，与“修改”结果抵触，最后输出结果以逻辑运算的结果为准。

用“强制”功能将Q0.0的数值变成0，因为强制的作用高于逻辑运算的作用。

6.3.4 使用PLCSIM软件进行调试

（1）S7-PLCSIM简介

西门子为S7-300/400 PLC设计了一款可选仿真软件包PLC Simulation（本书简称S7-PLCSIM），此仿真软件包可以在计算机或者编程设备中模拟可编程控制器运行和测试程序，它不能脱离STEP 7独立运行。如果STEP 7中已经安装仿真软件包，工具栏中的“仿真开关”按钮是亮色的，否则是灰色的，只有“仿真开关”按钮是亮色才可以用于仿真。

S7-PLCSIM提供了简单的用户界面，用于监视和修改在程序中使用各种参数（如开关量输入和开关量输出）。当程序由S7-PLCSIM处理时，也可以在STEP 7软件中使用各种软件功能，如使用变量表监视、修改变量和断点测试功能。

（2）S7-PLCSIM应用

S7-PLCSIM仿真软件使用比较简单，以下用一个简单的例子介绍其使用方法。

【例6-6】 将如图6-49所示的程序，用S7-PLCSIM进行仿真。

图6-49 用于仿真的程序

【解】

具体步骤如下。

① 新建一个项目，并进行硬件组态，在组织块OB1中输入如图6-49所示的程序，保存工程。

② 开启仿真。在SIMATIC管理界面中单击工具栏上的“仿真开关”按钮，如图6-50所示。

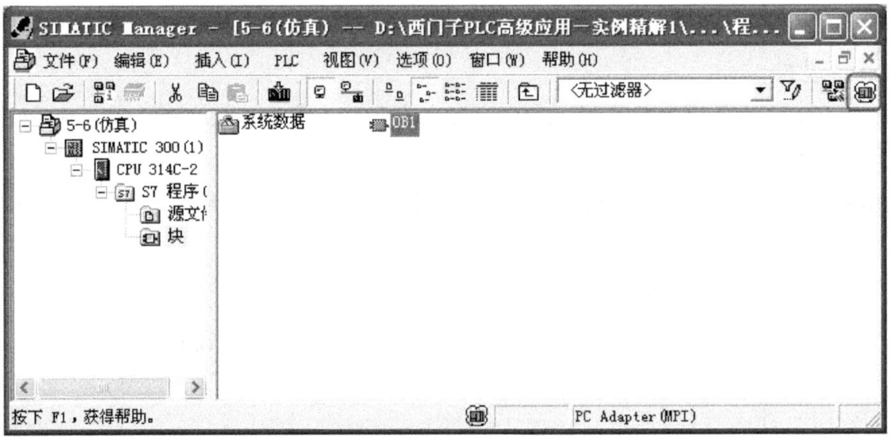

图6-50 开启仿真

③ 下载程序。先选定“SIMATIC 300（1）”，再单击工具栏的“下载”按钮，将硬件组态和程序下载到仿真器中，如图6-51所示。

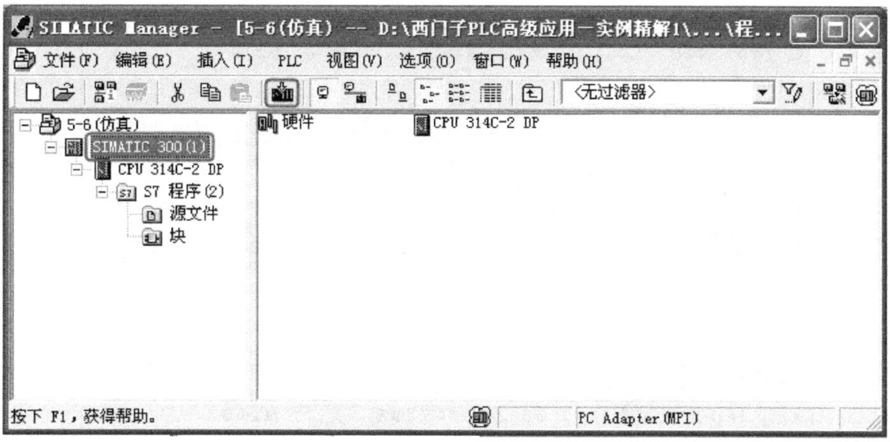

图 6-51　下载程序

④ 进行仿真。先选择“RUN”，也就是将仿真器置于运行状态，再将 I0.0 上选取为“√”，也就是将 I0.0 置于“ON”，这时，Q0.0 也显示为“ON”；当去掉 I0.0 上“√”，也就是将 I0.0 置于“OFF”时，Q0.0 上的“√”消失，即显示为“OFF”，如图 6-52 所示。

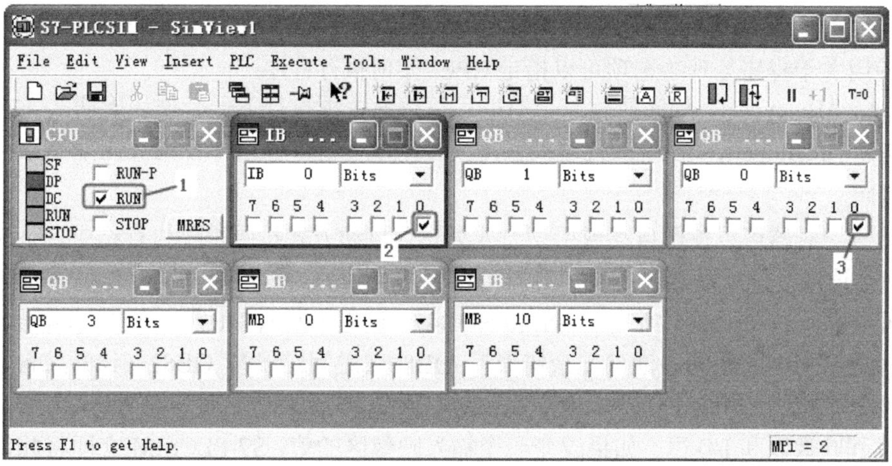

图 6-52　进行仿真

⑤ 监视运行。打开程序编辑器，在工具栏中单击“监视”按钮，可以看到：若仿真器上的 I0.0 和 Q0.0 都是“ON”，则程序编辑器界面上的 I0.0 和 Q0.0 也都是“ON”，如图 6-53 所示。这个简单例子的仿真效果与下载程序到 PLC 中的效果基本相同，相比之下前者实施要容易得多。

（3）S7-PLCSIM 与真实 PLC 的差别

S7-PLCSIM 提供了方便、强大的仿真模拟功能。与真实的 PLC 相比，它的灵活性高，提供了许多 PLC 硬件无法实现的功能，使用也更加方便。但是仿真软件毕竟不能完全取代真实的硬件，不可能实现完全仿真。用户利用 S7-PLCSIM 进行仿真时，还应该了解它与真实 PLC 的差别。

① S7-PLCSIM 上有如下功能在真实 PLC 上无法实现。

a. 仿真的 CPU 中正在运行时可以用“STOP”选项中断程序，恢复“运行”时是从程序中断处开始继续处理程序。

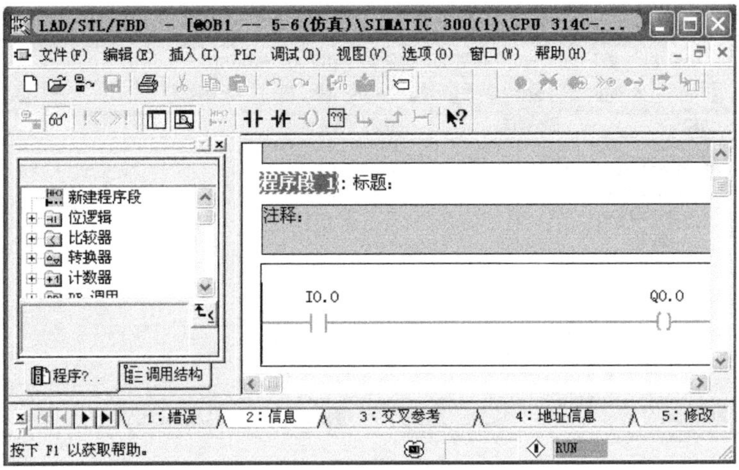

图 6-53 监视运行

b. 与真实的 CPU 一样，仿真软件可以改变 CPU 的操作模式（RUN、RUN-P 和 STOP）。但与实际 CPU 不同的是仿真的 CPU 切换到 STOP 模式并不会改变输出的状态。

c. 仿真软件中在目标视图中变量的每个改变，其存储区对应相关地址的内容会被同时更新。CPU 并不是等到循环周期结束或开始时才更新改变的数据。

d. 使用关于程序处理的选项可以指定 CPU 如何执行程序：

- 选择“By cycles”程序执行一个周期后等待命令再执行下一个循环周期。
- 选择“Automatic”程序的处理同实际自控系统一样，一旦一个循环周期结束马上执行下一个周期。

e. 仿真定时器可以使用自动或手动方式处理，自动方式按照程序执行结果，手动方式可以给定特殊值或复位定时器。复位定时器可以复位单独的定时器或一次复位所有定时器。

f. 可以手动触发诊断中断 OB。OB40～OB47（过程中断）、OB70（I/O 冗余错误）、OB72（CPU 冗余错误）、OB73（通信冗余错误）、OB80（时间错误）、OB82（诊断警告）、OB83（插拔模块警告）、OB85（程序执行错误）和 OB86（机架故障）。

g. 过程映像区和 I/O 区。如果改变一个输入映像区的值，S7-PLCSIM 立即将此值复制到输入外设区。这就意味着从输入外设区写到输入过程映像区所需要的值在下一个循环周期开始时不会丢失。同样如果改变了输出映像区的一个值，此值立即被复制到输出外设区。

② S7-PLCSIM 与“实际”的自动化系统还有以下不同。

a. 诊断缓冲区。S7-PLCSIM 不能支持所有写入诊断缓冲区的错误消息。例如，关于 CPU 中的电池电量不足的消息或者 EEPROM 错误是不能仿真的。但大部分 I/O 和程序错误都是可以仿真的。

b. 在改变操作模式时（比如从 RUN 切换到 STOP）输入/输出没有“安全”状态。

c. 不支持功能模块（FM）。

d. S7-PLCSIM 与 S7-400 PLC CPU 一样支持 4 个累加器。在某些情况下 S7-PLCSIM 上运行的程序与真实的只有 2 个累加器 S7-300 PLC CPU 上运行结果不同。

e. 输入/输出的不同。大多数 S7-300 PLC 产品系列的 CPU 可以自动配置输入/输出设备。如果将模块连接到控制器，CPU 即自动地识别此模块。对于仿真的自动化系统，这种自识别是不能模拟的。如果把一个自动组态好 I/O 的 S7-300 CPU 程序装载到 S7-PLCSIM 中，系统数据中将不包含任何 I/O 组态。因此，如果使用 S7-PLCSIM 来仿真 S7-300 的程序，为了使

CPU 能识别所使用的模块必须首先装载硬件组态。在 S7-PLCSIM 中 S7-300 CPU 不能自动识别 I/O，例如 CPU 315-2DP，CPU 316-2DP 或 CPU 318-2DP 等，为了能将硬件组态装载到 S7-PLCSIM，需要创建一个项目。复制相应的硬件组态到这个项目并装载到 S7-PLCSIM。然后从任意 STEP 7 项目装载程序块，I/O 处理都不会有错误。

此外，S7-PLCSIM V5.4 SP3 以前的版本不能对通信进行仿真。

6.3.5 使用交叉参考和符号表的导入/输出

（1）交叉参考

交叉参考能显示程序中元件使用的详细信息。交叉参考对查找程序中数据地址的使用十分有用。在程序编辑器中，单击菜单栏中的“选项”→“参考数据”→“显示”，如图 6-54 所示，选择图 6-55 中的“交叉参考”选项，单击“确定”按钮，弹出“交叉参考”界面，如图 6-56 所示，所有参数和内部继电器的具体位置都列在表格中（在哪个块的哪个程序段），这个功能十分有用，便于编程者搜索参数的具体位置。

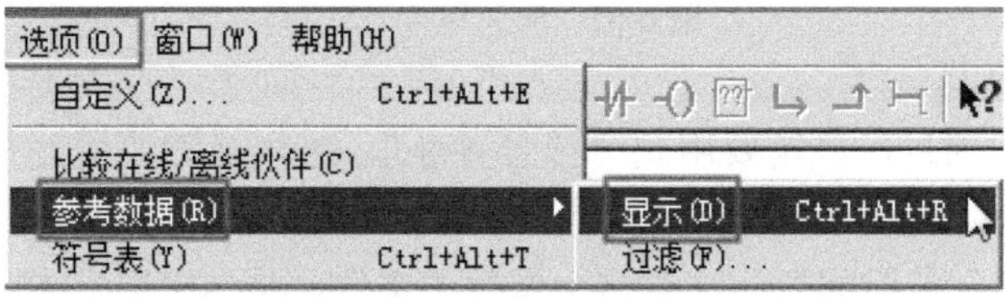

图 6-54 打开交叉参考（1）

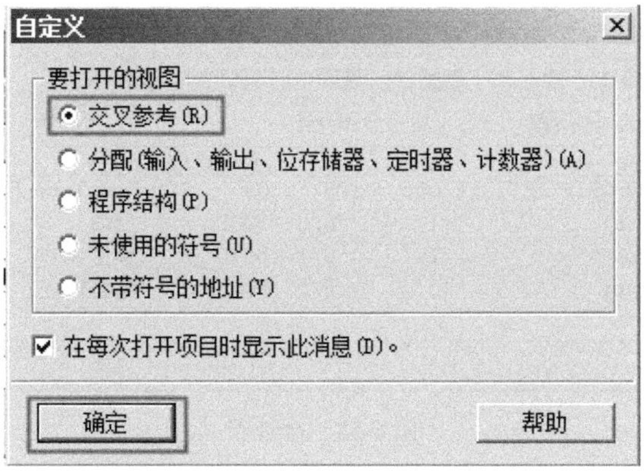

图 6-55 打开交叉参考（2）

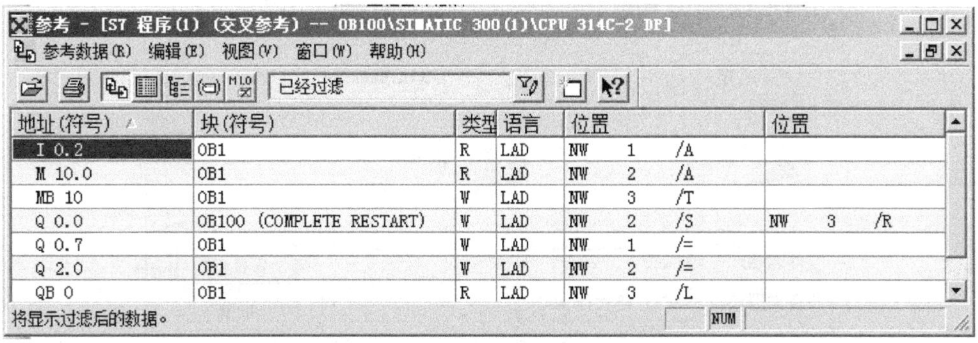

地址(符号)	块(符号)	类型	语言	位置	位置
I 0.2	OB1	R	LAD	NW 1 /A	
M 10.0	OB1	R	LAD	NW 2 /A	
MB 10	OB1	W	LAD	NW 3 /T	
Q 0.0	OB100 (COMPLETE RESTART)	W	LAD	NW 2 /S	NW 3 /R
Q 0.7	OB1	W	LAD	NW 1 /=	
Q 2.0	OB1	W	LAD	NW 2 /=	
QB 0	OB1	R	LAD	NW 3 /L	

图 6-56 交叉参考（1）

单击工具栏中的“输入/输出、位存储器、定时器和计数器的赋值”按钮，弹出如图6-57所示的界面，从图中可以看出，程序中Q0.0、Q0.7和QB0都用到了，而QB0包含Q0.0、Q0.7，所以在编写完成程序后，在交叉参考看到这种现象，一定要分析QB0与Q0.0、Q0.7是否冲突，这个功能十分有用。

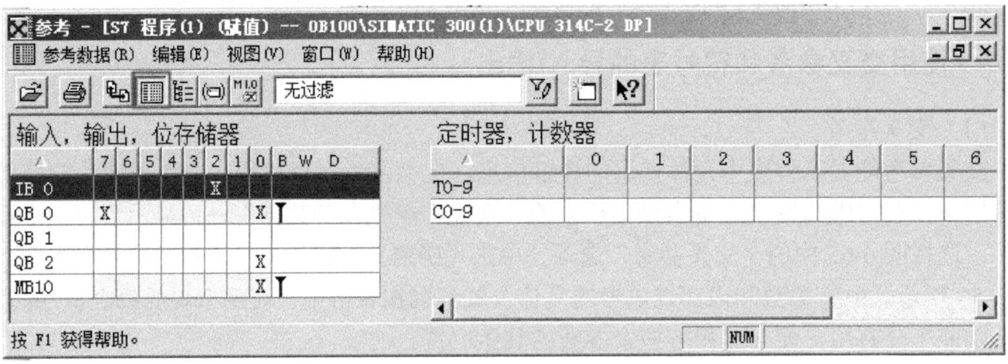

图6-67 交叉参考（2）

（2）符号表的输出

对于一个较大的项目，一定要用到“符号寻址”，这样必然要用到符号表，打开符号编辑器，如图6-58所示。单击符号编辑器菜单栏“符号表”→“输出”，输入如图6-59所示的文件名，单击“确定”按钮即可。注意这个保存的文件，是ASCII码格式，可以EXCEL打开，如图6-60所示。

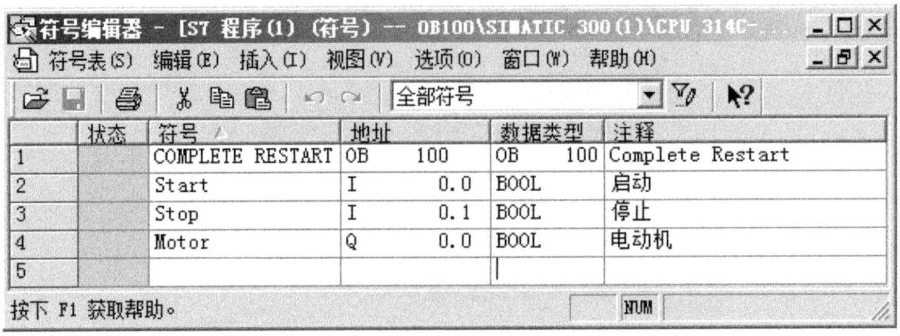

图6-58 符号表

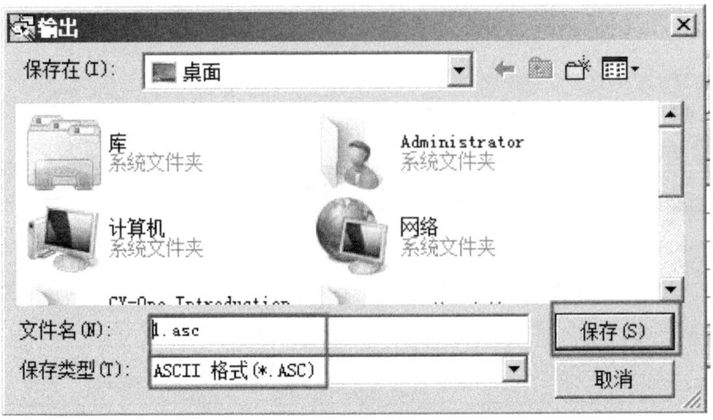

图6-59 输出文件

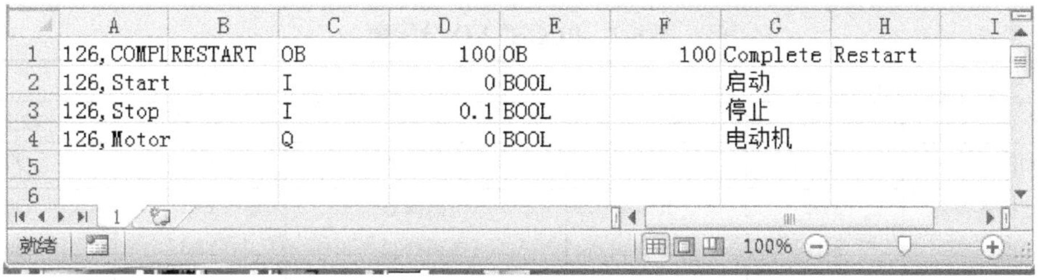

	A	B	C	D	E	F	G	H
1	126,COMPLRESTART	OB		100 OB		100	Complete Restart	
2	126,Start	I		0 BOOL			启动	
3	126,Stop	I		0.1 BOOL			停止	
4	126,Motor	Q		0 BOOL			电动机	

图 6-60　用 EXCEL 打开

（3）符号表的导入

在符号编辑器中，单击符号编辑器菜单栏“符号表”→“导入”，选中以前输出的文件“1.ASC”。则可以将“1.ASC”导入到参数表。

6.4　实例

初学者在进行 PLC 控制系统的设计时，往往不知从何入手，其实 PLC 控制系统的设计有一个相对固定的模式，只要读者掌握了前述章节的知识，再按照这个模式进行，一般不难设计出正确的控制系统。以下用 2 个例子来说明 PLC 控制系统的设计过程。

以下再举 2 个例子说明逻辑控制的编程方法。

【例 6-7】 液体混合装置示意图如图 6-61 所示，上限位、下限位和中限位液位传感器被液体淹没时为 1 状态，电磁阀 A、B、C 的线圈通电时，阀门打开，电磁阀 A、B、C 的线圈断电时，阀门关闭。在初始状态时容器是空的，各阀门均关闭，各传感器均为 0 状态。按下启动按钮后，打开电磁阀 A，液体 A 流入容器，中限位开关变为 ON 时，关闭 A，打开阀 B，液体 B 流入容器。液面上升到上限位开关，关闭阀门 B，电动机 M 开始运行，搅拌液体，30s 后停止搅动，打开电磁阀 C，放出混合液体，当液面下降到下限位开关之后，过 3s，容器放空，关闭电磁阀 C，打开电磁阀 A，又开始下一个周期的操作。按停止按钮，当前工作周期结束后，才能停止工作，按急停按钮可立即停止工作。请绘制功能图，设计梯形图。

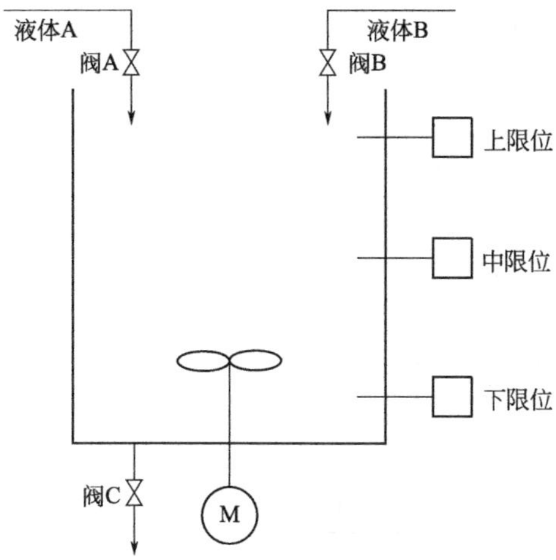

图 6-61　液体混合装置

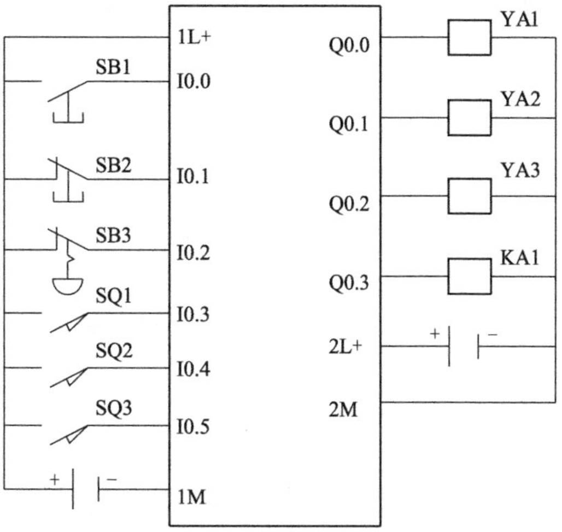

图 6-62　原理图

【解】

液体混合的 PLC 的 I/O 分配见表 6-2。

表 6-2 PLC 的 I/O 分配表

输 入			输 出		
名 称	符 号	输入点	名 称	符 号	输出点
开始按钮	SB1	I0.0	电磁阀 A	YA1	Q0.0
停止按钮	SB2	I0.1	电磁阀 B	YA2	Q0.1
急停	SB3	I0.2	电磁阀 C	YA3	Q0.2
上限位传感器	SQ1	I0.3	电动机	M	Q0.3
中限位传感器	SQ2	I0.4			
下限位传感器	SQ3	I0.5			

电气系统的原理图如图 6-62 所示，功能图如图 6-63 所示，梯形图如图 6-64 所示。

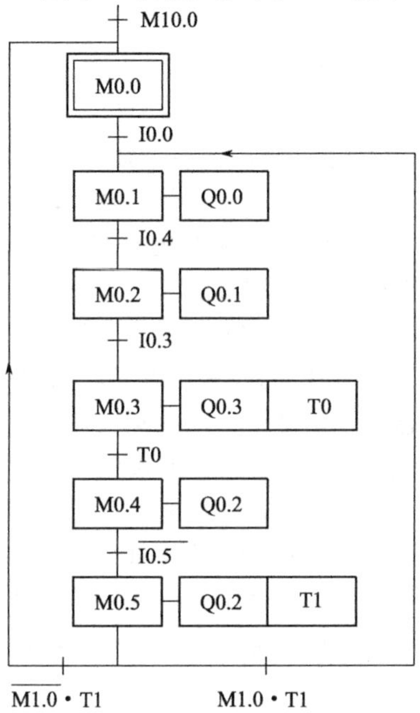

图 6-63 功能图

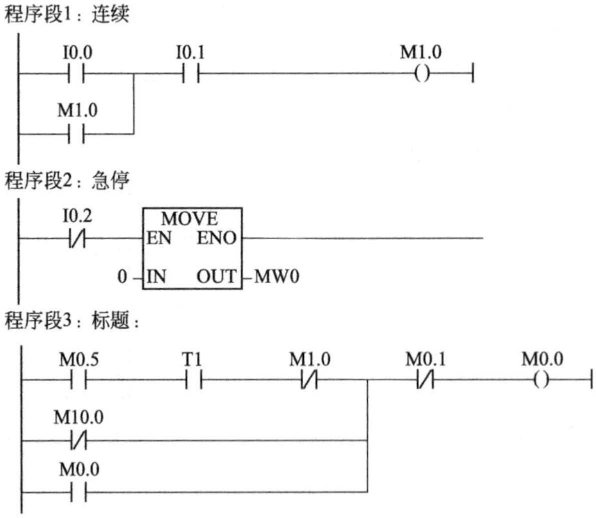

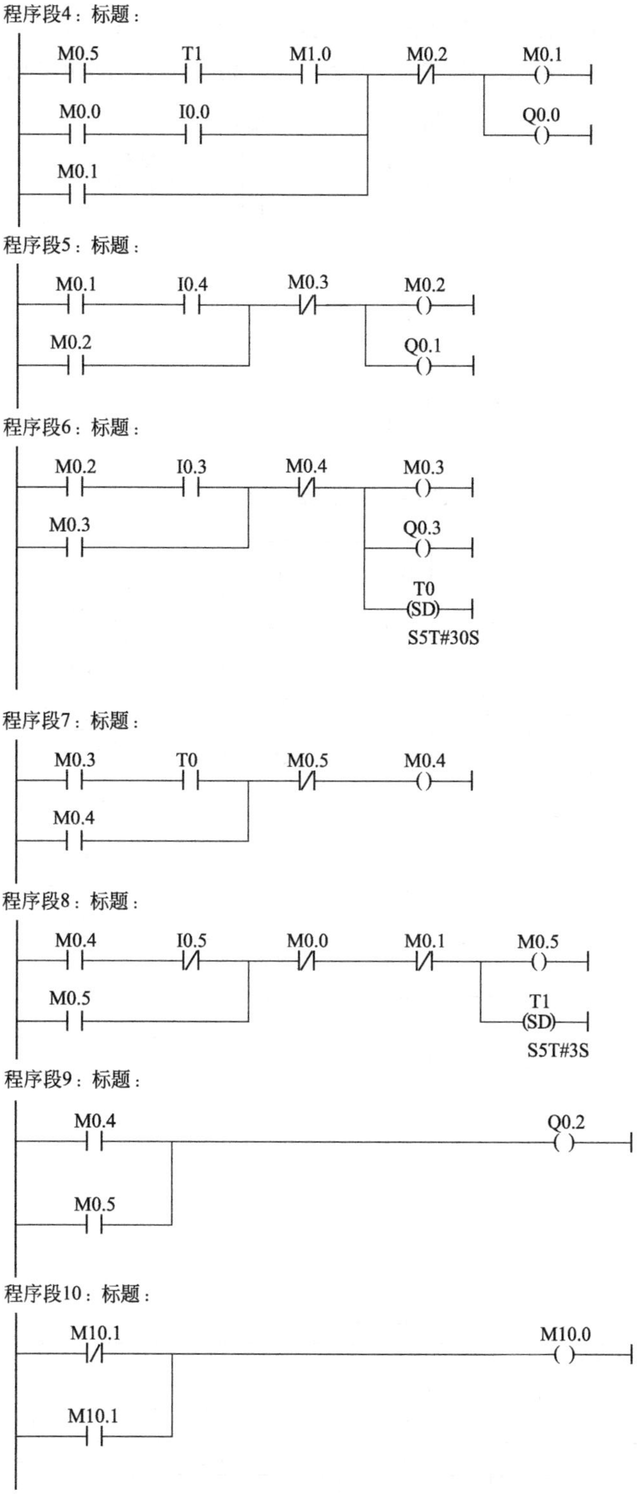

图 6-64 梯形图

【例 6-8】 某钻床用 2 个钻头同时钻 2 个孔，开始自动运行之前，2 个钻头在最上面，上限位开关 I0.3 和 I0.5 为 ON。操作人员放好工件后，按启动按钮 I0.0 后。工件被夹紧后，2 个钻头同时开始工作，钻到由限位开关 I0.2 和 I0.4 设定的深度时分别上行，回到由限位开关 I0.3 和 I0.5 设定的起始位置时，分别停止上行。当2个钻头都到起始位置后，工件松开，工件松开后，加工结束，系统回到初始状态。钻床的加工示意图如图6-65所示，请设计功能图和梯形图。

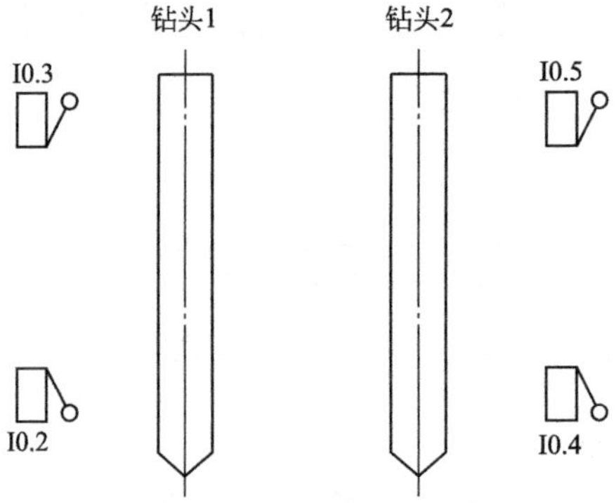

图 6-65 钻床加工示意图

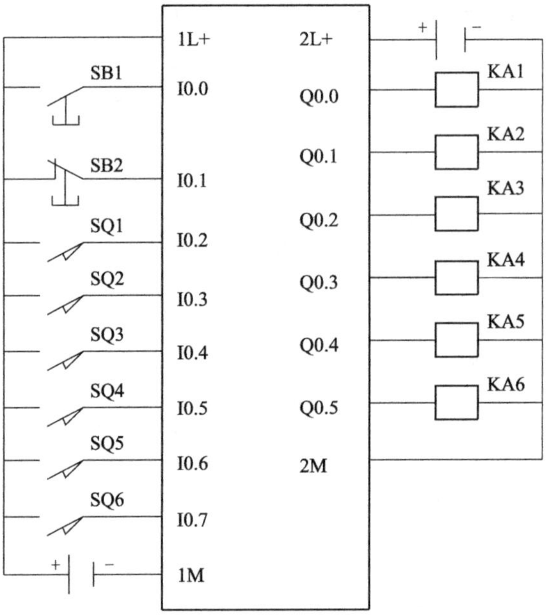

图 6-66 原理图

【解】

钻床的PLC的I/O分配见表6-3。

表 6-3 PLC 的 I/O 分配

输 入			输 出		
名 称	符 号	输入点	名 称	符 号	输出点
开始按钮	SB1	I0.0	夹具夹紧	KA1	Q0.0
停止按钮	SB2	I0.1	钻头1下降	KA2	Q0.1
钻头1上限位开关	SQ1	I0.2	钻头1上升	KA3	Q0.2
钻头1下限位开关	SQ2	I0.3	钻头2下降	KA4	Q0.3
钻头2上限位开关	SQ3	I0.4	钻头2上升	KA5	Q0.4
钻头2下限位开关	SQ4	I0.5	夹具松开	KA6	Q0.5
夹紧限位开关	SQ5	I0.6			
松开下限位开关	SQ6	I0.7			

电气系统的原理图如图6-66所示，功能图如图6-67所示，梯形图如图6-68所示。

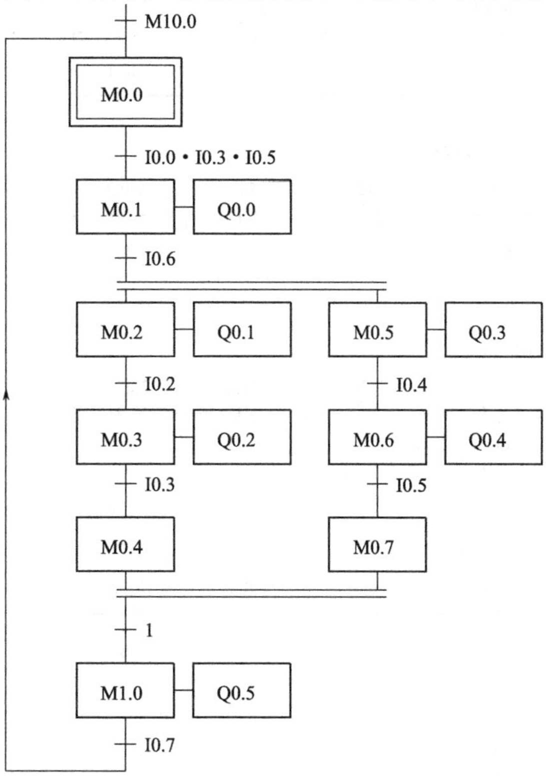

图6-67　功能图

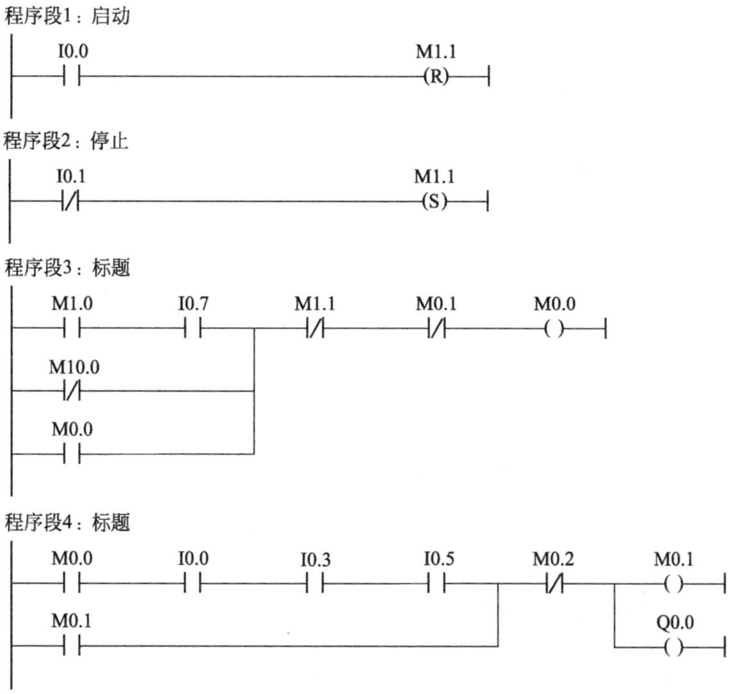

图6-68

程序段5：标题

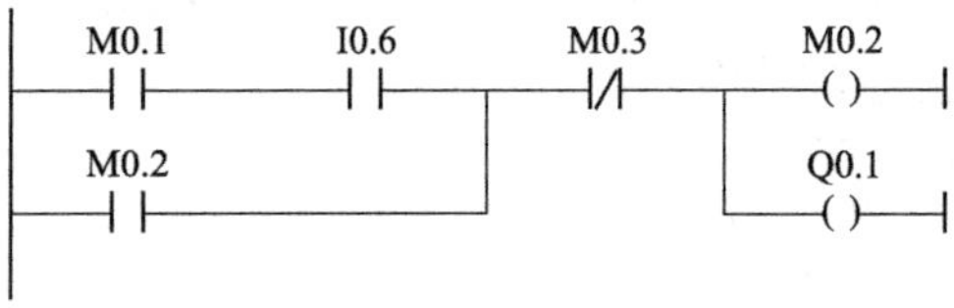

程序段6：标题

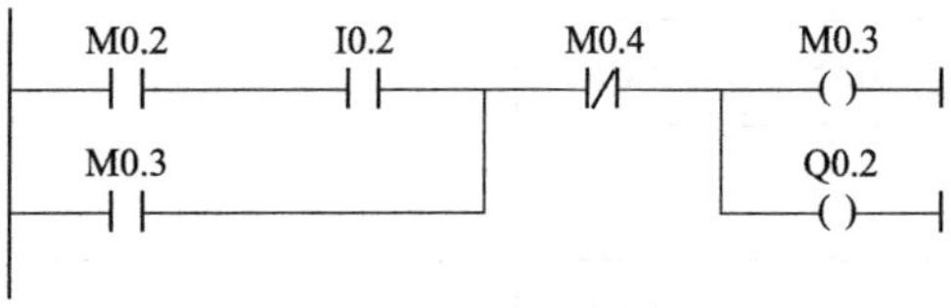

程序段7：标题

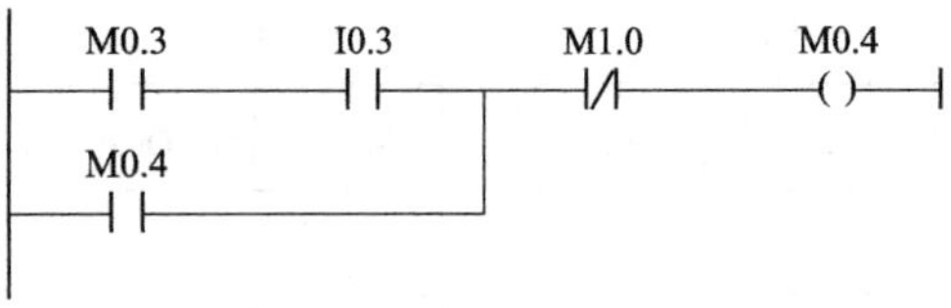

程序段8：标题

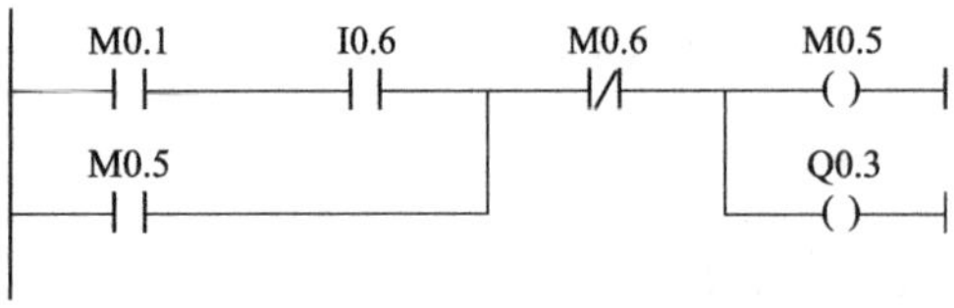

程序段9：标题

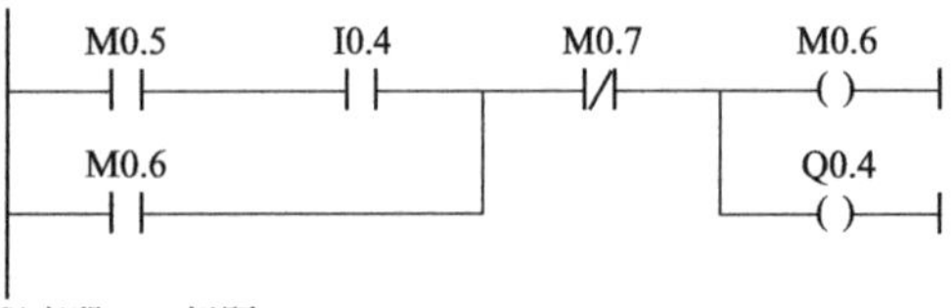

程序段10：标题

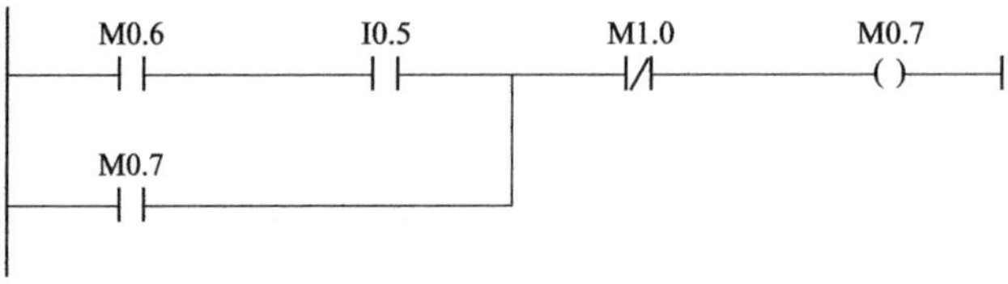

程序段11：标题

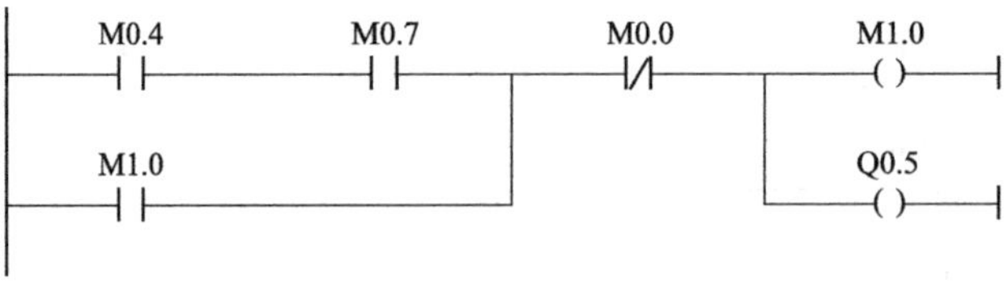

程序段12：确保M10.0首次扫描接通一个扫描周期

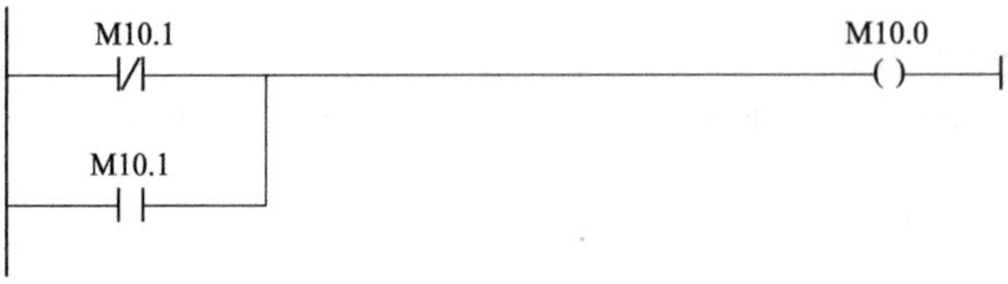

图 6-68 梯形图

第 2 篇

应用精通篇

第7章

西门子 S7-300/400 的通信及其应用

本章介绍西门子 S7-300/400 可编程序控制器的通信基础知识，并用实例介绍 S7-300 与 S7-200、S7-300 与 S7-300/400 PLC 之间的 MPI 通信；S7-300 与 S7-200、S7-300 与 S7-300/400 PLC 之间的 PROFIBUS 通信； S7-300 与 S7-300/400 PLC 之间的以太网通信。

7.1 通信基础知识

PLC 的通信包括 PLC 与 PLC 之间的通信、PLC 与上位计算机之间的通信以及和其他智能设备之间的通信。PLC 与 PLC 之间通信的实质就是计算机的通信，使得众多独立的控制任务构成一个控制工程整体，形成模块控制体系。PLC 与计算机连接组成网络，将 PLC 用于控制工业现场，计算机用于编程、显示和管理等任务，构成“集中管理、分散控制”的分布式控制系统（DCS）。

7.1.1 通信的基本概念

（1）串行通信与并行通信

串行通信和并行通信是两种不同的数据传输方式。

串行通信就是通过一对导线将发送方与接收方进行连接，传输数据的每个二进制位，按照规定顺序在同一导线上依次发送与接收。例如，常用的优盘 USB 接口就是串行通信。串行通信的特点是通信控制复杂，通信电缆少，因此与并行通信相比，成本低。

并行通信就是将一个 8 位数据（或 16 位、32 位）的每一个二进制位采用单独的导线进行传输，并将传送方和接收方进行并行连接，一个数据的各二进制位可以在同一时间内一次传送。例如，老式打印机的打印口和计算机的通信就是并行通信。并行通信的特点是一个周期里可以一次传输多位数据，其连线的电缆多，因此长距离传送时成本高。

（2）异步通信与同步通信

异步通信与同步通信也称为异步传送与同步传送，这是串行通信的两种基本信息传送方式。从用户的角度上说，两者最主要的区别在于通信方式的“帧”不同。

异步通信方式又称起止方式。它在发送字符时，要先发送起始位，然后是字符本身，最后是停止位，字符之后还可以加入奇偶校验位。异步通信方式具有硬件简单、成本低的特点，主要用于传输速率低于 19.2kbit/s 的数据通信。

同步通信方式在传递数据的同时，也传输时钟同步信号，并始终按照给定的时刻采集数据。其传输数据的效率高，硬件复杂，成本高，一般用于传输速率高于 20kbit/s 的数据通信。

（3）单工、全双工与半双工

单工、双工与半双工是通信中描述数据传送方向的专用术语。

① 单工（Simplex）：指数据只能实现单向传送的通信方式，一般用于数据的输出，不可

以进行数据交换。

② 全双工（Full Simplex）：也称双工，指数据可以进行双向数据传送，同一时刻既能发送数据，也能接收数据。通常需要两对双绞线连接，通信线路成本高。例如，RS-422 就是“全双工”通信方式。

③ 半双工（Half Simplex）：指数据可以进行双向数据传送，同一时刻，只能发送数据或者接收数据。通常需要一对双绞线连接，与全双工相比，通信线路成本低。例如，RS-485 只用一对双绞线时就是“半双工”通信方式。

7.1.2 PLC 网络的术语解释

PLC 网络中的名词、术语很多，现将常用的予以介绍。

① 站（Station）：在 PLC 网络系统中，将可以进行数据通信、连接外部输入/输出的物理设备称为“站”。例如，由 PLC 组成的网络系统中，每台 PLC 可以是一个“站”。

② 主站（Master Station）：PLC 网络系统中进行数据连接的系统控制站，主站上设置了控制整个网络的参数，每个网络系统只有一个主站，主站号固定为“0”，站号实际就是 PLC 在网络中的地址。

③ 从站（Slave Station）：PLC 网络系统中，除主站外，其他的站称为“从站”。

④ 远程设备站（Remote Device Station）：PLC 网络系统中，能同时处理二进制位、字的从站。

⑤ 本地站（Local Station）：PLC 网络系统中，带有 CPU 模块并可以与主站以及其他本地站进行循环传输的站。

⑥ 站数（Number of Station）：PLC 网络系统中，所有物理设备（站）所占用的“内存站数”的总和。

⑦ 网关（Gateway）：又称网间连接器、协议转换器。网关在传输层上以实现网络互联，是最复杂的网络互联设备，仅用于两个高层协议不同的网络互联。例如 AS-I 网络的信息要传送到由西门子 S7-200 组成的 PPI 网络，就要通过 CP243-2 通信模块进行转换，这个模块实际上就是网关。

⑧ 中继器（Repeater）：用于网络信号放大、调整的网络互联设备，能有效延长网络的连接长度。例如，以太网的正常传送距离是 500m，经过中继器放大后，可传输 2500m。

⑨ 路由器（Router，转发者）：所谓路由就是指通过相互连接的网络把信息从源地点移动到目标地点的活动。一般来说，在路由过程中，信息至少会经过一个或多个中间节点。路由器是互联网的主要节点设备。

⑩ 交换机（Switch）：交换机是一种基于 MAC 地址识别，能完成封装转发数据包功能的网络设备。交换机可以“学习”MAC 地址，并把其存放在内部地址表中，通过在数据帧的始发者和目标接收者之间建立临时的交换路径，使数据帧直接由源地址到达目的地址。

7.1.3 RS-485 标准串行接口

（1）RS-485 接口

RS-485 接口是在 RS-422 基础上发展起来的一种 EIA 标准串行接口，采用“平衡差分驱动”方式。RS-485 接口满足 RS-422 的全部技术规范，可以用于 RS-422 通信。RS-485 接口通常采用 9 针连接器，其外观与引脚定义如图 7-1 所示。RS-485 接口的引脚功能参见表 7-1。

图 7-1 网络接头的外观与引脚定义

表 7-1 RS-485 接口的引脚功能

PLC 侧引脚	信号代号	信号功能
1	SG 或 GND	机壳接地
2	+24V 返回	逻辑地
3	RXD+或 TXD+	RS-485 的 B，数据发送/接收+端
4	请求-发送	RTS(TTL)
5	+5V 返回	逻辑地
6	+5V	+5V
7	+24V	+24V
8	RXD－或 TXD－	RS-485 的 A，数据发送/接收－端
9	不适用	10 位协议选择（输入）

（2）西门子的 PLC 连线

西门子 PLC 的 PPI 通信、MPI 通信和 PROFIBUS-DP 现场总线通信的物理层都是 RS-485，而且采用的都是相同的通信线缆和专用网络接头。图 7-2 显示了电缆接头的普通偏流和终端状况，右端的电阻设置为“on”，而左侧的设置为“off”，图中只显示了一个，若有多个也是这样设置。要将偏流电阻设置“on”或者“off”，只要拨动网络接头上的拨钮即可。图 7-2 中拨钮在“on”一侧，因此偏置电阻已经接入电路。

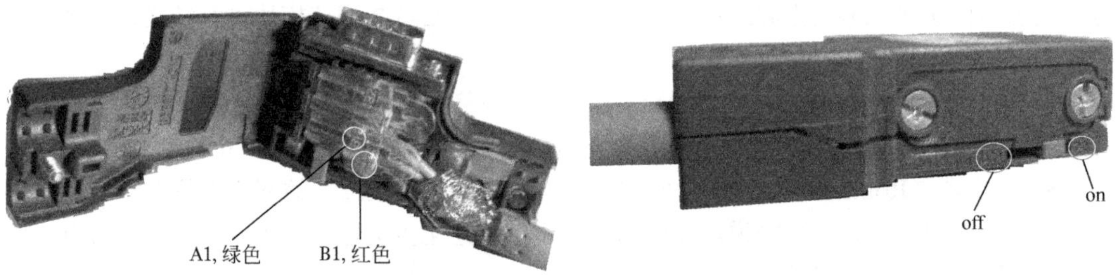

图 7-2 网络接头的终端电阻设置图

【关键点】 西门子的专用 PROFIBUS 电缆中有两根线，一根为红色，上标有“B”,一根为绿色，上面标有“A”，这两根线只要与网络接头上相对应的“A”和“B”接线端子相连即可（如“A”线与“A”接线端相连）。网络接头直接插在 PLC 的通信口上即可，不需要其他设备。注意：三菱的 FX 系列 PLC 的 RS-485 通信要加 RS-485 专用通信模块和终端电阻。

7.1.4 OSI 参考模型

通信网络的核心是 OSI（Open System Interconnection，开放式系统互联）参考模型。为了理解网络的操作方法，为创建和实现网络标准、设备和网络互联规划提供了一个框架。1984

年，国际标准化组织（ISO）提出了开放式系统互联的 7 层模型，即 OSI 模型。该模型自下而上分为：物理层、数据链路层、网络层、传输层、会话层、表示层和应用层。

OSI 的上 3 层通常称为应用层，用来处理用户接口、数据格式和应用程序的访问。下 4 层负责定义数据的物理传输介质和网络设备。OSI 参考模型定义了大多数协议栈共有的基本框架，如图 7-3 所示。

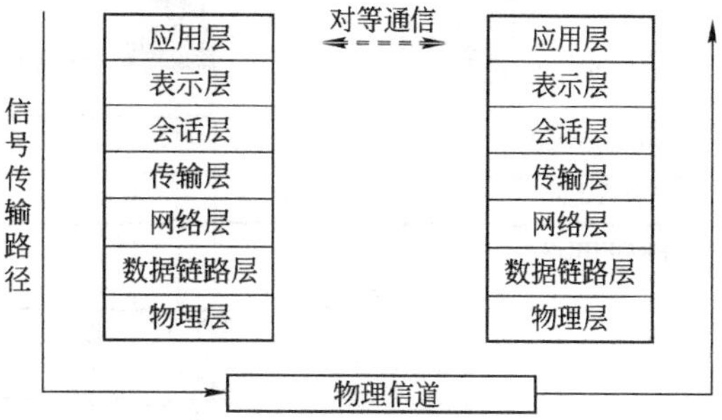

图 7-3 信息在 OSI 模型中的流动形式

① 物理层（Physical Layer）：定义了传输介质、连接器和信号发生器的类型，规定了物理连接的电气、机械功能特性，如电压、传输速率、传输距离等特性。建立、维护、断开物理连接。典型的物理层设备有集线器（HUB）和中继器等。

② 数据链路层（Data Link Layer）：确定传输站点物理地址以及将消息传送到协议栈，提供顺序控制和数据流向控制。建立逻辑连接、进行硬件地址寻址、差错校验等功能（由底层网络定义协议）。典型的数据链路层的设备有交换机和网桥等。

③ 网络层（Network Layer）：进行逻辑地址寻址，实现不同网络之间的路径选择。协议有：ICMP、IGMP、IP（IPV4、IPV6）、ARP、RARP。典型的网络层设备是路由器。

④ 传输层（Transport Layer）：定义传输数据的协议端口号，以及流控和差错校验。协议有：TCP、UDP。网关是互联网设备中最复杂的，它是传输层及以上层的设备。

⑤ 会话层（Session Layer）：建立、管理、终止会话。

⑥ 表示层（Presentation Layer）：数据的表示、安全、压缩。

⑦ 应用层 (Application)：网络服务与最终用户的一个接口。协议有：HTTP、FTP、TFTP SMTP、SNMP、DNS。

数据经过封装后通过物理介质传输到网络上，接收设备除去附加信息后，将数据上传到上层堆栈层。

7.1.5 SIMATIC NET 工业网络

SIMATIC NET 是西门子工业通信网络解决方案的总称。SIMATIC 中的网络如图 7-4 所示。西门子通信网络技术说明如下。

（1）MPI 通信

MPI（Multi-Point Interface，即多点接口）协议，用于小范围、少点数的现场级通信。MPI 是为 S7/M7/C7 系统提供接口，它设计用于编程设备的接口，也可用于在少数 CPU 间传递少量的数据。

（2）PROFIBUS 通信

PROFIBUS 符合国际标准 IEC 61158，是目前国际上通用的现场总线中 20 大现场总线之一，并以独特的技术特点、严格的认证规范、开放的标准和众多的厂家支持，成为现场级通信网络的优秀解决方案，目前其全球网络节点已经突破 3000 万个。

从用户的角度看，PROFIBUS 提供三种通信协议类型：PROFIBUS-FMS、PROFIBUS-DP 和 PROFIBUS-PA。

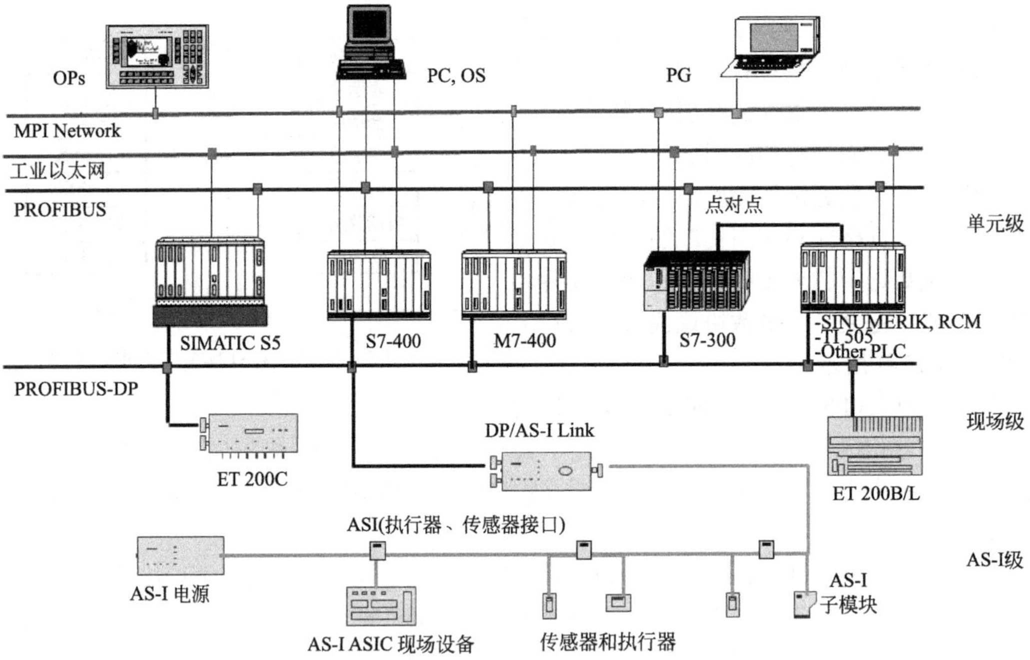

图 7-4 SIMATIC 中的网络

（3）工业以太网

工业以太网符合 IEEE 802.3 国际标准，是功能强大的区域和单元网络，是目前工控界最为流行的网络通信技术之一。

（4）点对点连接

严格地说，点对点（Point-to-Point）连接并不是网络通信。但点对点连接可以通过串口连接模块实现数据交换，应用比较广泛。

（5）AS-Interface

传感器/执行器接口用于自动化系统最底层的通信网络。它专门用来连接二进制的传感器和执行器，每个从站的最大数据量为 4bit。

7.2 现场总线概述

7.2.1 现场总线的概念

（1）现场总线的诞生

现场总线是 20 世纪 80 年代中后期在工业控制中逐步发展起来的。计算机技术的发展为现场总线的诞生奠定了技术基础。

另一方面，智能仪表也出现在工业控制中。智能仪表的出现为现场总线的诞生奠定了应用基础。

（2）现场总线的概念

国际电工委员会（IEC）对现场总线（Fieldbus）的定义为：一种应用于生产现场，在现场设备之间、现场设备和控制装置之间实行双向、串行、多节点的数字通信网络。

现场总线的概念有广义与狭义之分。狭义的现场总线就是指基于 EIA485 的串行通信网络。广义的现场总线泛指用于工业现场的所有控制网络。广义的现场总线包括狭义现场总线和工业以太网。

7.2.2 主流现场总线的简介

1984 年国际电工技术委员会/国际标准协会（IEC/ISA）就开始制定现场总线的标准，然而统一的标准至今仍未完成。很多公司推出其各自的现场总线技术，但彼此的开放性和互操作性难以统一。

经过十多年的讨论，终于在 1999 年年底通过了 IEC 61158 现场总线标准，这个标准容纳了 8 种互不兼容的总线协议。后来又经过不断讨论和协商，在 2003 年 4 月，IEC 61158 Ed.3 现场总线标准第 3 版正式成为国际标准，确定了 10 种不同类型的现场总线为 IEC 61158 现场总线。2007 年 7 月，第 4 版现场总线增加到 20 种，见表 7-2。

表 7-2 IEC 61158 的现场总线

类型编号	名　称	发起的公司
Type 1	TS61158 现场总线	原来的技术报告
Type 2	ControlNet 和 Ethernet/IP 现场总线	美国 Rockwell 公司
Type 3	PROFIBUS 现场总线	德国 Siemens 公司
Type 4	P-NET 现场总线	丹麦 Process Data 公司
Type 5	FF HSE 现场总线	美国 Fisher Rosemount 公司
Type 6	SwiftNet 现场总线	美国波音公司
Type 7	World FIP 现场总线	法国 Alstom 公司
Type 8	INTERBUS 现场总线	德国 Phoenix Contact 公司
Type 9	FF H1 现场总线	现场总线基金会
Type 10	PROFINET 现场总线	德国 Siemens 公司
Type 11	TC net 实时以太网	
Type 12	Ether CAT 实时以太网	德国倍福
Type 13	Ethernet Powerlink 实时以太网	最大的贡献来自于 Alstom
Type 14	EPA 实时以太网	中国浙大、沈阳所等
Type 15	Modbus RTPS 实时以太网	施耐德
Type 16	SERCOS Ⅰ、Ⅱ现场总线	数字伺服和传动系统数据通信
Type 17	VNET/IP 实时以太网	法国 Alstom 公司
Type 18	CC-Llink 现场总线	三菱电机公司
Type 19	SERCOS Ⅲ现场总线	数字伺服和传动系统数据通信
Type 20	HART 现场总线	Rosemount 公司

7.2.3 现场总线的特点

现场总线系统具有以下特点：

① 系统具有开放性和互用性；

② 系统功能自治性；

③ 系统具有分散性；

④ 系统具有对环境的适应性。

7.2.4 现场总线的现状

现场总线的现状有如下几点：

① 多种现场总线并存；

② 各种总线都有其应用的领域；

③ 每种现场总线都有其国际组织和支持背景；

④ 多种总线成为国家和地区标准；

⑤ 设备制造商参与多个总线组织；

⑥ 各个总线彼此协调共存。

7.2.5 现场总线的发展

现场总线技术是控制、计算机和通信技术的交叉与集成，几乎涵盖了连续和离散工业领域，如过程自动化、制造加工自动化、楼宇自动化、家庭自动化等。它的出现和快速发展体现了控制领域对降低成本、提高可靠性、增强可维护性和提高数据采集智能化的要求。现场总线技术的发展趋势体现在四个方面。

① 统一的技术规范与组态技术是现场总线技术发展的一个长远目标；

② 现场总线系统的技术水平将不断提高；

③ 现场总线的应用将越来越广泛；

④ 工业以太网技术将逐步成为现场总线技术的主流。

7.3 MPI 通信及其应用

7.3.1 MPI 通信简介

MPI 网络可用于单元层，它是多点接口（Multi Point Interface）的简称，是西门子公司开发的用于 PLC 之间通信的保密的协议。MPI 通信是当通信速率要求不高、通信数据量不大时，可以采用的一种简单经济的通信方式。

主要的优点是 CPU 可以同时与多个设备建立通信联系。也就是说，编程器、HMI 设备和其他的 PLC 可以连接在一起并同时运行。编程器通过 MPI 接口生成的网络还可以访问所连接硬件站上的所有智能模块。可同时连接的其他通信对象的数目取决于 CPU 的型号。例如，CPU314 的最大连接数为 4，CPU416 为 64。

MPI 接口的主要特性如下。

① RS-485 物理接口。

② 传输率为 19.2kbit/s 或 187.5kbit/s 或 1.5Mbit/s；

③ 最大连接距离为 50m（2 个相邻节点之间），有两个中继器时为 1100m，如图 7-5 所示。采用光纤和星形耦合器时为 23.8km。

④ 采用 PROFIBUS 元件（电缆、连接器）。

MPI 通信有全局数据通信、基本通信和扩展通信，以下将分别介绍。

① 全局数据通信。这种通信方法通过 MPI 接口在 CPU 间循环地交换数据，而不需要编程。当过程映像被刷新时，在循环扫描检测点上进行数据交换。对于 S7-400，数据交换可以用 SFC 来启动。全局数据可以是输入、输出、标志位、定时器、计数器和数据块区。

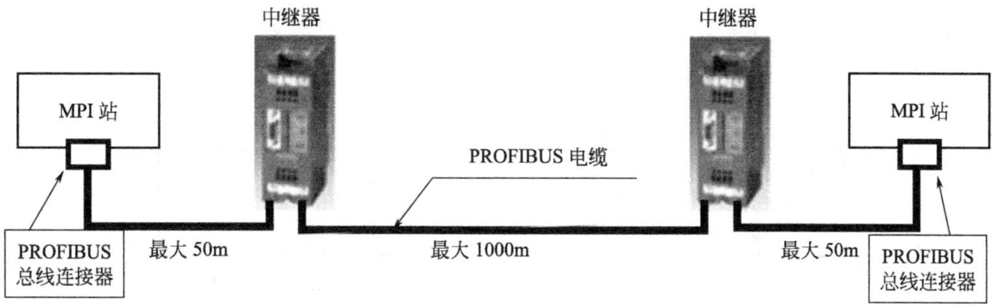

图 7-5 MPI 通信（带中继器）

数据通信不需要编程，而是利用全局数据表来配置。不需要 CPU 的连接用于全局数据通信。

② 基本通信。这种通信方法可用于所有 S7-300/400 CPU，它通过 MPI 子网或站中的 K 总线来传送数据。系统功能（SFC），例如 X_SEND（在发送端）和 X_RCV（在接收端）被用户程序调用。最大用户数据量为 76B。当系统功能被调用时，通信连接被动态地建立和断开。在 CPU 上需要有一个自由的连接。

③ 扩展通信。这种通信方法可用于所有的 S7-400 CPU。通过任何子网（MPI，Profibus, Industrial Ethernet）可以传送最多 64KB 的数据。它是通过系统功能块（SFB）来实现的，支持有应答的通信。数据也可以读出或写入到 S7-300（PUT/GET 块）。不仅可以传送数据，而且可以执行控制功能，例如控制通信对象的启动和停机。这种通信方法需要配置连接（连接表）。该连接在一个站的全启动时建立并且一直保持。在 CPU 上需要有自由的连接。

7.3.2 西门子 S7-200 与 S7-300 间的 MPI 通信

西门子 S7-200 与 S7-300 间的 MPI 通信只能采用单边无组态通信，也就是通信无需组态。以下用一个例子说明这种通信的方法。

【例 7-1】 有两台设备，分别由一台 CPU 314C-2DP 和一台 CPU 226CN 控制，从设备 1 上的 CPU 314C-2DP 发出启停控制命令，设备 2 的 CPU 226CN 收到命令后，对设备 2 进行启停控制。同理，设备 2 也能发出信号，对设备 1 进行启停控制。

【解】

将设备 1 上的 CPU 314C-2DP 作为主站，主站的 MPI 地址为 2，将设备 2 上的 CPU 226CN 作为从站，从站的 MPI 地址为 3。

（1）主要软硬件配置

① 1 套 STEP 7 V5.5 SP3。

② 1 台 CPU 314C-2DP。

③ 1 台 CPU 226CN。

④ 1 台 EM277。

⑤ 1 根编程电缆（或者 CP5621 卡）。

⑥ 1 根 PROFIBUS 网络电缆（含两个网络总线连接器）。

⑦ 1 套 STEP 7 Micro/WIN V4.0 SP9。

MPI 通信硬件配置图如图 7-6 所示，PLC 接线图如图 7-7 所示。

从图 7-6 可以看出 S7-200 与 S7-300 间的 MPI 通信有两种配置方案。方案 1 只要将 PROFIBUS 网络电缆（含两个网络总线连接器）连接在 S7-300 的 MPI 接口和 S7-200 的 PPI

接口上即可，而方案 2 却需要另加一个 EM277 模块，显然成本多一些，但若 S7-200 的 PPI 接口不够用时，方案 2 是可以选择的配置方案。

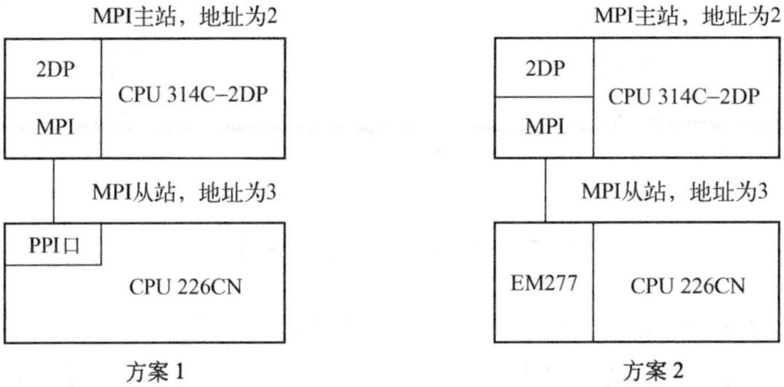

图 7-6　MPI 通信硬件配置图

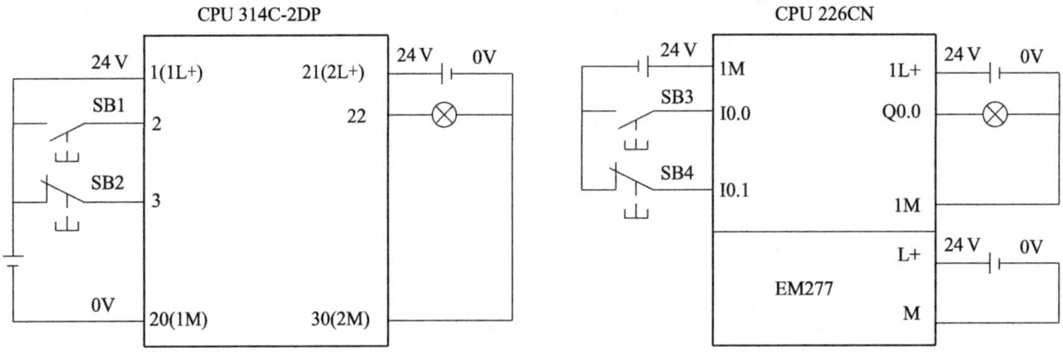

图 7-7　PLC 接线图

（2）硬件组态

西门子 S7-200 与 S7-300 间的 MPI 通信只能采用无组态通信，无组态通信指通信无需组态，完成通信任务，只需要编写程序即可。只要用到 S7-300，硬件组态还是不可缺少的，这点读者必须清楚。

① 新建项目并插入站点。新建项目，命名为“MPI_200”，再插入站点，重命名为“MASTER”，如图 7-8 所示，双击“硬件”，打开硬件组态界面。

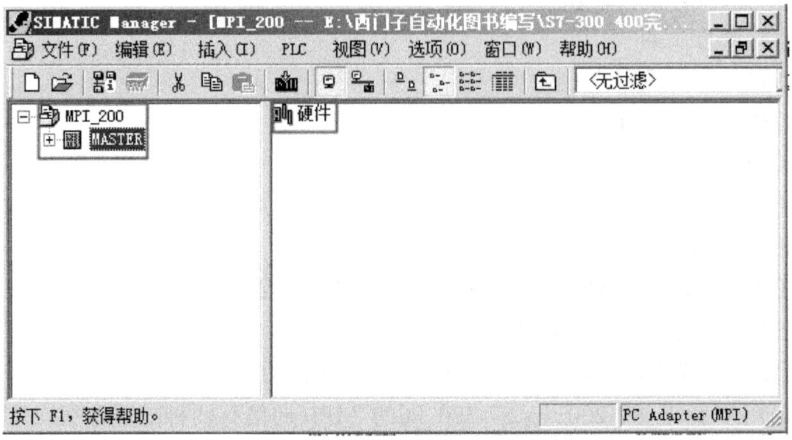

图 7-8　新建项目并插入站点

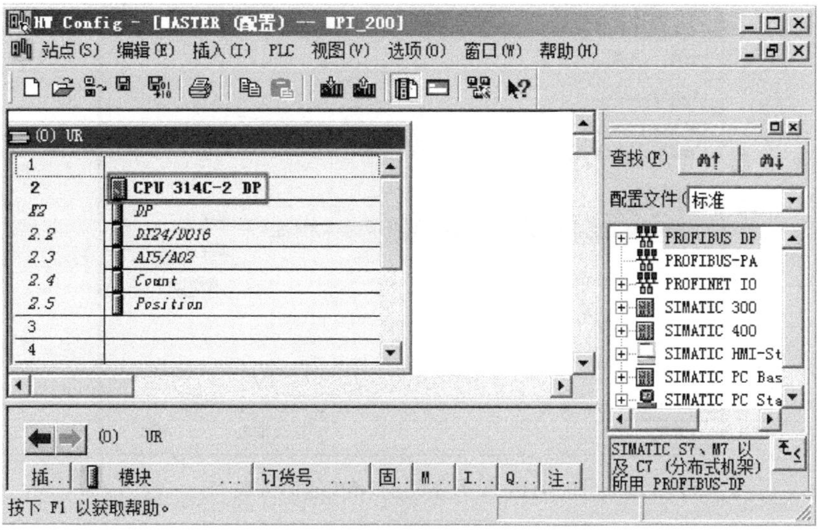

图 7-9 组态主站硬件

② 组态主站硬件。先插入导轨，再插入 CPU 模块，如图 7-9 所示，双击“CPU 314C-2DP”，打开 MPI 通信参数设置界面，单击“属性”按钮，如图 7-10 所示。

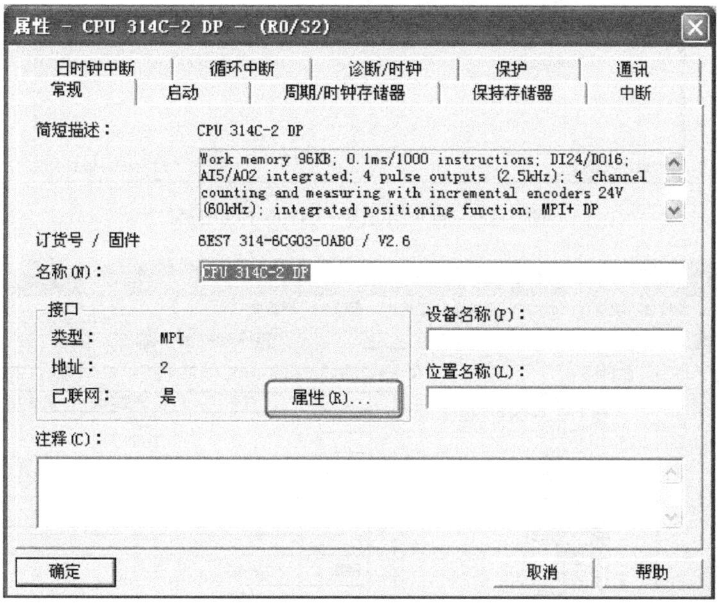

图 7-10 打开 MPI 通信参数设置界面

③ 设置主站的 MPI 通信参数。先选定 MPI 的通信波特率为默认的“187.5kbps”，再选定主站的 MPI 地址为“2”，再单击“确定”按钮，如图 7-11 所示。最后编译保存和下载硬件组态，在此不再重复叙述。

④ 在 SIMATIC 管理器界面，插入组织块 OB100 和 OB35，如图 7-12 所示。

⑤ 打开系统块。完成以上步骤后，S7-300 的硬件组态完成，但还必须设置 S7-200 的通信参数。先打开 STEP 7-Micro/WIN，选定工具条中的“系统块”按钮，并双击它，如图 7-13 所示。

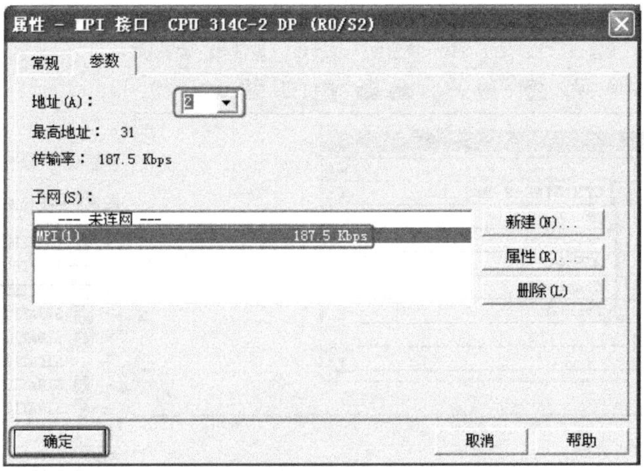

图 7-11 设置主站的 MPI 通信参数

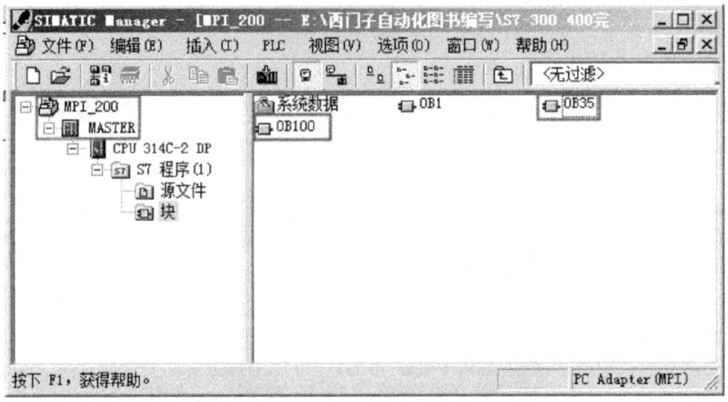

图 7-12 插入组织块 OB100 和 OB35

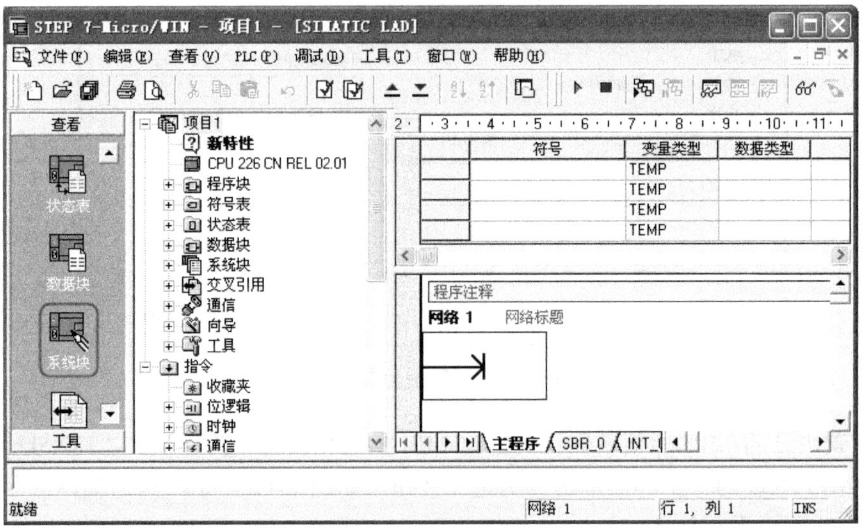

图 7-13 打开系统块

⑥ 设置从站的 MPI 通信参数。先将用于 MPI 通信的接口（本例为 port0）的地址设置成“3”，一定不能设定为“2”，再将波特率设定为“187.5kbps”，这个数值与 S7-300 的波特率必须相等，最后单击“确认”按钮，如图 7-14 所示，这一步不少初学者容易忽略，其实这一

步非常关键，因为各站的波特率必须相等，这是一个基本原则。系统块设置完成后，还要将其下载到 S7-200 中，否则通信是不能建立的。

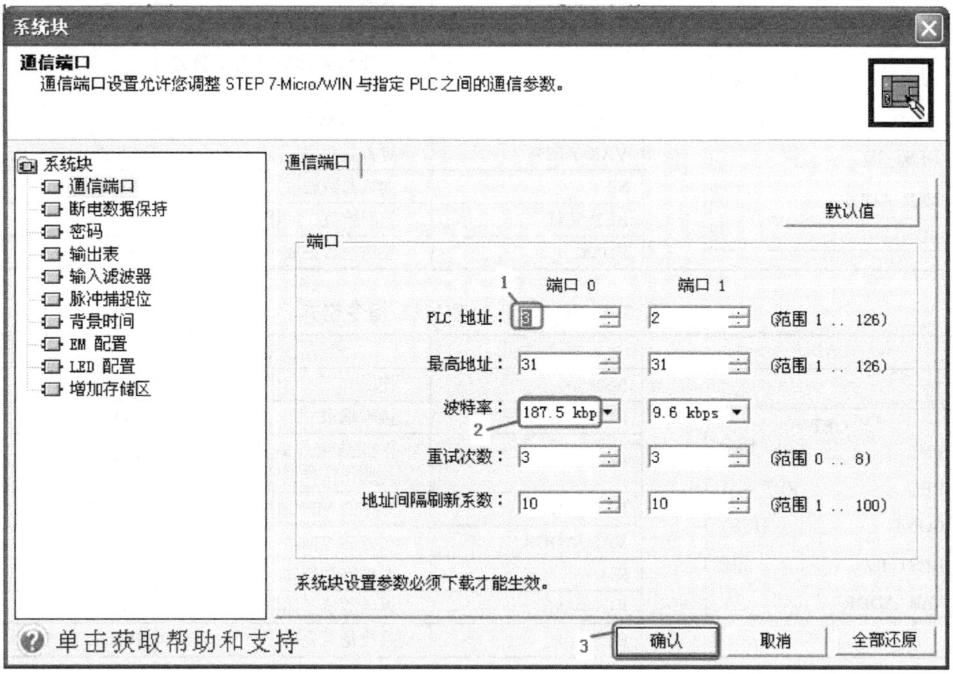

图 7-14 设置从站的 MPI 通信参数

【关键点】 硬件组态时， S7-200 和 S7-300 的波特率设置值必须相等，此外 S7-300 的硬件组态和 S7-200 的系统块必须下载到相应的 PLC 中才能起作用。

（3）相关指令介绍

无组态连接的 MPI 的通信适合 S7-400、S7-300、S7-200 之间的通信，通过调用 SFC66、SFC67、SFC68 和 SFC69 来实现。顾名思义，MPI 无组态连接就是 MPI 通信时，不需要组态通信，只要编写通信程序即可实现通信。无组态连接的 MPI 通信分为双边编程通信方式和单边编程通信方式。S7-200 与 S7-300 间的 MPI 通信只能采用单边无组态通信方式。

X_PUT（SFC68）发送数据的指令，通过 SFC68“X_PUT”，将数据写入不在同一个本地 S7 站中的通信伙伴。在通信伙伴上没有相应 SFC。在通过 REQ=1 调用 SFC 之后，激活写作业。此后，可以继续调用 SFC，直到 BUSY=0 指示接收到应答为止。

必须要确保由 SD 参数（在发送 CPU 上）定义的发送区和由 VAR_ADDR 参数（在通信伙伴上）定义的接收区长度相同。SD 的数据类型还必须和 VAR_ADDR 的数据类型相匹配。其输入和输出的含义见表 7-3。

X_GET（SFC67）接收数据的指令，通过 SFC67“X_GET”，可以从本地 S7 站以外的通信伙伴中读取数据。在通信伙伴上没有相应 SFC。在通过 REQ=1 调用 SFC 之后，激活读作业。此后，可以继续调用 SFC，直到 BUSY=0 指示数据接收为止。 然后，RET_VAL 便包含了以字节为单位的、已接收的数据块的长度。

必须要确保由 RD 参数定义的接收区（在接收 CPU 上）至少和由 VAR_ADDR 参数定义的要读取的区域（在通信伙伴上）一样大。RD 的数据类型还必须和 VAR_ADDR 的数据类型相匹配。其输入和输出的含义见表 7-4。

表 7-3 X_PUT（SFC68）指令格式

LAD	输入/输出	含　　义	数据类型
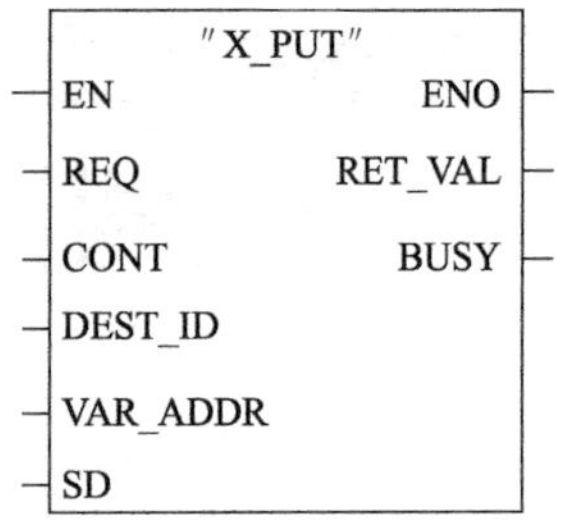	EN	使能	BOOL
	REQ	发送请求	BOOL
	CONT	作业结束之后是否保持建立与通讯伙伴的连接	BOOL
	DEST_ID	对方的 MPI 地址	WORD
	VAR_ADDR	对方的数据区	ANY
	SD	本机的数据区	ANY
	RET_VAL	返回数值（如错误值）	INT
	BUSY	发送是否完成	BOOL

表 7-4 X_GET（SFC67）指令格式

LAD	输入/输出	含　义	数据类型
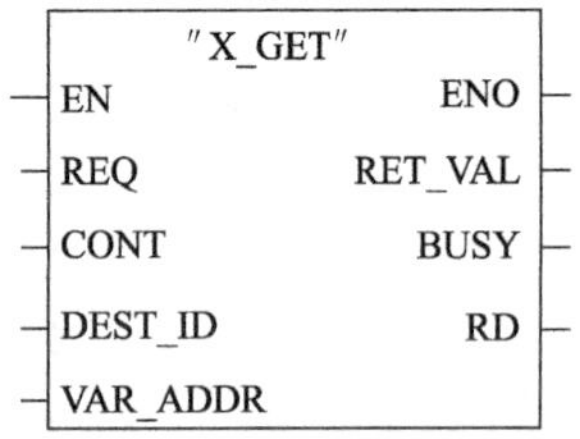	EN	使能	BOOL
	REQ	接收请求	BOOL
	CONT	作业结束之后是否保持建立与通讯伙伴的连接	BOOL
	DEST_ID	对方的 MPI 地址	WORD
	VAR_ADDR	对方的数据区	ANY
	RD	本机的数据区	ANY
	RET_VAL	返回数值（如错误值）	INT
	BUSY	接收是否完成	BOOL

（4）程序编写

X_PUT（SFC68）发送数据的指令和 X_GET（SFC67）接收数据的指令是系统功能，也就是系统预先定义的功能，只要将“库”展开，再展开“Standart libarary（标准库）”，选定“X_PUT”或者“X_GET”，再双击它，“X_PUT”或者“X_GET”就自动在网络中指定的位置弹出，如图 7-15 所示。

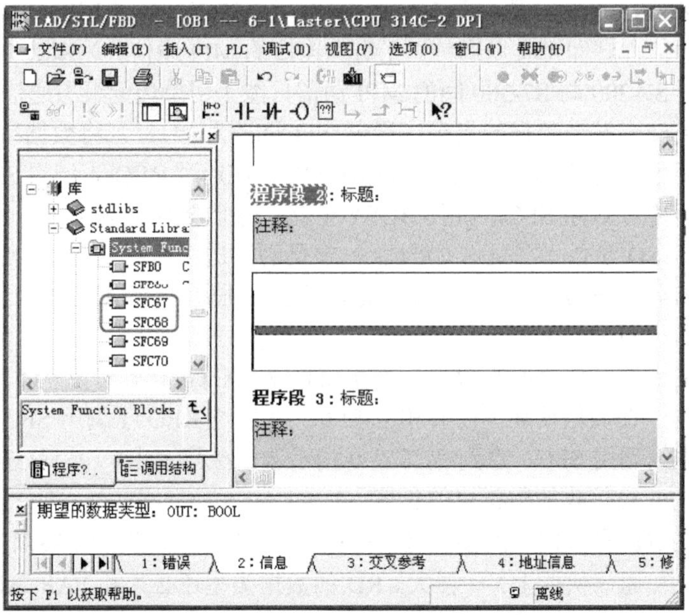

图 7-15 X_PUT 和 X_GET 指令的位置

主站的梯形图如图 7-16～图 7-18 所示，从站的梯形图如图 7-19 所示，有时从站可以不编写梯形图程序。

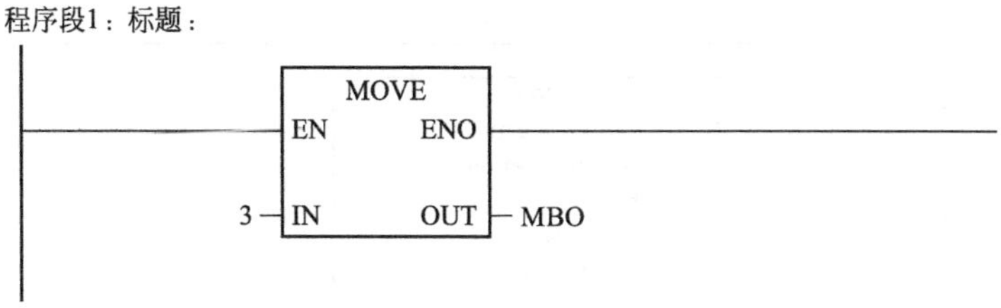

图 7-16　主站 OB100 中的梯形图

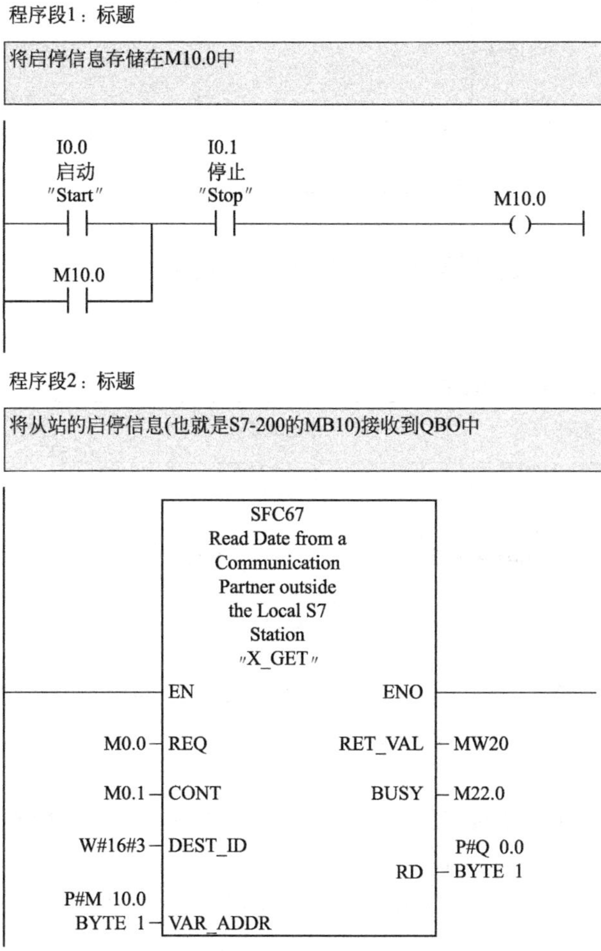

图 7-17　主站 OB1 中的梯形图

【关键点】 本例主站地址为“2”，从站的地址为“3”，因此硬件配置采用方案 1 时，必须将“PPI 口”的地址设定为“3”。而采用方案 2 时，必须将 EM277 的地址设定为“3”，设定完成后，还要将 EM277 断电，新设定的地址才能起作用。指令“X_PUT”的参数 SD 和 VAR_ADDR 的数据类型可以据实际情况确定，但在同一程序中数据类型必须一致。

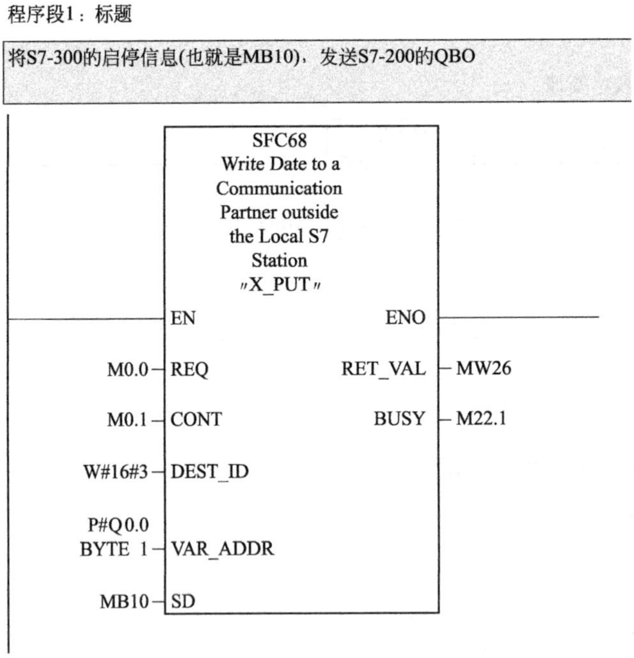

图 7-18　主站 OB35 中的梯形图

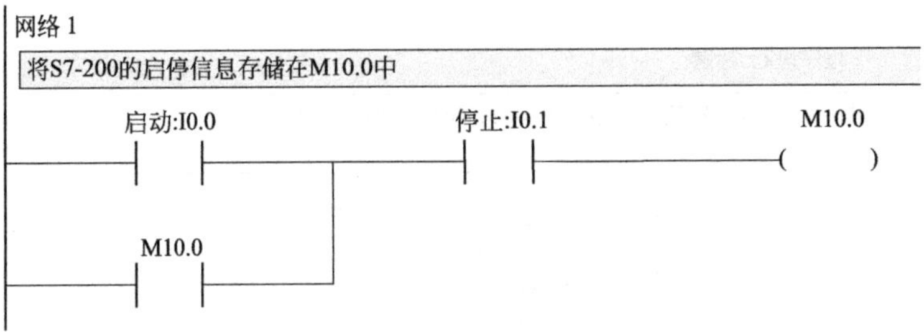

图 7-19　从站梯形图

【例 7-2】 某设备上有一台 CPU226CN，CPU226CN 上的两个 PPI 接口已经被占用，现要改造此设备，需要添加一台 TP177B 触摸屏，请设计一个方案。

【解】

CPU 226 CN 上的两个 PPI 接口已经被占用，所以要建立 TP177B 触摸屏和 CPU 226 CN 的通信，就必须扩展 CPU 226 CN 通信接口。扩展一个 EM277 模块即可，TP177B 触摸屏和 CPU 226 CN 可以采用 MPI 或者 PROFIBUS 通信，硬件配置方案如图 7-20 所示。

图 7-20　硬件配置方案

（5）SFC 通信简介

西门子 S7 300/400 与 S7-200 的 MPI 通信是一种 SFC 通信，SFC 通信的特点如下：

① 使用 MPI 子网或者在一个站内进行数据交换；

② 与 SFB 通信相比无需组态连接；

③ 与对方的连接是动态建立和断开的；

④ 是一种小数据量的通信，最多可传输 76 个字节的数据，这比后续介绍 SFB 通信的数据量少得多。

7.3.3 西门子 S7-300 与 S7-300 间的 MPI 通信

西门子 S7-300 与 S7-300 间的 MPI 通信除了可以采用前述的无组态通信方式外，还可以采用全局数据通信方式，这种通信方式可以在 S7-300 与 S7-300、S7-400 与 S7-300、S7-400 与 S7-400 之间通信，用户不需要编写程序，在硬件组态时组态所有 MPI 的 PLC 站之间的发送区与接收区即可。以下用一个例子介绍 S7-300 与 S7-300 之间的全局数据 MPI 通信。

【例 7-3】 有两台设备，由 1 台 CPU 313C-2DP 和 CPU 314C-2DP 控制，要求实时从设备 1 上的 CPU 313C-2DP 的 MB10～MB14 发出 5 个字节到设备 2 的 CPU 314C-2DP 的 MB10～MB14，对从设备 2 上的 CPU 314C-2DP 的 MB30～MB34 发出 5 个字节到设备 1 的 CPU 313C-2DP 的 MB30～MB34。

【解】

将设备 1 上的 CPU 313C-2DP 作为主站，主站地址为 2，将设备 2 上的 CPU 314C-2DP 作为从站，从站地址为 3。

（1）主要软硬件配置

① 1 套 STEP 7 V5.5 SP3。

② 1 台 CPU 313C-2DP 和 1 台 CPU 314C-2DP。

③ 1 根编程电缆（或者 CP5611 卡）。

④ 1 根 PROFIBUS 网络电缆（含两个网络总线连接器）。

MPI 通信硬件配置图如图 7-21 所示。

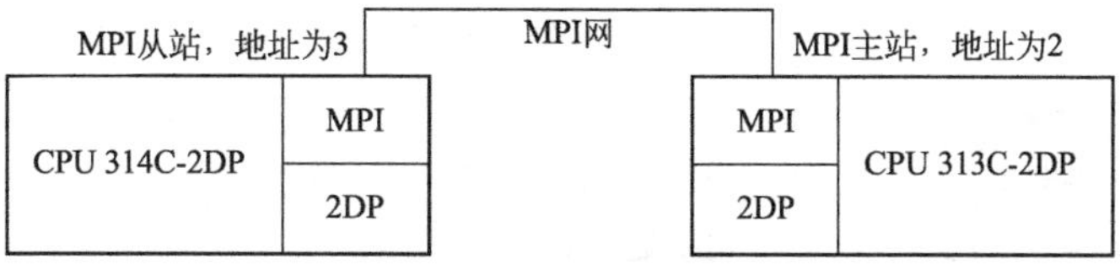

图 7-21 MPI 通信硬件配置图

（2）硬件组态

① 新建项目和插入站点。新建项目，本例的项目名为“MPI_300”，再在项目中插入两个站点，并重命名为“MASTER”和“SLAVE”，选定站点“MASTER”，双击“硬件”，如图 7-22 所示。

② 插入导轨。双击“Rail”，弹出导轨，如图 7-23 所示。

③ 打开 CPU 313C-2DP 属性。双击槽位 2 的“CPU 313C-2 DP”，如图 7-24 所示。

④ 设置站 2 的 MPI 通信参数。单击“属性”按钮，如图 7-25 所示，弹出设置 MPI 通信参数界面，如图 7-26 所示，设定 MPI 的地址为“2”，MPI 的通信波特率为“187.5kbps”，再单击“确定”按钮。

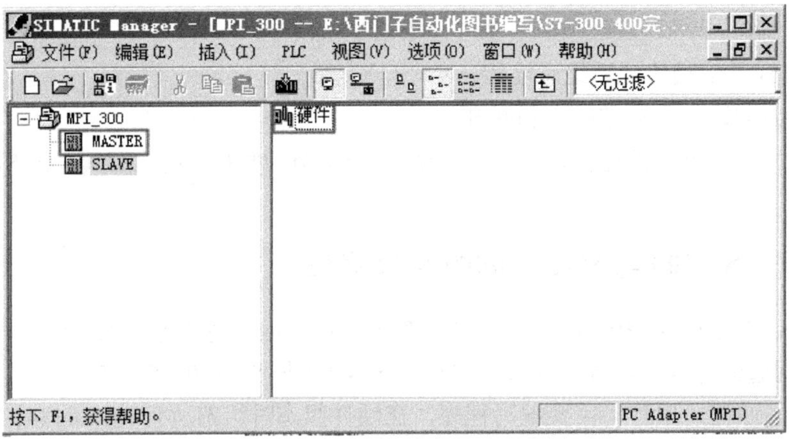

图 7-22 新建项目和插入站点

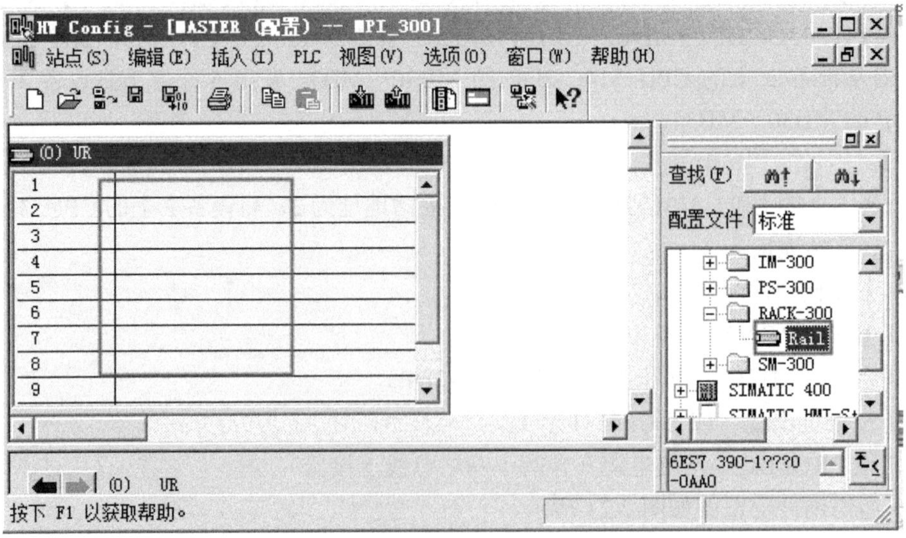

图 7-23 插入导轨

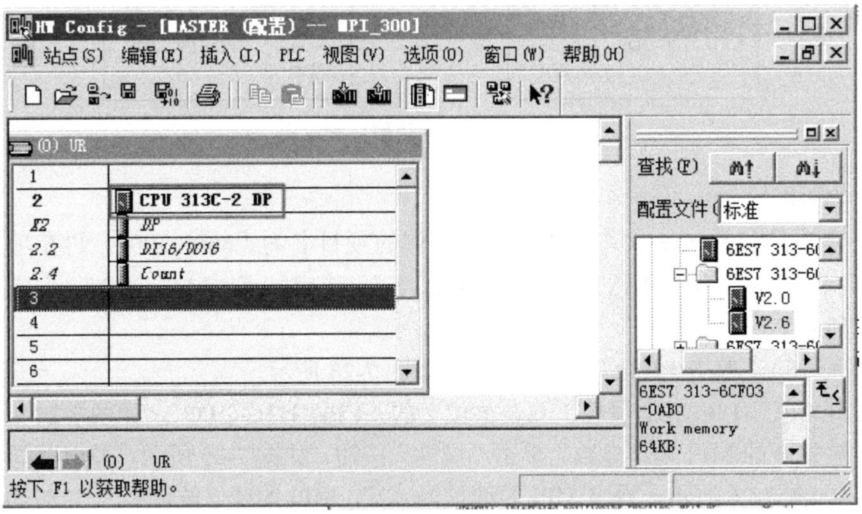

图 7-24 打开 CPU 314C-2DP 属性

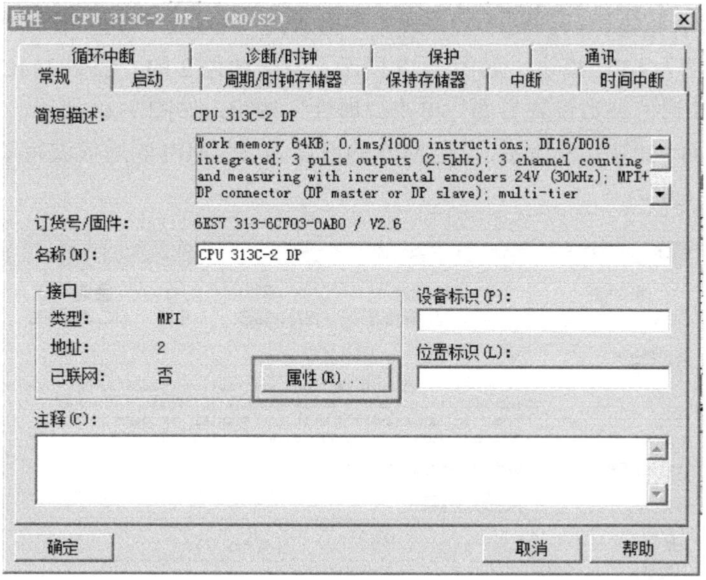

图 7-25　打开 MPI 通信参数设置界面

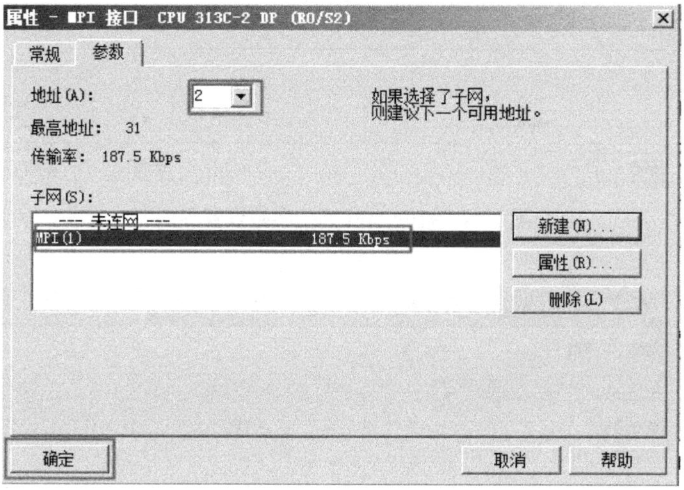

图 7-26　设置站 2 的 MPI 通信参数

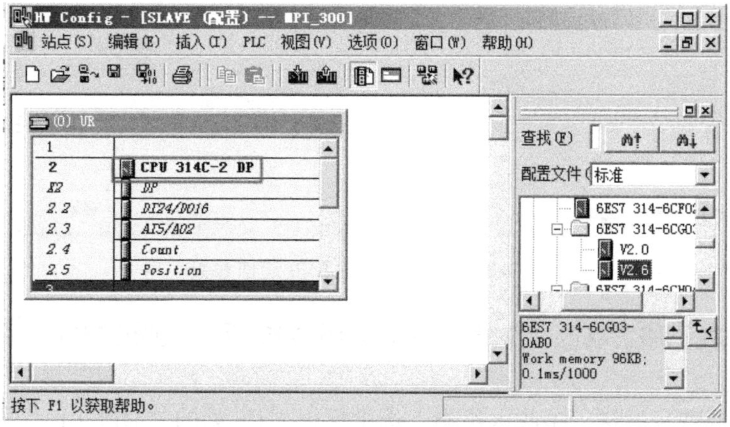

图 7-27　站 3 的硬件组态

⑤ 站 3 的硬件组态。回到图 7-22，选定“SLAVE”，双击“硬件”，弹出硬件组态界面，先插入导轨，再插入 CPU 模块，如图 7-27 所示。双击槽位 2 的“CPU 314C-2 DP”。

⑥ 打开 MPI 通信参数设置界面。单击“属性”按钮，如图 7-28 所示，弹出站 3 的 MPI 通信参数设置界面，如图 7-29 所示，设定 MPI 的地址为“3”，MPI 的通信波特率为“187.5kbps”，再单击“确定”按钮。

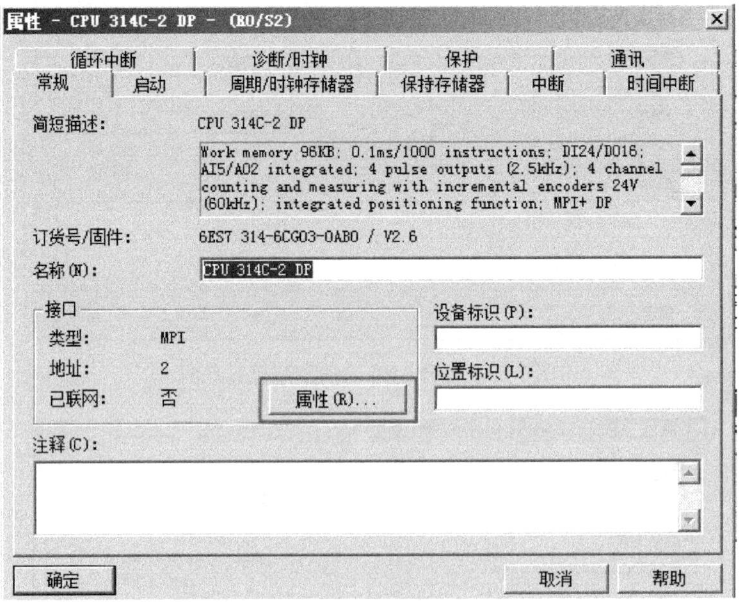

图 7-28　打开 MPI 通信参数设置界面

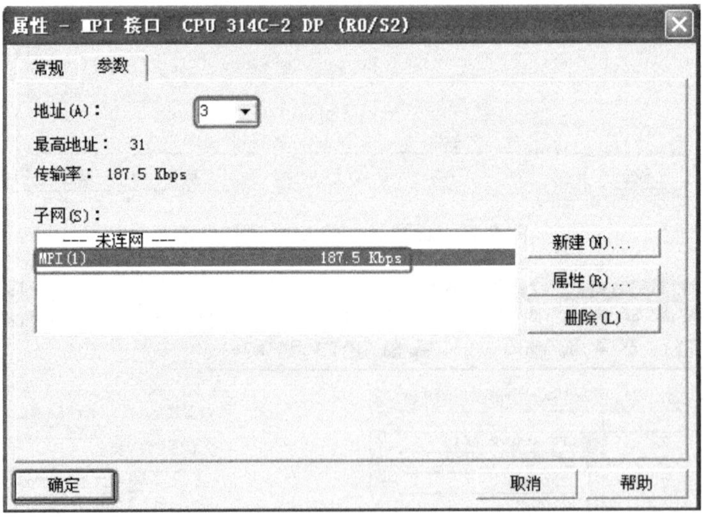

图 7-29　设置站 3 的 MPI 通信参数

⑦ 打开 MPI 网络。双击 “MPI（1）”，如图 7-30 所示，弹出 MPI 的网络，如图 7-31 所示。

⑧ 打开全局变量发送、接收区组态。选中标记“1”处的“MPI（1）”网络线，再选中菜单“选项”，单击子菜单“定义全局数据”，打开全局变量发送、接收区组态如图 7-32 所示。

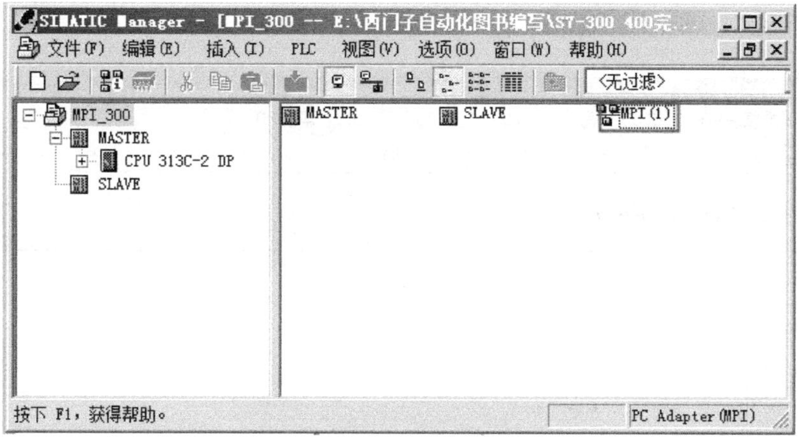

图 7-30 打开 MPI 网络（1）

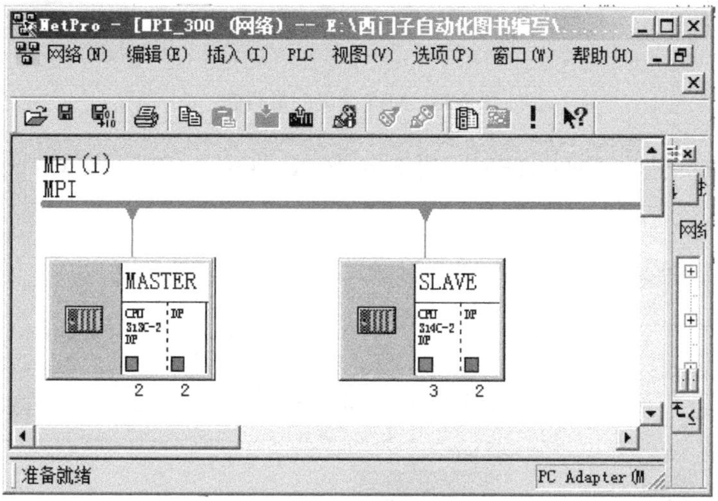

图 7-31 打开 MPI 网络（2）

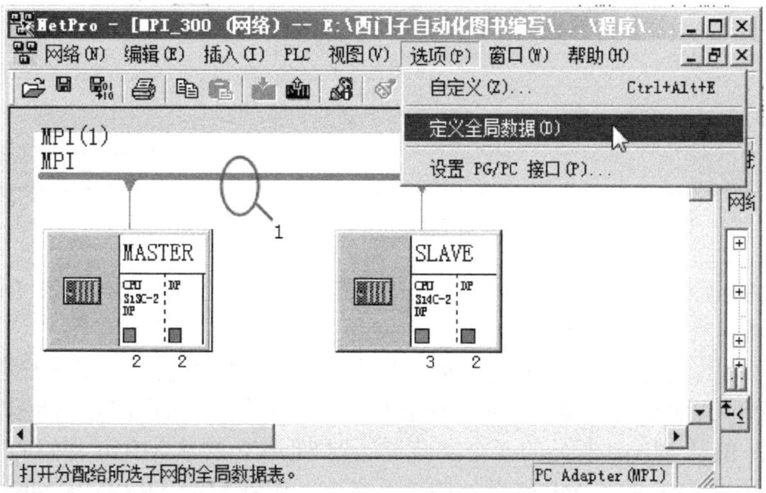

图 7-32 打开全局变量发送、接收区组态

⑨ MPI 全局变量组态。双击标记“1”处，如图 7-33 所示。

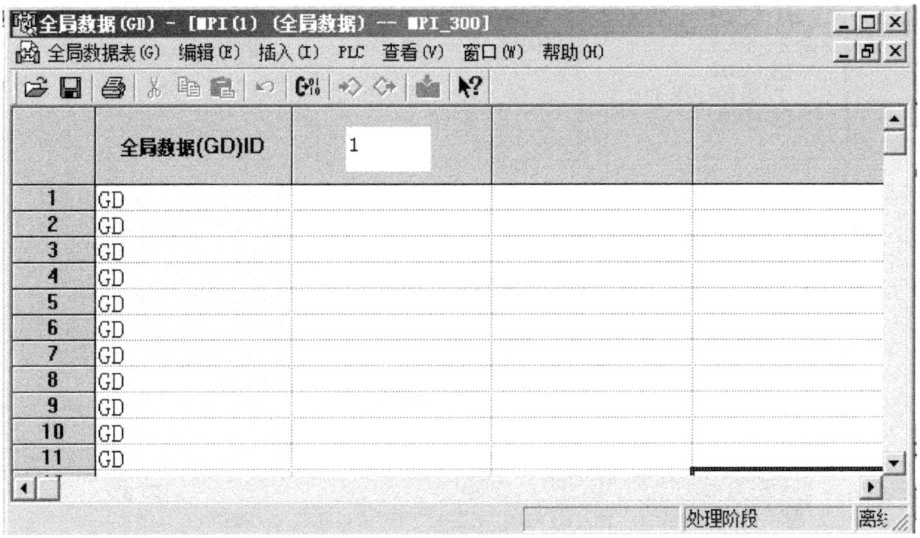

图 7-33 MPI 全局变量组态

⑩ 选定 CPU。选定“MASTER”，再选定“CPU 313C-2 DP”，再单击“确定”按钮，如图 7-34 所示。

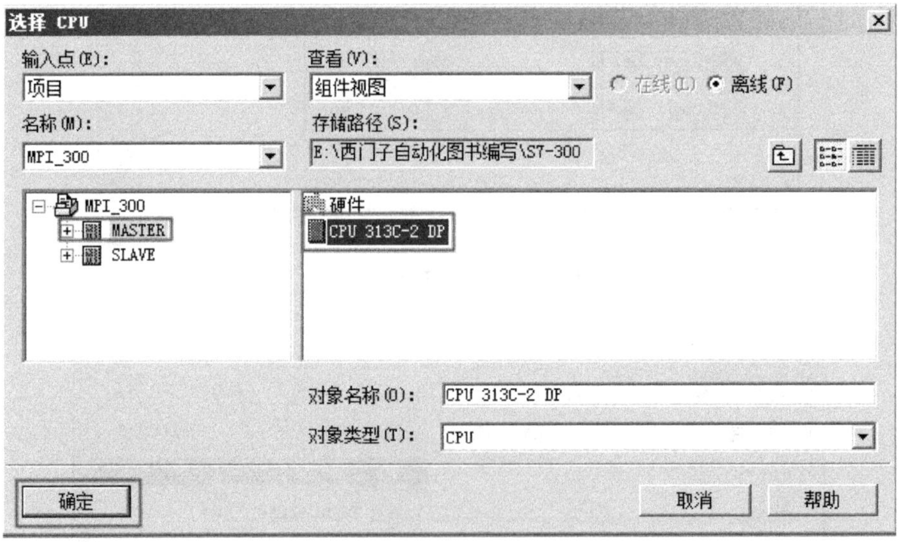

图 7-34 选定 CPU

⑪ 定义发送区的数据组。输入“MB10:5”，其含义是：将站点 MASTER MB10 开始的 5 个字节发送出去，如图 7-35 所示。

⑫ 发送区的数据组的组态。选定“编辑”菜单，单击“发送器”，定义发送区的数据组，如图 7-36 所示，其他发送区和接收的数据组的组态方法类似，如图 7-37 所示。含义是：将站点 MASTER 的从 MB10 开始的 5 个字节发送到 SLAVE 的从 MB10 开始的 5 个字节的存储区中，将站点 SLAVE 的从 MB30 开始的 5 个字节发送到 MASTER 的从 MB30 开始的 5 个字节的存储区中。具体数据流向见表 7-5。

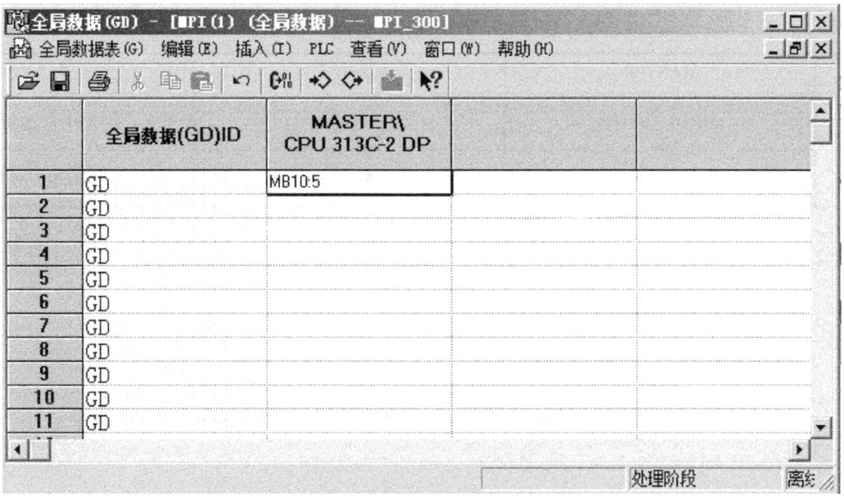

图 7-35　定义发送区的数据组

图 7-36　发送区的数据组的组态

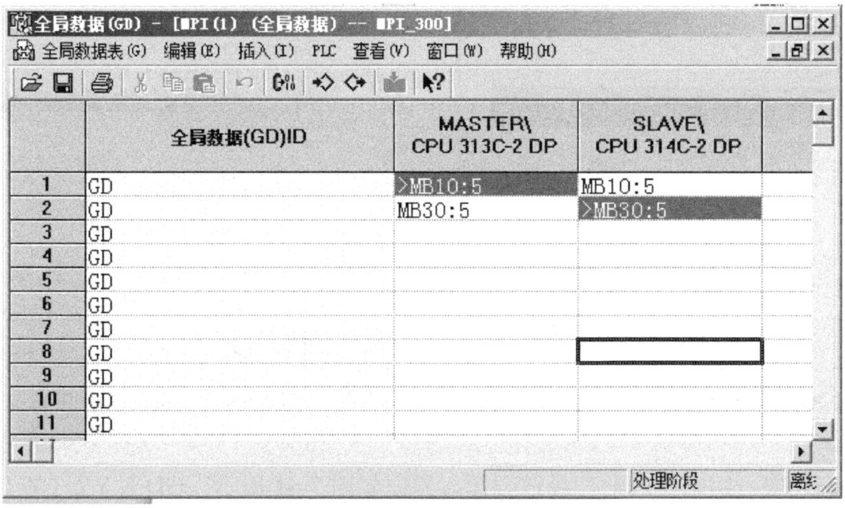

图 7-37　发送区和接收的数据组的组态

表 7-5 全局 MPI 数据流向

序　　号	MASTER	对应关系	SLAVE
1	MB10～MB14	——→	MB10～MB14
2	MB30～MB34	←——	MB30～MB34

⑬ 编译和保存组态内容。单击“保存”按钮即可，如图 7-38 所示。

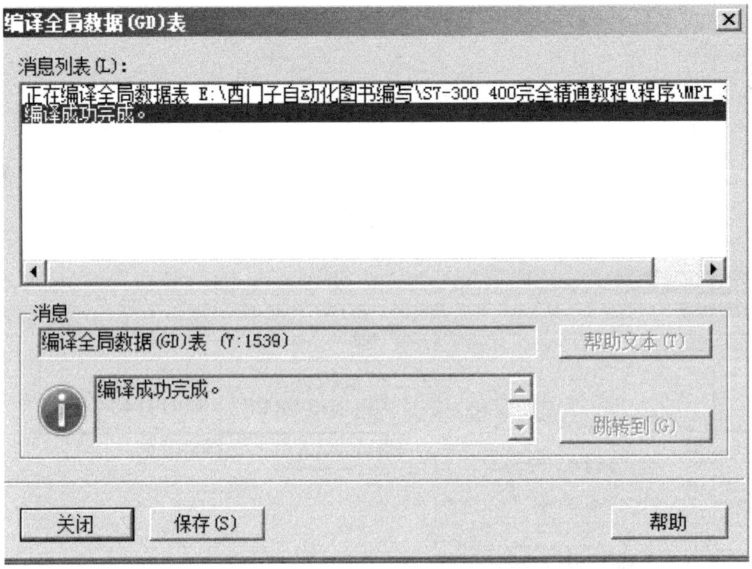

图 7-38　保存组态内容

⑭ 下载组态信息。单击工具栏中的“下载”按钮，如图 7-39 所示。选定 MASTER 和 SLAVE 分别下载到对应的站点中去，如图 7-40 所示。

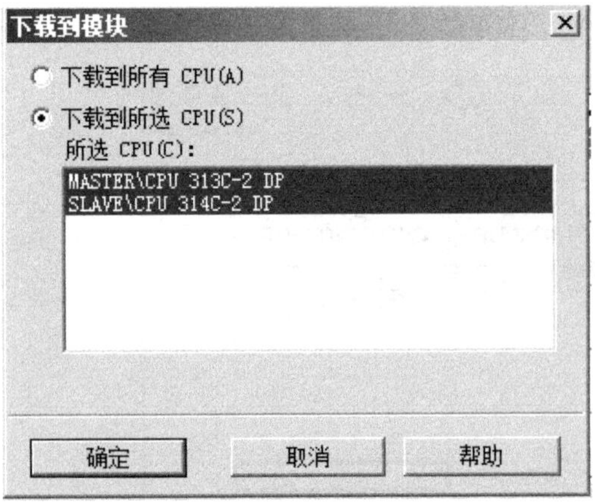

图 7-39　下载组态信息（1）

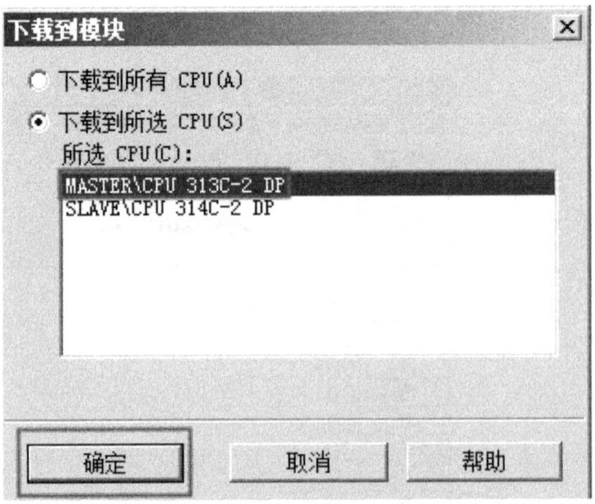

图 7-40　下载组态信息（2）

⑮ 组态完成。组态完成后，经过编译，界面如图 7-41 所示。GD X.Y.Z（如 GD 1.2.1）的含义见表 7-6。

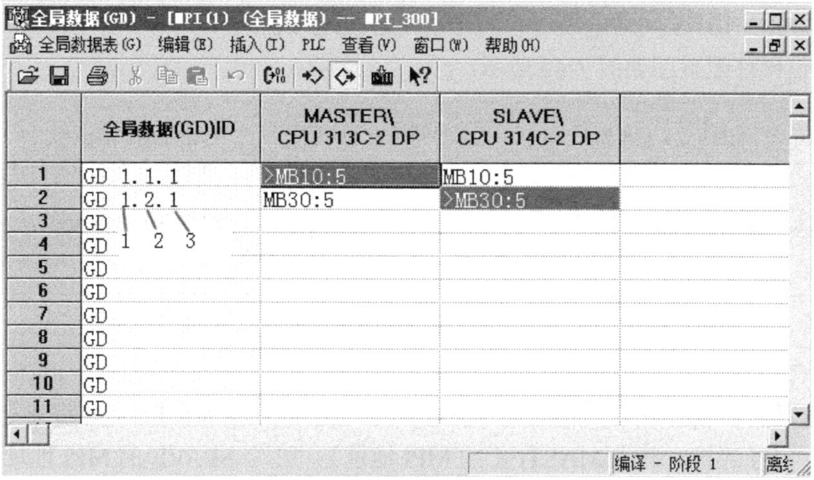

图 7-41　组态完成界面

表 7-6　GD X.Y.Z 的含义

序　号	参　数	含　义
1	X	全局变量数据包的循环次数，次数与 CPU 有关，S7-300 最多支持 4 个
2	Y	一个循环中有几个数据包
3	Z	是一个数据包中的数据区

【关键点】 本例的关键在于将 MPI 的通信组态正确，还有一点要特别注意，就是站 2 哪个数据区将数据送到站 3 哪个数据区中，站 2 又从站 3 哪个数据区接收数，这些关系是绝对不能弄错的，否则不可能建立正确的通信。

完成题目的要求做以上组态即可通信，不需要编写程序。

7.3.4　西门子 S7-300/400 与 S7-400 间的 MPI 通信

在前面的章节讲解了无组态 MPI 通信、全局数据 MPI 通信，这些 MPI 的通信方式其实都适用于西门子 S7-300/400 PLC 与 S7-400 间的 MPI 通信，但组态 MPI 通信方式就只适用于后者，以下用一个例子讲解西门子 S7-300 与 S7-400 间的 MPI 通信。组态方式的 MPI 通信的好处是处理的数据量大。

【例 7-4】 有两台设备，由 1 台 CPU 416-2DP 和 CPU 314C-2DP 控制，要求实时从设备 1 上 CPU 416-2DP 的 MB10～MB14 发出 5 个字节到设备 2 的 CPU 314C-2DP 的 MB10～MB14，对从设备 2 上的 CPU 314C-2DP 的 MB30～MB34 发出 5 个字节到设备 1 的 CPU 416-2DP 的 MB30～MB34。

【解】

将设备 1 上的 CPU 416-2DP 作为主站，主站地址为 2，将设备 2 上的 CPU 314C-2DP 作为从站，从站地址为 3。

（1）主要软硬件配置

① 1 套 STEP 7 V5.5 SP3。

② 1 台 CPU 314C-2DP。

③ 1 台 CPU 416-2DP。

④ 1 根编程电缆（或者 CP5611 卡）。

⑤ 1 根 PROFIBUS 网络电缆（含两个网络总线连接器）。

MPI 通信硬件配置图如图 7-42 所示。

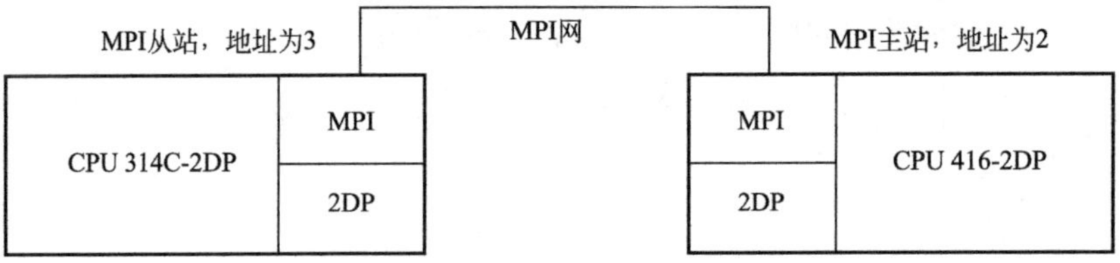

图 7-42 MPI 通信硬件配置图

（2）硬件组态

① 新建项目。新建项目，命名为“MPI_400”，插入站点和 CPU，并将建立 SLAVE 和 MASTER 的 MPI 连接，其中 MASTER 的 MPI 地址为“2”，SLAVE 的 MPI 地址为“3”，如图 7-43 所示，再单击“MPI（1）”标志，弹出如图 7-44 所示的界面。

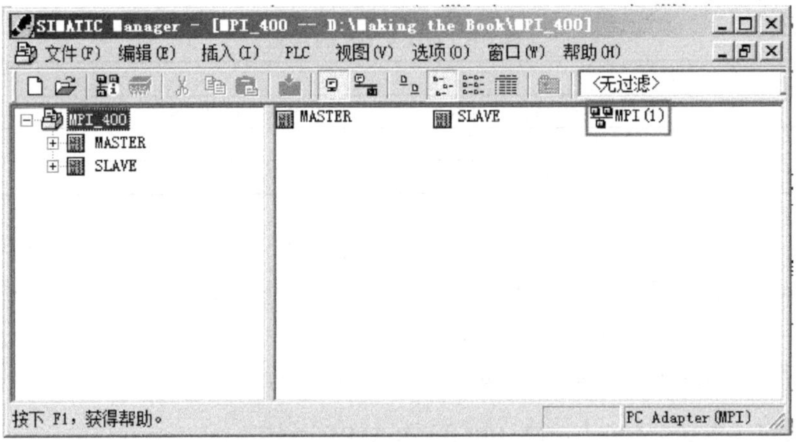

图 7-43 新建项目

② 新建连接。如图 7-44 所示，选中“1”处，单击右键，弹出快捷菜单，单击“插入新连接”，弹出如图 7-45 所示的界面。

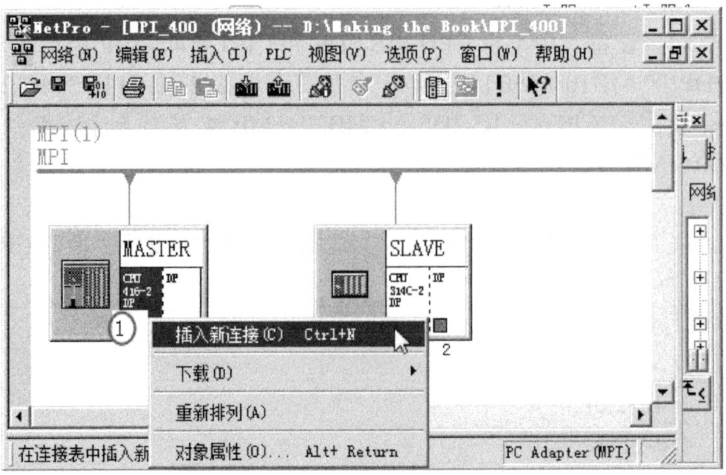

图 7-44 新建连接

③ 选择 CPU 的连接方式。如图 7-45 所示，选中“CPU 314C-2 DP”和“S7 连接”，单击“应用” 按钮，弹出如图 7-46 所示的界面。

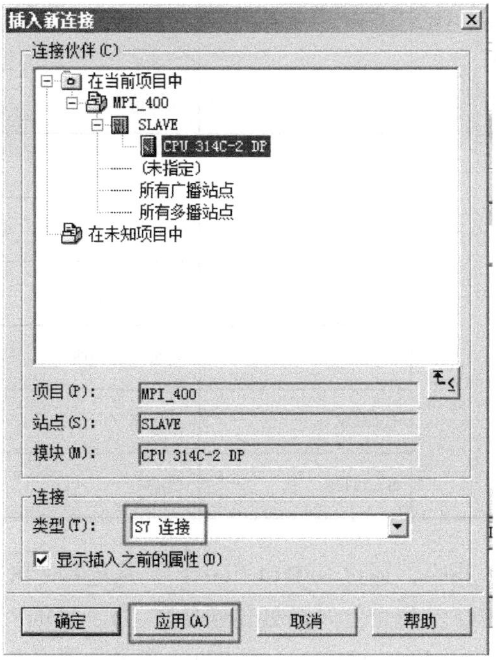

图 7-45 选择 CPU 的连接方式

④ 选择 MPI 块参数。如图 7-46 所示，单击“确定”按钮，硬件组态完成。

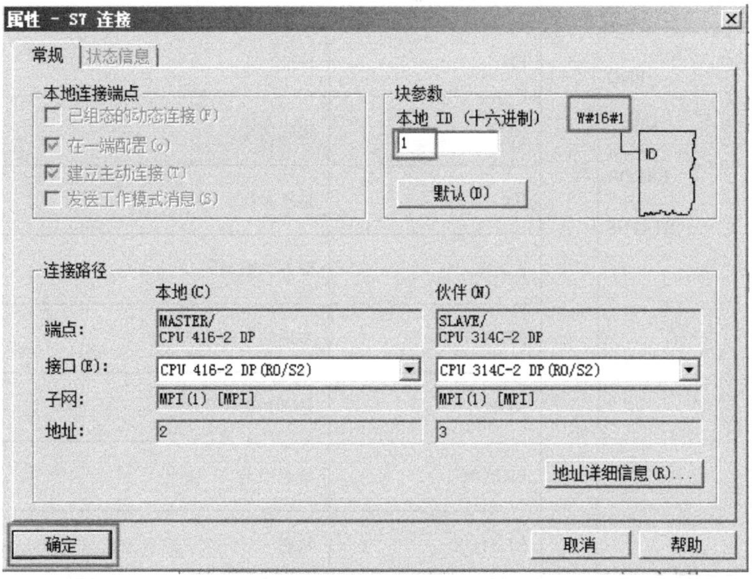

图 7-46 块参数

（3）相关指令介绍

PUT（SFB15）是发送指令，通过使用 SFB15“PUT”，可以将数据写入到远程 CPU。在 REQ 的上升沿处发送数据。在 REQ 的每个上升沿处传送参数 ID、ADDR_1 和 SD_1。在每个作业结束之后，可以给 ID、ADDR_1 和 SD_1 参数分配新数值。其各参数的含义见表 7-7。

表 7-7　PUT（SFB15）指令格式

LAD	输入/输出	含　义	数据类型
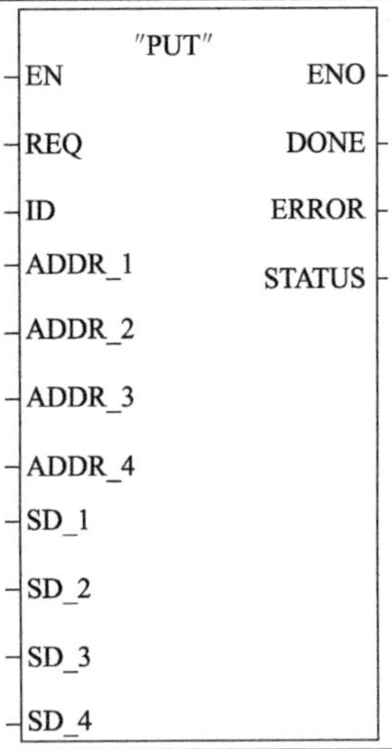	EN	使能	BOOL
	REQ	发送请求	BOOL
	ID	地址参数	WORD
	ADDR_1	对方的数据区	ANY
	SD_1	本地的存储地址	ANY
	DONE	是否发送完成	BOOL
	ERROR	是否错误	BOOL
	STATUS	状态	WORD

GET（SFB14）是接收指令，通过 SFB14“GET”，从远程 CPU 中读取数据。在 REQ 的上升沿处读取数据。在 REQ 的每个上升沿处传送参数 ID、ADDR_1 和 RD_1。在每个作业结束之后，可以分配新数值给 ID、ADDR_1 和 RD_1 参数。其各参数的含义见表 7-8。

表 7-8　GET（SFB14）指令格式

LAD	输入 / 输出	含　义	数据类型
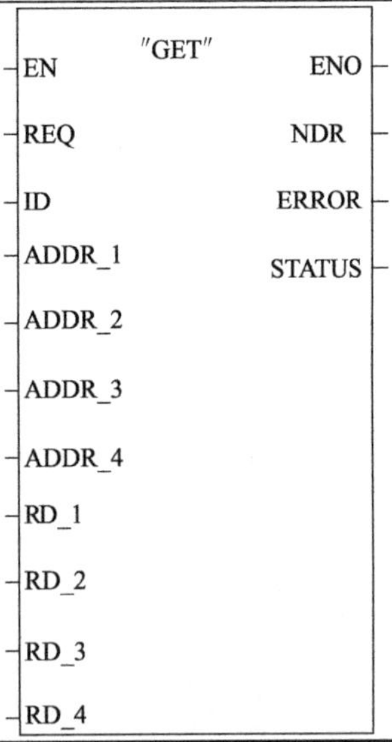	EN	使能	BOOL
	REQ	接收请求	BOOL
	ID	地址参数	WORD
	ADDR_1	对方的数据区	ANY
	RD_1	本地的存储地址	ANY
	NDR	是否在接收完成	BOOL
	ERROR	是否错误	BOOL
	STATUS	状态	WORD

【关键点】 PUT（SFB15）和 GET（SFB14）指令的参数 ID 设定如图 7-46 所示，本通信使用 OSI 模型的第 1、2 和 7 层。

（4）编写程序

主站的梯形图程序如图 7-47 和图 7-48 所示。

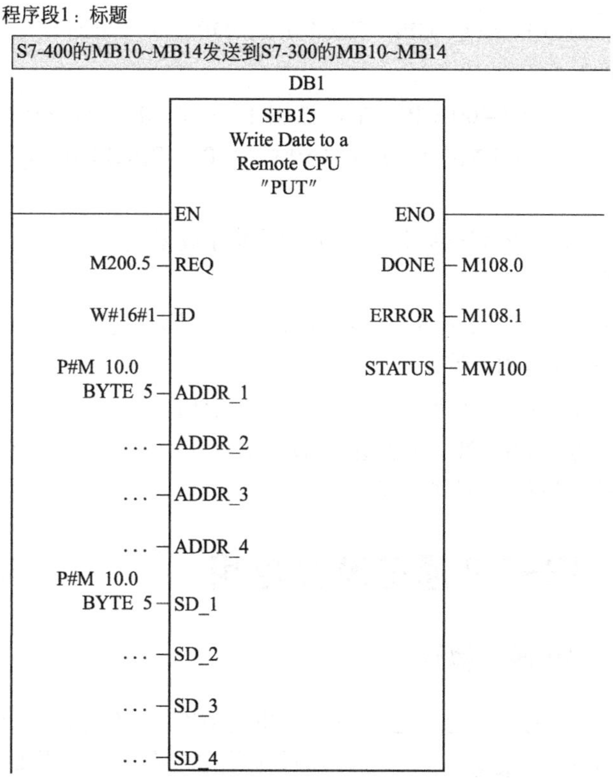

图 7-47　主站 OB35 梯形图

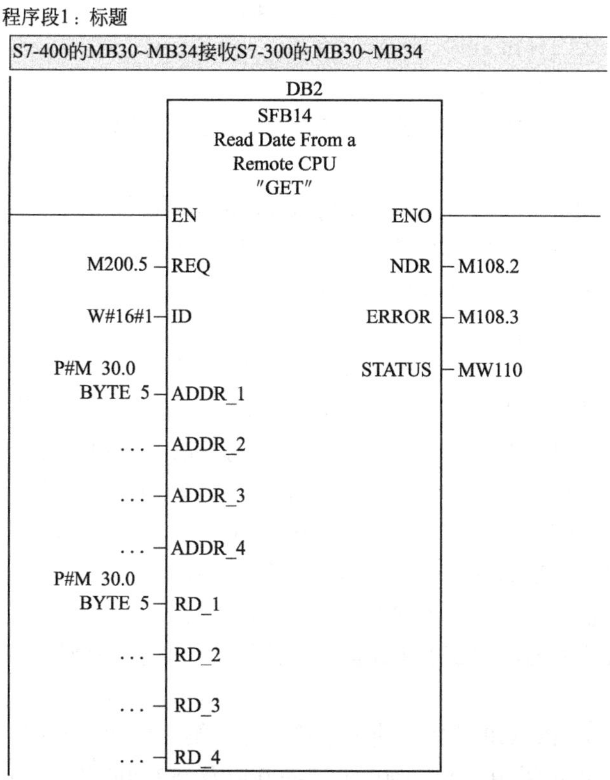

图 7-48　主站 OB1 梯形图

从站中不需要编写程序，注意 MPI、PROFIBUS-DP、以太网的 S7 通信与以上程序相同。

（5）SFB 通信简介

SFB 块存在于所有的 S7-400 CPU 中，被用于同 S7/M7-300/400 CPU 交换数据。使用这些块，最多可有 64K 字节的数据通过多种子网（MPI、PROFIBUS、工业以太网）传输。SFB 通信有如下特点：

① 使用 MPI、K-Bus、Profibus 或工业以太网进行数据交换；

② 通过连接表组态连接；

③ 通过完全重新启动建立连接并使连接永久存在（即使是在 STOP 模式）；

④ 用户数据大小可达 64K 字节；

⑤ 通信服务也可用于控制（停止、启动）通信伙伴；

⑥ SFB 只存在于 S7-400 CPU，FB 用于 S7-300；

⑦ 通过一个连接可以处理不同的任务。

7.4 PROFIBUS-DP 通信及其应用

7.4.1 PROFIBUS-DP 通信概述

PROFIBUS 是西门子的现场总线通信协议，也是 IEC 61158 国际标准中的现场总线标准之一。现场总线 PROFIBUS 满足了生产过程现场级数据可存取性的重要要求，一方面它覆盖了传感器/执行器领域的通信要求，另一方面又具有单元级领域所有网络级通信功能。特别在“分散 I/O”领域，由于有大量的、种类齐全、可连接的现场总线可供选用，因此 PROFIBUS 已成为事实的国际公认的标准。

（1）PROFIBUS 的结构和类型

从用户的角度看，PROFIBUS 提供三种通信协议类型：PROFIBUS-FMS、PROFIBUS-DP 和 PROFIBUS-PA。

① PROFIBUS-FMS（Fieldbus Message Specification，现场总线报文规范）使用了第一层、第二层和第七层。第七层（应用层）包含 FMS 和 LLI（底层接口）主要用于系统级和车间级的不同供应商的自动化系统之间传输数据，处理单元级（PLC 和 PC）的多主站数据通信。目前 PROFIBUS-FMS 已经很少使用。

② PROFIBUS-DP（Decentralized Periphery，分布式外部设备）使用第一层和第二层，这种精简的结构特别适合数据的高速传送，PROFIBUS-DP 用于自动化系统中单元级控制设备与分布式 I/O（例如 ET 200）的通信。主站之间的通信为令牌方式（多主站时，确保只有一个起作用），主站与从站之间为主从方式（MS），以及这两种方式的混合。三种方式中，PROFIBUS-DP 应用最为广泛，全球有超过 3000 万的 PROFIBUS-DP 节点。

③ PROFIBUS-PA（Process Automation，过程自动化）用于过程自动化的现场传感器和执行器的低速数据传输，使用扩展的 PROFIBUS-DP 协议。

此外，对于西门子系统，PROFIBUS 提供了两种更为优化的通信方式，即 PROFIBUS-S7 通信和 S5 兼容通信。

① PROFIBUS-S7（PG/OP 通信）使用了第一层、第二层和第七层。特别适合 S7 PLC 与 HMI 和编程器通信，也可以用于 S7-300 和 S7-400 以及 S7-400 和 S7-400 之间的通信。

② PROFIBUS-FDL（S5 兼容通信）使用了第一层和第二层。数据传送快，特别适合

S7-300、S7-400 和 S5 系列 PLC 之间的通信。

PROFIBUS 的三种通信协议类型在工业控制中的位置如图 7-49 所示。

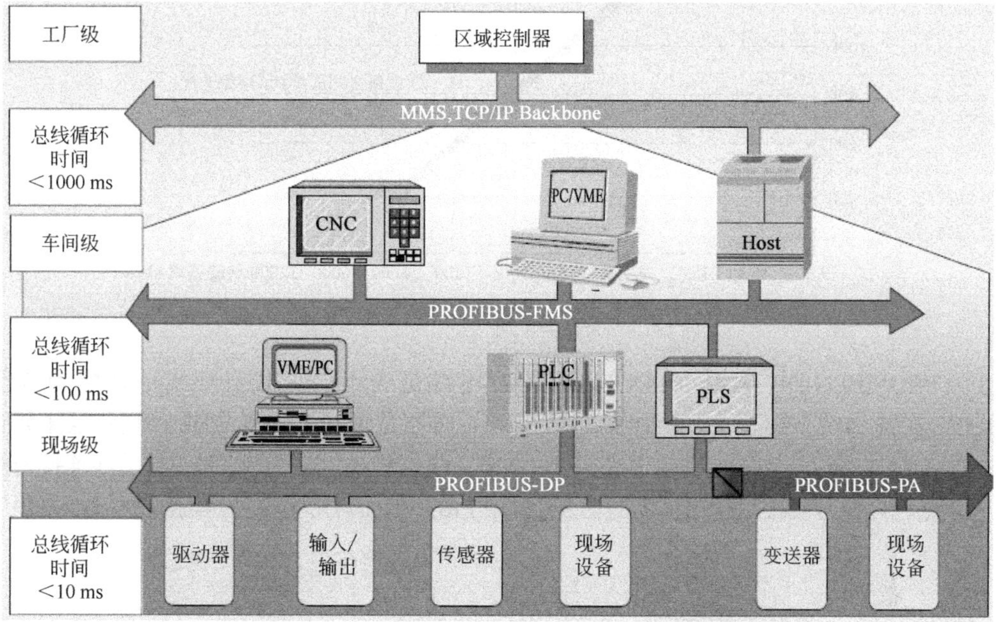

图 7-49 PROFIBUS 的三种通信协议类型在工业控制中的位置

（2）PROFIBUS 总线和总线终端器

① 总线终端器 PROFIBUS 总线符合 EIA RS485 标准，PROFIBUS RS85 的传输是以半双工、异步、无间隙同步为基础的。传输介质可以是光缆或者屏蔽双绞线，电气传输每个 RS85 网段最多 32 个站点，在总线的两端为终端电阻，其结构如图 7-50 所示。

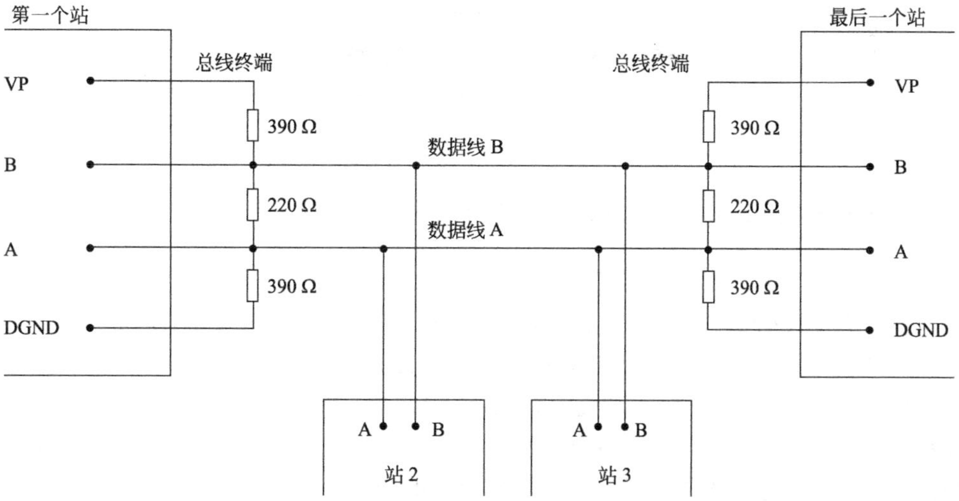

图 7-50 终端电阻的结构

② 最大电缆长度和传输速率的关系 PROFIBUS DP 段的最大电缆长度和传输速率有关，传输的速率越大，则传输的距离越近，对应关系如图 7-51 所示。一般设置通信波特率不大于 500kbps，电气传输距离不大于 400m（不加中继器）。

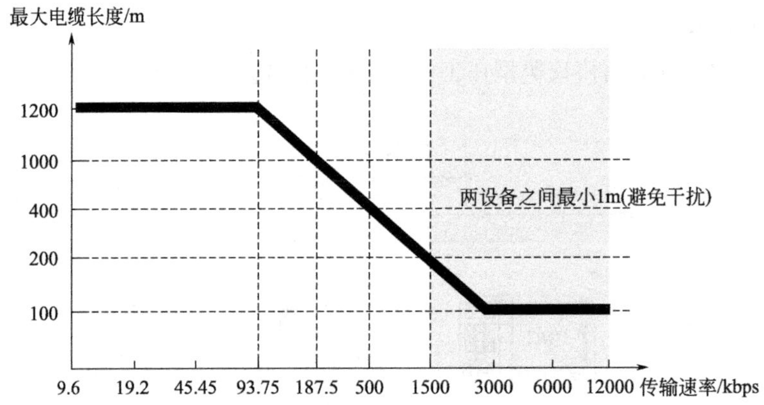

图 7-51 传输距离与波特率的对应关系

③ PROFIBUS-DP 电缆 PROFIBUS-DP 电缆是专用的屏蔽双绞线，外层为紫色。PROFIBUS-DP 电缆钢结构和功能如图 7-52 所示。外层是紫色绝缘层，编制网防护层主要防止低频干扰，金属箔片层为防止高频干扰，最里面是 2 根信号线，红色为信号正接总线连接器的第 8 引脚，绿色为信号负接总线连接器的第 3 引脚。PROFIBUS-DP 电缆的屏蔽层“双端接地”。

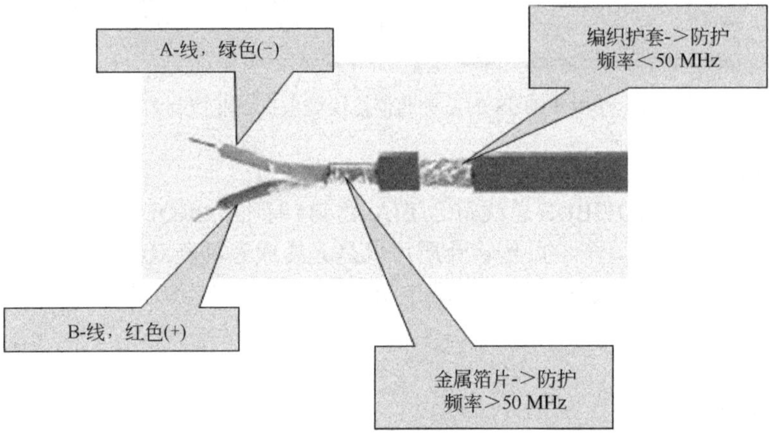

图 7-52 PROFIBUS-DP 电缆钢结构和功能

7.4.2 西门子 S7-300 与 ET200M 的 PROFIBUS-DP 通信

用 CPU 314C-2DP 作为主站，远程 I/O 模块作为从站，通过 PROFIBUS 现场总线，建立与这些模块（如 ET200S、EM200M 和 EM200B 等）通信，是非常方便的，这样的解决方案多用于分布式控制系统。这种 PROFIBUS 通信中，在工程中最容易实现，同时应用也最广泛。

【例 7-5】 有一台设备，控制系统由 CPU 314C-2DP、IM153-2 和 SM323 DI8/DO8 组成，请编写程序实现由主站 CPU 314C-2DP 发出一个启停信号控制从站一个中间继电器的通断；由从站发出一个启停信号控制主站一个中间继电器的通断。

【解】

将 314C-2DP 作为主站，将分布式模块作为从站。

（1）主要软硬件配置

① 1 套 STEP7 V5.5 SP4；

② 1 台 CPU 314C-2DP；

③ 1 台 IM153-2；

④ 1 块 SM323 DI8/DO8；

⑤ 1 根 PROFIBUS 网络电缆（含两个网络总线连接器）；

⑥ 1 根 PC/MPI 电缆（或者 CP5621 卡）。

PROFIBUS 现场总线硬件配置图如图 7-53 所示，PROFIBUS 现场总线通信 PLC 和远程模块接线图如图 7-54 所示。

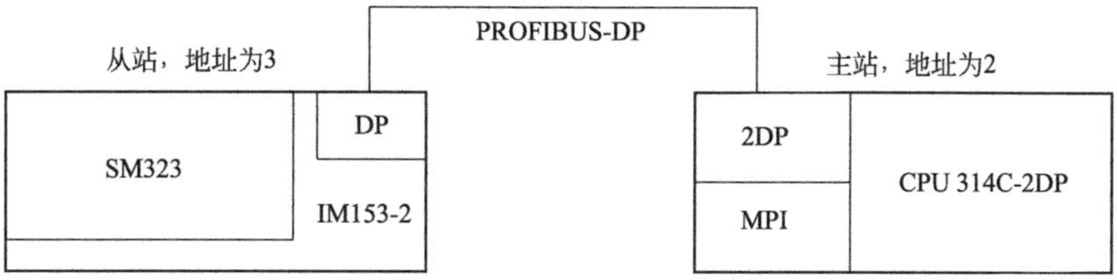

图 7-53　PROFIBUS 现场总线硬件配置图

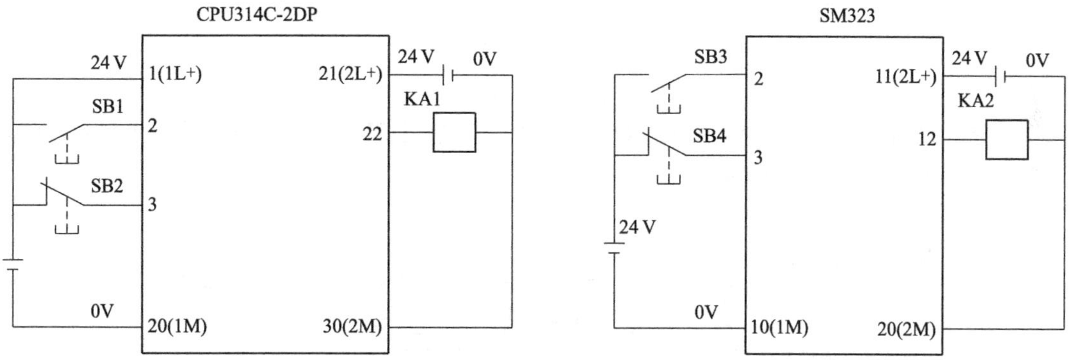

图 7-54　PROFIBUS 现场总线通信 PLC 和远程模块接线图

（2）硬件组态

① 新建项目和插入站点。先打开 STEP 7，再新建项目，本例命名为“ET200M”，接着单击菜单“插入”下的“站点”，并单击“SIMATIC 300 站点”，新建项目和插入主站如图 7-55 所示。

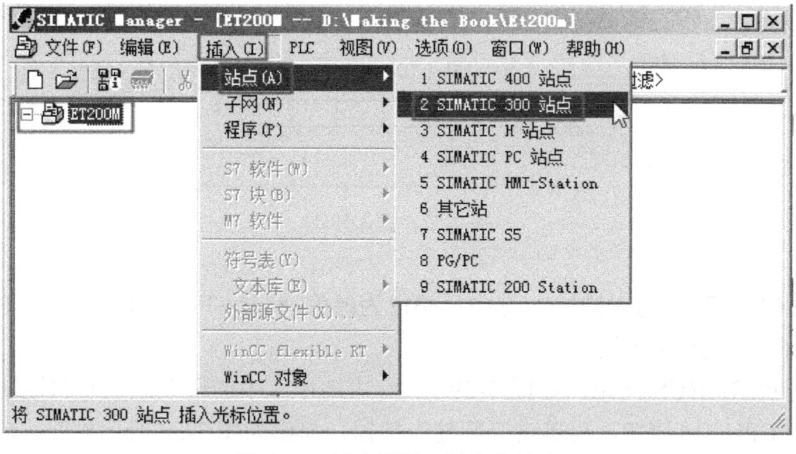

图 7-55　新建项目和插入主站点

② 选中硬件。先单击“ET200M”前的“＋”，展开“ET200M”，将“SIMATIC 300（1）”重命名为“Master”，再双击“硬件”，选中硬件如图 7-56 所示。

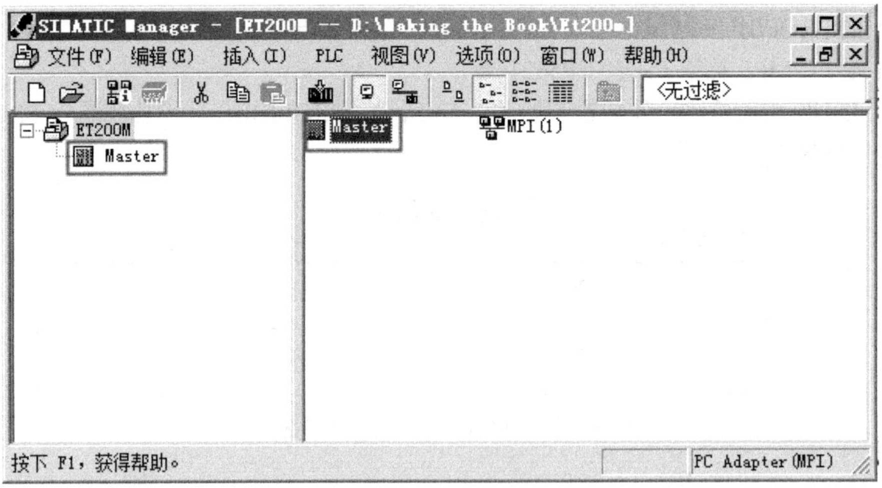

图 7-56 选中硬件

③ 插入导轨。先单击 SIMATIC 300 前的“＋”，展开 SIMATIC 300，再展开 Rack-300，再双击“Rail”，弹出导轨 UR，如图 7-57 所示。

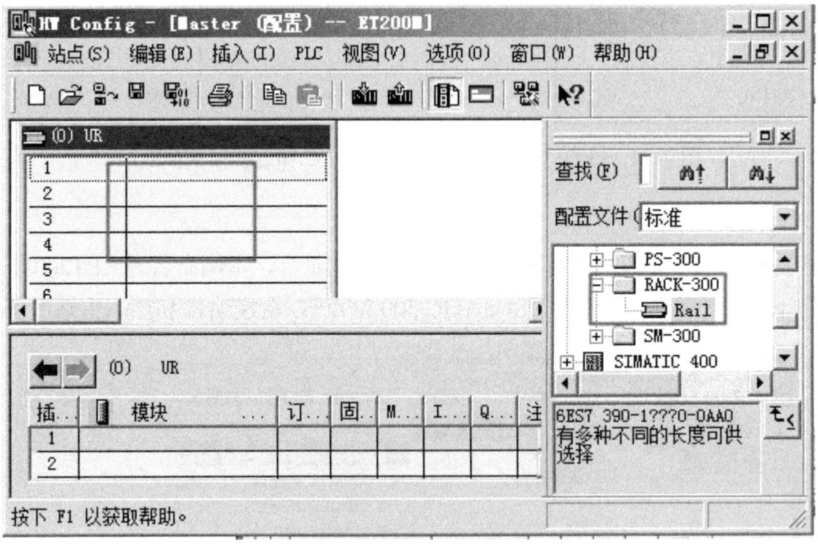

图 7-57 插入导轨

④ 插入 CPU 模块。选中槽位 2，选中后槽位为绿色，展开 CPU-300，再展开 CPU 314-2DP，再双击“V2.6”，如图 7-58 所示。

⑤ 新建 PROFIBUS 网络。如图 7-59 所示，“地址”中的选项是主站的地址，本例确定为 2，再展开 CPU 314-2DP，再单击“新建”按钮，弹出如图 7-60 所示界面。单击“确定”按钮，主站的 PROFIBUS 网络设定完成。

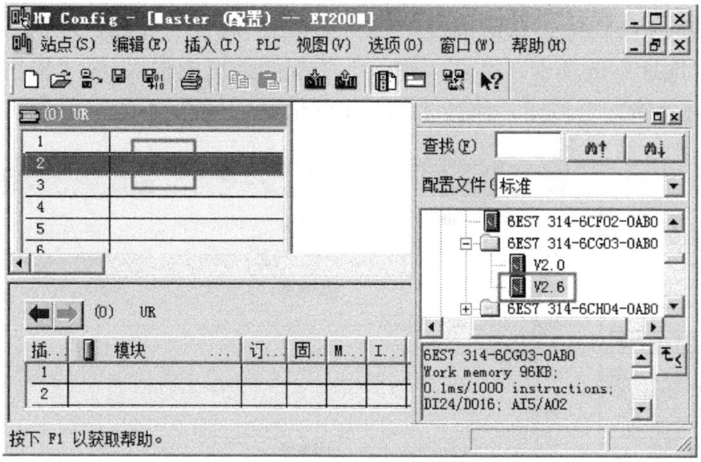

图 7-58 插入 CPU 模块

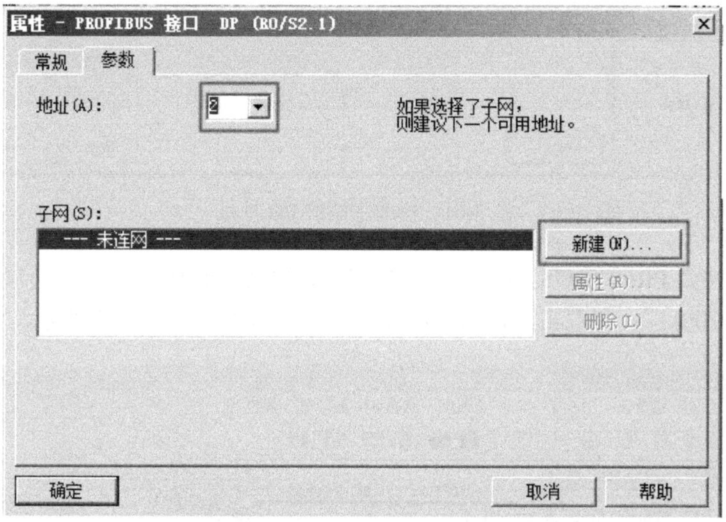

图 7-59 新建 PROFIBUS 网络（1）

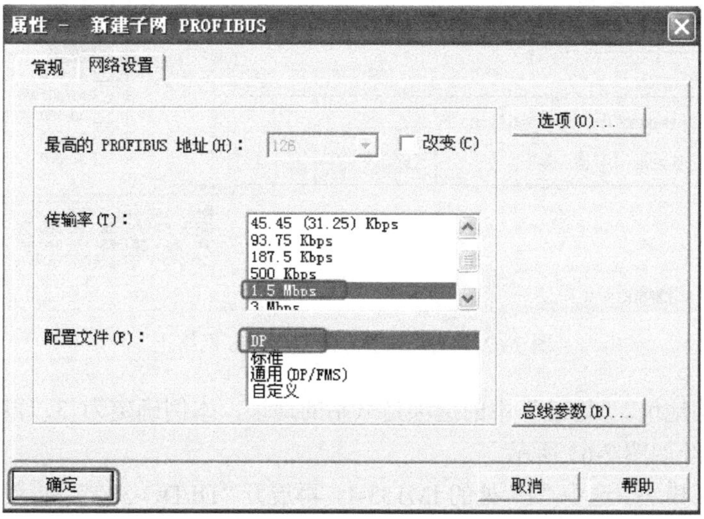

图 7-60 新建 PROFIBUS 网络（2）

⑥ 修改主站的I/O地址。双击槽位“2.2”，弹出“属性”界面，取消“系统默认”前的“√”，再选定“地址”选项卡，并在“输入”的起始地址中输入0，“输出”的起始地址也输入0，最后单击“确定”按钮，修改主站的I/O地址如图7-61所示。

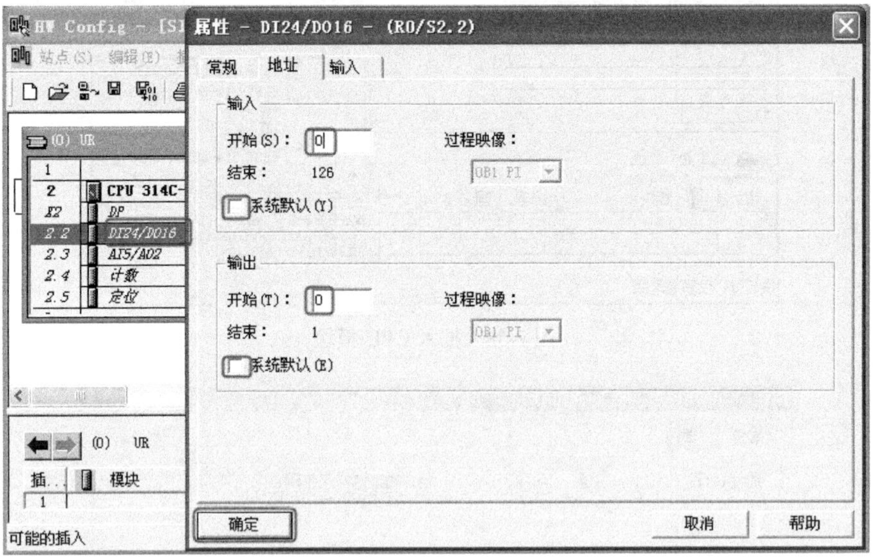

图7-61 修改主站的I/O地址

⑦ 将从站挂到PROFIBUS网络上。选中“1”处的PROFIBUS网络，再展开“PROFIBUS DP”下的“ET 200M”，并双击“IM 153-1”，组态从站硬件如图7-62所示。

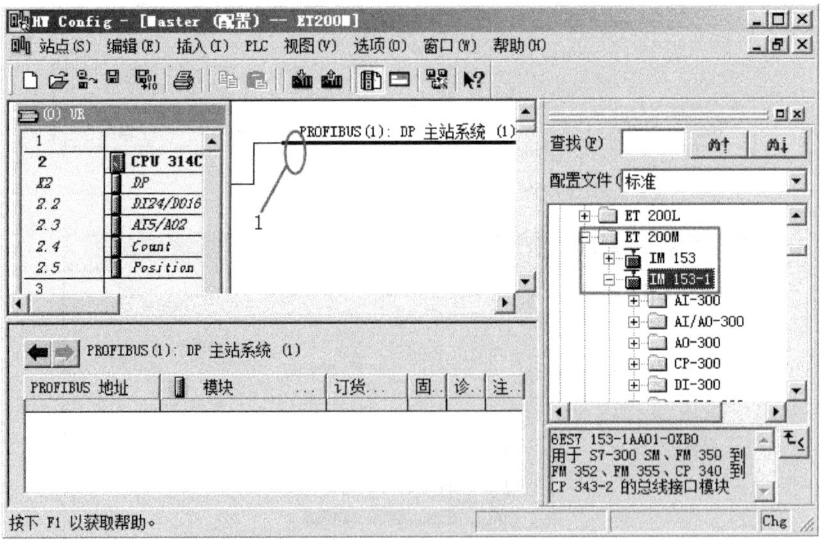

图7-62 将从站挂到PROFIBUS网络上

⑧ 设定从站地址。“地址”中的选项是从站的地址，本例确定为3，再单击“确定”按钮，设定从站地址如图7-63所示。

⑨ 插入输入模块。选中“1”处的IM153-1，再展开“DI/DO-300”，并双击“SM 323 DI8/DO8×24V 10.5A”，插入模块如图7-64所示。

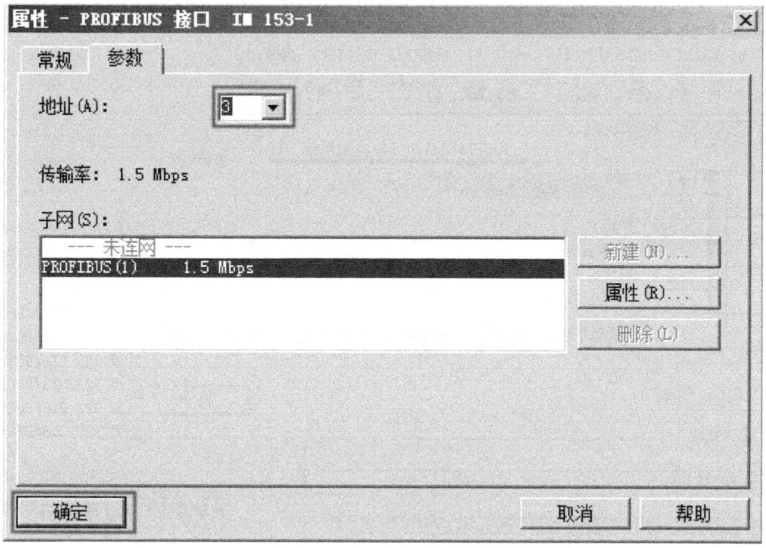

图 7-63　设定从站地址

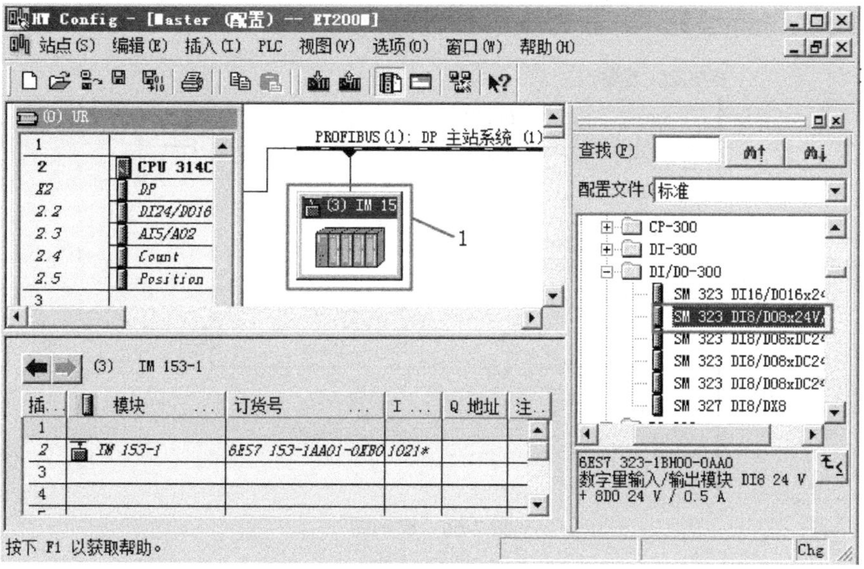

图 7-64　插入模块

⑩ 保存和编译硬件组态。单击工具栏的“保存和编译按钮”，对硬件组态进行保存编译，如图 7-65 所示。从图中还可以看到：SM 323 的输入地址为 IB3，输出地址为 QB2。

（3）编写程序

只需要对主站编写程序，主站的梯形图程序如图 7-66 所示。

7.4.3　西门子 S7-300 与 S7-200 间的 PROFIBUS-DP 通信

为了节约成本，在我国西门子 S7-300 与 S7-200 间的现场总线通信在工业控制有不少的应用，如图 7-67 所示为某铜矿的西门子 S7-300 与 S7-200 间的 PROFIBUS-DP 现场总线通信的硬件组态的实例，由于此实例比较复杂。在此不详细介绍。

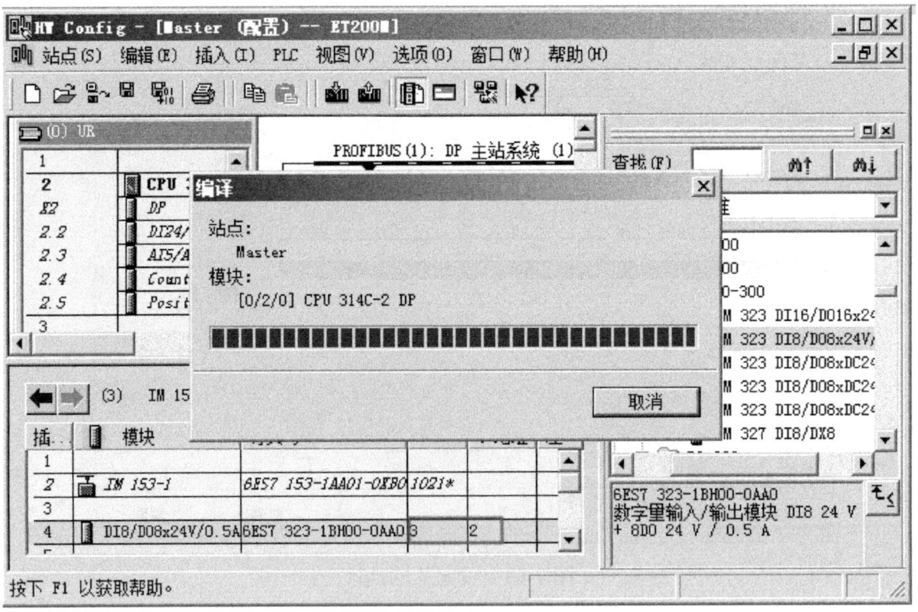

图 7-65　保存编译硬件组态

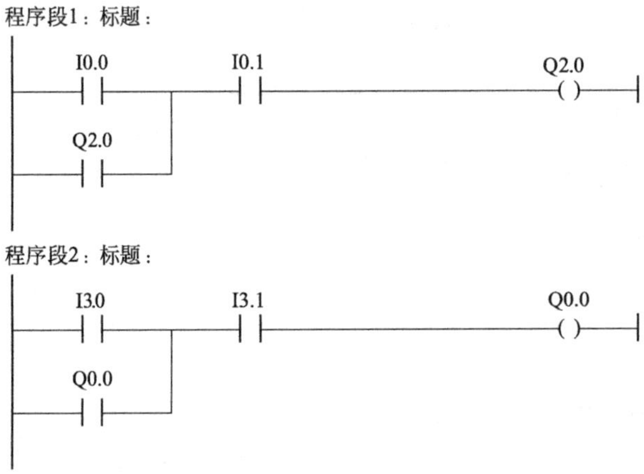

图 7-66　梯形图

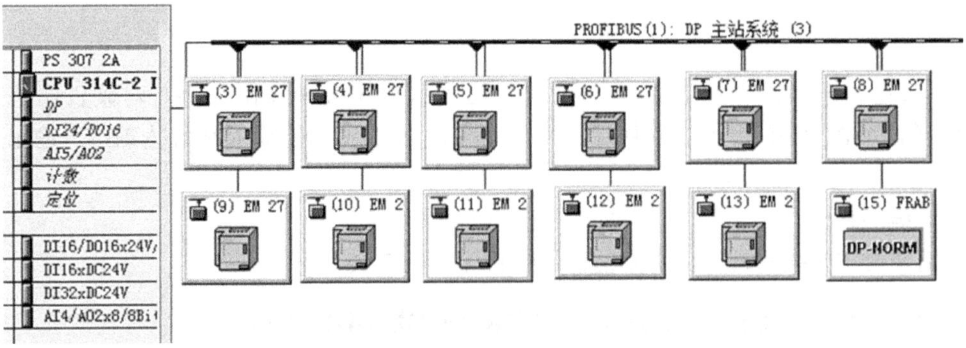

图 7-67　某铜矿的西门子 S7-300 与 S7-200 间的 PROFIBUS-DP 现场总线通信的硬件组态的实例

以下以一台 CPU 314C-2DP 与一台 CPU 226CN 之间的 PROFIBUS 的现场总线通信为例介绍西门子 S7-200 与 S7-300 间的现场总线通信。

【例 7-6】 模块化生产线的主站为 CPU 314C-2DP，从站为 CPU 226CN 和 EM277 的组合，主站发出开始信号（开始信号为高电平），从站接收信息，并使从站的指示灯以 1s 为周期闪烁。同理，从站发出开始信号（开始信号为高电平），主站接收信息，并使主站的指示灯以 1s 为周期闪烁。

【解】

（1）主要软硬件配置。

① 1 套 STEP 7-Micro/WIN V4.0 SP9。

② 1 套 STEP 7 V5.5 SP3。

③ 1 台 CPU 226CN。

④ 1 台 EM277。

⑤ 1 台 CPU 314C-2DP。

⑥ 1 根编程电缆（或者 CP5611 卡）。

⑦ 1 根 PROFIBUS 网络电缆（含两个网络总线连接器）。

PROFIBUS 现场总线硬件配置如图 7-68 所示，PROFIBUS 现场总线通信 PLC 接线如图 7-69 所示。

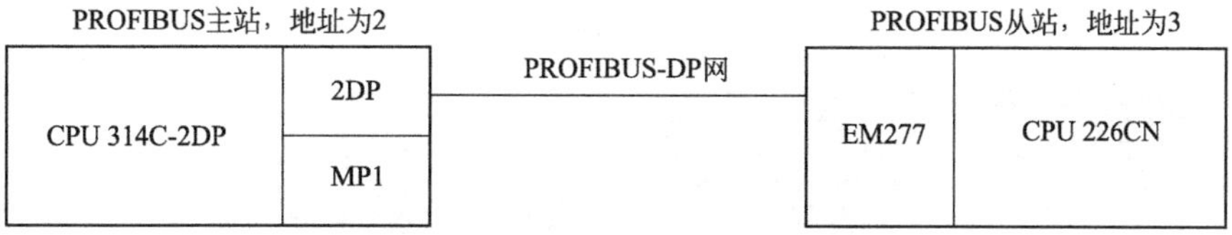

图 7-68 PROFIBUS 现场总线硬件配置

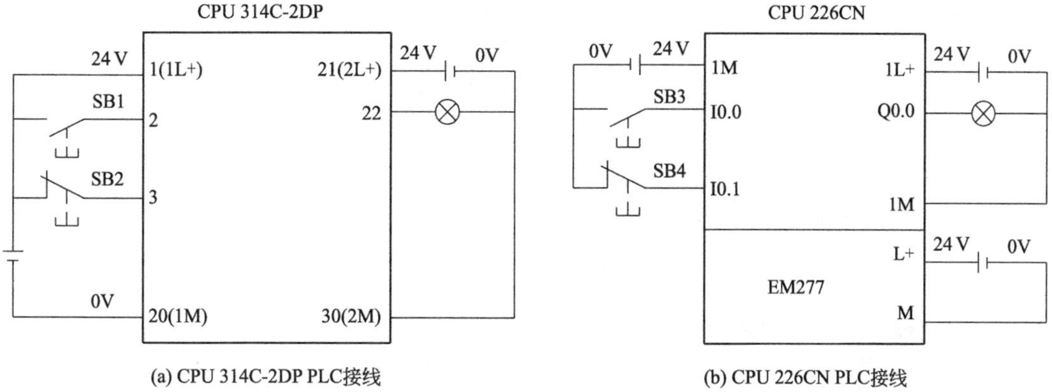

(a) CPU 314C-2DP PLC接线 (b) CPU 226CN PLC接线

图 7-69 PROFIBUS 现场总线通信 PLC 接线

（2）CPU 314C-2DP 的硬件组态

西门子 S7-300 与 S7-200 的 PROFIBUS 通信总的方法是：首先对主站 CPU 314C-2DP 的硬件进行硬件组态，下载硬件，再编写主站程序，下载主站程序；编写从站程序，下载从站程序，最后便可建立主站和从站的通信。具体步骤如下。

① 打开 STEP 7 软件。双击桌面上的快捷键，打开 STEP 7 软件。当然也可以单击“开始”→“所有程序”→“SIMATIC”→“SIMATIC Manager”打开 STEP 7 软件。

② 新建项目。单击“新建”按钮，弹出“新建 项目”对话框，在“命名（M）”中输入一个名称，本例为“DP_200”，再单击“确定”按钮，如图 7-70 所示。

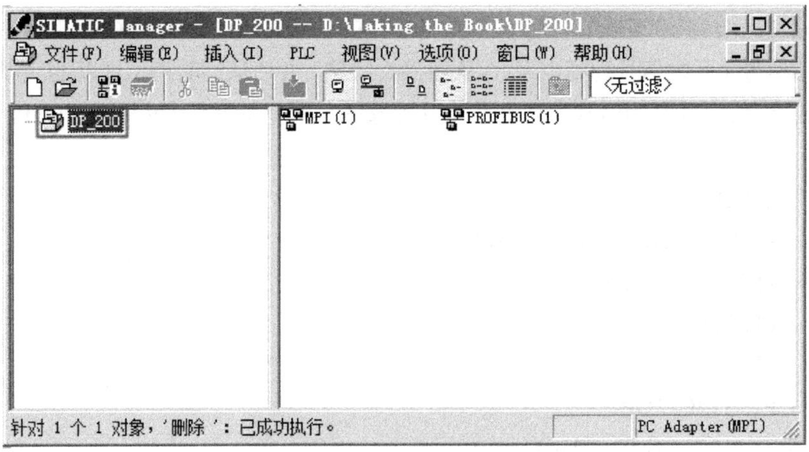

图 7-70　新建项目

③ 插入站点。单击菜单栏“插入”菜单，再单击“站点”和“SIMATIC 300 站点”子菜单，如图 7-71 所示，这个步骤的目的主要是为了插入主站。将主站“SIMATIC 300（1）”重命名为“Master”，双击“硬件”，打开硬件组态界面，如图 7-72 所示。

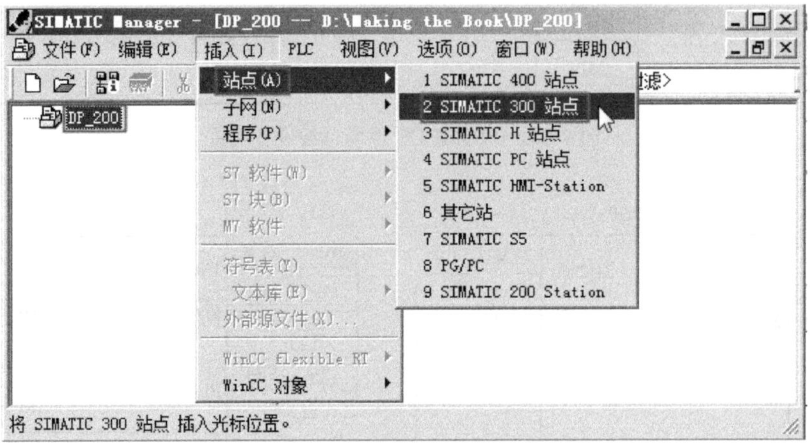

图 7-71　插入站点

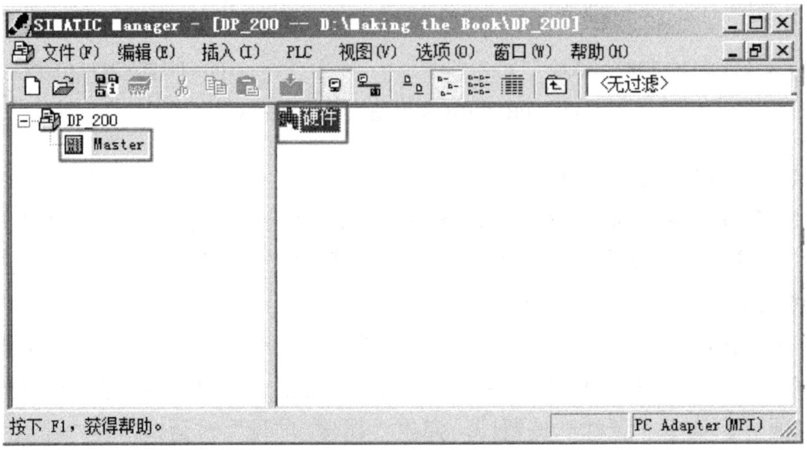

图 7-72　打开硬件组态

④ 插入导轨。展开项目中的“SIMATIC 300”下的“RACK-300”，双击导轨“Rail”，如图 7-73 所示。硬件配置的第一步都是加入导轨，否则下面的步骤不能进行。

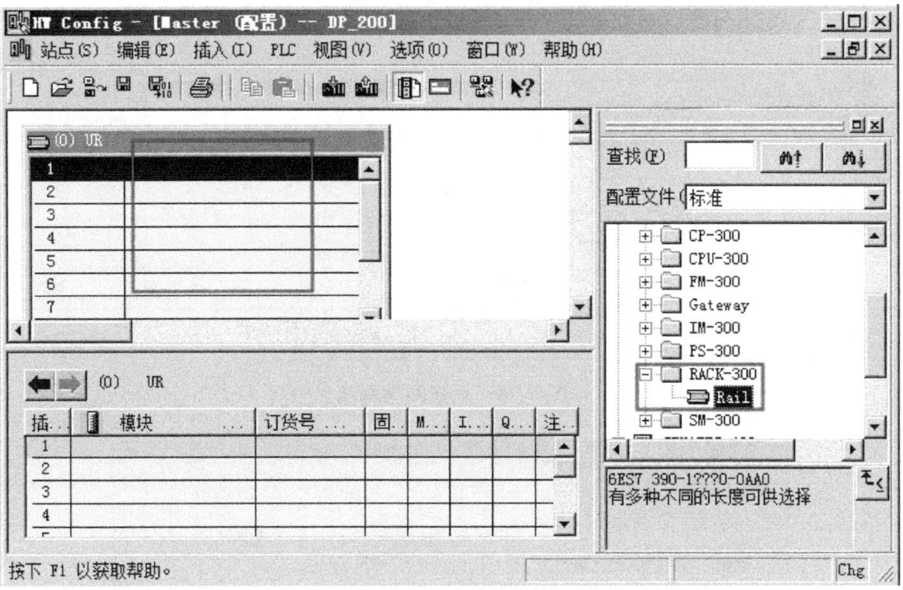

图 7-73 插入导轨

⑤ 插入 CPU。展开项目中的“SIMATIC 300”下的“CPU-300”，再展开“CPU 314C-2DP”下的“6ES7 314-6CG06-OABO”，将“V2.6”拖入导轨的 2 号槽中，如图 7-74 所示。若选用了西门子的电源，在配置硬件时，应该将电源加入到第一槽，本例中使用的是开关电源，因此硬件配置时不需要加入电源，但第一槽必须空缺，建议读者最好选用西门子电源。

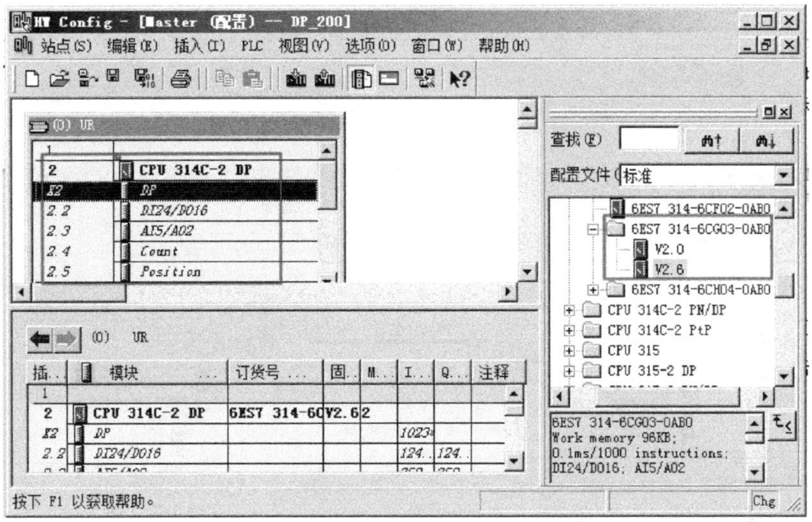

图 7-74 插入 CPU

⑥ 配置网络。双击 2 号槽中的“DP”，弹出“属性-DP”对话框，单击“属性”按钮，再弹出“属性-PROFIBUS 接口”对话框，如图 7-75 所示；单击“新建”按钮，再弹出“属性-新建子网 PROFIBUS”对话框，如图 7-76 所示；选定传输率为“1.5Mbps”和配置文件为“DP”，单击“确定”按钮，如图 7-77 所示。从站便可以挂在 PROFIBUS 总线上。

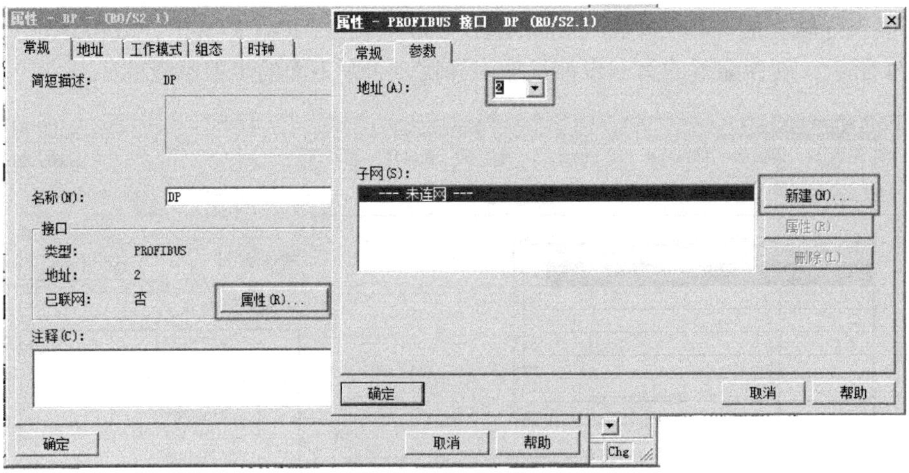

图 7-75 新建网络网络

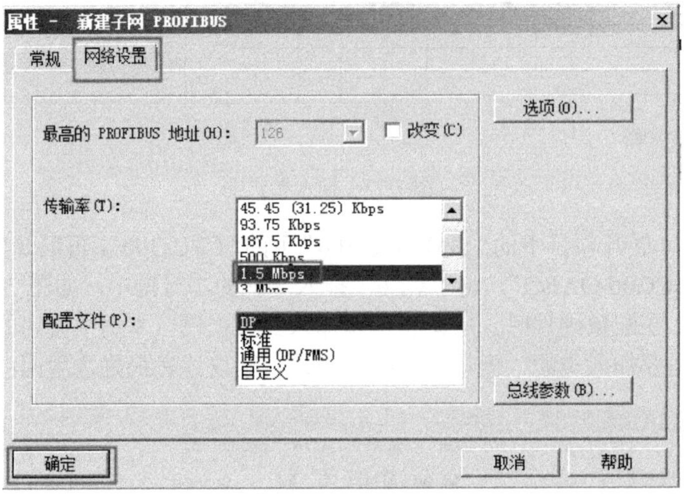

图 7-76 设置通信参数

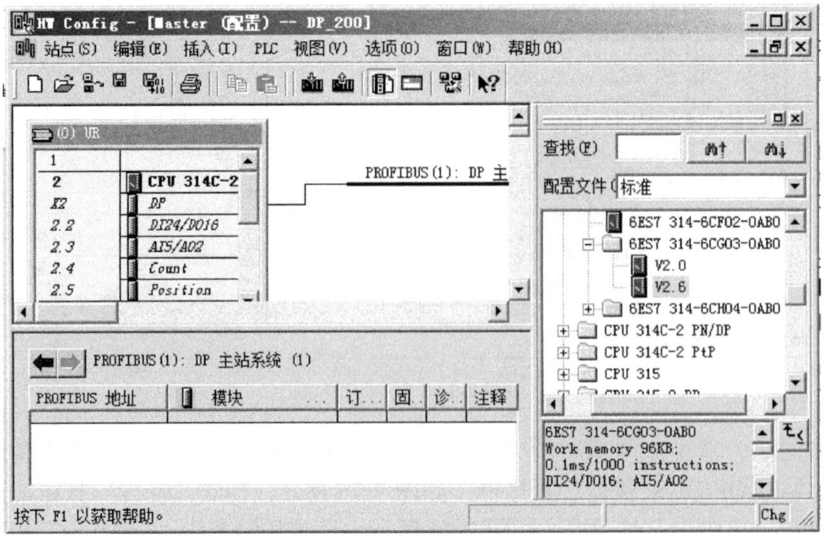

图 7-77 配置网络

⑦ 修改 I/O 起始地址。双击 2 号槽中的“DI24/DO16”，弹出“属性-DI24/DO16”对话框，如图 7-78 所示；去掉“系统默认”前的“ √”，在“输入”和“输出”的“开始”中输入“0”，单击“确定”按钮，如图 7-79 所示。这个步骤目的主要是为了使程序中输入和输出的起始地址都从“0”开始，这样更加符合人们的习惯，若没有这个步骤，也是可行的，但程序中输入和输出的起始地址都从“124”开始，不方便。

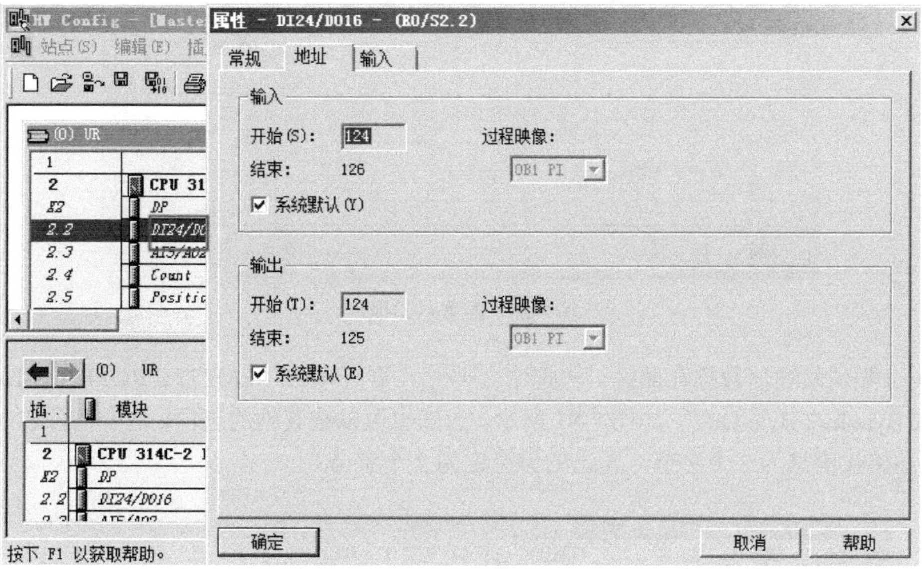

图 7-78 修改 I/O 起始地址（1）

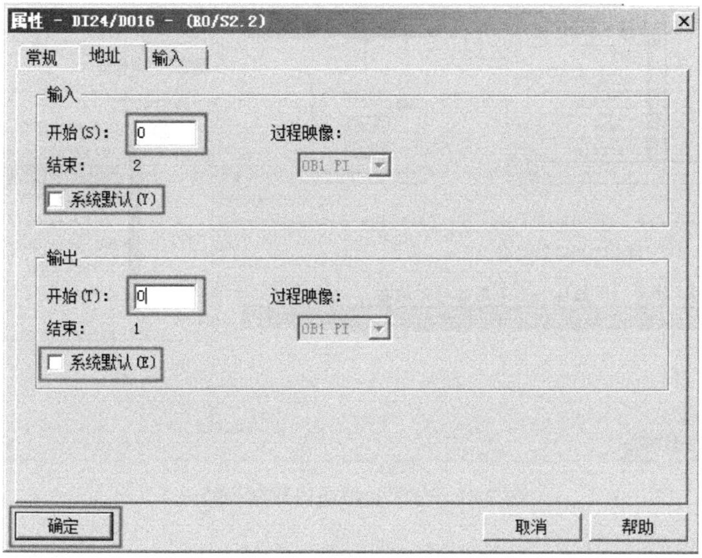

图 7-79 修改 I/O 起始地址（2）

⑧ 配置从站地址。先选中“PROFIBUS”，再展开硬件目录，先后展开“PROFIBUS-DP”→“Additional Field Device” →“PLC” →“SIMATIC”，再双击“EM277 PROFIBUS-DP”，弹出“属性-PROFIBUS 接口”对话框，将地址改为“3”，最后单击“确定”按钮，如图 7-80 所示。

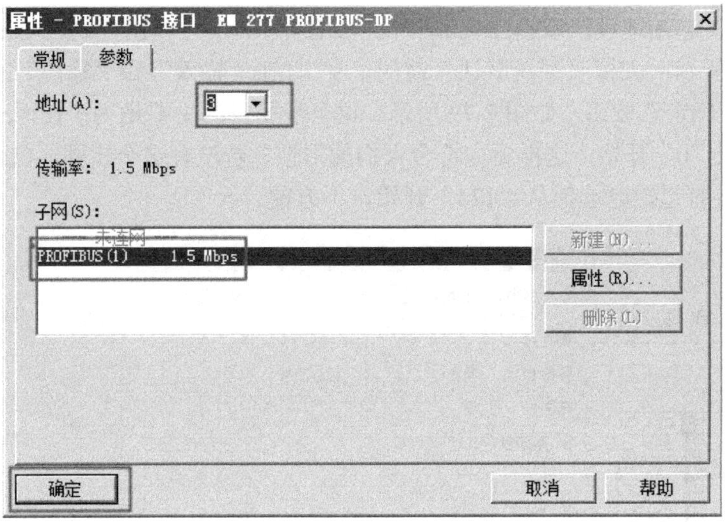

图 7-80 配置从站地址

⑨ 分配从站通信数据存储区。先选中 3 号站，展开项目“EM277 PROFIBUS-DP”，再双击“2 Byte In/2 Byte Out”，如图 7-81 所示。当然也可以选其他的选项，这个选项的含义是：每次主站接收信息为 2 个字节，发送的信息也为 2 个字节。

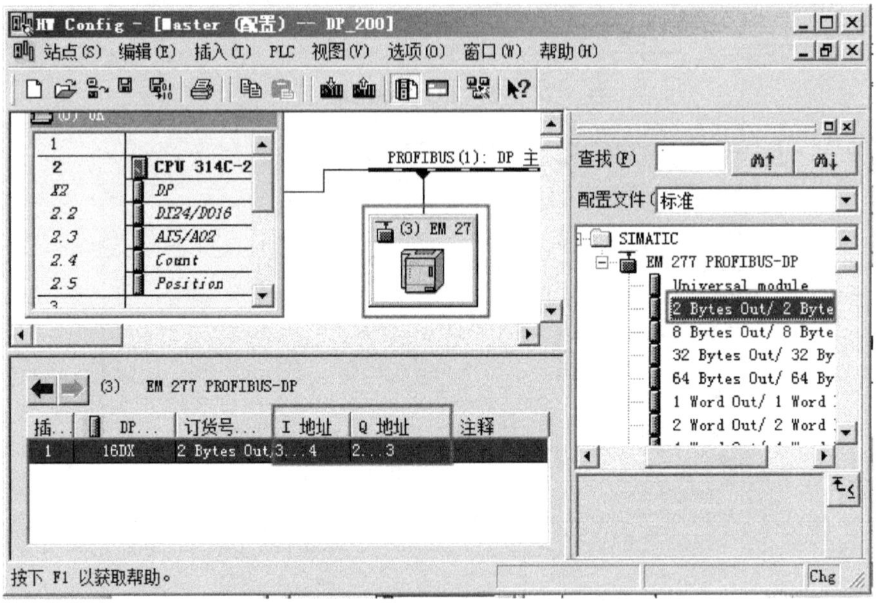

图 7-81 分配从站通信数据存储区

⑩ 设置周期存储器。双击“CPU 314C-2DP”，打开属性界面，选中“周期/时钟存储器”选项卡，勾选“时钟存储器”，输入“100”，单击“确定”按钮即可，如图 7-82 所示。

⑪ 下载硬件组态。到目前为止，已经完成了硬件的组态，单击“保存和编译”按钮，若有错误，则会显示，没有错误，系统将自动保存硬件组态；接着单击“下载”按钮，系统将硬件配置下载到 PLC 中。下载硬件的步骤是不可缺少的，否则前面所做的硬件配置的工作都是徒劳的，但保存和编译步骤可以省略，因为单击下载按钮也可以起到这个作用。

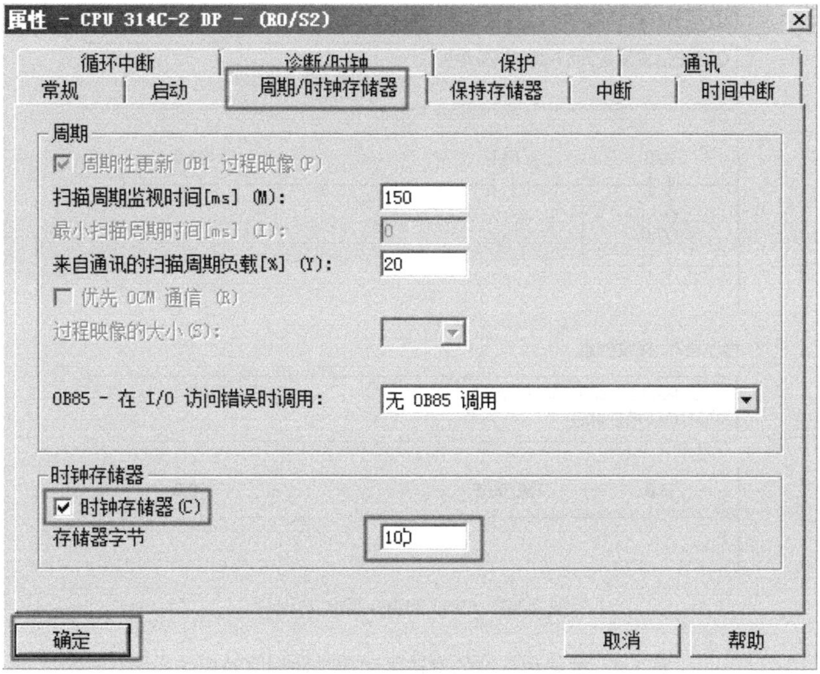

图 7-82 设置周期存储器

⑫ 打开块并编译程序。激活“SIMATIC Manager-profibus”界面，展开工程“DP_200”，选中“块”，如图 7-83 所示。单击“OB1”，弹出“属性-组织块”对话框，再单击“确定”按钮。之后弹出“LAD/STL/FBD”界面，实际上是程序编辑界面，在此界面上，输入如图 7-84 所示的程序。

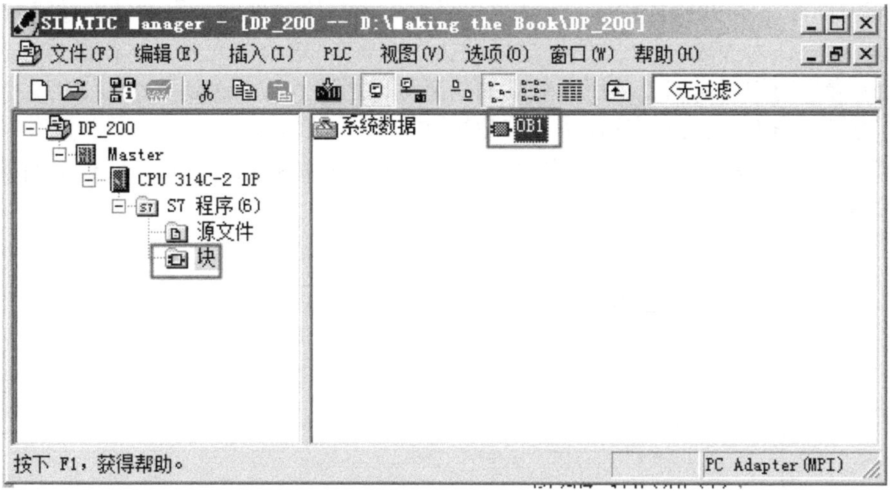

图 7-83 打开 OB1

（3）编写程序

① 编写主站的程序 按照以上步骤进行硬件组态后，主站和从站的通信数据发送区和接收数据区就可以进行数据通信了，主站和从站的发送区和接收数据区对应关系见表 7-9。

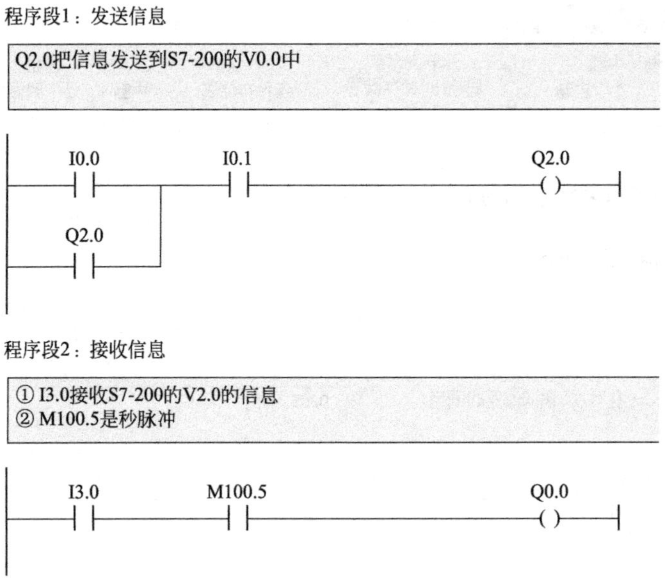

图 7-84 CPU 314C-2DP 的程序

表 7-9 主站和从站的发送区和接收数据区对应关系

序 号	主站 S7-300	对应关系	S7-200 从站
1	QW2	——→	VW0
2	IW3	←——	VW2

主站将信息存入 QW2 中，发送到从站的 VW0 数据存储区，那么主站的发送数据区为什么是 QW2 呢？因为 CPU 314C-2DP 自身是 16 点数字输出占用了 QW0，因此不可能是 QW0，QW2 是在前面的序号⑨中设定的。当然也可以设定为其他的单元，但不可以设定为 QW0。从站的接收区默认为 VW0，从站的发送区默认为 VW2，这个单元是可以在硬件组态时更改的，请读者参考西门子的相关手册。从站的信息可以通过 VW2 送到主站的 IW3。注意，务必要将组态后的硬件和编译后软件全部下载到 PLC 中。

② 编写从站程序　在桌面上双击快捷键，打开软件 STEP 7 MicroWin，在梯形图中输入如图 7-85 所示的程序；再将程序下载到从站 PLC 中。

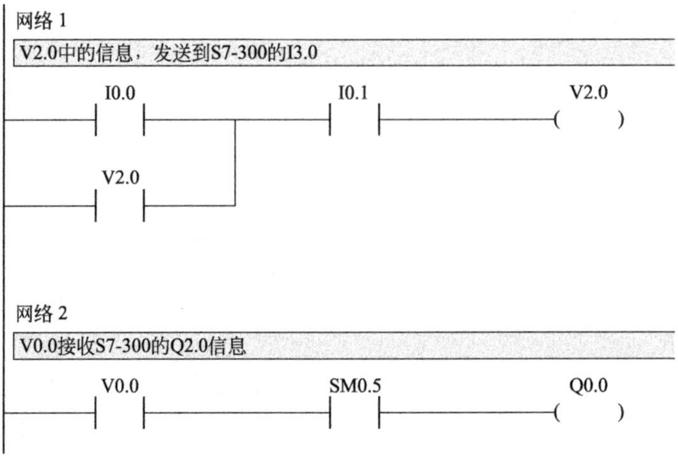

图 7-85 CPU 226CN 的程序

（4）硬件连接

主站 CPU 314C-2DP 有两个 DB9 接口，一个是 MPI 接口，它主要用于下载程序（也可作为 MPI 通信使用），另一个 DB9 接口是 DP 口，PROFIBUS 通信使用这个接口。从站为 CPU 226CN+EM277，EM277 是 PROFIBUS 专用模块，这个模块上面 DB9 接口为 DP 口。主站的 DP 口和从站的 DP 口用专用的 PROFIBUS 电缆和专用网络接头相连。

PROFIBUS 电缆是二线屏蔽双绞线，两根线为 A 线和 B 线，电线塑料皮上印刷有 A、B 字母，A 线与网络接头上的 A 端子相连，B 线与网络接头上的 B 端子相连即可。B 线实际与 DB9 的第 3 针相连，A 线实际与 DB9 的第 8 针相连。

【关键点】 在前述的硬件组态中已经设定从站为第三站，因此在通信前，必须要将 EM277 的“站号”选择旋钮旋转到“3”的位置，否则，通信不能成功。此外，完成设定 EM277 的站地址后，必须将 EM277 断电，新设定的站地址才能生效。从站网络连接器的终端电阻应置于“on”，如图 7-86 所示。若要置于“off”，只要将拨钮拨向“off”一侧即可。

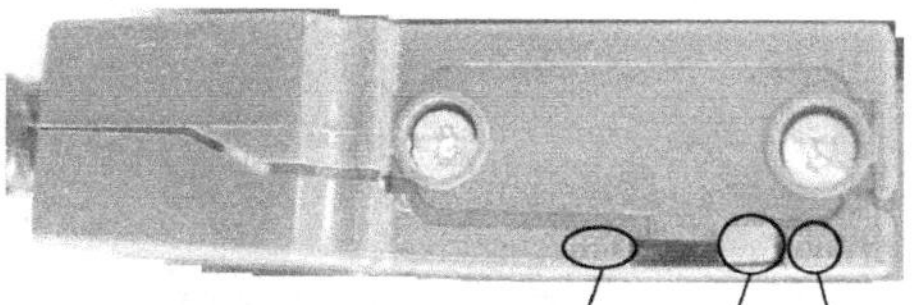

图 7-86 网络连接器的终端电阻置于“on”

（5）软硬件调试

用 PROFIBUS 的电缆将 S7-300 的 DP 口与 EM277 的 DP 口相连，并将 S7-300 端的网络连接器上的拨钮拨到“on”，并将 EM277 端的网络连接器上的拨钮拨到“on”上。再将程序下载到 PLC 中。最后将 PLC 的运行状态从“STOP”都拨到“RUN”上。

7.4.4 西门子 S7-300 与 S7-300 间的 PROFIBUS-DP 通信

西门子 S7-300 与 S7-300 间的现场总线通信和西门子 S7-300 与 S7-200 间的现场总线通信有所不同，有的西门子 S7-300 CPU 自带有 DP 通信口（如 CPU 314C-2DP），进行 PROFIBUS 通信时，只需要将两台西门子 S7-300 CPU 的 DP 通信口用 PROFIBUS 通信电缆连接即可。而有的西门子 S7-300 CPU 没有自带的 DP 通信口（如 CPU 314C），要进行 PROFIBUS 通信时，还必须配置 DP 接口模块（CP342-5）。以下仅以两台 CPU 314C-2DP 之间 PROFIBUS 通信为例介绍西门子 S7-300 与 S7-300 间的 PROFIBUS 现场总线通信。

【例 7-7】 有两台设备，分别由一台 CPU 314C-2DP 控制，要求实时从设备 1 上的 CPU 314C-2DP 的 MB10 发出 1 个字节到设备 2 的 CPU 314C-2DP 的 MB10，从设备 2 上的 CPU 314C-2DP 的 MB20 发出 1 个字节到设备 1 的 CPU 314C-2DP 的 MB20。

【解】

（1）主要软硬件配置

① 1 套 STEP 7 V5.5 SP4。

② 2 台 CPU 314C-2DP。

③ 1 根编程电缆（或者 CP5621 卡）。

④ 1 根 PROFIBUS 网络电缆（含两个网络总线连接器）。

PROFIBUS 现场总线硬件配置如图 7-87 所示。

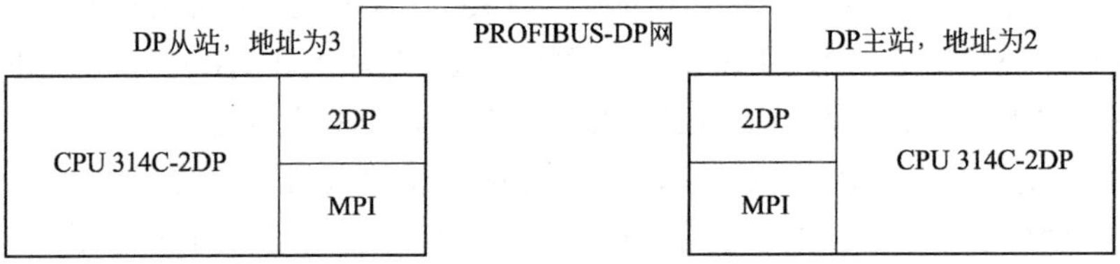

图 7-87　PROFIBUS 现场总线硬件配置

（2）硬件组态

① 新建项目并插入站点。首先新建一个项目，本例为“profibus_s7300”，如图 7-88 所示。再在项目中插入两个站点，本例为“Client”和“Server”，共插入 2 个站点，并将站点重命名为“Client”和“Server”，如图 7-89 所示。

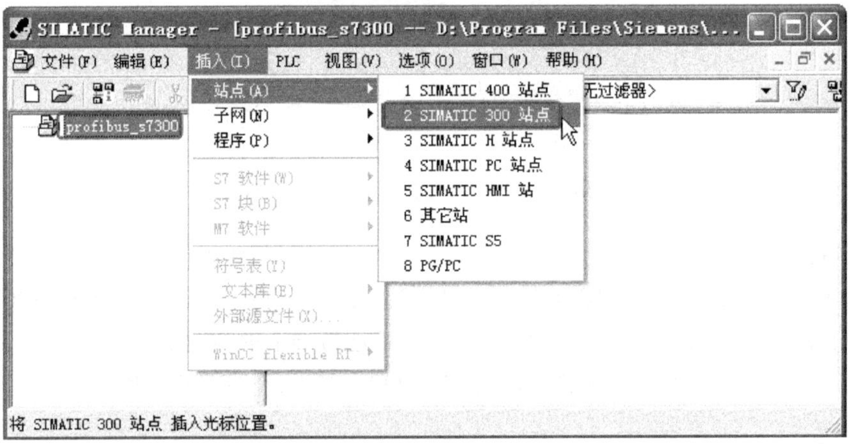

图 7-88　新建项目并插入站点

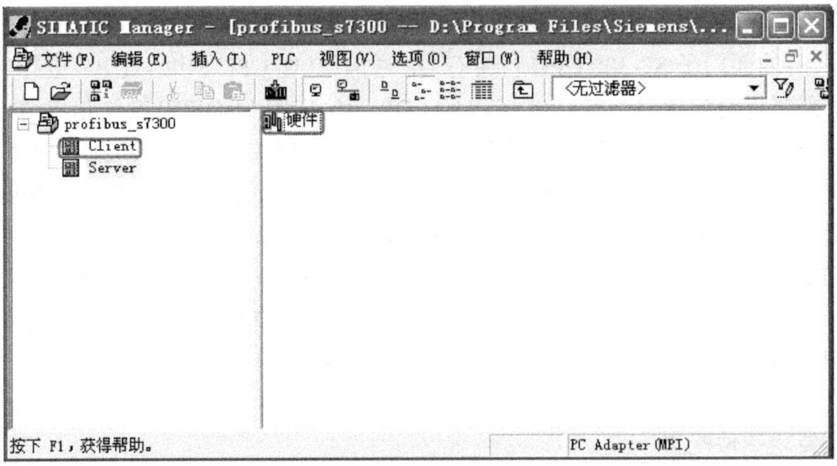

图 7-89　插入站点并重命名

② 插入导轨。如图 7-89 所示，选中从站 “Client”，双击“硬件”，弹出如图 7-90 所示的界面，双击导轨“Rail”，弹出“1”处的导轨。

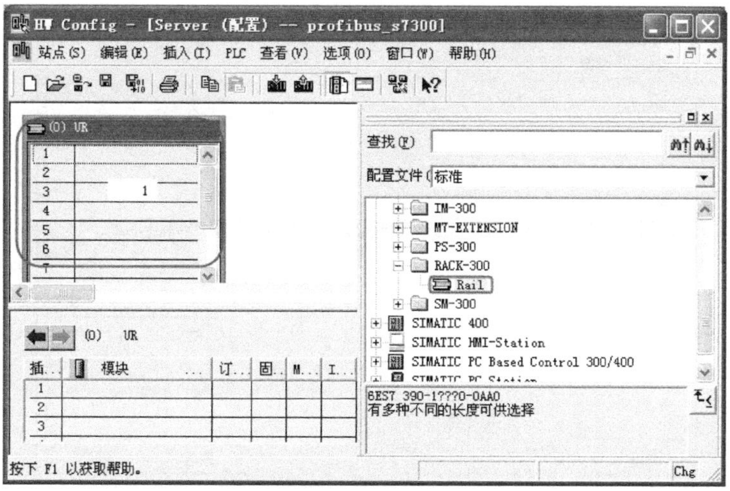

图 7-90　插入导轨

③ 插入 CPU 模块。如图 7-91 所示，先选中导轨的 2 号槽位，再展开 CPU 314C-2DP，双击“V2.6”，也可直接用鼠标的左键选中“V2.6”并按住左键不放，直接将 CPU 拖入 2 号槽。

【关键点】 CPU 314C-2DP 有 4 个产品型号，读者在组态时，一定要注意 CPU 314C-2DP 机壳上印刷的产品型号要与组态选择的产品型号一致。另外，“314-6CG03-0AB0”还有两个版本，在组态时也要注意与机壳上印刷的一致，否则会出错。

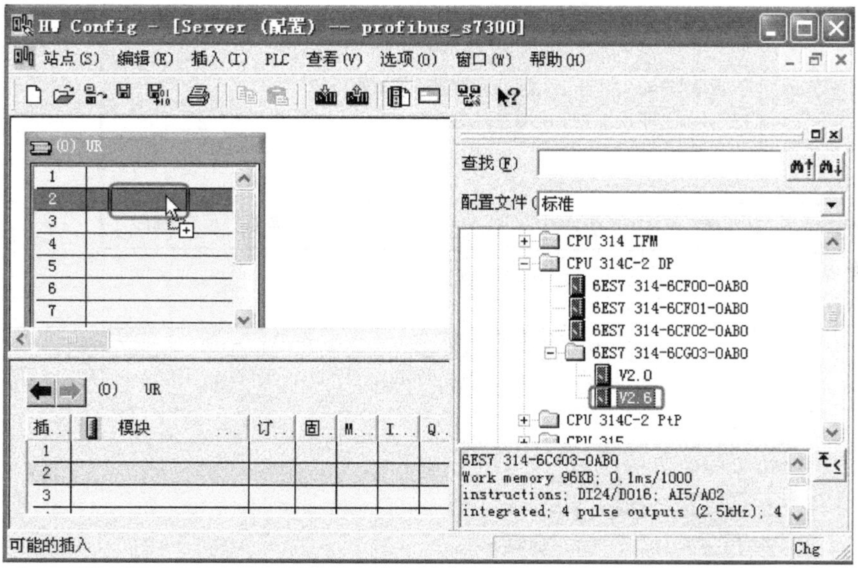

图 7-91　插入 CPU 模块

④ 新建 PROFIBUS 网络。如图 7-92 所示，先选定从站的站地址为“3”，再单击“新建”按钮，弹出如图 7-93 所示的界面。

⑤ 选择通信的波特率。如图 7-93 所示，先选定 PROFIBUS 的通信的波特率为“1.5Mbps”，再单击“确定”按钮，弹出如图 7-94 所示的界面。

⑥ 选择操作模式。如图 7-94 所示，先双击“1”处的 DP，再选择操作模式为“DP 从站”模式选项，再选定“组态”选项卡，弹出如图 7-95 所示的界面。

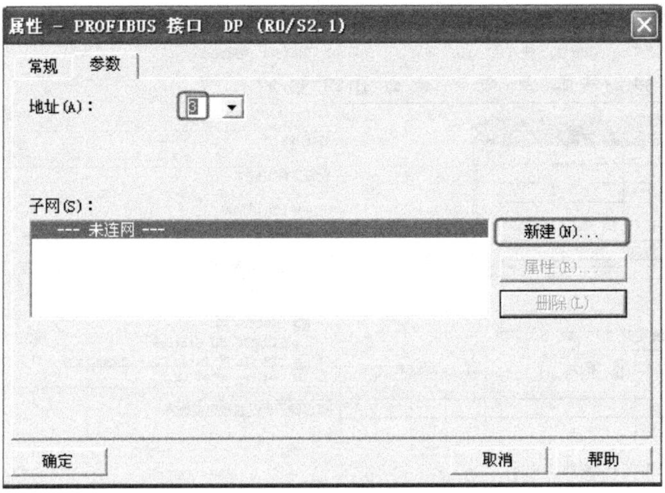

图 7-92　新建 PROFIBUS 网络

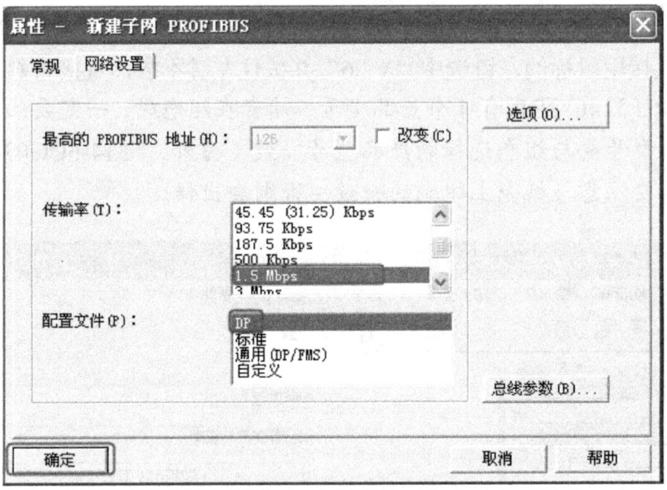

图 7-93　选择通信的波特率

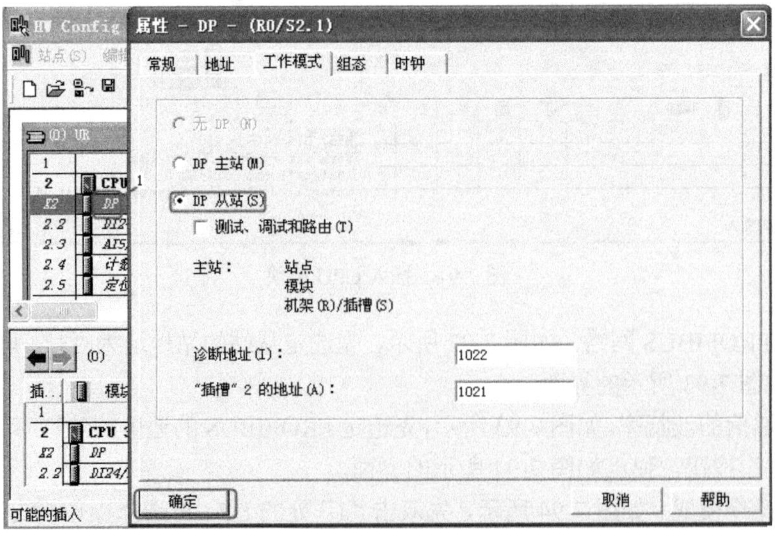

图 7-94　工作模式选择

⑦ 组态接收区和接收区的数据。如图 7-95 所示，先单击“新建”按钮，弹出如图 7-96 所示的界面，定义从站 3 的接收区的地址为“3”（实际就是 QB3），再单击“确定”按钮，接收区数据定义完成。再单击图 7-95 中的“新建”按钮，弹出如图 7-97 所示的界面，定义从站 3 的发送区的地址为“3”（实际就是 IB3），再单击“确定”按钮，发送区数据定义完成。弹出如图 7-98 所示的界面，单击“确定”按钮，从站的发送接收区数据组态完成。

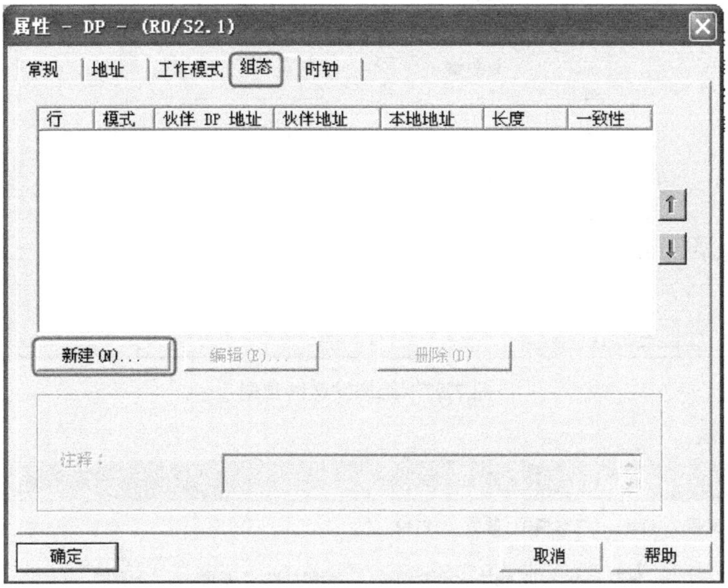

图 7-95 组态通信接口数据区

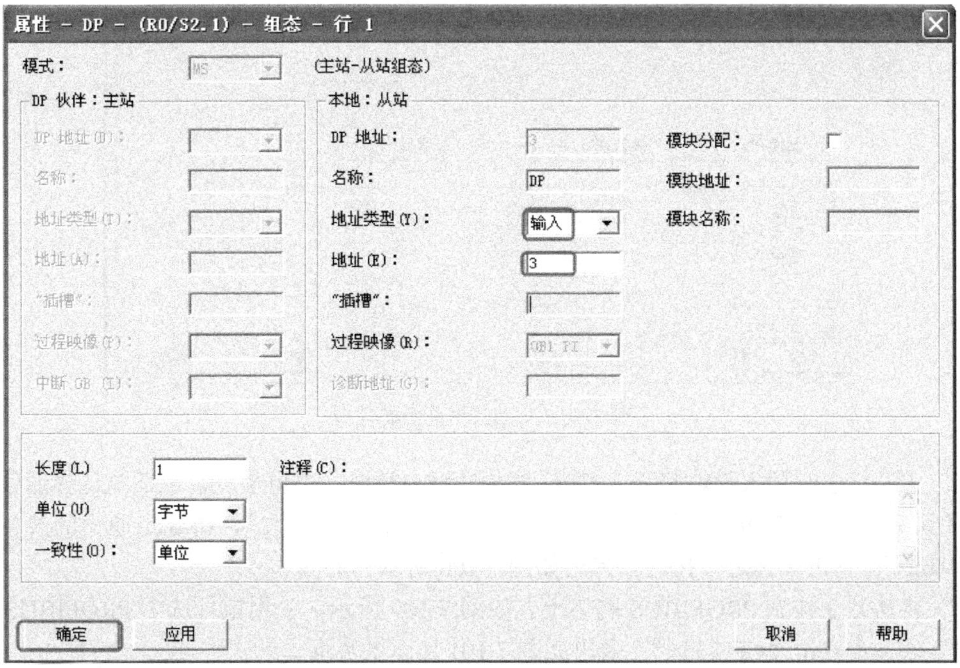

图 7-96 组态接收区数据

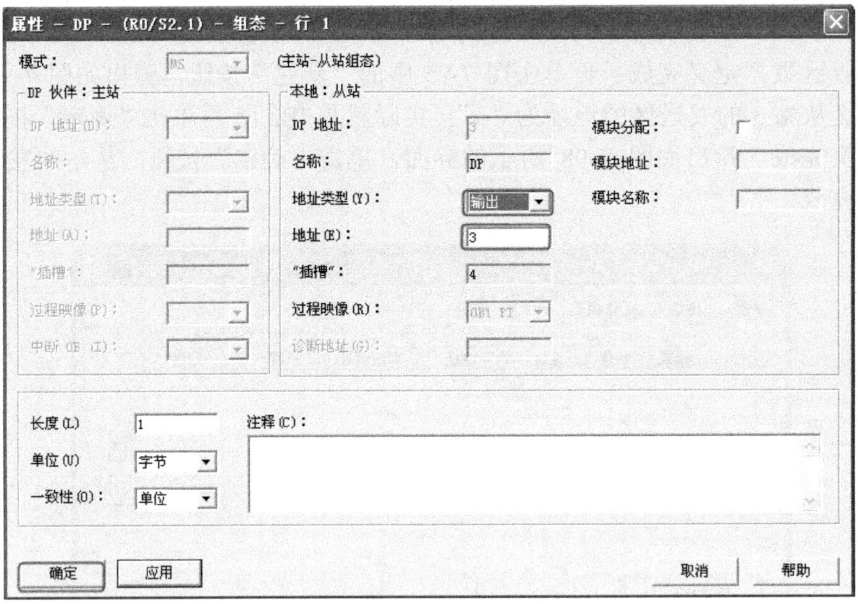

图 7-97 组态发送区数据

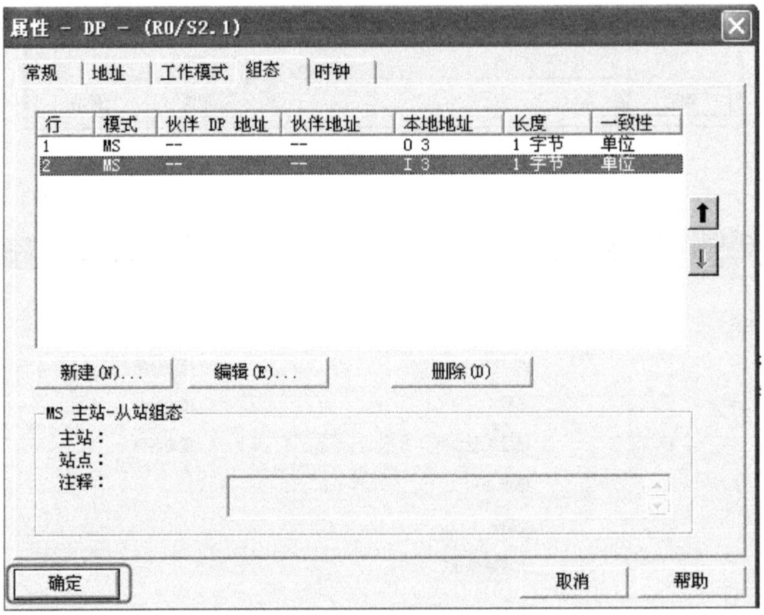

图 7-98 从站数据区组态完成

⑧ 主站组态时插入导轨和插入 CPU 与从站组态类似，不再重复，以下从选择通信波特率开始讲解，如图 7-99 所示，先选定主站 2 的通信地址为“2”，再选定通信的波特率为“1.5Mbps”，单击“确定”按钮，弹出如图 7-100 所示的界面。

⑨ 将从站 3 挂到 PROFIBUS 网络上。如图 7-100 所示，先用鼠标选中 PROFIBUS 网络的“1”处，再双击“CPU 31x”，弹出如图 7-101 所示的界面。

⑩ 激活从站 3。如图 7-101 所示，单击“连接”按钮，弹出如图 7-102 所示的界面。

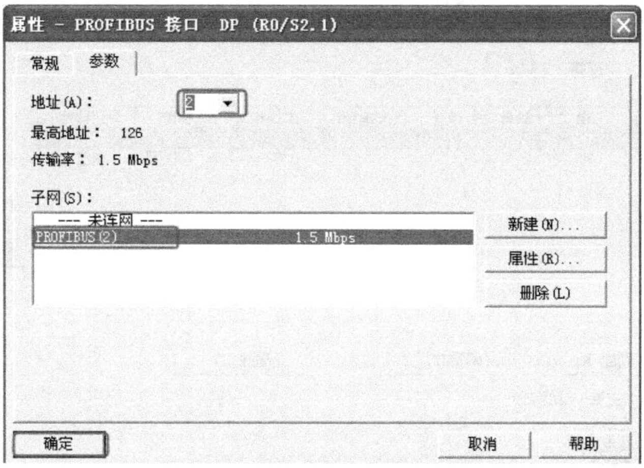

图 7-99　选择通信波特率

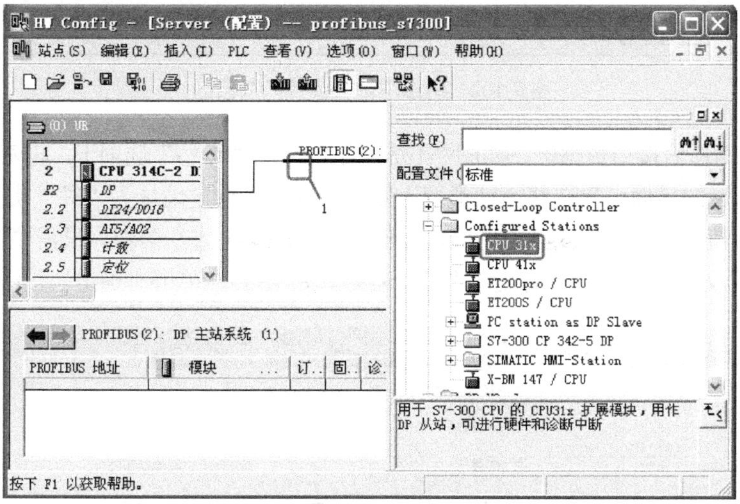

图 7-100　将从站 3 挂到 PROFIBUS 网络上

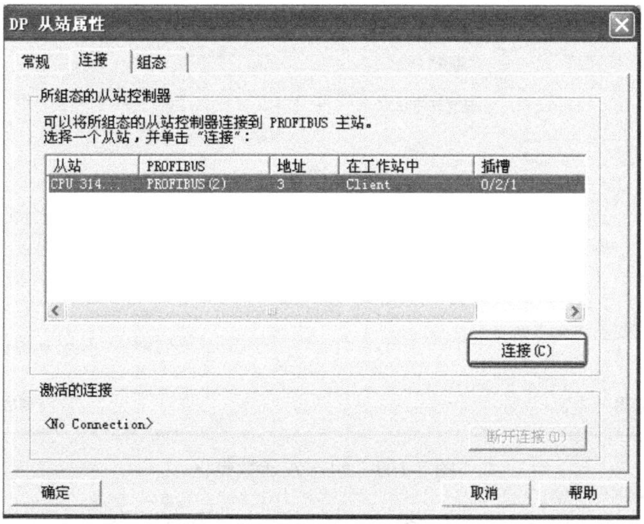

图 7-101　激活从站 3

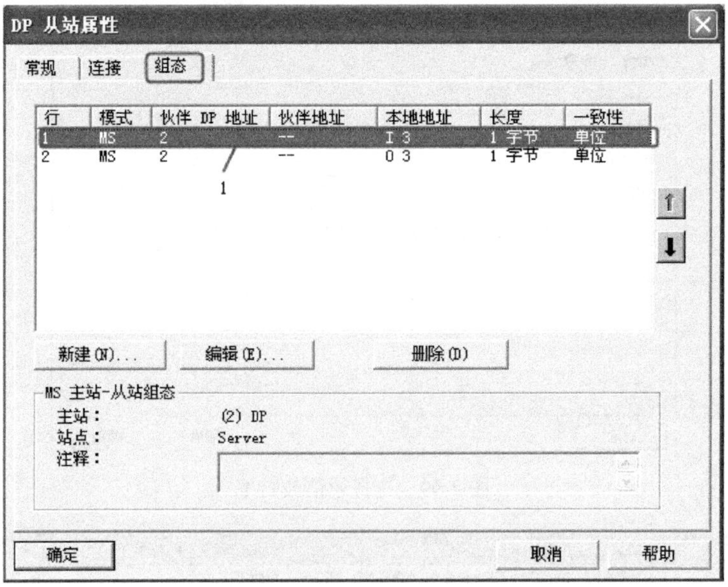

图 7-102 组态主站通信接口数据区

⑪ 组态主站通信接口数据区。如图 7-102 所示，选中“组态”选项卡，再双击“1”处，弹出如图 7-103 所示的界面。先选择地址类型为发送数据，再选定地址为“3”（实际就是 QB3），单击“确定”按钮，发送数据区组态完成。接收数据区的组态方法类似，只需要将图 7-104 中地址类型选择为接收数据，再选定地址为“3”（实际就是 IB3），单击“确定”按钮。

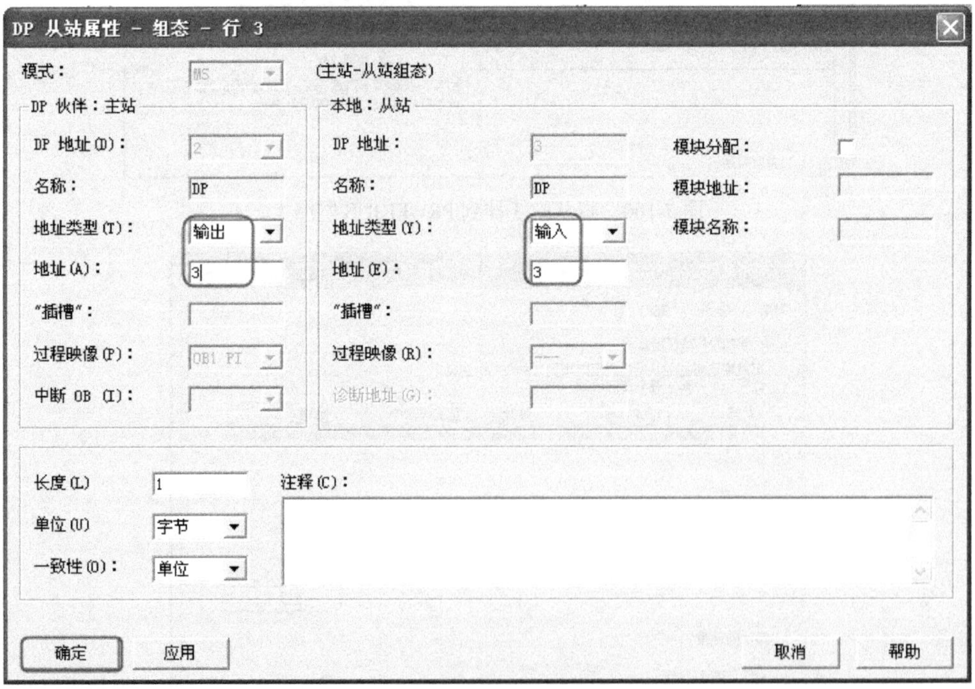

图 7-103 组态发送数据区

⑫ 硬件组态完成。在如图 7-105 所示中，单击“确定”按钮，弹出如图 7-106 所示的界面。至此，主站的组态已经完成。

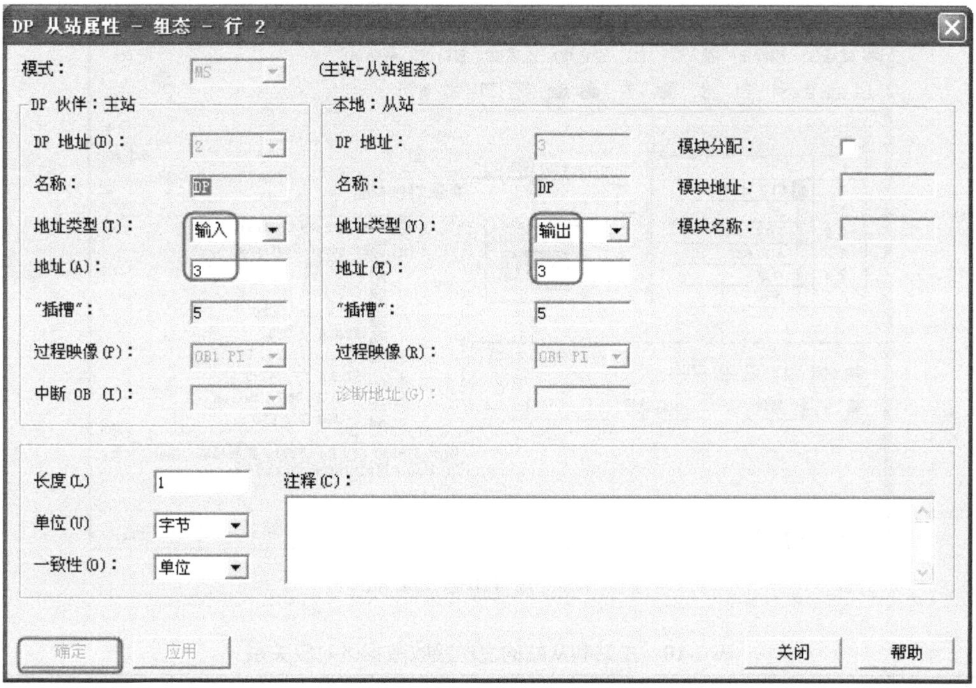

图 7-104 组态接收数据区

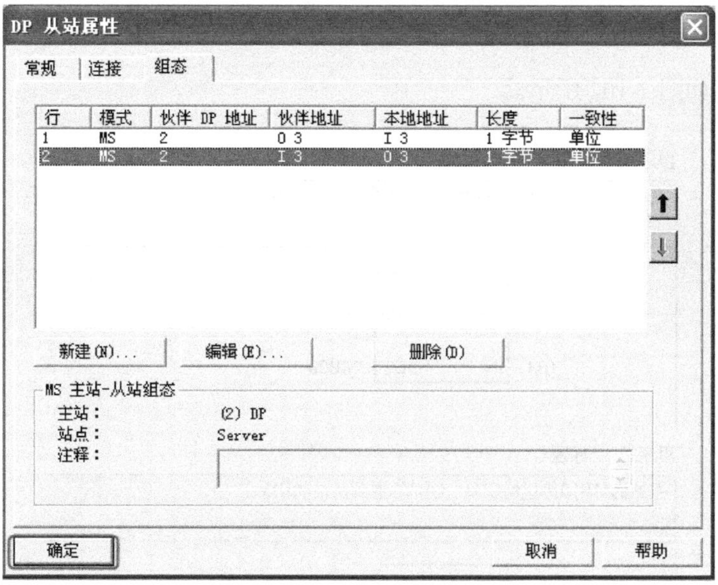

图 7-105 硬件组态完成（1）

⑬ 单击按钮，保存和编译硬件组态。硬件组态完毕。

【关键点】 在进行硬件组态时，主站和从站的波特率要相等，主站和从站的地址不能相同，本例的主站地址为 2，从站的地址为 3。最为关键的是：先对从站组态，再对主站进行组态。

（3）编写主站程序

西门子 S7-300 与 S7-300 间的现场总线通信的程序编写有很多种方法，本例是最为简单的一种方法。而且很容易看出主站 2 和从站 3 的数据交换的对应关系，也可参见表 7-10。

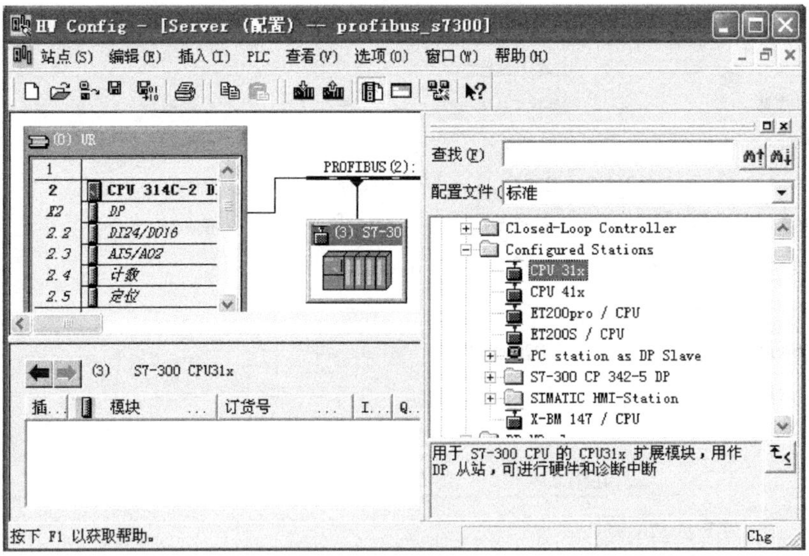

图 7-106 硬件组态完成（2）

表 7-10 主站和从站的发送接收数据区对应关系

序　号	主站 S7-300	对应关系	从站 S7-300
1	QB3	──→	IB3
2	IB3	←──	QB3

主站的程序如图 7-107 所示。

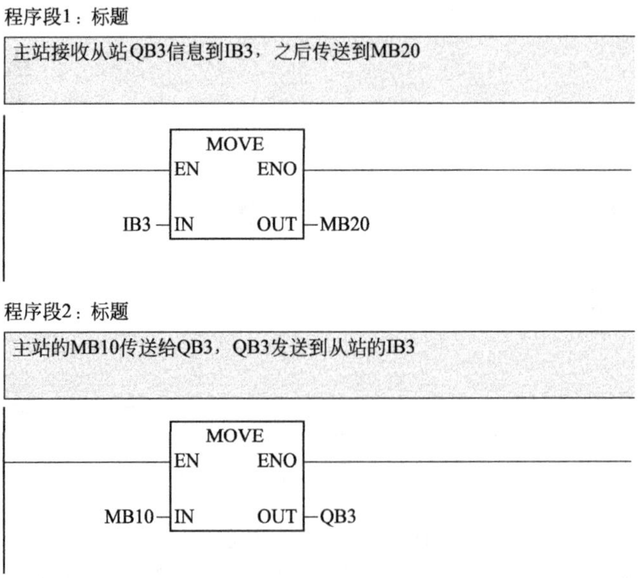

图 7-107 主站程序

（4）编写从站程序

从站程序如图 7-108 所示。

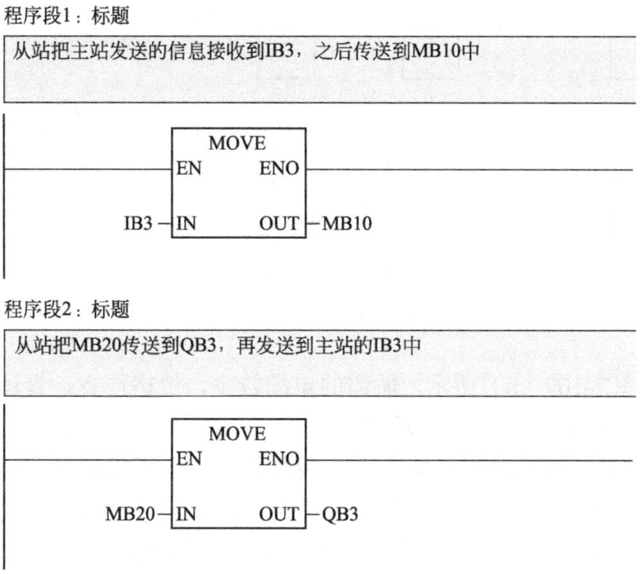

图 7-108　从站程序

7.5　以太网通信及其应用

以太网（Ethernet），指的是由 Xerox 公司创建，并由 Xerox、Intel 和 DEC 公司联合开发的基带局域网规范。以太网使用 CSMA/CD（载波监听多路访问及冲突检测技术）技术，并以 10Mbit/s 的速率运行在多种类型的电缆上。以太网与 IEEE 802.3 系列标准相类似。以太网不是一种具体的网络，而是一种技术规范。

7.5.1　以太网通信基础

（1）以太网的历史

以太网的核心思想是使用公共传输信道。这个思想产生于 1968 年美国的夏威尔大学。

以太网技术的最初进展源自于施乐帕洛阿尔托研究中心的许多先锋技术项目中的一个。人们通常认为以太网发明于 1973 年，以当年罗伯特·梅特卡夫（Robert Metcalfe）给他 PARC 的老板写了一篇有关以太网潜力的备忘录为标志。

1979 年，梅特卡夫成立了 3Com 公司。3Com 联合迪吉多、英特尔和施乐（DEC、Intel 和 Xerox）共同将网络进行标准化、规范化。这个通用的以太网标准于 1980 年 9 月 30 日出台。

（2）以太网的分类

以太网分为标准以太网、快速以太网、千兆以太网和万兆以太网。

（3）以太网的连接

① 拓扑结构

a. 星形。如图 7-109（a）所示，管理方便，容易扩展，需要专用的网络设备作为网络的核心节点，需要更多的网线和对核心设备的可靠性要求高。采用专用的网络设备（如集线器或交换机）作为核心节点，通过双绞线将局域网中的各台主机连接到核心节点上，这就形成了星形结构。星形网络虽然需要的线缆比总线型多，但布线和连接器比总线型的要便宜。此外，星形拓扑可以通过级联的方式很方便地将网络扩展到很大的规模，因此得到了广泛的应用，被绝大部分的以太网所采用。

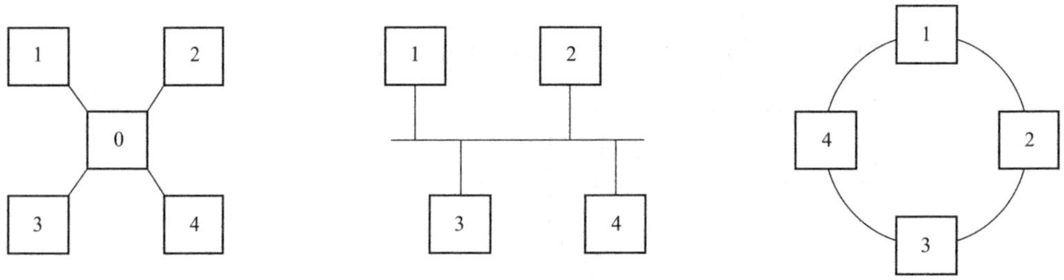

(a) 星形结构　　(b) 总线型结构　　(c) 环形结构

图 7-109　拓扑图

b. 总线型。如图 7-109（b）所示，所需的电缆较少，价格便宜，管理成本高，不易隔离故障点，采用共享的访问机制，易造成网络拥塞。早期以太网多使用总线型的拓扑结构，采用同轴缆作为传输介质，连接简单，通常在小规模的网络中不需要专用的网络设备，但由于它存在的固有缺陷，已经逐渐被以集线器和交换机为核心的星形网络所代替。

c. 环形。如图 7-109（c）所示。西门子的网络中，用 OLM（Optical Link Module）模块将网络首尾相连，形成环网。与总线型相比冗余环网增加了交换数据的可靠性。

此外，还有网状和蜂窝状等拓扑结构。

② 接口的工作模式　以太网卡可以工作在两种模式下：半双工和全双工。

③ 传输介质　以太网可以采用多种连接介质，包括同轴缆、双绞线和光纤等。其中双绞线多用于从主机到集线器或交换机的连接，而光纤则主要用于交换机间的级联和交换机到路由器间的点到点链路上。同轴缆作为早期的主要连接介质已经逐渐趋于淘汰。

总之，以太网是目前世界上最为流行的拓扑标准之一，具有传播速率快、网络资源丰富、系统功能强大、安装简单和使用维修方便等优点。

（4）工业以太网通信简介

① 初识工业以太网　所谓工业以太网，通俗地讲就是应用于工业的以太网，是指其在技术上与商用以太网（IEEE 802.3 标准）兼容，但材质的选用、产品的强度和适用性方面应能满足工业现场的需要。工业以太网技术的优点表现在：以太网技术应用广泛，为所有的编程语言所支持；软硬件资源丰富；易于与 Internet 连接，实现办公自动化网络与工业控制网络的无缝连接；通信速度快；可持续发展的空间大等。

随着信息网络技术的发展，上述问题正在迅速得到解决。为促进 Ethernet 在工业领域的应用，国际上成立了工业以太网协会（Industrial Ethernet Association，IEA）。

② 网络电缆接法　用于 Ethernet 的双绞线有 8 芯和 4 芯两种，双绞线的电缆连线方式也有两种，即正线（标准 568B）和反线（标准 568A），其中正线也称为直通线，反线也称为交叉线。正线接线如图 7-110 所示，两端线序一样，从上至下线序是：白绿，绿，白橙，蓝，白蓝，

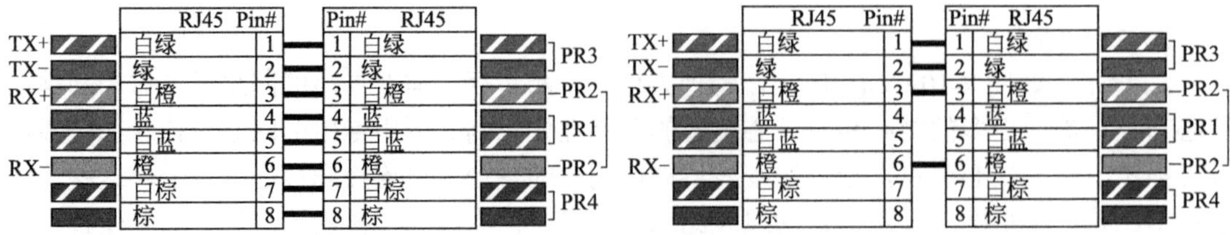

(a) 8 芯线　　(b) 4 芯线

图 7-110　双绞线正线接线图

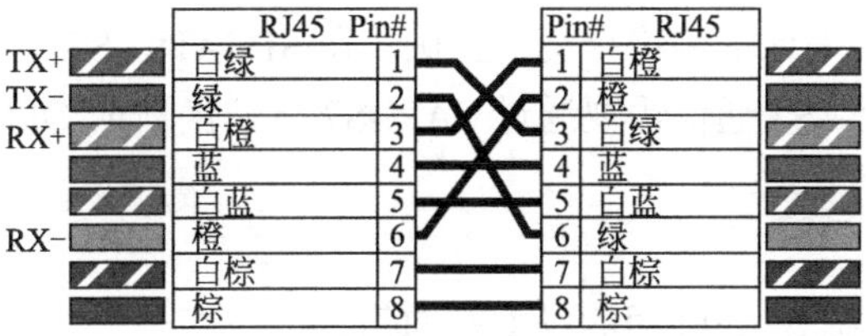

(a) 8 芯线

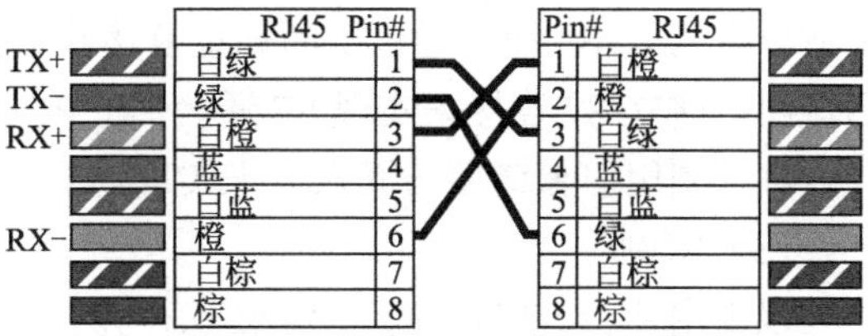

(b) 4 芯线

图 7-111　双绞线反线接线图

橙，白棕，棕，也就是 568B 标准。反线接线如图 7-111 所示，一端为正线的线序，另一端为反线的线序，从上至下线序是：白橙，橙，白绿，蓝，白蓝，绿，白棕，棕，也就是 568A 标准。对于千兆以太网，用 8 芯双绞线，但接法不同于以上所述的接法，请参考有关文献。

对于 4 芯的双绞线，只用连接头上的（常称为水晶接头）1、2、3 和 6 四个引脚。西门子的 PROFINET 工业以太网采用 4 芯的双绞线。

7.5.2　西门子 S7-300 间的以太网通信

（1）西门子工业以太网通信方式简介

工业以太网的通信主要利用第 2 层（ISO）和第 4 层（TCP）的协议。以下是西门子以太网的几种通信方式。

① ISOTransport（ISO 传输协议）　ISO 传输协议支持基于 ISO 的发送和接收，使得设备（例如 SIMATIC S5 或 PC）在工业以太网上的通信非常容易，该服务支持大数据量的数据传输（最大 8KB）。ISO 数据接收由通信方确认，通过功能块可以看到确认信息。用于 SIMATIC S5 和 SIMATIC S7 的工业以太网连接。

② ISO-on-TCP　ISO-on-TCP 支持第 4 层 TCP/IP 协议的开放数据通信。用于支持 SIMATIC S7 和 PC 以及非西门子支持的 TCP/IP 以太网系统。ISO-on-TCP 符合 TCP/IP，但相对于标准的 TCP/IP，还附加了 RFC 1006 协议，RFC 1006 是一个标准协议，该协议描述了如何将 ISO 映射到 TCP 上去。

③ UDP　UDP（User Datagram Protocol，用户数据报协议），属于第 4 层协议，提供了 S5 兼容通信协议，适用于简单的交叉网络数据传输，没有数据确认报文，不检测数据传输的正确性。UDP 支持基于 UDP 的发送和接收，使得设备（例如 PC 或非西门子公司设备）在工业以太网上的通信非常容易。该协议支持较大数据量的数据传输（最大 2KB），数据可以通过工业以太网或 TCP/IP 网络（拨号网络或因特网）传输。通过 UDP，SIMATIC S7 通过建立 UDP 连接，提供了发送/接收通信功能，与 TCP 不同，UDP 实际上并没有在通信双方建立一个固定的连接。

④ TCP/IP　TCP/IP 中传输控制协议，支持第 4 层 TCP/IP 协议的开放数据通信。提供了数据流通信，但并不将数据封装成消息块，因而用户并不接收到每一个任务的确认信号。TCP 支持面向 TCP/IP 的 Socket。

TCP 支持给予 TCP/IP 的发送和接收，使得设备（例如 PC 或非西门子设备）在工业以太网上的通信非常容易。该协议支持大数据量的数据传输（最大 8KB），数据可以通过工业以太网或 TCP/IP 网络（拨号网络或因特网）传输。通过 TCP，SIMATIC S7 可以通过建立 TCP 连接来发送/接收数据。

（2）S7 通信

S7 通信（S7 Communication）集成在每一个 SIMATIC S7/M7 和 C7 的系统中，属于 OSI 参考模型第 7 层应用层的协议，它独立于各个网络，可以应用于多种网络（MPI、PROFIBUS、工业以太网)。S7 通信通过不断地重复接收数据来保证网络报文的正确。在 SIMATIC S7 中,通过组态建立 S7 连接来实现 S7 通信。在 PC 上,S7 通信需要通过 SAPI-S7 接口函数或 OPC(过程控制用对象链接与嵌入)来实现。

(3)实例

以下用两台 S7-300 的以太网通信为例,介绍 S7-300 间的以太网通信。

【例 7-8】 有两台设备,分别由一台 CPU 314C-2DP 控制,要求从设备 1 上的 CPU 314C-2DP 的 MB10 发出 1 个字节到设备 2 的 CPU 314C-2DP 的 MB10,从设备 2 上的 CPU 314C-2DP 的 MB20 发出 1 个字节到设备 1 的 CPU 314C-2DP 的 MB20。

【解】

S7-300 之间的组态可以采用很多连接方式,如 TCP/IP、ISO-on-TCP 和 S7 Communication 等,以下仅介绍 TCP/IP 连接方式。

① 软硬件配置 S7-300 间的以太网通信硬件配置如图 7-112 所示,本例用到的软硬件如下:

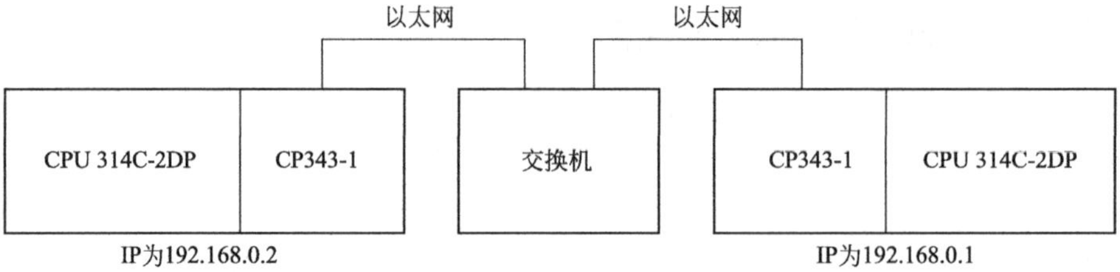

图 7-112 S7-300 间的以太网通信硬件配置图

a. 2 台 CPU 314C-2DP。

b. 2 台 CP343-1 以太网模块。

c. 1 根 PC/MPI 适配器(USB 口)。

d. 1 台个人电脑(含网卡)。

e. 1 台 8 口交换机。

f. 2 根带水晶接头的 8 芯双绞线(正线)。

g. 1 套 STEP 7 V5.5 SP3。

② 硬件组态 a. 新建项目。新建项目,命名为"Enet_TCP",再插入两个站分别是 CLIENT 和 SERVER,每个站点上,配置一台 CP343-1 以太网通信模块,如图 7-113 所示。

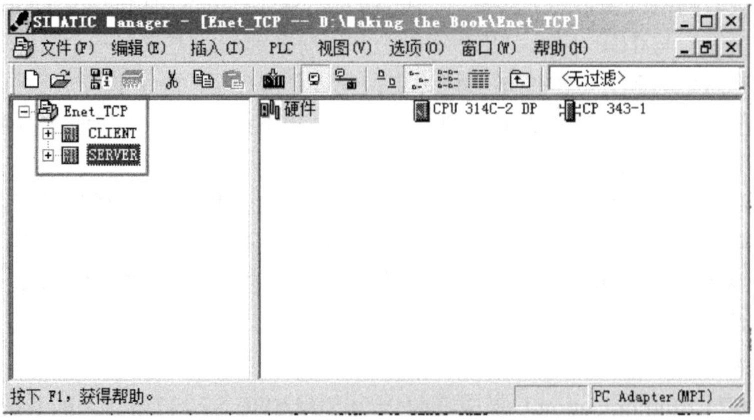

图 7-113 新建项目

【关键点】 西门子工业以太网通信中，客户端（CLIENT）是主控站，实际是主站，服务器端（SERVER）是被控站，实际是从站。

b. 组态以太网。双击“硬件”，弹出如图 7-114 所示界面，选中“CP 343-1”的“PN-IO”，并双击它，弹出如图 7-115 所示界面，单击“属性”按钮，弹出如图 7-116 所示界面。

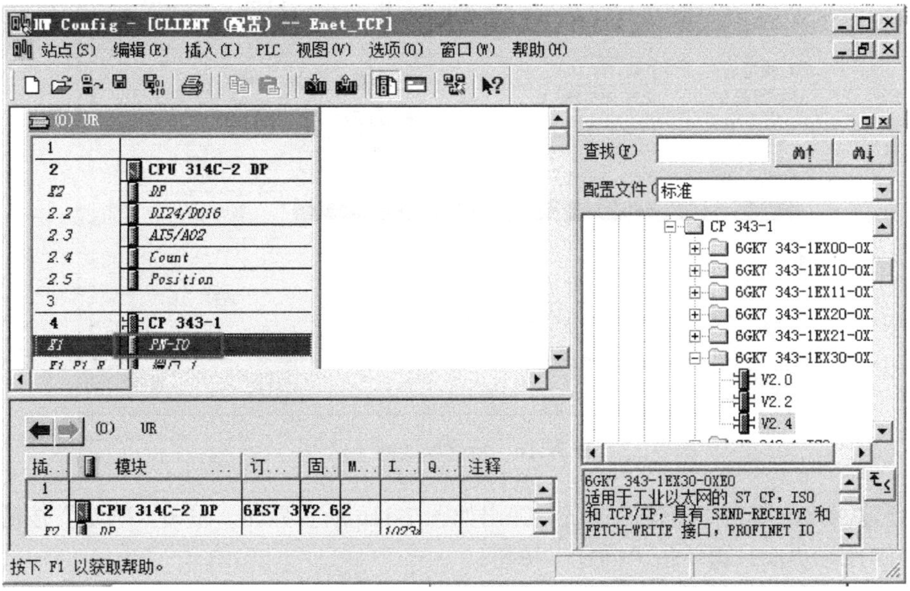

图 7-114 组态以太网（1）

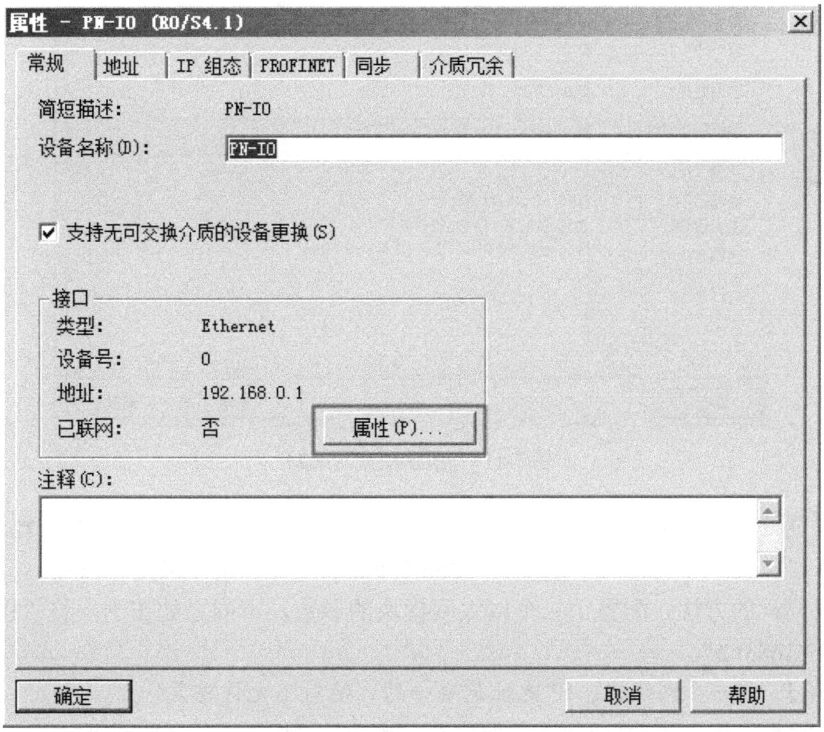

图 7-115 组态以太网（2）

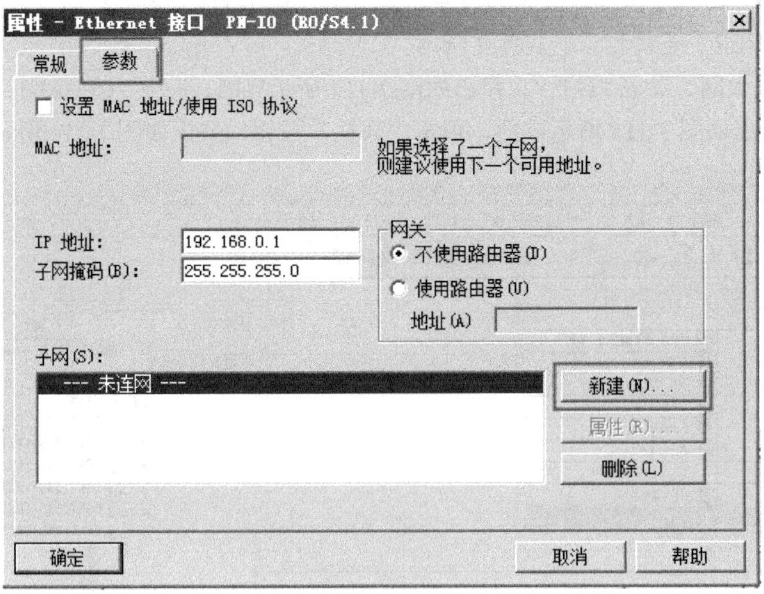

图 7-116 新建以太网（1）

c. 新建网络。单击“新建”按钮，弹出如图 7-116 所示界面，单击“确定”按钮，弹出如图 7-117 所示界面，再单击“确定”按钮。

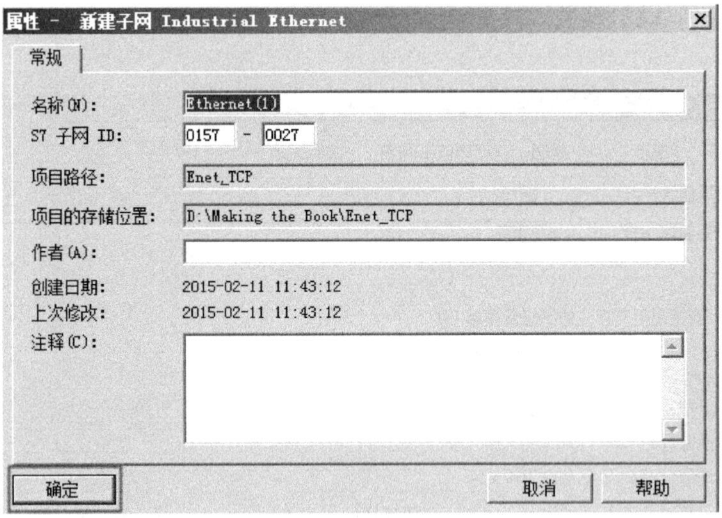

图 7-117 新建以太网（2）

d. 设置网络参数。如图 7-118 所示，先选中“Ethernet（1）”，再在“IP 地址”中设置“192.168.0.1”，在“子网掩码”中设置“255.255.255.0”，单击“确定”按钮。

e. 采用同样的方法，配置第二个以太网模块的参数，不同之处在于，将“IP 地址”中设置成“192.168.0.2”。

【关键点】 同一个网络中，IP 地址是唯一的，绝对不允许重复。

f. 打开网络连接。在 SIMATIC 管理界面，如图 7-119 所示，先选中“Ethernet（1）”，再双击“Ethernet（1）”，弹出如图 7-120 所示界面。

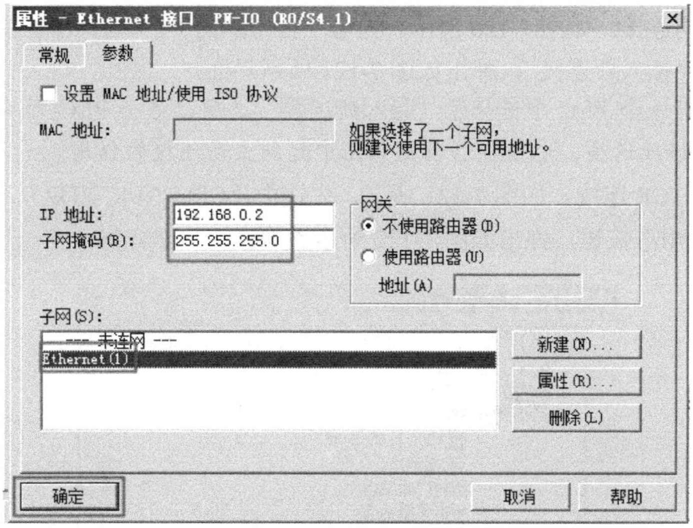

图 7-118 设置网络参数

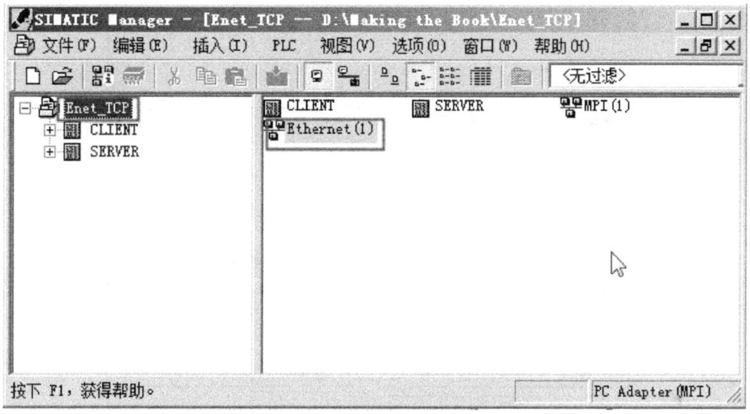

图 7-119 打开网络连接界面

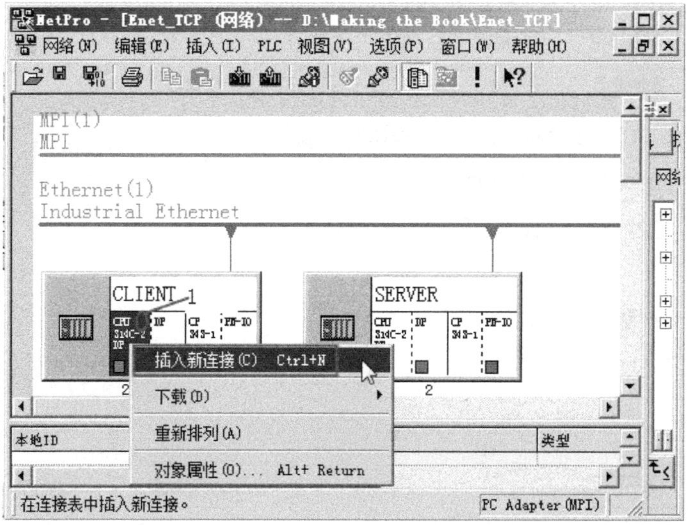

图 7-120 组态以太网连接

g. 组态以太网连接。如图 7-120 所示，先选中客户端的“1”处，单击鼠标右键，弹出快捷菜单，再单击“插入新连接”，弹出如图 7-121 所示界面。

【关键点】 若一个 PLC 中选择了“插入新连接”选项，另一 PLC 则不必激活此项，必须有一台 PLC 选择此选项，以便在通信初始化中起到主动连接的作用。

h. 添加一个 TCP 连接。如图 7-121 所示，先选中“CPU 314C-2DP”，再选择“TCP 连接”，再单击“应用”按钮，弹出如图 7-122 所示界面。

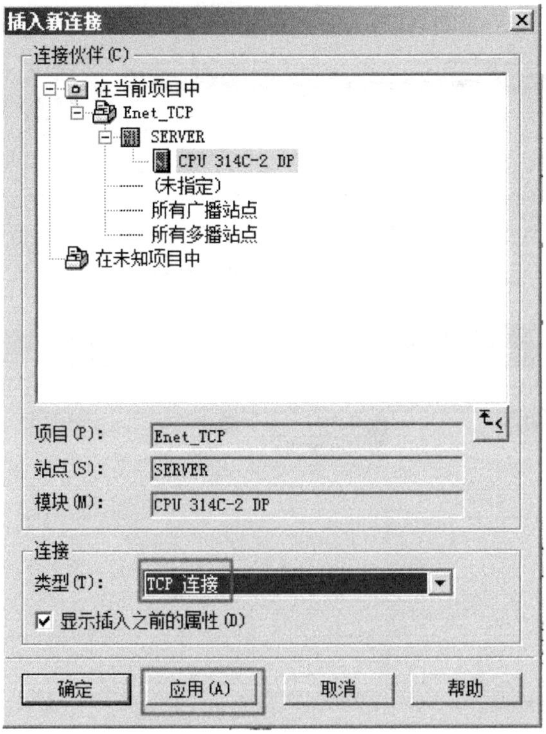

图 7-121 添加一个 TCP 连接

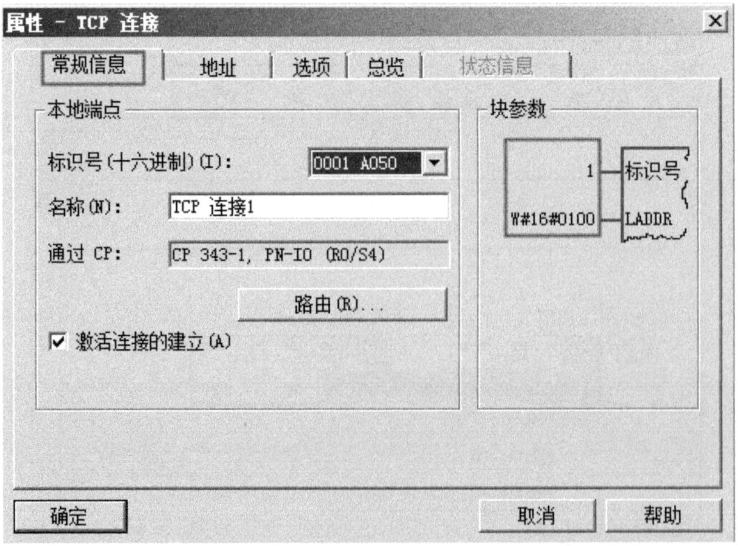

图 7-122 设置网络连接参数

i. 设置网络连接参数。如图 7-122 所示，先选择“激活连接”，再单击“确定”按钮。

在图 7-123 中的“地址”选项卡中可以看到通信双方的 IP 地址，占用的端口号可以自己设置，也可以使用默认值，如 2001。编译后存盘，至此硬件组态完成。

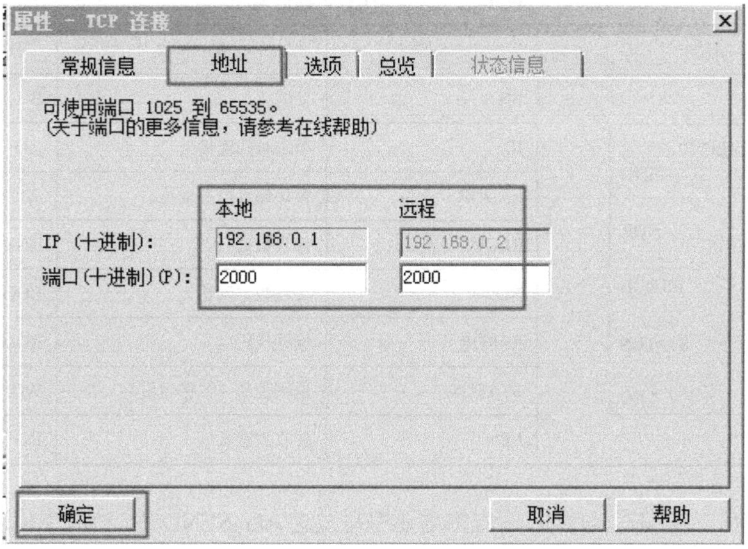

图 7-123 设置 TCP/IP 端口

【关键点】 图 7-122 中的 ID 是组态时的连接号，LADDR 是模块硬件组态地址，地址相同才能通信，在编程时要用到。

③ 相关指令简介 AG_SEND 块将数据传送给以太网 CP，用于在一个已组态的 ISO 传输连接上进行传输。所选择的数据区可以是一个位存储器区或一个数据块区。当可以在以太网上发送整个用户数据区时，指示无错执行该功能。AG_SEND 的各项参数见表 7-11。

表 7-11 AG_SEND（FC5）指令格式

LAD	输入/输出	含 义	数据类型
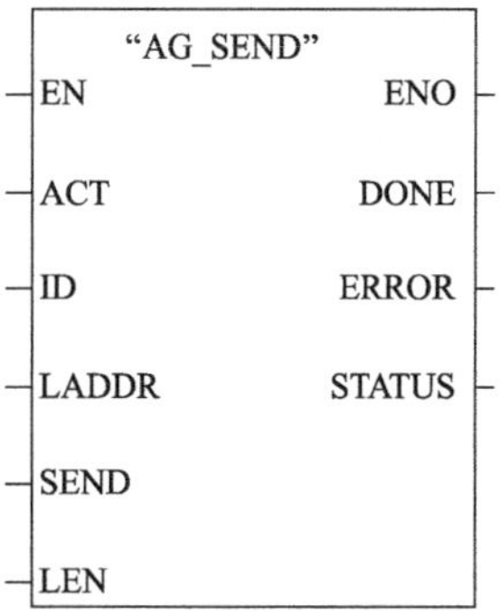	EN	使能	BOOL
	ACT	发送请求	BOOL
	ID	组态时的连接号	INT
	LADDR	模块硬件组态地址	WORD
	SEND	发送的数据区	ANY
	LEN	发送数据长度	INT
	ERROR	错误代码	BOOL
	STATUS	返回数值（如错误值）	WORD
	DONE	发送是否完成	BOOL

AG_RECV 功能（FC）接收从以太网 CP 在已组态的连接上传送的数据。为数据接收指定的数据区可以是一个位存储区或一个数据块区。当可以从以太网 CP 上接收数据时，指示无错执行该功能。AG_RECV 的各项参数见表 7-12。

表 7-12　AG_RECV 指令格式

LAD	输入/输出	含　义	数 据 类 型
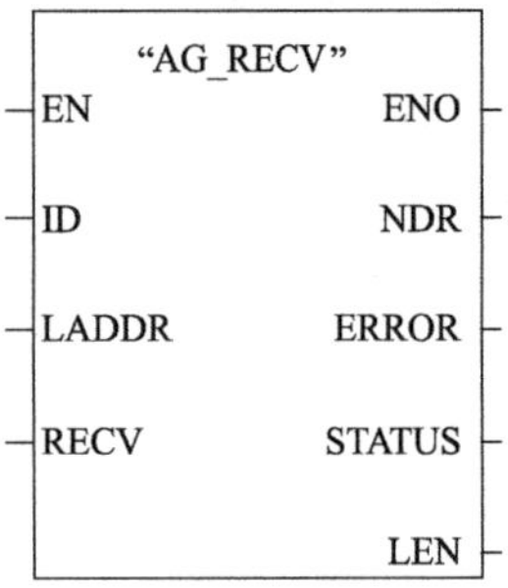	EN	使能	BOOL
	ID	组态时的连接号	INT
	LADDR	模块硬件组态地址	WORD
	RECV	接收数据区	ANY
	NDR	接收数据确认	BOOL
	ERROR	错误代码	BOOL
	STATUS	返回数值（如错误值）	WORD
	LEN	接收数据长度	INT

④ 编写程序　在编写程序时，双方都需要编写发送 AG_SEND(FC5)指令和接收 AG_RECV（FC6）指令，客户端（IP 地址为 192.168.0.1）的梯形图如图 7-124～图 7-126 所示。

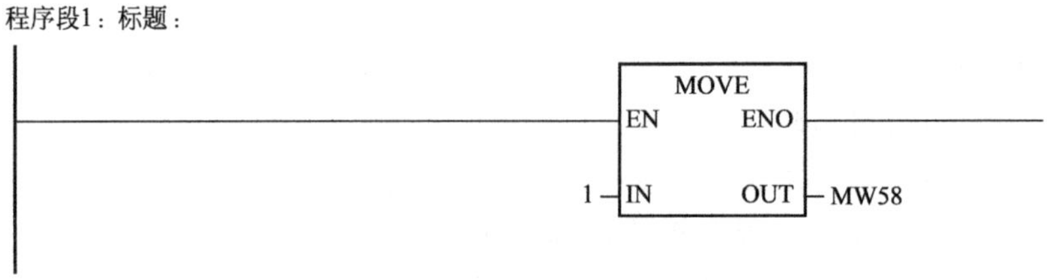

图 7-124　客户端 OB100 中的梯形图

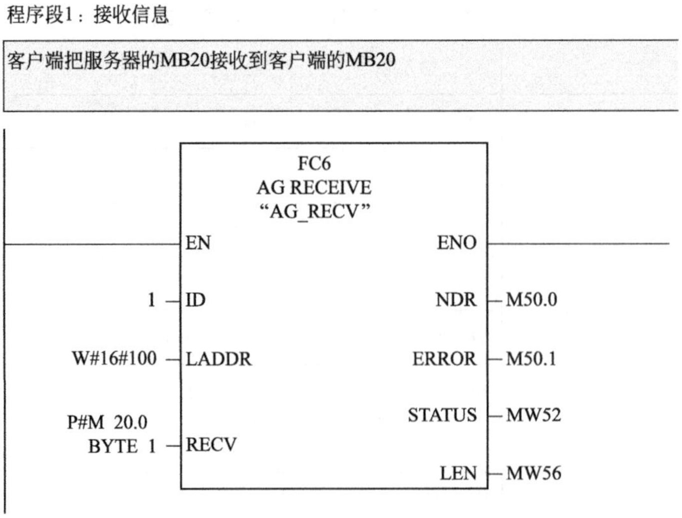

图 7-125　客户端 OB1 中的梯形图

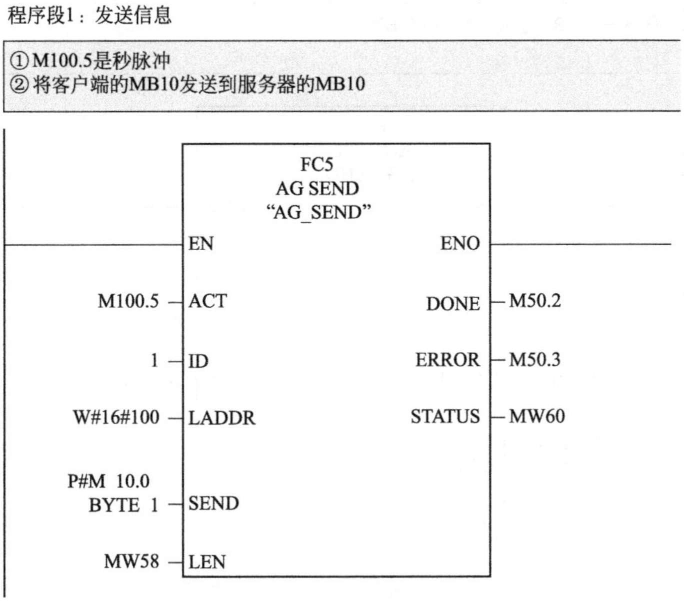

图 7-126 客户端 OB35 中的梯形图

服务器端（IP 地址为 192.168.0.2）中的梯形图程序如图 7-127～图 7-129 所示。

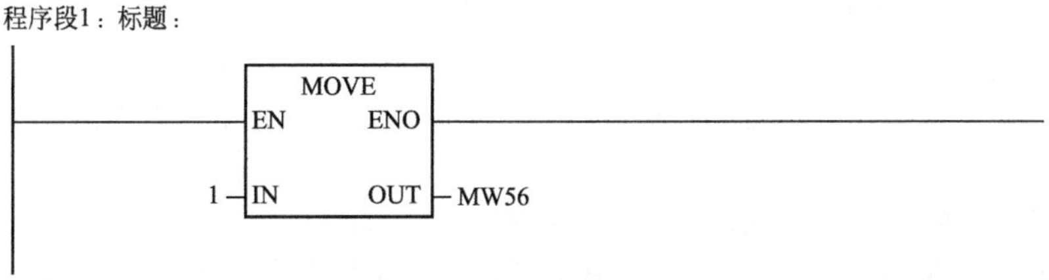

图 7-127 服务器端 OB100 中的梯形图

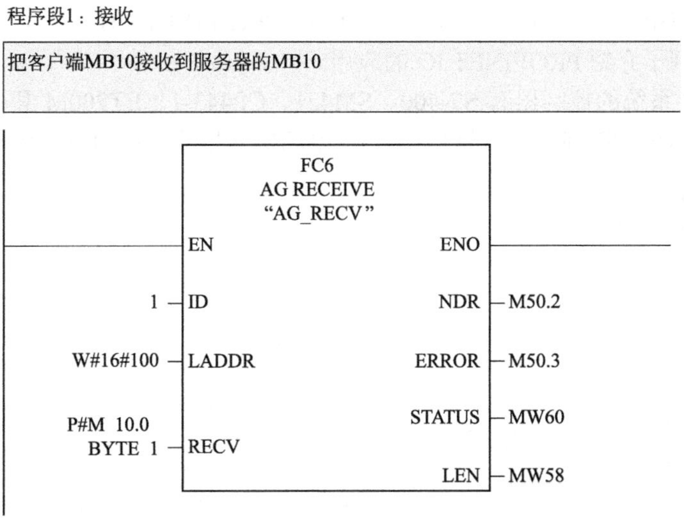

图 7-128 服务器端 OB1 中的梯形图

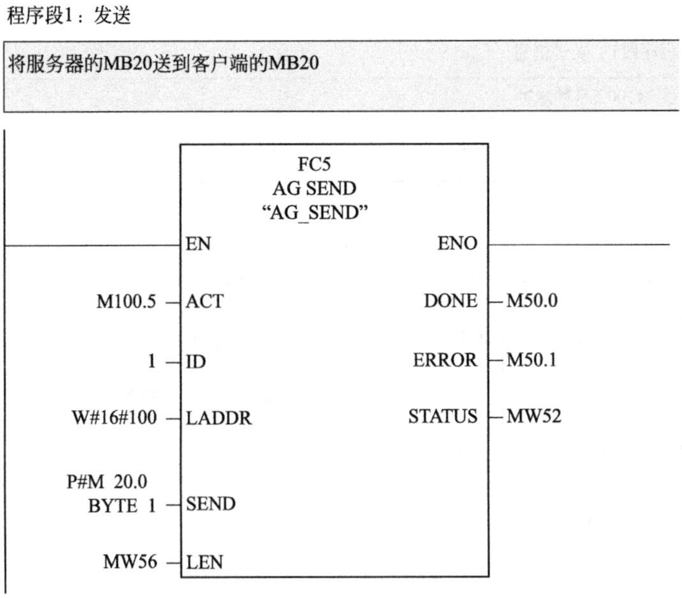

图 7-129　服务器端 OB35 中的梯形图

7.5.3　西门子 S7-400 与远程 IO 模块 ET200 间的 PROFINET 通信

（1）PROFINET 简介

PROFINET 是 PROFIBUS 组织推出的基于工业以太网的开放式现场总线。PROFINET 自动化通信领域提供了一个完整的网络解决方案，包括诸如实时以太网、运动控制、分布式自动化、故障安全及网络安全等自动化领域问题，并可以完全兼容工业以太网和现有的现场总线（如 PROFIBUS）技术。

PROFINET 是实时现场总线，可以用于对实时性高的场合，如运动控制。PROFINET 目前是西门子主推的现场总线，已经取代 PROFIBUS 成为西门子公司的标准配置。

（2）实例

PROFINET 有 2 种应用形式：PROFINET IO 和 PROFINET CBA。PROFINET IO 适合于模块化分布式的应用，与 PROFIBUS-DP 方式相似。PROFINET CBA 适合于智能站点之间的应用。以下一个例子介绍 PROFINET IO 的应用。

【例 7-9】 某系统的控制器有 S7-400、SM421、CP443-1、ET200M 和 SM323 组成，要用 S7-400 上的 2 个按钮控制，远程站上的一台电动机的启停，请组态并编写相关程序。

【解】

① 主要软硬件配置

- 1 套 STEP 7 V5.5 SP3。
- 1 台 CP421-1。
- 1 台 SM421 和 SM422。
- 1 台 CP443-1。
- 1 台 153-4 PN。
- 1 台 EM323。
- 1 根网线。

PROFINET 现场总线硬件配置如图 7-130 所示。

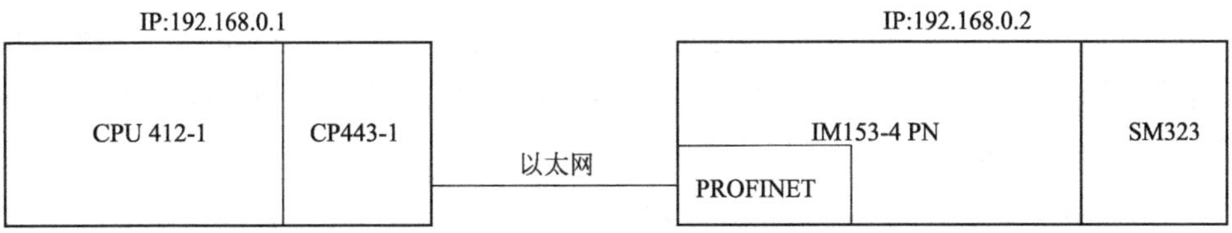

图 7-130 PROFINET 现场总线硬件配置

② 硬件组态过程

a. 新建项目。新建项目，命名为“Profi_IO”，插入站点 CPU 400，双击“硬件”，打开硬件组态界面，如图 7-131 所示。

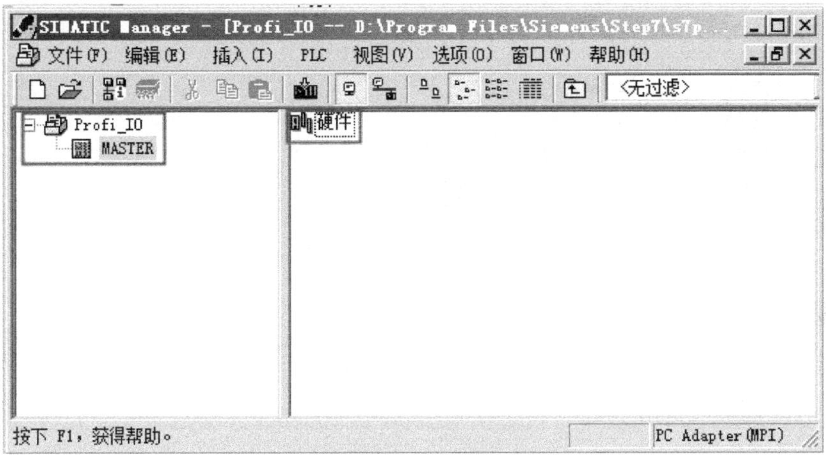

图 7-131 新建项目

b. 组态硬件。先插入机架 UR2，再插入电源 PS 407 4A，然后插入 CP443-1、DO32 和 DI32 模块，如图 7-132 所示。

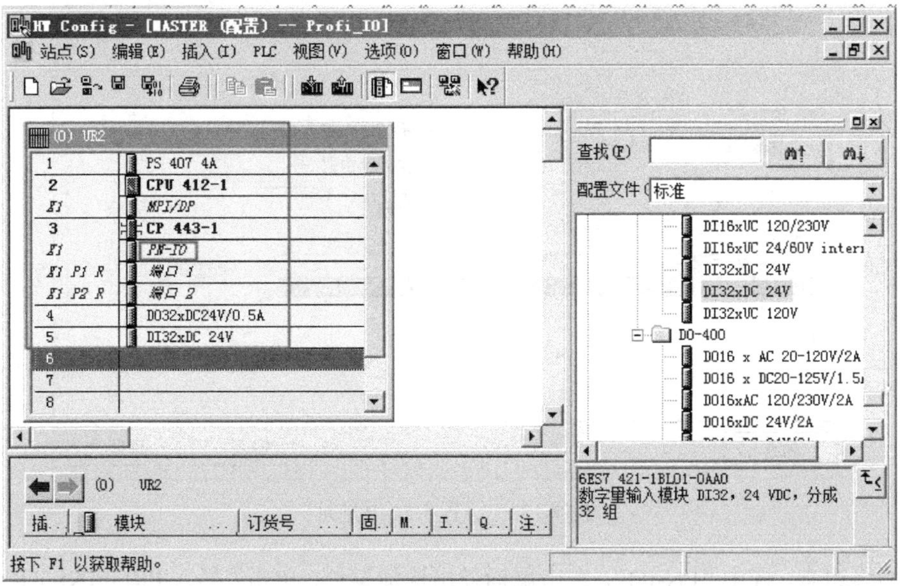

图 7-132 组态硬件

c. 设置主站 IP 地址。双击如图 7-132 所示的“PN-IO”，打开“PN-IO”的属性界面，单击“属性”按钮，如图 7-133 所示。弹出如图 7-134 所示的界面，设置如图所示的 IP 地址，单击“确定”按钮即可。

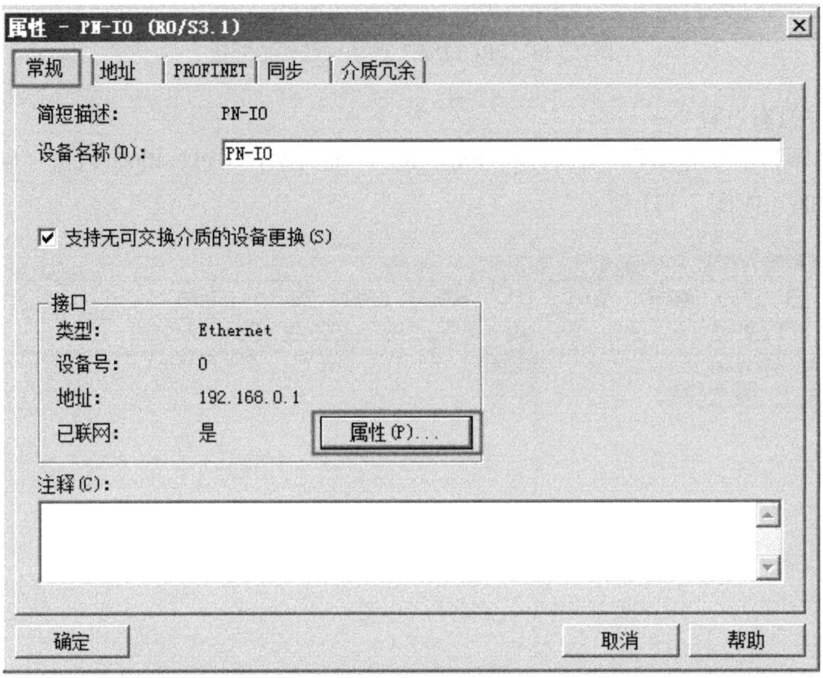

图 7-133 PN-IO 属性

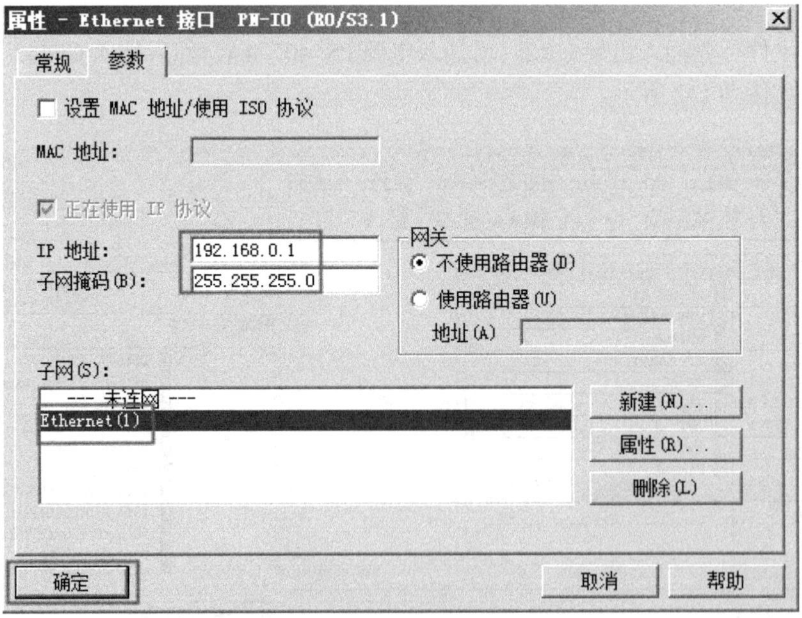

图 7-134 设置主站 IP 地址

d. 网络组态。选中“PN-IO”，右击鼠标弹出快捷菜单，单击“插入 PROFINET IO 系统”，如图 7-135 所示。

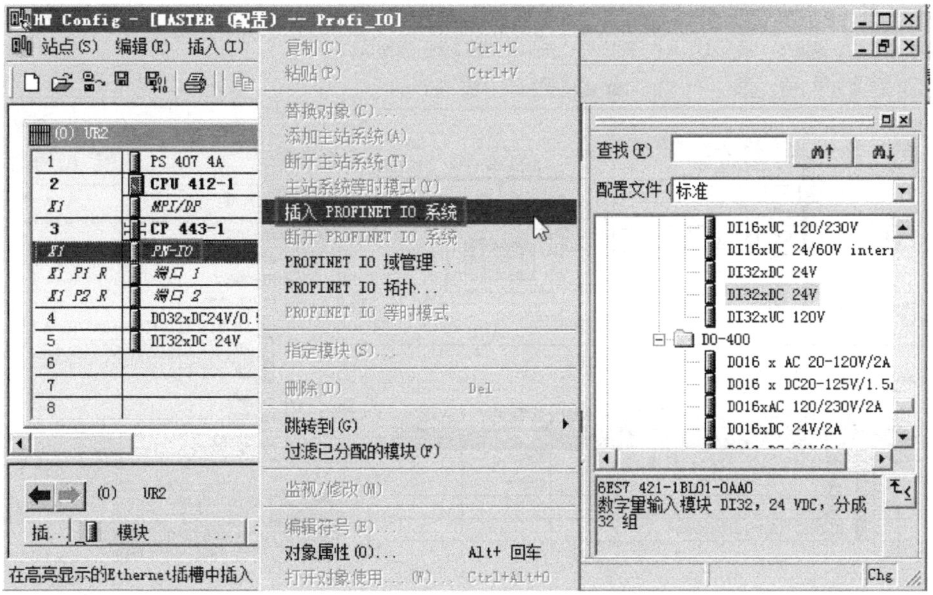

图 7-135 插入 PROFINET IO 系统

选中标记“1”处，单击“PROFINET IO”→“I/O”→“ET 200M”→“IM153-4 PN”，如图 7-136 所示。然后在远程 IO 模块上插入信号模块 SM323，如图 7-137 所示。

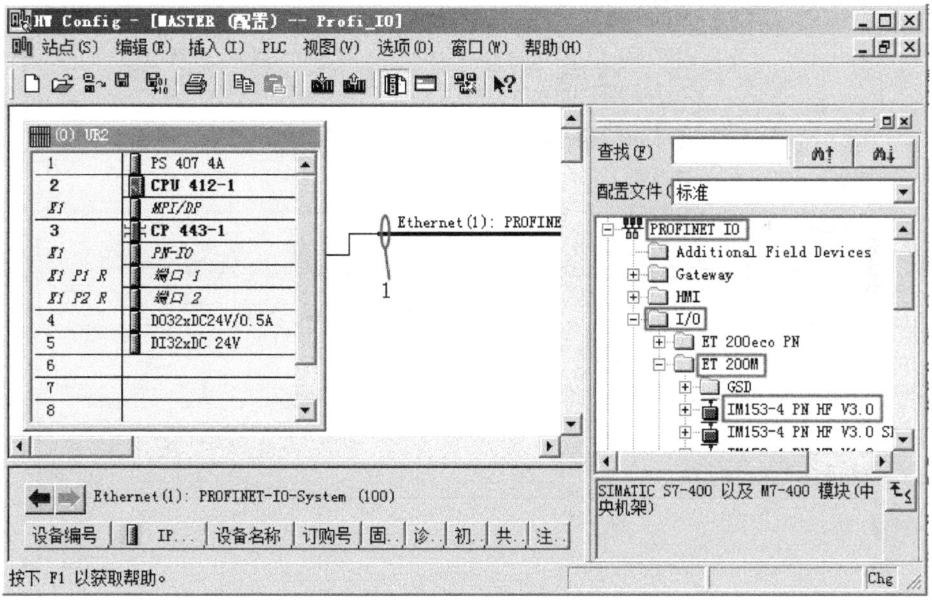

图 7-136 插入远程 IO 模块

e. 分配设备名称和验证设备名称。PROFIBUS-DP 与远程 IO 通信的硬件组态做到上一步就完成。远程 IO 的地址由拨码开关设置，而 IP 地址不能由拨码开关设置，因此把设备名称和 IP 地址绑定在一起，在验证设备时，把设备名称下载到远程 IO 模块的存储卡中，这样实际就是把 IP 地址下载到远程 IO 模块中。双击如图 7-137 所示的“IM153-4 PN”，弹出如图 7-138 所示界面，将设备“ET200M”与“192.168.0.2”关联，单击“确定”按钮，最后把整个项目用以太网下载到 CPU 中。

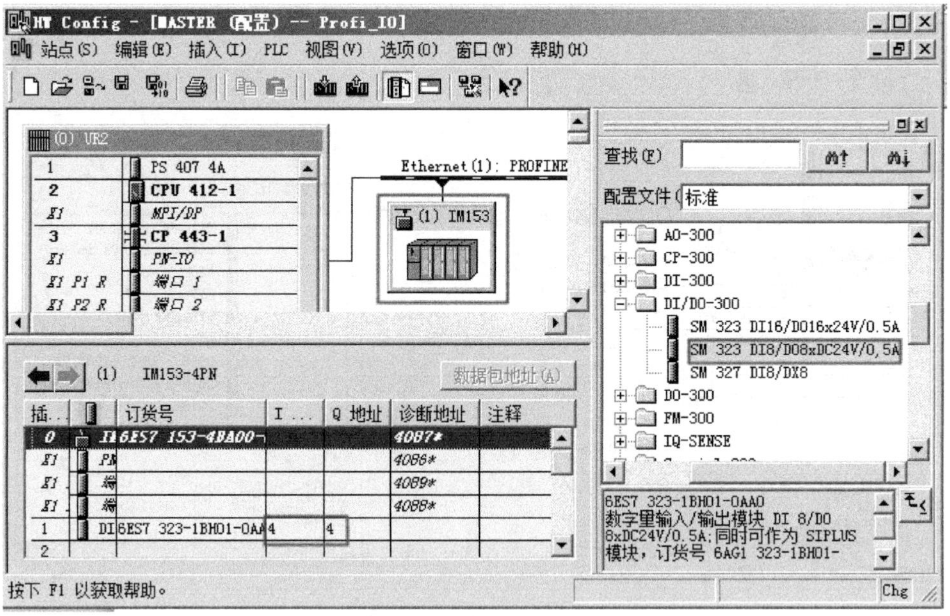

图 7-137 在远程 IO 模块上插入信号模块

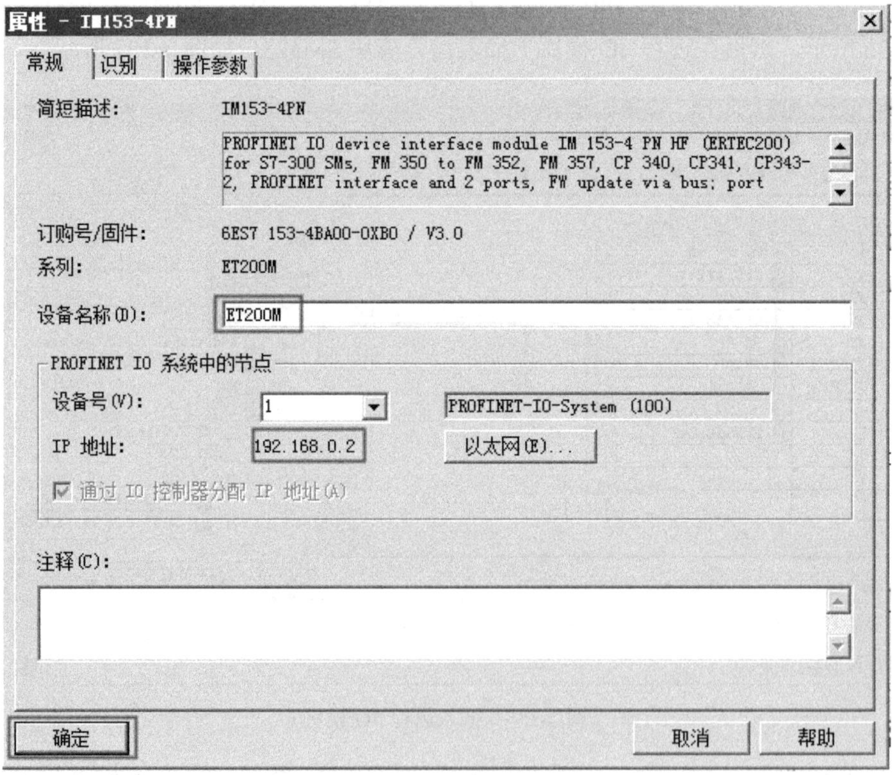

图 7-138 设备重命名

在菜单栏中，单击“PLC”→“Ethernet”→“分配设备名称”，如图 7-139 所示，弹出如图 7-140 所示界面，单击“Assign name”（分配名称），这样实际上把模块的名称“ET200M”下载到 IP 地址为 192.168.0.2 的远程站里。

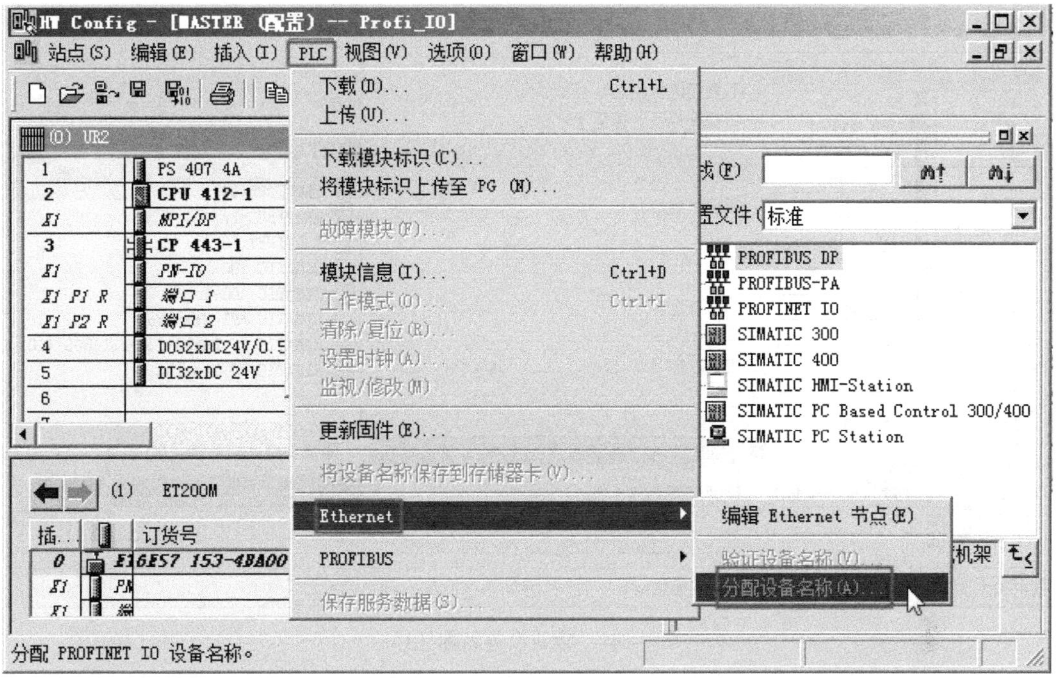

图 7-139 分配设备名称（1）

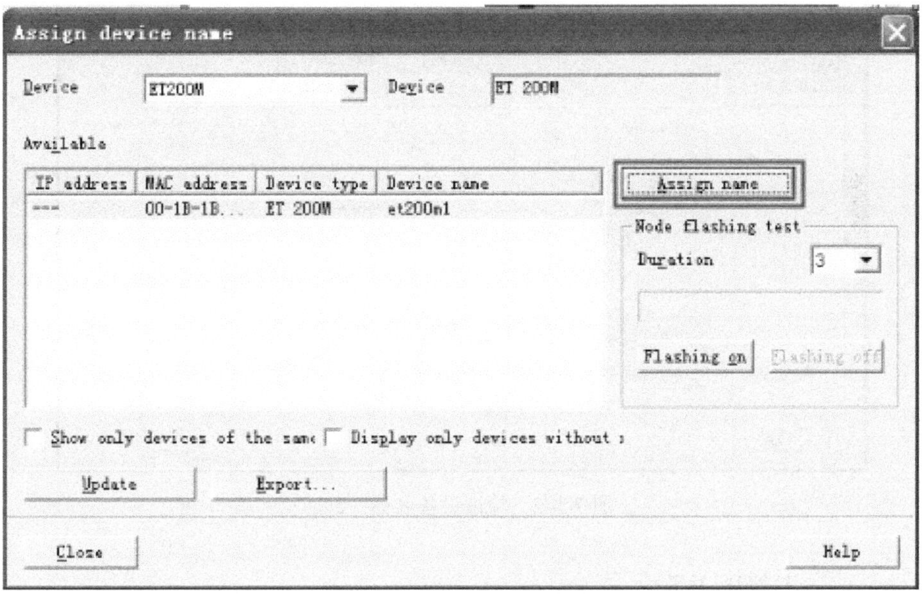

图 7-140 分配设备名称（2）

在菜单栏中，单击“PLC”→“Ethernet”→“验证设备名称”，如图 7-141 所示，弹出如图 7-142 所示界面，可以看到“Status”（状态）下有一个“√”，表示验证成功。

【关键点】 分配设备名称和验证设备名称必须在 STEP 7 与 CPU 处于连接状态下才能进行。

③ 编写程序 打开 OB1，在 OB1 中编写如图 7-143 所示的梯形图程序。

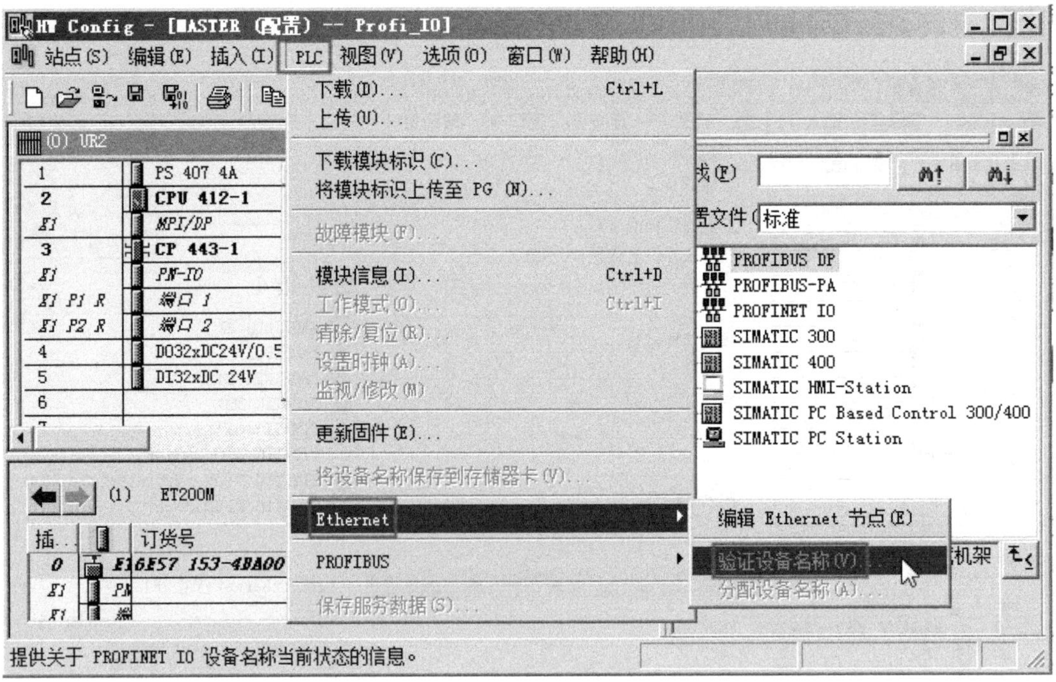

图 7-141 验证设备名称（1）

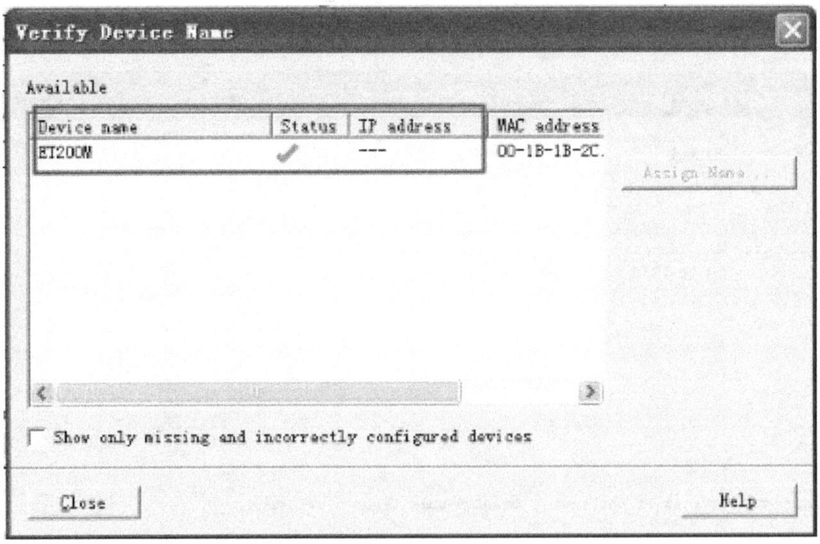

图 7-142 验证设备名称（2）

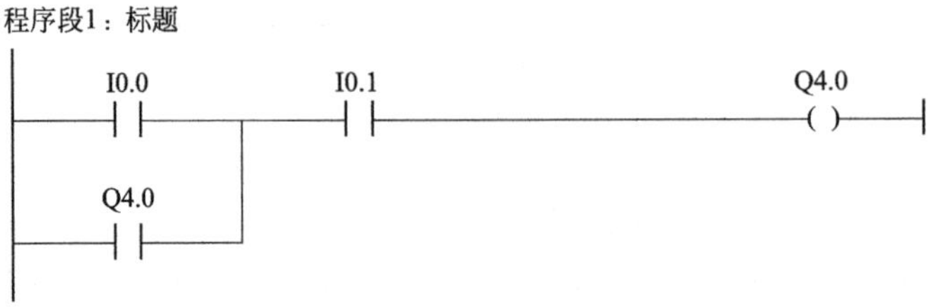

图 7-143 梯形图

第8章

西门子 S7-300 的 PID 控制技术

本章介绍 PID 控制的基本原理以及 PID 控制在电炉温度控制中的应用。

8.1 PID 控制简介

8.1.1 PID 控制原理简介

在过程控制中，按偏差的比例（P）、积分（I）和微分（D）进行控制的 PID 控制器（也称 PID 调节器）是应用最广泛的一种自动控制器。它具有原理简单、易于实现、适用面广、控制参数相互独立、参数选定比较简单、调整方便等优点；而且在理论上可以证明，对于过程控制的典型对象——“一阶滞后+纯滞后”与“二阶滞后+纯滞后”的控制对象，PID 控制器是一种最优控制。PID 调节规律是连续系统动态品质校正的一种有效方法，它的参数整定方式简便，结构改变灵活（如可为 PI 调节、PD 调节等）。长期以来，PID 控制器被广大科技人员及现场操作人员所采用，并积累了大量的经验。

PID 控制器就是根据系统的误差，利用比例、积分、微分计算出控制量来进行控制。当被控对象的结构和参数不能完全掌握或得不到精确的数学模型，控制理论的其他技术难以采用时，系统控制器的结构和参数必须依靠经验和现场调试来确定，这时应用 PID 控制技术最为方便。即当人们不完全了解一个系统和被控对象或不能通过有效的测量手段来获得系统参数时，最适合采用 PID 控制技术。

（1）比例（P）控制

比例控制是一种最简单、最常用的控制方式，如放大器、减速器和弹簧等。比例控制器能立即成比例地响应输入的变化量。但仅有比例控制时，系统输出存在稳态误差（Steady-state error）。

（2）积分（I）控制

在积分控制中，控制器的输出量是输入量对时间积累。对一个自动控制系统，如果在进入稳态后存在稳态误差，则称这个控制系统是有稳态误差的或简称有差系统（System with Steady-state Error）。为了消除稳态误差，在控制器中必须引入“积分项”。积分项对误差的运算取决于时间的积分，随着时间的增加，积分项会增大。所以即便误差很小，积分项也会随着时间的增加而加大，它推动控制器的输出增大，使稳态误差进一步减小，直到等于零。因此，采用比例+积分（PI）控制器，可以使系统在进入稳态后无稳态误差。

（3）微分（D）控制

在微分控制中，控制器的输出与输入误差信号的微分（即误差的变化率）成正比关系。自动控制系统在克服误差的调节过程中可能会出现振荡甚至失稳。其原因是存在有较大的惯性组件（环节）或有滞后（delay）组件，具有抑制误差的作用，其变化总是落后于误差的变化。解决的办法是使抑制误差的作用的变化“超前”，即在误差接近零时，抑制误差的作用就应该是零。这就是说，在控制器中仅引入“比例”项往往是不够的，比例项的作用仅是放大误差的幅值，因而需要增加的是“微分项”，它能预测误差变化的趋势，这样具有比例+微分的控制器就能够提前使抑制误差的控制作用等于零，甚至为负值，从而避免被控量的严重超调。所以对有较大惯性或滞后的被控对象，比例+微分（PD）控制器能改善系统在调节过程中的动态特性。

（4）闭环控制系统特点

控制系统一般包括开环控制系统和闭环控制系统。开环控制系统（Open-loop Control System）是指被控对象的输出（被控制量）对控制器（controller）的输出没有影响。在这种控制系统中，不依赖将被控制量反送回来以形成任何闭环回路。闭环控制系统（Closed-loop Control System）的特点是：系统被控对象的输出（被控制量）会反送回来影响控制器的输出，形成一个或多个闭环。闭环控制系统有正反馈和负反馈，若反馈信号与系统给定值信号相反，则称为负反馈（Negative Feedback）；若极性相同，则称为正反馈。一般闭环控制系统均采用负反馈，又称负反馈控制系统。可见，闭环控制系统性能远优于开环控制系统。

（5）PID 控制器的主要优点

PID 控制器成为应用最广泛的控制器，它具有以下优点。

① PID 算法蕴涵了动态控制过程中过去、现在、将来的主要信息，而且其配置几乎最优。其中，比例（P）代表了当前的信息，起纠正偏差的作用，使过程反应迅速。微分（D）在信号变化时有超前控制作用，代表将来的信息。在过程开始时强迫过程进行，过程结束时减小超调，克服振荡，提高系统的稳定性，加快系统的过渡过程。积分（I）代表了过去积累的信息，它能消除静差，改善系统的静态特性。此 3 种作用配合得当，可使动态过程快速、平稳、准确，得到良好的效果。

② PID 控制适应性好，有较强的鲁棒性，对各种工业场合，都可在不同的程度上应用。特别适于“一阶惯性环节+纯滞后”和“二阶惯性环节+纯滞后”的过程控制对象。

③ PID 算法简单明了，各个控制参数相对较为独立，参数的选定较为简单，形成了完整的设计和参数调整方法，很容易为工程技术人员所掌握。

④ PID 控制根据不同的要求，针对自身的缺陷进行了不少改进，形成了一系列改进的 PID 算法。例如，为了克服微分带来的高频干扰的滤波 PID 控制；为克服大偏差时出现饱和超调的 PID 积分分离控制；为补偿控制对象非线性因素的可变增益 PID 控制等。这些改进算法在一些应用场合取得了很好的效果。同时当今智能控制理论的发展，又形成了许多智能 PID 控制方法。

8.1.2 PID 控制的算法和图解

（1）PID 的算法

PID 控制系统原理如图 8-1 所示。

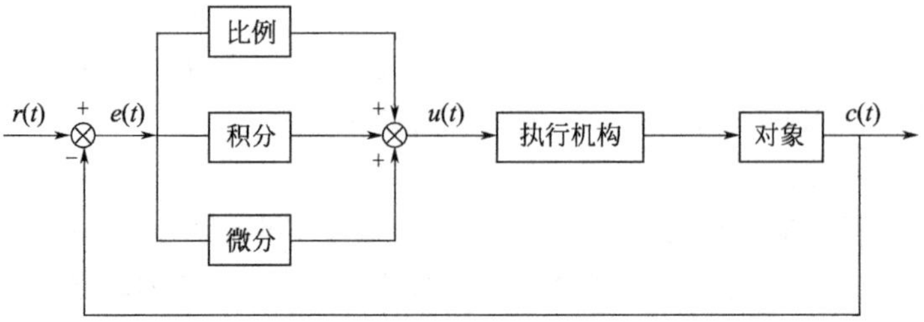

图 8-1 PID 控制系统原理

PID 控制器调节输出，保证偏差（e）为零，使系统达到稳定状态，偏差是给定值（SP）和过程变量（PV）的差。PID 控制的原理基于以下公式：

$$M(t) = K_C e + K_C \int_0^1 e\mathrm{d}t + M_{\text{initial}} + K_C \times \frac{\mathrm{d}e}{\mathrm{d}t} \tag{8-1}$$

式中，$M(t)$ 是 PID 回路的输出；K_C是 PID 回路的增益；e 是 PID 回路的偏差（给定值与过程变量的差）；M_{initial}是 PID 回路输出的初始值。

由于以上的算式是连续量，必须将连续量离散化才能在计算机中运算，离散处理后的算式如下：

$$M_n = K_C e_n + K_I \sum_1^n e_x + M_{\text{initial}} + K_D (e_n - e_{n-1}) \tag{8-2}$$

式中，M_n是在采样时刻 n 时 PID 回路的输出的计算值；K_C是 PID 回路的增益；K_I是积分项的比例常数；K_D是微分项的比例常数；e_n是采样时刻 n 的回路的偏差值；e_{n-1}是采样时刻 $n-1$ 的回路的偏差值；e_x是采样时刻 x 的回路的偏差值；M_{initial}是 PID 回路输出的初始值。

再对以上算式进行改进和简化，得出如下计算 PID 输出的算式：

$$M_n = MP_n + MI_n + MD_n \tag{8-3}$$

式中，M_n是第 n 采样时刻的计算值；MP_n是第 n 采样时刻的比例项值；MI_n是第 n 采样时刻的积分项的值；MD_n是第 n 采样时刻微分项的值。

$$MP_n = K_C (SP_n - PV_n) \tag{8-4}$$

式中，MP_n是第 n 采样时刻的比例项值；K_C是增益；SP_n是第 n 次采样时刻的给定值；PV_n是第 n 次采样时刻的过程变量值。很明显，比例项 MP_n数值的大小和增益 K_C成正比，增益 K_C增加可以直接导致比例项 MP_n的快速增加，从而直接导致 M_n增加。

$$MI_n = K_C T_S / T_I (SP_n - PV_n) + MX \tag{8-5}$$

式中，K_C是增益；T_S是回路的采样时间；T_I是积分时间；SP_n是第 n 次采样时刻的给定值；PV_n是第 n 次采样时刻的过程变量值；MX 是第 $n-1$ 时刻的积分项（也称为积分前项）。很明显，积分项 MI_n数值的大小随着积分时间 T_I的减小而增加，T_I的减小可以直接导致积分项 MI_n数值的增加，从而直接导致 M_n增加。

$$MD_n = K_C (PV_{n-1} - PV_n) T_D / T_S \tag{8-6}$$

式中，K_C是增益；T_S是回路的采样时间；T_D是微分时间；PV_n是第 n 次采样时刻的过程变量值；PV_{n-1}是第 $n-1$ 次采样时刻的过程变量。很明显，微分项 MD_n数值的大小随着微分时间 T_D的增加而增加，T_D的增加可以直接导致积分项 MD_n数值的增加，从而直接导致 M_n增加。

【关键点】 公式 (8-3) ~ 公式 (8-6) 是非常重要的。根据这几个公式，读者必须建立一个概念：增益 K_C增加可以直接导致比例项 MP_n的快速增加，T_I的减小可以直接导致积分项 MI_n数值的增加，微分项 MD_n数值的大小随着微分时间 T_D的增加而增加，从而直接导致 M_n增加。理解了这一点，对于正确调节 P、I、D 三个参数是至关重要的。

（2）PID 的算法图解

以上 PID 控制进行了数学计算，但对于数学功底薄弱的初学者是较难理解的，以下将用图解对 PID 的参数的作用进行说明，这样更加直观易懂。

① 纯比例控制曲线　纯比例控制曲线如图 8-2 所示。

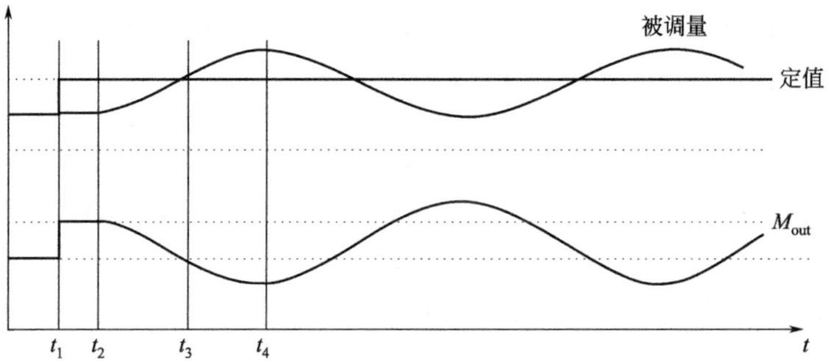

图 8-2 纯比例控制曲线

图 8-2 中，假设被调量（如果是电炉，那么被调量是温度）偏高时，调门应关小，即 PID 为负作用。在定值有一阶跃扰动时，调节器输入偏差为$-\Delta e$。此时 M_{out}（就是 PID 运算后的输出值）也应有一阶跃量ΔeK_C，然后被调量不变。经过一个滞后期 t_2，被调量开始响应 M_{out}。因为被调量增加，M_{out} 也开始降低。一直到 t_4 时刻，被调量开始回复时，M_{out} 才开始升高。两曲线虽然波动相反，但是图形如果反转，就可以看出是相似形。

② 纯积分控制曲线 纯积分控制曲线如图 8-3 所示。

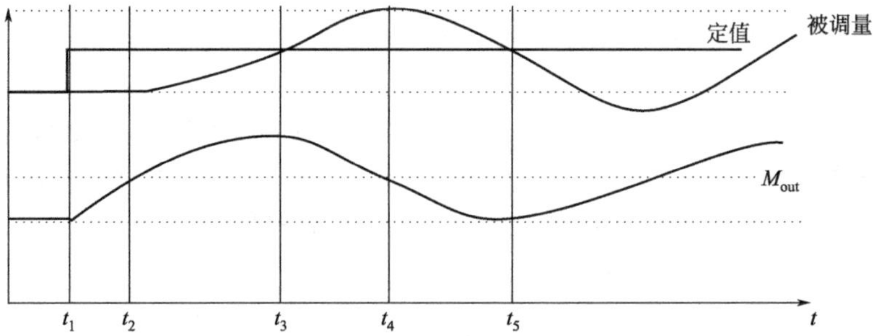

图 8-3 纯积分控制曲线

积分作用下的调节曲线,因输出的响应较比例作用不明显，故被调量开始变化的时刻 t_2，较比例作用缓慢。在 t_1～t_2 的时间内，因为被调量不变，即输入偏差不变，所以输出以不变的速率上升，即呈线性上升。调节器的输出缓慢改变，导致被调量逐渐受到影响而改变。在 t_2 时刻，被调量开始变化时，输入偏差逐渐减小，输出的速率开始降低。到 t_3 时刻，偏差为 0 时，输出不变，输出曲线为水平。然后偏差开始为正时，输出才开始降低。到 t_4 时刻，被调量达到顶点开始回复,但是因偏差仍旧为正,故输出继续降低只是速率开始减缓。直到 t_5 时刻，偏差为 0 时，输出才重新升高。

③ 比例积分控制曲线 如图 8-4 所示，定值有阶跃扰动时，比例作用使输出曲线 M_{out} 同时有一个阶跃扰动，同时积分作用使 M_{out} 开始继续增大。t_2 时刻后，被调量响应 M_{out} 开始增大。此时比例作用因Δe 减小而使 M_{out} 开始降低 [如图中点画线 $M_{out}(\delta)$所示]；但是前文说了积分作用与Δe 的趋势无关，与Δe 的正负有关，积分作用因Δe 还在负向，故继续使 M_{out} 增大，只是速率有所减缓。比例作用和积分作用的叠加，决定了 M_{out} 的实际走向，如图 $M_{out}(\delta_i)$ 所示。只要比例作用不是无穷大，或是积分作用不为零，从 t_2 时刻开始，总要有一段时间是积分作用强于比例作用，使得 M_{out} 继续升高。然后持平（t_3 时刻），然后降低。在被调量升到顶峰的 t_5 时刻，同理，比例作用使 M_{out} 也达到顶点（负向），而积分作用使得最终 M_{out} 的顶点向后延时（t_6 时刻）。

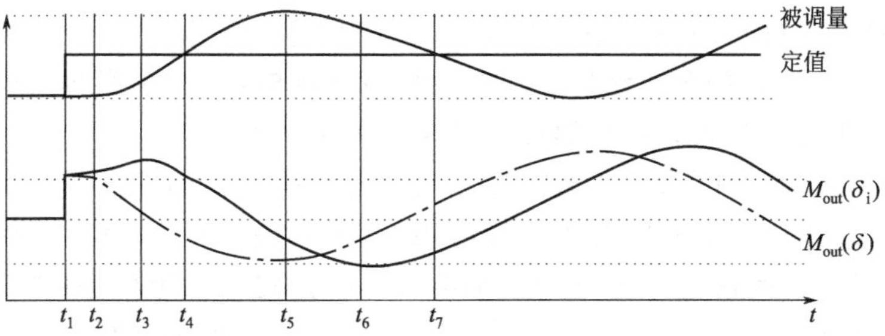

图 8-4 比例积分控制曲线

8.1.3 PID 控制器的参数整定

PID 控制器的参数整定是控制系统设计的核心内容。它是根据被控过程的特性，确定 PID 控制器的比例系数、积分时间和微分时间的大小。PID 控制器参数整定的方法很多，概括起来有如下两大类。

一是理论计算整定法。它主要依据系统的数学模型，经过理论计算确定控制器参数。这种方法所得到的计算数据未必可以直接使用，还必须通过工程实际进行调整和修改。

二是工程整定法。它主要依赖于工程经验，直接在控制系统的试验中进行，且方法简单、易于掌握，在工程实际中被广泛采用。

（1）整定的方法和步骤

现在一般采用的是临界比例法。利用该方法进行 PID 控制器参数的整定步骤如下：

① 首先预选择一个足够短的采样周期让系统工作；

② 仅加入比例控制环节，直到系统对输入的阶跃响应出现临界振荡，记下这时的比例放大系数和临界振荡周期；

③ 在一定的控制度下通过公式计算得到 PID 控制器的参数。

（2）PID 参数的经验值

在实际调试中，只能先大致设定一个经验值，然后根据调节效果修改，常见系统的经验值如下。

① 对于温度系统：P（%）20～60，I（分）3～10，D（分）0.5～3 。

② 对于流量系统：P（%）40～100，I（分）0.1～1。

③ 对于压力系统：P（%）30～70，I（分）0.4～3。

④ 对于液位系统：P（%）20～80，I（分）1～5。

8.2 利用西门子 S7-300 进行电炉的温度控制

西门子 S7-300 提供有 PID 控制功能块来实现 PID 控制。STEP 7 提供了系统功能块 FB41/SFB41、FB43/SFB42、FB43/SFB43 实现 PID 闭环控制，其中 FB41/SFB41“CONT_C”用于连续控制，FB42/SFB42“CONT_S”用于步进控制，FB43/SFB43“PULSEGEN”用于脉冲宽度调制，它们位于文件夹“库(Libraries)→Standard Library→PID Controller”中。位于文件夹“库(Libraries)→Standard Library→PID Controller”的 FB41、FB41、FB43 与 SFB41、SFB42、

SFB43 兼容，FB58、FB59 则用于 PID 温度控制。它们是系统固化的纯软件控制器，运行过程中循环扫描、计算所需的全部数据存储在分配给 FB 或 SFB 的背景数据块里，因此可以无限次调用。FB41 用于 S7-300，而 SFB41 用于 S7-400 中。

【例 8-1】 有一台电炉，要求炉温控制在一定的范围。电炉的工作原理如下。

当设定电炉温度后，CPU 314C-2DP 经过 PID 运算后由自带模拟量输出模块输出一个电压信号送到控制板，控制板根据电压信号（弱电信号）的大小控制电热丝的加热电压（强电）的大小（甚至断开），温度传感器测量电炉的温度，温度信号经过控制板的处理后输入到模拟量输入模块，再送到 CPU 314C-2DP 进行 PID 运算，如此循环。整个系统的硬件配置如图 8-5 所示。请编写控制程序。

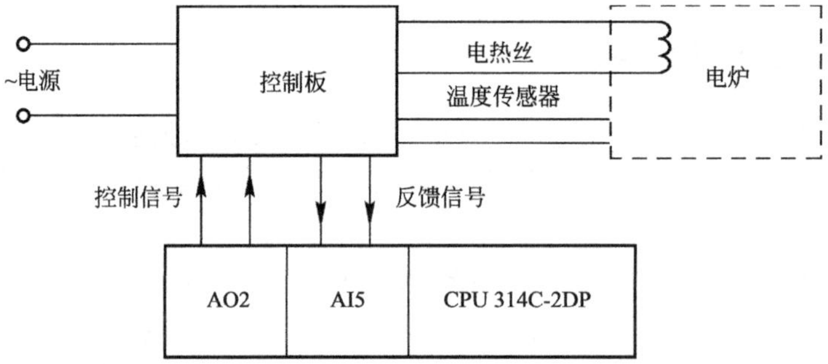

图 8-5 硬件配置

【解】

（1）主要软硬件配置

① 1 套 STEP 7 V5.5 SP3。

② 1 台 CPU 314C-2DP。

③ 1 根编程电缆（或者 CP5611 卡）。

④ 1 台电炉（含控制板）。

电气原理图如图 8-6 所示，注意：控制板采集到热电偶的信号，并将其处理成 0～10V 的信号送到 CPU 314C-2DP 的模拟量输入端子 2 和 4 上。CPU 314C-2DP 的模拟量输出端子

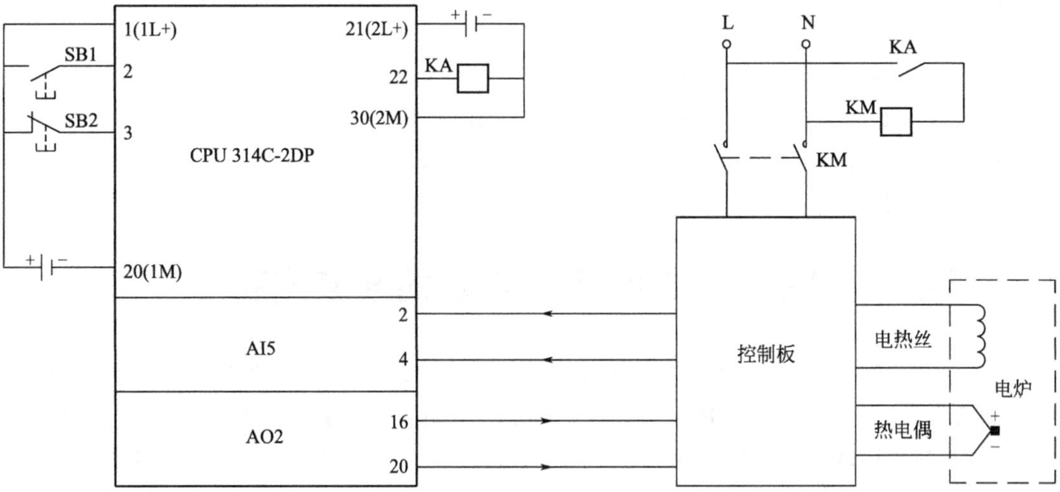

图 8-6 电气原理图

16 和 20，将 0～10V 的信号送到控制，控制板将根据其大小，转换成通断信号控制加热强度。控制板的内部结构不在本书的讨论范围，请读者参看其他资料。

（2）硬件组态

① 新建项目，并插入站点。新建项目，命名为“PID”，插入站点“SIMATIC 300（1）”，再在“块”里插入组织块“OB35”“OB100”和参数表“VAT_1”，如图 8-7 所示。

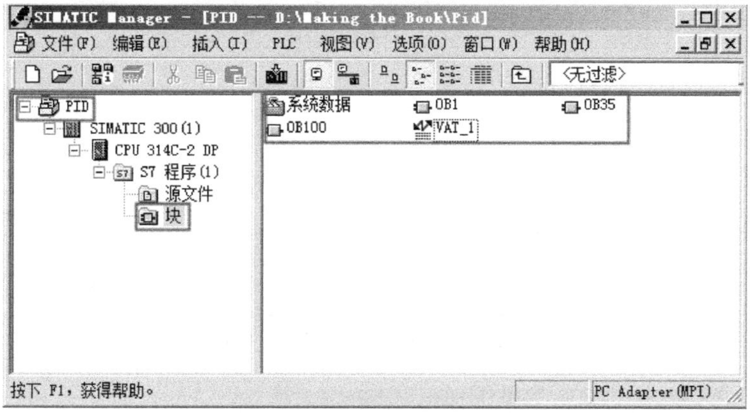

图 8-7 新建项目并插入站点

② 更改地址。双击 “DI24/DO16”，将数字量输入/输出的起始地址修改成从 0 开始，双击 “AI5/AO2”，将模拟量输入/输出的起始地址修改成从 4 开始，如图 8-8 所示，修改地址后，编写梯形图程序时，要与此地址对应。

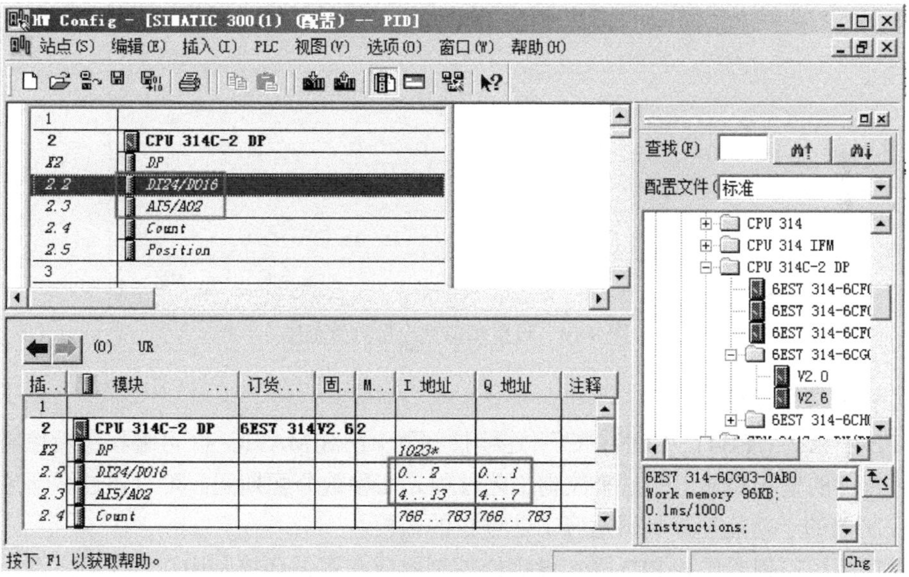

图 8-8 更改地址

③ 设置模拟输入量测量范围。先选定“输入”选项卡，选择通道 0 的测量范围为“0～10V”，其余未使用的通道取消激活，最后单击“确定”按钮，如图 8-9 所示。

④ 设置模拟输出量测量范围。先选定“输出”选项卡，再选择通道 0 的输出电压范围为“0～10V”，其余未使用的通道取消激活，单击“确定”按钮，如图 8-10 所示。

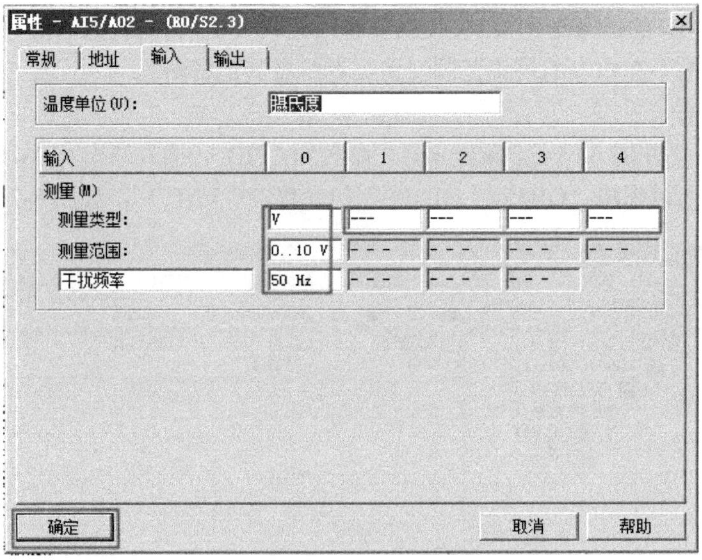

图 8-9 设置模拟输入量测量范围

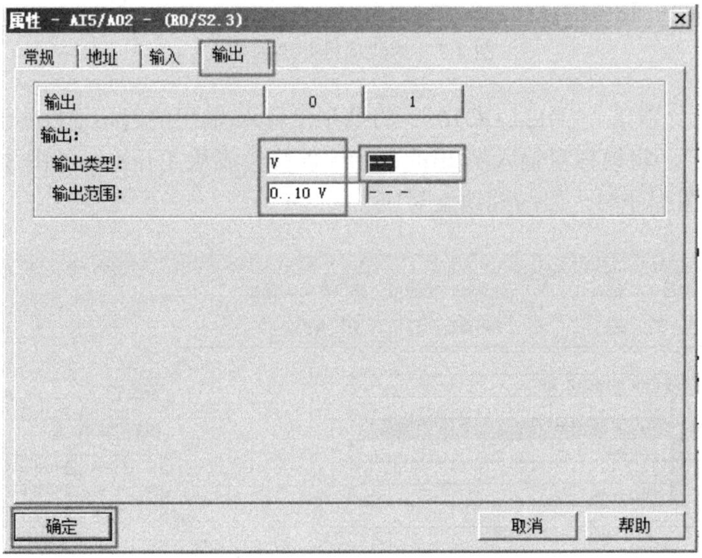

图 8-10 设置模拟输出量测量范围

（3）相关指令介绍

① FB41 指令 FB41“CONT_C”（连续控制器）在 SIMATIC S7 可编程逻辑控制器上使用，通过持续的输入和输出变量来控制工艺过程。在参数分配期间，可以通过激活或取消激活 PID 控制器的子功能使控制器适应工艺过程的需要。

可以使用该控制器作为 PID 固定设定值控制器或在多循环控制中作为层叠、混料或比例控制器。该控制器的功能基于使用模拟信号的采样控制器的 PID 控制算法，必要时可以通过加入脉冲发生器阶段进行扩展，为使用成比例执行机构的两个或三个步骤控制器生成脉冲持续时间调制输出信号。但要注意只有在以固定时间间隔调用块时，在控制块中计算的值才是正确的。为此，应该在周期性中断 OB（OB30～OB38）中调用控制块。在 CYCLE 参数中输入采样时间。FB41 指令的主要参数见表 8-1。

表 8-1 FB41 指令参数

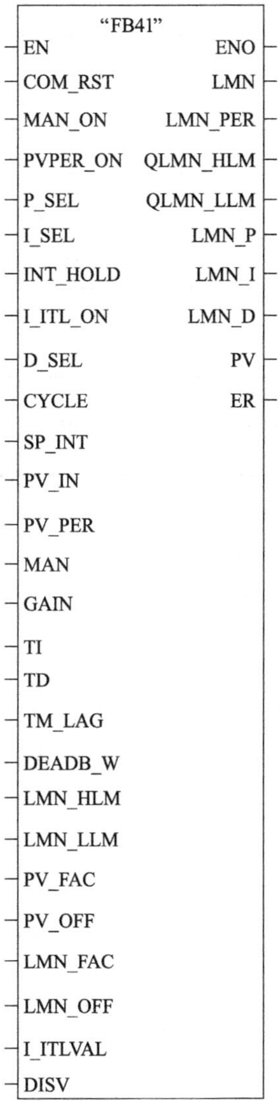

LAD	输入/输出	含　　义	数据类型
	EN	使能	BOOL
	COM_RST	为 1 时，重新启动 PID，复位 PID 内部参数	BOOL
	MAN_ON	为 1 时控制循环中断，直接将 MAN 的值送到 LMN	BOOL
	PVPER_PV	为 1 时，使用 I/O 输入的过程变量	BOOL
	P_SEL	为 1 时，打开比例 P 操作	BOOL
	I_SEL	为 1 时，打开积分 I 操作	BOOL
	INT_HOLD	为 1 时，积分输出被冻结	BOOL
	I_ITL_ON	为 1 时，I_ITLVAL 作为积分初值	BOOL
	D_SEL	为 1 时，打开微分 D 操作	BOOL
	CYCLE	采样时间	TIME
	SP_INT	PID 给定值	REAL
	PV_IN	浮点格式过程变量输入	REAL
	PV_PER	I/O 格式过程变量输入	WORD
	MAN	手动值	REAL
	GAIN	比例增益，用于设置控制器的增益	REAL
	TI	积分时间输入，积分响应时间	TIME
	TD	微分时间输入，微分响应时间	TIME
	TM_LAG	微分操作的延时时间输入	TIME
	DEADB_W	死区宽度	REAL
	LMN_HLM	控制器输出上限	REAL
	LMN_LLM	控制器输出下限	REAL
	PV_FAC	输入过程变量的比例因子	REAL
	PV_OFF	输入过程变量的偏移量	REAL
	LMN_FAC	输出过程变量的比例因子	REAL
	LMN_OFF	输出过程变量的偏移量	REAL
	I_ITLVAL	积分操作的初始值	REAL
	DISV	允许扰动量，一般不设置	REAL
	LMN	浮点格式的 PID 输出值	REAL
	LMN_PER	I/O 格式的 PID 输出值	WORD
	QLMN_HLM	PID 输出值超出上限	BOOL
	QLMN_LLM	PID 输出值超出下限	BOOL
	LMN_P	PID 输出值中的比例成分	REAL
	LMN_I	PID 输出值中的积分成分	REAL
	LMN_D	PID 输出值中的微分成分	REAL
	PV	格式化的过程变量输出	REAL
	ER	死区处理后的误差输出	REAL

② FC105 指令　SCALE 功能接受一个整型值（IN），并将其转换为以工程单位表示的介于下限和上限（LO_LIM 和 HI_LIM）之间的实型值。将结果写入 OUT。SCALE 功能使用以

下等式：

OUT = [FLOAT (IN) −K1]/(K2−K1) × (HI_LIM−LO_LIM) + LO_LIM

常数 K1 和 K2 根据输入值是 BIPOLAR（双极性）还是 UNIPOLAR（单极性）设置。BIPOLAR 的含义是：假定输入整型值介于−27648 与 27648 之间，则 K1 = −27648.0，K2 = +27648.0。UNIPOLAR 的含义是：假定输入整型值介于 0 和 27648 之间，则 K1 = 0.0，K2 = +27648.0。FC105 指令参数见表 8-2。

表 8-2　FC105 指令参数

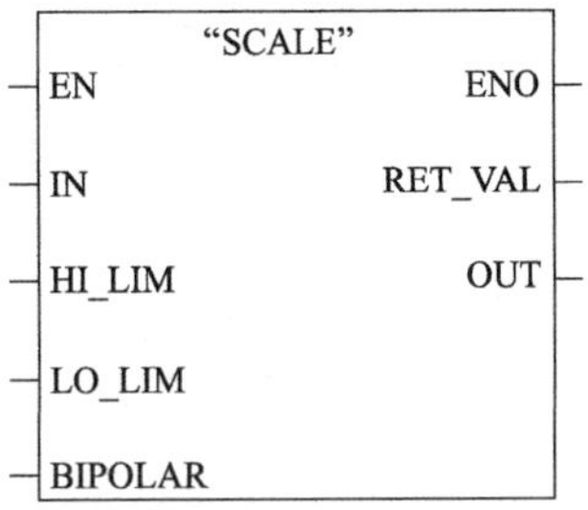

LAD	输入/输出	含　义	数据类型
	EN	使能，信号状态为 1 时激活该功能	BOOL
	HI_LIM	常数，工程单位表示的上限值	REAL
	LO_LIM	常数，工程单位表示的下限值	REAL
	BIPOLAR	为 1 时，表示输入值为双极性。信号状态 0 表示输入值为单极性	BOOL
	IN	输入值	INT
	OUT	转换的结果	REAL
	RET_VAL	如果该指令的执行没有错误，将返回值 W#16#0000。对于 W#16#0000 以外的其他值，参见"错误信息"	WORD

③ FC106 指令　UNSCALE 功能指令将一个从低限 LO_LIM 到高限 HI_LIM 工程单位的数值转换成一个整数值，将结果写入 OUT 中。这个指令满足如下公式：

OUT = (IN−LO_LIM)/(HI_LIM−LO_LIM)×(K2−K1) + K1

常数 K1 和 K2 根据输入值是 BIPOLAR（双极性）还是 UNIPOLAR（单极性）设置。BIPOLAR 的含义是假定输出整型值介于−27648 与 27648 之间，则 K1 = −27648.0，K2 = +27648.0。UNIPOLAR 的含义是假定输出整型值介于 0 和 27648 之间，则 K1 = 0.0，K2 = +27648.0。FC106 指令指令见表 8-3。

表 8-3　FC106 指令参数

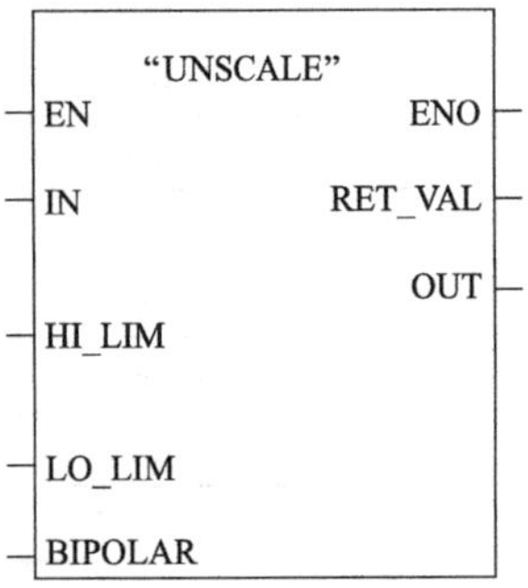

LAD	输入/输出	含　义	数据类型
	EN	使能，信号状态为 1 时激活该功能	BOOL
	HI_LIM	常数，工程单位表示的上限值	REAL
	LO_LIM	常数，工程单位表示的下限值	REAL
	BIPOLAR	为 1 时，表示输入值为双极性。信号状态 0 表示输入值为单极性	BOOL
	IN	要转换的输入值	REAL
	OUT	转换的结果	INT
	RET_VAL	如果该指令的执行没有错误，将返回值 W#16#0000。对于 W#16#0000 以外的其他值，参见"错误信息"	WORD

（4）编写程序

在符号编辑器中输入各个地址对应的符号，如图 8-11 所示，这是编写较大程序时不能缺少的步骤。

OB1 中的程序如图 8-12 所示；OB100 中的程序如图 8-13 所示，目的是重启 PID；OB35 中的程序如图 8-14 所示，每 0.1s 作一次 PID 运算。

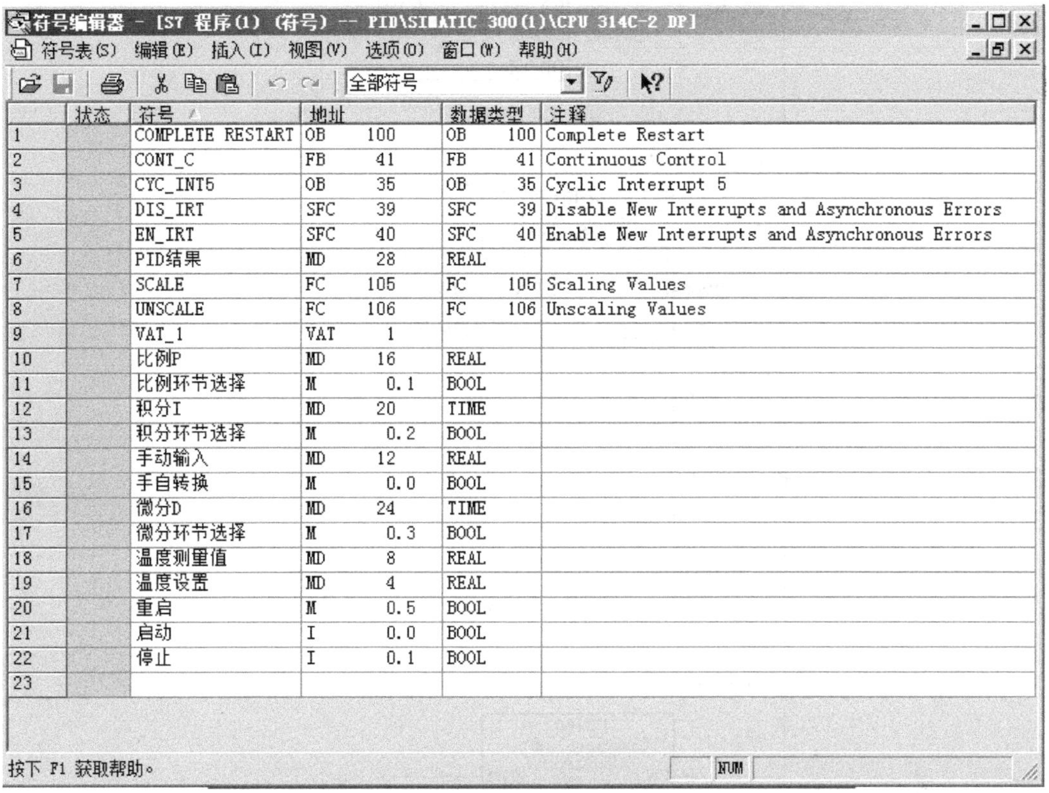
符号编辑器 - [S7 程序(1) (符号) -- PID\SIMATIC 300(1)\CPU 314C-2 DP]
符号表(S) 编辑(E) 插入(I) 视图(V) 选项(O) 窗口(W) 帮助(H)
全部符号

	状态	符号	地址		数据类型		注释
1		COMPLETE RESTART	OB	100	OB	100	Complete Restart
2		CONT_C	FB	41	FB	41	Continuous Control
3		CYC_INT5	OB	35	OB	35	Cyclic Interrupt 5
4		DIS_IRT	SFC	39	SFC	39	Disable New Interrupts and Asynchronous Errors
5		EN_IRT	SFC	40	SFC	40	Enable New Interrupts and Asynchronous Errors
6		PID结果	MD	28	REAL		
7		SCALE	FC	105	FC	105	Scaling Values
8		UNSCALE	FC	106	FC	106	Unscaling Values
9		VAT_1	VAT	1			
10		比例P	MD	16	REAL		
11		比例环节选择	M	0.1	BOOL		
12		积分I	MD	20	TIME		
13		积分环节选择	M	0.2	BOOL		
14		手动输入	MD	12	REAL		
15		手自转换	M	0.0	BOOL		
16		微分D	MD	24	TIME		
17		微分环节选择	M	0.3	BOOL		
18		温度测量值	MD	8	REAL		
19		温度设置	MD	4	REAL		
20		重启	M	0.5	BOOL		
21		启动	I	0.0	BOOL		
22		停止	I	0.1	BOOL		
23							

按下 F1 获取帮助。 NUM

图 8-11 符号编辑器

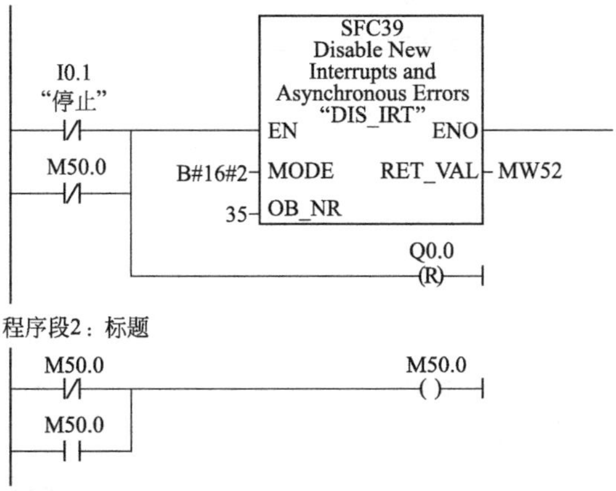

图 8-12

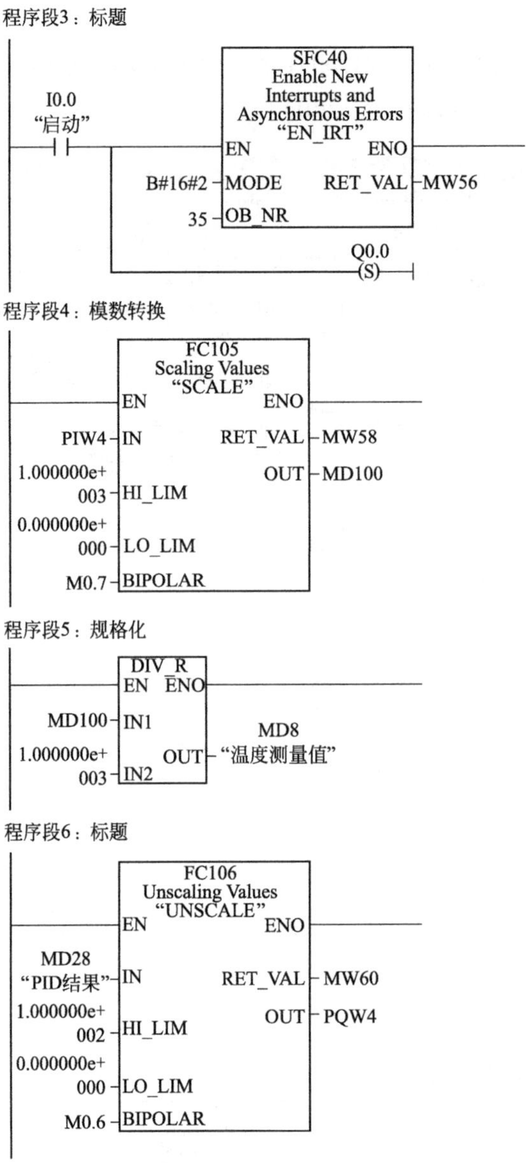

图 8-12　OB1 中的程序

程序段 1：标题

S	"重启"	M0.5

程序段 2：标题

R	"重启"	M0.5

图 8-13　OB100 中的程序

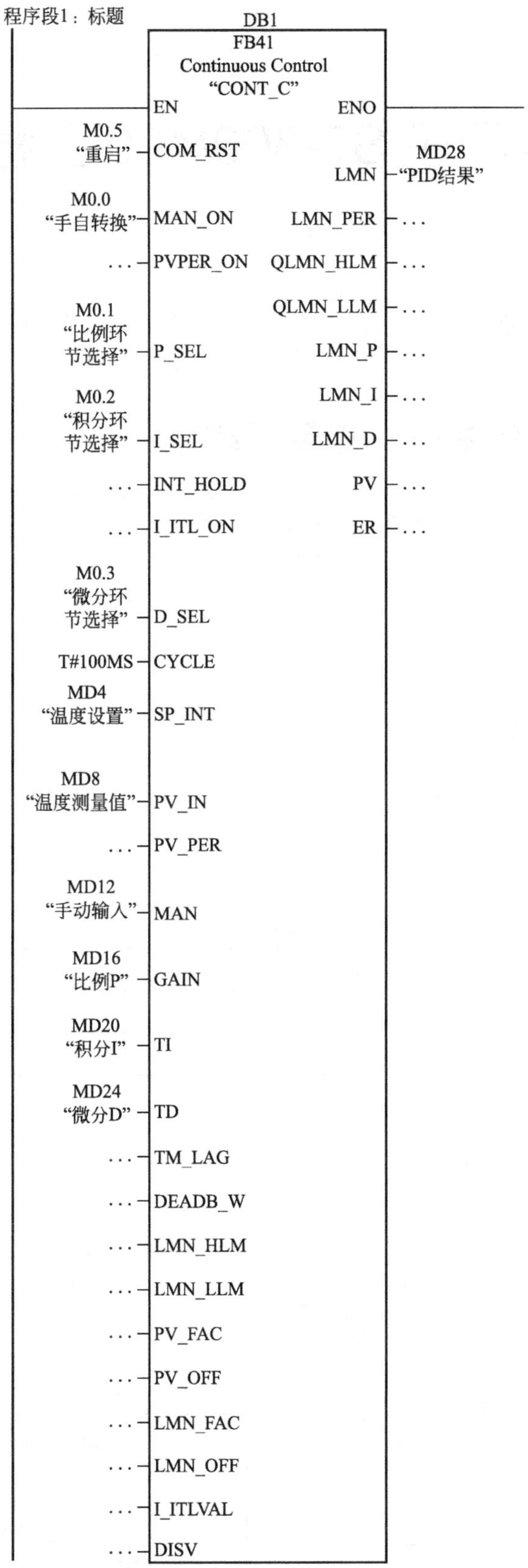

图 8-14 OB35 中的程序

第9章

西门子 S7-300/400 工程应用

本章介绍 5 个典型的可编程控制器的系统的集成过程的案例，由于在工程用到西门子 S7-300/400 时，程序容量都较大，因此部分实例不是完整的，是工程实例的一部分，供读者模仿学习。本章是前面章节内容的综合应用，因此本章的例题都有一定的难度。

9.1 间断润滑系统 PLC 控制系统

【例 9-1】 有一台设备，由 CPU 314C-2DP 控制，每次设备开启时，如设备的停机时间超过 12h，则开启润滑枪 2s，请设计此控制系统，并编写程序。

9.1.1 系统软硬件配置

（1）系统的软硬件

① 1 套 STEP 7 V5.5 SP3。

② 1 台 CPU 314C-2DP。

③ 1 根编程电缆（或者 CP5611 卡）。

（2）PLC 的 I/O 分配

PLC 的 I/O 分配见表 9-1。

表 9-1 PLC 的 I/O 分配

名 称	符 号	输入点	名 称	符 号	输出点
启动按钮	SB1	I0.0	继电器	KA1	Q0.0
停止按钮	SB2	I0.1	—	—	—

（3）控制系统的接线

控制系统的接线如图 9-1 所示。

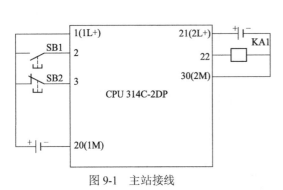

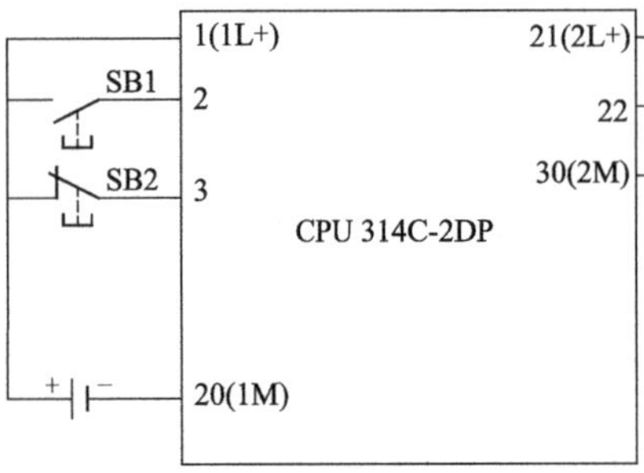

图 9-1 主站接线

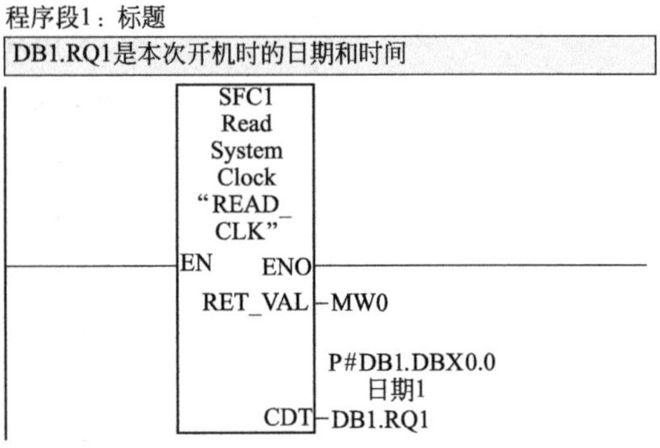

图 9-2 OB100 中的梯形图

9.1.2 编写程序

编写梯形图程序，如图 9-2 和图 9-3 所示。

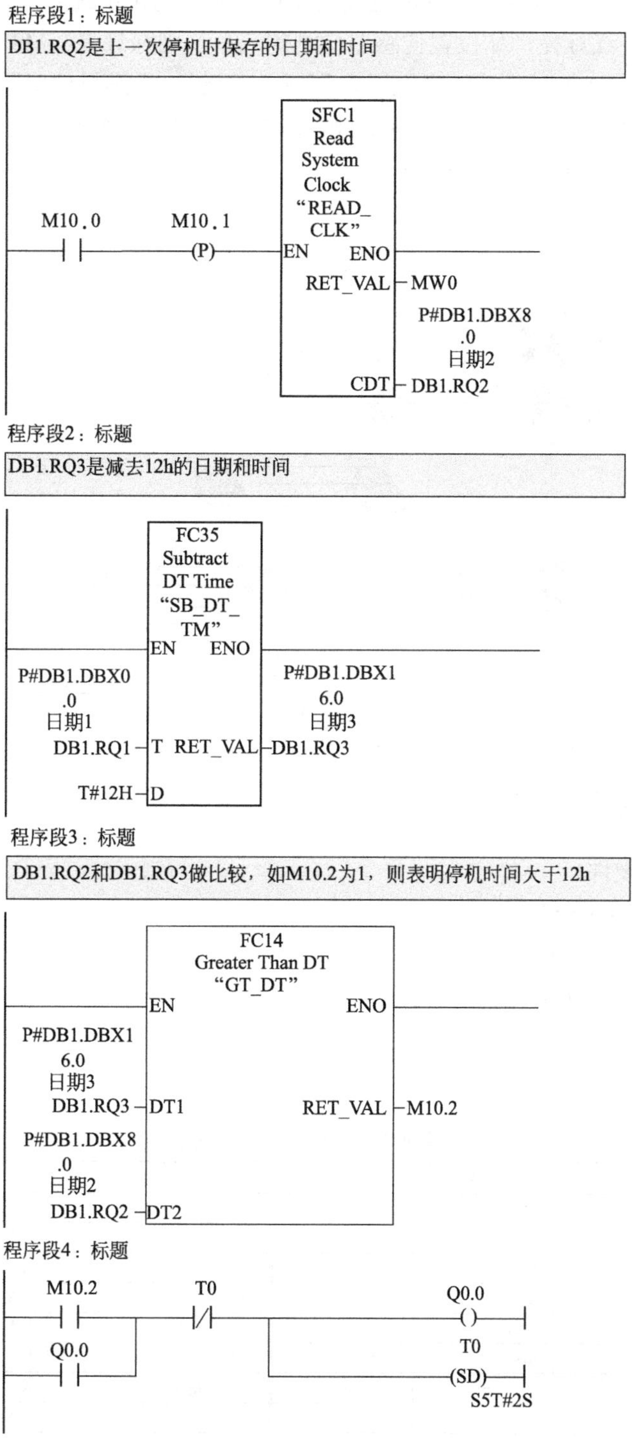

图 9-3 OB1 中的梯形图

9.2 三级带装车系统的PLC控制

【例9-2】如图9-4所示为三组带机组成的原料运输自动化系统为汽车装料。当压下启动按钮时，系统上电，红灯亮，如位置传感器检测到汽车，则绿灯亮，M3 电机进行星三角启动，接着电动机 M2、M1 依次星三角启动，同时 A 卸料。当满料传感器检测到装满汽车，或者停机时，料斗和 M3 立即停，2s 后 M2 停，再 2s 后 M1 停。每台电动机都可手/自转换控制。请设计此系统，并编写梯形图程序。

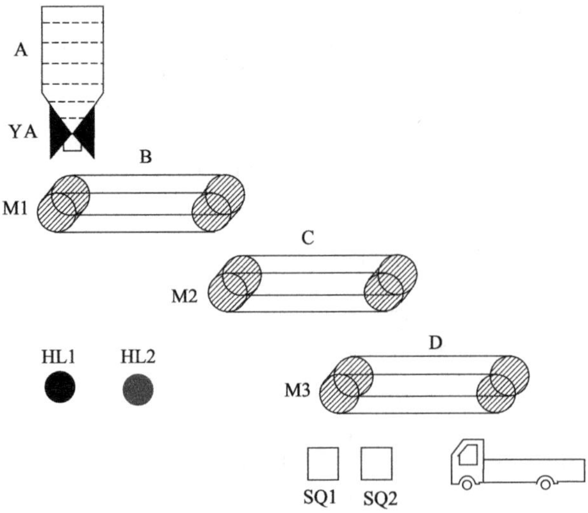

图9-4 三组带机组成的原料运输自动化系统为汽车装料

9.2.1 系统软硬件配置

（1）系统的软硬件

① 1套 STEP 7 V5.5 SP3。

② 1台 CPU 314C-2DP。

③ 1根编程电缆（或者 CP5611 卡）。

（2）PLC 的 I/O 分配

PLC 的 I/O 分配见表9-2。

表9-2 PLC的I/O分配

名称	符号	输入点	名称	符号	输出点
启动按钮	SB1	I0.0	上电	KA1	Q0.0
停止按钮	SB2	I0.1	M1 星形	KA2	Q0.1
到位限位	SQ1	I0.2	M1 三角形	KA3	Q0.2
满料限位	SQ2	I0.3	M2 星形	KA4	Q0.3
手/自转换按钮	SA1	I0.4	M2 三角形	KA5	Q0.4
急停按钮	SB3	I0.5	M3 星形	KA6	Q0.5
—	—	—	M3 三角形	KA7	Q0.6
—	—	—	卸料	KA8	Q0.7
—	—	—	绿灯	HL1	Q1.0
—	—	—	红灯	HL2	Q1.1

（3）控制系统的接线

控制系统的接线如图 9-5 所示。

（4）硬件组态

先新建项目，命名为“三台电动机的顺序启停”，配置 1 块 CPU 314C-2DP 模块，如图 9-6 所示，并将 CPU 314C-2DP 的输入地址修改为“IB0～IB2”，输出地址修改为“QB0～QB1”这些地址在编写程序时，必须与之一一对应。

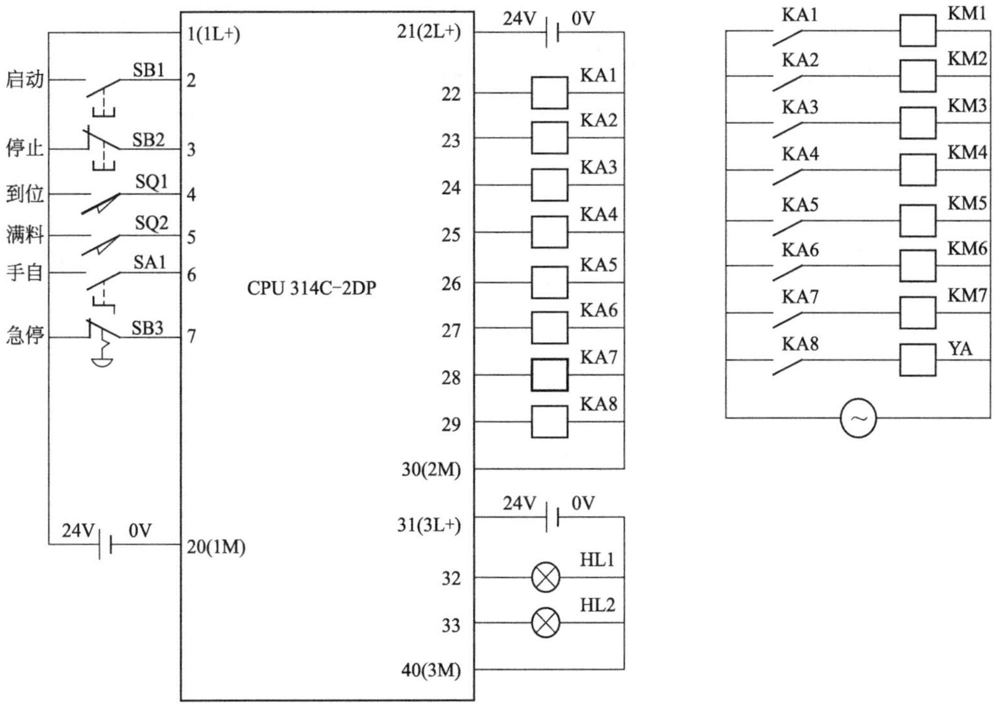

图 9-5 接线图

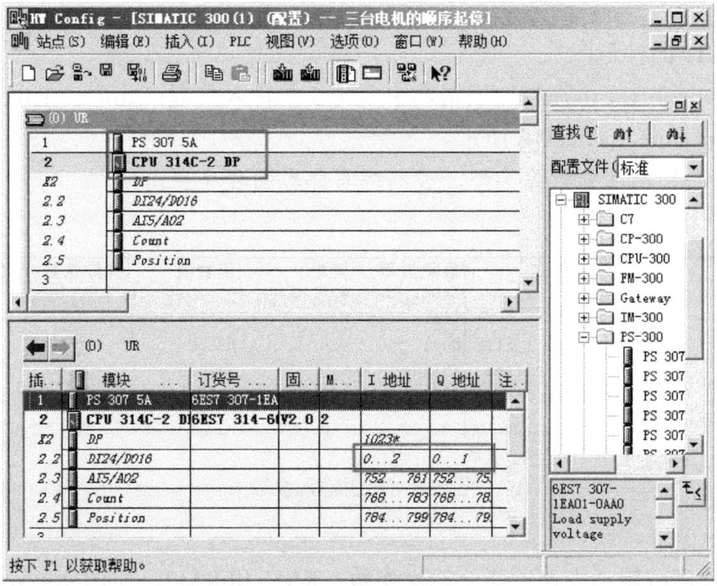

图 9-6 硬件组态

9.2.2 编写程序

（1）输入符号表

按照如图 9-7 所示，输入符号表，在实际工程中，这项工作不能省略。

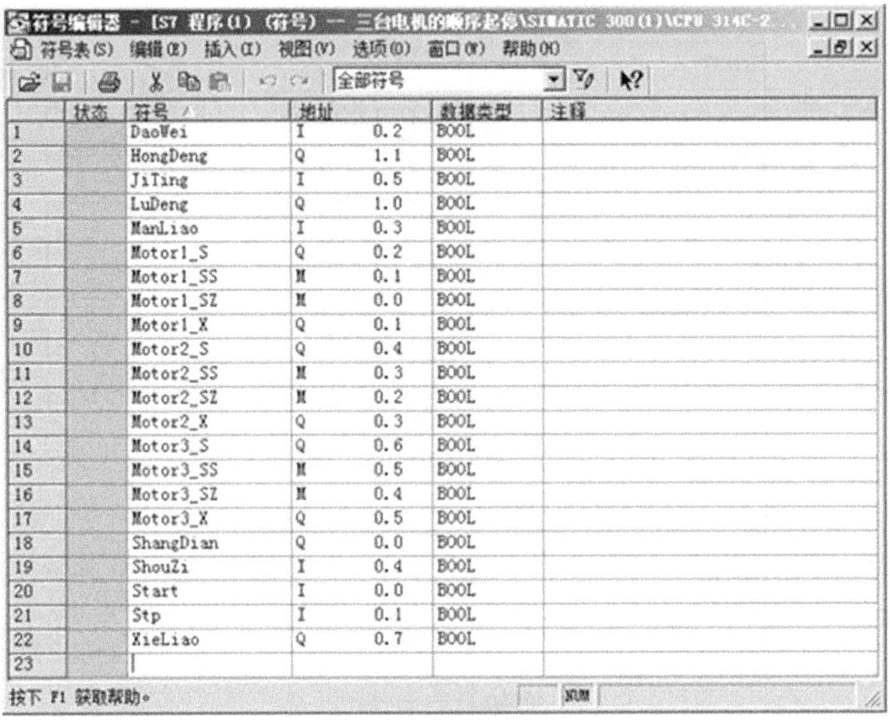

	状态	符号	地址		数据类型	注释
1		DaoWei	I	0.2	BOOL	
2		HongDeng	Q	1.1	BOOL	
3		JiTing	I	0.5	BOOL	
4		LuDeng	Q	1.0	BOOL	
5		ManLiao	I	0.3	BOOL	
6		Motor1_S	Q	0.2	BOOL	
7		Motor1_SS	M	0.1	BOOL	
8		Motor1_SZ	M	0.0	BOOL	
9		Motor1_X	Q	0.1	BOOL	
10		Motor2_S	Q	0.4	BOOL	
11		Motor2_SS	M	0.3	BOOL	
12		Motor2_SZ	M	0.2	BOOL	
13		Motor2_X	Q	0.3	BOOL	
14		Motor3_S	Q	0.6	BOOL	
15		Motor3_SS	M	0.5	BOOL	
16		Motor3_SZ	M	0.4	BOOL	
17		Motor3_X	Q	0.5	BOOL	
18		ShangDian	Q	0.0	BOOL	
19		ShouZi	I	0.4	BOOL	
20		Start	I	0.0	BOOL	
21		Stp	I	0.1	BOOL	
22		XieLiao	Q	0.7	BOOL	
23						

图 9-7　符号表

（2）编写 FB1 的梯形图

① 先新建功能 FB1，再在程序编辑器中声明 5 个输入参数：Timer1、Timer2、Start_Flag、Xing_Time、San_Time，如图 9-8 所示。

【关键点】 要特别注意数据类型，否则编写梯形图程序会出错。

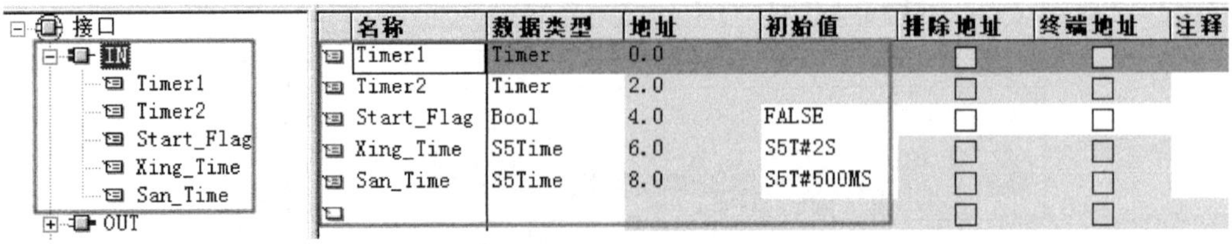

名称	数据类型	地址	初始值	排除地址	终端地址	注释
Timer1	Timer	0.0		☐	☐	
Timer2	Timer	2.0		☐	☐	
Start_Flag	Bool	4.0	FALSE	☐	☐	
Xing_Time	S5Time	6.0	S5T#2S	☐	☐	
San_Time	S5Time	8.0	S5T#500MS	☐	☐	
				☐	☐	

图 9-8　声明输入参数

② 接着在程序编辑器中声明 2 个输出参数：KM1 和 KM2，如图 9-9 所示。

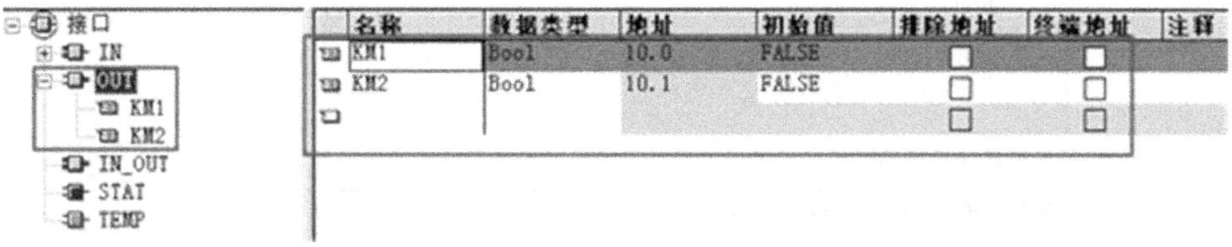

图 9-9　声明输出参数

③ 编写 FB1 的梯形图，如图 9-10 所示，其功能实际就是电动机的星-三角启动控制，在主程序中要调用三次。

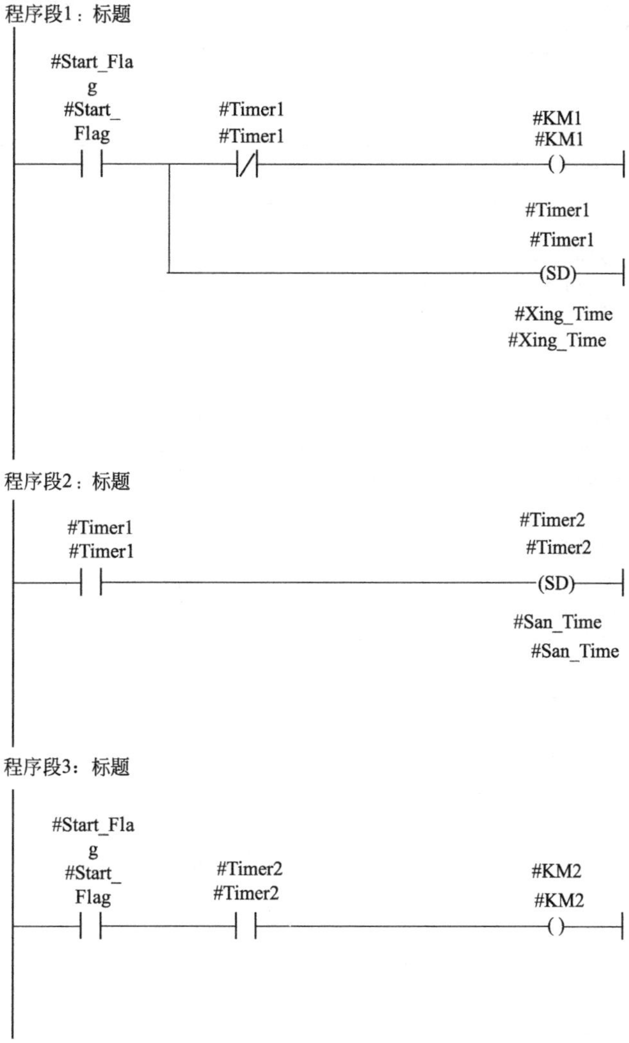

图 9-10　FB1 中的梯形图

（3）编写 OB1 的梯形图

主程序梯形图如图 9-11 所示。

程序段1：复位

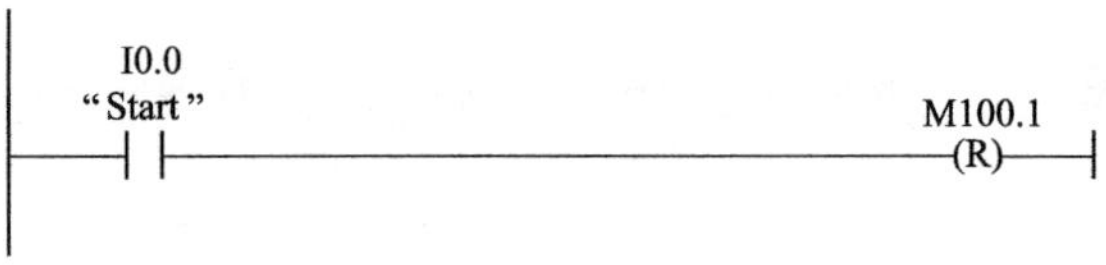

程序段2：启动控制

系统上电；红灯亮，没有装料

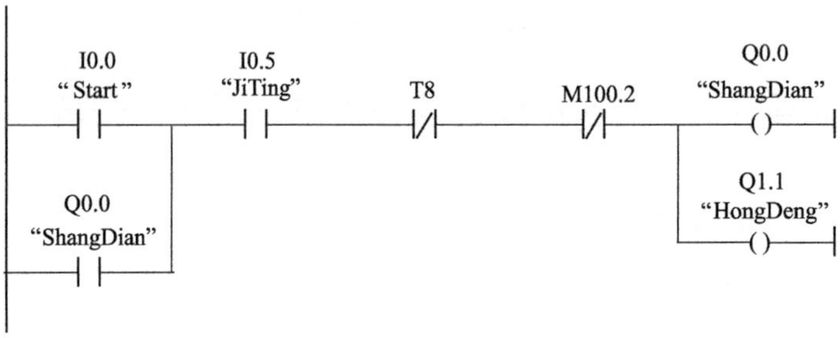

程序段3：标题

自动状态时，只要传送带处于运行状态，绿灯亮

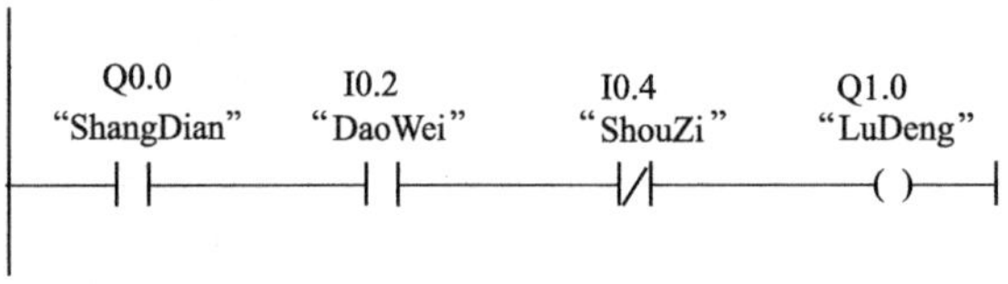

程序段4：标题：

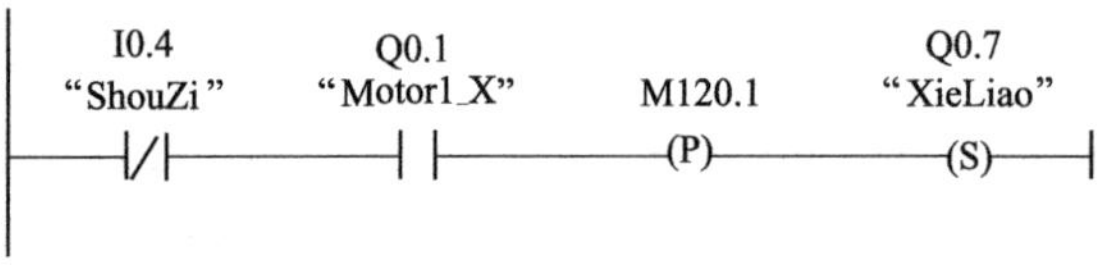

程序段5：标题

程序段6：停止和满料控制

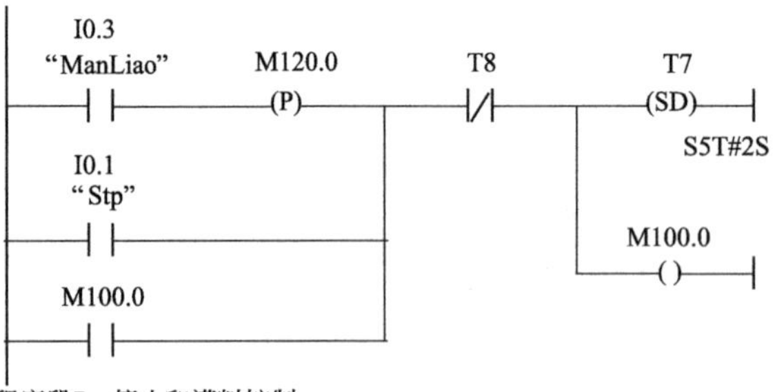

程序段7：停止和满料控制

程序段8：停止控制

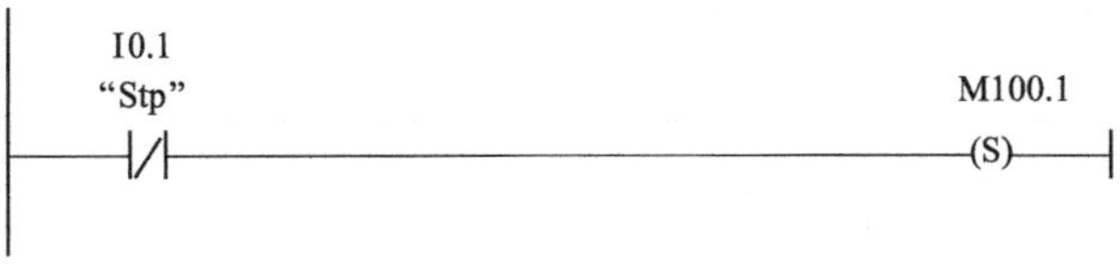

程序段9：电动机3的星三角启动

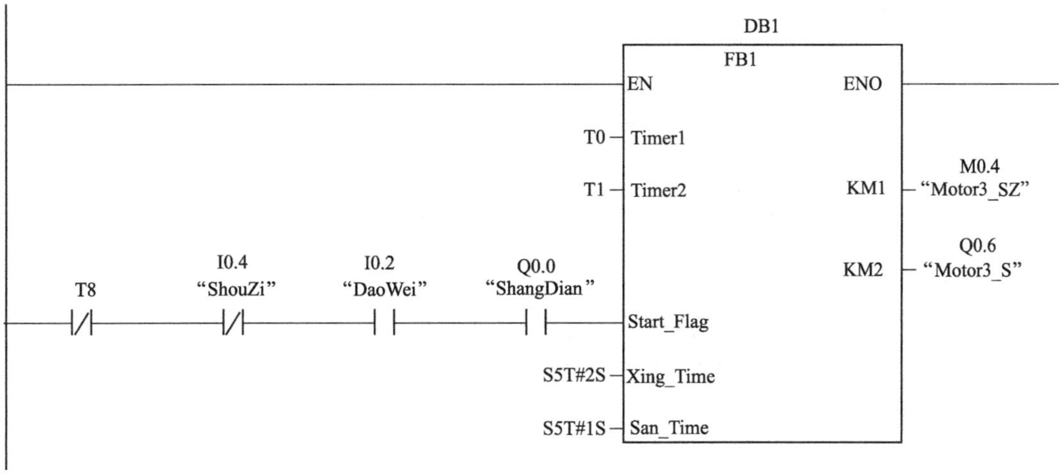

程序段10：电动机2的星三角启动

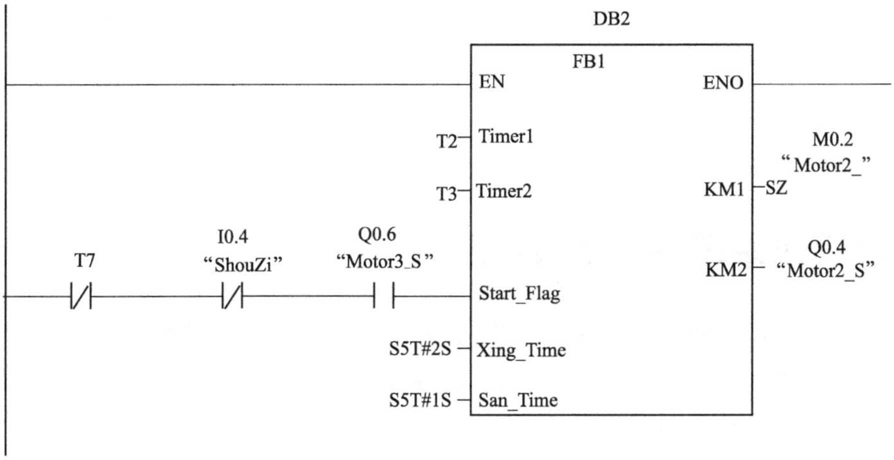

程序段11：电动机1的星三角启动

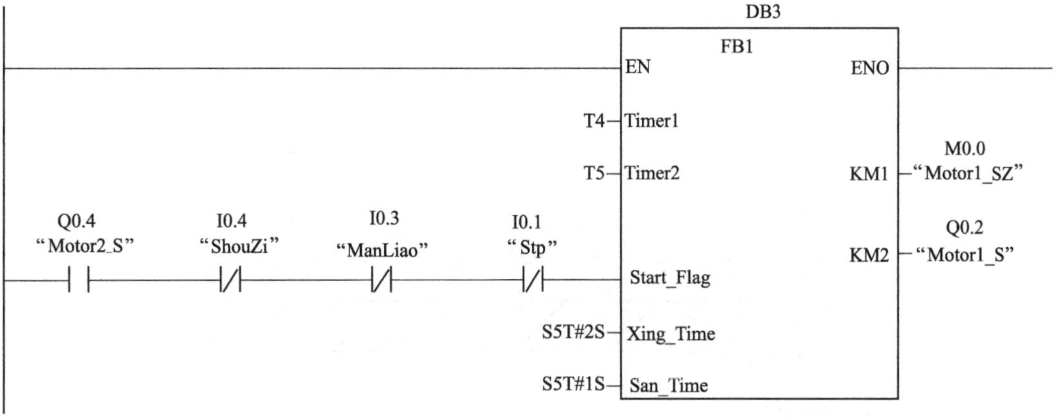

图 9-11

程序段12：星形运行

含手动和自动运行状态

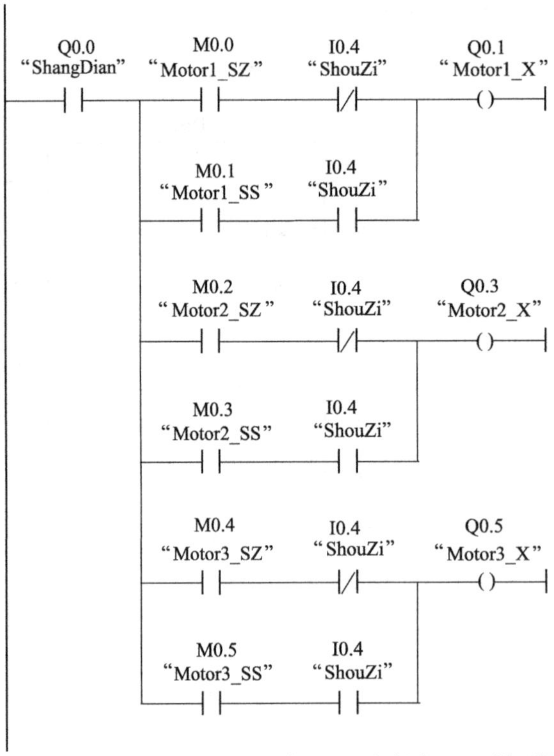

图 9-11　主程序 OB1 梯形图

9.3 啤酒灌装线系统的 PLC 控制

【例 9-3】 有两条啤酒生产线，由一台西门子 S7-300 控制。如果啤酒线启动运行时，当啤酒瓶到位后，传送带停止转动，开始灌装啤酒，装满后，传送带转动，当啤酒瓶到达灌装线尾部时，系统自动计数，并显示。1 号线示意图如图 9-12 所示。

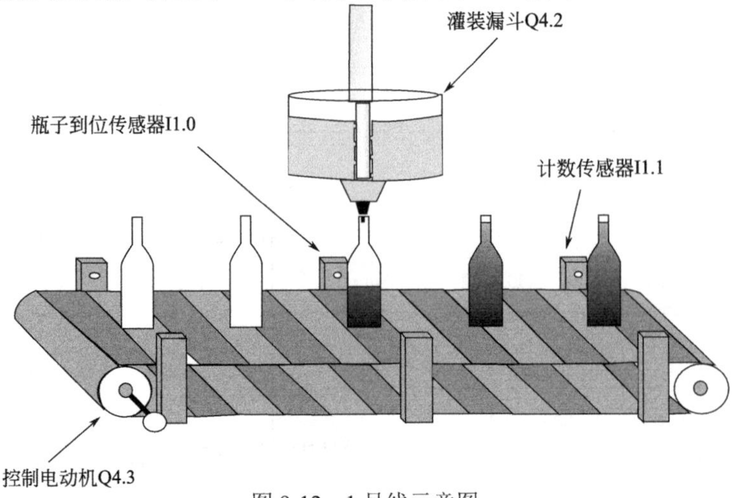

图 9-12　1 号线示意图

2 号线示意图如图 9-13 所示。

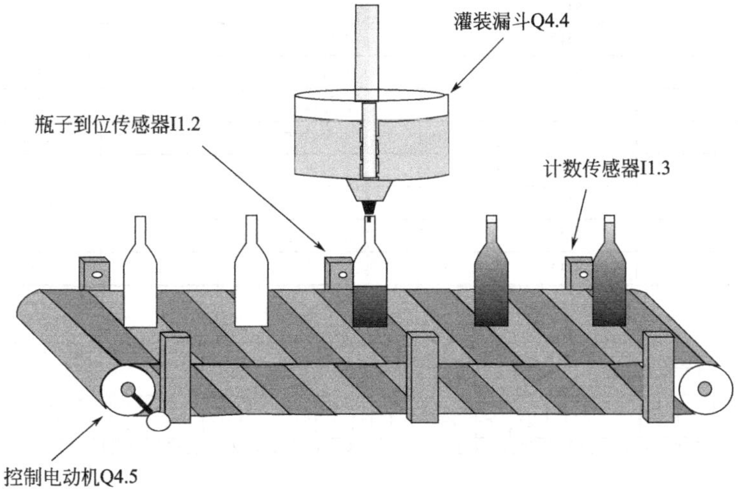

图 9-13　2 号线示意图

面板示意图如图 9-14 所示。请设计此系统，并编写梯形图程序。

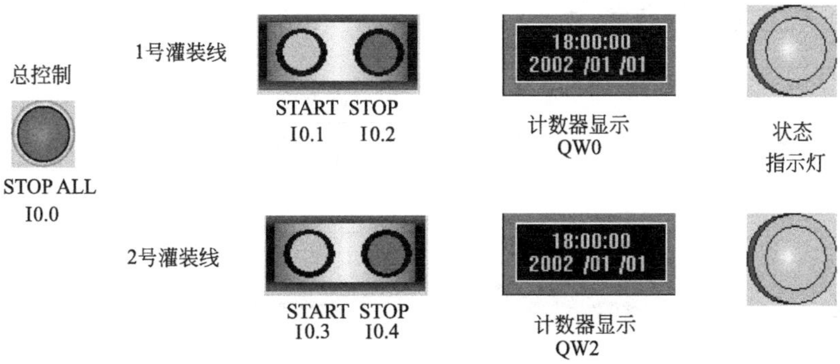

图 9-14　面板示意图

9.3.1　系统软硬件配置

（1）系统的软硬件

① 1 套 STEP 7 V5.5 SP3。

② 1 台 CPU 314C-2DP。

③ 1 根编程电缆（或者 CP5611 卡）。

④ 2 台 SM322。

（2）PLC 的 I/O 分配

PLC 的 I/O 分配见表 9-3。

（3）控制系统的接线

控制系统的接线如图 9-15 所示。

表 9-3　PLC 的 I/O 分配

名　称	符　号	输入点	名　称	符　号	输出点
总控制按钮	SB1	I0.0	1 号线计数	—	QW0
1 号线启动按钮	SB2	I0.1	2 号线计数	—	QW2
1 号线停止按钮	SB3	I0.2	1 号线显示	HL1	Q4.0
2 号线启动按钮	SB4	I0.3	2 号线显示	HL2	Q4.1
2 号线停止按钮	SB5	I0.4	1 号线电动机	KA1	Q4.3
1 号线瓶子到位传感器	SQ1	I1.0	2 号线电动机	KA2	Q4.5
1 号线计数传感器	SQ2	I1.1	1 号线电磁阀	YA1	Q4.2
2 号线瓶子到位传感器	SQ3	I1.2	2 号线电磁阀	YA2	Q4.4
2 号线计数传感器	SQ4	I1.3	—	—	—

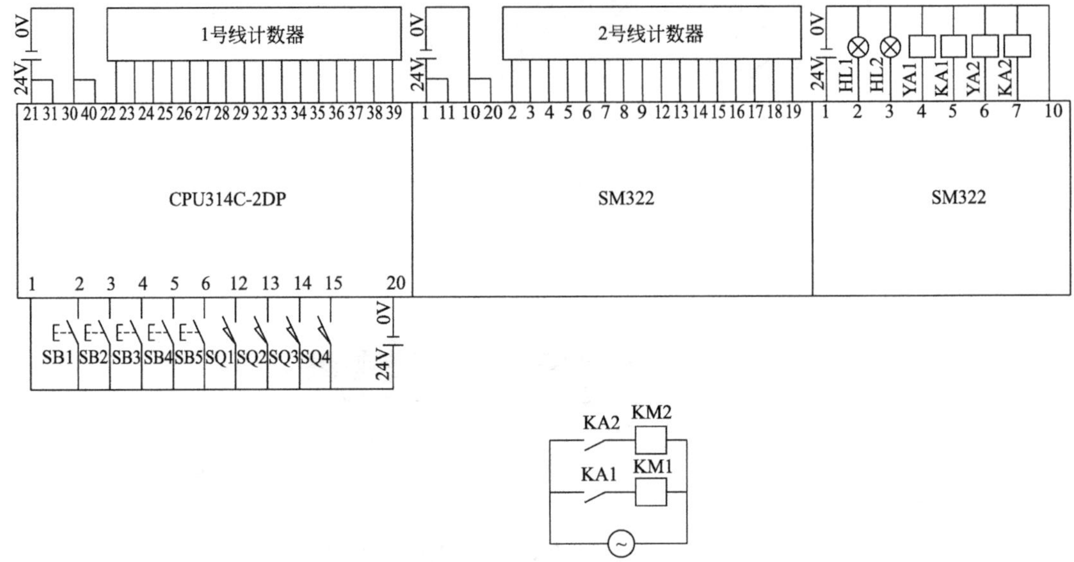

图 9-15　接线图

（4）硬件组态

先新建项目，命名为“灌装线”，配置 1 块模块 CPU 314C-2DP 和 2 块 DO16x24V，如图 9-16 所示，并将 CPU 314C-2DP 的输入地址修改为“IB0～IB2”，输出地址修改为“QB0～QB1”；然后将第一块 DO16x24V 的输出地址修改为“QB2～QB3”；将第二块 DO16x24V 的输出地址修改为“QB4～QB5”；这些地址在编写程序时，必须与之一一对应。

9.3.2　编写程序

（1）输入符号表

按照如图 9-17 所示，输入符号表，在实际工程中，这项工作不能省略。

（2）编写 FC1 的梯形图

① 先新建功能 FC1，再在程序编辑器中声明 3 个输入参数：Start、Stop、Stop_All，如图 9-18 所示。

② 接着在程序编辑器中声明 1 个输出参数：Plant_On，如图 9-19 所示。

③ 编写 FC1 的梯形图，如图 9-20 所示，其功能实际就是启停控制。

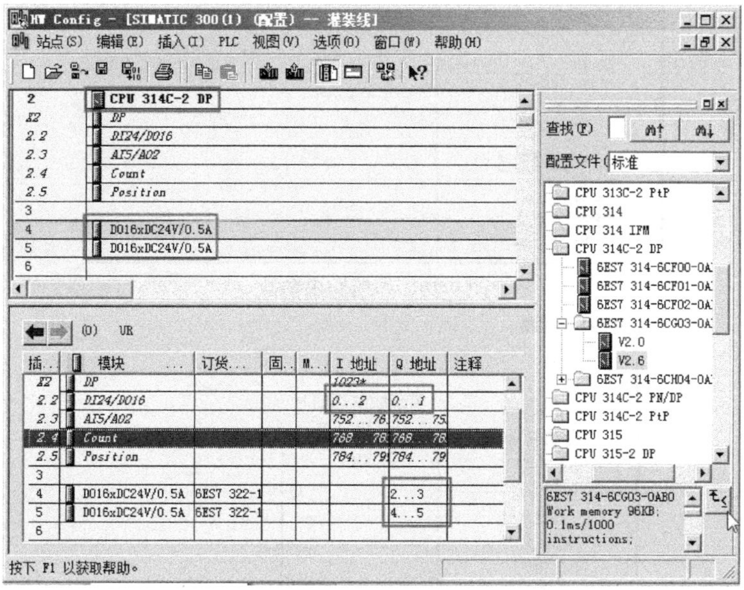

图 9-16　硬件组态

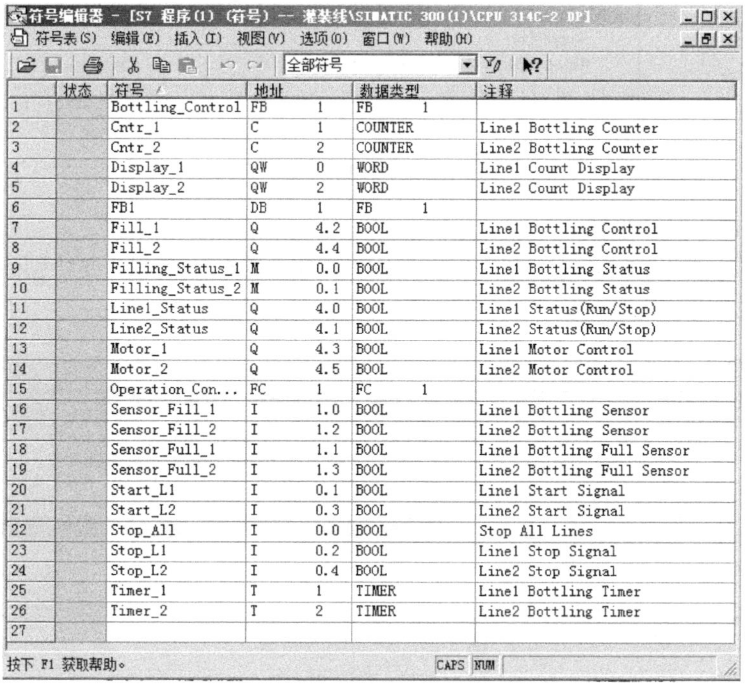

	状态	符号	地址		数据类型		注释
1		Bottling_Control	FB	1	FB	1	
2		Cntr_1	C	1	COUNTER		Line1 Bottling Counter
3		Cntr_2	C	2	COUNTER		Line2 Bottling Counter
4		Display_1	QW	0	WORD		Line1 Count Display
5		Display_2	QW	2	WORD		Line2 Count Display
6		FB1	DB	1	FB	1	
7		Fill_1	Q	4.2	BOOL		Line1 Bottling Control
8		Fill_2	Q	4.4	BOOL		Line2 Bottling Control
9		Filling_Status_1	M	0.0	BOOL		Line1 Bottling Status
10		Filling_Status_2	M	0.1	BOOL		Line2 Bottling Status
11		Line1_Status	Q	4.0	BOOL		Line1 Status(Run/Stop)
12		Line2_Status	Q	4.1	BOOL		Line2 Status(Run/Stop)
13		Motor_1	Q	4.3	BOOL		Line1 Motor Control
14		Motor_2	Q	4.5	BOOL		Line2 Motor Control
15		Operation_Con...	FC	1	FC	1	
16		Sensor_Fill_1	I	1.0	BOOL		Line1 Bottling Sensor
17		Sensor_Fill_2	I	1.2	BOOL		Line2 Bottling Sensor
18		Sensor_Full_1	I	1.1	BOOL		Line1 Bottling Full Sensor
19		Sensor_Full_2	I	1.3	BOOL		Line2 Bottling Full Sensor
20		Start_L1	I	0.1	BOOL		Line1 Start Signal
21		Start_L2	I	0.3	BOOL		Line2 Start Signal
22		Stop_All	I	0.0	BOOL		Stop All Lines
23		Stop_L1	I	0.2	BOOL		Line1 Stop Signal
24		Stop_L2	I	0.4	BOOL		Line2 Stop Signal
25		Timer_1	T	1	TIMER		Line1 Bottling Timer
26		Timer_2	T	2	TIMER		Line2 Bottling Timer
27							

图 9-17　符号表

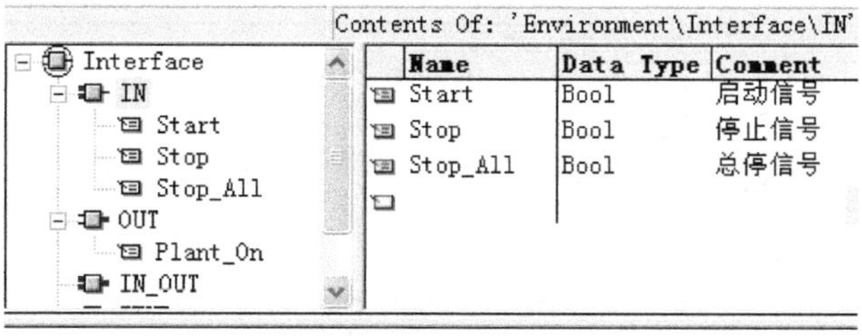

图 9-18　声明输入参数

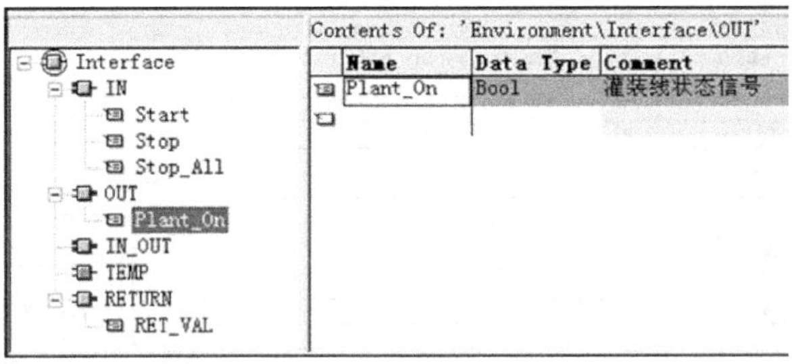

图 9-19 声明输出参数

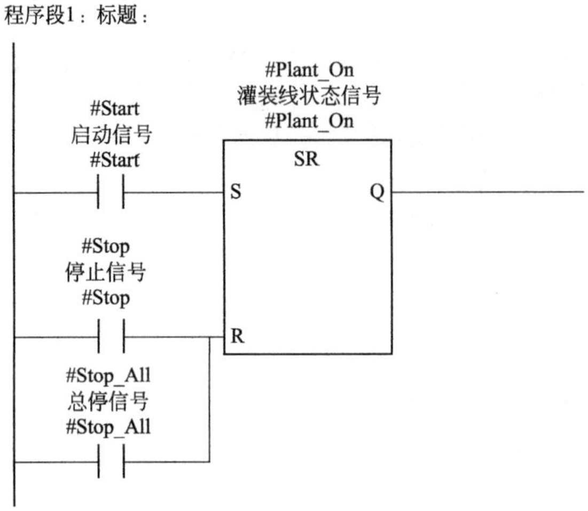

图 9-20 FC1 中的梯形图

（3）编写 FB1 的梯形图

① 先新建功能块 FB1，再在程序编辑器中，声明 5 个输入变量，要特别注意变量的数据类型，如图 9-21 所示。

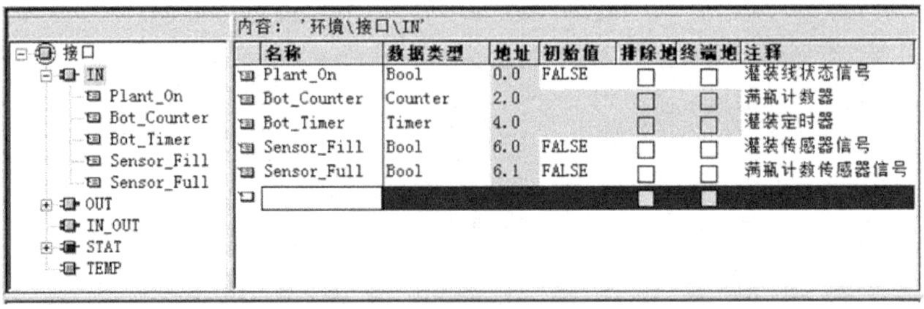

图 9-21 声明输入参数

② 在程序编辑器中，声明 2 个输出变量，如图 9-22 所示。

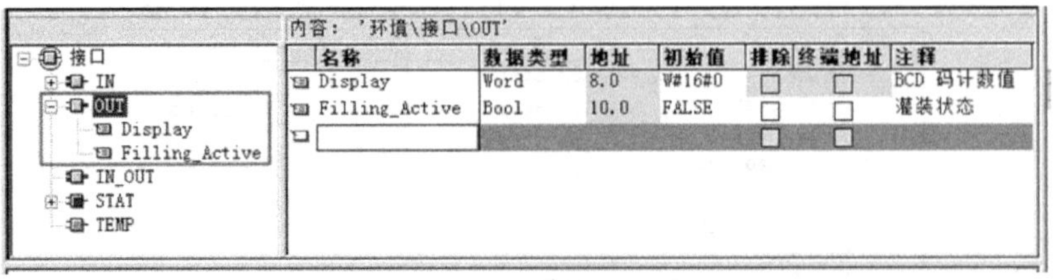

图 9-22 声明输出参数

③ 编写 FB1 的梯形图，如图 9-23 所示。

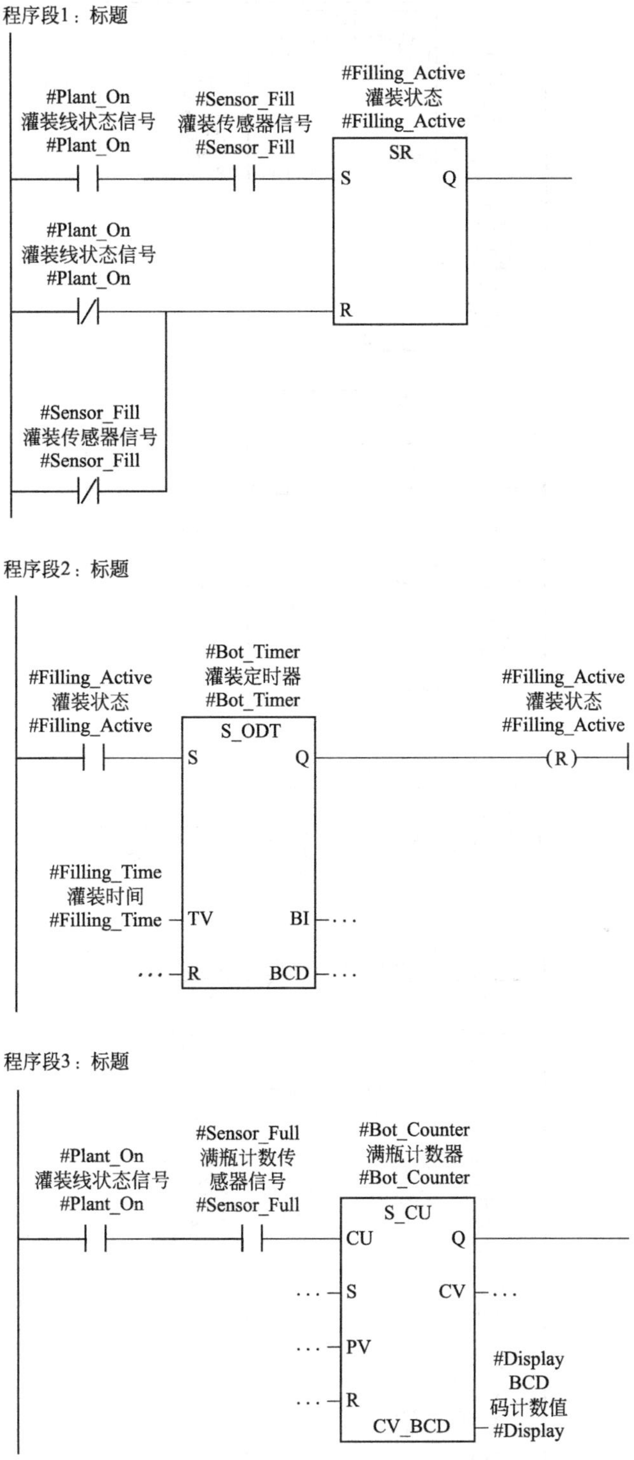

图 9-23　FB1 中的梯形图

（4）编写 OB1 的梯形图

主程序梯形图如图 9-24 所示。

程序段1：标题

1号灌装线的启停控制：将控制面板的输入信号作为FC1的输入参数，FC1的输出参数为1号线运行状态

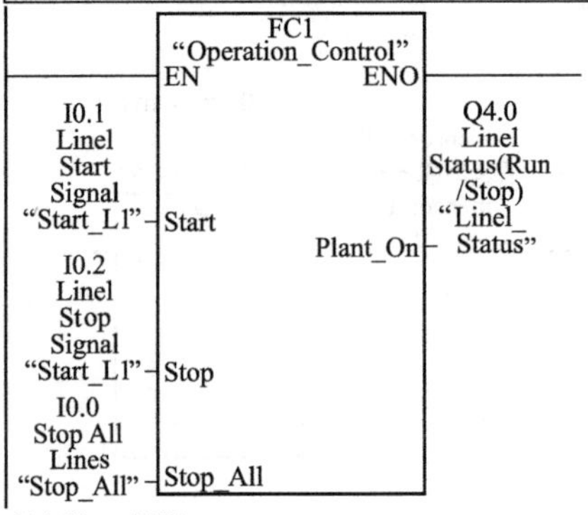

程序段2：标题

2号灌装线的启停控制

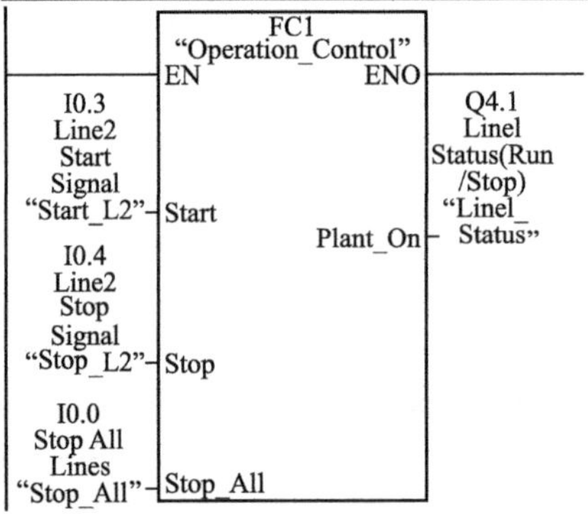

程序段3：标题

1号灌装线的运行状态信号(Line_1_Status)，计数器Cntr_1、定时器Time_1和1号灌装线的传感器信号，FB1的满瓶计数值输出到Display_1，输出灌装状态信号Filling_status_1

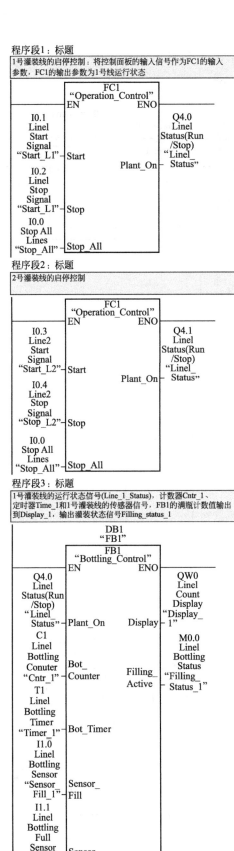

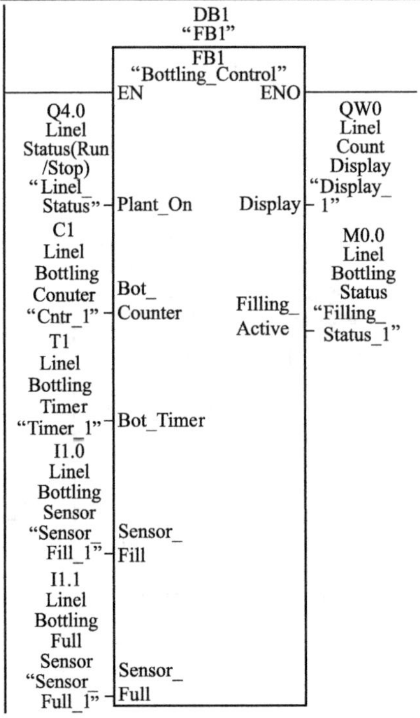

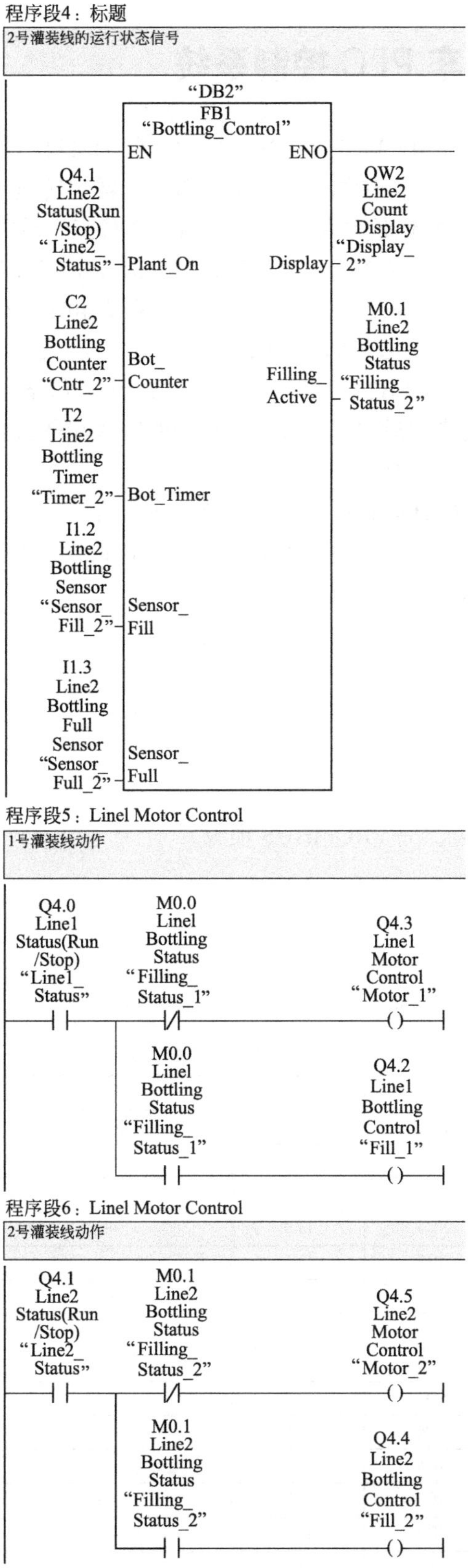

图 9-24 OB1 中的梯形图

9.4 往复运动小车 PLC 控制系统

【例 9-4】 有一台小车，由 CPU 314C-2DP 控制一台 MM440 变频器拖动，原始位置有限位开关 SQ1。已知电动机的技术参数，功率为 0.75kW，额定转速为 1400r/min，额定电压为 380V，额定电流为 2.05A，额定频率为 50Hz。系统有 2 种工作模式。

① 自动模式时，当在原始位置，压下启动按钮 SB1 时，三相异步电动机以 30Hz 正转，驱动小车前进，碰到限位开关 SQ2 后，三相异步电动机以 40Hz 反转，小车后退，当碰到减速限位开关 SQ3 后，三相异步电动机以 10Hz 反转，小车减速后退，碰到原始位置有限位开关 SQ1，小车停止。压下停止 SB2 按钮时，小车完成一个工作循环后，停机。

② 手动模式时，有前进和后退点动按钮，点动的频率都是 20Hz。

③ 处于运行状态时，指示灯亮。

④ 变频器离 CPU 314C-2DP 较远，采用现场总线通信。

⑤ 任何时候，压下急停 SB3 按钮，系统立即停机，请设计方案，并编写程序。

9.4.1 系统软硬件配置

（1）系统的软硬件

① 1 套 STEP 7 V5.5 SP3。

② 1 台 CPU 314C-2DP。

③ 1 根编程电缆（或者 CP5611 卡）。

④ 1 台 MM440 变频器（带 PROFIBUS 模版）。

⑤ 1 台 IM153-1。

⑥ 1 台 SM321。

（2）PLC 的 I/O 分配

PLC 的 I/O 分配见表 9-4。

表 9-4 PLC 的 I/O 分配

名 称	符 号	输入点	名 称	符 号	输出点
启动按钮（主站）	SB1	I0.0	指示灯	HL1	Q0.0
停止按钮（主站）	SB2	I0.1	—	—	—
急停按钮（主站）	SB3	I0.2	—	—	—
启动按钮（从站）	SB4	I3.0	—	—	—
停止按钮（从站）	SB5	I3.1	—	—	—
急停按钮（从站）	SB6	I3.2	—	—	—
初始位置（从站）	SQ1	I3.3	—	—	—
前极限位置（从站）	SQ2	I3.4	—	—	—
减速位置（从站）	SQ3	I3.5	—	—	—
前前极限位置（从站）	SQ4	I3.6	—	—	—
后后极限位置（从站）	SQ5	I3.7	—	—	—
点动按钮（向前，从站）	SB7	I4.0	—	—	—
点动按钮（向后，从站）	SB8	I4.1	—	—	—
手/自转换按钮（从站）	SA1	I4.2	—	—	—

（3）控制系统的接线

控制系统的接线如图 9-25 和图 9-26 所示。

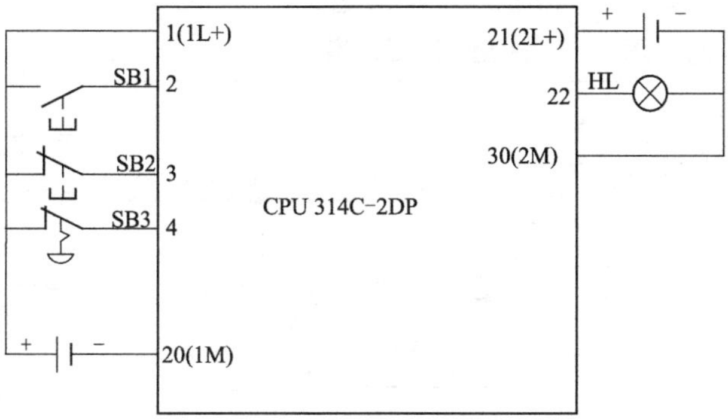

图 9-25　主站接线图

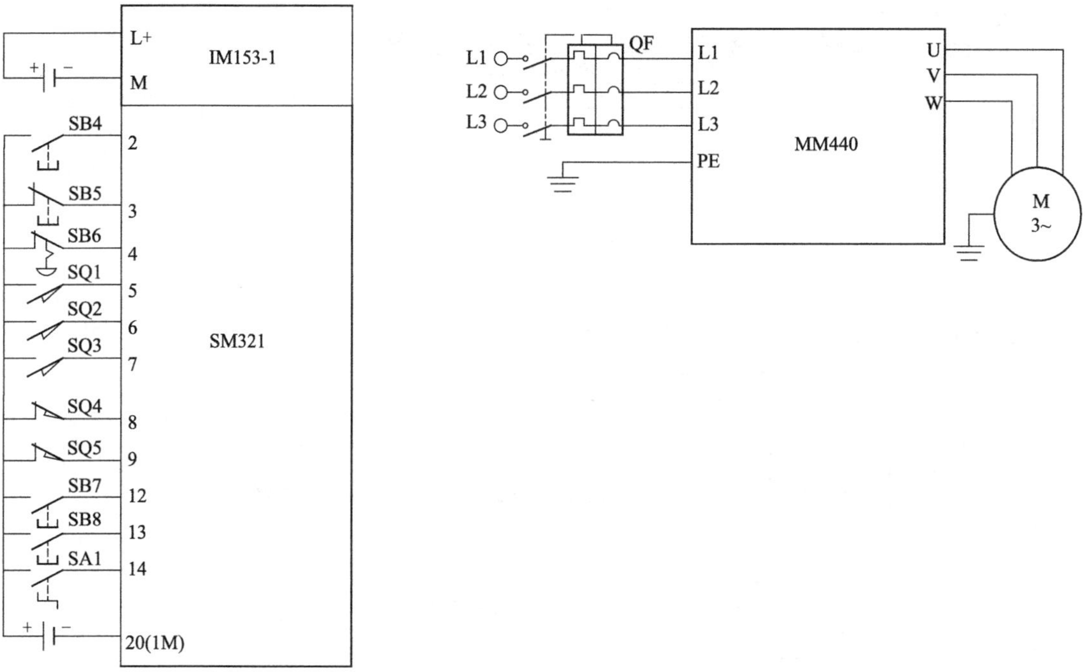

图 9-26　从站接线图

（4）硬件组态

首先创建项目，命名为“小车往复（通信）”，先组态变频器，如图 9-27 所示，站地址为“3”，输出数据区为“PQW256～PQW258”（PLC 输出到变频器地址），输入数据区为“PIW256～PIW258”（PLC 接收变频器反馈地址）。再组态远程 IO 模块 IM153-1 和 EM323，如图 9-28 所示，站地址为“4”，输入数据区为“PIW3～PIW4”。这些数据在编写程序时都会用到。

9.4.2　编写程序

FC1 的梯形图如图 9-29 所示，其功能是通信频率给定的规格化。FC2 的梯形图如图 9-30 所示，其功能是手动控制时频率给定和正反转控制。主程序的梯形图如图 9-31 所示。

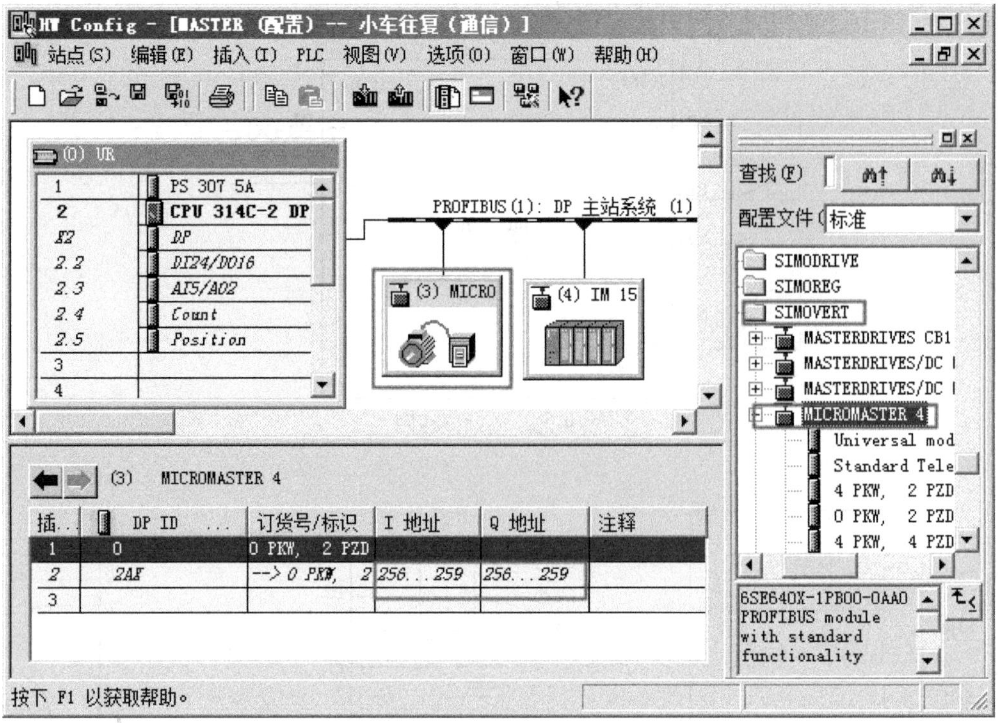

图 9-27 硬件组态(1)

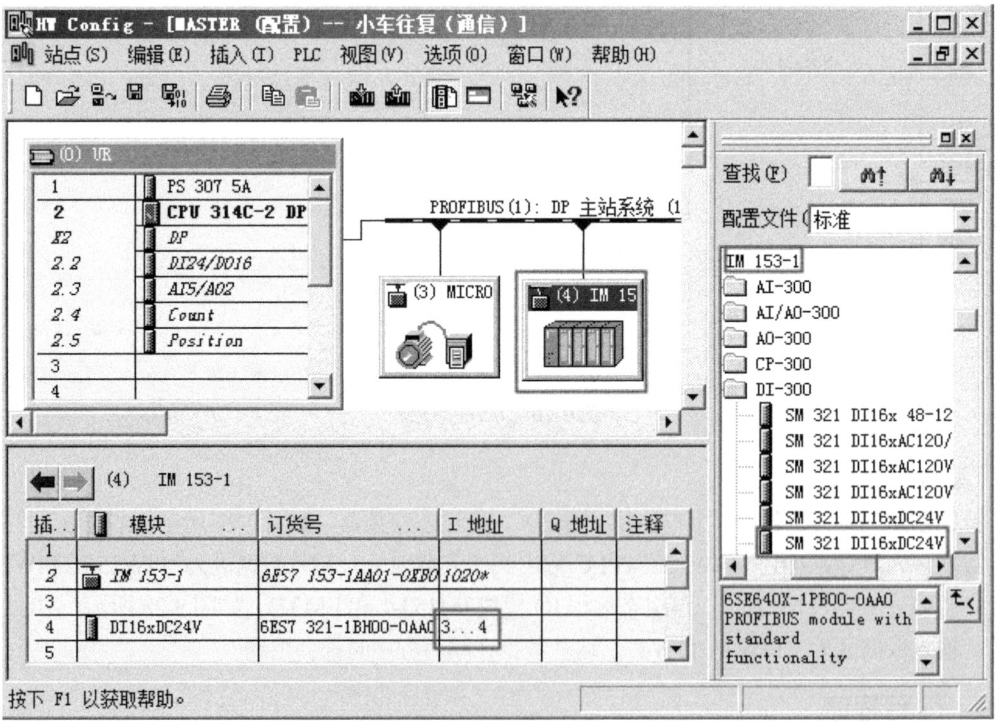

图 9-28 硬件组态(2)

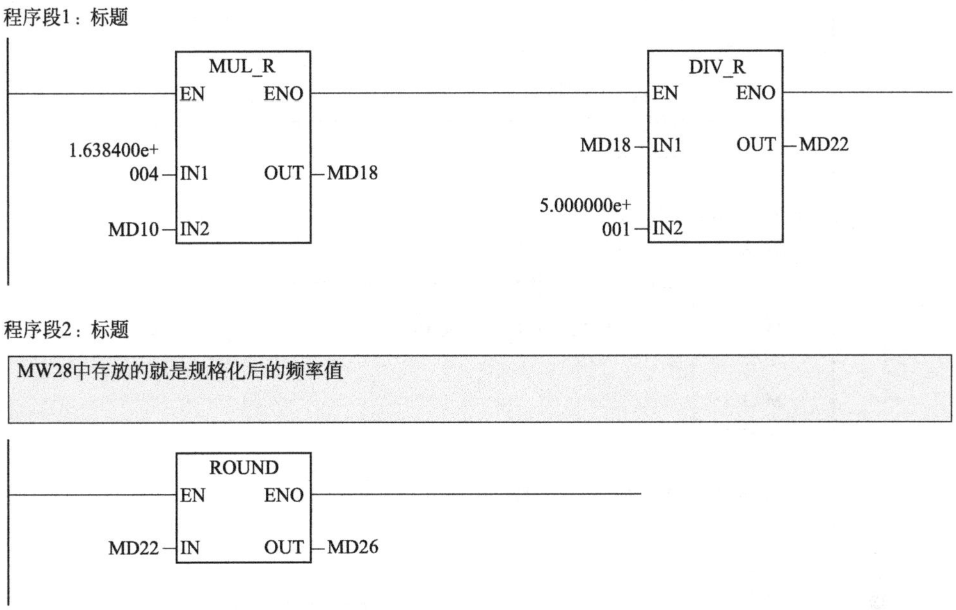

图 9-29　FC1 中的梯形图

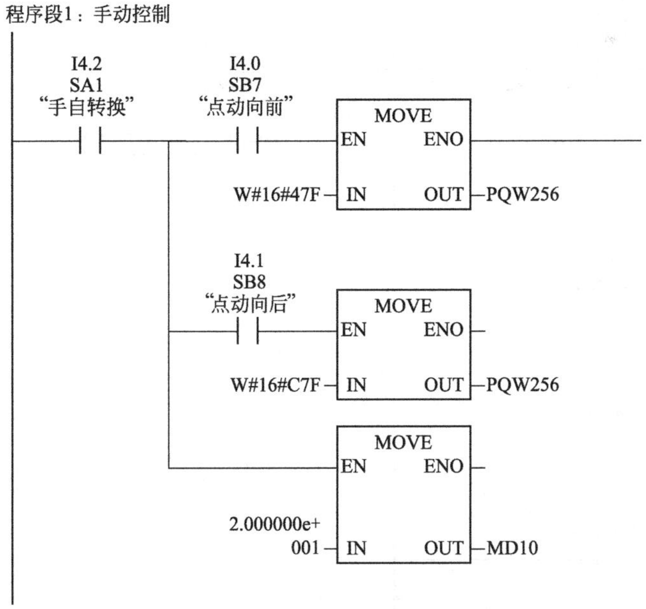

图 9-30　FC2 中的梯形图

程序段1：频率规格化

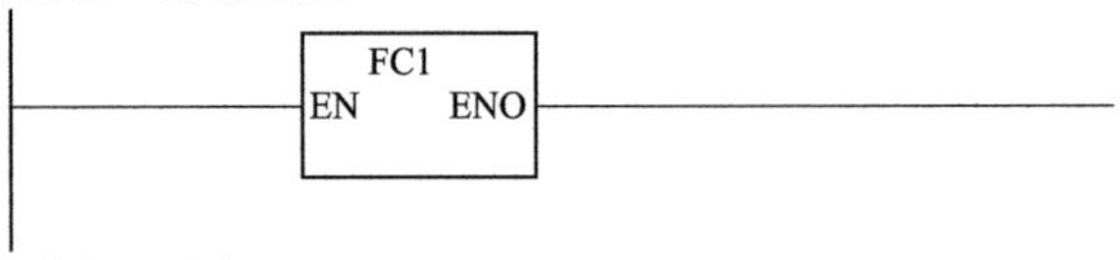

程序段2：手动

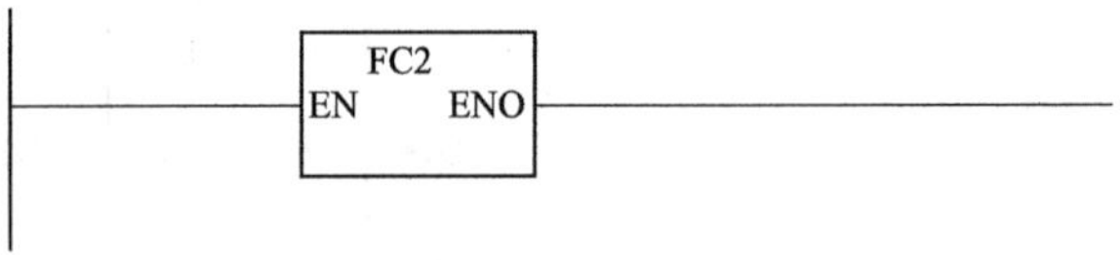

程序段3：运行时，频率给定

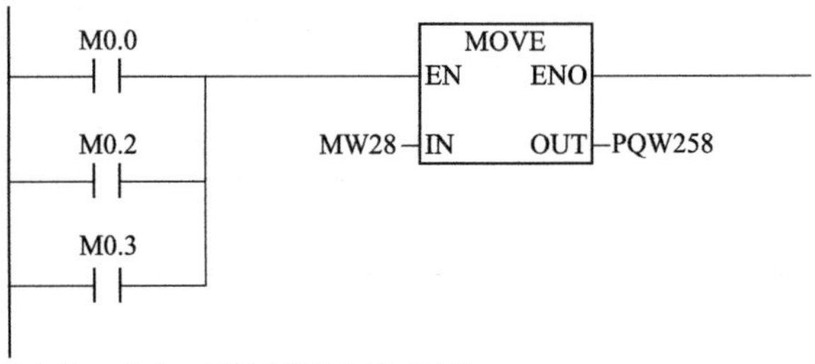

程序段4：急停、极限位保护和模式转换

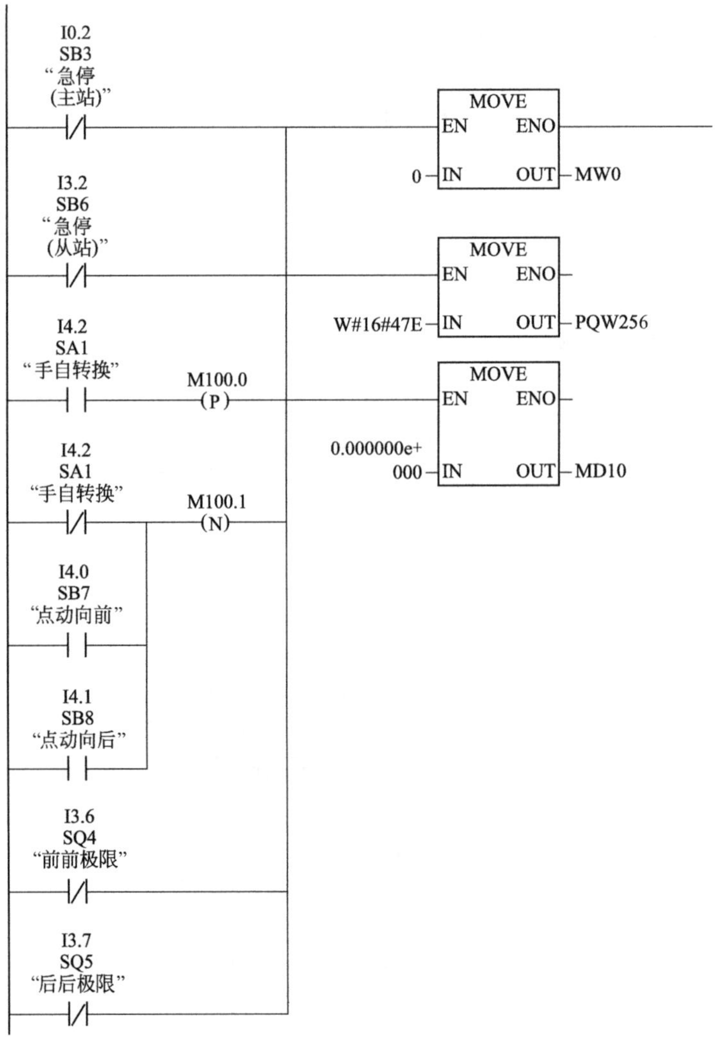

程序段5：停止

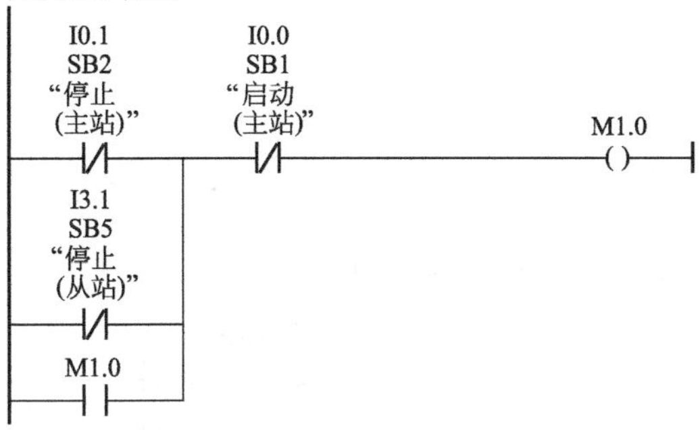

程序段6：前进

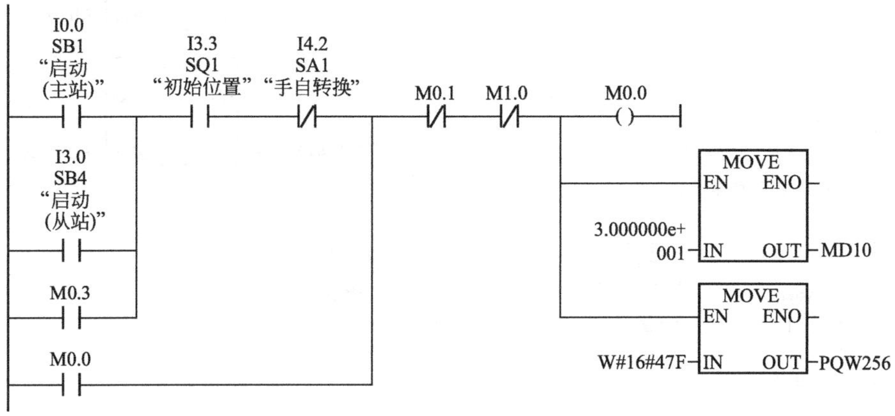

程序段7：停止1秒钟

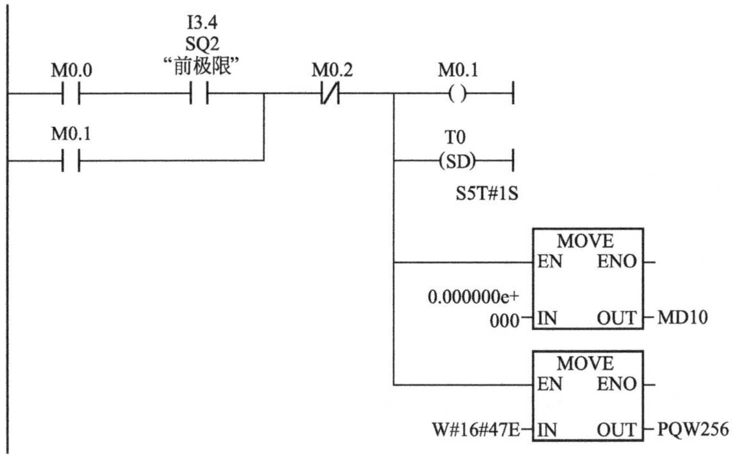

程序段8：快速后退

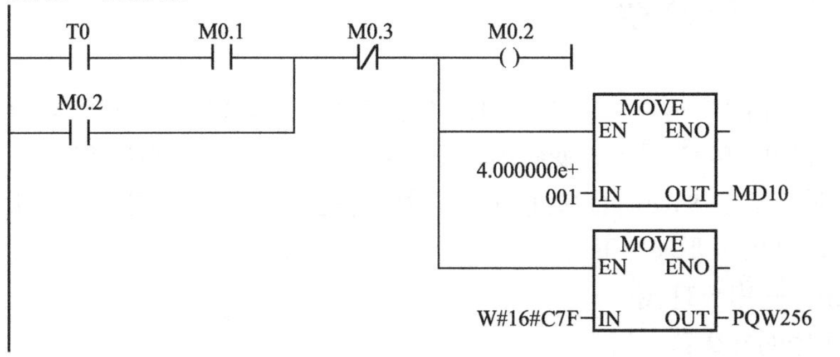

图 9-31

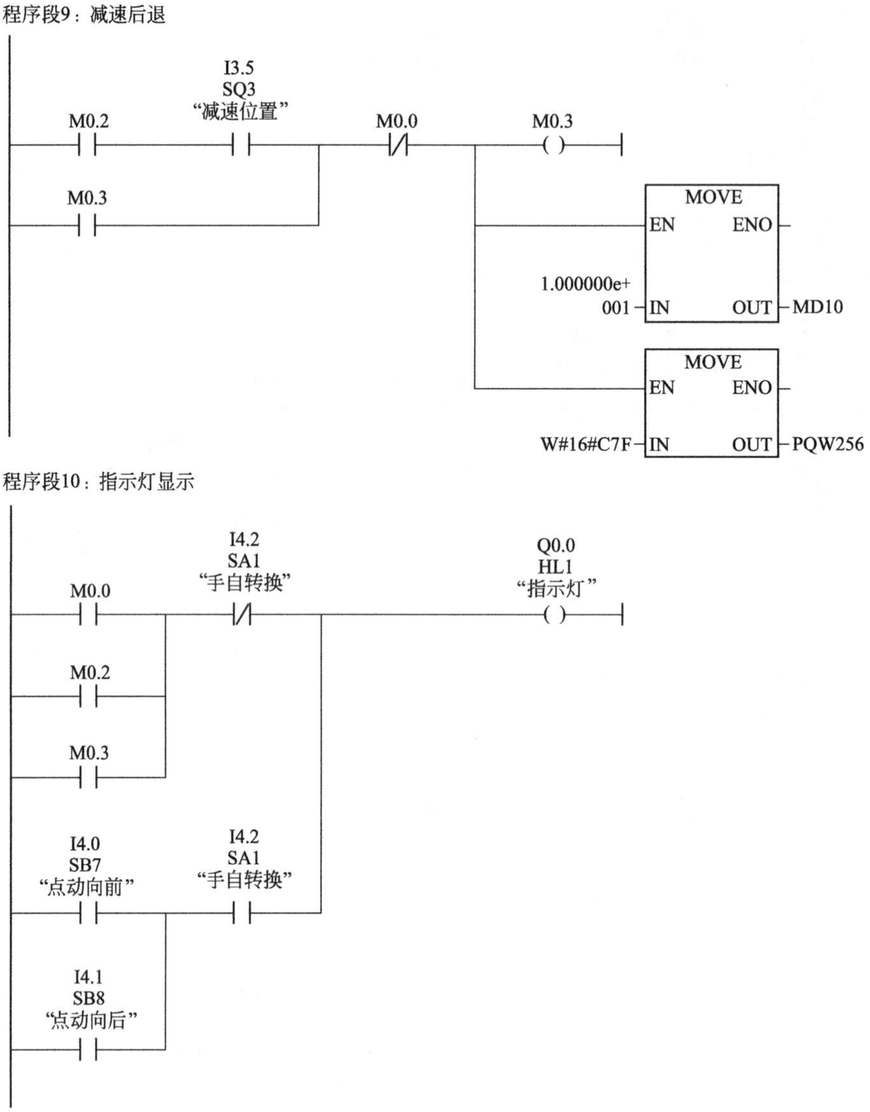

图 9-31 OB1 中的梯形图

9.5 刨床 PLC 控制系统

【例 9-5】 已知某刨床的控制系统主要由 PLC 和变频器组成，PLC 对变频器进行通信调速，变频器的运动曲线如图 9-32 所示，变频器以 20Hz、30Hz、50Hz、0Hz 和反向 50Hz 运行，每种频率运行的时间都是 8s，而且减速和加速时间都是 2s（这个时间包含在 10s 内），如此工作 2 个周期自动停止。要求如下：

① 试设计此系统，画出原理图；

② 正确设置变频器的参数；

③ 编写程序。

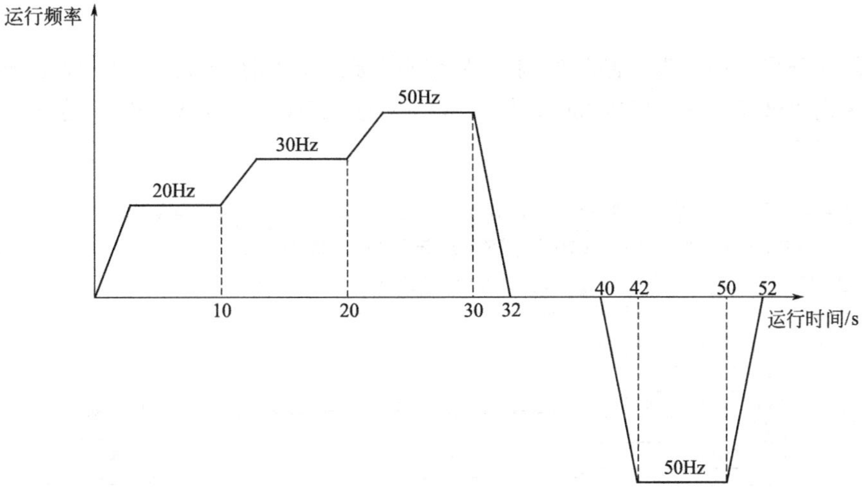

图 9-32 刨床的变频器的运行频率-时间曲线

9.5.1 系统软硬件配置

（1）主要软硬件

① 1 套 STEP 7 V5.5 SP3。

② 1 台 CPU 314C-2DP。

③ 1 根编程电缆（或者 CP5611 卡）。

④ 1 台 MM440 变频器（带 PROFIBUS 模板）。

⑤ 1 台 IM153-1。

⑥ 1 台 SM323。

（2）PLC 的 I/O 分配

PLC 的 I/O 分配见表 9-5。

表 9-5 PLC 的 I/O 分配

名 称	符 号	输入点	名 称	符 号	输出点
启动按钮	SB1	I0.0	继电器	KA	Q0.0
停止按钮	SB2	I0.1	—	—	—

（3）控制系统的接线

控制系统的接线如图 9-33 所示。

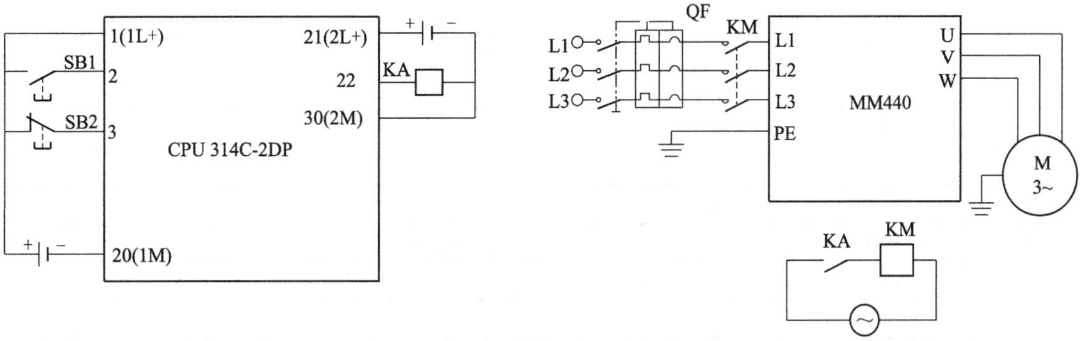

图 9-33 PLC 接线图

（4）硬件组态

首先创建项目，命名为“刨床控制”，先组态变频器，如图 9-34 所示，站地址为“3”，输出数据区为“PQW256～PQW260”，输入数据区为“PIW256～PIW260”。这些数据在编写程序时都会用到。

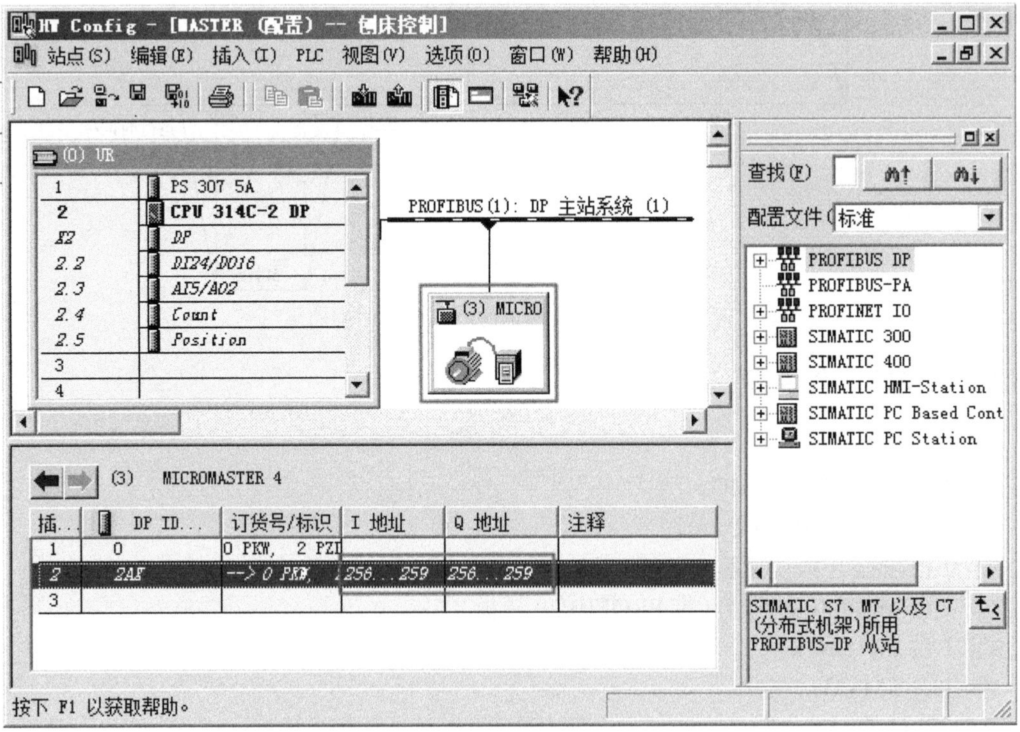

图 9-34 硬件组态

（5）变频器参数设定

变频器的参数设定见表 9-6。

表 9-6 变频器的参数

序号	变频器参数	出厂值	设定值	功能说明
1	P0005	21	21	显示频率值
2	P0304	380	380	电动机的额定电压（380V）
3	P0305	19.7	20	电动机的额定电流（20A）
4	P0307	7.5	7.5	电动机的额定功率（7.5kW）
5	P0310	50.00	50.00	电动机的额定频率（50Hz）
6	P0311	1400	1400	电动机的额定转速（1400 r/min）
7	P0700	2	6	选择命令源
8	P1000	2	6	频率源
9	P1000	10	2	斜坡上升时间
10	P1120	10	2	斜坡下降时间
11	P1121	6	6	波特率（6～9600）
12	P2011	3	3	站点的地址

9.5.2 编写控制程序

从图 9-32 可见，一个周期的运行时间是 52s，上升和下降时间直接设置在变频器中，也就是 P1120=P1121=2s，编写程序不用考虑。编写程序时，可以将 2 个周期当作一个周期考虑，编写程序更加方便。FC1 的梯形图如图 9-35 所示，其功能是通信频率给定的规格化。OB100 的梯形图如图 9-36 所示，其功能是初始化。主程序的梯形图如图 9-37 所示。

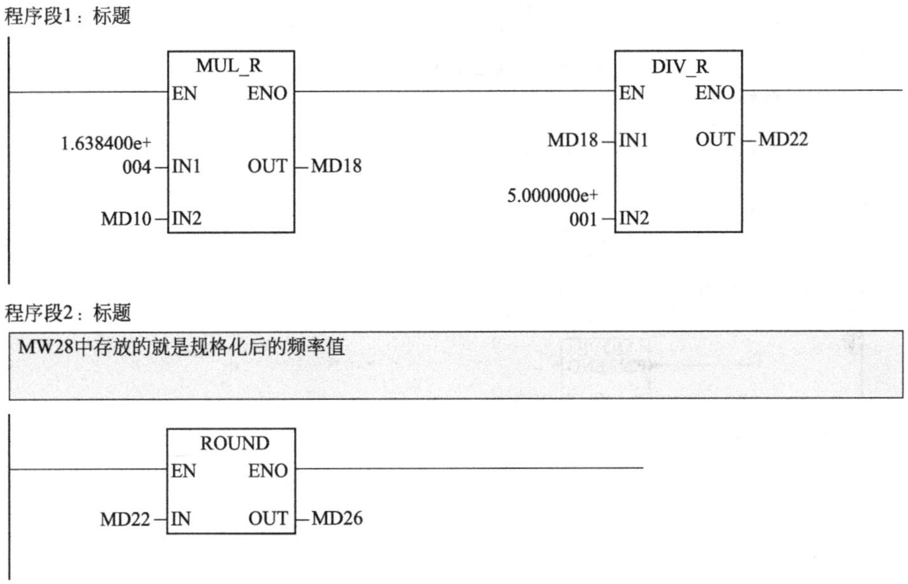

图 9-35　FC1 中的梯形图

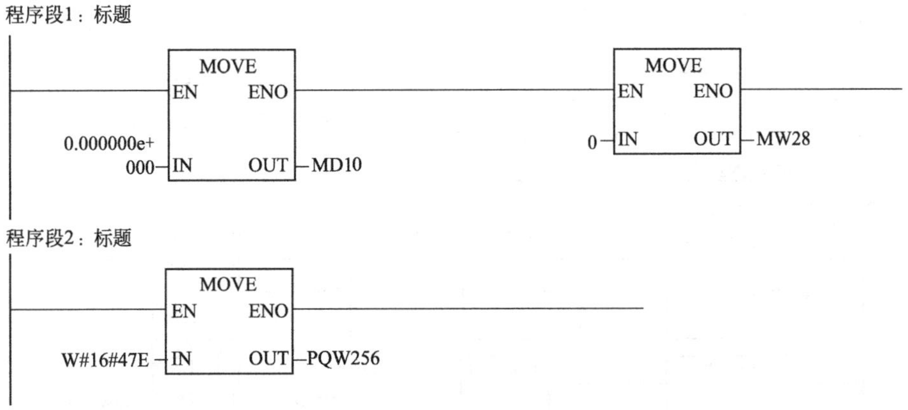

图 9-36　OB100 中的梯形图

程序段1：标题：

MW102中是剩余的时间，单位是0.1s;
MW100中是当前时间

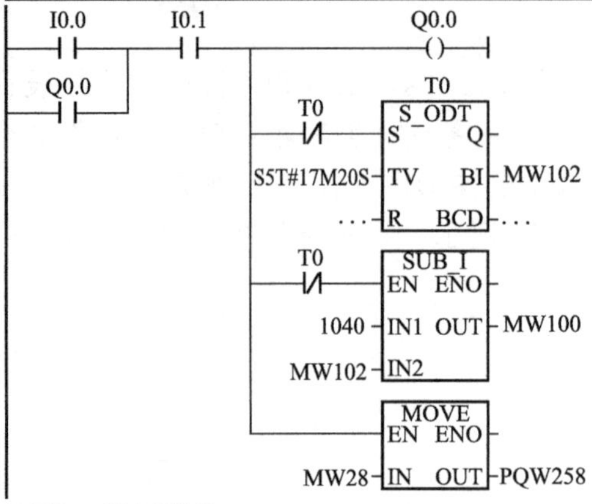

程序段2：频率规格化

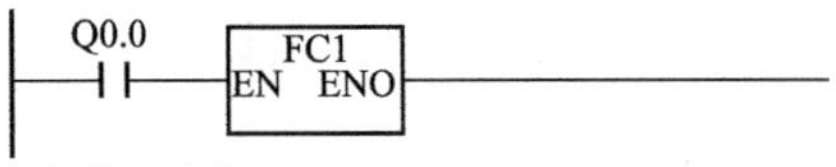

程序段3：急停

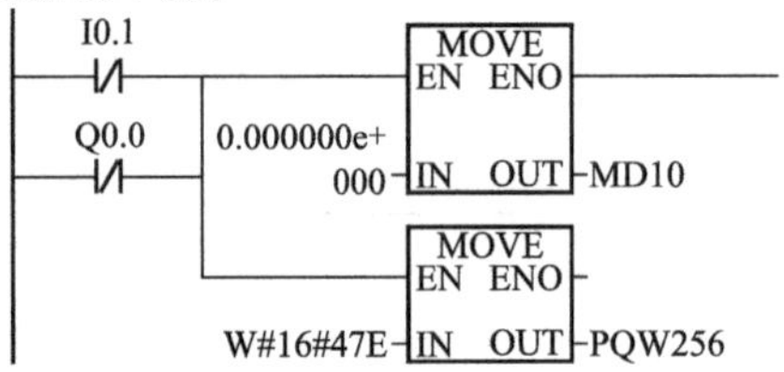

程序段4：20Hz运行

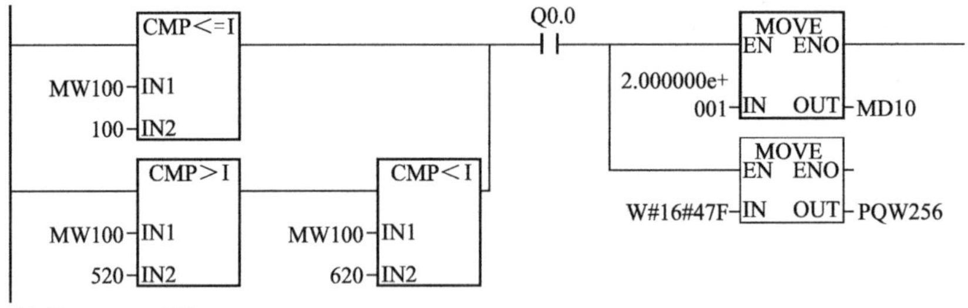

程序段5：30Hz运行

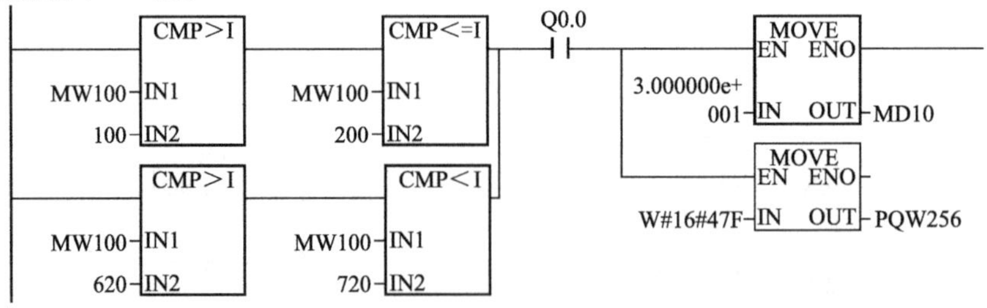

程序段6：50Hz运行

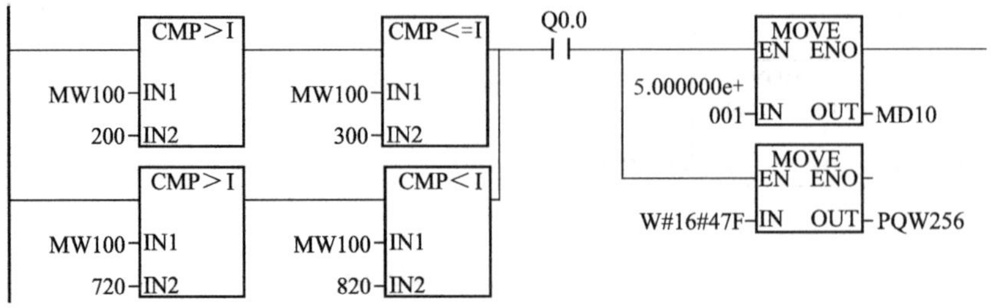

程序段7：0Hz运行

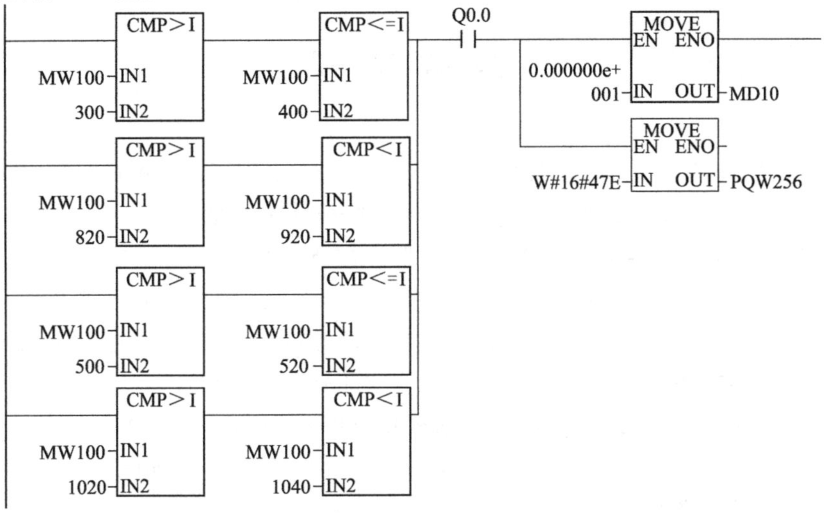

程序段8：50Hz运行(反向)

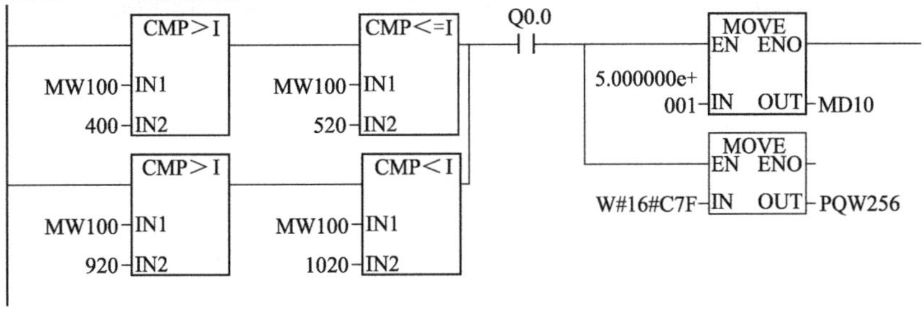

图 9-37　OB1 中的梯形图

参考文献

[1] 向晓汉,奚茂龙. 西门子 PLC 完全精通教程 [M]. 北京: 化学工业出版社, 2014.

[2] 向晓汉,陆彬. 电气控制与 PLC 技术 [M]. 北京: 人民邮电出版社, 20012.

[3] 刘楷. 深入浅出 西门子 S7-300 PLC [M]. 北京: 北京航空航天大学出版社, 2004.

[4] 柴瑞娟. 西门子 PLC 编程技术及工程应用 [M]. 北京: 机械工业出版社, 2007.

[5] 张运刚. 从入门到精通——西门子 S7-300/400PLC 技术与应用. 北京: 人民邮电出版社, 2007.

[6] 秦益霖. 西门子 S7-300PLC 应用技术 [M]. 北京: 电子工业出版社, 2007.

[7] 廖常初. S7-300/400PLC 应用技术[M]. 北京: 机械工业出版社, 2013.

[8] 向晓汉. 西门子 PLC 工业网络完全精通教程[M]. 北京: 化学工业出版社, 2013.

[9] 崔坚. 西门子工业网络通信指南[M]. 北京: 机械工业出版社, 2009.

[10] 崔维群, 孙启发. S7-300/400 可编程控制器原理与应用[M]. 北京: 北京航空航天大学出版社, 2009.